基礎生物學

王愛義、朱于飛、施科念、黃仲義、蔡文翔、鍾德磊

編著

全華圖書股份有限公司

國家圖書館出版品預行編目資料

基礎生物學/王愛義，朱于飛，施科念，黃仲義，蔡文翔，鍾德磊編著. -- 初版. -
新北市 ： 全華圖書股份有限公司，2021.06
面 ； 公分
ISBN 978-986-503-772-7(平裝)

1. 生命科學

361   110008034

基礎生物學

作者 / 王愛義、朱于飛、施科念、黃仲義、蔡文翔、鍾德磊

發行人 / 陳本源

執行編輯 / 張雅琇

封面設計 / 楊昭琅

出版者 / 全華圖書股份有限公司

郵政帳號 / 0100836-1 號

印刷者 / 宏懋打字印刷股份有限公司

圖書編號 / 06464

初版二刷 / 2023 年 9 月

定價 / 新台幣 490 元

ISBN / 978-986-503-772-7 (平裝)

全華圖書 / www.chwa.com.tw

全華網路書店 Open Tech / www.opentech.com.tw

若您對書籍內容、排版印刷有任何問題，歡迎來信指導 book@chwa.com.tw

臺北總公司(北區營業處)
地址：23671 新北市土城區忠義路 21 號
電話：(02) 2262-5666
傳真：(02) 6637-3695、6637-3696

中區營業處
地址：40256 臺中市南區樹義一巷 26 號
電話：(04) 2261-8485
傳真：(04) 3600-9806 (高中職)
　　　(04) 3601-8600 (大專)

南區營業處
地址：80769 高雄市三民區應安街 12 號
電話：(07) 381-1377
傳真：(07) 862-5562

序言
Preface

　　時代進步的飛快，讀者在日常生活中，容易由許多媒體來取得新的資訊，這些資訊可以藉由學習基礎的生物學來更容易理解，或得到其他更多更正確的資訊。

　　比如美國科學家發明一種稱為「組織奈米轉染」(Tissue Nanotransfection，TNT)的技術，它是利用奈米晶片將特定的生物因子轉染入成年細胞內，使成熟細胞轉換成其他有需要的細胞。該技術除了可以有助修復受損組織，更可以恢復器官、血管和神經細胞等老化組織的功能。

　　又如近幾年來，坊間有一個相當熱門的名詞：「生酮飲食」。許多想減肥的人士或血糖控制不佳的糖尿病患者趨之若鶩，認為生酮飲食對人體具有許多好的效果，可以用來減肥保持身材，或是控制糖尿病等；但是大部分具有醫學相關背景的專業人士，則對生酮飲食持審慎保留的態度。

　　因此我與元培科技大學的兩位老師，施科念主任、蔡文翔老師以及師範大學的黃仲義老師、鍾德磊老師、朱于飛老師一起來合作編寫此書。我們希望此新版的「生物學」，除了充實讀者基本的生物學知識外，更能將其應用於生活中所面對的問題，並以科學的方法來剖析和解決問題，將本書所闡訴的生物學理念內化為自己未來專業知識及人生價值觀的一部分。因此我們除了增加更多適合醫護相關學校的內容外，也編寫一些如奈米轉染、基因剪輯、COVID-19 等與該章節相關的引文，來提供讀者了解生物學。並在此書的最後，提供一些題目讓讀者複習與參考。

　　感謝施科念主任、蔡文翔老師、黃仲義老師、鍾德磊老師、朱于飛老師，一起合力編寫，將此書出版。

王愛義

　　生物學是生命科學的基礎，廣泛研究生命的所有面向。由於分子生物學的發展及生物醫學的廣泛應用，生物學對生活的影響，不可同日而語。

　　《基礎生物學》的作者們都有豐富的生物學教學經驗。本書內文共分為10章節，分別介紹細胞的化學組成、細胞的構造、能量觀念和細胞呼吸、細胞的生殖、生物的遺傳、基因的構造與功能、生物體的分類、病毒與細菌介紹、人類的免疫系統等。

　　本書提供了精要的生物學概念，除了涵蓋傳統必備的生物學知識，也提供許多新穎的補充知識。本書內容雖精要，但對於一般學習生物學所必須瞭解的觀念要點，仍敘述詳盡，毫不含糊。

　　本書內容主要針對生物學的知識有深入淺出的描述與介紹，內容涵蓋基因遺傳、細胞、微生物、人類的免疫系統等；並且，每一章節也都有清楚的圖表，是一本值得推薦作為學習生物科學的教科書。

國立臺灣師範大學

生命科學系 教授

僑生先修部 主任

吳忠信

目錄
Contents

CH7　基因的構造與功能

CH8　生物體的分類

CH9　病毒與細菌介紹

CH10　人類的免疫系統

附錄

Chapter 1

緒論 (Preface)

「人類基因組計畫」 (The Human Genome Project)

　　2016 年國際著名期刊「科學」(Science) 刊出對人類有極大貢獻的「人類基因組計畫」(Human Genome Project-Write) 的計畫書。「人類基因組計畫 ("HGP-read") 名義上於 2004 年完成，目的是在對人類基因組進行定序，並改進 DNA 定序的技術、成本和品質。這是生物學的第一個基因組規模的計畫，當時被某些人認為是有爭議的計畫。現在它被認為是偉大探索的壯舉之一，它已經徹底改變了科學和醫學。雖然 DNA 定序、分析和編輯繼續以極快的速度發展，但在細胞中構建 DNA 序列的能力侷限於少數短片段，所以限制對生物系統操縱和理解的能力。因此從動物和植物基因組，包括人類基因組的資料可了解基因藍圖，這反過來又推動了大規模合成和編輯基因組工具和方法的開發，因此，提出人類基因組計畫 - 寫 (Human Genome Project–Write, HGP-write)」

　　「人類基因組計畫」是在 1989 年，由美國 國家衛生研究院 (NIH) 成立了人類基因體研究中心，邀請華生 (James D. Watson)- DNA 雙螺旋結構的發現者，擔任該中心主任，並結合美、英、德、法、日、大陸等 18 個國家的研究人員，進行人類染色體 (指單倍體) 中，遺傳密碼 30 億個 DNA 鹼基序列的解讀工作，再繪製人類基因組圖譜，辨識鹼基序列所對應的基因，確定每個基因精確的化學結構，了解它們在健康與疾病所扮演的角色，達到破解人類遺傳信息的目的。也因為此項計畫的進行，從此揭開人類基因體解讀序幕。經由跨國跨學科學者的努力，終於在 2001 年人類基因組計畫公布人類基因組工作草圖，也開啟生物資訊分析的新紀元。希望能藉由所收集到的資訊提供 21 世紀的醫學和人類生物學研究的參考，對人類疾病的遺傳基礎能有根本性的深入瞭解。在研究過程中發展的一些新技術將被應用到許多生物醫學的領域中。

　　美國 國家人類基因組研究所 (NHGRI) 在 2003 年 9 月發起 DNA 元件百科全書 (Encyclopedia of DNA Elements，ENCODE)，目的在將已定序基因的無字天書作適當註解，找出人類基因體的功能，包括：RNA 轉錄調節相關區域、基因註解等項目組中所有功能組件，對於往後人類醫學與疾病的治療有決定性的影響。

Science

PERSPECTIVES

Cite as: J. D. Boeke *et al.*, *Science*
10.1126/science.aaf6850 (2016).

The Genome Project-Write

Jef D. Boeke,[*†] **George Church,** [*] **Andrew Hessel,** [*] **Nancy J. Kelley,**[*] **Adam Arkin, Yizhi Cai, Rob Carlson, Aravinda Chakravarti, Virginia W. Cornish, Liam Holt, Farren J. Isaacs, Todd Kuiken, Marc Lajoie, Tracy Lessor, Jeantine Lunshof, Matthew T. Maurano, Leslie A. Mitchell, Jasper Rine, Susan Rosser, Neville E. Sanjana, Pamela A. Silver, David Valle, Harris Wang, Jeffrey C. Way, Luhan Yang**

[*]These authors contributed equally to this work.
[†]Corresponding author. Email: jef.boeke@nyumc.org
The list of author affiliations is available in the supplementary materials.

We need technology and an ethical framework for genome-scale engineering

1-1　生物學的發展

　　生物學 (Biology) 簡單的說是研究「生物與生命現象的科學」。早期科學家對自然的領域即有非常廣泛的研究，他們感興趣的範疇包括天文學、地質學、礦物學、數學、物理學、化學、動物學、植物學等，統稱為自然史學 (natural history) 或博物學。而生物學 (biology) 一詞最早是出現在德國歷史學家 (同時也是氣象學家與數學家) 漢

諾夫 (Michael Christoph Hanov) 於 1766 年的著作中。1802 年，法國自然學家拉馬克 (Jean-Baptiste Pierre Antoine de Monet, Chevalier de Lamarck) 在他的著作中賦予「生物學」一詞更廣泛的意義，他也成為第一個在現代意義上使用此術語的人。

"**Biology**" 一詞由希臘語 "**Bios**" (Life，即生命之意) 與 "Logos"(Speech，即講述之意) 所組成，故生物學即是論述生命之科學，其研究的內容包括：生物之**形態**、**構造**、**機能**、**演化**、**發生**以及**生物與環境的關係**等。紀元前 300 多年希臘與羅馬時代，有關生物的零星知識經由亞里斯多德 (Aristotle)(圖 1-1a) 之整理與闡述，乃成為斐然可觀而有系統的生物學，亞氏因獲得「生物學鼻祖」之稱呼，著有動物史 (Historia animalium) 等書，故生物學之能成為有系統的知識是始自希臘和羅馬。

紀元後，古希臘名醫蓋倫 (Claudius Galen)(圖 1-1b) 是歷史上第一位著名的實驗生理學家；他曾進行多次的生理實驗，利用猿、豬的解剖而描述分析人類神經和血管的機能。往後於中世紀時代約 1000 年間 (200 ～ 1200AD)，在歐洲因人們沉醉於宗教，對科學之研究很少。

這段時間中國梁代有陶弘景 (約 6 世紀時) 整理古代神農本草經並為其作註，編本草經集注七卷，記載藥物七百三十種。明代 (16 世紀) 李時珍 (圖 1-1c) 以科學的精神研究中藥，實地考察，綜合各領域的科學知識，編成本草綱目一書；全書近二百萬字，收集一千八百九十二種藥物，19 世紀的達爾文曾稱此書為「中國古代的百科全書」。

(a) 亞里斯多德

(b) 蓋倫

(c) 李時珍

圖 1-1　生物學發展重要的科學家
(a) 亞里斯多德 (b) 蓋倫 (c) 李時珍

歐洲到了文藝復興 (Renaissance) 時期,若干學者對於無數動植物之構造、機能及其生活習性亦有更正確的研究成果。繼而有英國醫師哈威 (William Harvey) 及英國解剖學家亨特 (John Hunter) 等人,著重於人體構造及機能研究,因而奠定了解剖學及生理學的基礎。解剖學家與醫生衛沙利亞斯 (圖 1-2)(Andreas Vesalius) 更仔細解剖人體,並根據其觀察繪製精細的解剖圖,著有人體的構造 (*De humani corporis fabrica*),被認為是近代人體解剖學的創始人。

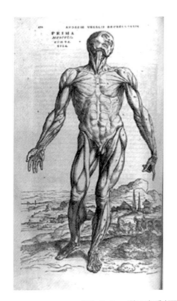

圖 1-2　衛沙利亞斯與其所繪之人體解剖圖

16 世紀末,荷蘭人詹森 (Janssen) 父子發明了顯微鏡,最早的顯微鏡只能將物體放大 3～10 倍,此後顯微鏡不斷改良。1661 年,義大利解剖學家馬爾比其 (Marcello Malpighi) 利用顯微鏡發現青蛙肺部的微血管,支持了哈威 (William Harvey) 血液循環的理論。之後英人虎克 (Robert Hooke) 也用改良的顯微鏡發現了細胞。1670 年代,荷蘭布商與博物學家雷文霍克 (圖 1-3)(Antonie van Leeuwenhoek) 以其自製的顯微鏡觀察到水中微生物及造成蛀牙的細菌,被尊稱為「微生物學之父」。

接著 18 世紀時,分類學家林奈 (Carl von Linné) 創立生物分類法則,奠定了現代生物學命名法「二名法」(binomial nomenclature) 的基礎,是現代生物分類學之父。到了近代 19 世紀初,許來登 (Matthias Schleiden) 與許旺 (Theodor Schwann) 創立了**細胞學說** (cell theory)。1859 年,達爾文 (Charles Robert Darwin) 在物種起源 (*On the*

圖 1-3　「微生物學之父」雷文霍克與其自製的顯微鏡。

Origin of Species) 一書中發表了著名的演化論。此時記述生物學已到了頂峰。19 世紀及其後期，由於顯微鏡構造及顯微鏡技術之日益進步，故細胞學、組織學、解剖學、生理學、發生學等發展迅速。

　　進入 20 世紀後，科學家以分子的觀點為基礎來解釋基因的作用，並發展出**分子生物學** (molecular biology)。1931 年，德國物理學家魯斯卡 (圖 1-4)(Ernst August Friedrich Ruska) 與克諾爾 (Max Knoll) 製作了第一台電子顯微鏡的原型機，並於 1933 年做出第一台穿透式電子顯微鏡；由於電子的波長只有可見光的十萬分之一，因此電子顯微鏡在解析度上遠超過光學顯微鏡，生物學家得以了解許多細胞內的超顯微構造及其機能。

圖 1-4　電子顯微鏡的發明人魯斯卡與第一部電子顯微鏡。

80 年代以來，生物學已開始邁向高度科技之時代，生化、遺傳學家利用某種生物之去氧核糖核酸分子 (DNA) 嵌入另一生物之 DNA 分子上，後者於是具有前者之遺傳性質。利用此種技術，若將人體之某種基因，如控制胰島素 (insulin) 合成的基因，嵌入細菌之 DNA，便可在細菌細胞內產生與人體相同之胰島素，此一方法稱爲**基因工程** (genetic engineering)。

國際「人類基因體計畫」(Human Genome Project) 從 1990 年正式展開，目的在定序人類基因體組 (genome) 上的 DNA 序列 (約含有 **30** 億個鹼基對)，鑑別基因在染色體上的位置並繪製基因圖譜 (genetic map)，進而了解基因的功能。通過許多國家的科學家們分工合作，2003 年美國 國家衛生院「人類基因體計畫」主持人柯林斯 (Francis Sellers Collins) 博士宣佈整個計畫已完成；截至目前爲止，大多數染色體上的 DNA 皆已定序 (除了少數難以定序的片段)。數據顯示在人類基因組中大約只有 20,000 至 25,000 個基因，遠遠低於多數科學家先前的估計。

總之，生物自古以來就跟人類日常生活關係密切，在生物科技進步的今天，人類可應用遺傳工程的研究成果來改良農作物、家畜、家禽之品種，增加食物產量及防治各種遺傳疾病。近來由於對居住環境的重視，更應發展高科技的生物技術，應用於環境的保護及整個地球生態的平衡，如減少有毒物質 (農藥) 的使用，發展生物防治法以生物剋制生物，施用有機肥料等，以降低對地球生態環境的破壞。

1-2　生命的特徵

　　凡生物都具有生命現象，有關生物之生命特徵包括**體制** (organization)、**新陳代謝** (metabolism)、**生長** (growth) 與**發育** (development)、**生殖** (reproduction) 與**遺傳** (heredity)、**運動** (movement)、**感應** (response) 及**恆定** (homeostasis) 等特徵。

(一) 體制

　　生物體都是由細胞 (cells) 構成，細胞是生物體功能的基本單位。有些最簡單的生物是由單一個細胞組成例如細菌，稱之為單細胞生物，而人體是由是由多種型態、功能不同的細胞共同組成稱之為多細胞生物。細菌屬於原核細胞構造較為簡單，多細胞生物為真核生物 (eukaryotes)，它們的細胞具有細胞核與較複雜的胞器。

　　組織 (tissues) 是一群形態相似特化的細胞，組成特定的結構執行某專一的功能，動物主要有上皮組織、結締組織、肌肉組織與神經組織等四種組織；植物依其形態與功能可分為保護組織、薄壁組織、支持組織、分生組織及輸導組織等五種。生物體為完成特定的功能會由兩個以上的組織組成器官 (organs)，例如動物的心臟、腦、肝臟、胃等和植物的根、莖、葉等都是器官。不同的器官結合來完成某種特殊功能即形成系統（system），人體的系統包括皮膚系統、骨骼系統、肌肉系統、消化系統、呼吸系統、循環系統、泌尿系統、神經系統、內分泌系統、生殖系統等 10 個系統。各個系統互相配合組成一個完整的生物體 (organism)(圖 1-5)。

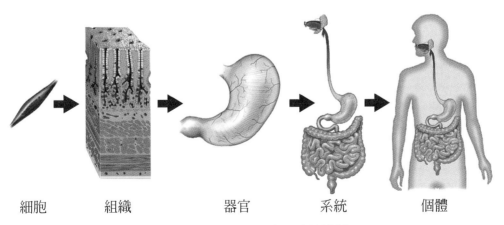

細胞　　　組織　　　　器官　　　　系統　　　　個體

圖 1-5　組成一個生命個體的體制

生物體之間以及生物體與環境之間經常會存在著複雜的交互關係，因而組成更高層次的體制。在同一個地方生活的相同物種即稱為族群 (population)，例如生活在校園池塘中的貢德氏赤蛙 (Rana guentheri) 就是一個族群。同一時間生活於相同棲地的不同族群，例如池塘中的天鵝、野鴨、魚、水草及各種昆蟲，這些生物共同生活在一起，即構成一個群落 (community)。同一地區的所有生物與自然環境 (例如土壤、水) 會形成一個生態系 (ecosystem)，而地球上各種不同生態系的組合即稱之為生物圈 (biosphere)。

(二) 新陳代謝

新陳代謝為生命體的基本功能，它是細胞或生物體要維持正常的生理機能所進行化學作用的總稱，當生物體的代謝停止生命就停止。新陳代謝可分為異化作用 (catabolism) 與同化作用 (anabolism)。異化作用又稱為分解，它是細胞將大分子物質分解為小分子進而合成 ATP，提供細胞活動所需能量的過程，例如：多醣在細胞分解為單醣或是進一步將葡萄糖在呼吸作用中分解為二氧化碳、水與能量的過程。同化作用又稱為合成，它是將小分子物質合成為大分子，將養分儲存起來或是建構成細胞架構的過程，例如：植物將光合作用製造的葡萄糖合成為澱粉儲存的過程。

(三) 生長與發育

生物都會生長，生長指的是體積增大，它包括兩個層面：一為細胞吸收養分而長大，體積增加；另一個則是細胞進行分裂，數目增加。例如毛蟲由一齡長到五齡，體積增大而外型沒有太大改變，則稱為生長 (圖 1-6a)。多細胞生物在發育的過程中細胞會進行分化，分化後的細胞呈現不同的型態、構造與功能，因此發育成熟的個體在外型與生理機能上也會與未發育的個體有所不同。例如毛蟲經過蛹的階段轉變為蝴蝶就是一個發育的過程 (圖 1-6b)。

(a)

(四) 生殖與遺傳

生物都要繁衍後代以產生新的個體,並且將親代的特徵遺傳給子代。生殖方式分為無性生殖與有性生殖;無性生殖產生的後代其遺傳特性與親代完全相同,有性生殖則需要經過配子結合才能產生子代,子代的遺傳變異較大。這兩種生殖方式將在後面章節介紹。

(五) 運動

凡生物皆會運動,運動的方式很多,單細胞生物可藉由纖毛、鞭毛或偽足來運動。一般植物的運動較為緩慢,需要長時間觀察,但有些植物可進行迅速且明顯的運動,例如含羞草、捕蠅草的觸發運動 (圖 1-7),或是睡蓮的睡眠運動等。

圖 1-7　含羞草的觸發運動

(六) 感應

生物會對自然界的各種刺激有所感應,也就是要接受外界的訊息,這些刺激包括:聲音、光、電、溫度、壓力和化學分子。生物必須以特殊的

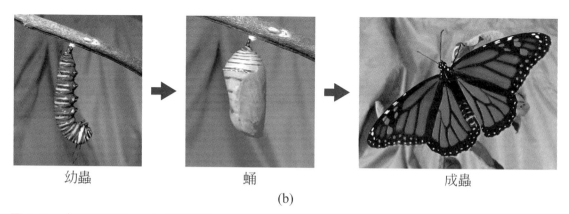

幼蟲　　　　　　　　蛹　　　　　　　　成蟲

(b)

圖 1-6　生長與發育。(a) 大樺斑蝶 (*Danaus plexippus*) 一齡幼蟲生長到五齡幼蟲。幼蟲體積增加,外型改變不大。(b) 幼蟲發育到成蟲必須經過蛹的階段。

機制或接受器來接收這些刺激並產生適當的反應。例如植物的莖、葉、花具有向光性 (感應光線)，而根具有向地性 (感應重力)；許多昆蟲在夜晚具有趨光性 (感應光線)；蒼蠅會受到腐肉氣味的吸引 (化學趨性) 等。由這些例子我們可以知道，感應是生物要與環境發生關係所必須具備的能力。

(七) 恆定

生物生存的外在環境經常有劇烈的變化，但是生物必須維持體內或細胞內各種狀態的穩定，這樣的穩定性有利於維持正常的生理機能與各種化學反應的進行。 一般生物體內需要維持穩定的要素很多，包括：溫度、酸鹼度 (pH 值)、水份、鹽類濃度、糖濃度等。例如人體的溫度經常維持在 36℃，而血液的 pH 值則保持在 7.4。

1-3　科學方法

科學是以邏輯與系統性的方法發現宇宙中事物如何運作，同時也是宇宙所有經由發現所積累的知識體。其目的在對於所觀察到的現象作合理的解釋，並建立一些可預測事物間關係的法則。爲達到上述目的所運作的合理、精確而有系統的方法謂之科學方法。

科學方法的步驟如圖 1-8，第一步是進行**觀察 (observation)**，對所發生的現象觀察並記錄，接著**提出問題 (question)**，問題不外乎下列三種之一：那是什麼 (what)、爲何如此 (why)、如何造成 (how)，之後就是收集相關的資料與參考文獻。整理後的資料經過仔細的分析、歸納 (induction) 和演繹 (deduction)，便可提出假設或**假說 (hypothesis)**，假說是對於觀察的本質或某一事件可能之關連性的一種嘗試性說明，也是暫時性的、推理性的說明。故假說的正確性必須由**實驗 (experiment)** 來證明。如果實驗的結果與假說不一致，很顯然的，不是假說錯誤就是試驗方法有誤，因此就得修改假說或更換試驗方法。假若實驗方法正確，結果又與假說不吻合，那麼假說就必須修改或放棄，然後再觀察、再修正假說，再實驗，如此重複不已。一旦假說能獲得各種不同實驗的證實和與支持，則此假說便成爲**學說 (theory)** 或科學定律 (scientific law)。學說就是適用於解釋自然現象合乎科學的普遍原理或法則，如細胞學說 (cell theory)、天擇說 (theory of natural selection) 等著名的學說。

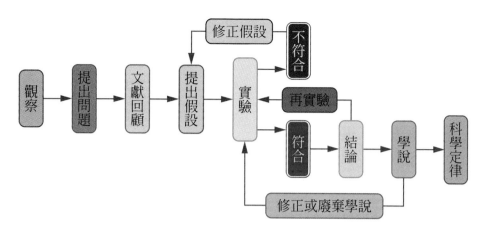

圖 1-8 科學方法的研究步驟

本章複習

1-1 生物學的發展

■ 生物學 (Biology) 是研究「生物與生命現象的科學」

■ 亞里斯多德有系統的整理與闡述生物學，因此獲得「生物學鼻祖」之稱。

■ 衛沙利亞斯仔細解剖人體，並根據其觀察繪製精細的解剖圖，著有人體的構造，被認為是近代人體解剖學的創始人。

■ 雷文霍克以其自製的顯微鏡觀察到水中微生物及造成蛀牙的細菌，被尊稱為「微生物學之父」。

■ 林奈創立生物分類法則，奠定了現代生物學命名法二名法 (binomial nomenclature) 的基礎，是現代生物分類學之父。

■ 許來登與許旺共同創立了細胞學說。

■ 魯斯卡與克諾爾做出第一台穿透式電子顯微鏡，使生物學家得以了解許多細胞內的超顯微構造及其機能。

■ 美國國家衛生院「人類基因體計畫」已將人類大多數染色體上的 DNA 皆已定序。

1-2 生命的特徵

■ 生物體都具有生命現象，生物之生命特徵包括體制、新陳代謝、生長與發育、生殖與遺傳、運動、感應及恆定等。

■ 生物圈體制由簡至繁為細胞→組織→器官→系統→生物體→族群→群落→生態系→生物圈。

■ 新陳代謝為生命體的基本功能，它可分為異化作用與同化作用。

- 異化作用又稱為分解，它是細胞將大分子物質分解為小分子，提供細胞活動所需能量的過程。

- 同化作用又稱為合成。它是將小分子物質合成為大分子，將養分儲存起來或是建構成細胞架構的過程。

■ 生物都會生長，生長指的是體積增大，包括兩個層面：一為細胞吸收養份而長大，體積增加；另一個則是細胞進行分裂，數目增加。

■ 生物都要繁衍後代以產生新的個體，並且將親代的特徵遺傳給子代。生殖方式分為無性生殖與有性生殖；無性生殖產生的後代其遺傳特性與親代完全相同，有性生殖則需要經過配子結合才能產生子代，子代的遺傳變異較大。

■ 凡生物皆會運動，運動的方式很多，單細胞生物以偽足來運動，植物的觸發運動 (例如：含羞草) 等。

■ 生物會對自然界的各種刺激有所感應，也就是要接受外界的訊息，這些刺激包括：聲音、光、電、溫度、壓力和化學分子。

■ 生物生存的外在環境經常有劇烈的變化，但是生物必須維持體內或細胞內各種狀態的恆定，包括：溫度、酸鹼度 (pH 值)、水份、鹽類濃度、糖濃度等。

1-3　科學方法

■ 科學方法就是利用某些程序來解答自然界發現的問題，並將所觀察到的現象提出解釋進而創立法則以預測這些現象之間的關係。

■ 科學方法的步驟為觀察→提出問題→文獻回顧→提出假設→實驗→結論→學說→科學定律。

Chapter 2

細胞的化學組成 (The chemical constitution of cell)

氣候變遷與健康

　　自工業革命以降，人類活動例如：工業對於石化燃料的大量需求、汽機車排放廢氣、冷凝劑等，使得大氣中各種溫室效應氣體 (二氧化碳、氧氮化合物、臭氧、甲烷、氟氯碳化物等) 累積。從太陽釋放的輻射能量較高，波長較短，當它穿過大氣層時可以穿透這些氣體。但是當這些輻射被地表反射後波長會變長，波長變長的輻射會被溫室效應氣體阻擋，不容易散失於大氣外，因此形成溫室效應導致地球的溫度逐年增高。溫度上升的結果使得北極冰層、冰川溶化，導致海平面上升，也使得極端氣候變得更加劇烈和頻繁。

　　2017 年在新加坡舉行的政府間氣候變化專門委員會 (IPCC) 所發表的第三次評估報告中指出 20 世紀全球平均地表溫度已增加 0.6℃，海平面已上升 0.1 至 0.2 公尺，預估在 1990 年至 2100 年期間全球平均溫度將上升 1.4~5.8℃。只有減少溫室氣體排放，穩定溫室效應氣體大氣濃度才可延遲和減少氣候變遷所造成的損失。當二氧化碳濃度穩定在 450 ppm (幾十年) 和 1000 ppm(約 2 世紀) 之間，到 2100 年全球平均地表溫度增加將限制在 1.2~3.5℃。IPCC 在 2014 年所提出的第五次氣候變遷評估報告

(AR5) 明確指出溫度與雨量改變，將影響生物的生長與分布。而溫度上升所造成的光化學反應是二次空氣污然物 (如：臭氧與懸浮微粒) 的主要原因之一。這些汙染源會導致呼吸道及心臟血管等疾病的增加，嚴重衝擊人類的健康。在極端氣候超常高溫環境中，花粉及其它致敏原的量也會較高，這些正也是引起哮喘的元兇，而全球約有 3 億哮喘患者，持續的氣溫上升將使這些患者負擔加重。極端的氣候造成的海平面上升，將破壞家園、醫療設施及其它必要的服務設施。

在距海洋 60 公里以內的陸地，為世界上半數人口聚居的地區。人們可能因為海平面上升被迫遷移，使得包括從心理健康到傳染病等一系列健康影響的風險升高。也因為極端的氣候造成降水模式改變導致洪水，人民也因為缺乏安全飲用水導致腹瀉的風險；病媒蚊、蟲的孳生將增加傳染性疾病發生的機率。世界衛生組織在 2018 年提出幾個氣候變遷與健康的重要事實，(1) 氣候變遷是影響著健康的社會和環境決定因素 - 乾淨的空氣，安全的飲用水，充足的食物和安全的居所。(2) 在 2030 年至 2050 年之間，氣候變化預計每年將造成大約 25 萬人因營養不良、瘧疾、腹瀉和熱效應而死亡。(3) 到 2030 年，健康帶來的直接損失費用 (不包含對農業、飲水和環境衛生等健康部門的費用) 估計在每年 20~40 億美元之間。

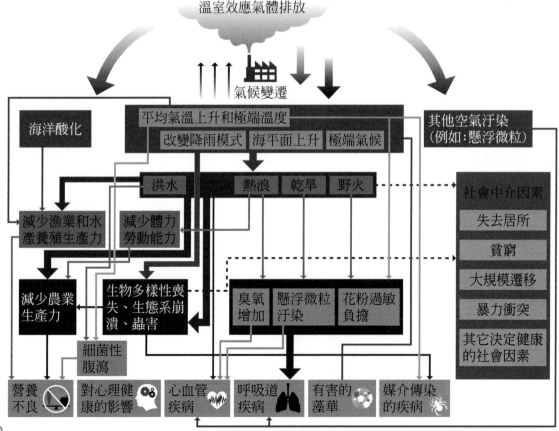

氣候變遷與健康

為何溫室效應氣體會影響環境進而衝擊到人類的健康？為了說明我們必須先了解所有的物質都是由原子組成，原子間藉由化學反應形成各種分子，生物體又是由很多化學分子所構成，要學習生物學必須先有基礎的化學知識，本章將介紹細胞中重要的化學組成。

2-1　原子的構造

地球是由各種不同環境與物種所構成的生態系，而世界上所有的物質都是由簡單的原子 (atom) 所構成 (圖 2-1)。原子是用化學方法無法再細分的粒子，由單一原子所組成的純物質即稱之為元素 (element)，例如：鑽石和石墨都是由碳 (carbon) 原子所形成的同素異形體 (圖 2-2)。目前已發現的元素有 118 種，其中 92 種為自然界存在，其餘 26 種為人為製造，這些元素會被依原子序數增加的順序排列在週期表上 (圖 2-3)，原子序數即代表元素在原子核中質子的數目。

自然界存在的元素中有 25 種是生命所必需的元素，其中碳 (C)、氫 (H)、氧 (O) 和氮 (N) 4 種元素佔人體重量的 96.3%，剩下的 3.7% 是由鈣、磷、鉀、硫、鈉、氯、鎂等 7 種元素組成。另外還有 14 種佔人體重量小於 0.01% 的微量元素，雖然微量元素含量非常少量，卻是生活上必需。例如：鐵雖然只佔人體的 0.004%，卻是血紅素組成的要素，而血紅素是血液循環中攜帶氧氣的重要物質。碘是合成甲狀腺素必須的物質，人體每日約需 0.15 mg 的碘，如果攝取不足可能會導致甲狀腺腫大。

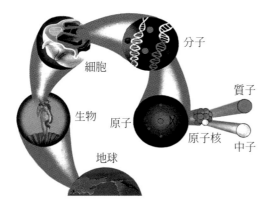

圖 2-1　地球是由原子所組成。將地球以不同層次的放大，最後我們可發現構成地球的最基本組成為原子。圖中 DNA 分子中的碳原子，是由 6 個質子與 6 個中子所構成的。

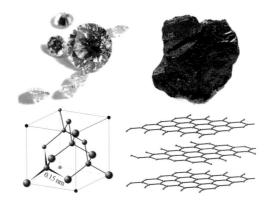

圖 2-2　鑽石與石墨。鑽石與石墨都是由碳元素組成，但是因為結構不同所以在價值上有天壤之別。

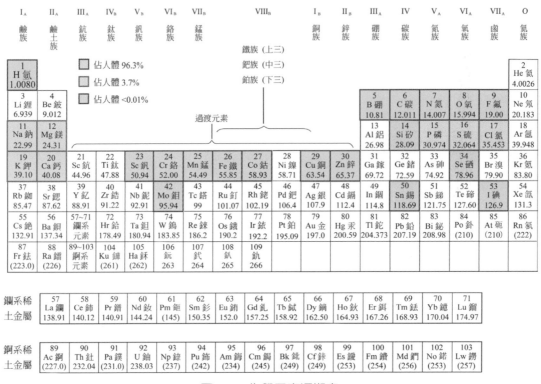

圖 2-3　化學元素週期表

　　原子是保有元素特性的最小單位，它是由質子 (proton)、電子 (electron) 和中子 (neutron) 等三種次原子粒子組成 (圖 2-4)。質子 (單一正電荷) 和中子 (電中性) 集中於原子核，而電子 (單一負電荷) 則環繞於原子核外的軌道，電中性的原子含有相同的質子數與電子數，它的淨電荷為零。元素在週期表上的位置即稱為原子序 (atomic number)，它代表這個特定元素所有原子的質子數目。一個原子的質子數和中子數的總和即稱為質量

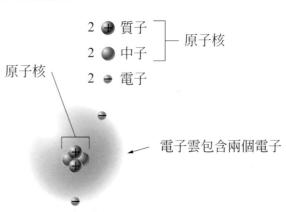

圖 2-4　氦原子模型，圖顯示氦原子由質子中子電子等三種次原子粒子組成，帶負電的電子圍繞著帶正電的原子核運轉。

數 (mass number)，它約略等於原子的質量。元素中所有的原子都含有相同的質子數和電子數，但是它們的中子數不一定相同，如果不同原子具有相同的質子數但是中子數不同者即稱之為同位素 (isotope)。同一元素的同位素它們的質量雖然不同但是卻有相同的化學特性，因此在生物醫學上常使用放射性同位素做為示蹤劑，因為放射性同

位素在蛻變過程所釋放的輻射，宛如發報器一樣發出訊號讓我們可以追蹤該元素在生物體的分布或是代謝過程。自然界中由兩種或兩種以上的元素所組成的物質即稱之為**化合物 (compound)**，例如：呼吸作用產生的二氧化碳 (CO_2) 和日常生活中瓦斯的成分甲烷 (CH_4) 都是化合物 (圖 2-5)，組成人體的大分子物質基本上也都是由碳 (C)、氫 (H)、氧 (O)、氮 (N) 等多種元素所組成。

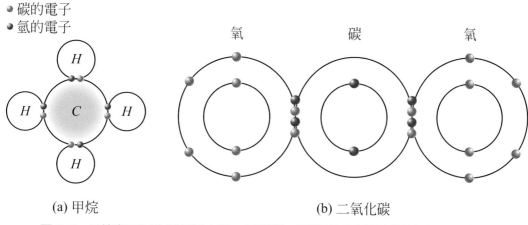

- 碳的電子
- 氫的電子

(a) 甲烷　　　　　　　　　　　(b) 二氧化碳

圖 2-5　甲烷與二氧化碳是藉由碳、氫與碳、氧間共用電子形成共價鍵的化合物

2-2 化學鍵結與分子

化合物中組成的原子，原子與原子間可藉由化學反應轉移、共用電子或吸引力形成化學鍵 (chemical bond)，將原子接合在一起。化學鍵的種類可分為**共價鍵 (covalent bond)**、**離子鍵 (ionic bond)** 及**氫鍵 (hydrogen bond)** 等三種，以下將分別介紹這三種鍵結。

(一) 共價鍵

化合物中組成的二個原子共用一或多對電子，讓彼此滿足八隅體電子結構，所形成的化學鍵結即稱之為共價鍵。例如：最普遍的燃料分子 - 甲烷 (CH_4)(圖 2-5a)，它是由 1 個碳原子分別與 4 個氫原子共享一對電子，形成四個單鍵的化合物。圖中另一個例子二氧化碳 (CO_2) (圖 2-5b)，是由 1 個碳原子分別與 2 個氧原子共享二對電子，形成二個雙鍵的化合物。如果共價化合物中原子間電荷的分佈不均勻，電子傾向某一原子即稱之為極性共價鍵，反之電子分配均勻即稱之為非極性共價鍵。

(二) 離子鍵

化合物中組成的二個原子，其中一個原子傾向失去電子形成正離子，另一個原子傾向奪取電子形成負離子，此種相反電荷的正離子與負離子以靜電吸引力產生鍵結即稱之為離子鍵。食鹽是離子鍵最佳的例子 (圖 2-6)，它是由氯和鈉兩種元素組成，當低游離能的鈉原子接近高電子親和力的氯原子時，鈉原子會失去一個電子形成正一價的鈉離子，而氯原子會獲得一個電子形成負一價的氯離子，而鈉離子 (Na^+) 與氯離子 (Cl^-) 再以相反的電荷互相吸引形成鍵結。

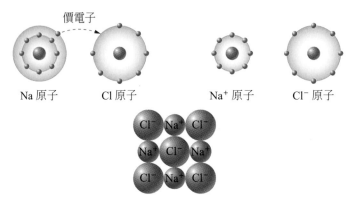

圖 2-6　離子鍵是在兩種電性不同之原子間所建立起來的，當 Na 將價電子給了 Cl，兩者便形成正負離子而產生吸引力

(三) 氫鍵

氫鍵是一種分子間或分子內的作用力，它發生在氫與電負性較強的原子 (例如：F、O、N) 形成共價鍵時，此時氫會類似氫離子 (H^+) 的狀態，能吸引鄰近電子親和力較大之 F、O、N 原子上的電子，此種吸引力即稱為氫鍵。例如：圖 2-7a 中的水分子 (H_2O) 是由 2 個氫原子與 1 個氧原子以共價單鍵結合，由於氧原子對電子的吸引力比氫原子強，因此在水分子中電子的分佈並不均勻，使得氫原子約略帶正電氧原子約略帶負電，使水成為極性分子，並在不同水分子間形成氫鍵。氫鍵雖為一種弱鍵，但在眾多的氫鍵作用之下使水具有重要的物理特性，這些特性也對生物體造成很大的影響。生物體中常見可形成氫鍵的官能基有：羥基 (– OH)、胺基 (– NH_2) 與羧基 (– COOH)(圖 2-7b)，這些官能基因具有極性，能與水形成氫鍵，使分子易溶於水並可形成氫鍵。

(a) 水分子之間的氫鍵

(b) 生物體中常見可形成氫鍵的官能基

圖 2-7　氫鍵

2-3　細胞內的化學組成

　　生物體的最基本組成為細胞，而細胞是由原生質 (protoplasm) 所構成。19 世紀中，植物學家默爾 (Hugo von Mohl) 以原生質一詞指稱植物細胞中黏稠、具有顆粒並呈現半流體的物質，之後英人赫胥黎 (T. H. Huxley) 稱原生質為生命的物質基礎 (The physical basis of life)。原生質的組成複雜，含有碳、氫、氧、氮、磷、硫等元素，及這些元素組合成的各種有機與無機化合物。有機化合物主要成分是碳與氫，也可能含有氧、氮、硫、磷等元素，細胞內的有機化合物為生物體內重要的生物分子，包含醣類 (carbohydrates)、蛋白質 (proteins)、脂質 (lipids)、核酸 (nucleic acids) 等；無機物則包括水、無機鹽及各種元素。

(一) 醣類

　　醣類是生物體內提供能量的主要來源，醣類由 C、H、O 三種元素所組成，其通式為 $(CH_2O)_n$，分子中碳、氫、氧的比值為 1：2：1 與水相同，故亦稱為碳水化合物。它在細胞中含量約 1%，氧化後會釋出能量，也是細胞中貯藏能量的物質，醣類可分為**單醣 (monosaccharides)**、**雙醣 (disaccharides)** 與**多醣 (polysaccharides)**。

1. 單醣

　　單醣是最簡單的醣類，不能再水解為更小的分子，最常見的單醣例子為葡萄糖 (glucose)、果糖 (fructose)、半乳糖 (galactose) 等三種糖，此三種糖有相同的原子組成，他們的分子式都是 $C_6H_{12}O_6$，但是化學結構中原子的排列卻不同，因而有不同的特性，稱之為**異構物 (isomers)** 其結構式如圖 2-8。當單醣在水中溶解時，單醣的一端與另外一端會鍵結形成環形結構，

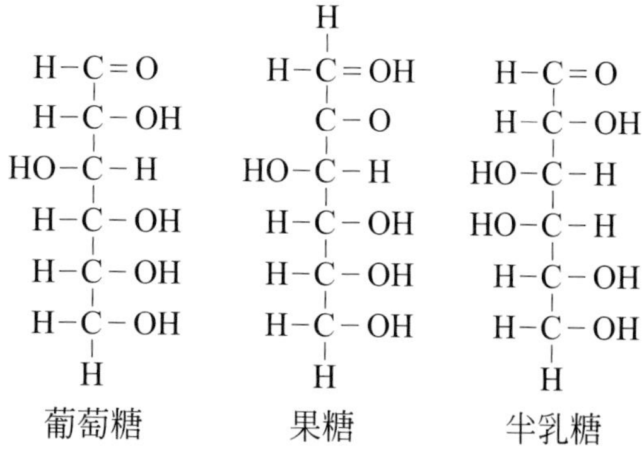

圖 2-8　單醣的棒狀化學式 (stick formulas)

例如圖 2-9 中葡萄糖溶解於水中，分子結構從棒狀轉變為環狀結構，當葡萄糖分子 1 號碳與 2 號碳上的羥基 (－OH) 位於同在一平面時稱為 α 形式葡萄糖，反之則稱為 β 形式葡萄糖。

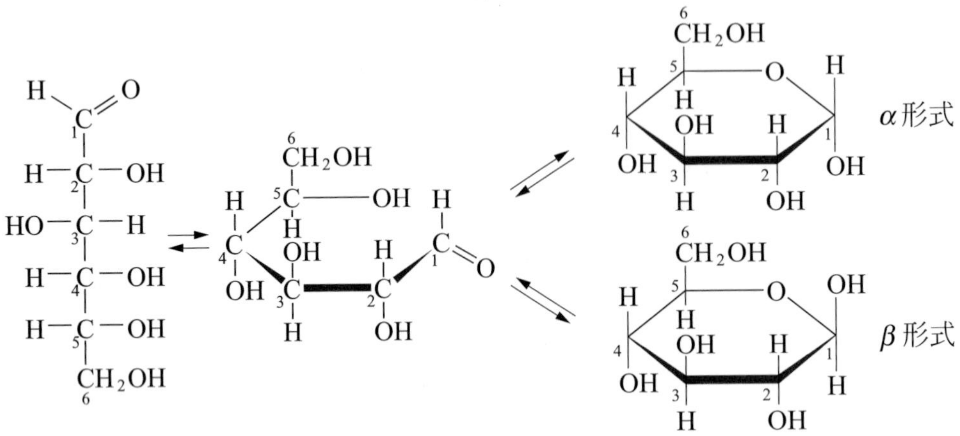

圖 2-9　葡萄糖分子結構在水溶液中的轉變

　　葡萄糖常存在於水果、蜂蜜以及哺乳類動物的血液中，是生物體正常生理活動所需能量的主要來源，它在哺乳類血液和組織內的總量約為體重的 0.1%。血液中的葡萄糖就是我們常稱的血糖，血糖的濃度必須維持恆定，長期高血糖可能發生糖尿病，導致眼睛失明和腎臟疾病；但濃度過低，則使某些腦細胞的敏感性增加，以致對極微弱的刺激就引起反應，容易造成肌肉痙攣、昏迷或死亡。由於它能直接被人體吸收利用，在醫學上會注射葡萄糖以補充病人體內的糖分，而運動員在運動時也經常以葡萄糖補充能量。

2. 雙醣

　　兩分子的單醣接合時，會失去一分子水，產生新的化學鍵將兩個單醣連接形成雙醣，此種接合過程會脫去一分子水的反應稱為**脫水合成 (dehydration synthesis)**。相反的，雙醣也可加入一分子水將它分解為二個單醣，此種過程稱之為**水解 (hydrolysis)**，此反應為脫水化合的逆反應。日常生活中常見的雙醣有三種：麥芽糖 (maltose)、蔗糖 (sucrose)、乳糖 (lactose)，他們的通式為 $C_{12}H_{22}O_{11}$，是由兩分子單醣脫水化合而成。例如：麥芽糖是由兩分子葡萄糖結合而成 (圖 2-10a)，蔗糖是一分子的葡萄糖和一分子的果糖結合而成 (圖 2-10b)，乳糖是由一分子葡萄糖與一分子半乳糖結合而成。

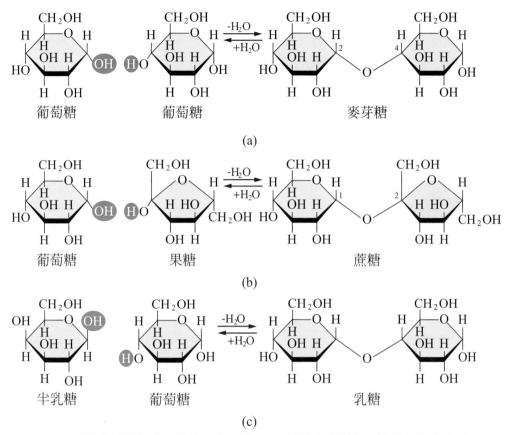

圖 2-10 　(a) 麥芽糖合成過程中的脫水化合反應。(b) 蔗糖合成過程中的脫水化合反應。
　　　　(c) 乳糖合成過程中的脫水化合反應

3. 多醣

　　多醣是由單醣經由脫水合成所形成的長鏈，亦即是由單醣所形成的聚合體。圖 2-11 顯示三種常見的多醣澱粉 (starch)、肝醣 (glycogen) 和纖維素 (cellulose)，它們都是由許多葡萄糖單體脫水合成。多醣組成的基本單位雖相同，但由於葡萄糖的結構與鍵結方式的差異，使得三種多醣具有截然不同的特性。

　　澱粉 (圖 2-11a) 是由葡萄糖單體聚合成的長鏈，也是植物儲存多醣的方式，例如在馬鈴薯塊莖細胞就儲存有澱粉顆粒，當植物需要能量時澱粉可轉化為單糖，成為提供植物能量的來源。肝醣與澱粉類似也是葡萄糖聚合體，但是肝醣除了直鏈部分，另有許多分枝 (圖 2-11b)，動物過剩的葡萄糖會以肝糖形式儲存肝細胞與肌肉細胞。當細胞需要能量時肝糖就會被水解成葡萄糖，成為細胞能量的來源。

　　纖維素 (圖 2-11c) 是植物細胞壁重要組成分子，它是葡萄糖長鏈分子間藉由氫鍵相互吸引所形成的堅韌結構。人體因缺乏分解纖維素的酶，因此無法以纖維素作

爲能量來源，草食性動物則可以藉著腸道中的微生物幫忙分解纖維素，所以可將纖維素作爲能量來源。人體雖然無法消化纖維素，但是纖維素通過消化道時會刺激腸內襯細胞分泌黏液，對腸道健康有極大的幫助。

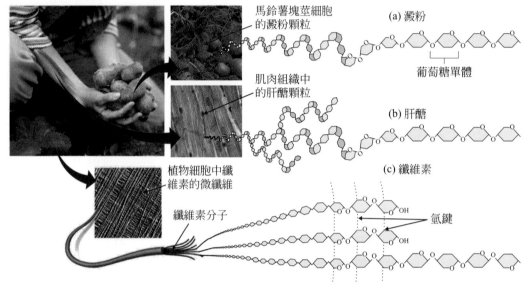

圖 2-11　三種常見的多醣 (a) 澱粉 (b) 肝醣 (c) 纖維素

(二) 蛋白質

　　蛋白質是由胺基酸 (amino acid) 單體所形成的聚合物，蛋白質在細胞中含量約 15%，爲生物體內含量最多且最重要的有機物，種類多而複雜。蛋白質在生物體中有不同的形式，依其功能可分爲 (1) 運輸蛋白：人體紅血球中之血紅素協助氧氣的運送；(2) 收縮蛋白：人體肌肉的肌動蛋白與肌凝蛋白協助運動；(3) 儲存蛋白：植物種子與蛋中都富含幫助生長所需的儲存蛋白；(4) 酶：人體中的各種消化酶可幫助消化作用中的化學反應；(5) 結構蛋白：動物的犄角、毛髮等都是屬於結構蛋白。

1. 胺基酸

　　所有的蛋白質都是由胺基酸單體串連在一起，每一個胺基酸是由 C、H、O、N、S 等元素構成。胺基酸的化學結構都是以四個共價鍵結的碳原子爲中心，同時接有胺基 (－ NH_2)、羧基 (－ COOH)，以及一個側鏈 (R 基)(圖 2-12a)。R 基可由 0 ～多個的碳原子形成，人體共有 20 種胺基酸，而這些胺基酸的差異就是在 R 基的不同，它也賦予胺基酸獨特的化學性質。最簡單的胺基酸是甘胺酸 (glycine)，它的 R 基不是碳而是接上一個氫原子 (圖 2-12b)；而丙胺酸 (alanine) 的 R 基則是接一個甲基 (－ CH_3)(圖 2-12c)。

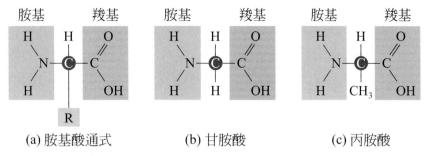

(a) 胺基酸通式　　　　(b) 甘胺酸　　　　(c) 丙胺酸

圖 2-12　(a) 胺基酸基本結構。R 代表不同數目碳原子形成的側鏈。(b) 甘胺酸是最簡單的胺基酸。
(c) 丙胺酸的 R 基含有一個甲基 (CH_3)

　　胺基酸與蛋白質在水溶液中具有緩衝 (buffer) 功能，當溶液中的鹼性 (OH^-) 離子增加時，胺基酸中的羧基 ($-COOH$) 會釋放出氫離子與之中和形成水 (圖 2-13)，反之若溶液中代表酸性的氫離子 (H^+) 增加時，胺基 ($-NH_2$) 則會與氫離子結合，減少 pH 值的變化，對生物體來說是很重要的天然緩衝劑。

圖 2-13　胺基酸在酸性與鹼性環境下變化

　　大多數的蛋白質由數百至數千個胺基酸單位所構成，兩個胺基酸在結合時，其中一個胺基酸的胺基 ($-NH_2$) 會與另一個胺基酸的羧基 ($-COOH$) 化合形成胜鍵 (peptide bond，或稱肽鍵)，過程中會脫去一分子水，合成的分子稱為雙胜 (dipeptide)(圖 2-14)，同樣的道理三個胺基酸化合會形成三胜 (tripeptide)，而多個胺基酸化合就形成多胜 (polypeptide)；這種鏈狀結構的一端保留著游離的胺基而另一端保留一個游離的羧基，所以多胜鏈的兩端分別稱為 N 端與 C 端。細胞中由胺基酸形成多胜鏈的反應在核糖體上進行，詳細過程將在後面章節討論。

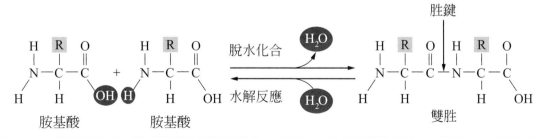

圖 2-14　雙胜的形成。形成胜鍵的過程會脫去一分子水，此過程稱為脫水合成反應。在消化系統中，雙胜也可以被酶分解為兩個胺基酸，過程中需要加入一分子水，稱為水解反應。

　　1950 年代最先被決定出胺基酸序列的蛋白質是由胰臟分泌的胰島素 (insulin)，缺乏時會導致糖尿病。胰島素是小分子蛋白質，共 51 個胺基酸組成 A、B 兩條多胜鏈，中間以雙硫鍵連接 (圖 2-15)。雙硫鍵由半胱胺酸 (Cys) 形成，這是一種含有硫的胺基酸，用以穩定蛋白質的結構。許多蛋白質都包含兩條以上的多胜鏈。

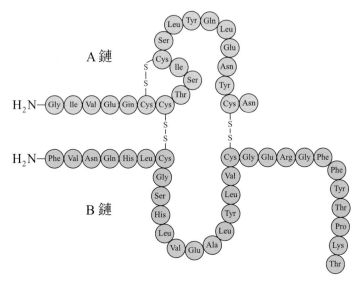

圖 2-15　胰島素由 A、B 兩條多胜鏈組成，分子間以雙硫鍵 (－ S － S －) 結合。

2. 蛋白質的結構

　　從簡單的胺基酸到複雜的蛋白質一般用四種層級來進行描述，分別為蛋白質的第一到第四級結構。組成多胜鏈的胺基酸序列 (sequence) 稱為一級結構 (圖 2-15、圖 2-16a)，從一級結構中我們可以知道胺基酸的種類、數目與排列順序，由於胺基酸的 R group 具有親水與疏水等不同特性，所以一級結構將來也會直接影響多胜鏈的折疊及蛋白質的立體形狀。由於胺基酸分子彼此間會形成氫鍵，使得多胜鏈能纏繞成簡單的形狀稱為二級結構，二級結構有兩種，分別為 α 螺旋 (α － helix) 與 β 褶板 (β － pleated sheets)(圖 2-16b)。在 α - 螺旋中，每一個胺基酸羧基上的氧 (C=O) 會與另一個胺基酸醯胺 (N － H) 的氫形成氫鍵，是一個十分穩定的結構。而 β 褶板是由鋸齒狀的胺基酸長鏈並排而成，鄰近的長鏈之間以氫鍵相連，具有容易彎曲的特性。蛋白質的三級結構是以 α 螺旋與 β 褶板進一步的彎曲和折疊而成，形狀更為複雜 (圖 2-16c)。在這個層級，每一個原子在空間上都必須有正確的相對位置。氫鍵、親水性交互作用力、疏水性交互作用力、雙硫鍵質皆對於穩定正確的三級結構相當重要。

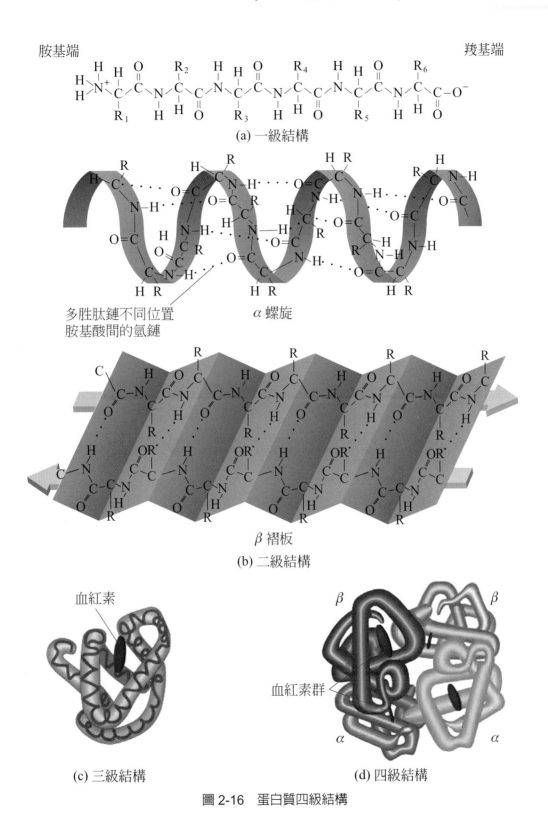

(a) 一級結構

多胜肽鏈不同位置
胺基酸間的氫鏈

α 螺旋

β 褶板

(b) 二級結構

(c) 三級結構

(d) 四級結構

圖 2-16　蛋白質四級結構

很多因子例如：熱、酸、鹼、酒精、重金屬離子等會破壞蛋白質的穩定結構，蛋白質的形狀改變就等於喪失功能，稱為**變性** (denaturation)。若一個蛋白質由兩條以上多胜鏈組成就會形成四級結構，在四級結構中，每一條多胜鏈皆已形成特定的三級結構，然後組合在一起形成完整而具有功能的蛋白質即為四級結構 (圖 2-16d)。以血紅素 (hemoglobin) 為例，血紅素是人體內負責運送氧氣的蛋白質，它是由四條多胜鏈共 574 個胺基酸組成的，其中兩條為 α 鏈，兩條為 β 鏈，單獨的 α 或 β 鏈稱為三級結構，組合成血紅素就稱為四級結構。

(三) 脂質 (Lipids)

脂質屬於非極性的化合物，不溶於水，包括中性脂肪 (neutral fats) 、磷脂 (phospholipids)、類固醇 (steroids)、脂溶性維生素與蠟 (wax) 等。

1. 中性脂肪 (neutral fats)

一般常見的油脂屬於中性脂肪，動物性油脂如豬油、牛油 (butter) 溫度低時常呈固態；植物油如橄欖油 (olive oil) 以及花生油 (peanut oil) 室溫下皆為液態。組成脂肪的原子與醣類相同，皆為 C、H、O 三元素，脂肪由脂肪酸 (fatty acid) 與甘油 (glycerol) 兩種分子化合而成 (圖 2-17)。

脂肪酸為具有碳氫長鏈的有機酸，一端連接著羧基 (－ COOH)，分子內通常具有 4 ～ 24 個碳原子，最常見的為 16 碳與 18 碳兩種；若碳與碳之間的鍵結全為單鍵「－」稱為**飽和脂肪酸** (saturated fatty acid)，若碳與碳之間含有一個以上的雙鍵「＝」則稱為**不飽和脂肪酸** (unsaturated fatty acid)(圖 2-18)。脂肪的特性由脂肪酸決定；動物脂肪含有較多的飽和脂肪酸，飽和脂肪酸為直的碳氫長鏈，分子排列緊密，形成脂肪時流動性較差，故室溫低時易呈固態；植物性油脂含有較多不飽和脂肪酸，不飽和脂肪酸的雙鍵會造成碳氫鏈轉折，可避免分子排列過於緊密，形成油脂時流動性較佳，室溫下為液態。

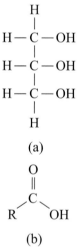

圖 2-17　(a) 甘油分子結構。
　　　　　(b) 脂肪酸通式，R 基為長碳鏈，通常具有 4 ～ 24 個碳原子。

　　甘油分子具有三個羥基 (－ OH)，每個羥基都可以與脂肪酸的羧基 (－ COOH) 化合形成**酯鍵** (ester bond)，並放出一分子水，當一個甘油分子與三個脂肪酸結合後即形成一分子中性脂肪，放出三分子水 (圖 2-19) 所以中性脂肪又稱為三醯基甘油 (triacylglycerol) 或三酸甘油酯 (triglyceride)。參與反應的三個脂肪酸可以相同亦可不同，因此可形成各種不同的脂肪。這個反應也可以進行逆反應，稱為水解。消化系統中的脂肪酶可將中性脂肪水解為甘油與脂肪酸，過程中需加入三分子水。

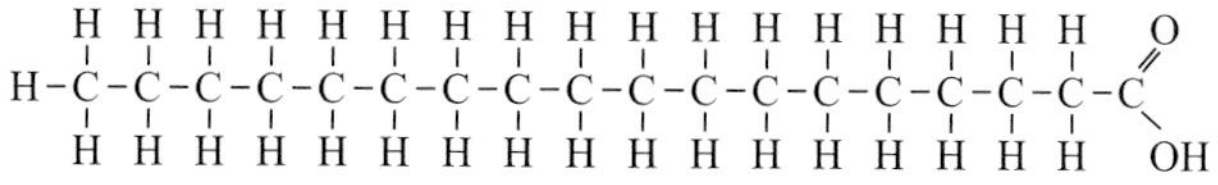

(a) 硬脂酸

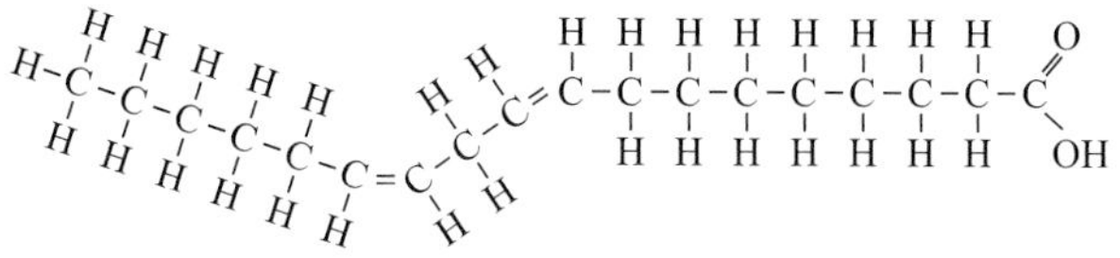

(b) 亞麻油酸

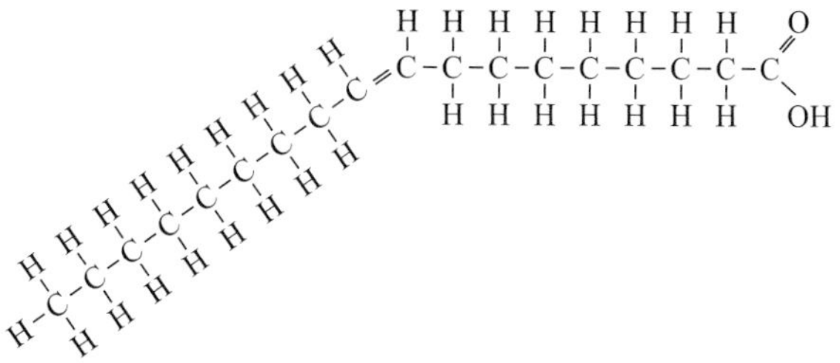

(c) 油酸

圖 2-18　飽和與不飽和脂肪酸。(a) 硬脂酸是一種飽和脂肪酸。
(b) 亞麻油酸與 (c) 油酸屬於不飽和脂肪酸。

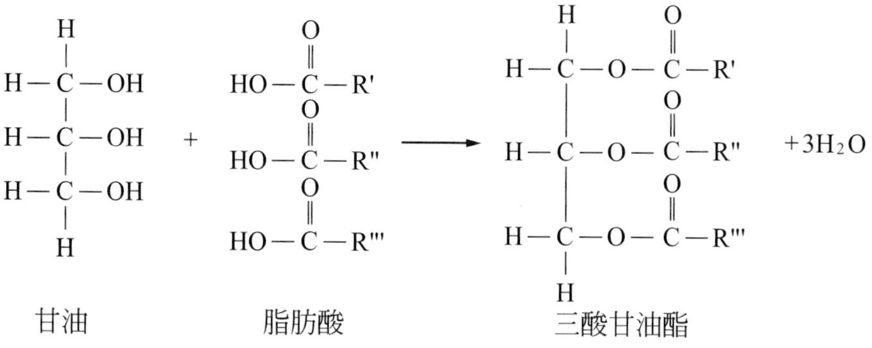

甘油　　　　　脂肪酸　　　　　三酸甘油酯

圖 2-19　脂肪的形成。一分子甘油與三分子脂肪酸可形成一分子中性脂肪，放出三分子水。

　　動物皮下脂肪可以防止體溫散失，例如某些海豹胸部的皮下脂肪厚達 6 公分，有利於在北極地區維持正常活動。動物的內臟周圍也有脂肪，可保護器官免於受到機械性傷害。而脂肪酸的長鏈上附有很多氫原子，在每條碳氫鏈上均蘊含化學能，氧化脂肪酸可釋出化學能供應身體所需能量。皮膚中的皮脂腺可分泌油脂，潤滑皮膚與毛髮。

2. 磷脂質

　　磷脂質是構成動植物細胞膜系的主要成份，包括細胞膜、核膜及各種膜系胞器皆由磷脂組成。

　　磷脂與中性脂肪的組成方式相似，只是在磷脂分子中，甘油是與二個脂肪酸及一個磷酸根結合。磷脂中的磷酸根帶有負電，為親水性 (hydrophilic)，易溶於水；而脂肪酸長鏈為疏水性 (hydrophobic)，不溶於水，這種分子稱為**兩性分子 (amphiphile)**（圖 2-20a）。

　　當磷脂聚集時親水性的頭部會互相靠近，而疏水性的脂肪酸長鏈也會互相靠近，在水溶液中為求穩定，磷脂分子會避免脂肪酸接觸到水，自然形成微膠粒 (micelle) 或雙層磷脂 (phospholipid bilayer) 的結構（圖 2-20b)，在這些結構中親水性的頭部皆朝外而疏水性的尾部則包埋在內，細胞膜的構造即是雙層磷脂膜。

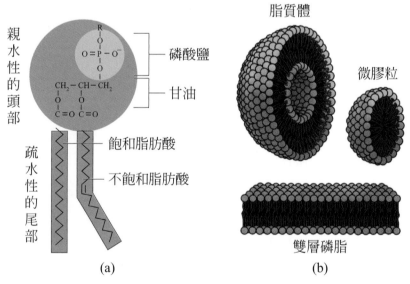

圖 2-20　(a) 磷脂分子具有親水性的頭部與疏水性的尾部。
(b) 磷脂在水溶液中形成的穩定結構。

3. 類固醇

所有類固醇均以四個碳環為架構 (圖 2-21)，分子形狀雖與脂肪相去甚遠但碳氫數目眾多，亦為疏水性，常與脂質共存。類固醇種類很多，但是附於其上的側鏈與官能基則各有不同。生物體重要的類固醇有雌、雄性激素 (sex hormones)、腎上腺皮質素 (cortisol) 和膽固醇 (cholesterol) 等。膽固醇首先在膽汁中被發現，是肝臟製造膽汁的原料之一，細胞膜除了磷脂之外也含有許多膽固醇，可幫助維持膜的穩定及流動性，同時它也是合成其它固醇類激素的原料，對人體非常重要。人體自然就會合成膽固醇，但如果血液中膽固醇濃度過高則容易累積在血管壁，造成動脈硬化。

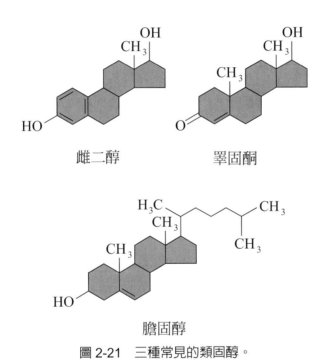

雌二醇　　　　　　　　睾固酮

膽固醇

圖 2-21　三種常見的類固醇。

4. 脂溶性維生素

　　類胡蘿蔔素 (carotenoids) 及脂溶性維生素 A、D、E、K 亦爲脂質的有機物質。維生素 A 可經由胡蘿蔔素轉變而來 (圖 2-22)；而維生素 D 屬於固醇類的化合物，在陽光照射下人體可自然合成維生素 D_3。脂溶性維生素易與脂肪共存，在人體內會儲存於肝細胞中不易代謝，故食用不可過量。

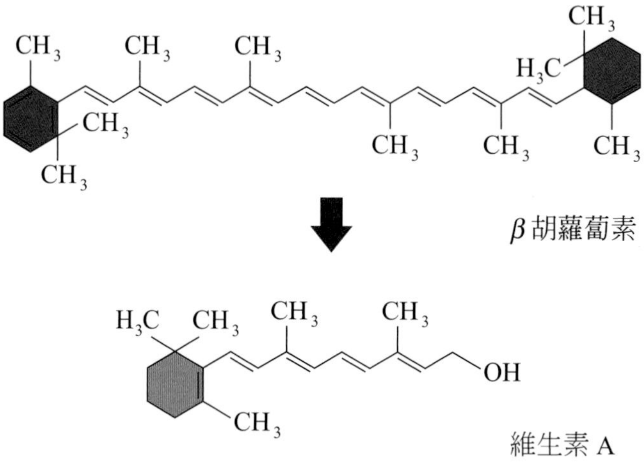

β 胡蘿蔔素

維生素 A

圖 2-22　維生素 A 由 β 胡蘿蔔素轉變而來。

5. 蠟

　　蠟的主要組成成分爲碳氫長鏈鍵結而形成的**酯類**如蜂蠟 (圖 2-23)。蠟通常分泌於葉、果實、動物皮膚、羽毛及毛皮等之外層。蠟亦爲植物角質的重要成分。一般角質常覆蓋於莖、葉及果實表面，除了可防水分散失外並可爲生物體抵抗病原侵入。

$$C_{25-27}H_{51-55} - \overset{\overset{\displaystyle O}{\|}}{C} - O - C_{30-32}H_{61-65}$$

圖 2-23　蜂蠟

(四) 核酸 (Nucleic acid)

核酸包括去氧核糖核酸 (deoxyribonucleic acid，簡寫為 DNA) 與核糖核酸 (ribonucleic acid，簡寫為 RNA) 兩種 (圖 2-24)。構成核酸的單位是核苷酸 (nucleotides)，核苷酸是由含氮鹼基、五碳糖和磷酸根所組成。含氮鹼基總共有五種，其中嘌呤類包含腺嘌呤 (Adenine，簡寫 A) 與鳥糞嘌呤 (Guanine，簡寫 G) 兩種，嘧啶類有胸腺嘧啶 (Thymine，簡寫 T)、胞嘧啶 (Cytosine，簡寫 C) 與脲嘧啶 (Uracil，簡寫 U) 三種。

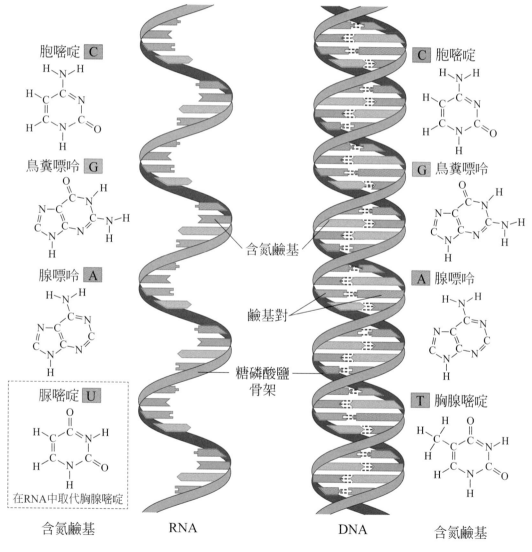

圖 2-24　DNA 與 RNA

組成 DNA 與 RNA 的核苷酸有兩點不同：(1) 在 DNA 中的五碳糖是去氧核糖 (deoxyribose)；在 RNA 中為核糖 (ribose)(圖 2-25)。(2) 在 DNA 中出現的含氮鹼基有 A、T、C、G 四種；在 RNA 中為 A、U、C、G 四種。

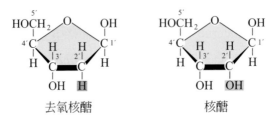

去氧核醣　　　　核醣

圖 2-25　去氧核糖與核糖。在去氧核糖的二號碳連接兩個氫原子，在核糖的二號碳連接一個氫原子與一個羥基 (− OH)。

DNA 主要存在於細胞核的染色體 (chromosomes) 內，是所有生物的遺傳物質，DNA 上的基因可控制酶與蛋白質的合成，因而也影響細胞的生理活動。RNA 有三種，分別為傳訊 RNA(messenger RNA，mRNA)、轉運 RNA(tranfer RNA，tRNA)、核糖體 RNA(ribosomal RNA，rRNA)，三種 RNA 皆由 DNA 轉錄 (transcription) 而來且參與合成蛋白質的轉譯作用 (translation)，關於這部分將在後面章節中詳細討論。

(五) 水

地球上四分之三由水覆蓋，人體內大約 70% 是水，是細胞內含量最多的無機物，沒有水就沒有生命，生物體內含水的比率各不相同；植物方面，自休眠孢子的 8% 到若干果蔬類的 90% 以上；動物方面，人類自骨骼的 20%，皮膚 60% 到腦細胞之 85% 不等，有些動物如水母其含水量更高達 95%。水還有其他重要特性如下：

1. 水是最佳溶劑

細胞中大部分物質皆溶在水中，許多化學反應必須在水中方能進行。水因為具有形成氫鍵的能力，而生物體中重要的有機分子常常含有可形成氫鍵的羥基、胺基與羧基等，這些有機分子可與水形成氫鍵增加它們的溶解度，例如：血液中的養分如葡萄糖、胺基酸，讓生物的代謝反應能順利進行。水亦能溶解離子性鹽類與極性分子，所以水是最佳的溶劑。它能溶解生命所需的各種溶質，使這些物質可以被運送，例如：細胞呼吸所需的氧氣皆溶於水中運輸，而新陳代謝產生的二氧化碳與含氮廢物亦需先溶於水中然後在排出體外。

2. 比熱容與汽化熱

比熱容簡稱比熱。水的比熱為 1 cal/g℃，比起一般溶液，例如酒精 (0.587cal/g℃) 或甲醇 (0.424cal/g℃) 都要大。水在加熱時氫鍵可吸收大量熱能，因此溫度上升較慢。當水由液態變成氣態亦需要吸收熱能，用以打斷氫鍵，水的汽化熱為 40.8 kJ/mol，當我們流汗時，水分蒸散會帶走皮膚表面大量的熱能，使人感到涼爽。這種較高的吸熱和放熱的能力使其具有調節體溫的作用，生物體可藉此抵抗外界環境劇烈的溫度變化。

3. 內聚力

氫鍵會將水分子凝聚在一起，這種吸引力稱為**內聚力** (cohesion)。當葉片蒸散作用發生時，水分經由植物體內的導管細胞由下往上運輸，由於內聚力的影響，導管內的水柱不會中斷，而是形成一股由根到莖到葉的連續性水流。水的**表面張力** (surface tension) 也是內聚力造成的；當玻璃杯注滿水時，杯口的水面會微微隆起，此時水並不會立刻流下來，或是水黽等昆蟲可在水上行走，這些都是因為有表面張力的關係。

4. pH 值與緩衝液

水有輕微的解離度，可產生氫離子 (H⁺) 與氫氧根離子 (OH⁻)，因而具有導電性：

$$H_2O \rightleftharpoons H^+ + OH^-$$

H^+ 與 OH^- 濃度的大小，可決定溶液的酸鹼值，當 H^+ 濃度大於 OH^- 濃度時為酸性；當 H^+ 濃度小於 OH^- 濃度時為鹼性，而純水中 H^+ 與 OH^- 之濃度相等，所以水為中性。化學家用 pH (potential of hydrogen) 表示溶液中的氫離子濃度；pH 值即是氫離子濃度倒數的對數值：

$$pH = -\log_{10}[H^+] = \log_{10}\frac{1}{[H^+]}$$

$[H^+] = [OH^-] \Rightarrow pH = 7$ 　呈中性

$[H^+] > [OH^-] \Rightarrow pH < 7$ 　呈酸性

$[H^+] < [OH^-] \Rightarrow pH > 7$ 　呈鹼性

　　pH 值的大小，和細胞的各種生理作用，尤其是酶的作用，有極其密切的關係。日常生活中常見物品的 pH 值如圖 2-26。

　　生物體液含有緩衝劑 (buffers)，所謂的緩衝劑就是在溶液中有過多的酸 (H^+) 它會接受 H^+，在溶液中有過多的鹼 (OH^-)，它會釋放 H^+ 中和鹼，使溶液的 pH 值變化減到最小 (圖 2-27)，也就是說緩衝劑能接受或供給氫離子。常見的緩衝劑有三種：弱酸、弱鹼以及弱酸弱鹼反應形成的鹽類，將緩衝劑溶於水可製成緩衝溶液 (buffer solution)，例如人體血液內由碳酸及重碳酸根離子所構成的緩衝系統。

$$CO_2 + H_2O \rightleftharpoons H_2CO_3 \rightleftharpoons H^+ + HCO_3^- \rightleftharpoons 2H^+ + CO_3^{-2}$$

　　當血液或體液內 H^+ 過多時，重碳酸根離子 (HCO_3^-) 可與 H^+ 結合而形成碳酸 (H_2CO_3)，此時反應向左進行。而當氫氧根離子 (OH^-) 過多時，碳酸可釋出 H^+ 與 OH^- 中和而形成水，此時反應向右進行。藉此維持體內 pH 值的恆定。除了碳酸，人體內尚有磷酸 (H_3PO_4) 形成的緩衝系統；此外血紅素以及血漿中的胺基酸、蛋白質皆具有緩衝的功能。

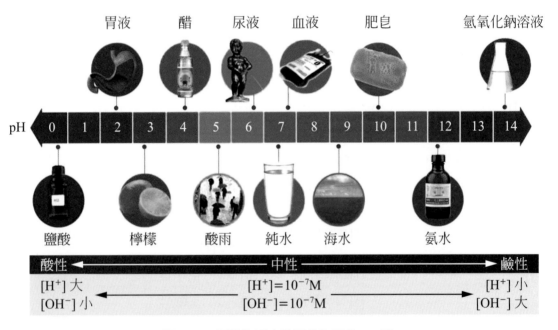

圖 2-26　日常生活中常見的物品的 pH 值

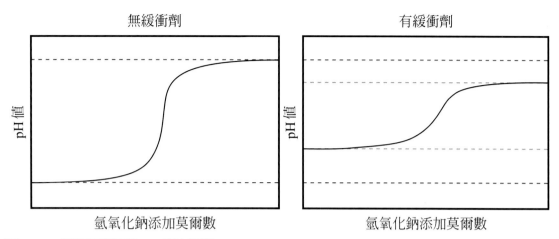

圖 2-27　緩衝液對溶液 pH 值的影響
　　　　以氫氧化鈉滴定鹽酸的實驗中，含有緩衝劑的一組（右圖），其 pH 值變化較小。

(六) 無機鹽

　　生物體中無機鹽種類很多，約占重量的 1%，每一種都具有特殊的生理功能。無機鹽中常見的陽離子有 Na^+、K^+、Ca^{+2}、Mg^{+2} 等；陰離子有 Cl^-、HCO_3^-、PO_4^{-3}、SO_4^{-2}、NO_3^- 等。其中鈉、鉀與神經衝動的產生有關，鈣離子參與肌肉收縮與血液凝固，而骨骼的成分主要為磷酸鈣，植物的葉綠素中含有鎂原子，碳酸氫根在血液中具有酸鹼緩衝的功能等。

本章複習

2-1　原子的構造

■　世界上所有的物質都是由簡單的原子所構成，原子是用化學方法無法再細分的粒子，由單一原子所組成的純物質即稱之為元素兩種或兩種以上的元素所組成的物質即稱之為化合物。

■　原子是由質子、電子和中子等三種次原子粒子組成。

■　元素在週期表上的位置即稱為原子序，它代表這個特定元素所有原子的質子數目。

■　一個原子的質子數和中子數的總和即稱為質量數，它約略等於原子的質量。

■　不同原子具有相同的質子數但是中子數不同者即稱之為同位素，同位素的質量雖然不同但是卻有相同的化學特性。

2-2 化學鍵結與分子

■ 化合物中組成的原子，原子與原子間可藉由化學反應轉移、共用電子或吸引力形成化學鍵，將原子接合在一起。化學鍵可分為共價鍵、離子鍵及氫鍵等三種。

- 化合物中組成的二個原子共用一或多對電子，所形成的化學鍵結即稱之為共價鍵。

- 化合物中組成的二個原子，其中一個原子傾向失去電子形成正離子，另一個原子傾向奪取電子形成負離子，此種相反電荷的正離子與負離子以靜電吸引力產生鍵結即稱之為離子鍵。

- 氫與電負性較強的原子 (例如：F、O、N) 形成共價鍵時，此時氫會類似氫離子 (H^+) 的狀態，能吸引鄰近電子親和力較大之 F、O、N 原子上的電子，此種吸引力即稱為氫鍵。

  ♦ 生物體中常見可形成氫鍵的官能基有：羥基 (– OH)、胺基 (– NH_2) 與羧基 (– COOH)。

2-3 細胞內的化學組成

■ 生物體的最基本組成為細胞，而細胞是由原生質所構成。原生質的組成複雜，各種有機與無機化合物。有機化合物包含醣類、蛋白質、脂質、核酸等；無機物則包括水、無機鹽及各種元素。

■ 醣類是生物體內提供能量的主要來源，其通式為 $(CH_2O)_n$ 故亦稱為碳水化合物。醣類可分為單醣、雙醣與多醣。

- 單醣是最簡單的醣類，最常見的單醣為葡萄糖、果糖、半乳糖，這三種糖有相同的原子組成，但它們化學結構中原子的排列卻不同，稱之為異構物。

- 兩分子之單醣接合時，會失去一分子水，形成雙醣，此種接合過程會脫去一分子水的反應稱為脫水合成。相反的，雙醣也可加入一分子水將它分解為二個單醣，此種過程稱之為水解。

- 日常生活中常見的雙醣有三種：麥芽糖、蔗糖、乳糖，麥芽糖是由兩分子葡萄糖結合而成；蔗糖是一分子的葡萄糖和一分子的果糖結合而成；乳糖是由一分子葡萄糖與一分子半乳糖結合而成。

- 常見的多醣有澱粉、肝醣、纖維素三種，它們都是由許多葡萄糖單體脫水合成。

- ♦ 澱粉是由葡萄糖單體聚合成的長鏈，也是植物儲存多醣的方式，當植物需要能量時澱粉可轉化為單糖，成為提供植物能量的來源。

- ♦ 肝醣也是葡萄糖聚合體，但是肝醣除了直鏈部分，另有許多分枝，動物過剩的葡萄糖會以肝糖形式儲存肝細胞與肌肉細胞。當細胞需要能量時肝醣就會被水解成葡萄糖，成為細胞能量的來源。

- ♦ 纖維素是植物細胞壁重要組成分子，它是葡萄糖長鏈分子間藉由氫鍵相互吸引所形成。人體雖然無法消化纖維素，但是纖維素通過消化道時會刺激腸內襯細胞分泌黏液，有助腸道健康。

■ 蛋白質是由胺基酸單體所形成的聚合物，蛋白質在細胞中含量約 15%，為生物體內含量最多且最重要的有機物。

- 生物體中蛋白質有幾種形式存在，依其功能可分為 (1) 運輸蛋白：例如人體紅血球中之血紅素；(2) 收縮蛋白：例如人體肌肉的肌動蛋白與肌凝蛋白；(3) 儲存蛋白：例如植物種子與蛋中的儲存蛋白；(4) 酶：例如人類的消化酶；(5) 結構蛋白：例如動物的犄角、毛髮等。

- 所有的蛋白質都是由 20 種胺基酸串連在一起，胺基酸的化學結構都是以四個共價鍵結的碳原子為中心，同時接有胺基與羧基，以及一個側鏈 (R 基)。

- 從簡單的胺基酸到複雜的蛋白質一般用四種層級來進行描述，分別為蛋白質的第一到第四級結構。

  - ♦ 組成多胜鏈的胺基酸序列稱為一級結構，從一級結構中我們可以知道胺基酸的種類、數目與排列順序。

  - ♦ 由於胺基酸分子彼此間會形成氫鍵，使得多胜鏈能纏繞成簡單的形狀稱為二級結構，二級結構有兩種，分別為 α 螺旋與 β 褶板。

  - ♦ 蛋白質的三級結構是以 α 螺旋與 β 褶板進一步的彎曲和折疊而成，形狀更為複雜。

  - ♦ 若一個蛋白質由兩條以上多胜鏈組成就會形成四級結構。

■ 脂質屬於非極性的化合物，不溶於水，包括中性脂肪、磷脂、類固醇、脂溶性維生素與蠟等。

- 一分子甘油與三分子脂肪酸可形成一分子中性脂肪，中性脂肪的碳氫長鏈中；若碳與碳之間的鍵結全為單鍵稱為飽和脂肪酸，若碳與碳之間含有一個以上的雙鍵則稱為不飽和脂肪酸。

- 磷脂質是構成動植物細胞膜系的主要成份，包括細胞膜、核膜及各種膜系胞器皆由磷脂組成。

■ 核酸包括去氧核糖核酸 (DNA) 與核糖核酸 (RNA) 兩種。構成核酸的單位是核苷酸，核苷酸是由含氮鹼基、五碳醣和磷酸根所組成。

- DNA 與 RNA 的組成有兩點不同：(1) 在 DNA 中的五碳糖是去氧核糖；在 RNA 中為核糖。(2) 在 DNA 中含氮鹼基有 A、T、C、G 四種；在 RNA 中為 A、U、C、G 四種。

- DNA 主要存在於細胞核的染色體內，是所有生物的遺傳物質，DNA 上的基因可控制與蛋白質的合成，RNA 皆由 DNA 轉錄而來且參與合成蛋白質的轉譯作用。

■ 人體內大約 70% 是水，是細胞內含量最多的無機物，沒有水就沒有生命。水尚有其他重要的特性：

- 水是最佳溶劑： 水因為具有形成氫鍵的能力，細胞中大部分物質皆溶在水中，許多化學反應必須在水中方能進行。

- 比熱容與汽化熱：水具有較高的吸熱和放熱的能力使其具有調節體溫的作用，生物體可藉此抵抗外界環境劇烈的溫度變化。

- 氫鍵會將水分子凝聚在一起，這種吸引力稱為內聚力。葉片的蒸散作用與水的表面張力都是內聚力造成的。

- pH 值與緩衝液：

  ♦ H^+ 與 OH^- 濃度的大小，可決定溶液的酸鹼值，而純水中 H^+ 與 OH^- 之濃度相等，所以水為中性。

  ♦ pH 值即是氫離子濃度倒數的對數值如下式：

$$pH = -\log_{10}[H^+] = \log_{10}\frac{1}{[H^+]}$$

- 緩衝劑就是在溶液中有過多的酸 (H^+) 它會接受 H^+，在溶液中有過多的鹼 (OH^-)，它會釋放 H^+ 中和鹼，使溶液的 pH 值變化減到最小，也就是說緩衝劑能接受或供給氫離子

■ 生物體中無機鹽種類很多，約占重量的 1%，每一種都具有特殊的生理功能。

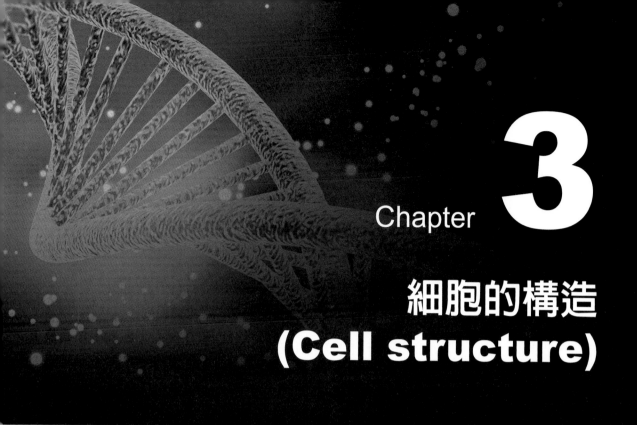

Chapter **3**

細胞的構造
(Cell structure)

奈米細胞

　　效法自然的仿生概念已被整合到癌症治療的藥物輸送系統中，奈米粒子藉由細胞膜能獲得天然細胞的各種功能。細胞膜包覆技術已經突破了常見奈米系統的限制 (在循環中快速被移除)，更有效率在體內導航。由於細胞膜表面分子的各種功能，以細胞膜為基礎的奈米粒子能夠與腫瘤的複雜生物微環境相互作用。各種不同細胞膜已經被用來搭載奈米粒子，並開發了不同的腫瘤標靶以增強抗腫瘤藥物遞送療法。在這裡，我們將重點介紹奈米細胞的最新進展。

　　癌症長期以來一直是全球性威脅，也是造成死亡的第二大原因。化療為治療癌症最常用的方法之一，但是由於抗癌藥物的低靶向能力和嚴重的副作用，因此化療的結果仍然是令人不滿意的。為了解決這些問題，標靶藥物遞送系統 (TDDS) 尤其是細胞膜為基礎的奈米顆粒 TDDS 已經被深入研究和開發。一種新的近紅外激光響應，模擬紅血球奈米粒子系統已被製造，用於延長藥物於血液循環的時間，控製藥物釋放和協同化療 / 光熱療法。Su 研究團隊曾經將酰胺染料 (DiR) 插入紅血球 (RBC) 細胞膜

殼中，然後將紫杉醇加載到對光敏感聚合物的奈米顆粒核中。結果顯示，它可被光誘導的高溫破壞，讓紫杉醇快速的釋放。在活體實驗也證實它有可能作爲對抗乳癌轉移藥物的傳輸系統。Xuan 等人曾經利用黃金奈米粒子接合到巨噬細胞膜上，修飾過的巨噬細胞膜顯著增強轉移性乳癌細胞的細胞攝取，抑制乳癌轉移到肺部。

最近美國科學家發明一種稱爲「組織奈米轉染」(Tissue Nanotransfection，TNT) 的技術，它是利用奈米晶片將特定的生物因子轉染入成年細胞內，使成熟細胞轉換成其他有需要的細胞。該技術除了可以有助修復受損組織，更可以恢復器官、血管和神經細胞等老化組織的功能。

這些不同仿生奈米細胞如何促進人類的健康，引申出本章的主題：生命的組成 - 細胞，我們必須先了解細胞的構造，才能知悉它在生命運作上所扮演的角色，進而對人類的健康做出最大的貢獻。

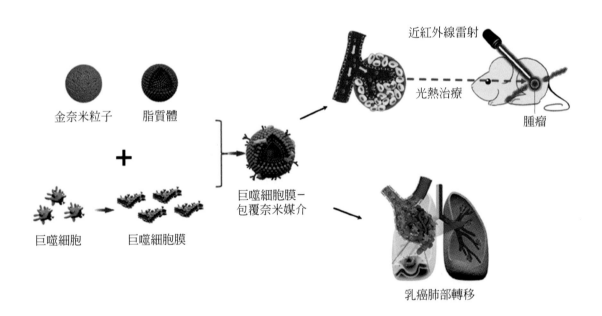

金奈米粒子　　脂質體

巨噬細胞　　巨噬細胞膜

巨噬細胞膜 - 包覆奈米媒介

近紅外線雷射

光熱治療

腫瘤

乳癌肺部轉移

3-1　原核細胞與真核細胞

　　細胞為構成生物體的最小單位，能表現出基本的生命現象，包括自外界吸收營養、新陳代謝、運動與繁殖後代等。**原核細胞 (prokaryotes)** 包括細菌與藍綠藻 (圖 3-1)，為較原始的細胞，這類細胞多數具有細胞壁，缺少細胞核及膜狀的胞器，細胞體積較小，構造簡單，有些種類具有鞭毛可運動，關於原核細胞將在後面章節詳細討論。一般動、植物細胞皆屬於**真核細胞 (eukaryotes)**，體積較原核細胞大，構造複雜 (圖 3-2、3-3)，具有細胞核及各種由膜組成的胞器，統稱為**內膜系統 (endomembrane system)**。

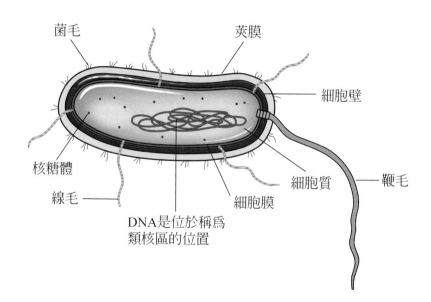

圖 3-1　原核細胞構造簡單，僅具有細胞壁、細胞膜、DNA、核糖體、鞭毛等構造缺乏大多數的胞器

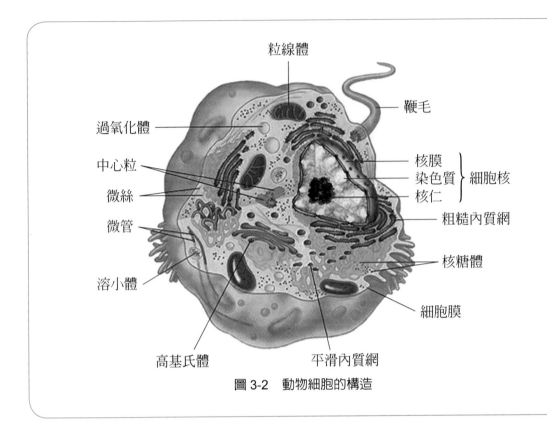

粒線體

鞭毛

過氧化體

中心粒

微絲

微管

溶小體

核膜
染色質 } 細胞核
核仁

粗糙內質網

核糖體

細胞膜

高基氏體

平滑內質網

圖 3-2　動物細胞的構造

3-2　細胞的發現與細胞學說

(一) 早期細胞的觀察

　　最早的顯微鏡在 1590 年由荷蘭人詹森父子 (Hans and Zacharias Janssen) 所發明，之後雷文霍克 (Antony van Leeuwen-hoek)，以自製顯微鏡觀察池水中的微生物。英國科學家虎克 (Robert Hooke) 製作倍率較高的顯微鏡 (圖 3-4) 用來觀察植物和動物組織，將其發現記載於所著之顯微圖譜 (*Micrographia*) 中，且於 1665 年正式發表。虎克用鋒利的刀片將橡樹 (oak) 樹皮外表切成薄片，以顯微鏡觀察，看到了如蜂窩狀的小空格 (圖 3-5a)，虎克稱其為 "cell"，中名譯為「細胞」。但虎克所觀察的部分事實上是木栓組織的死細胞，其內涵物皆已消失，所看到的僅是**細胞壁 (cell wall)**，呈空格狀 (圖 3-5b)。

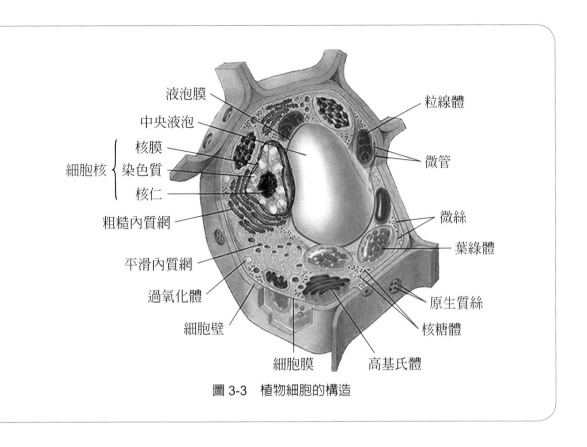

圖 3-3 植物細胞的構造

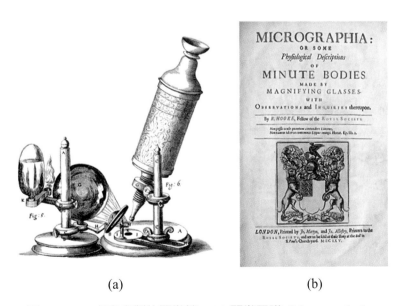

(a) (b)

圖 3-4 (a) 虎克自製的顯微鏡。(b) 顯微圖譜 (*Micrographia*)。

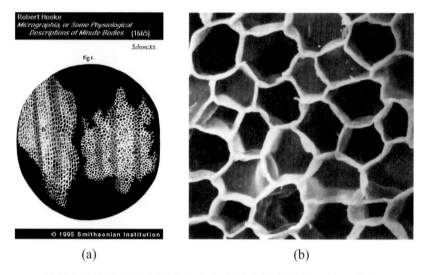

(a)　　　　　　　　　　(b)

圖 3-5　(a)1665 年虎克的顯微圖譜中刊登的虎克所繪木栓薄片顯微鏡的構造圖。
　　　　(b) 木栓組織的細胞壁。

(二) 細胞學說

　　細胞學說 (cell theory) 是由植物學家許來登 (Matthias Schleiden) 與解剖學家許旺 (Theodor Schwann) 分別在 1838 年和 1839 年提出的。許來登於 1838 年宣布細胞是構成植物體的基本單位，1839 年許旺將範圍擴大至動物界。細胞學說是 19 世紀科學史上最重要的學說之一，主要重點如下：

1.　所有生物皆由一個或多個細胞所組成。
2.　細胞是生物體結構與組成的基本單位。

　　1855 年德國病理學家菲爾紹 (Rudolf Virchow) 發表論文：「每一個細胞都來自另一個細胞」("omnis cellulae e cellula")，以說明細胞的來源。至此細胞學說趨於完備，「細胞是生命的基本單位」這個觀念也逐漸為世人所了解。

　　細胞是生物體構造上的基本單位，同時也是功能上的單位。細胞分化之後，形狀不同的細胞具有不同的機能，但是細胞的基本構造是一樣的。圖 3-6 為細胞與其他各種物質的大小比較，大部分的細胞都很微小，約在微米 (μm) 的範圍。小的細胞比大的細胞在運輸物質與傳遞訊息上會更有效率；細胞內的物質，例如各種酵素和離子經常需要傳遞到細胞各處，細胞體積如果過大則運輸較為耗時，小細胞在這方面較為有利。在相同體積下，細胞較大與細胞較小它們的總表面積會有極大的差異，體積較

小者表面積會增加 3 倍 (圖 3-7)。細胞靠著細胞膜與外界環境交換各種物質並接受訊息，較大的總表面積使這群細胞更容易與環境互動。

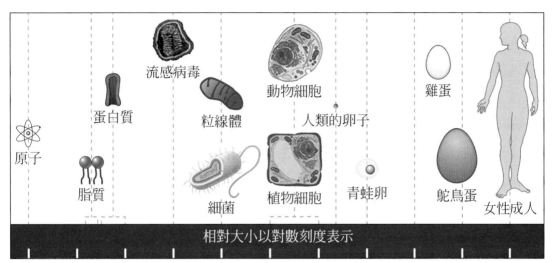

$$1公尺 (m)=100公分=1,000毫米；1公分 (cm)=10^{-2}公尺；1毫米 (mm)=10^{-3}公尺；$$
$$1微米 (\mu m)=10^{-6}公尺=10^{-3}毫米；1奈米 (nm)=10^{-9}公尺=10^{-3}微米$$

圖 3-6　細胞與其他各種物質的大小比較。動物體內最大的細胞為卵細胞，而粒線體則與某些細菌的大小相當。

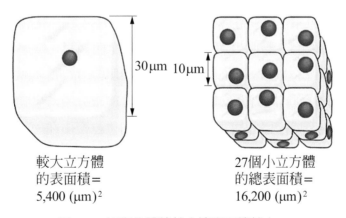

圖 3-7　細胞的體積越小總表面積越大。

人體細胞直徑約在 5 ～ 20 微米 (μm)，其中最小的是精子，最大的為卵細胞 (圖 3-6)。動物界中最大的細胞是鳥類的卵，卵黃的部份就是一個成熟的卵細胞，卵白與卵殼是母鳥輸卵管分泌的物質。鴕鳥的卵是現有的卵細胞中最大者；最小的細胞是細菌。人體神經細胞纖維的長度可達一公尺以上；如周圍神經中的運動神經元，其細胞本體在脊髓，而神經纖維可伸至腿部肌肉。變形蟲及白血球一類的細胞則可變形，無固定形狀。雖然細胞有不同的外形與功能，但是大多數細胞在構造上仍十分相似。

3-3　細胞的構造與各種胞器

細胞是由細胞膜包含著一團膠狀物質所形成，含有遺傳物質 DNA 與各種胞器 (organelles)。所謂胞器則是在細胞內部功能獨立的各種單位，通常藉著膜的包圍或是形成特殊的結構與細胞質其它部分有所區隔。

(一) 細胞膜

1. 細胞膜的構造

細胞是藉著細胞膜與外界區隔開來，細胞可以藉細胞膜調節物質的進出並維持細胞內部的恆定，而植物細胞之細胞膜外尚有一層細胞壁。細胞膜相當薄，大約只有 6 ～ 12 nm 厚，故只能用電子顯微鏡來觀察。

細胞膜是由脂質與多種蛋白質組成，脂質中最重要的為磷脂質 (phospholipid)，其它尚有醣脂質與膽固醇；磷脂質在水溶液中會形成穩定的**雙層磷脂 (phospholipid bilayer)** 結構，而膽固醇、醣脂質與各種蛋白質則穿插其間。每一個磷脂質分子都包含一個親水性的頭部 (hydrophilic head) 與疏水性的尾部 (hydrophobic tails)，在水溶液中，親水性的頭部因含有帶負電的磷酸根，因此會與水分子產生吸引力，而位於膜的外側；疏水性的尾部因受到水分子排擠，彼此之間也會聚集在一起，位於磷脂雙層的內側，這種現象稱為**「疏水性作用力」**(hydrophobic forces)。

親水與疏水這兩種作用力皆屬於凝聚分子的微弱力量，強度上遠不及共價鍵，因此磷脂分子間並不是固定的緊密鍵結，而是較為鬆散的排列，分子間也能相對移動，加上中間又穿插了膽固醇與結構彎曲的不飽和脂肪酸，使得細胞膜具有流動性。此外細胞膜上鑲嵌著各種蛋白質，這些蛋白質也能在細胞膜上移動，就像冰山漂流在大海 (液態的細胞膜) 上，這種結構就是最被廣為接受的**流體鑲嵌模型 (fluid mosaic model)**(圖 3-8)。

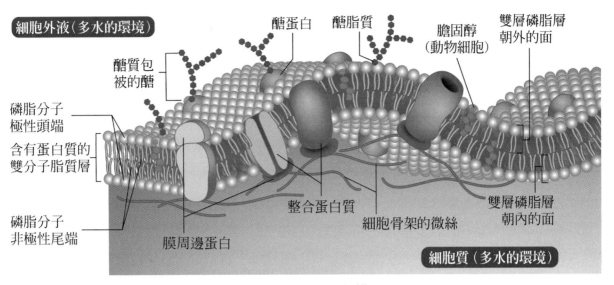

細胞外液（多水的環境）

醣蛋白　醣脂質

膽固醇（動物細胞）

雙層磷脂層朝外的面

醣質包被的醣

磷脂分子極性頭端

含有蛋白質的雙分子脂質層

磷脂分子非極性尾端

膜周邊蛋白

整合蛋白質

細胞骨架的微絲

雙層磷脂層朝內的面

細胞質（多水的環境）

圖 3-8　細胞膜的結構

　　在電子顯微鏡下，細胞膜看起來像是兩條黑線（親水性的磷酸根）中間被明亮區（厭水性的脂肪酸層）分開（如圖 3-9)。細胞膜與細胞內的各種膜系胞器皆由雙層磷脂組成，大多數的膜系胞器為單層膜，例如：內質網、高基氏體、過氧化體與溶小體等；細胞核、粒線體與葉綠體等三種胞器則為雙層膜。而少數的胞器並非由膜組成，如核糖體與中心粒，核糖體的主要成份為蛋白質與 rRNA，中心粒的主要成份為微管蛋白 (microtubule)。

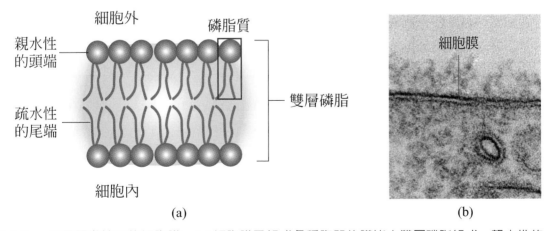

細胞外

磷脂質

親水性的頭端

雙層磷脂

疏水性的尾端

細胞內

細胞膜

(a)　　(b)

圖 3-9　電子顯微鏡下的細胞膜。(a) 細胞膜及組成各種胞器的膜皆由雙層磷脂組成，親水性的磷酸根朝向膜的外側，疏水性的脂肪酸則包埋在膜的內側。(b) 在電子顯微鏡下，細胞膜上下兩層磷酸根顏色較暗，而中間的明亮區域則為脂肪酸層。

細胞膜為細胞與外界環境之間的分界，可控制物質出入細胞。雙層磷脂中的脂肪酸為**非極性 (nonpolar)** 也稱為疏水性 (hydrophobic) 分子，可構成離子和極性分子的通透障壁，即帶電粒子和極性分子不能隨意進出膜。通常大分子如蛋白質、澱粉、核酸等皆不能自由通過細胞膜；不帶電的小分子則易於通過，如水、 O_2、CO_2、尿素、甘油、類固醇等，通過的方式主要是藉擴散作用 (水分子另外可藉由水通道的方式通過)。 而帶電離子與其它水溶性分子則須藉由膜蛋白的幫助才能通過細胞膜，如 Na^+、K^+、Cl^-、葡萄糖、胺基酸等，細胞膜可容許某些分子通過，而另外一些分子卻不能通過，此種有選擇通透性的膜稱為半透膜 (semipermeable membrane)。

2. 細胞膜上的蛋白質

鑲嵌在細胞膜上的蛋白質稱為**膜蛋白 (membrane protein)**，這些膜蛋白具有各種特殊的功能。例如細胞膜上的醣蛋白 (glycoprotein)，具有能讓細胞自我辨識與接受外界訊息的功能。醣蛋白上的醣分子可形成不同的分枝與外形，而每個生物個體的醣蛋白皆不相同，免疫系統可依此辨認自身於外來的細胞。胰島素 (insulin) 是一種激素 (hormone)，經血液運輸，可讓肝臟將血糖轉換為肝醣儲存在細胞中，而肝細胞的細胞膜上就具有特殊醣蛋白，能做為接受器 (receptor) 與胰島素結合，將外界訊息傳入細胞，引起一連串反應，讓細胞能將血液中的的葡萄糖運輸至細胞內，進而合成肝醣。接受器與化學分子的結合具有專一性，因此細胞膜上有各式各樣的接受器。

此外，膜上的蛋白質依其功能尚可分為酶 (enzyme)、通道 (channel)、運輸 (transport)、電子傳遞 (electron transfer) 與細胞間的連接 (intercellular junction)(圖 3-10) 等。各種細胞膜所含有的蛋白質數目和種類不相同，故功能不同的細胞膜含有不同的蛋白質。

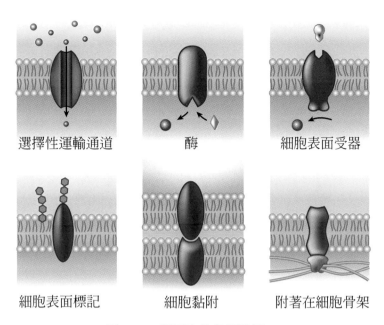

選擇性運輸通道　　　　　酶　　　　　　細胞表面受器

細胞表面標記　　　　　細胞黏附　　　　附著在細胞骨架

圖 3-10　膜蛋白的各種功能。

(二) 細胞核

　　細胞核是細胞的生命中樞，含有染色體與遺傳基因，決定細胞和生物的遺傳特徵，控制細胞的生化反應。

　　細胞核的形狀通常為球形或橢圓形，亦有不規則形狀，例如某些白血球。大多數的細胞具有一個細胞核，但也有雙核的細胞，例如某些肝細胞或真菌的細胞。人類骨骼肌細胞的細胞核數目很多，為多核 。而哺乳動物的紅血球在成熟過程中，失去其細胞核。細胞核的位置通常位居中央，但也有些是接近邊緣的。

　　細胞核包含**核膜 (nuclear envelope)**、**核質 (nucleoplasm)**、**染色體 (chromosomes)**、**核仁 (nucleolus)**(圖 3-11)。分述如下：

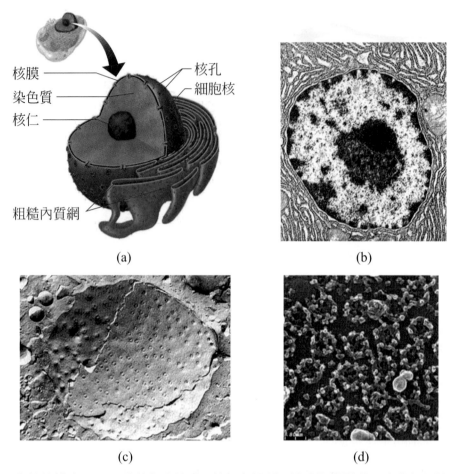

(a)

(b)

(c)

(d)

圖 3-11　細胞核的構造。(a) 細胞核包含核膜、核仁與核質，核膜為雙層膜且外膜與內質網相連。(b) 電子顯微鏡下的細胞核 (約放大 20,000 倍)，核內的黑色團塊為核仁。(c) 以掃描式電子顯微鏡觀察核膜表面，可看到許多核孔。(d) 核孔由多種蛋白質組成。

1. 核膜

核膜由雙層膜組成，可以調節物質的進出，雙層核膜的外膜經常與粗糙內質網 (RER) 的膜相連 (圖 3-11a)。以電子顯微鏡觀察，核膜上有許多小孔稱為核孔 (圖 3-11c)，由多種蛋白質組成 (圖 3-11d)，核內的物質如 RNA、核糖體次單元可通過這些孔道到達細胞質，而細胞質中的蛋白質與酶亦可經由核孔進入細胞核。

2. 核質與染色質

核質是核內半流動的膠狀物質，內含有酶、染色質等構造。**染色質 (chromatin)** 是由 DNA 與組蛋白 (histone) 纏繞而成，細胞未分裂時 DNA 與組蛋白纏繞鬆散，就像一團絲狀的網狀物散佈於核質中，在顯微鏡下不容易觀察。細胞分裂前 DNA 會進行複製，而在細胞分裂的前期 (prophase)，染色質會透過彎折與螺旋纏繞得更加緊密，而逐漸變得粗短，形成桿狀的**染色體 (chromosome)**，此時在顯微鏡下較容易觀察。

每一種生物細胞核內的染色體數目並不相同。例如果蠅有 8 個、雄蜂 16 個、雌蜂 32 個、人 46 個、猩猩 48 個、水稻 24 個，瓶爾小草屬 (*Ophioglossum*) 是已知生物中染色體數目最多的，高達 1,200 條以上。

3. 核仁

　　核仁為核質中大小及形狀不規則的緻密團塊 (圖 3-11b)，主要是由核糖體 RNA (rRNA) 及蛋白質組成的。在各種不同的細胞中核仁的數目不一，可能 2~3 個，不過在同一種動物或植物體內，細胞所含核仁數目是固定的。在不分裂的細胞中才能觀察到核仁，當細胞開始分裂時核仁便逐漸消失，分裂完成後再出現。核仁是合成核糖體次單元的地方，rRNA 在此處與蛋白質進行組合，形成核糖體次單元，然後再運往細胞質。

(三) 核糖體

　　核糖體 (ribosomes) 是所有生物細胞合成蛋白質的場所，無論原核細胞或真核細胞皆有此胞器。核糖體由大、小兩個次單元組成 (圖 3-12)，這二個次單元，都是在核仁中製造，當細胞質中要進行轉譯作用 (translation) 時，大、小兩個次單元才會組合成為完整的核糖體，然後將胺基酸以特定的順序連接起來形成蛋白質。粗糙內質網上附著許多核糖體，這些核糖體製造的多數為分泌性蛋白質，合成之後會運送至細胞外；有些核糖體游離在細胞質內，製造的蛋白質大多為細胞本身利用。在一條 mRNA 上經常可以發現許多核糖體附著其上，這種構造稱為**聚核糖體 (polyribosomes)**，可同時製造出大量蛋白質。在分泌蛋白質旺盛的細胞中即擁有豐富的粗糙內質網及複核糖體。

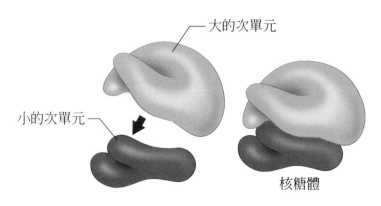

大的次單元

小的次單元

核糖體

圖 3-12　核糖體具有大、小兩個次單元。

(四) 內質網

　　內質網 (endoplasmic reticulum；ER) 的膜折疊成扁平囊狀或管狀，內部則形成連續的空間而與細胞質隔離，其大小與外型在不同的細胞中差異很大，一般要在電子顯微鏡下才能觀察。內質網膜內充滿液體，呈網狀延伸於細胞質中，有的管開口於細胞膜與細胞外界的液體相通，有些則與細胞核膜相連接。細胞內有些胞器的膜彼此之間會互相連結，或可經由運輸囊將膜的一小部分分離再與其它的膜互相融合，我們將這些彼此可以互相分離或融合的膜看成一個整體，稱爲**內膜系統 (endomembrane system)**(圖 3-13)，包含核膜、內質網、高基氏體、溶小體、細胞膜及各種囊泡等。

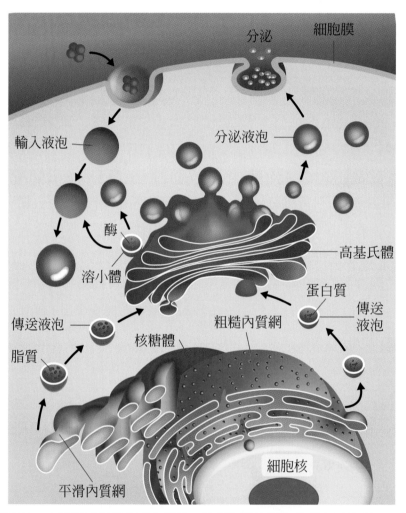

圖 3-13　內膜系統。在運輸或是分泌蛋白質時，許多胞器的膜會分離出運輸囊，而這些運輸囊又可以與其他胞器的膜相融合。

　　內質網分爲粗糙和平滑兩種 (圖 3-14a)。粗糙內質網 (rough endoplasmic reticulum；RER) 的膜上附著許多核糖體，這些核糖體主要合成分泌性蛋白質。當蛋白質多胜鏈形成後會被送入粗糙內質網中，並附加上特殊的寡醣 (oligosaccharides)，再經由運輸囊 (transport vesicles) 送到高基氏體 (Golgi apparatus) 修飾。故在分泌蛋白質的細胞內 RER 的含量特別多，如胰臟細胞 (分泌消化酶)、未成熟的卵細胞 (青蛙的卵) 等。平滑內質網 (smooth endoplasmic reticulum；SER) 呈管狀，膜上不具核糖體，含有許多合成脂質的酶，是合成包括磷脂質與膽固醇等脂質的場所，因此在發育中的種子及動物體內能分泌類固醇激素 (steroid hormone) 的細胞具有很發達的 SER，例如睪丸中分泌睪固酮 (testosterone) 的細胞。而肝細胞的 SER 可將藥物及有潛在毒性的代謝副產物去除活性，具有解毒的功能。骨骼肌中 SER 形成特殊型式的肌漿網 (sarcoplasmic reticulum)，可貯存及釋出鈣離子 (Ca^{+2})，與肌肉的收縮有密切關係。

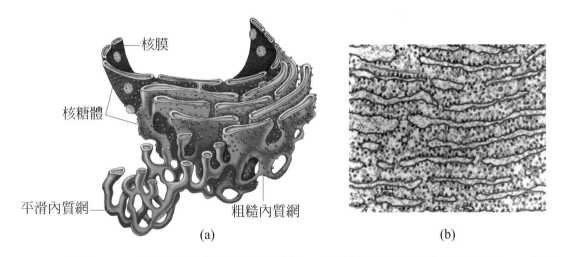

(a)　　　　　　　　　　　　　　　(b)

圖 3-14　內質網。(a) 粗糙內質網常與核膜外膜相連，平滑內質網又與粗糙內質網相連。(b) 粗糙內質網表面附著的核糖體 (黑色小顆粒)。

(五) 高基氏體

　　高基氏體 (Golgi apparatus) 是 1898 年由細胞學家卡米洛 ‧ 高基 (Camillo Golgi) 發現的，並以他的名字命名。除了成熟的精子和紅血球以外，它存在於一般眞核生物細胞中。在電子顯微鏡下觀察高基氏體是由層層的盤狀膜相疊，形成有如成堆的薄餅，通常一堆有 8 個或更少，高基氏體扁平膜的兩端經常鼓起或形成泡狀，分泌物即貯存於此 (圖 3-15b)。待細胞欲釋放物質時，可將分泌物移至邊緣的泡狀構造中，包裝成囊泡運送至細胞外。大多數的分泌性蛋白質爲醣蛋白，在 ER 中附於蛋白質上的

寡醣，在此處以特殊方式進行修剪或延長，然後由高基氏體膜包裝起來移向細胞膜釋出。故高基氏體具有修飾、濃縮及儲存分泌物的功能。一般而言，動物組織的腺細胞 (分泌細胞) 內的高基氏體特別發達。

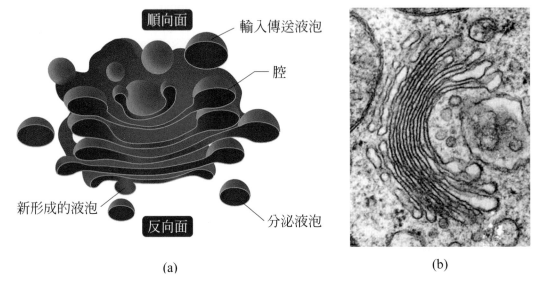

順向面　　　　　輸入傳送液泡

腔

新形成的液泡　　　　　　　分泌液泡

反向面

(a)　　　　　　　　　　(b)

圖 3-15　高基氏體。(a) 靠近細胞核與內質網的一面稱為順向面，朝向細胞膜方向的一面稱為反向面。(b) 囊狀膜的兩端經常鼓起或成泡狀，可儲存分泌物。

(六) 粒線體

　　粒線體 (mitochondria) 與葉綠體 (chloroplasts) 皆是細胞中能進行能量轉換產生 ATP 的胞器，而粒線體更被稱為細胞能量的供應中心。細胞內的化學反應、物質的運輸與細胞運動皆需要 ATP 方能進行，因此粒線體在細胞代謝作用中所扮演的角色是非常重要的。上述這兩種胞器都由雙層膜包圍，但是它們卻不屬於前述的內膜系統，一方面因為這兩種胞器的膜並不會跟其它胞器的膜互相交流，另一方面它們的膜蛋白有一部分是由其自身的 DNA 所製造，並不是來自於內質網。

　　粒線體是呈桿狀、橢圓球狀的小體 (圖 3-16)，長度約 2 ～ 8μm，大小與某些細菌相當。動物細胞粒線體的數量通常比植物細胞多，一個細胞可能含有數十乃至數千個粒線體。消耗能量較多的細胞有較豐富的粒線體，如肌肉細胞、部份神經細胞及吸收或分泌的細胞。在活細胞中，粒線體可移動、改變形狀，並可與其它粒線體連成長條，甚至兩個粒線體可相互結合或一分為二。

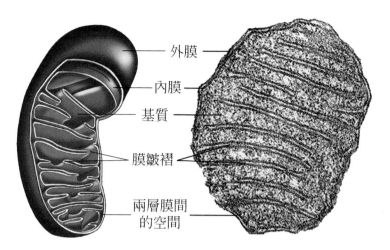

外膜

內膜

基質

膜皺褶

兩層膜間
的空間

圖 3-16　粒線體由內、外兩層膜組成。

　　在電子顯微鏡下觀察，粒線體外膜較爲平滑，對物質也較沒有選擇性。內膜對物質的進出有較嚴格的管控，並向內形成許多皺摺，稱爲**粒線體嵴 (cristae)**(圖 3-16)，內膜增大的表面積上包埋許多負責電子傳遞的蛋白質以及 ATP 合成酶 (ATP synthase)。內膜之內爲基質 (matrix)，基質中含有許多酶與輔酶，可進行葡萄糖氧化的克氏循環 (Krebs cycle) 反應。此外粒線體中含有 DNA 及核糖體，能自製小部份本身所需的蛋白質。

內共生學說

　　粒線體的種種特徵使科學家相信它的起源很可能來自於原核細胞 (圖 3-17)，也就是某一種好氧性 (aerobic) 的細菌。當細菌被眞核細胞吞噬後並沒有被消化，而是與寄主形成了共生關係，寄主細胞爲其提供養份，而好氧細菌則能產生能量 (ATP) 供寄主細胞利用，這就是內共生學說 (endosymbiotic theory)，支持內共生學說的證據有：

1.　粒線體擁有自己的 DNA、RNA 及核糖體，能自行合成少量蛋白質。
2.　粒線體 DNA 是環狀的，與細菌相同。
3.　粒線體的核糖體類似細菌。
4.　具有自我分裂的能力，能一分爲二，分裂方式類似細菌的二分裂法。
5.　大小與細菌相當。
6.　雙層膜的外膜可能爲寄主的細胞膜，而內膜則是細菌的細胞膜。

　　植物細胞中的葉綠體也有與粒線體相同的情況，科學家推測它的前身可能是某種藍綠細菌 (cyanobacteria) 被真核細胞祖先吞食，最後變成細胞中行光合作用的場所。由於葉綠體與粒線體皆「擁有自己的 DNA、RNA 及核糖體，能自行合成少量蛋白質」，我們稱之為**半自主性胞器 (semiautonomous organelles)**。

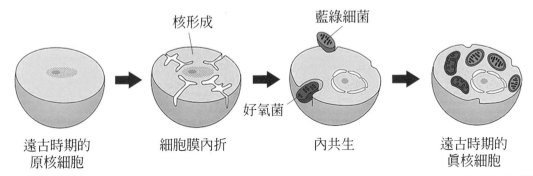

核形成　　　　　　　藍綠細菌

好氧菌

遠古時期的　　　　細胞膜內折　　　　　內共生　　　　　遠古時期的
原核細胞　　　　　　　　　　　　　　　　　　　　　　真核細胞

圖 3-17　內共生學說 (endosymbiotic theory)。粒線體與葉綠體可能是遠古時期的真核細胞將原核細胞納入後共存而形成。

(七) 葉綠體及其他質粒體

　　植物細胞中有一類特殊的胞器稱為**質粒體 (plastids)**，質粒體又稱質體，它是一個龐大的家族，與食物合成及貯藏有關 (圖 3-18)。例如白色體 (leucoplasts)，它是植物貯藏澱粉及其它物質的中心，在貯藏根、貯藏莖或種子的子葉或胚乳內都含有白色體，有人將專門貯存澱粉的白色體稱為造粉體 (amyloplasts)。雜色體 (chromoplasts) 內含許多胡蘿蔔素與葉黃素，能讓成熟果實與花朵呈現橘色和黃色。葉綠體也是質粒體的一員，負責行光合作用。不管是葉綠體、白色體或是雜色體都是由**原質粒體 (proplastids)** 發育而來，三者因所在的器官或是環境因素影響它們的發育，彼此之間可因外在因子誘導而互相轉變。

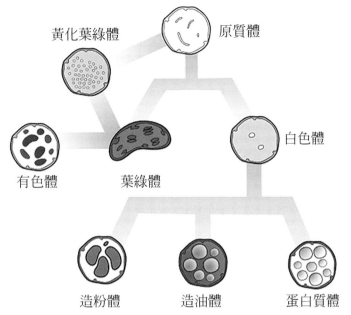

黃化葉綠體　　　　原質體

有色體　　葉綠體　　　　白色體

造粉體　　　造油體　　　蛋白質體

圖 3-18　質體皆由原質體分化而來，彼此可因外在因子誘導而互相轉變。

　　在高等植物細胞的葉綠體是由不含有色素的內外兩層膜所包圍而成，長度 4 ～ 6 μm，每個光合作用細胞中葉綠體數並不相同，約在 20 ～ 100 個之間。葉綠體中有葉綠素 (chlorophyll)，葉綠素能吸收光能，將水分解，使光能轉變成化學能，產生腺嘌呤核苷三磷酸 (ATP)，並將 CO_2 還原成葡萄糖並釋放氧氣。葉綠體內膜內部是由**類囊體 (thylakoid)** 與**基質 (stroma)** 組成 (圖 3-19)，類囊體膜是葉綠體內膜往內延伸所形成，有些地方的類囊體會聚集堆疊成餅狀稱為**葉綠餅 (grana)**，而葉綠餅之間則由基質膜 (stroma lamellae) 相連。在類囊體周圍的液態物質稱為基質，是光合作用暗反應進行的場所。

　　高等植物的光合作用色素皆位於類囊體膜上，常見有四種，即葉綠素 a (chlorophyll a)、葉綠素 b (chlorophyll b)、胡蘿蔔素 (carotene) 及葉黃素 (xanthophyll)，能吸收光能，並可將光能轉換為化學能。葉綠素 a、b 在自然界分佈最廣，一般高等植物和綠藻類 (green algae) 都有。胡蘿蔔素與葉黃素有輔助葉綠素吸收光能的作用，亦存在於果實中，形成果實之各種顏色。

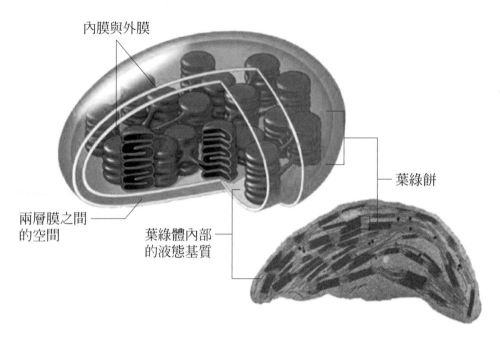

內膜與外膜

葉綠餅

兩層膜之間
的空間

葉綠體內部
的液態基質

圖 3-19　葉綠體由內外兩層膜包圍而成，內含基質與類囊體膜。

(八) 溶小體

　　溶小體 (lysosomes) 通常存在於動物細胞，內含有約 40 種酶，能分解細胞中的各種大型分子，如蛋白質、多醣類和核酸。溶小體是由高基氏體產生的，散佈於細胞質內，平時所含的酶被膜包著，以防止細胞內物質被分解，但當細胞失去生活能力或死亡時，溶小體會將其所含的酶釋入細胞質，而將整個細胞自我分解。例如胸腺的退化、死細胞和衰老細胞的分解或自溶，以及蝌蚪在變態時尾部細胞的消失，都是溶小體的作用。在胚胎發育過程中，手指及腳趾的分化，亦是由溶小體中的酶做選擇性的溶解，將指或趾間的組織破壞。

　　當吞噬作用進行時，例如白血球吞噬細菌或是變形蟲吞噬微生物，外來物會被細胞膜形成的囊泡包圍起來，這種囊泡稱為食泡 (food vacuole)，此時溶小體會與之融合，將所含的消化酶釋放到食泡中分解外來物質，這種消化方式稱為**胞內消化 (intracellular digestion)**(圖 3-20a)。溶小體的酶亦可瓦解老化或已損壞的胞器，分解後的養份可被細胞吸收再次利用 (圖 3-20b)。

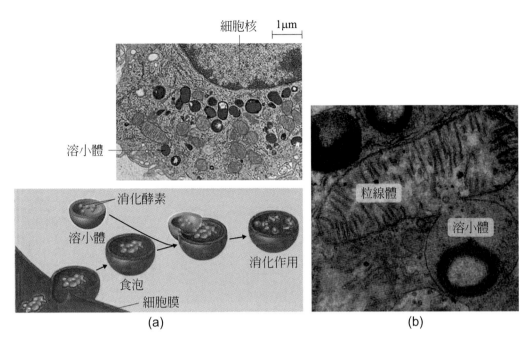

圖 3-20　溶小體的功能。(a) 經由細胞膜攝入的食物包在食泡中，溶小體可將所包含的酶釋入食泡中，將大分子物質分解為小分子。 (b) 溶小體與老化或已損壞的胞器 (粒腺體) 融合，將其分解。

(九) 過氧化體

　　過氧化體 (peroxisomes) 普遍存在於真核細胞，其內含有胺基酸氧化酶、脂肪酸氧化酶與觸酶 (catalase)。胺基酸與脂肪酸會在過氧化體中進行氧化，氧化過程會產生過氧化氫，過氧化氫對細胞具有毒性，會破壞細胞膜與蛋白質進而殺死細胞，而觸酶可將它分解為水與氧氣，保護細胞免受其害。

$$2H_2O_2 \xrightarrow{\text{觸酶}} 2H_2O + O_2$$

　　肝細胞和腎細胞內的過氧化體具有解毒功能，可分解某些化合物的毒性。酒精會影響神經與心血管系統，由於其容易通過細胞膜的特性，因此在人體中作用十分廣泛迅速。我們所喝入的酒精有部分會在肝細胞的過氧化體內被氧化成乙醛，以減少酒精的負面影響 。但乙醛仍具有細胞毒性，需進一步氧化方能轉變為無害的物質。長期過量飲酒者的肝臟易受到損害，就是受到乙醛的影響。

　　而在植物種子 (如花生) 細胞中則含有另一種特殊的過氧化體稱為**乙二醛體 (glyoxysomes)**，所含的酶有助於將種子內貯存的油脂轉變成糖，以供幼嫩植物生長所需。

(十) 中心粒

中心粒 (centrioles) 位於細胞核附近，存在大部份的動物細胞及原生生物細胞中 (高等植物細胞則缺乏此構造)，它與動物細胞的有絲分裂 (mitosis) 有關。每個細胞皆有兩個中心粒，且兩個中心粒成垂直排列 (圖 3-21a)，此種構造與其機能的關係尚在研究之中。中心粒位於細胞質的一塊緻密區域中，這一區域統稱為**中心體 (centrosomes)**，一個中心體包含兩個中心粒。有絲分裂開始時，微管蛋白會在中心體附近開始累積，形成放射狀構造稱為**星狀體 (asters)**，而紡錘絲也是由中心體延伸出來。

在電子顯微鏡下顯示，中心粒為一中空之短桿狀構造，由九組**微管三聯體 (microtubule triplets)** 構成，三個微管 (microtubule) 為一組，排列成環狀，記為 9×3(圖 3-21b)。中心粒在細胞形成纖毛或鞭毛時也扮演重要的角色；當細胞要生長鞭毛時，中心粒會複製並插在細胞膜上作為基體 (basal bodies)，微管蛋白會以為基體為核心向外延伸，形成鞭毛。同時在小老鼠胚胎早期發育的研究顯示，中心體的有無關係著胚胎發育及成體的形狀是否正常。

圖 3-21 中心粒。(a) 電子顯微鏡下可以觀察到一個中心體由兩個中心粒組成，且兩個中心粒成垂直排列。(b) 中心粒的微管排列方式為 9×3。

(十一) 細胞骨架

　　真核細胞的細胞質中含有許多絲狀蛋白質稱爲**細胞骨架 (cytoskeleton)** (圖 3-22)。這些蛋白質能夠不斷分解與合成，因此骨架也處在不斷組成與拆解的狀態中，藉此細胞可以改變形狀。但穩定的細胞骨架有助於特定之功能，如維持細胞架構、促進細胞運動、使細胞固著在一起、促進細胞質內物質的運輸以及固定胞器的位置等。根據絲狀蛋白的組成與粗細一般將細胞骨架分成：微管 (microtubules)、間絲 (intermediate filament) 與微絲 (microfilaments) 等三類 (圖 3-23)。

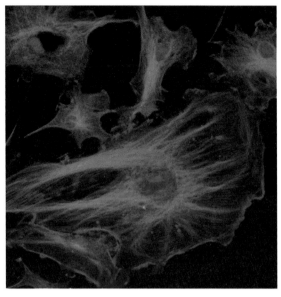

圖 3-22　細胞骨架。螢光顏色顯示不同的絲狀蛋白，綠色代表微管，紅色代表微絲，藍色爲細胞核。

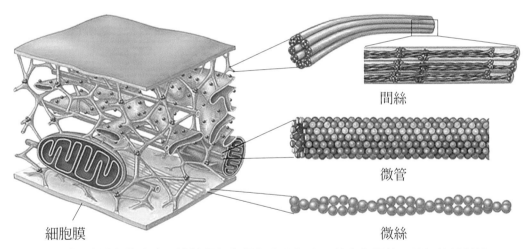

間絲

微管

微絲

細胞膜

圖 3-23　三種細胞骨架的大小。微管是細胞骨架中最粗者，其次爲間絲，最細的是微絲。

　　微管是一種中空小管，直徑 25 nm，由二種微管蛋白 (tubulin) 所組成，在維持細胞內部結構、細胞運動及細胞分裂上都扮演重要的角色。許多可以自由活動的細胞具有由細胞膜上的基體 (basal bodies) 衍生而來的鞭毛 (flagellum)，它是由九組微管圍繞於中央的兩條微管所組成，形成 9 加 2 排列 (圖 3-24a)，例如人體的精子就是利用鞭毛進行游動 (圖 3-24b)。有些細胞表面具有纖毛 (cilia)，在結構上與鞭毛相似只是較短，例如草履蟲的細胞表面就密佈纖毛 (圖 3-24c)。此外，當動、植物細胞有絲分裂時，微管組合形成紡錘絲 (spindle fiber) 與紡錘體 (spindle)，可以幫助染色體移向細胞兩極移動。

　　間絲直徑 10 nm，由六種主要的蛋白質組成，隨細胞種類不同而有差異。主要能強化細胞形狀並且固定胞器的位置。微絲直徑 7~8 nm，由**肌動蛋白 (actin)** 組成，負責細胞內原生質的流動、細胞運動及改變細胞形狀。例如變形蟲和白血球會以變形運動的方式爬行，以及動物細胞分裂時細胞膜的內縮皆是微絲所負責。此外，肌動蛋白也是組成肌肉細胞的重要蛋白質之一。

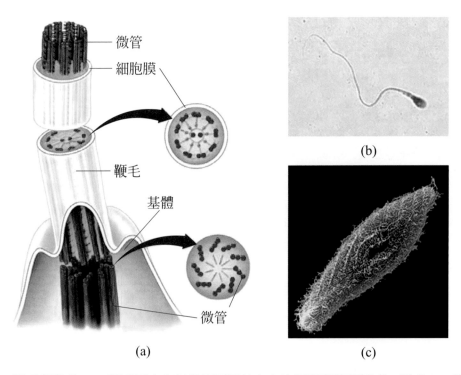

(a)　　　　　　　　　　　　　　(c)

圖 3-24　鞭毛與纖毛。(a) 鞭毛是由九組微管圍繞於中央的兩條微管所組成，形成 9+2 排列；基體是由中心粒分裂而來，微管排列方式為 9X3。(b) 人類精子的鞭毛。(c) 草履蟲的表面密佈著纖毛。

(十二) 液泡

　　液泡 (vacuole) 是由膜圍成的大型囊狀構造，通常存在於植物與原生生物的細胞中。 在植物細胞內液泡常位於中央，佔據很大的空間 (圖 3-25a)，其中最主要的成份是水，可產生膨壓 (turgor pressure) 以維持細胞形狀，並可暫時貯存無機鹽類，調節細胞內的 pH 值。在花、葉或果實中的液泡含有**花青素 (anthocyanin)**，花青素在酸性環境下呈現紅色到紫色，在鹼性環境下呈藍色 。有些植物到了秋天，溫度降低葉綠素分解而消失，花青素、胡蘿蔔素、葉黃素等顏色顯露出來，使葉片呈現紅色或橙紅色。

　　在單細胞生物中也常出現較小型的液泡，例如草履蟲的**伸縮泡 (contractile vacuole)**(圖 3-25b) 以及變形蟲和草履蟲的**食泡 (food vacuole)**。伸縮泡可協助單細胞生物排除體內多餘的水份；而食泡中則包含食物或是小分子養分，待分解消化後可被細胞吸收利用。在動、植物細胞中另有磷脂雙層所形成的小囊泡 (vesicles)，通常負責物質的運輸，例如**運輸囊 (transport vesicle)**。

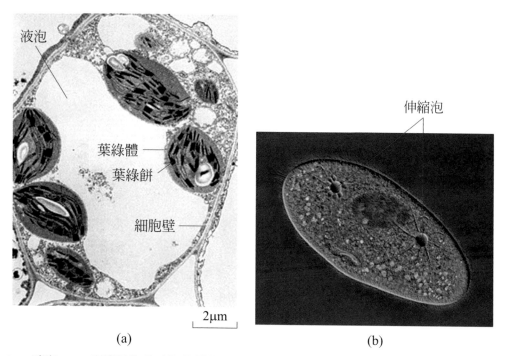

液泡

葉綠體

葉綠餅

細胞壁

2μm

(a)

伸縮泡

(b)

圖 3-25　液泡。(a) 高等植物的液泡通常位於細胞中央，胞器與細胞核皆被推擠到細胞邊緣。 (b) 草履蟲具有兩個伸縮泡，呈輻射狀，可利用主動運輸的方式將細胞中多餘的水分排出。

3-25

(十三) 細胞壁

　　細胞壁 (cell wall) 通常存在於細菌、原生生物、真菌及植物細胞。大多數細胞壁含有碳水化合物，通常有支持的功能並可抵抗機械壓力。原核生物與真核生物細胞壁的化學組成不同。細菌的細胞壁主要成份是**胜多醣 (peptidoglycan)** 也稱肽聚醣，真菌的細胞壁由**幾丁質 (chitin)** 組成，植物細胞的細胞壁主要成分為**纖維素 (cellulose)**，纖維素性韌不易破裂 可維持細胞的形狀，避免植物細胞因外力而變形或過度延展，故有保護及支持的功能。

　　相鄰兩個植物細胞之間具有一層黏性物質稱為**中膠層 (middle lamella)**(圖3-26b)，富含果膠質，可將兩個細胞黏結在一起 。所有的植物細胞在生長時首先會形成壁比較薄的**初級細胞壁 (primary wall)**，它含有果膠質與少量纖維素，柔軟而具有彈性，使植物細胞可以繼續生長增大。植物細胞壁的厚度依細胞種類而有很大的不同，當細胞完全成長後，有些細胞會繼續分泌以纖維素和**木質素 (lignin)** 形成**次級細胞壁 (secondary wall)**，將初級細胞壁向外推擠。木質素的累積會使細胞壁更為堅硬，能夠抵抗外界機械性的壓力並具有支持功能，稱為**木質化 (lignification)**。

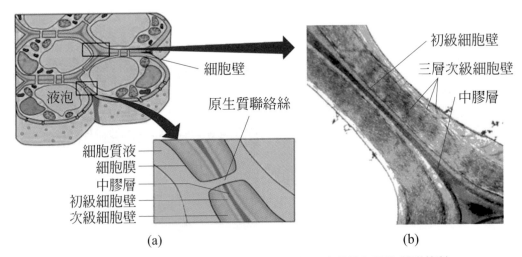

圖 3-26　細胞壁的構造。(a) 植物細胞間有提供訊息聯絡的孔道稱為原生質聯絡絲。
(b) 細胞壁的組成由內而外分別為次級細胞壁、初級細胞壁與中膠層。

3-4　物質通過細胞膜的方式

　　細胞膜除了將細胞與外界環境隔開，並且可以控制物質進出細胞，細胞膜對物質的通透性取決於該物質的大小、極性與帶電性，一般來說小分子、非極性 (疏水性)、不帶電的物質較容易通過細胞膜。細胞膜是一種具有**選擇性的透膜 (selectively permeable membrane)** (圖 3-27)，這種特性也存在於細胞內各種胞器的膜上。對於本身不容易通過膜的物質則可以藉由膜蛋白來協助運輸，一般而言物質通過細胞膜的機制有擴散作用、滲透作用、促進性擴散、主動運輸、內噬與胞吐作用等 (表 3-1)。

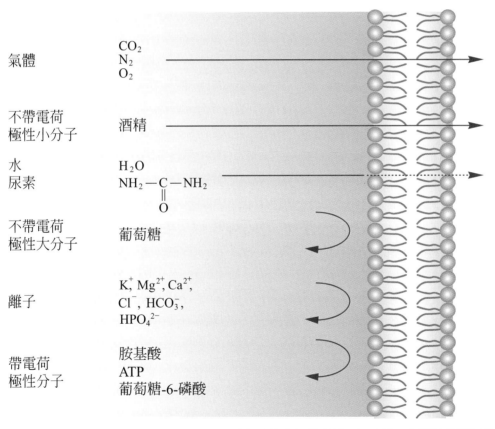

氣體	CO_2 N_2 O_2
不帶電荷 極性小分子	酒精
水 尿素	H_2O NH_2-C-NH_2 $\parallel$ O
不帶電荷 極性大分子	葡萄糖
離子	$K^+, Mg^{2+}, Ca^{2+},$ $Cl^-, HCO_3^-,$ HPO_4^{2-}
帶電荷 極性分子	胺基酸 ATP 葡萄糖-6-磷酸

圖 3-27　細胞膜是一種具有選擇性的半透膜，氣體與小的非極性分子 (如酒精) 容易通過細胞膜，水分子與尿素也可以自由通過；但極性分子與帶電離子則無法通過。

表 3-1　物質通過細胞膜的機制

過程		如何作用	能量來源	例子
物理過程（不耗能）	擴散	分子（或離子）從濃度高的地方移動到濃度低的地方。	隨機的分子運動	氧在組織液內的移動。
	促進性擴散	細胞膜內的攜帶蛋白使分子由高濃度區加速移動到低濃度區。	隨機的分子運動	葡萄糖移動到某些細胞內。
	滲透	水分子由高濃度區經過選擇性通透膜擴散到低濃度區。	隨機的分子運動	水分進入蒸餾水中的紅血球。
生理過程（耗能）	主動運輸	細胞膜內的蛋白質分子運輸離子或分子通過細胞膜；移動方向可與濃度梯度相反，也就是由低濃度區到高濃度區。	細胞能量	鈉離子逆著濃度梯度移動到細胞外。鈉 - 鉀幫浦。
	吞噬作用	細胞膜包住顆粒、形成小泡，將其帶入細胞內。	細胞能量	白血球吞食細菌。
	胞飲作用	細胞膜包住液體小滴、形成小泡，將其帶入細胞內。	細胞能量	細胞攝取溶解在組織液中的必需溶質。
	胞吐作用	細胞將欲運輸至細胞外的物質包裹於運輸囊泡中，再排出細胞外。	細胞能量	酶或激素的分泌

(一) 擴散作用

　　物質的分子或離子在溶劑中由高濃度處向低濃度處分散，最後達分布均勻，此一現象稱為**擴散作用 (diffusion)**(圖 3-28)。一般狀態下粒子皆具有動能，因此氣體或液體中的分子都會朝各個方向運動彼此撞擊，最後達到一個最為分散的狀態，稱為最大**亂度 (entropy)**，例如將糖塊放入水中，糖分子溶解並開始擴散，經過一段時間後糖分子均勻分散於水中 (圖 3-28)，此作用為自然發生，不需耗能。

　　在人體中，氣體 (如 O_2、CO_2、N_2)、酒精、水和尿素 (urea) 皆容易通過細胞膜，這種不需要膜蛋白協助的運輸方式稱為**簡單擴散 (simple diffusion)**，最終可使膜的兩側物質濃度相等。例如肺泡中的氧氣就是經由擴散作用進入肺泡微血管中，而微血管中的二氧化碳也以同樣的方式擴散進入肺泡，藉由呼氣排出體外。若分子的移動距離很短，擴散作用進行的非常迅速，但是若分子要移動較長距離，光靠擴散作用要花很長的時間；因此單細胞生物主要利用擴散作用與外界進行物質交換，而多細胞生物則要靠著各種運輸途徑將物質運送到細胞附近，便於進行擴散作用。

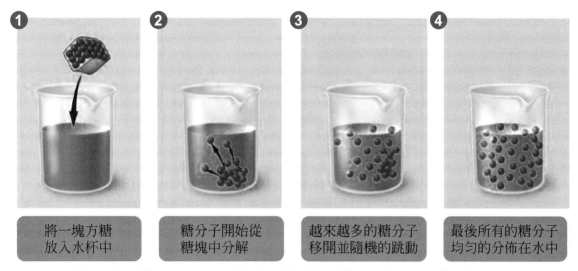

❶	❷	❸	❹
將一塊方糖放入水杯中	糖分子開始從糖塊中分解	越來越多的糖分子移開並隨機的跳動	最後所有的糖分子均勻的分佈在水中

圖 3-28　擴散作用。糖塊放入水中，糖分子溶解並開始擴散，經過一段時間後糖分子均勻分散於水中。

(二) 滲透作用

　　滲透作用 (osmosis) 是一種特別的擴散作用，專指水通過細胞膜的運動。透過半透膜，水分子由濃度高處向水分子濃度低的區域移動稱爲滲透作用。當滲透作用進行時，高濃度溶質的一端會施加壓力阻止低濃度溶質一端的水滲透過來，稱爲滲透壓 (osmosis pressure)。

　　如圖 3-29，連通管的左右兩側分別注入純水與含有溶質的溶液，中間隔以半透膜，此膜無法讓溶質分子通過，但水分子可以通過。一開始左右兩管液面高度相等，右方溶質濃度高 (滲透壓較大)，因此整體水分子趨向往右方移動 (圖 3-29a)，此趨勢可減少左右兩側水分子濃度的差異；水分子向右移動使右側液面上升、左側液面下降 (圖 3-29b)，一段時間後液面不再變化，此時右側液面高度所造成的靜水壓 (hydrostatic pressure) 恰可抗衡水分子向右移動的趨勢，此時水分子向左與向右移動的速率相等，此靜水壓即可代表右側溶液原始的滲透壓 (圖 3-29c)。由實驗可知，水分子會由水分子濃度高的地方往水分子濃度低的地方移動，換句話說，就是水從滲透壓小的地方向滲透壓大的地方移動。

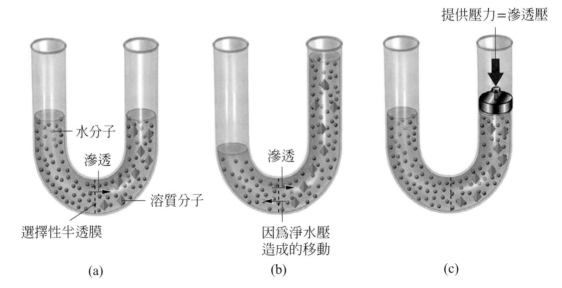

圖 3-29　滲透壓是隔著半透膜，高溶質濃度的溶液向低溶質濃度溶液施加的壓力，以阻止水的滲透。

　　溶解在細胞內的鹽、糖和其它物質，會產生一定大小的滲透壓。如果溶液的滲透壓和細胞的滲透壓相等，水分進出細胞的速度相同，細胞不膨脹也不萎縮，此種溶液就稱為**等張溶液 (isotonic solution)**(圖 3-30a)。如果將人類的紅血球放在 0.9%NaCl 溶液中，它既不萎縮也不膨脹，故將 0.9%NaCl 溶液稱為生理鹽水 (normal saline)。

　　若外界溶液的溶質濃度較稀 (也就是水分子濃度較高)，水分子會經滲透作用進入細胞內，造成細胞膨脹甚至破裂，則此溶液稱為**低張溶液 (hypotonic solution)**(圖 3-30b)。若是植物細胞置於低張溶液中，水會進入細胞，但是植物有細胞壁保護，細胞只會膨脹但是不會破裂。

　　細胞置於溶質濃度較高的溶液中，水分自細胞向外滲出，細胞內的物質濃度隨之增高，細胞發生萎縮以致脫水死亡。此一細胞膜外的溶液對細胞而言，稱為**高張溶液 (hypertonic solution)**(圖 3-30c)。這就是當細菌在高濃度鹽溶液或糖溶液浸漬的食物中無法存活的原因。若是植物細胞置於高張溶液中，可發現細胞質與細胞壁分離的現象，稱為**質壁分離 (plasmolysis)**。

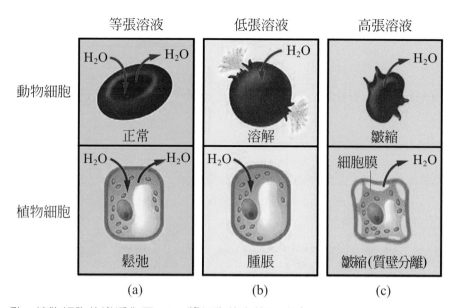

圖 3-30　動、植物細胞的滲透作用。(a) 將細胞放在等張溶液中，水進出細胞的趨勢相等，因此
細胞未發生變化。(b) 將細胞放入低張溶液中，細胞內滲透壓較大，水由外界進入細胞，
造成動物細胞膨脹或破裂；植物細胞因有細胞壁不會破裂，但也會膨脹。(c) 將細胞放
入高張溶液中，因外界溶液滲透壓大，水會滲出細胞，使細胞失去水分而萎縮；在植物
細胞可觀察到質壁分離的現象。

(三) 促進性擴散

　　促進性擴散 (facilitated diffusion) 必須藉由膜上之通道蛋白 (channel) 或載體蛋白
(carrier protein) 完成，物質順著濃度梯度由高濃度往低濃度方向移動，不消耗能量，
但速度比簡單擴散更快。膜蛋白在細胞膜上形成通道，絕大多數通道蛋白都是屬於離子
專用的通道，如鉀離子通道、鈉離子通道、氯離子通道等。通道蛋白具有專一性，
某一種通道只允許某一特定物質通過，細胞膜上有各種的離子通道，可以控管離子進
出細胞。有些通道是經常性開啟的，但是有些通道平時關閉，必須受到特殊的刺激才
會打開，這些刺激可能是化學物質或膜電位的改變，例如神經細胞表面的鈉離子**電
壓控閥通道 (voltage gated channel)** 即與動作電位的產生有關。

　　水分子還有另外一種進出細胞膜的方式，是利用**水通道蛋白 (aquaporin)**，這種
膜蛋白是美國科學家彼得‧阿格雷 (Peter Agre) 所發現的，他並獲得 2003 年諾貝爾化
學獎。水通道蛋白質只能讓水分子通過，蛋白質內部的通道周圍具有帶正電與負電的
胺基酸，這些電荷會與極性的水分子產生吸引或是排斥的力量，造成水分子旋轉並以
特殊的角度加速通過 (圖 3-31)。水通道蛋白可發現於腎小管管壁上，參與水分的再
吸收。

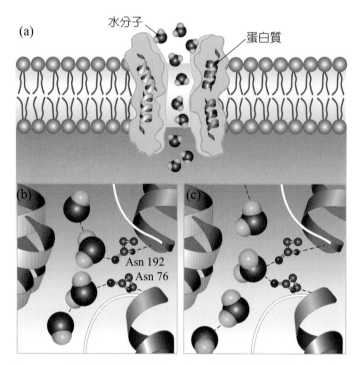

圖 3-31　水通道蛋白水分子可與通道管壁上的胺基酸形成氫鍵

　　載體蛋白與通道蛋白的差異在於這類蛋白會與所運送物質相結合，兩者之間也具有專一性，藉由改變蛋白質的構型將物質運往細胞膜的另一側；例如葡萄糖、胺基酸、核苷酸等親水性分子，會先與載體蛋白結合後再依照濃度梯度方向移動 (圖 3-32)。

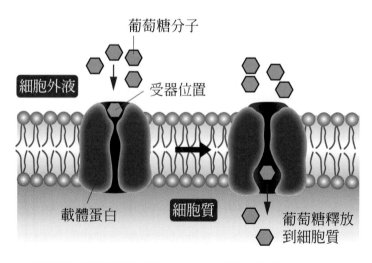

圖 3-32　載體蛋白與葡萄糖分子結合後，改變構型將葡萄糖運送至細胞內。

上述的簡單擴散、滲透作用與促進性擴散皆不需消耗能量，稱為**被動運輸 (passive transport)**(圖 3-33)。

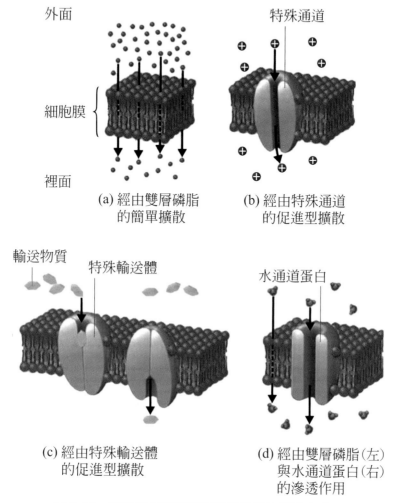

外面

特殊通道

細胞膜

裡面

(a) 經由雙層磷脂
的簡單擴散

(b) 經由特殊通道
的促進型擴散

輸送物質　特殊輸送體

水通道蛋白

(c) 經由特殊輸送體
的促進型擴散

(d) 經由雙層磷脂(左)
與水通道蛋白(右)
的滲透作用

圖 3-33　被動運輸是指不需消耗能量的運輸方式。

(四) 主動運輸

細胞內有些物質的濃度經常比周圍環境高出許多，細胞還可以利用能量，吸收或者排除特定的物質，這種運輸違反濃度梯度，以能量將物質由低濃度往高濃度方向運送，即稱之為**主動運輸 (active transport)**，它是一種具有高度專一性的運輸方式；例如許多單細胞生物具有**伸縮泡 (contractile vacuole)**(圖 3-25b)，可以將體內多餘的水份排出，就屬於主動運輸，需要消耗能量。

　　還有一種重要的主動運輸發生在神經及肌肉細胞的細胞膜上，是由**鈉鉀幫浦 (Na⁺-K⁺ pump)** 所負責的 (圖 3-34)。鈉鉀幫浦可以將細胞膜內的鈉離子送出膜外，將膜外的鉀離子送至膜內，造成細胞膜內外鈉、鉀離子的濃度差異 (膜外鈉離子濃度高，膜內鉀離子濃度高)，這對維持神經細胞的靜止膜電位非常重要。鈉鉀幫浦可利用 ATP 作為能量來源改變它的構型，當蛋白質開口朝向細胞內時，三個鈉離子可與蛋白質結合，之後分解 ATP 使蛋白質開口朝外，鈉離子即可送至細胞外側；細胞外的兩個鉀離子這時可以與蛋白質結合，當蛋白質再次改變形狀開口朝內時，可將鉀離子送往細胞內。藉著鈉鉀幫浦不斷的作用可使細胞膜外累積高濃度的鈉離子，細胞膜內則有高濃度的鉀離子。

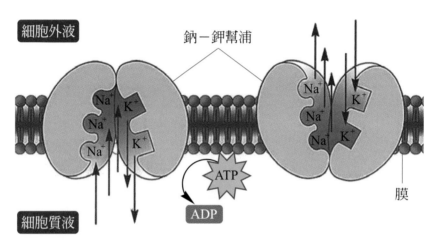

圖 3-34　鈉鉀幫浦 (Na⁺-K⁺ pump)。神經細胞膜上的鈉鉀幫浦可利用 ATP 改變構型，將三個鈉離子送往細胞膜外，將兩個鉀離子插入細胞膜內。

(五) 內噬與胞吐作用

　　細胞可藉內噬作用 (endocytosis) 將大分子物質帶入細胞內部。內噬作用又稱為**胞吞作用**，又分為**吞噬作用 (phagocytosis)** 與**胞飲作用 (pinocytosis)**。白血球或是變形蟲可藉由吞噬作用攝食較大的顆粒性食物，例如細菌或其它單細胞生物等兩種。以變形蟲的吞噬作用為例 (圖 3-35a)，細胞將原生質向外延伸成偽足，偽足可將食物包圍起來形成食泡，之後細胞將消化酶釋放到食泡中，等到顆粒性食物被分解小分子養分後即可為細胞吸收。

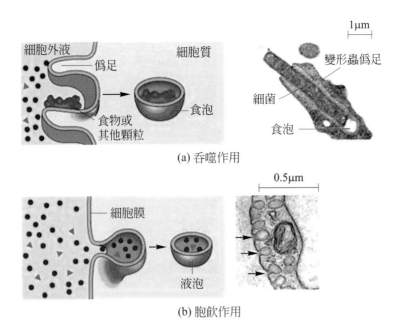

圖 3-35　二種內噬作用。(a) 吞噬作用。變形蟲伸出偽足將細菌包圍。 (b) 胞飲作用。小血管內襯
　　　　細胞進行胞飲作用，形成食泡。

　　胞飲作用與吞噬作用不同，是由細胞膜向內凹褶形成食泡，例如：草履蟲可進
行胞飲作用 (圖 3-35b)，在形成食泡時，細胞周圍的水以及溶解於水中的小分子營養
物質會一同包進食泡中，這種包入的方式對物質並沒有選擇性；之後營養物質會慢慢
由細胞質吸收，而食泡本身也逐漸變小、消失。

　　若細胞欲將胞內物質釋出時，會將該物質包裹在運輸囊泡中，囊泡逐漸靠近細
胞膜並與之融合，將物質釋出細胞外即稱之為胞吐作用 (exocytosis)(圖 3-36)。細胞
可以此方式分泌酶、激素或胞內消化後產生的廢物。

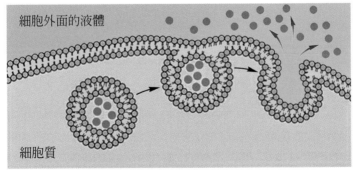

圖 3-36　胞吐作用。運輸囊向細胞膜的方向移動並與之融合，將囊內的物質運送到細胞外。

本章複習

3-1 原核細胞與真核細胞

■ 原核細胞包括細菌與藍綠藻,為較原始的細胞,這類細胞多數具有細胞壁,缺少細胞核及膜狀的胞器,細胞體積較小。

■ 一般動、植物細胞皆屬於真核細胞,體積較原核細胞大,構造複雜具有細胞核及各種由膜組成的胞器。

3-2 細胞的發現與細胞學說

■ 雷文霍克以自製顯微鏡觀察池水中的微生物。

■ 英國科學家虎克以顯微鏡觀察植物和動物組織,並於 1665 年發表顯微圖譜。

■ 細胞學說是由許來登與許旺共同提出,主要重點如下 :

 ● 所有生物皆由一個或多個細胞所組成。

 ● 細胞是生物體結構與組成的基本單位。

■ 細胞是生物體構造上的基本單位,同時也是功能上的單位。細胞分化之後,形狀不同的細胞具有不同的機能,但是細胞的基本構造是一樣的。

3-3 細胞的構造與各種胞器

■ 細胞是由細胞膜包含著一團膠狀物質所形成,含有遺傳物質 DNA 與各種胞器。

■ 細胞是藉著細胞膜與外界區隔開來,細胞可以藉細胞膜調節物質的進出並維持細胞內部的恆定,而植物細胞之細胞膜外尚有一層細胞壁。

■ 細胞膜是雙層磷脂構成,膽固醇、醣脂質與各種蛋白質則穿插其間。細胞膜上的蛋白質能在細胞膜上移動,這種結構就是最被廣為接受的流體鑲嵌模型。

■ 細胞內的膜可容許某些分子通過而另外一些分子卻不能通過,此種有選擇通透性的膜稱為半透膜。

■ 細胞核是細胞的生命中樞,含有染色體與遺傳基因,決定細胞和生物的遺傳特徵,控制細胞的生化反應。細胞核包含核膜、核質、染色體和核仁等幾部分。

 ● 核膜由雙層膜組成,可以調節物質的進出,外膜常與粗糙內質網的膜相連。核膜上有許多由多種蛋白質組成的小孔稱為核孔。

 ● 染色質是由 DNA 與組蛋白纏繞而成,基因就位於 DNA 上。細胞未分裂時,DNA 與組蛋白纏繞鬆散,在顯微鏡下不容易觀察。細胞分裂前期,染色質會透過彎折與螺旋纏繞得更加緊密,而逐漸變得粗短,形成桿狀的染色體,此時在顯微鏡下較容易觀察。

- 核仁為核質中大小及形狀不規則的緻密團塊，主要是由核糖體 RNA (rRNA) 及蛋白質組成的。

■ 核糖體是所有生物細胞合成蛋白質的場所，無論原核細胞或真核細胞皆有此胞器，它由大、小兩個次單元組成。

■ 細胞內有些胞器的膜彼此之間會互相連結，或可經由運輸囊將膜的一小部分分離再與其它的膜互相融合，這些彼此可以互相分離或融合的膜看成一個整體，稱為內膜系統，包含核膜、內質網、高基氏體、溶小體、細胞膜等。

■ 內質網膜分為粗糙和平滑兩種。粗糙內質網的膜上附著許多核糖體，這些核糖體主要合成分泌性蛋白質，平滑內質網是合成包括磷脂質與膽固醇等脂質的場所。

■ 高基氏體具有修飾、濃縮及儲存分泌物的功能。

■ 粒線體與葉綠體皆是細胞中能進行能量轉換產生 ATP 的胞器，而粒線體更被稱為細胞能量的供應中心。

■ 植物細胞中有一類特殊的胞器稱為質粒體或質體，它是一個龐大的家族，與食物合成及貯藏有關。

- 葉綠體為一種質體內含光合作用色素，是進行光合作用的場所。

- 高等植物的光合作用色素有葉綠素 a、葉綠素 b、胡蘿蔔素及葉黃素等四種，能吸收光能，並可將光能轉換為化學能。

■ 溶小體通常存在於動物細胞，內含有約 40 種，能分解細胞中的各種大型分子，如蛋白質、多醣類和核酸。

■ 過氧化體也是由膜包圍的胞器，普遍存在於真核細胞。其內含有胺基酸氧化、脂肪酸氧化與觸酶。肝細胞和腎細胞內的過氧化體具有解毒功能，可分解某些化合物的毒性。

■ 中心粒存在於大部份的動物細胞及原生生物細胞中 (高等植物細胞則缺乏此構造)，它與動物細胞的有絲分裂有關。

■ 細胞骨架有助於特定之功能，如維持細胞架構、促進細胞運動、使細胞固著在一起、促進細胞質內物質的運輸以及固定胞器的位置等。細胞骨架可分成微管、間絲與微絲等三種。

■ 液泡是由膜圍成的大型囊狀構造，通常存在於植物與原生生物的細胞中。在植物細胞內液泡常位於中央，最主要的成份是水，可產生膨壓以維持細胞形狀，並可暫且貯存無機鹽類，調節細胞內的 pH 值。

■ 細胞壁通常存在於細菌、原生生物、真菌及植物細胞。細菌的細胞壁主要成份是胜多醣，真菌的細胞壁由幾丁質組成，植物細胞的細胞壁主要成分為纖維素。 3-37

3-4 物質通過細胞膜的方式

■ 細胞膜除了將細胞與外界環境隔開，並且可以控制物質進出細胞，細胞膜對物質的通透性取決於該物質的大小、極性與帶電性，一般來說，小分子、非極性 (疏水性)、不帶電的物質較容易通過細胞膜。物質通過細胞膜的機制有擴散作用、滲透作用、促進性擴散、主動運輸、內噬與胞吐作用等。

■ 物質的分子或離子在溶劑中由高濃度處向低濃度處分散，最後達分布均勻，此一現象稱為擴散作用。

  ● 在人體中，氣體 (如 O_2、CO_2、N_2)、酒精、水和尿素皆容易以簡單擴散通過細胞膜。

■ 透過半透膜水分子由濃度高處向水分子濃度低的區域移動稱為滲透作用。

  ● 溶液的溶質與細胞溶質相同時，則溶液的滲透壓和細胞的滲透壓相等，水分進出細胞的速度相同，細胞不膨脹也不萎縮，此種溶液就稱為等張溶液。

  ● 細胞置於溶質濃度較高的溶液中，水分自細胞向外滲出，細胞內的物質濃度隨之增高，細胞發生萎縮以致脫水死亡。此一細胞膜外的溶液對細胞而言，稱為高張溶液。

  ● 外界溶液的溶質濃度較稀 (也就是水分子濃度較高)，水分子會經滲透作用進入細胞內，造成細胞膨脹甚至破裂，則此溶液稱為低張溶液。

■ 促進性擴散必須藉由膜上之通道蛋白或載體蛋白完成，物質順著濃度梯度由高濃度往低濃度方向移動，不消耗能量。

■ 細胞內有些物質的濃度經常比周圍環境高出許多，細胞還可以利用能量，吸收或者排除特定的物質，這種運輸違反濃度梯度，以能量將物質由低濃度往高濃度方向運送，即稱之為主動運輸。

  ● 單細胞生物的伸縮泡將體內多餘的水分排出；人體的神經及肌肉細胞的細胞膜上的鈉鉀幫浦都是主動運輸的例子。

■ 細胞可藉內噬作用將大分子物質帶入細胞內部。內噬作用又稱為胞吞作用，又分為吞噬作用與胞飲作用兩種。

■ 若細胞欲將胞內物質釋出時，會將該物質包裹在運輸囊泡中，囊泡逐漸靠近細胞膜並與之融合，將物質釋出細胞外即稱之為胞吐作用。細胞可以此方式分泌、激素或胞內消化後產生的廢物。

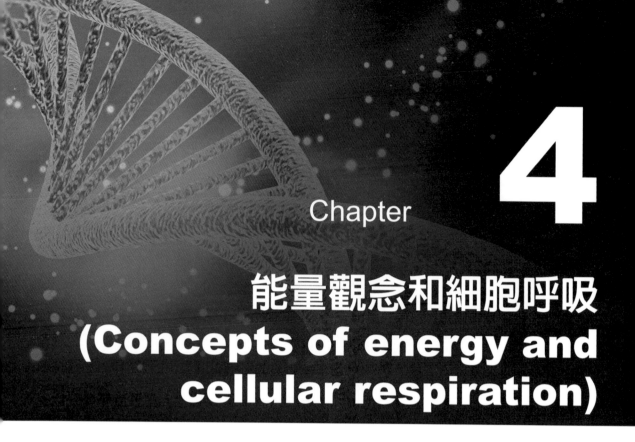

Chapter

4

能量觀念和細胞呼吸
(Concepts of energy and cellular respiration)

分子馬達

　　生命意味著不斷的運動，而生物體的大分子如何在微觀，分子層級進行構造的改變，達到從分子到巨觀世界的運動？活世界中大多數形式的運動，都是由微小蛋白質組成的分子馬達提供動力，完成複雜的微觀 (例如：細胞分裂) 與巨觀 (例如：生物體的移動) 運動。分子馬達是細胞內能夠把化學能直接轉換為機械能的蛋白分子的總稱，它是以腺嘌呤核苷三磷酸酶 (ATPase) 為基礎。這些由「動力蛋白」組成的分子馬達包括線性運動馬達和旋轉運動馬達。

　　線性運動馬達，例如：驅動蛋白 (kinesins)、動力蛋白 (dyneins)、肌凝蛋白 (myosins)、DNA 解旋酶 (helicase) 會沿著線性軌道單向地步進，特別是微管和肌動蛋白絲，它們也會在細胞運輸過程、結構和功能中扮演關鍵角色。肌肉中肌凝蛋白的結構會隨著 ATP 分解為 ADP 而發生改變，當 ATP 水解釋放的能量轉化為機械能，會引起肌凝蛋白構形發生改變，然後接合到肌動蛋白造成肌動蛋白的滑動使肌節縮短，引起肌肉收縮。旋轉運動馬達不像線性運動馬達由 ATP 水解所驅動而是由跨膜蛋白質的氫離子 (H^+) 或鈉離子 (Na^+) 流所產生的濃度梯度來驅動。具有鞭毛的細菌例如大腸桿菌，鞭毛就是一個馬達，當所有的鞭毛都是往同一個方向旋轉時會將細菌推向前，但是當一個或多個鞭毛方向相反時會造成細菌翻轉進而改變運動方向。

生物體維持生命以及完成代謝作用等活動，都需要能量供給才能完成，所有生物所需的能量都是由腺嘌呤核苷三磷酸 (ATP)，水解成產生 ADP(腺嘌呤核苷二磷酸) 及磷酸根 (Pi) 所釋出的能量提供。

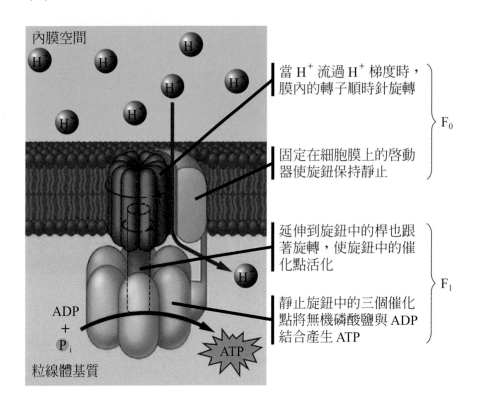

圖中標示	說明

內膜空間

當 H^+ 流過 H^+ 梯度時，膜內的轉子順時針旋轉 F_0

固定在細胞膜上的啟動器使旋鈕保持靜止

延伸到旋鈕中的桿也跟著旋轉，使旋鈕中的催化點活化 F_1

靜止旋鈕中的三個催化點將無機磷酸鹽與 ADP 結合產生 ATP

ADP + P_i

ATP

粒線體基質

生物體維持生命以及完成代謝作用等活動，皆需能量 (energy) 才能進行。能量有多種形式，如輻射、電、光、熱、化學、機械等能，一般對能量的解釋為作功 (work) 的能力，此種能力可使物質發生轉變。所有的能量最終都能轉變成熱能，但是細胞無法利用熱來做功，細胞只能利用特殊的能量形式來做功，它儲存在有機分子的化學鍵內，稱為化學能。本章將介紹能量觀念與生命息息相關的呼吸作用。

4-1　能量觀念

(一) 位能

　　運動中的物體都具有動能 (kinetic energy)，靜止中的物體雖然不具動能，但也能存有能量稱為**位能 (potential energy)**。位能又稱為**勢能**，是一種潛藏的能量，也可看做是一種被儲存的能量，它蘊含在物質的位置、結構或狀態之中。

　　位能的形式很多，例如在物理學上被拉長的彈簧具有彈力位能、在電場中的電荷具有電位能、高山上的石頭相較於平地的石頭具有更多的重力位能等，位能平時不易察覺，需經過能量的轉換方能成為可觀察或是可利用的能量。

(二) 化學能

　　動、植物皆需分解體內或細胞內的有機食物，從中獲取能量，食物中的化學能蘊藏於分子內，也就是原子與原子間之結合鍵中。當原子間之電荷作用形成化學鍵時，便將化學能貯藏於化學鍵中，因此若要利用化學能做功，需先將化學鍵打斷，讓能量釋放出來。化學能可看作是一種位能，醣類、脂肪、蛋白質等分子在合成過程中將化學能儲存在化學鍵中，稱為**高位能化合物**；分解後產生的二氧化碳與水即使將其分子的鍵結打斷也只能釋出極少能量，稱為**低位能化合物**。

　　儲能的化學鍵可以分二類，一種為**低能鍵 (low energy bond)**，低能鍵的化合物如醣類、脂肪、蛋白質。凡是碳、氫、氮、氧原子與另一個碳原子結合的化學鍵都是低能鍵。低能鍵比較穩定，分解時放出能量不多，不能在短時間內放出多量的化學能以供給細胞需要。細胞內另有一種含**高能鍵 (high energy bond)** 的化合物，最普通的高能鍵就是**磷酸鍵 (phosphate bond)**；它和普通磷酸根不同，是吸收低能鍵所放出的能量形成的。高能鍵不穩定，容易放出能量變成普通磷酸根，為了二者有所區別，常用「～」代表高能鍵，生物體內含高能鍵的化合物可以**腺嘌呤核苷三磷酸 (adenosine triphosphate，ATP)** 為代表 (圖 4-1)。

(三)ATP 的構造與功能

　　葡萄糖分子中貯存有許多化學能，細胞中的粒線體可將葡萄糖分解，並把其中的能量轉變為細胞可以利用的形式儲存在特殊的化合物中，其中最重要的便是 ATP。ATP 是核苷酸的一種，是由核糖、腺嘌呤與三個磷酸根組成，科學界已能用特殊方法將 ATP 由細胞中分離出來。1941 年**李普曼** (Fritz Lipmann) 強調 ATP 在能量的貯存和供應上擔任重要的角色，因而獲得諾貝爾獎。

　　由葡萄糖轉移至 ATP 之能量會迅速消耗於各種細胞活動中，其間 ATP 被分解以釋放能量而轉變為 ADP(腺嘌呤核苷二磷酸)(圖 4-1)，ADP 尚可再釋放出一個高能磷酸鍵的能量形成 AMP(腺嘌呤核苷單磷酸)；當細胞中 ATP 減少時，更多的葡萄糖會被氧化產生能量，以便將 AMP 合成 ADP，再合成為 ATP；此等合成後之 ATP 又會再被分解放出能量以供細胞活動所需，此一連串之反應不斷地循環發生。

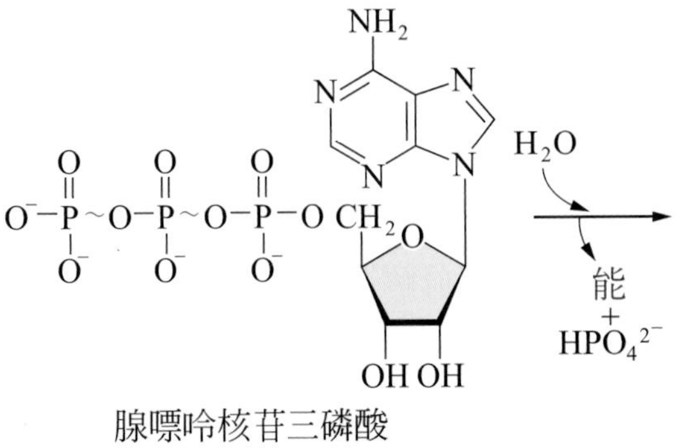

圖 4-1　　ATP 與 ADP 的關係。ATP 有兩個高能磷酸鍵，將磷酸鍵打斷可釋放能量，為一種水解反應。ATP 釋放一個高能磷酸鍵後會轉變為 ADP，ADP 可再釋放一個高能磷酸鍵形成 AMP。

(四) 能量的轉換

生物體要從自然界獲得能量需經過三種主要的能量變化：

(1)　植物的葉綠素吸收太陽能，經光合作用轉變為化學能，把二氧化碳和水結合成醣類和其他物質，能量則儲存在醣和其他食物分子內的化學鍵中 (圖 4-2)。

(2)　細胞進行呼吸作用時，將醣和其他物質內的化學能轉變為高能的磷酸鍵，以供生物利用。呼吸作用主要在粒線體內進行，可視為將低能鍵中的化學能轉變為高能鍵的化學能。

(3)　高能磷酸鍵中的能被細胞利用來作功，如肌肉收縮 (機械功)、神經刺激之傳導 (電功)、合成生長所需的分子 (化學功)，部分能量在最後形成熱散到環境裡。

動、植物體內有效率頗高的能量轉換器 (energy transducers)，如葉綠體和粒線體，這些轉換器配合有效的控制系統使細胞適應環境的改變。上述三類能量轉變的過程中，尚需要許多酶的參與。

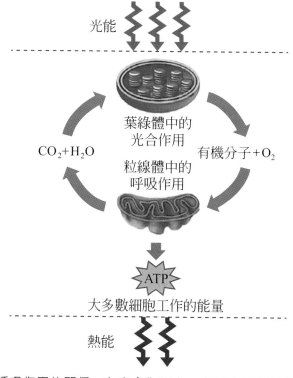

圖 4-2　光合作用和呼吸作用的關係。在光合作用中，光能被植物用來將低能量物質 (CO_2 和 H_2O) 轉換成高位能的醣類，O_2 是副產品；但是當醣類被動、植物以呼吸作用分解時，它們所儲存的化學能會轉換成細胞工作所需的 ATP。

(五) 活化能

在圖 4-3a 中,一圓形巨石置於山上 A 點,靜止時由於高度之關係,此球具有一定之位能。假如我們將它滾入山下,其位能便會轉變成動能,當球靜止於山腳 B 點時,其位能相對少於其在山上時的位能。但是當球靜止在 A 點時並不會自動滾下山,我們需消耗能量做功,先將巨石推往山頂,這個能量就相當於化學反應的**活化能** (activation energy);當巨石到達山頂後會自然向山坡滾下,也就代表此時化學反應可自然發生。例如:在常溫下 H_2 與 O_2 均是穩定的氣體。若將一個大型密閉的容器中充滿 H_2 和 O_2,無論放置多少時間 H_2 與 O_2 仍是混合氣體,不易有任何變化。然而當我們投入一根點燃的火柴時,則立刻會引發爆炸和放出能量,也有許多的水滴落下來。這是由於點燃的火柴引起無以數計的 H_2 與 O_2 發生反應,而這根點燃的火柴便是提供 H_2 與 O_2 發生反應的活化能 (圖 4-3b)。故活化能為克服能量障壁令反應發生所需的最低能量。物質不論是釋能或吸能反應,都需要活化能來促其進行,這些能量用以切斷反應物的化學鍵,以便新鍵產生。

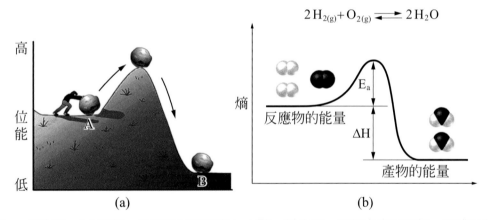

$$2H_{2(g)} + O_{2(g)} \rightleftharpoons 2H_2O$$

(a)　　　　　　　　(b)

圖 4-3　　活化能。(a) 假想一圓形巨石置於山上 A 點,靜止時,由於高度之關係,此球具有一定之位能;如我們欲使之滾動下山,其位能便會轉變成動能,當球靜止於山腳 B 點時,其位能相對少於其在山上時的位能。但是當球靜止在 A 點時並不會自動滾下山,我們需消耗能量做功,先將巨石推往山頂,這個能量就相當於化學反應的活化能;當巨石到達山頂後會自然向山坡滾下,也就代表此時化學反應可自然發生。(b) 反應物 (H_2 與 O_2) 所含有的能較產物 (H_2O) 為高,但是此反應並不會自然發生,因為 H_2 與 O_2 均是穩定的氣體,分子間的化學鍵不易斷裂,因此氫原子與氧原子無法重新組合形成水。若要讓反應發生,必須提供活化能 (E_a) 將 H_2 與 O_2 分子間的鍵結打斷,之後氫原子與氧原子即有機會重新組合形成水分子。

　　活細胞中不斷進行著各種化學反應稱為代謝作用 (metabolism)，其中合成各種新分子的過程稱為**同化作用 (anabolism)**，而將大分子分解為小分子的過程稱為**異化作用 (catabolism)**。細胞所進行的化學反應由酶 (enzymes) 來催化；每一種酶催化某種特定的反應，而且酶結構上有一特殊的**活化區 (active site)**(圖 4-4)，會與反應物的特定區域結合，進行催化。反應開始前，參與反應的物質稱為**反應物 (reactants)** 或**受質 (substrates)**，反應結束後生成的物質稱為**產物 (products)**。酶與受質結合後可以改變反應途徑，降低活化能，例如：二氧化碳 (CO_2) 加水 (H_2O) 可形成碳酸 (H_2CO_3)，若反應有酶的參與則活化能可以降低，使反應容易發生 (圖 4-5)。

　　反應發生時，在原子重新排列或化學鍵被切斷的過程可釋出能量者，稱為釋能反應 (圖 4-5)，也就是反應物含有的能量較產物高。反之，若形成新的化學鍵時需加入能量，則稱為吸能反應，此時產物所含有的能量較反應物高。

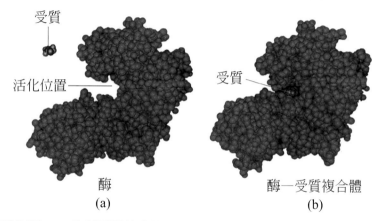

圖 4-4　酶的活化區。(a) 酶與受質結合的部位稱為活化區。(b) 受質與活化區結合時可誘導活化區的構型與之完全契合。

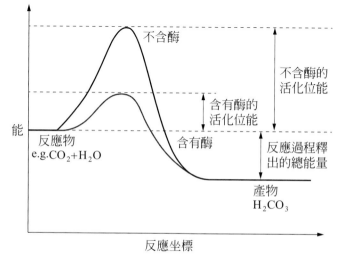

圖 4-5　酶可降低活化能。二氧化碳 (CO_2) 加水 (H_2O) 可形成碳酸 (H_2CO_3)，若反應有酶的參與則活化能可以降低，使反應容易發生。

4-2　酶及其性質

　　生物體中許多生化反應都必須在短時間內以最快的速度進行，於是細胞就需要一些特殊的催化物來促使各種生化反應發生並加快反應速率，細胞中擔任此一工作的便是**酶 (enzymes)**，而在細胞中受酶作用的物質，稱爲**受質 (substrates)**。一般動、植物細胞之中可能有數千種不同的酶，而每種酶的分子亦常包含數百或數千個胺基酸，佔細胞中大部分的蛋白質。19 世紀初，<u>法國化學家沛因 (Anselme Payan)</u> 與<u>貝索茲 (Tean F. Persoz)</u> 進行有關澱粉酶的實驗，發現酶可促進細胞內的化學變化，而且明瞭酶離開活體後在試管內仍可進行作用。

(一) 酶的性質

1. 酶是以蛋白質為構造主體的催化物

　　酶是細胞內產生由蛋白質構成的催化物 (catalysts)，故凡影響蛋白質性質之因素皆可影響酶的活性。大多數的酶爲球狀，其表面至少有一個區域會形成凹陷，稱爲活化區，各種酶即是藉此特定的凹陷與各種不同的受質結合。酶要發揮功能必須擁有正確的立體形狀 (圖 4-6)，也就是蛋白質多胜鏈必須摺疊成正確的二級、三級結構，進而組合成正確的四級結構，若其中的某個摺疊過程發生錯誤則酶也就會失去原有的功能，稱爲蛋白質**變性 (denature)**。

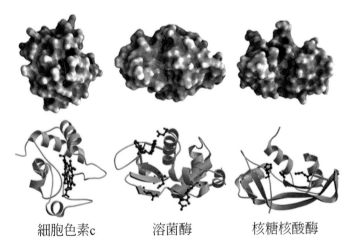

　　　　細胞色素c　　　　溶菌酶　　　　核糖核酸酶

圖 4-6　酶是由蛋白質構成的催化物，每一種酶都有獨特的立體形狀。

2. 酶具有專一性

　　每一種酶都有特定的受質，此種特性稱為酶的專一性。大多數的酶是絕對專一的，也就是只能與一種受質結合，如尿素酶 (urease) 只分解尿素為氨 (NH_3) 和二氧化碳，對其它物質不發生作用。蔗糖、麥芽糖和乳糖也都各有特殊的酶來分解。

$$CO(NH_2)_2 + H_2O \xrightarrow{\text{尿素酶}} 2NH_3 + CO_2$$

　　此種專一性有賴於酶與受質的互相配合，當酶與受質接觸，受質會與酶上的活化位置結合，形成一暫時性的**酶－受質複體 (enzyme － substrate complex)**，它們彼此之間以弱作用力 (如氫鍵、親水 / 疏水作用力等) 相連。酶作用之後可再與其它受質分子結合，進行下一次的催化反應，酶分子本身並不損失，可一再循環使用。

3. 酶的催化能力很強

　　目前已知酶可以催化超過 5000 種生化反應，而且每一種酶的催化能力不同。乙醯膽鹼 (acetylcholine) 為一種神經傳導物質，可引發突觸後神經元的動作電位。乙醯膽鹼酯酶 (acetylcholinesterase) 每秒鐘可分解 14,000 個乙醯膽鹼分子，避免乙醯膽鹼持續引發神經衝動造成肌肉抽搐。二氧化碳在血液中運輸時通常會先轉變為碳酸，而這個反應可由碳酸酐酶 (carbonic anhydrase) 催化，此酶每秒鐘可將 1,000,000 二氧化碳轉變為碳酸，使其易溶於血漿。H_2O_2 對細胞具有毒性，而觸酶 (catalase) 每秒鐘可將 40,000,000 個 H_2O_2 分解為 O_2 與水，保護細胞免於其害。

4. 酶與輔酶

　　除**水解酶 (hydrolase)** 外，大多數的酶在作用時尚需要**輔因子 (cofactor)** 的幫助，有些輔因子是金屬離子或是小的有機分子，這類有機分子就稱為**輔酶 (coenzyme)**，酶必須與輔酶結合才能發揮作用 (圖 4-7)。細胞中許多輔酶都是由飲食中的維生素轉變來，包括硫胺 (thiamine，維生素 B_1)、菸鹼酸 (niacin，維生素 B_3)、核糖黃素 (riboflavin，維生素 B_2)、吡哆醇 (pyridoxine，維生素 B_6) 等。

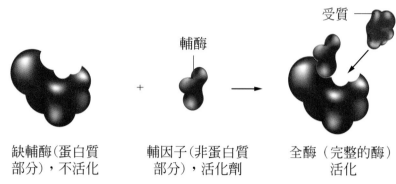

受質

輔酶

缺輔酶(蛋白質
部分),不活化

輔因子(非蛋白質
部分),活化劑

全酶（完整的酶）
活化

圖 4-7　輔酶通常會結合在酶的活化區，大多數的酶需與特定輔酶結合才具有催化的功能。

(二) 酶的活性

　　在適當的溫度與 pH 值條件下，若受質的量充足，反應速率與酶的濃度成正比 (圖 4-8a)，也就是酶的濃度愈高，反應速率愈快；若酶的量受到限制，反應初期的速率與受質的濃度成正比，當所有的酶都與受質結合時，雖然受質的濃度不斷增加，但是反應速率不會再增加，也就是反應速率已達上限值 (圖 4-8b)。

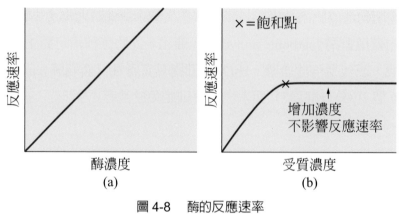

×=飽和點

增加濃度
不影響反應速率

酶濃度
(a)

受質濃度
(b)

圖 4-8　酶的反應速率

　　大多數的酶都需要輔酶或是輔因子的幫助，因此兩者的濃度也會影響反應速率。除此之外，酶的活性也會受到 pH 值與溫度的影響。組成蛋白質的胺基酸通常帶有一定量的正電荷或負電荷， 這些電荷可維持蛋白質的結構，活化區的電性更影響酶與受質結合的能力，pH 值改變會使蛋白質分子的電性改變而影響了酶的活性。強酸或強鹼能使大部份的酶失去活性，因它們會使蛋白質分子變性，產生永久性的結構改變。多數酶適合在中性環境下作用，但也有些酶適合酸性或鹼性的環境，例如人體胃

液中之**胃蛋白酶 (pepsin)**，在 pH2 時反應最好，而**胰蛋白酶 (trypsin)** 則在鹼性環境中活性最強，以 pH8.5 時最適宜。生物體內各種酶最適合的 pH 值列於表 4-1。

表 4-1 各種酶最適合的 pH 值

酶 類	最適 pH	受酶質
澱粉酶 (動物)	6.2 ～ 7.0	澱粉
澱粉酶 (植物)	4.5 ～ 5.5	澱粉
乳糖酶	5.7	乳糖
麥芽糖酶	7.0	麥芽糖
胃蛋白酶	1.5 ～ 2.2	蛋白質
胰蛋白酶	7.8 ～ 9.0	蛋白質

溫度

　　蛋白質是由胺基酸以胜鍵連結，胜鍵是穩定的共價鍵，不容易受到高溫破壞，所以蛋白質的一級結構在高溫下非常穩定。但是蛋白質二級與三級的結構主要是藉由氫鍵、親水與疏水作用力等弱鍵結合，這些鍵結在高溫時不穩定，容易受到破壞失去原有的構型而喪失功能，所以絕大多數的蛋白質均不耐高溫。雙硫鍵 (－ S － S －) 也是穩定蛋白質立體結構的重要鍵結，它是由兩個帶有－ SH 官能基的半胱胺酸 (cysteine) 所形成，由於雙硫鍵也屬於一種共價鍵，因此雙硫鍵多的蛋白質通常對熱較為穩定。

　　酶是蛋白質組成。大部分的酶在 0℃ 時活性很低；溫度升至**低限溫 (minimal temperature)** 時開始活動；溫度漸高，酶之活性漸增；酶之活性達最高峰時的溫度稱為**最適溫 (optimal temperature)**。溫度超過最適溫，酶的活性漸減，若超過**高限溫 (maximal temperature)**，因高溫會使蛋白質變性，酶即停止活動。一般酶的高限溫為 50~60℃，變性後的酶雖再降低溫度也無法回復。

　　熱可以殺死許多生物體，就是因為熱會使細胞中的蛋白質失去功能，但自然界仍然存在著一些生命可以生活在極高溫的環境中。例如在火山噴氣口或是接近 100℃ 的溫泉中仍然可發現一些細菌。在某些海底熱泉的噴氣口附近溫度甚至高達 400℃，科學家已在其周圍發現多種生物體，包括細菌、巨型管蟲 (*Riftia pachyptila*)、貝類與蝦，這些生物之所以能夠生存在高溫環境，就是因為其細胞中的酶可耐高溫 (圖 4-9)。

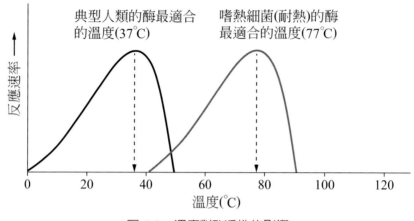

圖 4-9　溫度對酶活性的影響

　　許多化學物質和金屬離子會降低酶的活性或使其失去功能，這類物質稱為酶的抑制物。有些抑制物分子的部分形狀與受質相類似，也可以結合在酶的活化區，這種抑制方式稱為**競爭性抑制 (competitive inhibition)**(圖 4-10a)，抑制物與受質競爭活化區，若是受質先佔據活化位置則可受到酶的催化，若是抑制物先佔據活化位置，酶即無法再與受質結合，通常只要提高受質濃度即可減少競爭型抑制物的影響，有些抑制物是與活化位置以外的部位結合，使酶的形狀發生改變而失去活性，為**非競爭性抑制 (noncompetitive inhibition)**(圖 4-10b)。若系統中酶的含量固定。當有競爭性抑制物存在時，提高受質濃度即可減少競爭型抑制物的影響，受質濃度越高，反應速率越快。但是當非競爭性抑制物存在時，反應速率下降，就算增加受質濃度也無法減低抑制物的影響，提升系統的反應速率 (圖 4-11)。所以許多非競爭性抑制物都可以調解酶的活性。

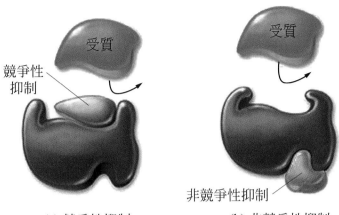

(a) 競爭性抑制　　　　　　　(b) 非競爭性抑制

圖 4-10　酶的抑制物。(a) 競爭性抑制，抑制物與受質競爭活化區。(b) 非競爭性抑制，抑制物與
　　　　活化位置以外的部位結合，使酶的形狀發生改變而失去活性。

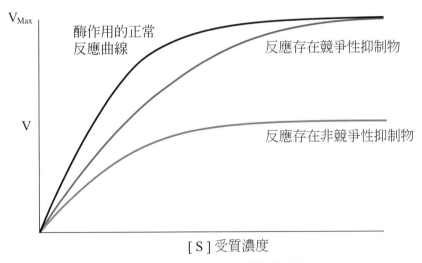

[S] 受質濃度

圖 4-11　反應速率與抑制物的關係

4-3   細胞呼吸

　　細胞從分解葡萄糖、胺基酸、脂肪酸和其他有機化合物中獲取能量，過程中會消耗氧氣，產生 CO_2 和 H_2O 及能量，這個過程稱為**細胞呼吸 (cellular respiration)**；多數的動植物細胞需要在氧氣充足的情況下進行呼吸作用，稱為**有氧途徑 (aerobic pathways)**，相較於無氧的途徑，在有氧環境下細胞能產生更多的能量。

　　整個呼吸作用需要多種酶參與反應，產生的能量亦可由粒線體中的酶將其儲存在高能化合物中。葡萄糖是動物細胞最直接的能量來源，其代謝的總反應式如下：

$$C_6H_{12}O_6 + 6O_2 + 6H_2O \rightarrow 6CO_2 + 12H_2O + 能量$$

　　在分解葡萄糖的過程中有一類重要的反應稱為**去氫反應 (dehydrogenation)**，去氫酶 (dehydrogenase) 在作用時會從受質分子上移去兩個氫離子與兩個電子，這些氫離子與電子會暫時先由氧化態的輔酶接受，例如 NAD^+ 或 FAD，當它們接受電子與氫離子之後會轉變為還原態的 NADH 與 $FADH_2$。NAD^+ 與 FAD 是電子的初級接受者，NADH、$FADH_2$ 其電子具有高電位能，被視為高能化合物。

(一) 細胞呼吸代謝路徑

　　細胞呼吸是一個必須有酶催化且複雜的代謝路徑，分解葡萄糖的過程很複雜，可分為糖解作用 (glycolysis)、丙酮酸 (pyruvate) 轉變成乙醯輔酶 A (acetyl coenzyme A)、檸檬酸循環 (citric acid cycle)、電子傳遞鏈與氧化磷酸化作用 (electron transport chain and oxidative phosphorylation) 等 4 個階段 (圖 4-12)：

1. 糖解作用

　　動、植物細胞皆以葡萄糖作為最直接的供能物質。葡萄糖進入細胞後，首先會在細胞質中轉變為丙酮酸，稱之為糖解作用，糖解作用過程中有許多步驟，每一個步驟都需要特殊的酶來催化。一分子葡萄糖分解為兩分子丙酮酸過程中產生 4 個 ATP 分子；釋出的 4 個氫原子與 4 個電子可讓 $2NAD^+$ 形成 $2NADH+2H^+$。因為過程中會消耗 2 個 ATP，所以實際淨得 2ATP 及 $2NADH+2H^+$。淨反應式如下：

$$C_6H_{12}O_6 + 2ADP + 2Pi + 2NAD^+ \rightarrow 2 \text{ 丙酮酸} + 2ATP + 2NADH + 2H^+ + 2H_2O$$

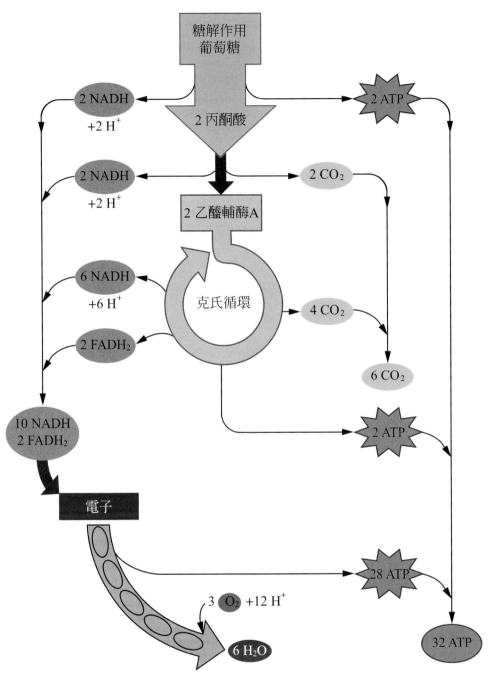

圖 4-12　呼吸作用中分解葡萄糖的過程分為糖解作用、丙酮酸轉變成乙醯輔酶 A、檸檬酸循環、電子傳遞鏈與氧化磷酸化作用等四個階段。

2. 丙酮酸轉變為乙醯輔酶 A

糖解作用所產生的丙酮酸被送入粒線體，粒線體基質的丙酮酸去氫酶複合體能將丙酮酸轉變為乙醯輔酶 A(圖 4-13)。丙酮酸分子上的羧基 ($-$ COOH) 首先被去除，放出一分子二氧化碳，這個步驟稱為去羧反應 (decarboxylation)，去羧後的雙碳分子會再和輔酶 A(CoA) 的官能基 ($-$ SH) 反應合成乙醯輔酶 A，在此過程中移出的電子與氫離子由 NAD^+ 接受，形成 NADH。所以一分子丙酮酸轉變為一分子乙醯輔酶 A 會釋放出一分子二氧化碳，並形成 $NADH+H^+$，所以由葡萄糖產生的兩分子丙酮酸共可轉變為兩分子乙醯輔酶 A，釋放出兩分子二氧化碳，並形成 $2NADH+2H^+$。

$$2 \text{ 丙酮酸} + 2 \text{ 輔酶 A} + 2NAD^+ \rightarrow 2 \text{ 乙醯輔酶 A} + 2CO_2 + 2NADH + 2H^+$$

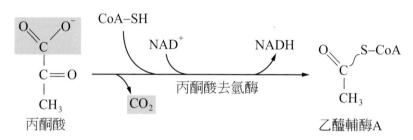

圖 4-13　丙酮酸轉變為乙醯輔酶 A

3. 檸檬酸循環

克拉伯循環 (Krebs cycle) 發生於粒線體基質中，為英國生化學家克拉伯 (Sir Hans Krebs) 首先提出此一系列的反應，故稱為克拉伯循環或克氏循環。反應過程的第一步會生成檸檬酸，所以又稱檸檬酸循環 (citric acid cycle) 或三羧酸循環 (tricarboxylic acid cycle，簡稱 TCA cycle)。在整個循環過程中，兩個碳的乙醯輔酶 A 和四個碳的草醋酸結合成六碳的檸檬酸，經過一連串的去氫、去羧和變形等反應後，最後又產生草醋酸，草醋酸可以再和另一乙醯輔酶 A 結合。每一分子的乙醯輔酶經過此循環後可放出兩分子的 CO_2，生成 $3NADH+3H^+$、$1FADH_2$ 及 1GTP；若是兩分子乙醯輔進入此循環，則可生成 $6NADH+6H^+$、$2FADH_2$ 及 2GTP，並放出四分子的 CO_2。反應式如下：

$$2 \text{ 乙醯輔酶 A} + 6NAD^+ + 2FAD + 2GDP + 2Pi + 4H_2O$$

$$\rightarrow 2 \text{ 輔酶 A} + 4CO_2 + 6NADH + 6H^+ + 2FADH_2 + 2GTP$$

4.電子傳遞鏈與氧化磷酸化作用

　　1961 年英國生物化學家彼得・米歇爾 (Peter Mitchell) 提出化學滲透理論 (chemiosmotic theory)，用以解釋在葉綠體中 ATP 的合成機制。粒線體中 ATP 的合成方式與葉綠體類似。來自於 NADH 與 $FADH_2$ 的電子在進行電子傳遞的過程中，其電位能可以做為質子幫浦 (proton pump) 的動力，將質子 (H^+) 從粒線體基質轉移到粒線體膜間隙；由於粒線體內膜對質子不具有通透性，因此可在膜間隙累積高濃度的氫離子；高濃度氫離子在內膜的兩側形成濃度梯度及電位梯度；兩者可共同表示為**質子梯度**或稱**電化梯度**，這種橫跨膜的質子和電壓 (電位) 梯度的組合儲存著位能，能形成**質子趨動力 (PMF)**，當質子流回粒線體基質中時，夠提供能量將 ADP 轉換為 ATP。

　　電子的傳遞流程發生於粒線體內膜上，在糖解作用、檸檬酸環與乙醯輔酶 A 的形成過程中，從受質中移除的電子與氫離子被初級接受者 NAD^+ 或 FAD 接受，形成 NADH + H^+ 或 $FADH_2$。當 NADH 或 $FADH_2$ 將電子與氫離子釋出時，其中氫離子送入基質，而一對電子則交由電子傳遞者傳送，電子傳遞者也稱為**電子載體 (electron carrier)**，有些電子載體會組成複雜的蛋白質複合物；粒線體內膜上的複合物共有四種：complex I、complex II、complex III、complex IV，其中三種 (complex I、complex III、complex IV) 具有質子幫浦的功能，可利用電子傳遞過程中釋出的能量將氫離子由基質轉運到膜間隙中 (圖 4-14)。

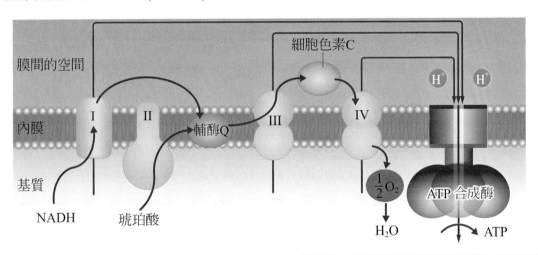

圖 4-14　電子傳遞系統 (electron transport system)。當電子由高能階的電子攜帶者傳給低能階的攜帶者時便有能量釋放出來，這些能量用來使質子通過粒線體內膜而進入膜間隙。在內膜的兩側有電化梯度 (electrochemical gradient) 形成，這是合成 ATP 的能量來源。電子和質子的最終接受者是氧氣，反應的產物是水。

　　首先 NADH 將一對電子傳入 complex I，接著傳給一脂溶性的載體**輔酶 Q** (coenzyme Q，CoQ，亦稱 Q10 或 UQ)，輔酶 Q 可在膜上移動並將電子傳給 complex III，電子繼續傳遞給**細胞色素 c (cytochrome c)**，最終傳到 complex IV(又稱**細胞色素氧化酶**)，可將細胞色素 c 上的電子轉移給 O_2 形成水。$FADH_2$ 的電子則是交予 complex II，接著傳給輔酶 Q，之後的傳遞路徑與上述相同，唯 complex II 並不具有質子幫浦的功能。電子傳遞是一系列的氧化還原反應，電子由高能階的載體傳給低能階的載體 (圖 4-15)，各種載體不斷地接受與放出電子；過程中有能量釋放出來，這些能量用來使質子通過粒線體內膜進入膜間隙，形成質子梯度，這是合成 ATP 的能量來源。

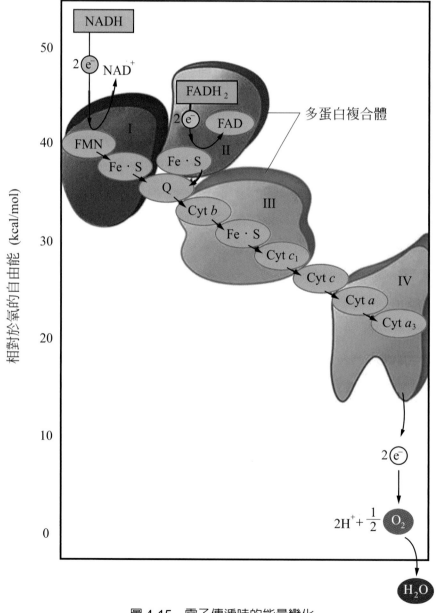

圖 4-15　電子傳遞時的能量變化

　　ATP 的形成與電子傳遞鏈是息息相關的，電子傳遞鏈形成的質子梯度或稱電化梯度儲存著位能，能形成質子趨動力 (PMF)，當質子流通過 **F_0-F_1 ATP 合成酶 (F_0-F_1 ATP synthase)** 流向基質時，能提供能量將 ADP 轉換爲 ATP，這個過程就稱爲**氧化磷酸化作用**。

　　ATP 合成酶分佈於粒線體的內膜上，主要包含 F_0 與 F_1 兩部分，F_0 固定在內膜上，含有能讓質子流過的通道，而朝向基質的 F_1 則具有催化合成 ATP 的功能。當質子趨動力驅使質子流過內膜時，會帶動 F_0 中的轉子轉動，進而促使 F_1 的構型發生變化，將游離的磷酸根接在 ADP 上形成 ATP(圖 4-16)。在糖解作用、檸檬酸環與乙醯輔 A 的形成過程中，所產生的高能化合物 NADH 與 $FADH_2$，可經由電子傳遞鏈與氧化磷酸化作用合成 ATP，其反應式如下：

$$NADH + H^+ + 2.5ADP + 2.5Pi + 1/2O_2 \rightarrow NAD^+ + 2.5ATP + H_2O$$
$$FADH_2 + 1.5ADP + 1.5Pi + 1/2O_2 \rightarrow FAD + 1.5ATP + H_2O$$

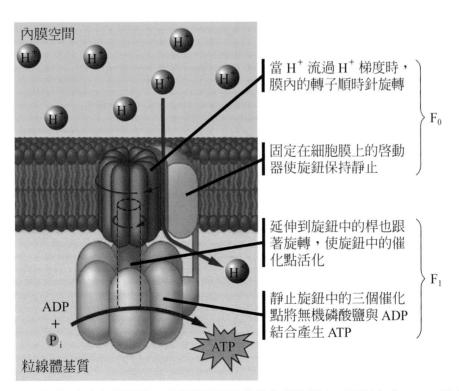

圖 4-16　ATP 合成酶存在於粒線體、葉綠體及原核生物的細胞膜上，用以合成 ATP。固定在膜上的 F_0 包含轉子與定子兩部分，F_1 則包含轉軸與催化部位。

(二) 有氧呼吸的能量轉換

粒線體內進行有氧呼吸作用的概念圖如圖 4-17，從呼吸作用代謝路徑得知 $NADH+H^+$ 經由電子傳遞系統傳送時可產生約 2.5 個 ATP，$FADH_2$ 僅能產生 1.5 個 ATP。呼吸作用各反應所釋放的能量詳如圖 4-18，因此 1 莫耳的葡萄糖完全氧化時，供給的化學能可以製造 32 莫耳的 ATP，並產生 12 莫耳的 H_2O 和 6 莫耳 CO_2。其中 28 莫耳 ATP 來自電子傳遞鏈，其餘的 4 莫耳 ATP 中，有 2 莫耳來自糖解作用，另 2 莫耳則來自檸檬酸環的反應過程。每一莫耳的 ATP 可供給的能量相當於 7.3 仟卡，32 莫耳 ATP 等於 233.6 仟卡熱能。燃燒一莫耳葡萄糖可放出 686 仟卡的熱能，因此我們能計算出有氧呼吸的能量轉換效率大約是 233.6 ／ 686 ＝ 34%，其餘大多數的能量以熱能的形式散失，恆溫動物可用於維持體溫。

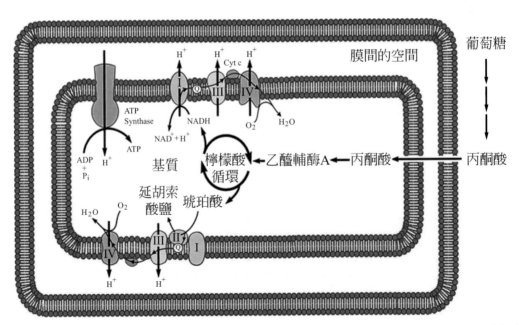

圖 4-17　呼吸作用的概念。位於內膜的電子傳遞鏈包含質子幫浦。電子由受質傳給氧的過程中所釋出的能量，可用來將質子 (H⁺) 由粒線體基質運送到膜間隙，在電子傳遞鏈內有三個蛋白質複合物可轉運質子。除非經由 ATP 酶複合體內的特殊孔道，否則內膜會阻止質子經由擴散回到基質內。當質子由高濃度區域 (膜間隙) 經過 ATP 合成酶流到低濃度區域 (基質) 時，會釋出自由能而產生 ATP。

　　某些細胞其糖解作用所產生的每一個 NADH 經電子傳遞系統只能得到 1.5 個 ATP (而非 2.5 個)，這與細胞質中 NADH 的電子轉運到粒線體基質中的系統有關 (此系統位於粒線體膜上)。因此在有些細胞分解 1 莫耳葡萄糖最多可獲得 32 莫耳的 ATP，但是在另一些細胞只能獲得 30 莫耳。反應式如下：

$$C_6H_{12}O_6 + 6O_2 + 6H_2O + 30 \sim 32\,ADP + 30 \sim 32\,Pi \rightarrow 6CO_2 + 12H_2O + 30 \sim 32\,ATP$$

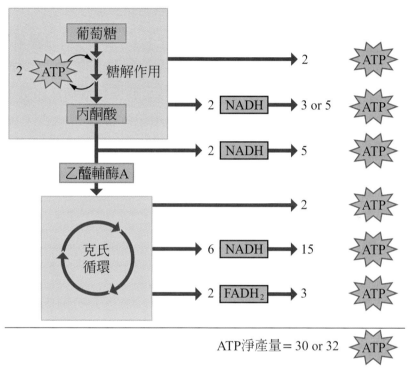

圖 4-18　呼吸作用各反應所釋放的能量。在肝、腎、心臟細胞每個糖解作用產生的 NADH 都可轉換成 2.5 個 ATP，而在骨骼肌與腦細胞則只能轉換成 1.5 個 ATP。因此分解一分子葡萄糖在肝、腎、心等細胞最終可獲得 32 個 ATP，而骨骼肌與腦細胞只能得到 30 個 ATP，這取決於由何種運送系統將細胞質 NADH 的電子轉移到粒線體基質中。

4-4　無氧呼吸

多數高等動植物細胞皆無法在缺氧的環境下生活。在電子傳遞系統中氧是電子的最終接受者，缺氧環境下因為少了電子接受者，還原態的 NADH 與 $FADH_2$ 無法將電子釋放出來，導致粒線體基質中大量累積 NADH 與 $FADH_2$，換句話說也就沒有多餘的 NAD^+ 與 FAD 繼續接受電子，整個電子傳遞系統將被迫停止。同樣的，丙酮酸轉變為乙醯輔酶 A 的過程中也需要 NAD^+，因此這個過程也無法進行。

某些細菌在無氧狀況下仍然可以製造 ATP，其方式是進行**無氧電子傳遞鏈 (anaerobic electron transport)**，它們不需要以氧氣作為電子的最終接受者，而是可以利用硫酸鹽 (SO_4^{-2})、硝酸鹽 (NO_3^-)、鐵 (Fe) 或其它無機化合物當作電子接收者 (圖 4-19)；無氧電子傳遞過程中形成的質子梯度可以用來合成 ATP。

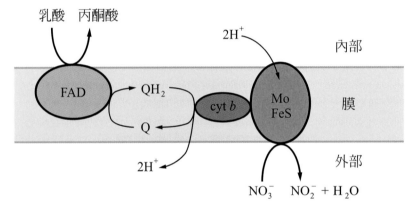

圖 4-19　無氧電子傳遞鏈。大腸桿菌在無氧環境下可利用硝酸鹽來接受電子。

某些細菌、酵母菌或動物的肌肉細胞在缺氧的情況下會在細胞質中進行**發酵作用 (fermentation)**，發酵作用進行時不需要氧氣，它是利用有機化合物作為電子的接受者，例如醋酸 (acetic acid)、丁酸 (butric acid)、乳酸 (lactic acid) 和乙醇 (ethanol)，常見的發酵作用有兩種：

1. 酒精發酵

　　酵母菌 (yeast) 在氧氣充足的環境下會進行有氧呼吸，分解葡萄糖產生大量的二氧化碳與 ATP。缺氧時，酵母菌能進行酒精發酵，將糖解作用產生的丙酮酸轉變成乙醇 (酒精) 與二氧化碳 (圖 4-20a)。反應式如下：

$$CH_3COCOOH(\text{丙酮酸}) + NADH + H^+ \rightarrow C_2H_5OH(\text{乙醇}) + CO_2 + NAD^+$$

2. 乳酸發酵

　　某些細菌或動物的骨骼肌細胞，在缺氧的情況下會進行乳酸發酵，將丙酮酸轉變成乳酸，反應的過程中 NADH 會氧化生成 NAD^+(圖 4-20b)。反應式如下：

$$CH_3COCOOH(\text{丙酮酸}) + NADH + H^+ \rightarrow CH_3CHOHCOOH(\text{乳酸}) + NAD^+$$

　　NAD^+ 又是糖解作用所需的輔酶，因此只要乳酸發酵能夠進行，細胞質中就有足夠的 NAD^+ 維持糖解作用的運作。一莫耳葡萄糖進行糖解作用只能產生 2 莫耳 ATP 約 14.6 仟卡，因此無氧呼吸的能量轉換效率大約只有 14.6 / 686 = 2.1％，與有氧呼吸相去甚遠。當骨骼肌細胞能獲得充足的氧氣時，累積在肌細胞中的乳酸能夠進行逆反應轉變為丙酮酸，部分丙酮酸會繼續氧化產生大量的 ATP，而另一部分的丙酮酸則可生成醣類。

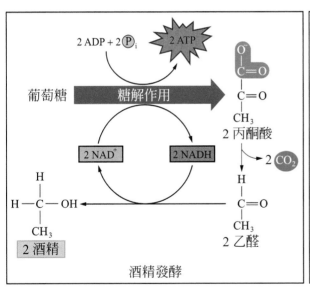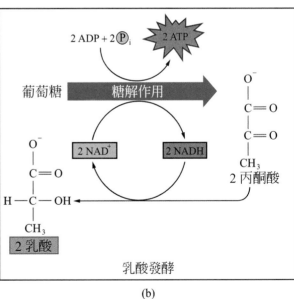

圖 4-20　發酵作用。酵母菌可將丙酮酸轉變為乙醇 (a)，肌肉細胞則可轉化為乳酸 (b)，兩種發酵作用形成的 NAD⁺ 可以再接受糖解作用所轉移的電子，讓糖解作用得以持續進行。

4-5 其它能量來源

除了醣類以外，細胞中的脂質、蛋白質、核酸與其它分子都能夠經由代謝作用產生能量 (圖 4-21)。在三大類供能的物質中，氧化脂肪能獲得最多的能量，脂肪必須先水解爲脂肪酸與甘油才能在細胞中進一步氧化；而大分子的蛋白質也必須先水解爲胺基酸才能爲細胞利用。

1. 乳酸 (lactic acid)

乳酸去氫之後形成丙酮酸，可進入克拉伯循環直接被細胞利用。

2. 脂肪酸 (fatty acid)

脂肪酸可在粒線體中進行 β 氧化 (β-oxidation) (圖 4-22)。脂肪酸代謝時會先和 ATP 與輔酶 A 作用，結合成脂肪酸輔酶 A，之後進行去氫反應 (如圖 4-22 步驟 ①)、加水反應 (如圖 4-22 步驟 ②) 與再一次的去氫反應 (如圖 4-22 步驟 ③) 後可再與輔酶 A 作用，生成兩個碳的乙醯輔酶 A，原來的脂肪酸分子因而減少兩個碳原子。如此不斷地重複反應，能使脂肪酸每次失去兩個碳原子。若以 16 個碳的棕櫚酸爲例，經過 7 次相同的作用後便可生成 8 分子的乙醯輔酶 A。因此脂肪酸的碳鏈越長產生的能量也就越多。

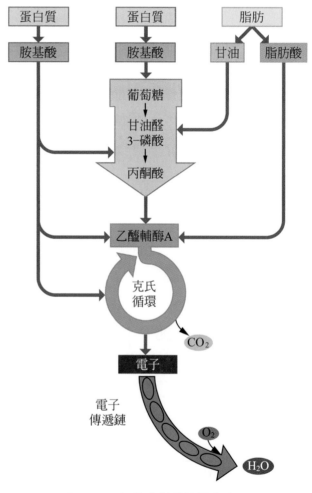

圖 4-21　細胞中各種能量的來源

3. 甘油 (glycerol)

　　甘油是一種三碳化合物，可先形成三磷酸甘油醛 (PGAL)，再轉變爲丙酮酸，然後進入克拉伯循環中。

4. 胺基酸 (amino acid)

　　當蛋白質被用來供給能量時，首先需分解成胺基酸，然後才能再進行氧化作用。胺基酸氧化時必須先將胺基 ($-NH_2$) 去除，稱爲**去胺基作用 (deamination)**，剩下的碳鏈再進行後續代謝反應。20 種胺基酸的代謝過程各有不同，有的可以轉變爲丙酮酸，有的則可形成乙醯輔酶 A 或其它化合物，之後進入克拉伯循環。

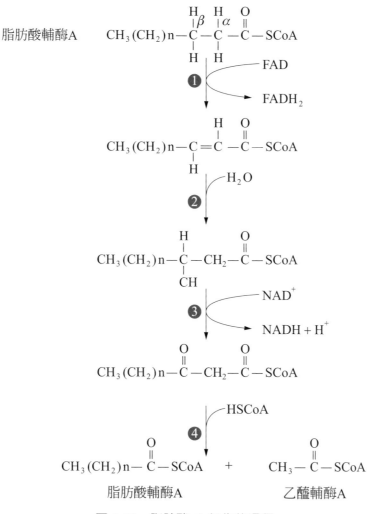

圖 4-22　脂肪酸 β 氧化的過程

本章複習

4-1　能量觀念

■ 運動中的物體都具有動能，靜止中的物體雖然不具動能，但也能存有能量稱為**位能**（又稱為**勢能**），是一種潛藏的能量，也是一種被儲存的能量。

■ 當原子間之電荷作用形成化學鍵時，便將化學能貯藏於化學鍵中，因此若要利用化學能做功，需先將化學鍵打斷，讓能量釋放出來。

■ 葡萄糖分子中貯存有許多化學能，細胞中的粒線體可將葡萄糖分解，並把其中的能量轉變為細胞可以利用的形式儲存在特殊的化合物中，其中最重要的便是腺嘌呤核苷三磷酸 (ATP)。

■ 生物體要從自然界獲得能量需經過三種主要的能量變化：(1) **植物的葉綠素吸收太陽能**。(2) **細胞進行呼吸作用時**，將醣和其他物質內的化學能轉變為高能的磷酸鍵，以供生物利用。(3) **高能磷酸鍵中的能被細胞利用來作功**，例如肌肉收縮、神經刺激之傳導、合成生長所需的分子。

■ 活化能為克服能量障壁令反應發生所需的最低能量。物質不論是釋能或吸能反應，都需要活化能來促其進行，這些能量用以切斷反應物的化學鍵，以便新鍵產生。

- 活細胞中不斷進行著各種化學反應稱為代謝作用，其中合成各種新分子的過程稱為同化作用，而將大分子分解為小分子的過程稱為異化作用。

4-2　酶及其性質

■ 生物體中許多生化反應都必須一些酶的協助使反應在短時間內快速度的進行。

■ 生物體內的酶具有下列特殊性質：(1) 酶是以蛋白質為構造主體的催化物。(2) 酶具有專一性。(3) 酶的催化能力很強。(4) 生物體內酶的作用常需輔酶的協助。

■ 在適當的溫度與 PH 值條件下，若受質的量充足，反應速率與酶的濃度成正比；若酶的量受到限制，反應初期的速率與受質的濃度成正比，當所有的酶都與受質結合時，雖然受質的濃度不斷增加，但是反應速率不會再增加，也就是反應速率已達上限值。

■ 酶的作用會受到輔酶（或是輔因子）濃度、pH 與溫度的影響。

■ 許多化學物質和金屬離子會降低酶的活性或使其失去功能，這類物質稱為酶的抑制物。

- 抑制物分子形狀與受質相類似，也可以結合在酶的活化區，這種抑制方式稱為競爭性抑制。
- 抑制物是與活化位置以外的部位結合，使酶的形狀發生改變而失去活性，為非競爭性抑制。

4-3　細胞呼吸

■ 細胞從分解葡萄糖、胺基酸、脂肪酸和其他有機化合物中獲取能量，過程中會消耗氧氣，產生 CO_2 和 H_2O 及能量，這個過程稱為細胞呼吸。

- 呼吸作用中，葡萄糖是動物細胞最直接的能量來源，其代謝的總反應式如下：

$$C_6H_{12}O_6 + 6O_2 + 6H_2O \rightarrow 6CO_2 + 12H_2O + 能量$$

- 細胞呼吸是一個複雜的代謝路徑，分解葡萄糖的過程分為糖解作用、丙酮酸轉變成乙醯輔酶 A、檸檬酸循環、電子傳遞鏈與氧化磷酸化作用等四個階段。

    - 糖解作用：一分子葡萄糖分解為兩分子丙酮酸，過程中用去兩分子 ATP，並合成 4 分子 ATP 及 $2NADH + 2H^+$。淨反應式如下：

$$C_6H_{12}O_6 + 2ADP + 2Pi + 2NAD^+ \rightarrow 2 \text{ 丙酮酸} + 2ATP + 2NADH + 2H^+ + 2H_2O$$

    - 丙酮酸轉變成乙醯輔酶 A：兩分子丙酮酸轉變為兩分子乙醯輔酶 A，過程中放出兩分子 CO_2，並合成 $2NADH + 2H^+$。反應式如下：

$$2 \text{ 丙酮酸} + 2 \text{ 輔酶 A} + 2NAD^+ \rightarrow 2 \text{ 乙醯輔酶 A} + 2CO_2 + 2NADH + 2H^+$$

    - 檸檬酸循環：兩分子乙醯輔酶 A 進入檸檬酸循環，總共放出四分子 CO_2，並生成 2GTP、$6NADH + 6H^+$ 及 $2FADH_2$。反應式如下：

$$2 \text{ 乙醯輔 A} + 6NAD^+ + 2FAD + 2GDP + 2Pi + 4H_2O$$
$$\rightarrow 2 \text{ 輔酶 A} + 4CO_2 + 6NADH + 6H^+ + 2FADH_2 + 2GTP$$

    - 電子傳遞鏈與氧化磷酸化作用：在糖解作用、檸檬酸環與乙醯輔 A 的形成過程中，所產生的高能化合物 NADH 與 $FADH_2$，可經由電子傳遞鏈與氧化磷酸化作用合成 ATP，其反應式如下：

$$NADH + H^+ + 2.5ADP + 2.5Pi + 1/2O_2 \rightarrow NAD^+ + 2.5ATP + H_2O$$
$$FADH_2 + 1.5ADP + 1.5Pi + 1/2O_2 \rightarrow FAD + 1.5ATP + H_2O$$

- 葡萄糖完全氧化時，供給的化學能可以製造 32 莫耳的 ATP(糖解作用 2 莫耳、檸檬酸循環 2 莫耳與電子傳遞鏈 28 莫耳)，並產生 12 莫耳的 H_2O 和 6 莫耳 CO_2。

4-4 　無氧呼吸

■ 某些細菌在無氧狀況下仍然可以製造 ATP，其方式是進行無氧電子傳遞鏈，它們不需要以氧氣作爲電子的最終接受者，而是利用硫酸鹽 (SO_4^{2-})、硝酸鹽 (NO_3^-)、鐵 (Fe) 或其它無機化合物當作電子接收者；無氧電子傳遞過程中形成的質子梯度可以用來合成 ATP。

■ 某些細菌、酵母菌或動物的肌肉細胞在缺氧的情況下會在細胞質中進行發酵作用，常見的發酵作用有酒精發酵與乳酸發酵兩種。

- 酵母菌在缺氧時能進行酒精發酵，將糖解作用產生的丙酮酸轉變成乙醇 (酒精) 與二氧化碳。反應式如下：

$$CH_3COCOOH(丙酮酸) + NADH + H^+ \rightarrow C_2H_5OH(乙醇) + CO_2 + NAD^+$$

- 某些細菌或動物的骨骼肌細胞，在缺氧的情況下會進行乳酸發酵，將丙酮酸轉變成乳酸，反應的過程中 NADH 會氧化生成 NAD^+。反應式如下：

$$CH_3COCOOH(丙酮酸) + NADH + H^+ \rightarrow CH_3CHOHCOOH(乳酸) + NAD^+$$

- 無氧呼吸一莫耳葡萄糖進行糖解作用只能產生 2 莫耳 ATP，能量轉換效率大約只有 2.1%，有氧呼吸過程中一莫耳葡萄糖進行糖解作用能產生 32 莫耳 ATP，能量轉換效 34%，二者相去甚遠。

4-5 　其它能量來源

■ 除了醣類以外，細胞中的脂質、蛋白質、核酸與其它分子都能夠經由代謝作用產生能量。脂肪必須先水解爲脂肪酸與甘油才能在細胞中進一步氧化；而大分子的蛋白質也必須先水解爲胺基酸才能爲細胞利用。

- 乳酸去氫之後形成丙酮酸，可進入克拉伯循環直接被細胞利用。
- 脂肪酸可在粒線體中進行 β 氧化形成乙醯輔酶 A 再被細胞利用。
- 甘油會先形成三磷酸甘油醛，再轉變爲丙酮酸，然後進入克拉伯循環中。
- 胺基酸先經過去胺基作用再轉變爲丙酮酸、乙醯輔酶 A 或其它化合物之後進入克拉伯循環。

細胞的生殖
(The reproduction of cells)

多能性幹細胞

　　生物體由單一細胞的受精卵，經由無數次的細胞分裂，再分化為各種不同功能細胞，最後成為一個完整的個體。而生物體內大多數是完全分化具有功能的成熟細胞，這些細胞如果沒有外力的介入或是突變，這些細胞不會再轉化為其他細胞。在生物體內還有少數的細胞群，它能持續的分裂並在特定的條件下分化為各種不同的功能細胞，這些細胞群我們稱之為幹細胞。生物體在自然的代謝過程中細胞會死亡，死亡的細胞則會由幹細胞分化而來的新細胞所取代，而幹細胞也會經由細胞分裂維持一定的數目，因此幹細胞負擔了組織修補與發育的功能。

　　幹細胞分為兩大類：胚胎幹細胞與成體幹細胞，胚胎幹細胞來自囊胚內的細胞團，它能分化成各種組織、器官的細胞；而成體幹細胞則來自成體組織裡，通常為該組織之前驅細胞，擔任各種器官的修復工作。依幹細胞功能可分為全能幹細胞、多能幹細胞、多潛能幹細胞與單能幹細胞等四種。因為幹細胞具有分化與複製的能力，所以成為再生醫學最被期待的細胞來源。

綿羊桃莉是以體細胞核轉
移技術複製成的哺乳動物

1962 年約翰戈登 (John Gurdon)，他將蝌蚪腸道細胞的細胞核注入已經移除細胞核的青蛙受精卵中，而這個受精卵也發育為青蛙。這種將體細胞的細胞核注入至已去除細胞核捐贈者的卵子中，來形成全能性幹細胞的方法稱為「體細胞核轉移」(somatic cell nuclear transfer, SCNT)。「體細胞核轉移」技術的應用也成功複製出哺乳動物，例如：桃莉羊，這也證明已分化細胞中的細胞核遺傳訊息是完整，可以用其他的方法誘發讓它再分化成其他的細胞。2006 年，日本 京都大學的山中伸彌教授研發出誘導多功能幹細胞 (Induced pluripotent stem cells, iPSC) 的技術，他將幹細胞轉錄因子，轉殖入小鼠皮膚纖維母細胞中，成功將纖維母細胞誘發成多能性幹細胞。同樣的實驗用在人類的皮膚細胞也獲得令人滿意的結果。因為他們發現成熟細胞可以再被重新編程為多能性，所以獲頒 2012 年諾貝爾生醫獎。再生醫學也因為 iPS 細胞技術的誕生產生新的曙光，科學家可將病人的成熟細胞誘發為多能性幹細胞，進而分化為肌肉、神經等細胞、組織，用以治療相關疾病。細胞的增生為細胞分裂的結果，本章將介紹動物生殖方式與生殖過程中配子是如何形成。

5-1　無性生殖

　　一個生命開始於一個細胞，而且體內每個細胞都是它的後代。從一個既存的細胞產生所有的細胞，這一觀念早經 1855 年德國病理學家維周 (Rudolf Virchow) 建立起來。生命的延續是以細胞的生殖或細胞分裂 (cell-division) 為基礎，而生殖即表示產生新一代的個體。單細胞生物 (例如變形蟲) 利用細胞分裂複製子代，而多細胞生物 (例如人類) 也以細胞分裂的方式從單個細胞 (受精卵) 開始生長與發育，最後成為一完整的個體。

生物直接由母體細胞分裂後產生出新個體的生殖方式稱為**無性生殖 (asexual reproduction)**，這種生殖方式不需透過生殖細胞的結合，因此在過程中不會產生配子 (gametes)，也就是精子跟卵。

無性生殖產生的子細胞遺傳物質與母細胞完全相同，無性生殖的優點是可快速大量繁殖下一代，且每一個子細胞皆可以保留母細胞的優良性狀，缺點是當外在環境改變時，也可能因全數後代皆無法適應環境而造成物種滅絕。

自然界許多生物都可進行無性生殖，包括原核生物 (prokaryotes)、真菌 (fungi)、單細胞生物、植物以及動物。常見的無性生殖方式有下列六種：

1. **分裂生殖**：原生生物例如：草履蟲等的單細胞生物，當細胞長到一定大小時便會進行 DNA 複製，再經由有絲分裂產生兩個新子代，且這兩個細胞的 DNA 完全相同，此種生殖方式繁殖速度快。

2. **出芽生殖**：當細胞核分裂結束後會自側面產生較小的芽體，芽體會自母體吸收養份，待成長到一定大小後才會脫離母體獨立生活，此種生殖方式稱之為出芽生殖，例如：酵母菌、水螅、海葵等。

3. **斷裂生殖**：有些生物若在遭受外力情況下斷為二或多段，斷裂片可形成新個體，例如：水綿可於斷裂處進行細胞分裂讓藻絲繼續生長。若將一隻渦蟲切成數段，則每一段皆可再生長成新的渦蟲。

4. **單性生殖**：某些動物的卵不經受精作用即可發育成新個體稱之為單性生殖或孤雌生殖，例如：蜜蜂。蜂后王為雌蜂，其體細胞 (somatic cells) 染色體套數為雙套 (2n)；經減數分裂可產生單套染色體數 (n) 的卵，這些卵不經過受精作用可直接發育為雄蜂，故雄蜂的染色體套數為單套 (n)；若卵經過受精則發育成雌蜂，故雌蜂的染色體套數為雙套 (2n)，這些雌蜂包括工蜂與下一代的蜂后。

5. **孢子繁殖**：有些真菌可產生數量龐大的孢子，當它們掉落到適當的環境或是營養物質上時便可長出新的菌絲，發育為一個新的個體。

6. **營養繁殖**：植物不需經過種子發芽的過程，而利用根、莖、葉等營養器官來繁殖下一代的方式稱為營養繁殖。此種繁殖方式除了有繁殖快速、可大量繁殖的特性外，亦可保留母株的優良性狀，故在農業與園藝上經常使用。

5-2　細胞週期

(一) 細胞週期的意義

　　細胞週期 (The cell cycle) 是指細胞從某次有絲分裂結束後，再到下一次分裂結束的循環過程。細胞週期可分為有絲分裂期 (M 期)、第一間斷期 G_1 期、合成期 (S 期) 及第二間斷期 (G_2 期) 等四期，後三者總稱為**間期 (interphase)**(圖 5-1)。當一個母細胞分裂時，過後即形成兩個新的細胞，這兩個細胞經過生長的週期後，每個又可再分裂出兩個新的細胞，如此不斷循環下去。

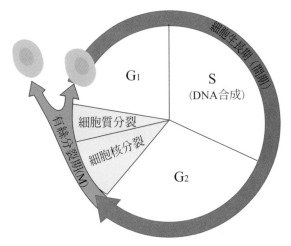

圖 5-1　典型真核細胞的細胞週期。細胞在有絲分裂期由一個細胞分裂為二個細胞，在間期階段，每個細胞內都執行著精確的計畫，遺傳物質的複製 (S 期) 及細胞內組成分子的增加 (G_1、G_2 期)。

　　細胞週期所需時間隨細胞的種類及其環境而異，有些動物的胚胎，完成一週期需 30 分鐘。而成熟的哺乳動物普通約需 24 小時，但絕不會少於 6 小時，在分裂緩慢的細胞可能以時、天或年來計算。而細胞間細胞週期長短的差異主要是在 G_1 與 G_2 期。在多細胞生物的成體，有許多細胞當它們特化成特殊功能後根本沒有進入細胞週期。例如人類的神經細胞在出生一年以後就不會再分裂了，這些細胞將終生停留在 G_1 期。有少數細胞如某些肝臟細胞，可能永久停留在 G_2 期，雖然有 DNA 複製但細胞卻沒有分裂。各種多細胞生物之間細胞週期所需的時間有很大的差異，典型的植物細胞或動物細胞約需要二十小時來完成一個細胞週期，而細胞分裂所佔的時間大約僅 1 ～ 2 小時，其他 90% 的時間都是間期。

(二) 染色體

1. 染色體複製

　　染色質 (chromatin) 是由 DNA 分子與蛋白質組成，在細胞要進行分裂時，染色質可繼續纏繞及折疊，形成外型粗短的**染色體 (chromosome)**。當細胞準備進行分裂時，所有染色體都會先進行複製，而這個過程是在間期中的合成期 (S 期) 進行，複製後的染色體由 2 條**染色分體 (chromatids)** 組成 (圖 5-2)，這 2 條染色分體正好是複製前 DNA 分子的 2 倍，兩者之間相連的區域稱爲**中節 (centromere)**。染色體複製完後，細胞通常不會立刻分裂，而是進入另一生長期 G_2 期；G_2 期結束，接著便是有絲分裂 (mitosis) 的開始。

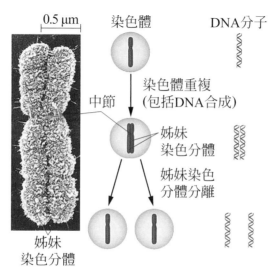

圖 5-2　染色體複製。當細胞準備進行分裂時，其所有染色體會先進行複製，此圖以其中一條染色體作代表。一條已複製好的染色體包含兩條相連的染色分體。左邊照片是人類已複製好的染色體，它是由細長的染色質纏繞而成。複製完成後兩條姐妹染色分體在中節處相連，在這個階段由於中節尚未複製，因此仍看作是一條染色體。連續的有絲分裂過程將使姊妹染色分體分開，分配到不同的子細胞內。

2. 人類染色體組型

　　細胞處於有絲分裂中期時，染色體排列在細胞赤道板，以顯微鏡拍照獲得染色體的影像，再根據它們的大小，外形以及著絲點所在的位置進行排列整合，就可以得到細胞染色體的組型圖即稱爲**核型 (karyotype)**。每一種眞核細胞的細胞核內都含有一定數量的染色體，例如人類的體細胞 (somatic cells，指除了生殖細胞以外之所有身體上的細胞) 含有 46 條染色體，而成熟的生殖細胞 (reproductive cells，精子及卵) 的染色體數目爲體細胞的一半，即 23 條。在人體 46 條染色體中，可將大小、外形與中節

的位置相同的染色體相互配對,組成 23 對**同源染色體 (homologous chromosomes)**(圖 5-3)。一般的體細胞中皆包含成對的同源染色體,稱為**二倍體細胞 (diploid cells,2n)**;而在形成生殖細胞時同源染色體會相互分離,最終進入不同的**配子 (gametes)** 中,因此每個配子只包含同源染色體的其中一條,稱為**單倍體細胞 (haploid cells,n)**。當精子與卵結合產生下一代時,受精卵中又可出現成對的同源染色體。

圖 5-3 中,1^a 和 1^b 為同源染色體、2^a 和 2^b 為另一對同源染色體。在一對同源染色體的相同位置上攜帶著控制同一性狀的基因,此種成對的基因稱為**對偶基因 (alleles)**,對偶基因共同控制一個性狀的表現,這部分將在下一章說明。此外,同源染色體一個來自父方,另一個來自母方,兩者雖然外型相同而且控制同一組性狀,但是在長遠的遺傳過程中基因可能發生突變,因此即使是同源染色體其 DNA 序列也並非絕對相同。

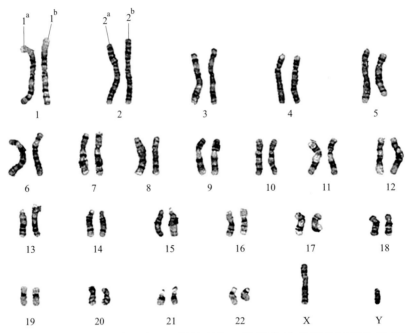

圖 5-3　人類男性染色體組型。人類有 23 對染色體,除了性染色體外其餘的染色體皆稱為體染色體,男性的性染色體為 X、Y,女性則為兩條 X。同源染色體的大小、外形與中節位置均相同 (X、Y 染色體例外)。 圖中 1^a、1^b 為同源染色體,2^a、2^b 則為另一對同源染色體。

5-3　有絲分裂的過程

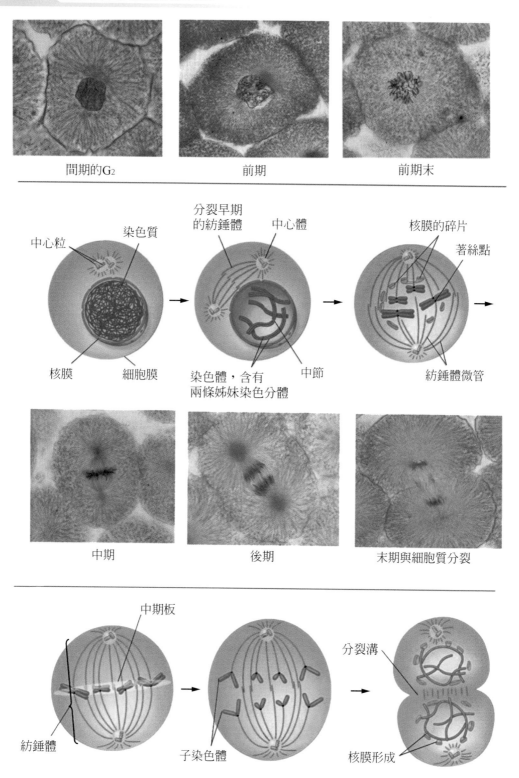

間期的G2　　　　　前期　　　　　前期末

中心粒　染色質　分裂早期的紡錘體　中心體　核膜的碎片　著絲點

核膜　細胞膜　染色體，含有兩條姊妹染色分體　中節　紡錘體微管

中期　　　　　後期　　　　　末期與細胞質分裂

中期板　分裂溝

紡錘體　子染色體　核膜形成

圖 5-4　動物細胞有絲分裂各時期

在間期結束後，細胞即進入有絲分裂期，有絲分裂是一連續過程，通常將其分為前期 (prophase)、中期 (metaphase)、後期 (anaphase) 與末期 (telophase) 等四期。從圖 5-4 魚胚細胞有絲分裂的顯微照相中可看到這四期的變化。

(一) 前期

細胞分裂前每一染色體在間期時已複製成染色分體，但於中節處則尚未複製；在中節外側有一群蛋白質稱為**著絲點 (kinetochore)**(圖 5-5)，在中期時藉著它與紡錘絲連接而幫助染色體移往兩極。在細胞開始分裂前，中心體 (centrosome) 會分裂為二，然後各向細胞兩端移動，每一中心體周圍出現的微管排列成輻射狀，稱為星狀體 (aster)，兩星狀體間更出現排列成紡錘狀的纖維，稱為紡錘體 (spindle)。此時核膜、核仁也逐漸消失。

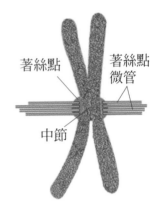

圖 5-5　著絲點與中節

(二) 中期

複製成雙的染色分體被紡錘絲帶動，整齊地排列在紡錘體中央的**中期板 (metaphase plate) 或赤道板**，而每一染色分體皆以其著絲點附著於一紡錘絲上。

(三) 後期

姊妹染色分體互相分離，此時染色體已明顯分成二組，每組姊妹染色體分別以相反方向沿著紡錘絲向中心體移動，移向細胞兩極。

(四) 末期

當染色體到達兩極時便進入分裂的末期，每組姊妹染色體到達中心體附近，一層核膜在每組姊妹染色體的周圍形成，核仁重新產生。每一子細胞核具有與母細胞核相同數目之染色體，核分裂 (karyokinesis) 就此完成。接著就是細胞質的分裂 (cytokinesis)，動物細胞首先是由環繞中期板的部分凹入產生一條**分裂溝 (cleavage furrow)**(圖 5-6)，分裂溝逐漸向內部深入切斷紡錘體，細胞分裂為兩個子細胞，同時星狀體與紡錘體變得不明顯而逐漸消失，染色體回復成為細長纖維狀的染色質，細胞分裂完畢，接著進入 G_1 期。

人體細胞的細胞週期受到嚴格的控制，出生後並非所有細胞皆能行有絲分裂，僅有少數部位的細胞能不斷分裂，例如皮膚的生長層細胞與腸壁的內層細胞都會不斷行有絲分裂，產生新細胞以代替不斷磨損的老細胞。此外骨髓中的造血組織以及生殖器官中未成熟的生殖細胞 (精原細胞) 等皆能行細胞分裂。

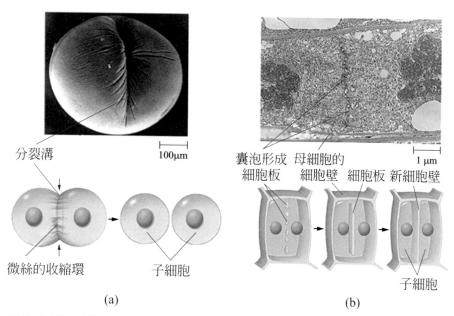

圖 5-6　動物與植物細胞分裂的比較。(a) 顯微鏡照片中，我們看到動物細胞在進行細胞質分裂時會在細胞表面形成分裂溝，這是由微絲收縮形成的。(b) 這是豌豆根細胞分裂末期的照片，兩極的細胞核在此期間形成。在細胞中央由膜所圍成的囊泡相互融合成為細胞板，細胞板會形成新的細胞膜 (兩層膜)，之後物質被分泌到細胞膜間隙，形成新的細胞壁。

　　植物細胞的有絲分裂 (圖 5-7) 與動物細胞的有絲分裂過程非常相似。其主要差別有兩點：(1) 高等植物細胞分裂時，在前期無中心體和星狀體的構造。(2) 植物細胞有細胞壁，在細胞質分裂時不會產生分裂溝，而是於母細胞中央 (原中期板的位置)產生**細胞板 (cell plate)**，這是由高基氏體產生的囊泡融合而成的雙層膜系 (圖 5-6b，5-7)。細胞板與原有的細胞膜逐漸癒合，形成兩個子細胞，新的細胞壁則在細胞板的兩層膜之間形成。

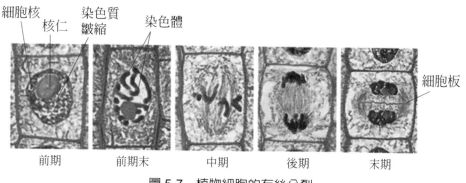

圖 5-7　植物細胞的有絲分裂

5-4 減數分裂

　　生殖細胞在形成過程中，也就是生殖母細胞形成配子 (精子或卵子) 時，染色體數目會由雙套 (2n) 減為單套 (1n)，此過程即稱為**減數分裂 (meiosis)**。當卵細胞受精時，兩個單套數染色體細胞結合形成受精卵，此時受精卵恢復為雙套數染色體 (2n)。

　　減數分裂是由具有雙套數染色體的精原細胞 (spermatogonium) 或卵原細胞 (oogonium) 開始，與有絲分裂相同的是，在分裂前的間期染色體會複製一次，但是隨後會經兩次的分裂，稱為第一次減數分裂 (meiosis I) 與第二次減數分裂 (meiosis II)，最終產生四個子細胞 (圖 5-8)，每個子細胞所含染色體數目僅為體細胞染色體數目一半 (1n)。

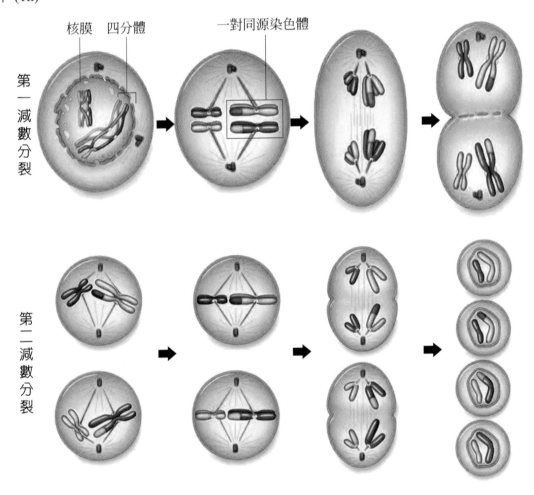

圖 5-8　減數分裂

(一) 第一次減數分裂

前期 |

　　複製後的染色體濃縮，同源染色體集合成對，形成**四分體 (tetrad)**，稱為**聯會作用 (synapsis)**(圖 5-9)。每對聯會的染色體包括四條染色分體，但僅有兩個中節。當聯會發生時同源染色體緊密地連結在一起，使得它們有機會能夠交換 DNA 片段，稱為**互換 (crossing over)**，互換的發生與否是依據機率，當互換發生時遺傳物質重組，能使將來的配子 (精子、卵) 有更多的基因組合。

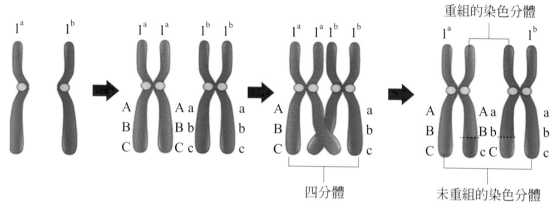

圖 5-9　聯會與互換。減數分裂開始前，除了中節外，每條染色體都會進行複製。圖中 1^a 和 1^b 為同源染色體，1^a 複製出另一條 1^a，1^b 複製出另一條 1^b，記為 1^a‧1^a、1^b‧1^b。分裂前期同源染色體會靠近、連結形成四分體，並有機會發生互換。圖中內側的兩條染色分體 1^a 和 1^b 發生互換，導致基因重組。

中期 |

　　同源染色體成對地排列在赤道板上，每條染色體中節附近的著絲點上皆有紡錘絲連結，此時排列的位置會決定染色體分配到哪一個子細胞。

後期 |

　　紡錘絲牽引著染色體往細胞兩極移動，同源染色體此時逐漸分離。

末期 |

　　同源染色體完全移至細胞兩極，核分裂完成，每一個新的細胞核中皆只有同源染色體的其中一條，隨後進行細胞質分裂產生兩個子細胞。

(二) 第二次減數分裂

前期 II

染色體再度濃縮，形成新的紡錘絲與紡錘體。

中期 II

染色體都排列在赤道板上，著絲點處皆細胞兩極延伸而來的紡錘絲相連。

後期 II

姐妹染色體分離，紡錘絲將染色體牽引至細胞兩極。

末期 II

形成四個子細胞，每個細胞中皆爲單套數染色體 (n)，染色體數目爲母細胞的一半。

(三) 減數分裂的重要性

生物行有性生殖時都需要進行減數分裂來產生配子，配子除了染色體數目減半以外，其基因組合的可能性更是無限的，如此多種的基因組合主要取決於分裂時染色體的分離與獨立分配、隨機受精，以及減數分裂過程中發生的互換。

舉例來說，若某細胞有兩對染色體：1^a 和 1^b、2^a 和 2^b，若不考慮互換，則此細胞經減數分裂後最多可形成四種配子，配子染色體組合爲：1^a+2^a 、 1^a+2^b、1^b+2^a 、 1^b+2^b。 同理，若某細胞有三對染色體：1^a 和 1^b、2^a 和 2^b、3^a 和 3^b，則減數分裂最多可形成 8 種配子：$1^a+2^a+3^a$、$1^a+2^b+3^a$、$1^b+2^a+3^a$ 、 $1^b+2^b+3^a$、$1^a+2^a+3^b$、$1^a+2^b+3^b$、$1^b+2^a+3^b$ 、 $1^b+2^b+3^b$。染色體數目越多，形成的配子種類也越多。具有 n 對染色體的細胞減數分裂後至少可形成 **2^n** 種配子。

此外，雌雄個體產生的配子以隨機方式受精。人類的精原或卵原細胞中均有 23 對同源染色體，那麼它們產生的配子至少有 2^{23} 種不同的組合，這是一個驚人的數字。也就是說在男性至少有可能產生 2^{23} 種染色體組合不同的精子 (sperms)。同樣地，在女性也有可能產生 2^{23} 種染色體組合不同的卵 (eggs)，所以由精、卵結合而成的受精卵，其雙方染色體集合而成的可能組合將更是無以數計，這便是同父母所生的子代也不會完全相同的原因。

最後，我們更不能忽略在第一次減數分裂前期染色體可能發生互換，互換的發生是依據機率，在兩條染色體上互換可能發生很多次 (圖 5-10)，因此最終產生的配子種類將遠超過我們所預估的 2^n 種。

綜合以上所述，遺傳物質重組的方式很多，因此在子代中我們不會找到完全相同的兩個個體 (同卵雙胞胎例外)。與無性生殖相比，有性生殖的特點就在於能產生大量具變異性的子代，使得該物種更容易在變遷的環境中延續下去。

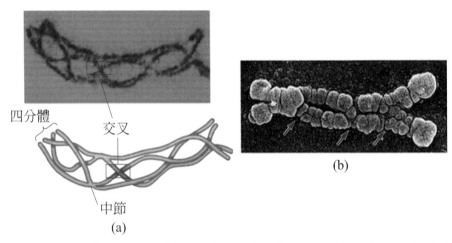

圖 5-10　同源染色體形成交叉發生互換。(a) 在四分體的階段，同源染色體可能在多處形成交叉，發生互換。 (b) 箭頭處為染色體形成交叉的位置。

5-5　精子與卵的形成

精子發生於男性睪丸的細精管壁上，此處的生殖細胞可不斷進行有絲分裂以產生**精原細胞 (spermatogonium，2n)**，精原細胞可進行減數分裂產生精子，而有絲分裂能維持精原細胞的數量不致減少，因此男性一生之中皆有製造精子的能力。如圖 5-11 所示精原細胞在染色體複製後形成**初級精母細胞 (primary spermatocyte，2n)**，初級精母細胞經過第一次減數分裂成為**次級精母細胞 (secondary spermatocyte，n)**，再經第二次減數分裂後形成**精細胞 (spermatid，n)**，精細胞之後特化轉變為有鞭毛的精子，故每一個精原細胞最終可以產生 4 個**精子 (sperm，n)**。

胎兒時期女性卵巢中的生殖細胞可經有絲分裂形成**卵原細胞 (oogonium，2n)**(圖 2-11)，但此過程於出生前即停止，因此出生之後女性卵巢中的卵原細胞數量已固定，往後不會再增加，這些卵原細胞會先進行染色體複製，形成**初級卵母細胞 (primary** oocyte，2n)。月經週期來臨時，卵巢中隨機一個初級卵母細胞會進行第一次減數分裂，形成一個**次級卵母細胞 (secondary oocyte，n)** 與一**個極體 (polar body，n)**，排卵後次級卵母細胞進入輸卵管中，極體則會逐漸退化。輸卵管中的次級卵母細胞若與精子相遇 (受精) 則可進行第二次減數分裂，產生一個卵與一個極體，成熟的卵將與精子的細胞核融合形成受精卵。一個卵原細胞最終只會產生一個卵與三個極體，極體最終將退化、消失。

　　因此減數分裂產生 1n 染色體的精子與 1n 染色體的卵細胞。在人類精、卵細胞均為 23 條染色體，當精、卵細胞結合時，則受精卵恢復為 46 條染色體。胚胎與個體的發育是受精卵經過有絲分裂增加細胞數目，所以體內每個細胞皆有 46 條染色體。一直到胚胎成熟，成體開始產生精、卵細胞時，減數分裂才再次發生。

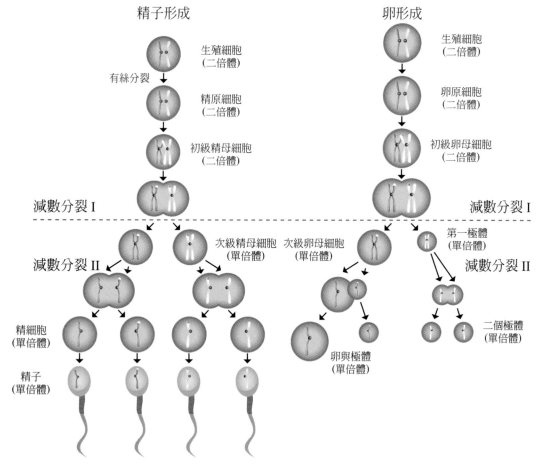

圖 5-11　精子與卵發生的比較。每個精原細胞皆能發育成四個精子。雌性生殖細胞亦以相同的途徑形成，但四個子細胞中只有一個發育為卵，其餘三個極體則退化。

本章複習

5-1 無性生殖

■ 生物直接由母體細胞分裂後產生出新個體的生殖方式稱為無性生殖。無性生殖可為分裂生殖、出芽生殖、斷裂生殖、單性生殖、孢子繁殖與營養繁殖等六種。

- 分裂生殖：原生生物例如：草履蟲等的單細胞生物，經由有絲分裂產生兩個新子代。

- 出芽生殖：當細胞核分裂結束後會自側面產生較小的芽體，待成長到一定大小後才會脫離母體獨立生活，例如：酵母菌、水螅、海葵等。

- 斷裂生殖：有些生物若在遭受外力情況下斷為二或多段，斷裂片可形成新個體，例如：水綿、渦蟲。

- 單性生殖：某些動物的卵不經受精作用即可發育成新個體稱之為單性生殖或孤雌生殖，例如：蜜蜂。

- 孢子繁殖：有些真菌可產生數量龐大的孢子，當它們掉落到適當的環境或是營養物質上時便可長出新的菌絲，發育為一個新的個體。

- 營養繁殖：植物不需經過種子發芽的過程，而利用根、莖、葉等營養器官來繁殖下一代的方式稱為營養繁殖。

5-2 細胞週期

■ 細胞週期是指從某次有絲分裂結束後，再到下一次分裂結束的循環過程。細胞週期可分為有絲分裂期(M 期)、第一間斷期(G_1)期、合成期(S 期)與第二間斷期(G_2)期，後三者合稱為間期。

- 細胞在有絲分裂期由一個細胞分裂為二個細胞，遺傳物質是在 S 期複製，細胞內組成分子是在 G_1、G_2 期增加。

■ 染色質是由 DNA 分子與蛋白質組成，在細胞要進行分裂時，染色質可繼續纏繞及折疊，形成外型粗短的染色體。

- 當細胞要分裂時，所有染色體都會先進行複製，複製後的 2 條染色分體會以中節連接。

■ 細胞有絲分裂中期時，染色體排列在細胞赤道板，以顯微鏡拍照獲得染色體的影像，再根據它們的大小，外形以及著絲點所在的位置進行排列整合，就可以得到

細胞染色體的組型圖即稱為核型。

- 在人體染色體核型分析中，可將大小、外形與中節的位置相同的染色體相互配對，一個來自父方，另一個來自母方，而且控制同一組性狀的染色體組成 23 對稱之為同源染色體。
- 在一對同源染色體的相同位置上攜帶著控制同一性狀的基因，此種成對的基因稱為對偶基因。

5-3 有絲分裂的過程

■ 在間期結束後，細胞即進入有絲分裂期，有絲分裂是一連續過程，通常將其分為前期、中期、後期與末期等四期。

- 前期：在前期分裂為二的中心體會向細胞兩極移動，每一中心體周圍出現的微管排列成輻射並狀形成紡錘體，同時核膜、核仁也逐漸消失。
- 中期：複製成雙的染色分體被紡錘絲帶動，整齊地排列在紡錘體中央的中期板。
- 後期：姊妹染色分體互相分離，姊妹染色體分別以相反方向沿著紡錘絲移向細胞兩極。
- 末期：當染色體到達兩極時便進入分裂的末期，核膜、核仁重新產生，核分裂就此完成。接著就是細胞質的分裂，動物細胞首先是由環繞中期板的部分凹入產生一條分裂溝逐漸向內部深入切斷紡錘體，細胞分裂為兩個子細胞。
- 植物細胞與動物細胞有絲分裂過程主要差別有兩點：(1) 高等植物細胞分裂時，在前期無中心體和星狀體的構造。(2) 植物細胞有細胞壁，在細胞質分裂時不會產生分裂溝，而是於母細胞中央產生細胞板再形成細胞壁。

5-4 減數分裂

■ 生殖細胞在形成過程中，也就是生殖母細胞形成配子 (精子或卵子) 時，染色體數目會由雙套 (2n) 減為單套 (1n)，此過程即稱為減數分裂。

■ 減數分裂是由具有雙套數染色體的精原細胞或卵原細胞開始，與有絲分裂相同的是，在分裂前的間期染色體會複製一次，但是隨後會經兩次的分裂，最終產生四個子細胞，每個子細胞所含染色體數目僅為體細胞染色體數目一半。

■ 減數分裂經過兩次的分裂，稱為第一次減數分裂與第二次減數分裂，各時期敘述如下：

- 前期 I：複製後的染色體濃縮，同源染色體集合成對，形成四分體稱爲聯會作用。
    - 當聯會發生時同源染色體緊密地連結在一起，使得它們有機會能夠交換 DNA 片段，稱爲互換，互換的發生能使將來的配子 (精子、卵) 有更多的基因組合。
- 中期 I：同源染色體成對地排列在赤道板上。
- 後期 I：紡錘絲牽引著染色體往細胞兩極移動，同源染色體此時逐漸分離。
- 末期 I：同源染色體完全移至細胞兩極，核分裂完成，每一個新的細胞核中皆只有同源染色體的其中一條，隨後進行細胞質分裂產生兩個子細胞。
- 前期 II：染色體再度濃縮，形成新的紡錘絲與紡錘體。
- 中期 II：染色體都排列在赤道板上，著絲點處皆細胞兩極延伸而來的紡錘絲相連。
- 後期 II：姐妹染色體分離，紡錘絲將染色體牽引至細胞兩極。
- 末期 II：形成四個子細胞，每個細胞中皆爲單套數染色體 (n)，染色體數目爲母細胞的一半。

■ 生物行有性生殖時都需要進行減數分裂來產生配子，配子除了染色體數目減半以外，其基因組合的可能性更是無限的，若某細胞有兩對染色體，減數分裂後最多可形成四種配子：有三對染色體則最多可形成 8 種配子，所以有 n 對染色體的細胞減數分裂後至少可形成 2^n 種配子。

5-5　精子與卵的形成

■ 精原細胞可進行減數分裂產生精子，而有絲分裂能維持精原細胞的數量不致減少，因此男性一生之中皆有製造精子的能力。

■ 胎兒時期女性卵巢中的生殖細胞可經有絲分裂形成卵原細胞，但此過程於出生前即停止，因此出生之後女性卵巢中的卵原細胞數量已固定，一個卵原細胞最終只會產生一個卵與三個極體，極體最終將退化、消失。

Chapter 6

生物的遺傳 (Genetics)

龍生九子：性狀的遺傳與變異

　　當生命誕生時每個個體身上皆帶有許多特徵，我們稱為性狀 (traits)，這些性狀有的與父親相似，有的與母親相似；人們發現性狀能由親代傳給子代，這個過程就稱為遺傳 (heredity)。

　　在中國古老的文獻中，有著各種對遺傳現象的描述與記載。東周列國志在評論春秋韓原之戰中提到：「種瓜得瓜，種豆得豆。……」這類一直流傳於民間的口頭語，即為古人對生物遺傳現象的一種簡單描述。東漢時期，王充在論衡・講瑞篇中又說：「……龜生龜，龍生龍。形、色、大小不異於前者也，見之父，察其子孫，何為不可知？」說明了古人對於遺傳這個觀念的觀察與理解，事後也被簡化成「龍生龍，鳳生鳳，老鼠的兒子會打洞。」

　　然而生物體親代與子代之間以及子代的個體之間存在著些許的差異，稱之為遺傳變異性 (genetic variation)。明朝 李東陽所撰懷麓堂集，「龍生九子不成龍，各有所好」，更說明了遺傳學的一體兩面：性狀的遺傳與變異。

圖 6-1　贔屭 (又名龜趺、霸下、填下)，龍生九子之一，貌似龜而好負重，有齒，力大可馱負三山五嶽。其背亦負以重物，在多為石碑、石柱之底台及牆頭裝飾

奧地利的神父孟德爾利用豌豆進行雜交實驗，首次闡明了支配遺傳性狀的原則。然而，孟德爾並不是第一個進行豌豆雜交實驗的科學家，在他之前，已有許多農民進行過類似的豌豆雜交，也得到與孟德爾類似的結果。例如，植物學家湯瑪斯·安德魯·奈特 (Thomas Andrew Knight，1759～1838) 於 1799～1833 年即開始利用紫花豌豆與白花豌豆進行雜交，雜交產生的後代全是紫花。若將這種紫花後代進行雜交，則其後代有紫花也有白花，奈特發現紫花比白花具有更強的表現趨勢，然而奈特並沒有對其實驗數據進行分析。遺傳學的發展是在孟德爾遺傳定律的基礎上逐步建立起來的。

圖 6-2　湯瑪斯·安德魯·奈特

6-1　孟德爾的遺傳實驗

人類在千餘年前對於農藝、畜牧即已知道選種與育種，例如選取產乳多的乳牛，以及選擇某種產量豐富的種子去繁殖後代，人們雖早已完成了選種與育種，但他們不瞭解遺傳如何支配性狀的生成。直到 1865 年由一位奧地利的神父孟德爾首次闡明了支配遺傳性狀的原則。

圖 6-3　孟德爾與其實驗材料豌豆 (pea)

(一) 孟德爾的研究工作

　　孟德爾 (Gregor Joham Mendel，1822 ～ 1884)，奧國人，二十五歲時任教士，後入維也納大學深造，結業後在布隆 (Brunn 現爲捷克之 Brno 城) 的一所中學執教，同時也在修道院中的一塊園地上從事豌豆雜交遺傳實驗。孟氏採用豌豆 (pea) 作七對相對性狀的遺傳實驗，經過八年的時間，細心的鑑別以及用機率計算，到 1865 年將其實驗結果發表出來，但當時未曾受到學者的重視。1900 年，又經生物學家柯倫斯 (Carl Correns)、杜佛里 (Hugo de Vries) 和謝馬克 (Erich Tschermak) 分別以不同的材料，重複實驗，皆與孟氏結果相同，因此再度發表出來，爲現代遺傳學奠立基礎。

　　孟德爾利用數年時間的研究，終於確定了豌豆狀性的遺傳。在正常情況下，豌豆的雄蕊會釋出花粉而掉落在同一朵花的雌蕊上，稱爲**自花受粉** (self-pollination)；當孟德爾想要讓兩株不同豌豆進行**異花受粉** (cross pollination) 時，他可以在一株植物的雄蕊尚未成熟前將之全部摘除，然後把另一株植物的花粉灑在這些只有雌蕊的花 (柱頭) 上。

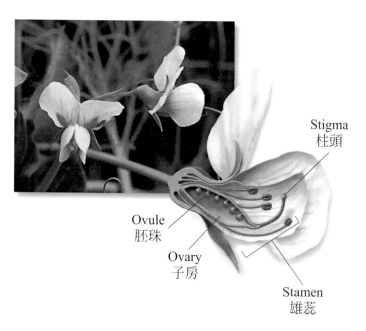

Stigma
柱頭

Ovule
胚珠

Ovary
子房

Stamen
雄蕊

圖 6-4　　豌豆的花。由花瓣的構造可知，這種蝶形花通常是自花受粉的。由於雄蕊、雌蕊在成熟的過程中皆被花瓣包住，當雄蕊成熟後，其花粉自然會落在同一朵花的雌蕊柱頭上。

　　有一點應說明的是：孟德爾當時並不知道染色體或細胞分裂的過程，甚至也不知道配子結合的道理，因為他實驗的時候是在這些構造被瞭解之前數十年。他所創立的原則只是基於他從豌豆育種實驗所得的證據，而非直接根據細胞中的觀察。直到孟氏逝世 16 年以後，有關細胞的知識逐漸瞭解，才成功地與他所創立的遺傳原則相關連起來。孟氏實驗的成就應歸功於幾項重要的因素：

1. 選擇豌豆作為實驗材料易於操作。豌豆為自花授粉，在進行雜交實驗時不容易受到其它外來花粉的干擾；此外豌豆易於栽培、生長期短，播種後約三個月便可開花結果。

2. 用許多株具有同一性狀的個體同時實驗，以獲得更多的子代。

3. 每一次實驗，只研究一對相對性狀 (traits) 的雜交結果。

　　孟氏選擇豌豆的七對相對性狀來進行雜交 (圖 6-5)，以觀察子代的結果。在開始實驗前，他先確認所選用的植株是**純種** (pure breeding)，也就是當該植株自花授粉時，其所有子代都其有與親代相同的性狀 (trait)。實驗中，孟德爾使兩株具有不同性狀的純種豌豆進行異花授粉；例如**圓平** (round) 種皮與**皺縮** (wrinkle) 種皮之豌豆雜交，所生的子代皆為圓平種皮，皺縮並不出現；可見相對之性狀中，常有一方較具優勢而易於顯現，孟氏稱此優勢的特徵為**顯性** (dominant)，勢力弱的一方隱而不見，稱為**隱性** (recessive)。用以行雜交實驗的圓平與皺縮種子的植株，稱為**親代** (parent generation，P)，親代雜交所生的後代，稱為**第一子代** (first filial generation，F_1)，孟氏將 F_1 自花授粉，所生的下一代稱為第二子代 (F_2)，F_2 中有 75% 表現顯性，25% 表現隱性。孟氏多次對不同性狀進行實驗，發現在 F_2 中，顯性與隱性個體的比例平均約為 3：1。

　　孟德爾認為每種性狀是由一對因子負責，如以 R 代表顯性圓平種皮性狀的符號，r 代表隱性皺縮種皮性狀的符號 (註：孟氏所稱**遺傳因子**，不論顯性或隱性，在 1910 年後均改稱為**基因** (gene))。負責一種性狀遺傳的成對基因，則互稱**對偶基因** (allele)；例如在 RR 中，R 為另一 R 的對偶基因；在 Rr 中，R 與 r 亦互為對偶基因。當配子形成時，對偶基因分離，受精時對偶基因又可自由組合在一起。

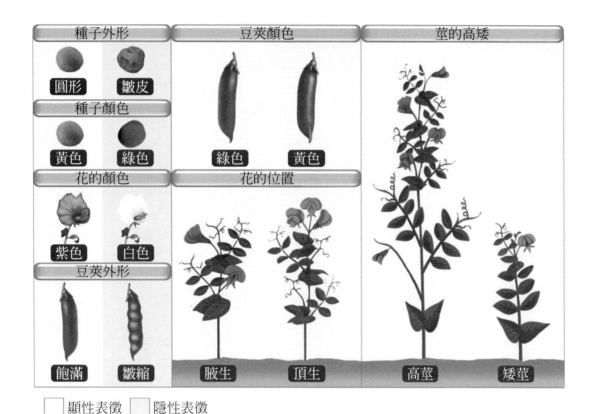

種子外形		豆莢顏色		莖的高矮	

圓形　皺皮　綠色　黃色

種子顏色　黃色　綠色

花的顏色　紫色　白色　花的位置　腋生　頂生　高莖　矮莖

豆莢外形　飽滿　皺縮

□ 顯性表徵　□ 隱性表徵

圖 6-5　孟德爾遺傳實驗中所用豌豆的七對性狀

　　純種圓平種皮的豌豆，其細胞內部負責性狀遺傳的因子即是兩個圓平基因 RR，而皺縮種皮豌豆則具有成對相同的 rr 基因，上述兩種基因組合其對偶基因彼此皆相同，稱為**同基因型** (homozygous)，也就是**純種** (pure breeding)。若將圓平種皮豌豆 (RR) 與皺縮種皮豌豆 (rr) 進行雜交，F_1 中的圓平豌豆皆具有 Rr 的基因，稱為**異基因型** (heterozygous)，也就是**雜種** (hybrid)。含有 RR 的個體與含有 Rr 的個體，**基因型** (genotype) 雖不相同，但卻都表現出圓平種皮的特徵，亦即其**表現型** (phenotype) 是相同的。

　　以上述異基因型的 F_1 進行自花授粉得到 F_2，F_2 中圓平種子及皺縮種子之比為 2.96：1(表 6-1)，這一比例實與其用機率 (probability) 計算結果相近，故預期的比例與實際的結果幾乎相同。因此孟德爾認為：每種遺傳性狀，受兩個基因 (即對偶基因) 所支配，對偶基因或為同型或為異型，異型對偶基因中，即兩種相對性狀同時存在，其中一個性狀常佔優勢而呈顯性；另一性狀常隱而不現，為隱性。此種顯性或隱性皆具有獨立性，在遺傳過程中皆能自由分離及自由組合。

表 6-1　孟德爾豌豆遺傳實驗二代的實驗結果

P 代雜交所選的性狀	F₁ 植物	F₁ 自花受粉	F₂ 植物	F₂ 的實際比例
圓平種子 × 皺縮種子	全為圓平種子	圓平 × 圓平	5,474 圓平種子 1,850 皺縮種子 (總數 7,324)	2.96：1
黃色子葉 × 綠色子葉	全為黃色子葉	黃 × 黃	6,022 黃色子葉 2,001 綠色子葉 (總數 8,023)	3.01：1
有色種皮 × 白色種皮	全為有色種皮	有色的 × 有色的	705 有色種皮 224 白色種皮 (總數 929)	3.15：1
飽滿的豆莢 × 皺縮的豆莢	全為飽滿的豆莢	飽滿的 × 飽滿的	882 飽滿的豆莢 299 皺縮的豆莢 (總數 1,181)	2.95：1
綠色豆莢 × 黃色豆莢	全為綠色豆莢	綠色 × 綠色	428 綠的豆莢 152 黃的豆莢 (總數 580)	2.82：1
腋生花 × 頂生花	全為腋生花	腋生 × 腋生	651 腋生花 207 頂生花 (總數 858)	3.14：1
高莖 × 矮莖	全為高莖	高 × 高	787 高莖豌豆 277 矮莖豌豆 (總數 1,064)	2.84：1

(二) 一對性狀雜交的遺傳 (A monohybrid cross inheritance)

　　孟德爾是用羅馬字母作符號來標示每一種性狀。孟氏假設圓形種子的性狀是顯性因子造成，用大寫字母 R 代表；皺縮種子性狀是由於隱性因子所造成，則用小寫字母 r 代表，這兩個符號一直沿用至今。

1. 配子的形成與子代預期的結果

　　一顆圓平種皮豌豆 (RR) 的植物體所生的配子 (gamete) 中只含有 R 基因，當圓平豌豆在自花受粉時，花粉中所產生的精子 (含有 R 基因) 和在胚珠中的卵 (含有 R 基因) 結合起來，產生一含有 RR 基因的圓平種皮 F₁。同樣地，皺縮豌豆植物所產生的配子中只含有 r 基因，自花受粉後則產生含 rr 基因的皺縮種皮 F₁。

當一株圓平種豌豆與一棵皺縮種豌豆雜交時，預期將產生如何之結果？可從以圖 6-6 中得到答案。

又 F_1 得出之後，用棋盤式方格計算法可求得 F_2 的基因型比例 (圖 6-7)。

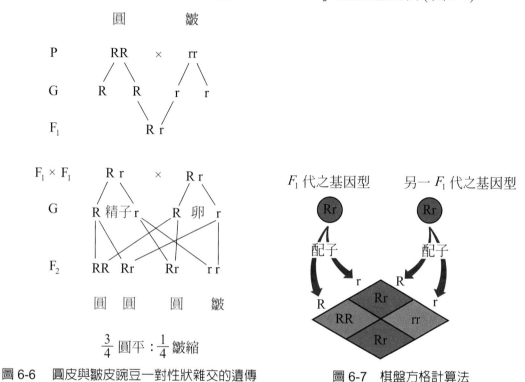

圖 6-6　圓皮與皺皮豌豆一對性狀雜交的遺傳　　　圖 6-7　棋盤方格計算法

2. 試交 (test cross)

假設有一株高莖豌豆，我們無法從外型判斷這株豌豆是同基因型或異基因型 (因為基因型 TT 和 Tt 皆表現出高莖的特徵)，那我們要如何知道該高莖豌豆是 TT 或 Tt 呢？孟氏曾做一試交實驗，以未知其基因型的個體與另一隱性基因型者 (tt) 雜交，若後代全為高莖，即可知該株植物基因型為 TT(TT × tt → 後代全為 Tt)；若後代有高莖也有矮莖，則可判斷該株植物基因型為 Tt (Tt × tt → 後代 1/2 Tt + 1/2 tt)。

3. 分離律 (law of segregation)

後人將孟氏實驗豌豆一對性狀雜交所得的結論歸納之稱為分離律，其要點如下：生物的遺傳性狀是由基因所控制，決定一種性狀的基因是成對存在，稱為對偶基因。當形成配子時對偶基因便互相分離，分配於不同的配子中。故每一配子只有對偶基因中的一個。

生物學

(三) 二對性狀雜交的遺傳 (Dihybrid cross inheritance)

1. 二對性狀的雜交

孟氏繼豌豆的一對性狀雜交後，又同時考慮豌豆的兩種性狀，進行遺傳交配，這種實驗稱為二對性狀雜交。例如選擇種子 (子葉) 的顏色和形狀同時觀察，將種子為黃色圓平種皮的植株和綠色皺縮種皮的植株雜交，F_1 皆產生黃色圓平子，再以 F_1 互相交配，得到的 F_2 中有 315 黃色圓平、108 綠色圓平、101 黃色皺皮、32 綠色皺皮種子，比例約為 9：3：3：1。

根據一對性狀雜交的結果，已知種子黃色 (Y) 對綠色 (y) 為顯性，圓平 (R) 對皺皮 (r) 為顯性，又個體中成對的基因在形成配子時會互相離；至於控制種子顏色的基因 (Y，y) 和形狀的基因 (R，r) 為二對對偶基因。孟氏認為非對偶基因在形成配子時會互相組合而分配到同一配子中，例如基因型為 YyRr 者，產生配子時 Y 分別和 R、r 互相組合，y 亦分別和 R、r 組合，於是便產生 YR、Yr、yR 和 yr 四種配子。

上述二對性狀雜交的親代，黃色圓平 (YYRR) 者產生的配子只有 YR 一種，綠色皺皮 (yyrr) 者產生的配子皆為 yr，故 F_1 的基因型為 YyRr。F_1 產生的配子有 YR、Yr、yR 和 yr 四種，四種雌配子和四種雄配子互相合，F_2 的基因型種類和比例如圖 6-8，據此推測其表現型有黃色圓平、色皺皮、綠色圓平和綠色皺皮者四種，比例為 9：3：3：1，和孟氏的實驗結果完全符合。

2. 二對性狀的試交

孟氏將 F_1(黃色圓平) 的豌豆作試交 (圖 6-9)，即與外表型為隱性者 (yyrr) 交配，後代有黃色圓平、黃色皺皮、綠色圓平和綠色皺皮四種表現比例為 1：1：1：1；因為後代中有綠色、皺皮的性狀，說明 F_1 的表現型為黃色圓平，但一定含有隱性基因 y 和 r，即 YyRr，屬異基因型。

3. 獨立分配律 (law of independent assortment)

後人將孟氏二對性狀雜交所得的結論歸納為獨立分配律，其要點如下：

對偶基因在配子形成時會互相分離，但在非對偶基因間，彼此的分離亦有獨立性；所以當非對偶基因分離後，彼此會互相自由組合進入同一配子中。以現代的術語敘述，即位於非同源染色體上的兩個 (或多個) 不同的基因對，其對偶基因在分配至配子的過程為完全獨立。

6-8

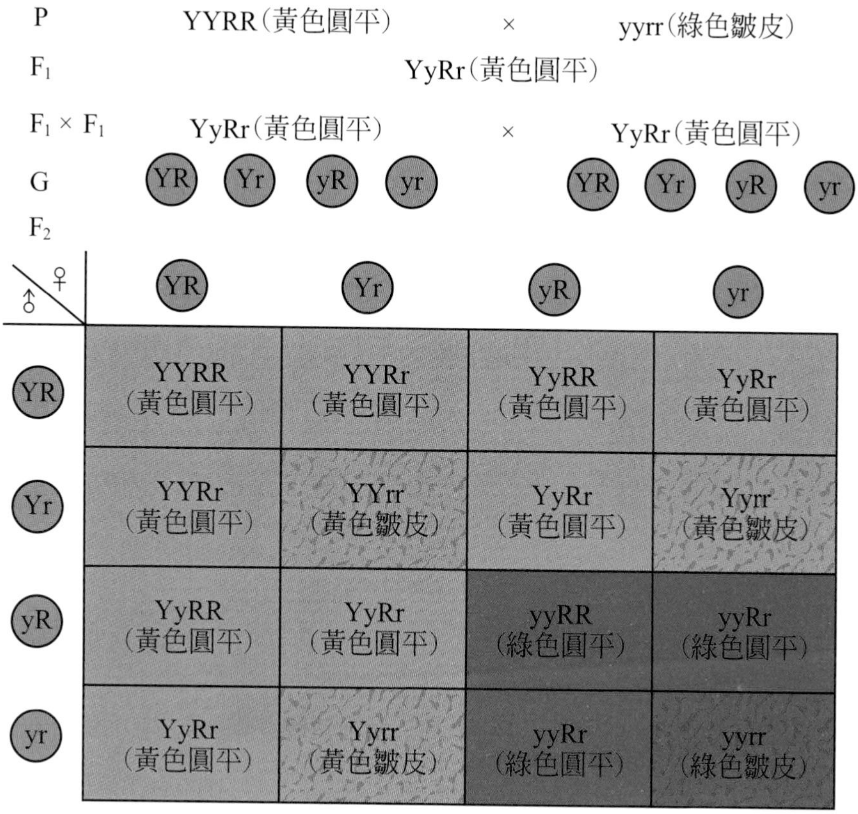

P YYRR(黃色圓平) × yyrr(綠色皺皮)
F1 YyRr(黃色圓平)
F1 × F1 YyRr(黃色圓平) × YyRr(黃色圓平)
G YR Yr yR yr YR Yr yR yr
F2
♀ ♂
YR Yr yR yr
YR
YYRR (黃色圓平)
YYRr (黃色圓平)
YyRR (黃色圓平)
YyRr (黃色圓平)
Yr
YYRr (黃色圓平)
YYrr (黃色皺皮)
YyRr (黃色圓平)
Yyrr (黃色皺皮)
yR
YyRR (黃色圓平)
YyRr (黃色圓平)
yyRR (綠色圓平)
yyRr (綠色圓平)
yr
YyRr (黃色圓平)
Yyrr (黃色皺皮)
yyRr (綠色圓平)
yyrr (綠色皺皮)
圖 6-8 豌豆種子種皮形狀和顏色的雜交

P 黃色圓平(YyRr) × 綠色皺皮(yyrr)
G YR Yr yR yr yr
子代
♀ ♂
YR Yr yR yr
yr
YyRr (黃色圓平)
Yyrr (黃色皺皮)
yyRr (綠色圓平)
yyrr (綠色皺皮)
1 : 1 : 1 : 1
圖 6-9 F_1 中黃色圓平豌豆的試交

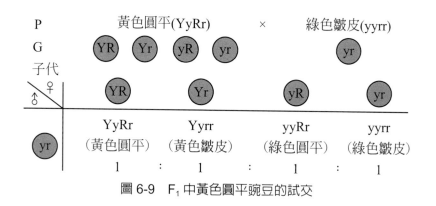

4. 豚鼠的性狀遺傳

獨立分配律可廣泛適用於其他生物的性狀遺傳，例如豚鼠 (Guinea pigs) 的毛有黑色 (B) 和棕色 (b)，黑色對棕色為顯性；毛尚有長短之分，短毛 (S) 對長毛 (s) 為顯性。若將純品系的黑色短毛 (BBSS) 者和棕色長毛 (bbss) 者交配，F_1 均為黑毛短毛 (BbSs)；再將 F_1 中雌雄交配 (亦即 BbSs × BbSs)，以棋盤方格式法可預期 F_2 之結果。BbSs 豚鼠產生之配子，其毛色基因可與毛長度基因存在於同一配子中，因此雌雄各產生 BS、Bs、bS、bS 四種配子。故 F_2 預期結果如圖 6-10 所示。

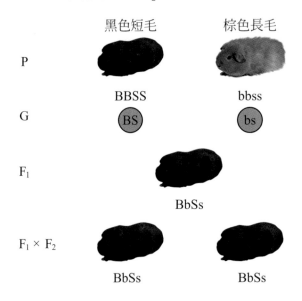

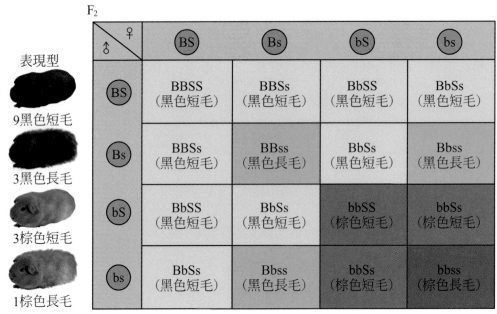

圖 6-10　豚鼠毛色及長短二對性狀之雜交

6-2　不完全顯性 (Incomplete dominance)

　　孟德爾之後，生物學家利用其他的動植物作遺傳實驗，發現有些遺傳性狀的對偶基因沒有顯性、隱性之分，雙方互為顯性表現出來，稱為不完全顯性，或稱中間型遺傳。例如紫茉莉 (*Mirabilis jalapa*) 的花有紅色和白色，將紅花和白花者相互授粉，所得後代皆為粉紅花；再將此粉紅花的 F_1 互相交配，F_2 有紅花、粉紅花和白花，比例為 1：2：1。

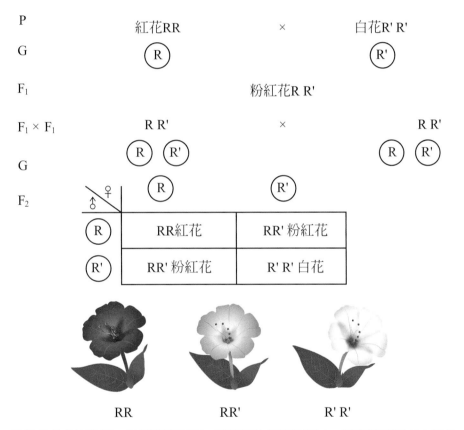

圖 6-11　紫茉莉花色的遺傳。根據實驗可知，紫茉莉的紅花基因 (R) 和白花基因 (R') 組合一起時，花的顏色既非紅色，亦非白色，而為介於紅白之間的粉紅色 (中間型)，這種情形，叫做不完全顯性。F_2 基因型種類和比例，與表現型種類和比例完全一致。

6-3   複對偶基因 (Multiple alleles)

一對對偶基因，在一對同源染色體上的位置叫做**基因位** (locus)，某些性狀的遺傳其對偶基因不只顯性與隱性兩種，而是有三種以上，像這樣在同一個基因位上有多於兩種形式的對偶基因者，稱之為**複對偶基因** (multiple alleles)。雖然複對偶基因的形式有三種以上，但任一個體仍由兩個基因來控制其性狀。人類的 ABO 血型 (blood type) 遺傳即為複對偶基因的遺傳。

人類之血型有 A(紅血球表面有 A 抗原)、B(紅血球表面有 B 抗原)、AB(紅血球表面有 A 與 B 抗原) 及 O(紅血球表面無抗 A、B 抗原) 四種血型，決定血型的對偶基因有三個：I^A、I^B 和 i，但在一個體中只由兩個基因來控制血型。I^A 和 I^B 為**等顯性**或稱共顯性 (codominance)，I^A 和 I^B 分別對 i 為顯性，i 為隱性基因。

ABO 血型的對偶基因雖有三個，但遺傳時仍和<u>孟德爾</u>的遺傳法則相符合。例如夫婦的基因型若都是 I^Ai，所生子女基因型的種類與比例為 1/4 $I^A I^A$：1/2 I^Ai：1/4 ii，表現型種類和比例為 3/4 A 型：1/4 O 型。

血型	A型	B型	AB型	O型
紅血球	抗原A	抗原B	抗原A及B	無抗原A及B
血漿	Anti-B抗體	Anti-A抗體	無Anti-A及Anti-B抗體	兼具Anti-A及Anti-B抗體

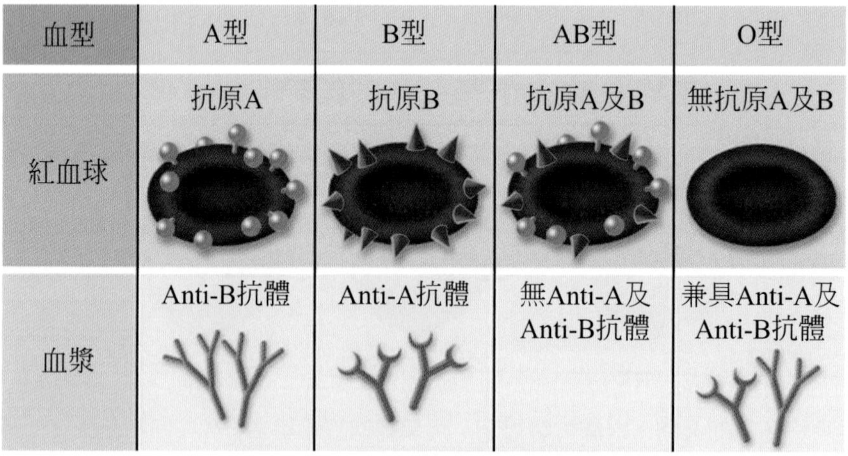

圖 6-12   ABO 血型與複對偶基因

6-4　機率 (Probability)

(一) 機率的意義

　　根據孟德爾遺傳法則，一對性狀雜交所得 F_2 的表現型，顯性和隱性的比例為 3：1。實際上只有在後代的數目多時，才會接近這一比數，例如孟氏的豌豆實驗結果 (表 6-1)。假若後代數目少的話，兩種表現型的比例很可能與期望的 3：1 相去甚遠，例如 F_2 若只有四個，可能四個全為顯性，也可能四個都是隱性。因此遺傳比例最好以機率表示，上述比例若改作下列陳述則較佳：兩異基因型互相交配，每一個後代都有 3/4 的機會表現顯性，1/4 的機會表現隱性。

(二) 機率定律的應用 (Applying the laws of probability)

　　機率中最基本的定律為乘法原理，即兩獨立事件 (或兩件以上) 組合在一起的機率，為該兩事件 (或兩件以上) 單獨發生時其機率相乘的積。這一數學上的法則，亦可應用於遺傳事例，因為親代互相交配產生的後代，每一個體為一獨立事件。

　　例如兩個異基因型的黑毛豚鼠互相交配 (Bb × Bb)，若有兩個後代，便是兩件獨立事件，每一個後代表現黑色的機率是 3/4，表現棕色的機率是 1/4。這兩個後代可能都是黑色，其機率為 3/4 × 3/4；可能皆為棕色，其機率是 1/4 × 1/4；也可能是一個黑色、一個棕色，機率是 2 × 3/4 × 1/4。

　　上述例子，若以 a 代表顯性表現型的機率，b 代表隱性表現型的機率，則後代表現型的組合機率為：$a^2 + 2ab + b^2$ (a^2 代表兩個皆為顯性，ab 代表一個顯性一個隱性，b^2 代表兩個皆為隱性)，也即 $(a + b)^2$ 的展開式。由此可知，該兩豚鼠交配 (Bb × Bb) 若有四個後代，四個皆為黑色的機率為 3/4 × 3/4 × 3/4 × 3/4，四個皆為棕色的機率為 1/4 × 1/4 × 1/4 × 1/4，四個後代中，其顯性隱性的數目及機率可由 $(a + b)^4$ 的展開式計算之 (圖 6-13)。

生物學

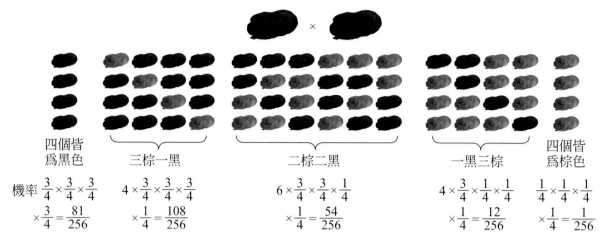

四個皆
為黑色

三棕一黑

二棕二黑

一黑三棕

四個皆
為棕色

機率 $\frac{3}{4} \times \frac{3}{4} \times \frac{3}{4}$ $4 \times \frac{3}{4} \times \frac{3}{4} \times \frac{3}{4}$ $6 \times \frac{3}{4} \times \frac{3}{4} \times \frac{1}{4}$ $4 \times \frac{3}{4} \times \frac{1}{4} \times \frac{1}{4}$ $\frac{1}{4} \times \frac{1}{4} \times \frac{1}{4}$

$\times \frac{3}{4} = \frac{81}{256}$ $\times \frac{1}{4} = \frac{108}{256}$ $\times \frac{1}{4} = \frac{54}{256}$ $\times \frac{1}{4} = \frac{12}{256}$ $\times \frac{1}{4} = \frac{1}{256}$

圖 6-13　兩異基因型的黑毛豚鼠交配 (Bb × Bb)，若有四個後代，其毛色及比例有五種組合，數字為各種組合之機率。

　　兩對性狀雜交時觀察兩種對偶基因的遺傳，該兩種性狀亦可視為兩件獨立事件，F_2 的表現型種類和比例亦可按乘法原理的法則推算。例如豌豆種子顏色的遺傳為一獨立的事件，F_2 的種子表現黃色的機率為 3/4，表現綠色的機率為 1/4；種子形狀的遺傳為另一事件，F_2 表現圓平種皮的機率為 3/4，皺縮種皮的機率為 1/4。兩對性狀雜交時，F_2 中這兩種性狀組合一起的機率應為：

(3/4 黃色＋ 1/4 綠色) × (3/4 圓平＋ 1/4 皺皮)

　　結果為：9/16 黃色圓平＋ 3/16 黃色皺皮＋ 3/16 綠色圓平＋ 1/16 綠色皺皮，亦即 F_2 的表現型有黃色圓平、黃色皺皮、綠色圓平和綠色皺皮四種 比例為 9：3：3：1。

6-5　多基因連續差異性狀的遺傳

(Polygenic inheritance and continuously varying traits)

　　孟德爾為了使其實驗設計簡明而易於工作，故所選取的相對性狀都是最明顯且最容易分別的，例如圓平種皮對皺縮種皮，黃色種皮對綠色種皮，腋生花對頂生花等。但其它生物的種種性狀，如長頸鹿的頸長、人類的身高、膚色和智力等，其不同程度的變異非常之多，就不能用他的一對因子的遺傳來解釋；上述這些性狀具有連續性的差異，屬於**多基因的遺傳** (polygenic inheritance)，亦即一種性狀的形成是受到幾對不同基因的控制，但每一個顯性基因皆具有相同的影響，又稱做**數量遺傳** (quantitative trait locus，QTL)。

(一) 人類膚色、身高、智力的遺傳

　　人類的膚色由淺到深有許多變化，這是因爲我們皮膚中含有**黑色素** (melanin)，黑種人含量最多，白種人最少；皮膚中黑色素量的至少是由兩對基因 (A、a 和 B、b) 所控制，顯性基因 A 和 B 可以使黑色素量增加，兩者增加的量相等，且產量可以累加，因此基因型中顯性基因越多，黑色素便越多，膚色便越深。黑人的基因型爲 AABB，白人爲 aabb，若一位黑人 (AABB) 和一位白人 (aabb) 結婚，後代的基因型皆爲 AaBb，膚色乃介於黑白之間。假若兩個黑白混血者結婚 (AaBb × AaBb)，子女的膚色將自最深之黑色至最淺之白色皆有可能出現，其中最深的黑色和最淺的白色出現比例最少，分別爲 1/16，介於黑白之間者最多，佔 6/16，較黑色稍淺和較白色稍深者分別爲 4/16(表 6-2)。

表 6-2　人類皮膚黑色素量的遺傳

(1) 黑人和白人結婚			
P	黑人 AABB × 白人 aabb		
F₁	黑白混血 AaBb		
(2) 兩個黑白混血者結婚 AaBb × AaBb			
表現型	基因型	基因型頻率	表現型頻率
黑色	AABB	1	1
深色	AaBB	2	4
	AABb	2	
黑白中間色	AaBb	4	6
	aaBB	1	
	AAbb	1	
淺色	Aabb	2	4
	aaBb	2	
白色	aabb	1	1

人類的身高亦屬於多基因連續性狀差異遺傳，高身爲隱性基因。如圖 6-14 中的學生若依據身高來排列，則左側身高最矮的與右側身高最高的人數皆很少，而越接近中央 (中等身高) 的人數則越多，形成常態分佈 (normal distribution)。

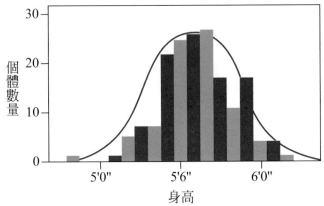

圖 6-14　人類的身高呈現連續差異的變化

(二) 小麥種皮色澤的遺傳

又如小麥種皮的色澤遺傳，X 基因可產生某種程度的紅色，XX 則一定較 Xx 產生的紅色爲深，假定 Y 基因與 Z 基因也有同樣的效應，而 x、y 與 z 基因則不產生色素。在此情形下，基因型爲 xxyyzz 的個體爲純白色，基因型爲 XXYYZZ 者，其有六個產生色素的基因，則一定是很深的紅色，基因型爲 Xxyyzz 者，只有一個產生色素的基因，必爲淡粉紅色，基因型爲 XXyyzz、YYzz 及 xxyyZZ 者，含有兩個產生色素的基因，顏色就較深，含六個有色素基因者，就有六倍的深度。上述情形是由 1908 年瑞典遺傳學家尼爾遜依爾 (Nison-Ehle) 研究所得。

6-6 不同基因對間的交互關係
(Interaction between different genes)

(一) 雞冠形狀的決定

雖然每種性狀均只由一對基因負責，但有時基因與基因之相互關係會影響表現的結果。雞冠形狀的表現由兩對基因共同決定，最初以玫瑰冠 (RRpp) 及豆冠 (rrPP) 進行雜交，在此兩非對偶基因之共同作用下產生胡桃冠 (RrPp)，若此兩基因均為完全隱性則互交作用可產生單冠 (rrpp)(圖 6-15)。

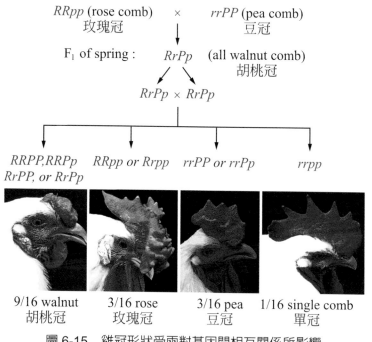

圖 6-15 雞冠形狀受兩對基因間相互關係所影響

(二) 上位效應

　　另一種基因交互作用稱爲**上位效應 (epistasis)**，即一對基因掩蓋另一基因之表現並使部分預期的結果無法表現。以天竺鼠的毛色爲例，表現黑色素的基因 (B) 對棕色素的基因 (b) 爲顯性，但色素表現與否卻受另一基因位上顯性基因 C 的影響。C 爲產生酪氨酸酶 (tyrosinase) 的基因，酪胺酸酶負責合成色素的前驅物 (precursor)，如果此基因位上的基因爲隱性 (cc)，則無論個體帶有 B 或 b 皆無法產生色素，因而表現出白子的表現型。因爲 C 基因會影響 B 基因的表現，因此 C 稱爲 B 的**上位基因 (epistatic gene)**；若 C 爲顯性，則個體 CcBb 或 CCBB 將表現出黑色毛，Ccbb 或 CCbb 將表現出棕色毛 。當一隻基因型爲 ccBB 的白子天竺鼠與一隻 CCbb 之棕毛天竺鼠交配，第一子代全爲 CcBb 之黑毛天竺鼠；若讓 F_1 中的雌雄相互交配，其 F_2 表現型將會如圖 6-16 所示。

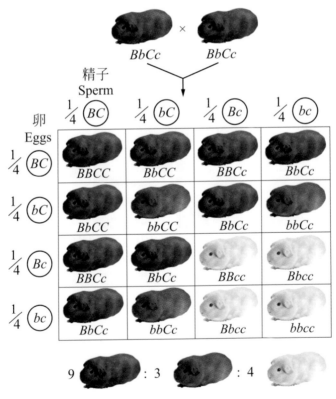

圖 6-16　天竺鼠的毛色受到上位基因的影響

6-7　基因表現受環境的影響

(Gene expression is affected by the environment)

　　有些基因之表現會受環境因素的影響。例如暹羅貓的毛色基因表現會受溫度的影響，身體較溫暖部分的體毛較淡，而溫度較低的末端 (腳、尾、耳朵) 則其有黑色的體毛。此乃受酪氨酸酶的影響，此酶協助黑色素的形成且對熱敏感，即在高溫下活性較低，因此身體溫度較高的部位不易合成黑色素，故顏色較淺，而身體末端溫度低的部位則合成的黑色素較多。這種情況同樣也發生在喜馬拉雅兔。

(a) 暹羅貓　　　　　　　　　　(b) 喜馬拉雅兔

圖 6-17　暹羅貓與喜馬拉雅兔的毛色受到溫度的影響。

　　而水毛茛 (*Ranunculus aquatilis*) 是另一因環境影響而有不同表現型的例子，這種植物生長於淺塘中，其葉子在水面下和水面上分別表現出不同的形態 (圖 6-18)。負責葉形的基因因外在環境不同表現亦隨之不同。

(a)　　　　　　　　　　(b)

圖 6-18　水毛茛的 (a) 水上葉、(b) 水中葉。水毛茛的葉子具有引人注目的變異性，此變異則決定於其生長於水面之下或之上，此種變異甚至可發生於一半生長於水面上而另一半生於水中的一葉片。

6-8 人類的遺傳

(一) 血型 (Blood type)

人類血型除了 ABO 血型外，尚有與 **Rh 因子** (Rh factor) 有關的 Rh 血型。帶有顯性基因 (R) 的個體其紅血球表面能產生 Rh 抗原 (Rh antigen，Rh 代表 Rhesus，最先這種抗原是從一恆河猴中獲得)，如果一個人具有 RR 或 Rr 基因，稱爲 Rh 陽性 (Rh$^+$)，在白人族群中陽性占 85%，其餘 15% 的人帶有 rr 基因，稱爲 Rh 陰性 (Rh$^-$)。在蒙古族群 (Mongoloid population) 中幾乎沒有 rr 對偶基因。

當 Rh$^+$ 者將血液輸到 Rh$^-$ 之體內時，後者接受 Rh$^+$ 之血液後，體內會產生抵抗 Rh$^+$ 因子之抗體。當再次接受 Rh$^+$ 輸血時，抗體便會將血球凝結，而導致血液凝固。

Rh 因子對出生嬰兒的健康也是非常重要的，如果母親基因型是 rr 而父親爲 RR 或 Rr，那麼子代可能是 Rr。有些例子，胎兒的血液 (紅血球帶有 Rh 抗原) 經過胎盤的某些缺陷 (例如胎盤破裂，特別是生產時。) 而進入母體的循環系統，致使母親體內產生抗體 (antibody) 對抗 Rh 抗原。當第二次懷孕時，這些抗體可以經由胎盤進入胎兒的血流，造成胎兒紅血球凝集，稱爲**新生兒紅血球母細胞增多病** (erythroblastosis fetalis) 或**新生兒溶血症** (HDN, Hemolytic discase of the fetus and newborn)，嚴重時胎兒便會死亡，造成流產 (miscarriage)。若只有少量紅血球被破壞，嬰兒出生後幸而生存，也會得到嚴重的**貧血症** (anemia) 和**黃膽症** (jaundice)。若要預防此情況，需在母親第一次分娩 Rh 陽性新生兒後立即注射對抗 Rh 抗原的免疫球蛋白，來預防 Rh 陰性的母親產生 Rh 抗體。

(二) 智力 (Intelligence)

智力高低的範圍很難確定，而且是更難測量的，人們在不同場所表現的智力並不相同。已知智力的遺傳是由 10 多對基因所控制。最普通的智力測驗方式是測**智商** (intelligence quotient，IQ)(表 6-3)，它是利用對空間記憶和推理事物的反應來測量的。從同胞孿生兒 IQ 的測驗來判斷，智力的高低受遺傳因素的影響很大，但是環境也很重要，所以遺傳與環境相互的作用，決定一個人的智力。

表 6-3　智商的判斷

IQ	名稱 (Designation)	
≧ 140	天才 (Gifted)	
120 ～ 140	非常優等 (Very superioi)	
110 ～ 120	優等 (Superior)	
90 ～ 110	正常 (Normal)	
80 ～ 90	遲鈍 (Dull)	
70 ～ 80	界線 (Borderline)	
50 ～ 70	愚鈍 (Moron)	缺乏心智能力 (Feeble minded)
25 ～ 50	低能 (Imbecile)	
0 ～ 25	白癡 (Idiot)	

(三) 對肺結核的抵抗 (Resistance to tuberculosis)

　　某些基因與環境條件與這種疾病的抵抗力有關，從同胞孿生兒的研究，證明抵抗力深受遺傳的影響。

(四) 精神分裂症 (Schizophrenia)

　　由同胞孿生兒的研究顯示這種最常見的心智疾患受遺傳的影響。學者認為是由於隱性基因所致，但環境條件亦有關係。

(五) 精神遲鈍 (Mental retardation)

　　精神遲鈍由很多原因所造成，正常的智力是要賴許多基因適當地工作，其中如有一個基因失常，即對智力的活動造成損害。例如**唐氏症** (Down's syndrome) 是因第 21 對染色體多了一個染色體的原因所造成。另一種著名的**苯丙酮酸型癡呆症** (phenyl pyruvic idiocy) 是由於一個基因的突變，導致不能產生苯丙胺酸羥化酶 (phenylalanine hydroxylase)，肝細胞內沒有這種酶就不能正常的把苯丙胺酸變為酪胺酸 (tyrosine)，而是變為苯丙酮酸 (phenylpyruvic acid)，因此發生苯丙酮酸型癡呆症。

有關人類一般遺傳性狀的顯性基因與隱性基因列於下表 (表 6-4) 中：

表 6-4　已知的人類遺傳性狀

顯性	隱性
毛髮、皮膚、牙齒的部分 (Hair, Skin, teeth)	
黑髮 (Dark hair)	金髮 (Blond hair)
非紅髮 (Nonred hair)	紅髮 (Red hair)
捲髮 (Curly hair)	直髮 (Straight hair)
早熟灰髮 (Premature grayness of hair)	正常
多體毛 (Abundant body hair)	稀體毛 (Little body hair)
早禿頭 (Early baldness)(在男人是顯性)	正常
白額髮 (White forelock)	正常色 (Self-color)
白斑症 (Piebald)(皮膚和頭部有白斑)	正常色 (Self-color)
皮膚、毛髮、眼睛有色 (Pigmented skin, hair, eyes)	白化症 (Albinism)
黑皮膚 (Black skin)(由 2 ～ 8 對基因、黑到白，中間有許多深淺不一的膚色)	白皮膚 (White skin)
魚鱗癬 (Ichthyosis)(皮膚呈麟狀)	正常
皮膚敏感 (Epidermis bullosa)	正常
缺門齒 (No incisor teeth)	正常
缺齒齦 (Rootless teeth)	正常
牙齒缺乏琺瑯質 (Absence of enamel of teeth)	正常
正常	汗腺缺乏 (Absence of sweat glands)
眼睛 (Eyes) 部分	
褐色 (Brown)	藍色或灰色 (Blue or gray)
淡褐色或綠色 (Hazel or green)	藍色或灰色
蒙古型皺襞 (Mongolian fold)	不具皺襞 (No fold)
先天白內障 (Congenital cataract)	正常
近視 (Nearsightedness)	正常視力 (Normal vision)
遠視 (Farsightedness)	正常視力

表 6-4　已知的人類遺傳性狀 (續)

顯性	隱性
散光 (Astigmatism)	正常視力
正常	非常近視 (Extreme myopia)
正常	夜盲 (Night blindness)
正常	色盲 (Color blindness)(性聯遺傳)
青光眼 (Glaucoma 綠內障)	正常
無虹彩 (Aniridia)	正常
先天晶狀體轉位 (Congenital displacement of lens)	正常
正常	視神經萎縮 (Optic atrophy)(性聯遺傳)
正常	畸形小眼 (Microphthalmus)
面貌 (Features) 部分	
有耳垂 (Free ear lobes)	無耳垂 (Attached ear lobes)
寬唇 (Broad lips)	薄唇 (Thin lips)
大眼 (Large eyes)	小眼 (Small eyes)
長睫毛 (Long eyelashes)	短睫毛 (Short eyelashes)
寬鼻孔 (Broad nostrils)	窄鼻孔 (Narrow nostrils)
高窄的鼻梁 (High, narrow bridge of nose)	低寬的鼻梁 (Low broad bridge of nose)
"羅馬" 鼻 ("Roman" nose)	直鼻 (Straight nose)
骨骼和肌肉 (Skeketon and muscles) 部分	
矮身 (Short stature)(許多基因)	高身 (Tall stature)
侏儒症 (Achondroplasia；Dwarfism)	正常
發育不全 (小侏儒)(Ateliosis；Midget)	正常
多指、趾 (Polydactyly)(手指和腳趾多於五)	正常
併指、趾 (Syndactyly)(兩指、趾或兩指、趾以上之間有蹼)	正常
短指、趾 (Brachydactyly)	正常
裂腳症 (Split foot)	正常

表 6-4　已知的人類遺傳性狀（續）

顯性	隱性
軟骨性骨 (Cartilaginous growths on bones)	正常
漸進性肌肉萎縮症 (Progressive muscular atrophy)	正常
循環系統和呼吸系統 (Circulatory and respiratory systems) 部分	
遺傳性水腫 (Hereditary edema)(Milroy 氏病)	正常
A、B 和 AB 血型 (Blood groups A, B and AB)	O 血型 (Blood groud O)
高血壓 (Hypertension)	正常
正常	血友病 (Hemophilia)(性聯遺傳)
正常	鐮型血球貧血症 (Sickle cell anemia)
Rh 抗原 (Rh antigen)	正常
排泄系統 (Excretory system) 部分	
多囊性腎 (polycystic kidney)	正常
內分泌系統 (Endocrine system) 部分	
正常	糖尿病 (Diabetes mellitus)
消化系統 (Digestive system) 部分	
結腸擴大症 (Enlarged colon)(Hirschsprung 氏病)	正常
神經系統 (Nervous system) 部分	
識味者 (Tasters)(對 Phenylthiocarbamide PTC)	非識味者 (Non tasters)
正常	先天性耳聾症 (Congenital deafness)
正常	脊髓性失調症 (Spinal ataxia)
亨丁頓氏舞蹈症 (Huntington's chorea)	正常
正常	遺傳性運動失調 (Friedreichs ataxia)
正常	黑矇性白癡 (Amaurotic idiocy)
偏頭痛 (Migraine)	正常
正常	早熟癡呆 (Dementia praecox)
正常	苯酮尿 (Phenylketonuria)

表 6-4　已知的人類遺傳性狀 (續)

顯性	隱性
震顫麻痺 (Paralysis agitans)	正常
癌症 (Cancers)	正常
正常	著色性乾皮病 (Xeroderma)
萊克林好森氏病 (Recklinghausen's disease 神經纖維瘤)	正常
正常	視網膜神經膠瘤 (Retinal glioma)

6-9　蘇頓的染色體學說

　　20 世紀之初，美國 哥倫比亞大學研究員蘇頓 (Walter S. Sutton，1876 ～ 1916) 在 1902 年最先提出「基因位於何處？」的解答。蘇頓確認孟德爾的假設遺傳單位的行為和在減數分裂時所看見的染色體的行為相吻合，認為其中必有特殊意義。故蘇頓提出以下的假說：

　　基因是位於染色體上的單位，而且每對對偶基因是在同一對染色體上，並且在一對染色體上必定有控制許多不同性狀的基因。所以他推測聚集在一條染色體上的許多基因將成為不能分離與自由組合的基因群體，形成**聯鎖群** (Linkage groups)。

　　蘇頓將孟德爾假設遺傳單位的行為和減數分裂時染色體所表現的行為做了比較：

1. 細胞內的雙套染色體，每套分別來自父體及母體，在減數分裂時彼此分離，分配於不同的配子內，所以配子的染色體只有單套。與孟德爾所說「負責一種性狀的一對基因，生殖細胞內只有其中一個」相符合。

2. 精、卵結合時染色體又恢復雙套。子代的基因一半來自父體一半來自母體。雙親對於子代性狀的影響是相等的。

3. 減數分裂時，一對同源染色體自由分離，不受其它各對染色體的影響。兩對染色體有四種可能的組合，這與孟德爾所謂不同相對性狀，如圓對皺、黃對綠等的組合，也是相符的。換言之，不同對的染色體的自由配合，與孟德爾的獨立分配律是完全符合的。

6-10　性染色體的發現與性聯遺傳

　　許多遺傳染色體理論的根據都是從研究果蠅而得來。一種黃果蠅學名是 *Drosophila melanogaster*，便是很好的實驗材料。摩根 (Thomas Hunt Morgan，1866～1945) 他從果蠅實驗中發現性聯遺傳，證明基因位於染色體上。他與他的學生以果蠅做出關於遺傳的許多細節，成為解釋遺傳行為的模型。

(一) 果蠅眼色的性聯遺傳

　　1910 年前後，摩根以研碎的香蕉培養成千的野生紅眼果蠅，在這些成千的果蠅中他發現有一隻突變種的白眼雄蠅。使其與正常紅眼雌果蠅交配，第一子代 (F_1) 完全是紅眼果蠅。以孟德爾的研究來看，白眼基因對紅眼基因為隱性，繼之以 F_1 雌雄互相交配所產生之 F_2 中，有 3/4 為紅眼及 1/4 為白眼果蠅，顯然符合孟德爾一對性狀遺傳中 F_2 應有之比率。然而摩根注意到「F_2 中所有白眼果蠅皆是雄的」，其中沒有一隻白眼雌果蠅，即所有 F_2 中的雌果蠅皆為紅眼，雄蠅中有一半也是紅眼 (圖 6-19)，為何發生此種情形？

　　在摩根工作的同一個實驗室裡，十年前蘇頓曾在此地提出假設「基因是在染色體上」。因此摩根認為如果控制果蠅白眼的遺傳性狀基因是在染色體上，則這個染色體應該具有一種特殊的行為方式，否則這種交配應該符合孟德爾的遺傳原則。

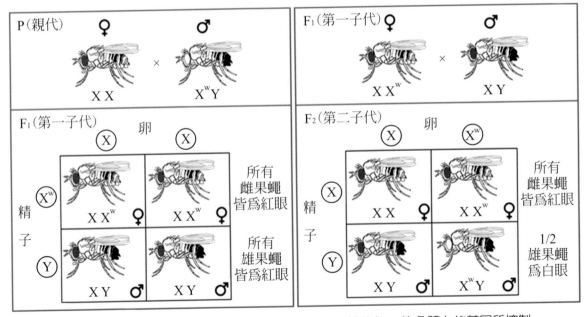

圖 6-19　果蠅眼色的性聯遺傳。顯示此性狀的遺傳是被位於 X 染色體上的基因所控制。

(二) 性染色體的發現

　　在摩根發現白眼雄果蠅之前，1900 年代有人仔細觀察果蠅細胞，發現雄果蠅和雌果蠅的染色體有些差異。果蠅每個細胞內都有 4 對染色體，雄的和雌的有 3 對是一樣的，但是有 1 對則不相同 (圖 6-20)。這一對中呈桿狀的染色體稱為 X 染色體，同對中呈勾狀的一個 (只在雄的果蠅內見到) 則稱為 Y 染色體。因為 X 和 Y 染色體與果蠅的性別有關，所以它們被稱為性染色體 (sex chromosomes)，其餘三對稱為體染色體 (autosomes) 或稱普通染色體。因此，雄果蠅其有三對體染色體，一個 X 染色體一個 Y 染色體；雌果蠅則有三對體染色體及兩個相同的 X 染色體。

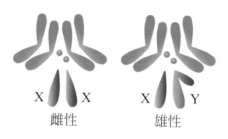

雌性　　　　　　雄性

圖 6-20　　果蠅細胞內的四對染色體

　　因為當減數分裂以後，每個配子都含有每對同源染色體中的一個，所以雌果蠅所有卵細胞都是含有一個 X 染色體；而一半的精子中含有一個 X 染色體，另一半之精子則含有一個 Y 染色體。故摩根曾做如下的假說：

1. 　白眼及紅眼對偶基因 (allele) 是位於 X 染色體上。
2. 　Y 染色體上沒有攜帶任何有關眼色的對偶基因 (有極少數其他的基因)。

　　假如這個假說是正確的話，則一個白眼雄果蠅與一個同基因型的紅眼雌果蠅雜交，將出現如圖 6-19 所示之情形，說明白眼基因以及紅眼基因同是位於 X 染色體上，而 Y 染色體相對基因位上沒有控制眼色的基因，所以在 X 染色體上只要有一個隱性基因就會影響雄果蠅的表現型。因此，1915 年確定了蘇頓的「遺傳基因位於染色體上」的學說。

(三) 人類的性聯遺傳

遺傳基因位於性染色體上，遺傳的結果與性別有關，稱為**性聯遺傳** (sex linked inheritance)。人類較常見的性聯遺傳為**色盲** (color blindness) 與**血友病** (hemophilia)。

1. 色盲

色盲是一種隱性基因的遺傳性狀。患者通常區別紅與綠色非常困難，色盲患者可用色盲檢驗圖檢驗出來，該圖是由若干色點排列而成。色盲的人與常人不同，會把圖看成另一種形式或文字 (患有色盲的男子較患色盲的女子多 8 ～ 10 倍)。

設 X 染色體上有色盲基因，用 X^c 代表；沒有色盲基因，用 X 為代表。若父親無色盲，母親有色盲基因但表現型正常 (即潛伏色盲)，子代的基因型可表示如下 (圖 6-21)。

親代　　　　　XY　　　×　　　X^cX

配子　　　$\frac{1}{2}X$　$\frac{1}{2}Y$　　　$\frac{1}{2}X^c$　$\frac{1}{2}X$
　　　　　　（精子）　　　　　（卵）

子代

精子 卵	X	Y
X^c	XX^c （正常女）	X^cY （色盲男）
X	XX （正常女）	XY （正常男）

圖 6-21　色盲的遺傳

2. 血友病

血友病是當皮膚表面或內部受傷後，血液不凝結或凝結非常緩慢。極端情形的病例，會因極小的傷口而流血不止，甚至死亡。

　　血友病是 19 世紀和 20 世紀初期歐洲皇族歷史中的一種遺傳疾病。此種性狀的基因在歐洲皇室間散佈得很廣，尤其在西班牙和蘇俄。這基因的首次出現可能是在維多利亞 (Victoria) 女王體內的一個突變基因，因為在她的祖代中沒有血友病的記載。由於歐洲皇室間的婚配，基因就散佈到許多皇族內。圖 6-22 表示維多利亞女王的子裔中血友病分佈的系譜 (pedigress)，顯示該基因遺傳的情形。

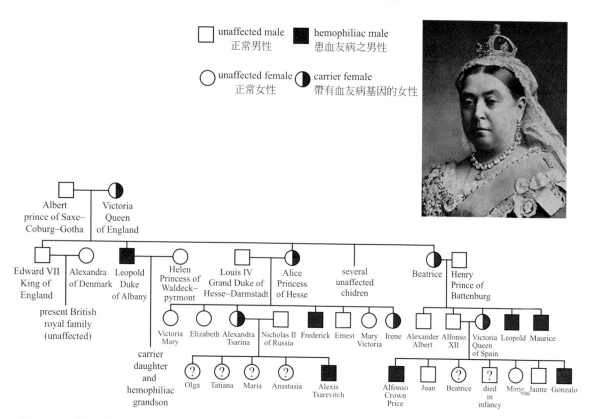

圖 6-22　維多利亞女王若干後裔的家譜，表示血友病的遺傳分布。現在的英國皇室皆由愛德華七世 (Edward VII) 所生，他沒有血友病，因為他母親維多利亞女王 X 染色體上的血友病隱性基因沒有遺傳給他。

　　該系譜中亦可發現沒有女性的血友病患者，因為一個女子如患血友病，她須自母方得到一個 X 染色體，同時也須自父方得到另外的一個 X 染色體，這兩個 X 染色體，都要帶有血友病的基因才會發生血友病，這樣的情形是極少發生的。其一是由於這種基因本來就很少有，另外是因為男性血友病患者很少能活到成年和成婚。

6-11　聯鎖與互換

　　摩根發現果蠅白眼基因之後不久,另外一種不尋常的果蠅又被發現了。它有深黃色的體色 (bright yellow body),代替了正常的蒼白淡黃 (normal pale yellowish) 的體色。這一體色的表現型被發現其遺傳型式與白眼有同樣的情形,故該基因假定是位於 X 染色體上。如果以白眼深黃體色的雌蠅與紅眼正常體色之雄蠅進行交配,並且假定白眼及深黃體色基因位於同一條染色體上,則 F₁ 的表現型將是:所有的雄蠅皆是白眼及深黃體色,所有的雌蠅是紅眼及正常體色。實際交配結果與預期的結果相符,再次的支持「基因在染色體上」的假說。而且這兩種基因同在 X 染色體上,故稱為基因**聯鎖** (linkage)。

　　同一條染色體上的基因,並不是永久不能分離的,也有重新組合的可能。在進行減數分裂時染色體會發生聯會,此時同源染色體各自複製的染色分體可能因斷裂而作部分交換,基因發生重組,此種現象稱為**互換** (crossing over)(圖 6-23)。

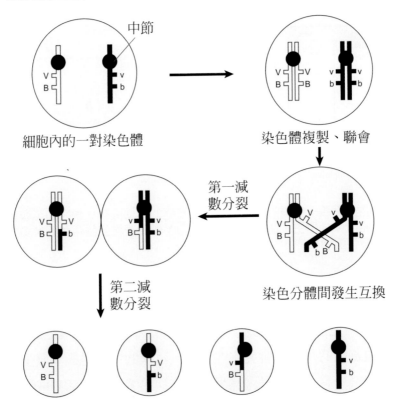

圖 6-23　聯會與互換。同源染色體複製後,其中二條染色分體互相交換一部分,基因可重組。圖中下方中央二種配子染色體上的基因已發生互換;而外側的二條染色體 (即 VB 與 vb) 未經互換。

　　果蠅的長翅 (V) 對殘翅 (v) 為顯性，灰身 (B) 對黑身 (b) 為顯性，摩根用長翅灰身 (VVBB) 的果蠅和殘翅黑身 (vvbb) 者交配，F₁ 皆為長翅灰身；F₁ 雌雄互相交配，F₂ 雖有長翅灰身、長翅黑身、殘翅灰身和殘翅黑身四種表現型，但比例卻非所期望的 9：3：3：1。摩根再將 F₁ 果蠅作試交，後代也有上述四種表現型，但比例亦非所預期的 1：1：1：1。

　　摩根認為上述結果之所以與孟德爾的獨立分配律不符，主要是因為控制果蠅翅長殘的基因和身體顏色的基因，兩者位於同一染色體上，因此在形成配子時就無法自由配合。當減數分裂產生配子時，同源染色體互相分離，因此位於同一染色體上的基因便隨染色體同至一配子中，這種情形叫做聯鎖。在圖 6-23 中第一次減數分裂時，四分體中間靠近之二條，因發生交叉以致染色體互換，基因亦隨之重組，故有 vB 及 Vb 兩種新的組合，它是由互換產生的。

　　染色體發生互換後，位於同一染色體上的基因便和原來不相同，稱為基因重組。因此，上述實驗的 F₂ (長翅灰身) 可以產生四種配子，而 vB 和 Vb 兩種配子，其染色體間曾發生互換，另兩種配子 VB 和 vb 的染色體則未經互換。這四種配子產生的機會不等，互換的發生乃是依據機率，因此染色體發生互換因而基因重組的配子比例較少，而未發生互換的配子比例較多。因為這四種配子的比例不等，所以 F₂ 四種表現型就不可能是預期的 9：3：3：1。F₁ 的個體經試交後，其結果也不會是 1：1：1：1。

　　根據摩根的實驗，上述的 F₁ 試交後子代的四種表現型中，和原來親代相同者即長翅灰身和殘翅黑身各佔 40%，另兩種新的表型即長翅黑身和殘翅灰身者各佔 10%(圖 6-24)，這兩種新的表現型的後代，便是由染色體互換的配子經受精而產生，兩者共佔 20%，這一結果，也就代表基因 B 和 V 間的互換率為 20%。

　　兩種基因在染色體上的距離越遠，發生互換的機會越多，換言之，互換率也就代表這兩個基因在染色體上的距離。因為 B 和 V 間的互換率為 20%，所以這兩種基因在染色體上的距離為 20 centi Morgan (cM，中文稱為**互換單位**，為基因間相對距離所用之單位)(圖 6-25)。

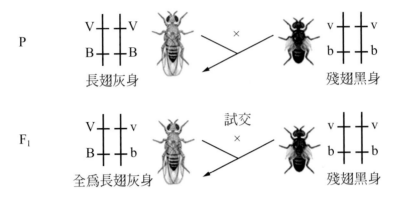

P　長翅灰身　×　殘翅黑身

F₁　試交　全爲長翅灰身　×　殘翅黑身

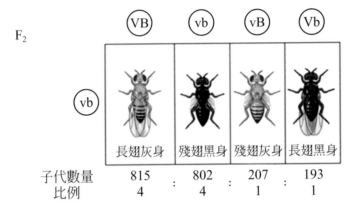

F₂

	ⓋⒷ VB	ⓥⓑ vb	ⓥⒷ vB	Ⓥⓑ Vb
ⓥⓑ vb	長翅灰身	殘翅黑身	殘翅灰身	長翅黑身
子代數量	815	802	207	193
比例	4	4	1	1

圖 6-24　果蠅翅膀與體色基因的互換。

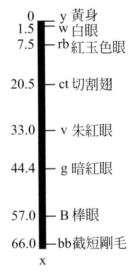

0	y	黃身
1.5	w	白眼
7.5	rb	紅玉色眼
20.5	ct	切割翅
33.0	v	朱紅眼
44.4	g	暗紅眼
57.0	B	棒眼
66.0	bb	截短剛毛

x

圖 6-25　果蠅 X 染色體上的基因順序及距離。遺傳學家利用異基因型作試交，根據後代的互換率，將位於同一染色體上的基因位置繪製成染色體圖 (Maps of chromosomes)，藉以瞭解基因的順序和距離。

6-12　性別的決定 (Sex determination)

(一)XY 型

　　凡是性染色體在雌雄分別為 XX 和 XY 者稱 XY 型，絕大多數雌雄異體的動物包括人類和果蠅在內，屬此型。當減數分裂時，雌果蠅產生的卵只有一種，含有三個體染色體和一個 X 染色體 (3A + 1X，A 代表體染色體)；雄果蠅產生的精子則有兩種，一種和卵一樣含有三個體染色體及一個 X 染色體 (3A + 1X)，另一種則含三個體染色體和一個 Y 染色體 (3A + 1Y)。受精時，由卵和那一種精子結合而決定後代的性別，即：

$$卵 (3A + 1X) + 精子 (3A + 1X) \rightarrow 後代為 6A + XX (雌)$$
$$卵 (3A + 1Y) + 精子 (3A + 1Y) \rightarrow 後代為 6A + XY (雄)$$

　　人類的皮膚或口腔黏膜等細胞，若用特殊的方法染色，則男女的情形不一樣。正常女性的細胞核內有一個染色很深的小點，叫做**巴爾氏體** (Barr body)(圖 6-26)，男性則無。巴爾氏體原來是濃縮的 X 染色體，細胞核內巴爾氏體的數目，等於 X 染色體數減一，醫學上可以根據巴爾氏體的數目，推測細胞內 X 染色體的數目，也可藉此鑑定胎兒的性別。

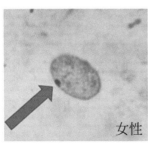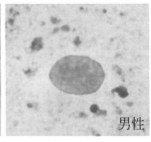

女性　　　　　　　　　男性

圖 6-26　男女皮膚細胞的細胞核，箭頭所指內部的黑點為巴爾氏體。

　　研究人體細胞的結果，顯示人類性染色體的類型是和果蠅相似。每個人都有 23 對染色體，其中 22 對是體染色體，一對是性染色體。在男子 Y 染色體遠較 X 染色體為小。男性產生二種精子，半數帶有一個 X 染色體，另一半帶一個 Y 染色體。女性所有的卵都帶有一個 X 染色體。假如一個卵與一個有 Y 染色體的精子受精，其子代是男性；如與一個帶有 X 染色體的精子受精，其子代即為女性。因此，人類子代的性別是決定於父親的生殖細胞中是含 X 或 Y 染色體。

(二)ZW 型

蝶、蛾及鳥類等的性染色體屬 ZW 型 (圖 6-27)，此與 XY 型的情形恰好相反。雄性的兩個性染色體相同，稱 ZZ，雌性的兩個性染色體不相同，稱 ZW。因此，雄性產生的精子只有一種，雌性產生的卵則有兩種，受精時端視精子和那一種卵結合而決定後代的性別。

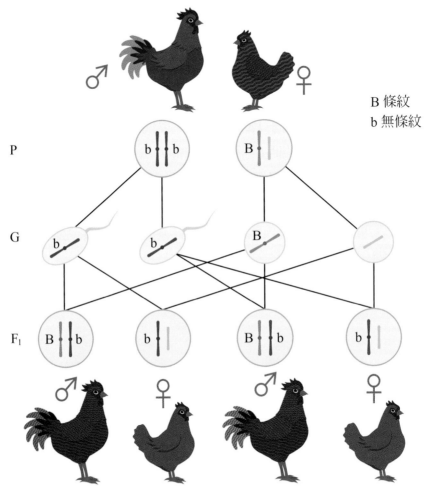

B 條紋
b 無條紋

圖 6-27　雞羽毛有條紋和無條紋的遺傳。親代雄性為無條紋 (隱性)，F₁ 中雄雞皆有條紋，母雞皆無條紋。性別決定屬 ZW 型的動物，其性聯遺傳的方式和 XY 型恰好相反，因此，位於 Z 染色體的隱性基因，在雄性必須要同基因型才會表現該性狀，而雌性只要僅有的一個 Z 染色體上有此基因，性狀便會表現出來。例如雞的羽毛呈現條紋 (B) 為顯性，無條紋 (b) 為隱性，影響該性狀的基因位於 Z 染色體上，若以無條紋公雞和條紋母雞交配，後代中公雞皆有條紋，母雞則全為無條紋。

(三)XO 型

　　有些種類的動物，雄性或雌性缺少一個性染色體。雄性動物的精子一半含有 X 染色體，一半不含 X 染色體 (即 O)，雌性動物的卵則全部含有 X 染色體。當精卵結合後，若爲 XO，則爲雄性；若爲 XX，則爲雌性。例如蝗蟲，雄的有 23 個染色體，但雌的則有 24 個染色體。在這種情形下，精子的一半有 11 個染體 (11A+O)，另一半有 12 個染色體 (11A+1X)。因此蝗蟲的性別便由當初卵受精時的精子種類而決定。此一型的尚有蟋蟀、蚯蝴、虎、鼠等。

　　動物的性染色體有雌雄性的差異是相當普遍的現象。多數的植物爲雌雄同株，個體不分性別，但有些植物爲雌雄異株，其性染色體也有差別，例如在苔、地錢、銀杏，和某些顯花植物如桑、木瓜等。

6-13　染色體常數的改變

(一) 果蠅性染色體不分離現象 (Sex chromosomes nondisjunction)

　　1916 年，摩根在哥倫比亞大學的學生布利吉 (C. B. Bridges) 研究果蠅的性聯遺傳，用朱紅眼色 (vermilion eye，朱紅眼色爲隱性) 雌蠅與紅眼雄蠅交配，預期 F_1 的雌蠅應全爲紅眼、雄蠅全爲朱紅眼；但布氏發現在約每 2,000 隻果蠅中，平均有一隻紅眼雄蠅，可見其與前述白眼果蠅遺傳 (圖 6-28) 不同。經研究後，明瞭朱紅眼雌蠅當卵細胞形成時，其中的 XX 性染色體，雖然經過減數分裂，但聯會後並沒有再分離，稱爲染色體不分離現象 (nondisjunction)，於是就形成了兩種不正常的卵：一種卵具有 XX 染色體，另一種不具 X 染色體，後來與精子相遇，可能有四種不同的組合：XXX、XXY、X、Y。其中 XXX 和 Y 在末形成個體之前，因基因擾亂即告死亡。XXY 後來發育成爲朱紅眼雌蠅，X 成爲紅眼的雄蠅，唯此一雄蠅無生殖能力。

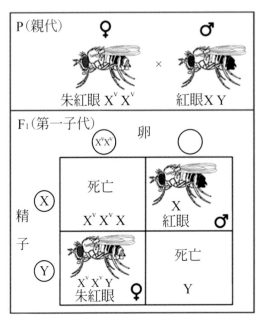

圖 6-28　性染色體不分離。假如朱紅眼雌蠅的兩個 X 染色體不能分離時，可能產生的子代的種類。由此種染色體不分離的卵和正常的精子結合所產生的朱紅眼雌蠅和紅眼雄蠅是異常的，因為與我們所期望的全部為紅眼雌蠅和朱紅眼雄蠅的原則是不同的。

由於 XXY 表現出雌性，X 表現出雄性，使人們對於性別的決定有更進一步的認識，果蠅的雄或雌，主要視所含 X 染色體的數目而定；有一個 X 染色體時成為雄性，兩個 X 染色體則為雌性。至於 Y 染色體的機能，則為決定雄性的生殖能力。

布利吉對於染色體不分離現象的研究更證實了遺傳的染色體學說，確定基因位於染色體上。

(二) 人類性染色體不分離現象

人類的遺傳亦發現染色體不分離現象，正常的人體細胞中具有 46 條染色體 (圖 6-29)，偶然發現有多出或缺少的。此項目的變化，多數出現在性染色體，呈現 X、XXX、XXY 的排列，甚或有 XXXX、XXXY 以至 XXXXY 的。人體只要有一個 Y 染色體存在就是男性，與 X 染色體的數目無關，這是和果蠅不同的。人體性染色體不分離的情形通常與過度接觸放射線 (例如 X－ray) 有關。

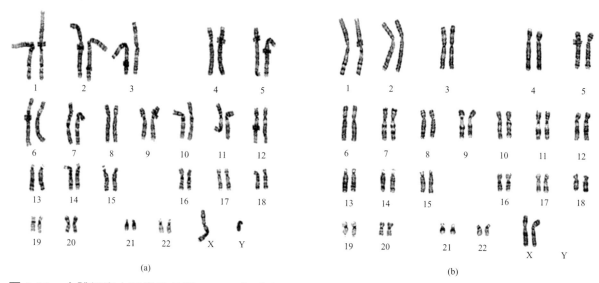

圖 6-29　人體細胞中正常染色體。1956 年迪奧 (J. H. Tjio) 與來文 (Levan) 利用組織培養技術研究人類的染色體，他們抽出少量血液而培養其細胞，經有絲分裂可得到更多的白血球，之後可以經染色而觀察其染色體。(a) 正常男人，(b) 正常女人。

性染色體不分離對於子代所造成的悲劇已屢見不鮮，最常見的病例為：

1. **托氏綜合症** (Turner's syndrome) 是出現在女性的疾病，發生情形約為 4/10,000，染色體只有 45 條 (45X)，缺少一個 X 染色體 (圖 6-30a)，患者雖然身體成長，但不能達到性的成熟，外生殖器及內生殖道未成熟；子宮發育不完全，卵巢發育不良，通常很小，缺乏由卵巢分泌之雌性激素，常無月經週期。一般體型矮小，頸短、皮厚，髮根很低、臉部表情特異、胸寬、乳房發育不良，且乳頭間隔很遠、常伴有主動脈狹窄等病症。

   上述托氏綜合症之外，亦發現有 47XXX 之女性，外表正常，生殖能力也正常，但心智遲鈍且精神異常。

2. **科氏綜合症** (Klinefelter's syndrome)　發生在男性，機率約為 10/10,000，細胞中含有 47 個染色體 (47XXY)，具有 XXY 三個性染色體 (圖 6-30b)，由於 Y 染色體決定性別，外表來看幾乎與正常的男性相同，可是因為多出一條 X 染色體的擾亂，因此在性別上並不健全。這些嬰兒能夠長大但性器官發育不良，常在青春期後開始明顯起來，患者多半身體較高，心智遲鈍，睪丸很小，第二性徵不明顯，無生殖能力，常有乳房發育現象，稱為**男性女乳化** (gynecomastia)。

　　除 47XXY 外，尚有 47XYY 之病例，此種人語言能力發育較慢，學習能力與智能也可能較一般人弱。

圖 6-30　(a) 托氏綜合症 (45X)。(b) 科氏綜合症 47XXY。(c)47XXX。(d)47XYY。

(三) 人類體染色體不分離現象

1. 人類第 21 對染色體不分離

　　人體的體染色體亦有不分離現象，例如**唐氏症** (Down's syndrome) 或稱**蒙古白痴** (Mongoloid idiot)，發生機率大約為 16/10,000，這一出生的比率是隨母親的年齡而定；如果母親的年齡在 32 歲以下則發生機會很少，當母親的年齡超過 40 歲才懷胎，則患此疾病的出生比率接近 150/10,000，該疾病與父親年齡無關。患者臉部、身體、生理、心理及智力皆不正常。頭短、眼睛內凹、塌鼻、舌稍突出、手短而厚、心臟異常、智商很低、多數約在 25 歲左右死亡，即使成長亦無法生育後代。

　　遺傳學家研究患有唐式症嬰兒的染色體，發現染色體數目比正常的 46 條多出一條，即第 21 對染色體多一條，總共有 47 條染色體，一般用 **Trisomy 21** 表示，這種特殊情況的出現是因為卵原細胞第 21 對染色體在減數分裂時發生不分離所致 (圖 6-31a)。

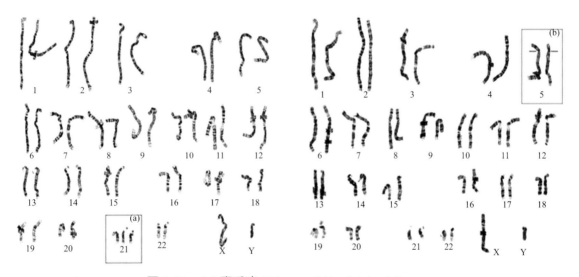

圖 6-31　(a) 唐氏症 (Trisomy 21)。(b)short 5。

2. 人類染色體異常的其他實例

1. Trisomy 18：智能障礙，先天性心臟病。耳低且畸形，多指趾或拇指屈曲，手指互相疊覆，通常出生 1 年內即告死亡。

2. Trisomy 13：智能障礙，先天性心臟病。裂顎、兔唇、多指、特殊之皮膚，1 ～ 3 月內死亡。

3. Trisomy 15：多重缺陷，出生 1 ～ 3 月內死亡。

4. Trisomy 22：與 Trisomy 21 之唐氏症症群類似。

5. short 5：第 5 對染色體之臂部有部分缺失 (圖 6-31b)，患貓哭症 (Cat cry syndrome)，形成嬰兒一系列異常，包括：似貓鳴之哭聲，重度智障、頭小、雙眼直距離過寬，後縮頸。

6. 目前已知家族習慣性之流產亦與染色體異常有關。

本章複習

6-1　孟德爾的遺傳實驗

■　孟德爾 (Gregor Joham Mendel，1822 ～ 1884)，在修道院中的一塊園地上從事豌豆雜交遺傳實驗。在正常情況下，豌豆的雄蕊會釋出花粉而掉落在同一朵花的雌蕊上，稱為自花受粉 (self-pollination)；孟德爾想要讓兩株不同豌豆進行異花受粉 (cross pollination) 時，他可以在一株植物的雄蕊尚未成熟前將之全部摘除，然後把另一株植物的花粉灑在這些只有雌蕊的花 (柱頭) 上。

■　孟氏實驗的成就應歸功於幾項重要的因素：

●　選擇豌豆作為實驗材料易於操作。豌豆為自花授粉，在進行雜交實驗時不容易受到其它外來花粉的干擾；此外豌豆易於栽培、生長期短，播種後約三個月便可開花結果。

●　用許多株具有同一性狀的個體同時實驗，以獲得更多的子代。

●　每一次實驗，只研究一對相對性狀 (traits) 的雜交結果。

●　孟氏所選擇的七對相對性狀恰由七對不同的染色體控制，也就是沒有連鎖的情形。

■ 孟德爾兩大遺傳定律：

- 分離律 (law of segregation)

  一對性狀雜交所得的結論：生物的遺傳性狀是由基因所控制，決定一種性狀的基因是成對存在，稱為對偶基因。當形成配子時對偶基因便互相分離，分配於不同的配子中。故每一配子只有對偶基因中的一個。

- 獨立分配律 (law of independent assortment)

  二對性狀雜交所得的結論：對偶基因在配子形成時會互相分離，但在非對偶基因間，彼此的分離亦有獨立性；所以當非對偶基因分離後，彼此會互相自由組合進入同一配子中。以現代的術語敘述，即位於非同源染色體上的兩個 (或多個) 不同的基因對，其對偶基因在分配至配子的過程為完全獨立。

6-2　不完全顯性 (incomplete dominance)

■ 有些遺傳性狀的對偶基因沒有顯性、隱性之分，雙方互為顯性表現出來，稱為不完全顯性，或稱中間型遺傳。例如紫茉莉 (Mirabilis jalapa) 的花有紅色和白色，將紅花和白花者相互授粉，所得後代皆為粉紅花

6-3　複對偶基因 (multiple alleles)

■ 同一個基因位上，有多於兩種形式的對偶基因者。例如：人類的 ABO 血型 (blood type) 遺傳。

6-5　多基因連續差異性狀的遺傳

■ 多基因的遺傳 (polygenic inheritance)

一種性狀的形成是受到幾對不同基因的控制，但每一個顯性基因皆具有相同的影響，又稱做數量遺傳 (quantitative trait locus，QTL)。

6-6　不同基因對間的交互關係

■ 上位效應 (epistasis)

即一對基因掩蓋另一基因之表現並使部分預期的結果無法表現。例如天竺鼠的毛色。

6-7　基因表現受環境的影響

■ 有些基因之表現會受環境因素的影響。例如暹羅貓的毛色基因表現會受溫度的影響，身體較溫暖部分的體毛較淡，而溫度較低的末端 (腳、尾、耳朵) 則其有黑色的體毛。

6-9　蘇頓的染色體學說

■ 蘇頓確認孟德爾的假設遺傳單位的行為和在減數分裂時所看見的染色體的行為相吻合，所以提出假說：基因是位於染色體上的單位，而且每對對偶基因是在同一對染色體上，並且在一對染色體上必定有控制許多不同性狀的基因。

6-10　性染色體的發現與性聯遺傳

■ 摩根 (Thomas Hunt Morgan) 從果蠅實驗中發現性聯遺傳，證明基因位於染色體上。他與他的學生以果蠅做出關於遺傳的許多細節，成為解釋遺傳行為的模型。

■ 遺傳基因位於性染色體上，遺傳的結果與性別有關，稱為性聯遺傳 (sex linked inheritance)。例如，人類的兩種性聯遺傳：色盲 (color blindness) 與血友病 (hemophilia)。

6-12　性別的決定 (sex determination)

■ XY 型：凡是性染色體在雌雄分別為 XX 和 XY 者稱 XY 型，絕大多數雌雄異體的動物包括人類和果蠅在內皆屬此型。

■ ZW 型：蝶、蛾及鳥類等的性染色體屬 ZW 型，此與 XY 型的情形恰好相反。雄性的兩個性染色體相同，稱 ZZ，雌性的兩個性染色體不相同，稱 ZW。

■ XO 型：有些種類的動物，雄性或雌性缺少一個性染色體。雄性動物的精子一半含有 X 染色體，一半不含 X 染色體 (即 O)，雌性動物的卵則全部含有 X 染色體。當精卵結合後，若為 XO，則為雄性；若為 XX，則為雌性。

6-13　染色體常數的改變

■ 染色體雖然經過減數分裂，但於同源染色體聯會後並沒有再分離，稱為**染色體不分離現象** (nondisjunction)。

基因的構造與功能 (The structure and function of the gene)

基因剪輯魔術師

自從 1970 年代開始，科學家就知道如何改變生物的基因組，然而，他們當時可以使用的工具並不夠精準，因此規模難以擴大，使得許多實驗難度太高，或是過於昂貴而無法進行。

現在有個根據細菌對抗外來質體 (plasmid) 或噬菌體 (phage) 的後天免疫系統 (adaptive immunity) 發展出來的新方法，這項技術主要是利用「群聚且有規律間隔的短回文重複序列」(clustered, regularly interspaced, short palindromic repeats, CRISPR)，它相當於基因的「嫌犯照」，細菌用它來「記得」曾經攻擊過自己的病毒。自從日本研究人員在 1980 年代末發現這些奇怪的遺傳序列後，科學家一直在研究它們，但利用 CRISPR 做為基因剪輯工具的可能性，是在瑞典 夏本惕爾 (Emmanuelle Charpentier) 和美國的杜德納 (Jennifer Doudna) 研究團隊發現如何利用一個稱為 Cas9 的酵素之後，才變得明朗。

Cas9 這種酵素是鏈球菌的「刺刀」，用來砍斷想穿透它們細胞壁的病毒。Cas9 會使用 RNA 來引導它們找到 DNA 目標，當發現正確的位置時，Cas9 會黏附到這段序列上，然後查探鄰近 DNA 是否和嚮導 RNA(Guide RNA) 吻合，只有在 RNA 與 DNA 吻合時，Cas9 才會進行雙股 DNA 斷裂 (Double strand break, DSB) 剪斷 DNA，進而達成基因敲除 (Knock-out) 編輯功能。

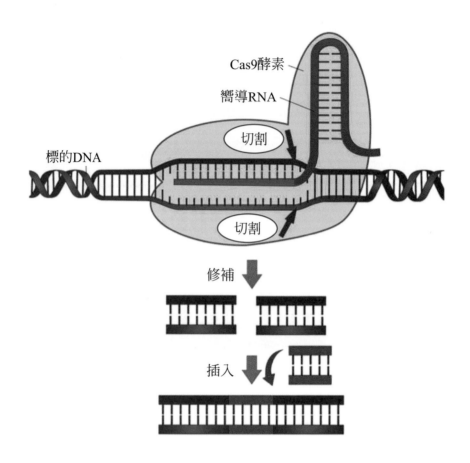

Cas9酵素

嚮導RNA

切割

標的DNA

切割

修補

插入

　　然而 CRISPR 這種可以快速剪輯基因的技術，如同雙面刃一般，能對抗頑強疾病，可以造福人類，但也可能引發未知的災難！因為修改人體的基因，並不像修改一個機器零件那麼容易。操作過程中很可能出現「脫靶效應」，誤傷其它基因，造成基因突變、基因缺失、染色體異位等後果。而且基因並不是獨立存在，還會不斷和其它基因互動。修改一個基因，可能影響其它基因的運作，甚至改變細胞的整體行為，對人的器官和系統都產生嚴重影響。所以在無法排除可能造成的風險之前，不應該直接進行人體實驗。

7-1　DNA 的結構

關於核酸分子構造的重要發現，是由兩位科學家利用模型和紙筆刻劃出來的。他們便是華生 (J. D. Watson) 與克里克 (F. H. C. Crick)。

(一)DNA 分子的構造

當華生與克里克開始工作時，生物學家已有若干資料顯示 DNA 是遺傳物質，但是沒有一個人知道 DNA 分子的構造。以下是華生與克里克整理資料獲得的主要觀點：

1.　組成 DNA 與 RNA 的鹼基 (base) 包括：嘌呤 (purine) －腺嘌呤 (adenine 簡寫為 A)、鳥糞嘌呤 (guanine，簡寫為 G)；嘧啶 (pyrimidine) －胞嘧啶 (cytosine 簡寫為 C)、脲嘧啶 (uracil 簡寫為 U)、胸腺嘧啶 (thymine 簡寫為 T)。

　　組成 DNA 的鹼基為：A，C，G，T

　　組成 RNA 的鹼基為：A，C，G，U

2.　組成 DNA 的五碳醣為去氧核糖 (deoxyribose)，第二個碳上缺氧；組成 RNA 的五碳醣為核糖 (ribose)(圖 7-1a)。

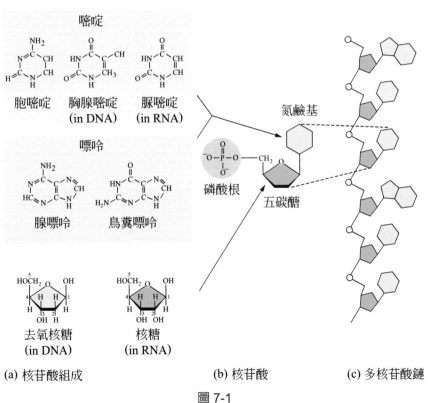

(a) 核苷酸組成　　　　　(b) 核苷酸　　　　(c) 多核苷酸鏈

圖 7-1

3. 核苷 (nucleoside)：五碳醣 (pentose) + 鹼基 (base)，其間以糖苷鍵 (N-glycosidic bond) 相連。

4. 核苷酸 (nucleotide)：磷酸根 (phosphate group) + 五碳醣 + 鹼基 (圖 7-1b)。在細胞內有多種核苷酸：d-ATP、d-TTP、d-CTP、d-GTP、d-ADP、d-TDP、d-CDP、d-GDP、 d-AMP、d-TMP、d-CMP、d-GMP、ATP、UTP、CTP、GTP、ADP、UDP、CDP、GDP、AMP、UMP、CMP、GMP 等，帶有三磷酸或雙磷酸者，擁有高能磷酸鍵，可供生化反應使用。

5. DNA、RNA 是由核苷酸以磷酸二酯鍵 (phosphodiester bond) 相連聚合而成的，故又稱多核苷酸 (polynucleotide)(圖 7-1c)。

華生與克里克在論文中也引用了下述的證據：在所有各種 DNA 中，腺嘌呤 (A) 的含量與胸腺嘧啶 (T) 的含量是相等的；同樣地，鳥糞嘌呤 (G) 的含量與胞嘧啶 (C) 的含量相等；這種關係 (A = T，C = G) 也被稱作查戈夫 (E. Chargaff) 法則。但是，在不同物種之間，A、T、C、G 的含量百分比是不同的。

1953 年華生與克里克依據維爾金斯 (M. H. F. Wilkins) 研究室所拍出來的 DNA 之 X 射線繞射圖 (X-Ray diffraction) 來研究 DNA 分子的結構，從這種照片中觀察到 DNA 分子的排列形狀 (shape)(圖 7-2)。同年，在自然期刊上發表了數篇關於 DNA 結構的文章，所以維氏、華生與克里克共同獲得 1962 年諾貝爾獎。

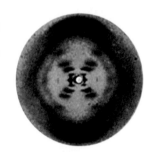

圖 7-2

(二) 華生與克里克的 DNA 分子模型

X 射線分析的結果，顯示 DNA 的分子是由兩股反向平行互補的多核苷酸鏈以交互螺旋形態構成的雙股螺旋 (double helix)。要了解一個雙股螺旋的結構，最好把它想像成螺旋樓梯 (spiral staircase) 如圖 7-3 與圖 7-4，圖中這個樓梯的「縱柱 (pillar)」全部是由核苷酸的磷酸根和核糖部分所組成；而「橫檔 (rungs)」則由腺嘌呤 (A) 對上胸腺嘧啶 (T) 或鳥糞嘌呤 (G) 對上胞嘧啶 (C) 以氫鍵相連而成的配對，稱作鹼基對 (base pair, 簡寫 b.p.)。DNA 內 A、T 之間有二個氫鍵；G、C 之間則有三個氫鍵。兩股間寬度約 2 nm，相鄰鹼基對的上下間隔約 0.34 nm，雙股螺旋旋轉一圈 (360 度) 高度 3.4 nm (含 10 b.p.)。

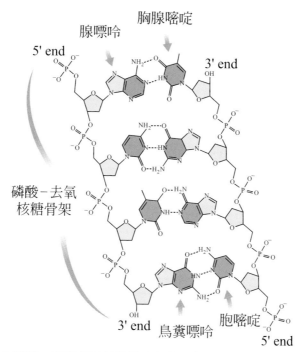

腺嘌呤

胸腺嘧啶

5' end

3' end

磷酸－去氧
核糖骨架

3' end　鳥糞嘌呤　胞嘧啶　5' end

圖 7-3　DNA 結構。二條多核苷酸鏈由氫鍵 (虛線) 連接起來，且方向相反。

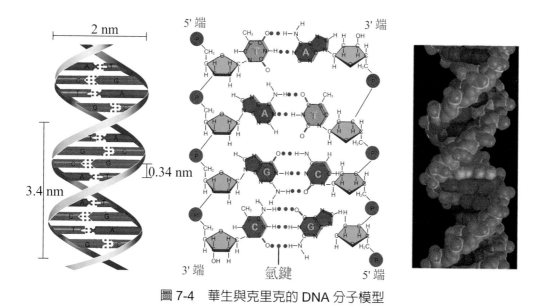

圖 7-4　華生與克里克的 DNA 分子模型

在雙股的 DNA 分子中，每一條單股的 DNA 皆有其 3' 端與 5' 端，這是以去氧核糖上的五個碳原子依序編碼而來 (圖 7-1a)，兩條糖 - 磷酸骨架 (sugar-Phosphate backbone) 是彼此顛倒的，其中一股 DNA 的 3' 端與另一股的 5' 端相對，因此，我們稱之為反向平行 (antiparallel structure)(圖 7-3, 7-4, 7-6)。DNA 一股的次序一經建立，另一股也就同時決定，二股之間的關係稱作互補 (complementary)。DNA 片段上特殊的鹼基次序 (sequence) 形成一種密碼 (code)，是由四種字母排列組成的遺傳訊息。

7-2　DNA 分子的複製－半保留複製 (Semiconservative replication)

複製開始時，DNA 分子雙股螺旋連結的氫鍵被拉開，像拉鍊一樣自某一處開始 (稱為複製起始點 Origin of replication)，每個嘌呤和其相配的嘧啶分開，形成單股 DNA (single strand DNA，ssDNA) (如圖 7-5) 與複製叉 (replication fork)。接著是 ssDNA 上的腺嘌呤 (A) 和新的 d-TTP 作一新的配對，產生 2 個氫鍵結合；而鳥糞嘌呤 (G) 也與新的 d-CTP 配對，產生 3 個氫鍵結合；同理，T 配 A，C 配 G。d-ATP、d-TTP、d-CTP、d-GTP 皆帶有三個磷酸根，而其中二個磷酸鍵是高能鍵。這些核苷酸除了作為新 DNA 的原料外，還提供磷酸二脂鍵生成反應所需的化學能。

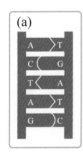 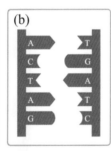 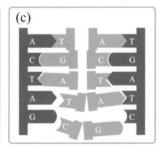 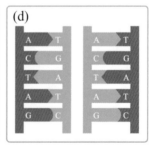

圖 7-5　DNA 半保留複製。(a) 雙股 DNA (double strand DNA, dsDNA)。(b) 複製的第一步是將 DNA 的雙股分開，形成兩條單股 ssDNA。(c) 每一個「舊股」ssDNA 現在可以充當模板 (template)，用來引導新互補股 (complementary strand) 的合成。核苷酸會根據鹼基配對規則 (base-pairing rules) 塞入特定的位置當中。(d) 核苷酸與五碳醣之間合成磷酸二脂鍵，連接起來形成新股的糖 - 磷酸骨架 (sugar-Phosphate backbone)。每一 dsDNA 分子現在由一個「舊股」和一個「新股」構成，結果得到和原先之 DNA 分子完全相同的兩個複本。

　　負責 DNA 合成的是 DNA 聚合酶 III (DNA polymerase III)，當核苷酸連接時，兩個磷酸根被切斷，所釋放的高能量用於產生新的磷酸二脂鍵 (phophodiester bond)，最後形成一條新的多核苷酸鏈分子 (ssDNA)，與舊的 ssDNA 分子，形成了雙股 DNA 分子。而且此兩個新合成的雙股 DNA 中，都含有一股新的核苷酸鏈與一股舊的核苷酸鏈，再互相纏繞，形成雙螺旋的結構。此種複製的方法，稱為**半保留複製** (semiconservative replication) (圖 7-6)。若每一個細胞都是採用這種複製機制，則每一個子細胞就能得到一套和母細胞幾乎完全相同的 DNA。

　　另外，DNA 分子的複製是有方向性的。DNA 聚合酶 III (DNA polymerase III) 只能將核苷酸加到新股 DNA 的 3' 端上，絕不會加到 5' 端，所以新一股 DNA 只能從 5' 往 3' 的方向延長 (圖 7-6)。

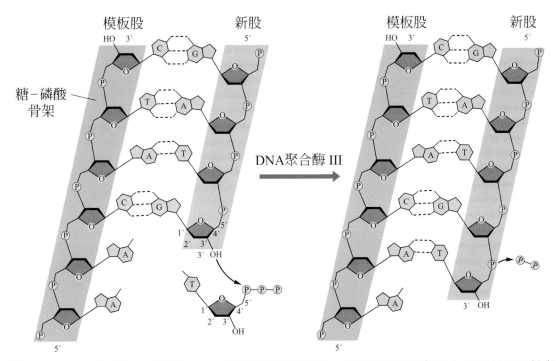

圖 7-6　DNA 聚合**酶** III 是催化 DNA 雙螺旋複製的酵素，新的鍵結是由新鏈上的 3' 端 OH 基與要加入的去氧核糖核苷酸三磷酸最裡面的磷酸根結合，而外側的二個磷酸根則脫離形成無機焦磷酸鹽 (pyrophosphate，PPi)。另一股也是以同樣的方式進行複製，只是方向正好與另一股相反，因為 DNA 雙螺旋的二股是互為反向平行的。

7-3　DNA 分子複製理論的證據

　　關於 DNA 的半保留複製，是由加州理工學院的學者梅西爾遜 (M. Meselson) 和史泰爾 (F. W. Stahl) 在 1958 年所作的實驗中得到證明 (圖 7-7)。他們將細菌培養在含有氮同位素 ^{15}N 的培養基中繁殖了很多代，^{15}N 會併入細菌 DNA 的鹼基中；然後將細菌轉移到正常的 ^{14}N 的培養基中，每繁殖一代 (約需 20 分鐘) 就取出部分細菌樣本，經過裂解細菌，純化 DNA 之後，放置到氯化銫 (CsCl) 溶液中，進行密度梯度離心 (density gradient centrifugation)。結果，第一子代的 DNA(^{15}N – ^{14}N) 密度低於親代的 DNA(^{15}N – ^{15}N)；而第二子代的 DNA 則會有二種，密度分別是 (^{15}N – ^{14}N) 與 (^{14}N – ^{14}N)。這與 DNA 分子模型及 DNA 半保留複製的假說所預測的結果完全相符。

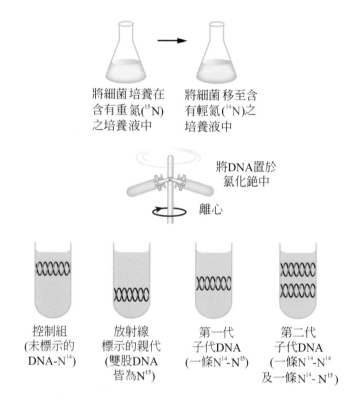

圖 7-7　梅西爾遜和史泰爾的實驗圖示，證明 DNA 的複製是半保留方式。

7-4　原核生物與真核生物的 DNA 複製

　　隨著分子生物學的快速發展，現已知道更詳細的複製過程。首先，**解旋酶** (helicase) 會先在**複製起始點** (origins of replication，原核生物只有一個起始點，但是真核生物有許多起始點) 打開 DNA 雙股螺旋，形成**複製叉** (replication fork)，接著**引子酶** (primase) 會合成一小段的 RNA 引子 (primer)，提供 3'-OH 當作第一個接位，然後 DNA 聚合酶 III 會以 5' 到 3' 的方向，合成新的一股 DNA。但 DNA 雙股螺旋是反向的，所以另一股的合成，雖然也是 5' 到 3' 的方向，但是會與 DNA 解旋的方向相反，因此形成**岡崎片段** (Okazaki fragment)；而岡崎片段之間需要 DNA 連接酶 (DNA ligase) 將 DNA 連起來，所花費的時間較多，因此稱作**落後股** (lagging strand)；同理，順著解旋方向合成的 DNA，稱作**領先股** (leading strand) (圖 7-8)。

(a)

圖 7-8　複製起始點與複製叉。原核生物只有一個起始點，但是真核生物有許多起始點。

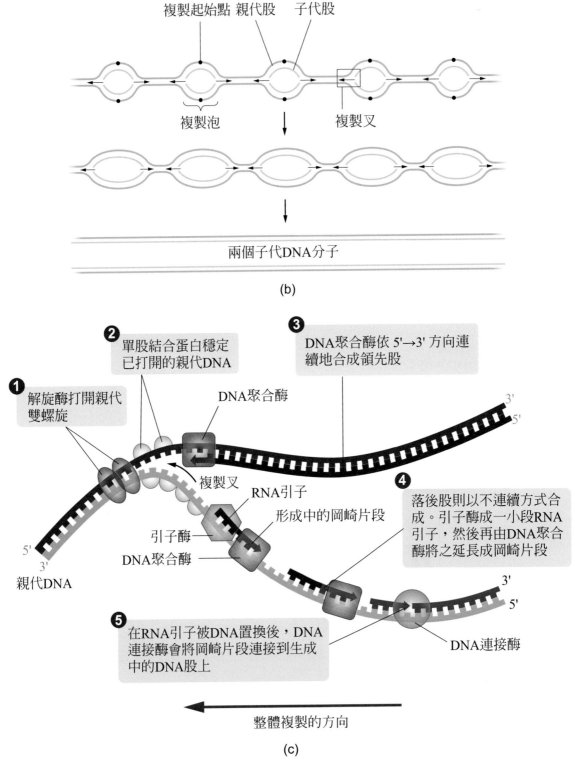

圖 7-8　複製起始點與複製叉。原核生物只有一個起始點，但是真核生物有許多起始點。(續)

7-5　突變 (Mutations) －遺傳物質發生變異

改變遺傳訊息的方式，通常有二個：突變與基因重組 (recombination)。

突變是鹼基序列一個鹼基對 (稱作點突變 point mutation) 或數個鹼基對發生改變，可分為：取代 (substitution)、插入 (insertion) 與缺失 (deletion)。發生插入或缺失時，會打亂遺傳訊息的讀取，稱作框架位移突變 (frame-shift mutation) (圖 7-9)。鐮形細胞貧血症 (sickle cell anemia) 就是因為 β 胜肽鏈的 DNA 序列在起始端的第 20 個核苷酸發生點突變，由原來的密碼子 (codon)-GAG- 變成 -GTG-，因此在轉譯 (translation) 時，β 胜肽鏈 N 端的第 6 個胺基酸，則由麩胺酸 (glutamic acid) 變成纈胺酸 (valine)。正常成人的血紅素是由兩條 α 胜肽鏈和兩條 β 胜肽鏈所構成，其中 α 胜肽鏈由 141 個胺基酸組成；β 胜肽鏈則由 147 個胺基酸組成 (圖 7-11)。

染色體的變異可能造成染色體數目和基因排列發生改變，可分為：缺失 (deletion)、重複 (duplication)、倒位 (inversion) 和易位 (translocation) (圖 7-10)。這類的染色體重排 (chromosomal rearrangement) 可能會對基因表現 (gene expression) 造成巨大的影響。凡是 DNA 片段斷裂並且轉移位置就稱為基因重組，互換 (crossover) 也是一種重組。

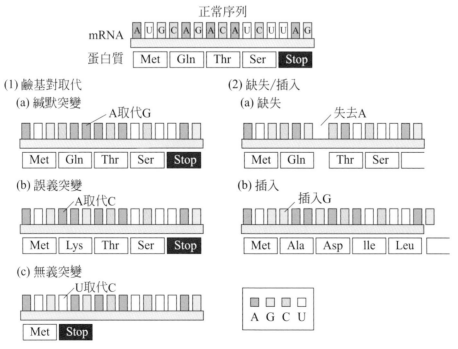

圖 7-9　點突變的種類及其導致的後果

有許多因素會增加突變的機率，如：物理性因子－輻射線，化學性因子－有機溶劑，生物性因子－病毒感染等等。若突變發生在體細胞，並不會遺傳給下一代，但是累積夠多的突變則可能會致癌。若突變發生在生殖細胞，會增加子代的變異。

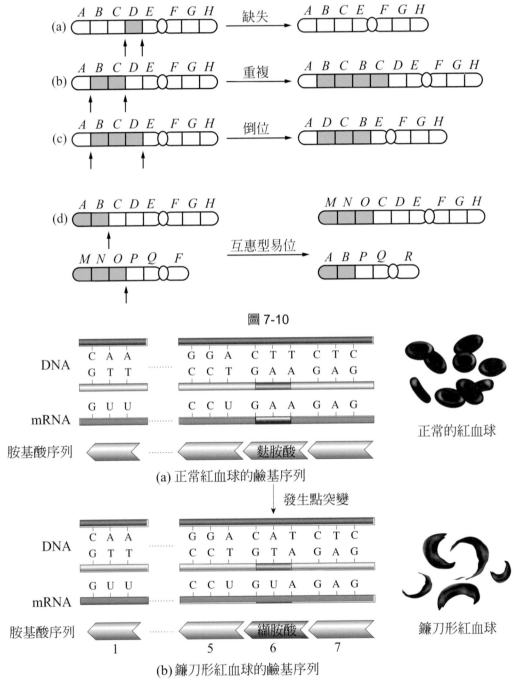

圖 7-10

(a) 正常紅血球的鹼基序列

(b) 鐮刀形紅血球的鹼基序列

圖 7-11 雖然僅一個胺基酸的改變，但是便改變了血紅素的化學性質，在缺氧狀態下，異常血紅素分子聚集在一起，使紅血球由盤形成為鐮刀形，這些不正常紅血球的生命期較短，因此造成患者的貧血現象，甚至堵塞微血管，導致中風。

7-6　中心法則 (Central dogma)

　　所有的生物，從細菌到人類，皆使用相同的機制來讀取並表現出基因的遺傳訊息：遺傳訊息由 DNA 轉錄 (transcription) 爲 mRNA 再轉譯 (translation) 成蛋白質，此過程稱作中心法則 (central dogma)(圖 7-12)。在眞核生物中，轉錄過後的 pre-mRNA 會多一道手續：RNA 加工 (RNA processing) 才會變成成熟的 mRNA。

　　一般而言，RNA 可以分成三類：mRNA(messenger RNA)，tRNA(transfer RNA)，rRNA(ribosomal RNA)。mRNA 負責攜帶遺傳訊息，tRNA 負責攜帶胺基酸到 rRNA 加上蛋白質所組成的核糖體上，並依照遺傳訊息合成多胜鏈。mRNA 爲線型，而 tRNA 與 rRNA 皆爲立體 (有 2 級結構 secondary structure)。tRNA 分子通常扭成一種苜宿葉形 (cloverleaf)，稱作莖環構造 (stem & loop)，莖的部位有氫鍵相連，而環的部位沒有。tRNA 的 3' 端是腺嘌呤，其後會接上胺基酸 (圖 7-13)；在另一端 tRNA 環的部位，上面的反密碼子 (anticodon) 會和 mRNA 上的密碼子 (codon) 相配對 (密碼子是由三個核苷酸序列所組成)。核糖體由 rRNA 和蛋白質組成，分爲大小兩個次單位 (subunits)。三種型式的 RNA 都在核中被轉錄，tRNA 與 mRNA 被運送至細胞質，rRNA 先和蛋白質結合形成核糖體次單元，之後亦被運送至細胞質。

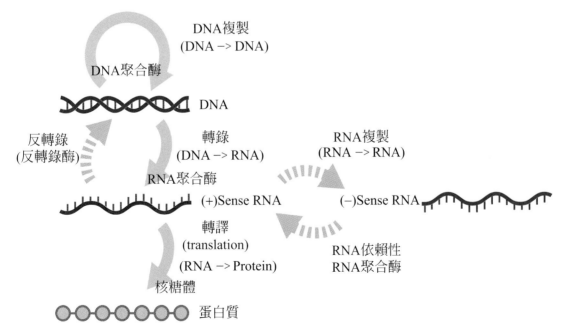

圖 7-12　中心法則。實線路徑爲中心法則，虛線路徑爲特殊的遺傳訊息傳遞方式。反轉錄 (reverse transcription) 與 RNA 複製 (RNA replication) 通常發生在病毒的複製過程。

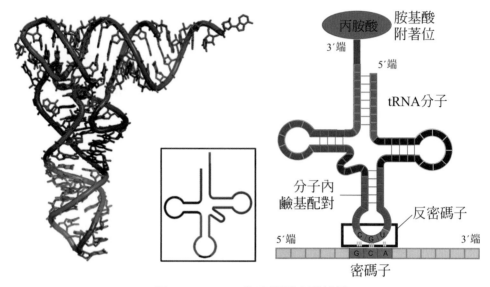

圖 7-13　tRNA 的序列與立體結構

7-7　轉錄作用 (Transcription)

　　依照 DNA 的序列來合成 RNA，稱作轉錄作用。轉錄時需要 RNA 聚合酶 (RNA polymerase)，它藉由轉錄因子 (transcription factors) 的幫忙來辨識 DNA 上的特殊序列，稱作啟動子 (promoter)，並與之接合；RNA 聚合酶開始打開 DNA 雙股螺旋，以其中一股 ssDNA 當作模板 (template)，反向互補地填入核苷酸：ATP、UTP、CTP 和 GTP，並由 RNA 聚合酶將相鄰的核苷酸連接起來，依照 5' 到 3' 的方向延長 (此過程與 DNA 複製作用類似)，直到遇到 DNA 上特殊的停止序列，轉錄作用才會停止。當作模板的 ssDNA 稱作反義股 (antisense strand) 或非編碼股 (non-coding strand)，而另一股 ssDNA 稱作意義股 (sense strand) 或編碼股 (coding strand)(圖 7-14)。

　　轉錄出來的產物稱作轉錄物 (transcript)，在經過 RNA 加工 (RNA processing) 或折疊之後，形成 mRNA、tRNA、rRNA 和一些特殊的 RNA 分子。

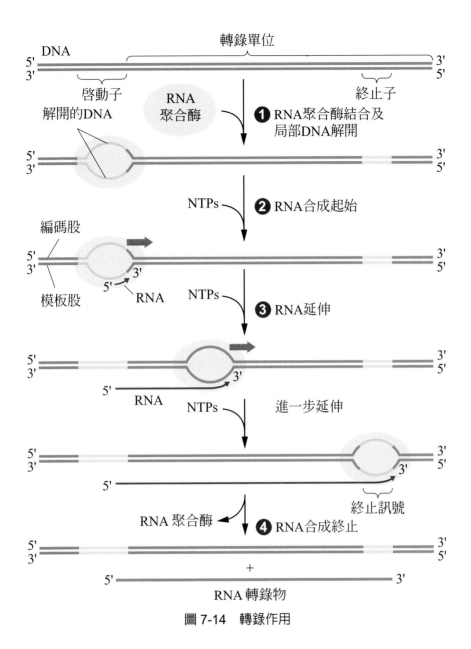

圖 7-14 轉錄作用

7-8　RNA 加工 (RNA processing)

　　真核細胞的基因的 DNA 序列結構通常會含有非密碼區 (內含子，intron) 和密碼區 (外顯子，exon)，這表示基因上的遺傳密碼是不連續的，所以在合成 mRNA 的過程中，需要進行 RNA 剪接 (RNA splicing)，將內含子去除。RNA 剪接時，有時會出現不同的剪接法，稱作**選擇性剪接** (alternative splicing)，也因此可以增加蛋白質的種類變化 (圖 7-15)。例如：抗體的多樣性即源自於 RNA 的選擇性剪接法。

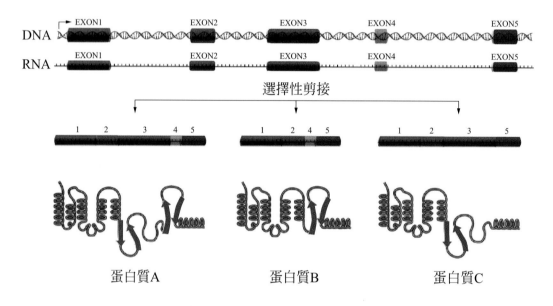

圖 7-15　選擇性剪接

　　除了剪接之外，RNA 加工還會在 mRNA 的 5' 端加上 GTP 的帽子；在 3' 端會加上 poly- A 的尾巴。加工完成 mRNA 稱作成熟的 mRNA (mature mRNA)(圖 7-16)。

圖 7-16　成熟 mRNA 的構造。UTR= untranslated region 非轉譯區。

7-9　轉譯作用 (Translation)

依照 mRNA 上的編碼序列 (coding sequence) 來引導蛋白質的合成，稱作轉譯作用。可以分作三個步驟：起始、延長和終止。

1. **起始 (initiation)**：核糖體的小次單位辨識並接上 mRNA 的 5' 端，由 tRNA 攜帶起始的胺基酸，來到起始密碼 (start codon) 與之接合；大次單位接著蓋上，與小次單位組成一個完整的核糖體。(圖 7-17)

2. **延長 (elongation)**：另一個 tRNA 攜帶下一個胺基酸來到 A-site 並與第二組密碼組接合，它所攜帶的胺基酸與前一個胺基酸產生胜肽鍵 (peptide bond) 結合，多胜鏈因此延長一個胺基酸，核糖體往 3' 端讀取下一組密碼子，此時位於 P-site 的 tRNA 已經沒有攜帶多胜鏈，會被擠出核糖體，而 A-site 再次空出，可以容納下一個攜帶著胺基酸的 tRNA。如此周而復始，步驟形成一個循環，每繞一圈就增加一個胺基酸，直到遇到終止密碼 (stop codon)。(圖 7-18)

3. **終止 (termination)**：當遇到終止密碼時，釋放因子 (release factor) 會進入 A-site 並促使核糖體、mRNA、tRNA 與胜肽鏈分離 (圖 7-19)。游離的胜肽鏈再經過摺疊 (folding) 形成蛋白質。

在轉譯時，一個密碼組會對應到一個胺基酸，而密碼組是由三個核苷酸所組成，因此有 4 × 4 × 4 = 64 種密碼組，對應到 20 種胺基酸，會有多對一的現象，如表 7-1。且密碼組是有方向性的，由 5' 端往 3' 端讀取。其中三個密碼 (UAG、UAA 和 UGA) 是代表停止訊號 (stop)，AUG 則是起始訊號 (start)。此密碼表在所有的生物中，幾乎是一樣的。

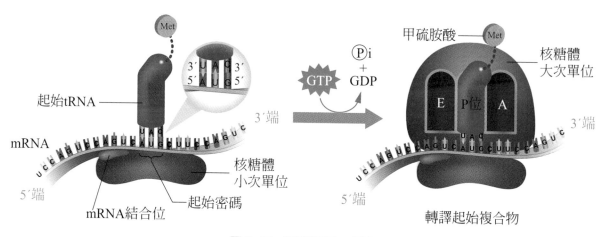

圖 7-17　轉譯作用—起始

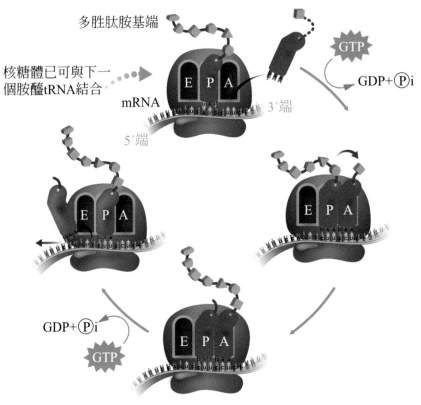

多胜肽胺基端

核糖體已可與下一
個胺醯tRNA結合

mRNA

5′端

3′端

GTP

GDP+Ⓟi

GDP+Ⓟi

GTP

圖 7-18　轉譯作用—延長

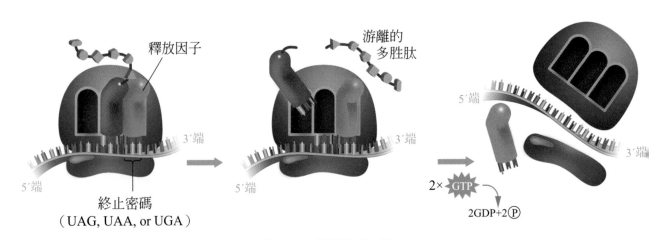

釋放因子

游離的
多胜肽

5′端

3′端

終止密碼
（UAG, UAA, or UGA）

5′端

3′端

5′端

3′端

2× GTP

2GDP+2Ⓟ

圖 7-19　轉譯作用—終止

表 7-1　胺基酸密碼組對應表

1st base	2nd base									3rd base
	U		C		A		G			
U	UUU	苯丙胺酸 Phenyl-alanine (Phe/F)	UCU	絲胺酸 Serine (Ser/S)	UAU	酪胺酸 Tyrosine (Tyr/Y)	UGU	半胱胺酸 Cysteine (Cys/C)		U
	UUC		UCC		UAC		UGC			C
	UUA	白胺酸 Leucine (Leu/L)	UCA		UAA	Stop	UGA	Stop		A
	UUG		UCG		UAG	Stop	UGG	色胺酸 Tryptophan (Trp/W)		G
C	CUU		CCU	脯胺酸 Proline (Pro/P)	CAU	組胺酸 Histidine (His/H)	CGU	精胺酸 Arginine (Arg/R)		U
	CUC		CCC		CAC		CGC			C
	CUA		CCA		CAA	麩醯胺酸 Glutamine (Gln/Q)	CGA			A
	CUG		CCG		CAG		CGG			G
A	AUU	異白胺酸 Isoleucine (Ile/I)	ACU	酥胺酸 Threonine (Thr/T)	AAU	天門冬醯胺酸 Asparagine (Asn/N)	AGU	絲胺酸 Serine (Ser/S)		U
	AUC		ACC		AAC		AGC			C
	AUA		ACA		AAA	離胺酸 Lysine (Lys/K)	AGA	精胺酸 Arginine (Arg/R)		A
	AUG	甲硫胺酸 Methionine (Met/M) 起始	ACG		AAG		AGG			G
G	GUU	纈胺酸 Valine (Val/V)	GCU	丙胺酸 Alanine (Ala/A)	GAU	天門冬胺酸 Aspartic acid (Asp/D)	GGU	甘胺酸 Glycine (Gly/G)		U
	GUC		GCC		GAC		GGC			C
	GUA		GCA		GAA	麩胺酸 Glutamic acid (Glu/E)	GGA			A
	GUG		GCG		GAG		GGG			G

7-10　基因表現 (Gene expression)

　　基因表現意味著將基因所攜帶的遺傳訊息表達出來，做出 RNA 或蛋白質等有功能性的產物。一般而言，基因表現就是透過轉錄和轉譯二個步驟來表達 (圖 7-20)，但有時卻有更多步驟來調控 (regulate) 基因的表現。一個基因通常編碼 (coding) 一條多胜鏈，1 ～數條多胜鏈再組成蛋白質，蛋白質再去執行它的任務。例如：人類的血紅素 (haemoglobin A) 由四條多胜鏈組成，2 條 α 鏈＋2 條 β 鏈，分別由 2 個不同基因編碼並表現成多胜鏈產物。

　　西元 2003 年由多國政府贊助的「人類基因組計畫 (Human genome projet)」和塞雷拉基因組 (Celera Genomics) 公司宣佈已經完成人類基因序列 (DNA sequence) 中的 98%，精確度為 99.99%。在人類的基因組 (3.3×10^9 b.p.) 中，只有約 1.5% 是編碼 DNA (coding DNA)，會有多胜鏈產物，換算成基因數目大約有 2 萬至 2 萬 2 千個；剩下 98.5% 稱作非編碼 DNA (non-coding DNA)(有 25% 是插入子)，是不會有多胜鏈產物的；但有部分非編碼 DNA 會經過轉錄作用產生 RNA，稱為非編碼 RNA (non-coding RNA)，例如：rRNA、tRNA、microRNA、siRNA 和 snRNA 等等，各有其特殊的功能。

　　現在科學家正積極的研究基因、蛋白質與疾病的關係，相信不久的將來，生物學家破解人類遺傳的奧秘，已指日可待。將來，人們都可以握有屬於自己的 33 億 (3.23×10^9 b.p.) 字母排列的遺傳密碼，有效掌握生命的奧妙、疾病及演化等問題。

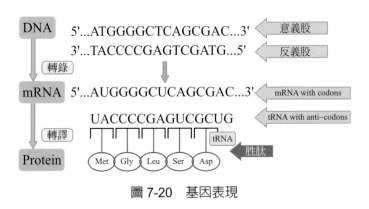

圖 7-20　基因表現

7-11　原核生物的基因調控
(Regulation of gene expression in prokaroytes)

　　對生物來說，基因的表現是很花費能量的，因此如何有效利用有限的能量，對應環境做出最佳反應，是需要控制的。例如：沒有食物就不需要消化酶，因此消化酶的製造就需要控制。

　　1961 年法人傑克 (Francois Jacob) 和蒙娜 (Jacques Monod) 發表了操縱子學說 (operon theory)。他們因此而獲得 1965 年諾貝爾獎的榮譽。操縱子一開始是在大腸桿菌中發現的，但後來的研究發現，真核生物和病毒也具有操縱子。

　　一個操縱子包含：啓動子 (promotor)、操縱者 (operator) 和構造基因 (structural genes) 三個區域的 DNA 組成。啓動子是基因轉錄 (transcription) 的啓動位置，亦即 RNA 聚合酶 (RNA polymerase) 的結合位置。操縱者位於啓動者和構造基因之間，抑制物 (repressor) 或活化物 (activator) 會接上操縱者，並阻止或啓動轉錄作用。構造基因就是被調控的基因。以下舉二個例子，一個是誘導型操縱子 (inducible operon)：乳糖操縱子 (lac operon)；另一個是抑制型操縱子 (repressible operon)：色胺酸操縱子 (Try operon)。

1. 乳糖操縱子

　　在沒有乳糖的情形下，抑制蛋白 (repressor) 會與操縱者結合阻斷 RNA 聚合酶啓動構造基因的轉錄作用，故乳糖酶就無法合成；若有乳糖存在時，乳糖會與抑制蛋白結合，使變成不活化型抑制蛋白 (inactive reperessor)，不能再與操縱者結合，如此一來 RNA 聚合酶就可啓動構造基因的轉錄作用 (圖 7-21)。

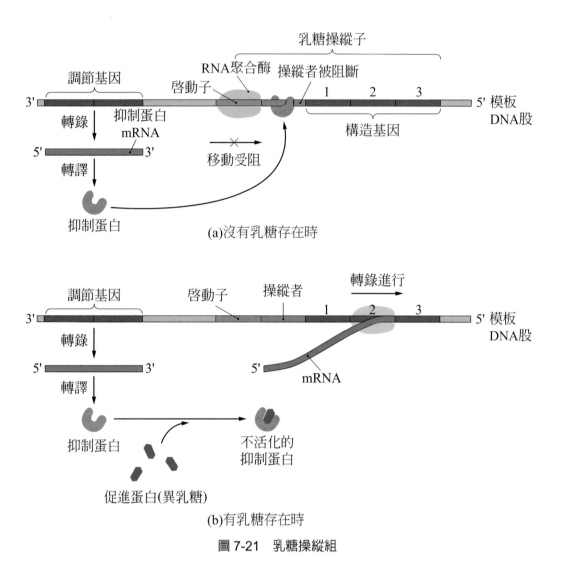

圖 7-21　乳糖操縱組

2. 色胺酸操縱子

在沒有色胺酸的情形下，不活化型抑制蛋白 (inactive reperessor)，不能與操縱者結合，無法阻止構造基因的轉錄作用；若有色胺酸存在時，色胺酸會與不活化型抑制蛋白結合，變成有活性的抑制蛋白 (active repressor) 並與操縱者結合，阻斷 RNA 聚合酶啟動構造基因的轉錄作用 (圖 7-22)。

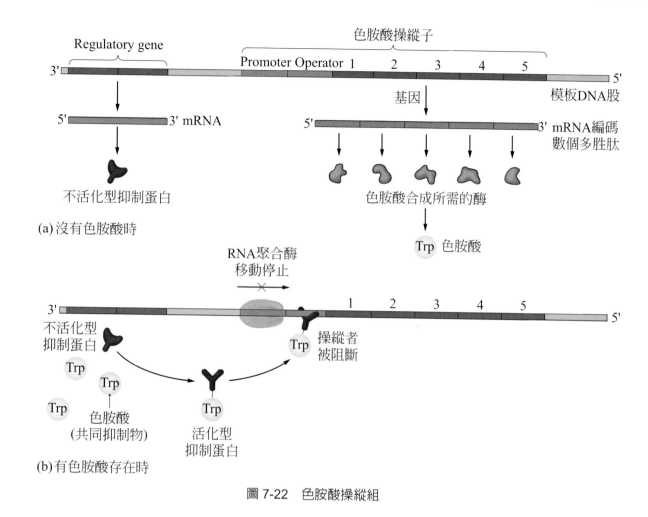

圖 7-22　色胺酸操縱組

7-12　基因工程 (genetic engineering)

　　基因工程是利用生物技術操作 DNA(合成、剪接和重組等)，用於改變某生物的遺傳物質，使其擁有、失去某些基因或沉默某些基因。而被改變遺傳物質的生物，則稱為基因轉殖生物體 (genetically modified organism，GMO)。1982 年，第一個被商業化生產的生技產物就是胰島素，藥廠利用基因轉殖細菌來大量製造胰島素，造福了糖尿病患者。1994 年，基因改造食物開賣。2003 年，螢光斑馬魚 (fluorencent zebrafish) 做為觀賞魚在美國市場開賣。

基因工程可以分做下列幾個步驟：

1. 選定基因：挑選要轉質的基因，並確定其 DNA 序列和相關資訊。

2. 分離基因並合成 DNA 片段：限制酶 (restriction enzymes) 原本是細菌用來切割病毒入侵的 DNA 的酵素，它會辨識 DNA 的特殊序列並加以切斷，現今已被基因工程廣泛使用，用來切割 DNA。聚合酶連鎖反應 (polymerase chain reaction，PCR) 是利用耐熱的 DNA 聚合酶在生物體外 (in vitro) 進行 DNA 複製，可以從微量的 DNA 樣本 (例如：一根頭髮) 拷貝成百萬倍的數量 (圖 7-23)。

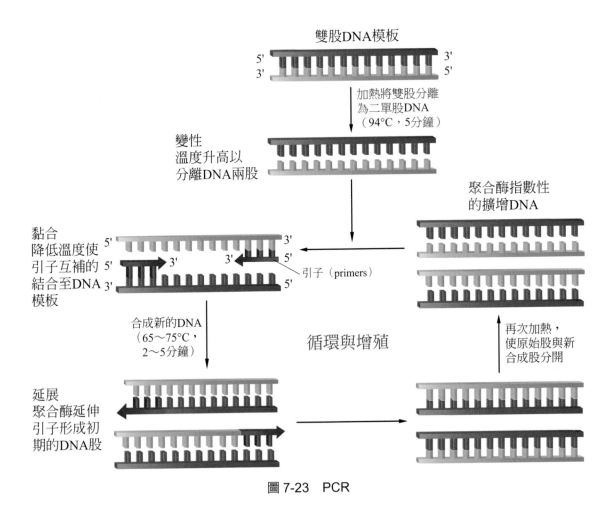

圖 7-23　PCR

3. DNA 重組 (DNA recombination)：選擇適當的載體 (vector，可以選擇細菌的質體或者病毒的 DNA) 及 PCR 複製的 DNA，以相同的限制酶切割之後，用 DNA 連接酶 (DNA ligase) 黏接起來，便獲得了重組 DNA (recombinant DNA)(圖 7-24)。

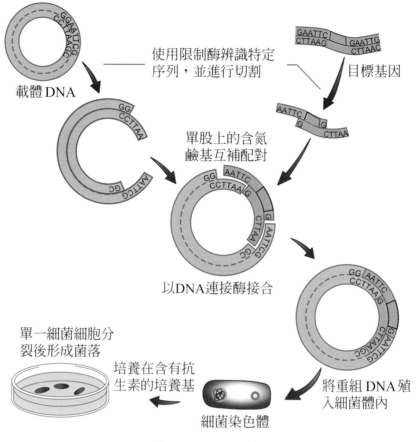

圖 7-24　DNA 重組

4. DNA 選殖 (DNA cloning)：利用性狀轉換 (transformation) 讓細菌納入重組 DNA，或者用病毒感染細菌 (注入 DNA)，再利用抗生素以及藍白篩挑選出基因轉殖的細菌。若轉殖的對象是動物或植物，則可以使用基因槍 (gene gun)；欲轉殖植物的話，則還可以利用農桿菌 (*Agrobacterium*) 來進行轉殖 (圖 7-25)。

5. 檢查 DNA 序列以及蛋白質產物：可以利用 PCR 來複製 DNA 片段，再用 DNA 定序儀 (DNA sequencer) 定出 DNA 序列，與原本的基因序列做比對，以確認轉殖生物體內的基因序列沒有錯誤。蛋白質產物也可以定出胺基酸序列。

　　目前，已經有很多種生技產品在市面上販賣，包含藥物、荷爾蒙和疫苗等。而在農牧產品則有轉殖鮭魚、轉殖牛、轉殖棉花、轉殖大豆、轉殖玉米和轉殖馬鈴薯等，幾乎經濟作物都被拿來轉殖，應用非常廣泛。

圖 7-25　農桿菌法與基因槍法

　　轉殖細菌與轉殖植物可以無性繁殖，因此可以大量生產。但是轉殖動物經過有性生殖之後，辛苦轉入的性狀會被稀釋，表現量下降，甚至沒有表現。直到 1996 年，科學家成功複製了一頭綿羊－桃莉羊 (Dolly)，才有更多科學家投入轉殖動物行列。而複製動物的成功，也引發複製人的疑慮，包含法律與道德問題，成為熱門話題。

　　除了使用體細胞複製之外，人體的胚胎幹細胞 (embryonic stem cell) 也具有全能性 (totipotent)，可以分化產生一個正常個體；科學家利用體外組織培養 (tissue culture) 技術，可以從胚胎幹細胞培養出人體的任一組織，做為自體組織修復或器官移植之用，有效避免器官排斥現象。另外，利用基因改造加上幹細胞的組織培養，科學家已經可以修復基因有缺陷的遺傳性疾病，稱為基因療法 (gene therpy)。

本章複習

7-1　DNA 的結構

■　華生與克里克提出 DNA 的結構如下：

(1) 每個核苷酸以磷酸根和下一個核苷酸的去氧核糖連接，組成多核苷酸鏈。

(2) DNA 是由兩條多核苷酸鏈以雙螺旋方式形成雙股結構。稱為雙股螺旋 (double helix)(B-form, 右旋)。

(3) 去氧核糖與磷酸構成 DNA 之主幹。

(4) 兩主幹以氮鹼基配對形成氫鍵而結合一起，其中 G ≡ C，A ＝ T。

(5) 兩主幹之氮鹼基是互補的 (complementary)，若一股為－GACTT－，則另一股為－CTGAA－。並且為反平行。

7-2　DNA 分子的複製─半保留複製

■　DNA 的複製為半保留複製機制。

7-4　原核生物與真核生物的 DNA 複製

■　原核生物只有一個複製起始點，但是真核生物有許多起始點。

7-5　突變 (mutations) ─遺傳物質發生變異

■　改變遺傳訊息的方式，通常有二個：突變與基因重組。

■　突變是鹼基序列一個或數個鹼基對發生改變，又稱作點突變，可分為：取代 (substitution)、插入 (insertion) 與缺失 (deletion)。

■　染色體的變異可能造成染色體數目和基因排列發生改變，可分為：缺失 (deletion)、重複 (duplication)、倒位 (inversion) 和易位 (translocation)。

7-6　中心法則 (central dogma)

■　遺傳訊息由 DNA 轉錄 (transcription) 為 mRNA 再轉譯 (translation) 成蛋白質，此過程稱作中心法則 (central dogma)。

■　RNA 可以分成三類：mRNA(messenger RNA)，tRNA(transfer RNA)，rRNA(ribosomal RNA)。

7-7　轉錄作用 (transcription)

■ 依照 DNA 的序列來合成 RNA，稱作轉錄作用。轉錄時需要 RNA 聚合 (RNApolymerase)，它藉由轉錄因子 (transcription factors) 的幫忙來辨識 DNA 上的特殊序列，稱作啟動子 (promoter)，並與之接合。

7-8　RNA 加工 (RNA processing)

■ 真核生物 RNA 的加工包含：

(1)RNA 剪接。

(2)5' 端加上 GTP 的帽子。

(3) 在 3' 端會加上 poly- A 的尾巴。

7-9　轉譯作用 (translation)

■ 依照 mRNA 上的密碼序列來引導蛋白質的合成，稱作轉譯作用。可以分作三個步驟：起始 (initiation)、延長 (elongation) 和終止 (termination)。

■ 密碼 UAG、UAA 和 UGA 是代表停止訊號 (stop)，AUG 則是起始訊號 (start)。

7-10　基因表現 (gene expression)

■ 在人類的基因組 (3.3×10^9 b.p.) 中，只有約 1.5% 是編碼 DNA(coding DNA)，會有多胜鏈產物，剩下 98.5% 稱作非編碼 DNA(non-coding DNA)(有 25% 是插入子)，是不會有多胜鏈產物的；但有部分非編碼 DNA 會經過轉錄作用產生 RNA，稱為非編碼 RNA(noncodingRNA)，例如：rRNA、tRNA、microRNA、siRNA 和 snRNA 等等。

7-11　原核生物的基因調控 (regulation of gene expression in prokaroytes)

■ 一個操縱子包含：啟動子 (promotor)、操縱者 (operator) 和構造基因 (structural genes) 三個區域的 DNA 組成。

7-12　基因工程 (gentic engineering)

■ PCR 的基本原理：(1) 變性 (denaturation)、(2) 引子黏合 (primer annealing)、(3) 延展 (extension)。

Chapter

8

生物體的分類
(The classification of organisms)

第六次生物大滅絕

　　什麼是生物大滅絕？生物大滅絕是指在一個相對短暫的地質時段中，在一個較大的地理區域範圍內，生物數量和種類急劇下降的事件。滅絕的主角是指多細胞生物，因為微生物的多樣性和數量很難推測和測定。每次的大滅絕事件都能在相對短時期內造成 80 ～ 90% 以上的物種滅絕。

　　什麼原因造成生物大滅絕？造成生物滅絕的可能原因很多，例如：星體撞擊地球、地殼變動、火山活動、氣候變冷或變暖、海平面上升或下降和大氣的含量變化（氧氣、二氧化碳和甲烷）等都曾有學者提出證據，但目前仍未有完全的定論。

　　生物大滅絕何時發生？持續多久？發生多少次？海洋生物化石擁有比陸地生物化石優越的保存環境和地層分布範圍，而被廣泛用於衡量滅絕速率。根據化石紀錄，生物的滅絕是以不均勻的速率發生，每百萬年滅絕的基礎率約為 2 ～ 5 個海洋生物分類科。地球上曾發生過至少 20 次明顯的生物滅絕事件，其中有 6 次規模較大，介紹如下：

1. **奧陶紀－志留紀滅絕事件** (Ordovician–Silurian extinction events)：發生在奧陶紀與志留紀過渡時期，4.50 ～ 4.40 億年前，約 27% 的科、57% 的屬、60 ～ 70% 的種滅絕。根據 2020 年的研究報告，原因是全球暖化、火山活動，而非原本推測的冰河時期。

2. **泥盆紀後期滅絕事件** (Late Devonian extinction)：3.75 ～ 3.60 億年前，這次主要是海洋生物的滅絕，陸地生物受影響不顯著。約 19% 的科、50% 的屬、70% 的種滅絕。這次大滅絕事件持續了近 2,000 萬年，期間有多次滅絕高峰期。由於滅絕事件持續時間很長，其原因很複雜，可能是泥盆紀陸生植物大量繁育，導致地球大氣中氧含量增加、二氧化碳大幅減少，地球進入卡魯冰河時期 (Karoo ice age) 所致。

3. **二疊紀－三疊紀滅絕事件** (Permian–Triassic extinction event)：發生在 2.52 億年前的二疊紀～三疊紀過渡時期，是已知的地質歷史上最大規模的物種滅絕事件，許多動物門之下整個目或亞目在此次滅絕事件中全部滅亡；曾普遍分布的舌羊齒植物群幾乎全部絕滅；繁盛的三葉蟲全部消失；菊石有 10 個科絕滅；腕足類有 140 個屬，所剩無幾；總共約 57% 的科、83% 的屬、90 ～ 96% 的種滅絕（53% 的海洋生物科、84% 的海洋生物屬、大約 96% 的海洋生物種）。這次大滅絕事件的可能成因包括西伯利亞大規模玄武岩噴發，造成附近淺海區可燃冰融化，大量釋放溫室氣體甲烷，平均地表溫度高於現代 3℃，以及盤古大陸形成後改變了地球環流與洋流系統等。

4. **三疊紀－侏羅紀滅絕事件** (Triassic–Jurassic extinction event)：2.01 億年前的三疊紀～侏羅紀過渡時期。約 23% 的科、48% 的屬、70 ～ 75% 的種滅絕（20% 的海生生物科、55% 的海生生物屬）。當時大多數非恐龍的主龍類、大多數的獸孔目以及幾乎所有的大型兩棲類滅絕。這次大滅絕事件使得恐龍失去了許多陸地上的競爭者，因而繁盛，而非恐龍的主龍類與雙孔亞綱則繼續主宰海洋。

5. **白堊紀－第三紀滅絕事件** (Cretaceous–Paleogene extinction event)：俗稱「恐龍大滅絕」。6,600 萬年前，約 17% 的科、50% 的屬、75% 的種滅絕。由於完全毀滅了非鳥恐龍而聞名。其成因一般認為是墨西哥 尤卡坦半島的隕石撞擊。

6. **全新世滅絕事件** (Holocene extinction)：滅絕的族群包括了植物及動物的科，如哺乳動物、鳥類、兩棲類、爬行動物及節肢動物，大部分滅絕都是在雨林內發生。於 1500 ～ 2006 年，世界自然保護聯盟就列出了 784 個已滅絕物種。不過，有很

多實際滅絕的物種都沒有被記錄，科學家估計，光是 20 世紀就已有 200 萬個物種實際滅絕。現今物種滅絕的速率估計是地球基礎滅絕速率的 1,000 倍，每年就有高達 14 萬個物種滅絕。現代的滅絕事件是人類的活動直接造成的。

大滅絕對於生物而言，意義爲何？造成什麼影響？

1. 在演化上，生物滅絕事件時常加快地球生命的演化，因爲滅絕事件時常使原本生態環境中占優勢的生物急劇衰落甚至絕滅，災變引起的環境變化給新物種的誕生創造了條件和機遇，新物種往往因此取代舊的優勢物種，但不是因爲其性狀比較優秀，而是活下來就有機會。

2. 大滅絕造成某些生物滅亡，卻也加速新物種的誕生，長時間來看是增加物種多樣性，對生態系統的穩定有幫助。但是，第六次生物大滅絕卻是人類消滅了其他物種，降低了物種的多樣性，也沒有加速新物種的誕生，長期而言，對生態系平衡是不利的。

8-1　分類的意義

地球上有數千萬種不同的生物體，爲了探究這些生物體，必須爲牠們命名，就像每個人都有名字一樣。隨著命名的物種越來越多，生物學家想辦法將牠們分門別類，依照不同層級來分群，稱爲分類 (classification)。

分類系統中特定階層的一群生物體叫作分類群 (taxon)，而鑑定與命名生物體的分支科學稱爲分類學 (taxonomy)。分類學家是偵探，用外觀、行爲與特徵等線索來鑑定並命名生物體。

最早爲生物體進行分類的是 2000 多年前的希臘哲學家**亞里士多德** (Aristotle)，他將生物分爲植物和動物，動物又分成陸生、水生與空中生活的種類，植物也分三類。18 世紀時，使用**多名法** (polynomial system) 來命名生物體，例如：犬薔薇 (wild briar rose) 有些人稱爲 *Rosa sylvestris inodora seu canina*，也有人稱爲 *Rosa sylvestris alba cum rubore folio glabro*。可以想像這一串名字有多累贅，名字還可以隨作者更改，加上更多的特徵 (形容詞)。

直到 1750 年左右，瑞典生物學家**林奈** (Carolus Linnaeus，1707 ～ 1778) 提出二**名法** (binomials)，解決了生物命名和分類的問題。

8-2　分類學之目的

主要目的有以下五點：

1. 製作出世界生物誌(包含動物誌、植物誌等)。
2. 找出好的方法來鑑定物種，並能清楚的讓其它人了解。
3. 產生一個一致的分類系統。
4. 能了解生物體之間的演化關係。
5. 正確的鑑定生物體，包含命名及記載所有現存或化石生物。

8-3　種的觀念

在演化論出現之前，一般人認為生物是造物者所創造，所以不同生物間沒有任何關係。如：林奈氏早期曾認為「生物是被創造成各自獨立且相異之種類」。從林奈創建分類系統到達爾文演化論被接受這一百年間，大多數的生物學者忙於命名及記錄新種，而忽略了種類之間演化之關係，直到 19 世紀中期，才獲得以下結論：「**種與種間之雜交後代多為不孕性，而同種內之變種與變種間之雜交則產生可孕性後代**」。

所以，目前對於「種」的定義，是「**一個生物族群，他們在構造和功能上相同，有相同的祖先，在自然狀態下可交配而繁衍後代，且後代具有生殖力，則稱為同種**」。不同物種之間無法交配、交配後無法產生後代、或者產生了後代卻無生育力等，這些現象就是所謂的生殖隔離 (reproductive isolation)。新物種的產生過程也就是生殖隔離的建立歷程。

8-4　生物的名稱

生物的名稱可分為兩大類，即**俗名**和**學名**。俗名為某一地區一般通用的名稱，所以，若同一種動植物生長於不同國家或地區者，俗名往往也不相同。例如：中國稱「水稻」，日本名為「イネ」，美國、英國則稱之「rice」，這種差異為各國文字語言不同所造成。另外如「甘薯」與「地瓜」其實為同一種植物。所以俗名有時因對象不明確，或語言溝通上之困難，而成為學術研究溝通上之一大阻礙。林奈提出「**二名法**」—取分類層級的「屬名」加上「種名」成為正式「學名」，此種生物學名便成為後來國際上通用之命名法。二名法有以下幾點特性：

1. 生物之學名以「拉丁文」或「拉丁化希臘文」記載。

2. 學名分成三大部份，即「屬名」+「種名」+「命名者」。通常命名者隱藏不寫。

3. 屬名第一個字大寫，學名書寫時要以斜體字或劃底線表示。

4. 生物體之發現者有命名優先權，即命名者提出之「**適當名稱**」為正式學名，而其它名稱則不予採用。

8-5　分類系統

　　林奈所創建的分類系統有兩大特色。第一，對每種物種都給予兩部份的拉丁名，或稱二名法。例如家貓的學名為 *Felis silvestris* (表 8-1、圖 8-1)。一個屬之內可能包含了許多相近的物種，每種都有其特殊的名字，例如大山貓 (*Felis lynx*) 和家貓是同一屬 (貓屬 *Felis*) 的生物。俗名 (如：貓、熊、豬等) 在一般人的溝通中較為方便，但是當生物學家要發表正式的研究成果時，則必需以學名來定義其所研究的生物以避免混淆。

　　林奈對分類學第二個貢獻，是對生物的分類以一種共有特徵漸增的層級分類法，將相似的種類併為同一屬，而此種架構也一直擴展為更高的分類階層，而有些分類階層是林奈之前就存在的了。分類學家將相關的屬放入同一科，相似的科放入同一目，而後逐漸擴增為綱、門、界的階層。七個分類階層依序為：界－門－綱－目－科－屬－種 (kingdom-phylum-class-order-family-genus-species)。

圖 8-1　由左到右分別為眼鏡蛇 (Naja atra Cantor)、家貓 (Felis slivestris Schreber)、大山貓 (Felis lynx)、臺灣獼猴 (Macaca cyclopis Swinhoe)。

表 8-1　生物分類表 (擷取部分)。由本表您知道如何寫出學名嗎？

階層	眼鏡蛇	家貓	大山貓	臺灣獼猴	人類
界	動物界 (Animalia)				
門	脊索動物門 (Chordata)				
亞門	脊椎動物亞門 (Vertebrata)				
綱	爬蟲類 (Reptilia)	哺乳綱 (Mamalia)			
目	有鱗目 (Squamata)	食肉目 (Carnivora)		靈長目 (Primates)	
科	蝙蝠蛇科 (Elapidae)	貓科 (Felidae)		獼猴科 (Cercopithecidae)	人科 (Hominidae)
屬	眼睛蛇屬 (Naja)	貓屬 (Felis)		獼猴屬 (Macaca)	人屬 (Homo)
種	眼鏡蛇 (atra)	家貓 (silvestris)	大山貓 (lynx)	臺灣獼猴 (cyclopis)	人種 (sapiens)
命名者	Cantor	Schreber		Swinhoe	Linnaeus

8-6　生物的分類

在 1969 年以前，生物學家對於生物的分類通常以細胞壁之有無的二分類法，即將有細胞壁的生物全歸在植物界，沒有細胞壁的歸在動物界。此種分法對於區別高等動植物來說是很方便的 (此種分類法亦將真菌、細菌併入植物界)，但同時也有一些問題產生，例如：眼蟲無細胞壁，可是卻有葉綠體，是種同時擁有動植物特徵的生物；黏菌在某時期像變形蟲可以運動，無細胞壁，可是環境乾燥時又會變成像真菌的子實體不會動，且有細胞壁；細菌、藍綠藻等生物，雖然有細胞壁，可是卻無細胞核和大部份的胞器。這三種情形就很難以純粹的二分類法將之區分了。

因此，1969 年惠特克 (Whittaker) 依據細胞形態、營養、生殖及運動方式等差異將生物重新分成五個界，目前已被多數生物學家所接受。此五界為**原核生物界 (Monera)**、**原生生物界 (Protista)**、**真菌界 (Fungi)**、**動物界 (Animalia)** 和**植物界 (Plantae)**。

「臺灣生物多樣性資訊機構」(Taiwan Biodiversity Information Facility, TaiBIF) 採用七界。本書採用三域六界，在「界」之上多了「域」這個階層：細菌域、古菌域和真核域，其下分：真細菌界、古細菌界、原生生物界、真菌界、植物界和動物界。

　　然而，傳統的分類方法卻無法代表物種之間的親源關係，因此，種系發生學應運而生。種系發生學 (phylogenetics) 是一門涉及描述和重建物種 (或更高分類單元) 之間遺傳關係模式的學科。如圖 8-2，種系發生樹 (phylogenetic trees) 是代表生命進化史的一種可見的便捷方式。這些圖說明了生物之間的推斷關係，以及從共同祖先到其多樣化後代的物種形成事件的發生順序。

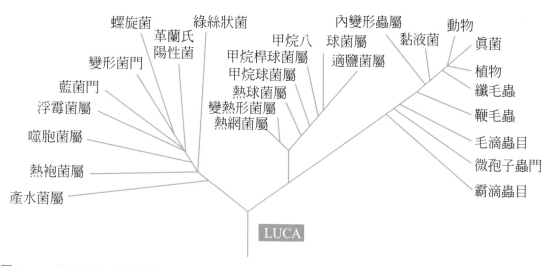

圖 8-2　生物的種系發生樹 (phylogenetic tree) －由核糖體 RNA 序列比對來推斷演化關係。Last Universal Common Ancestor (LUCA) 生物共祖，演化生物學推導出來的假設，指地球生物最原始的共同祖先，是地球上所有生命的共同起源。

　　1950 年，分類學家威利・漢尼格 (Willi Hennig) 提出了一種根據形態學來確定種系發生樹的方法，此方法是根據生物的共有衍生特徵 (synapomorphies) 對生物進行分類。這種方法現在被稱為支序分類學 (cladistics)，生物學家基於漢尼格的方法來建構他們的種系發生樹，並且由於支序分類學理論，這些種系發生樹是可重現且可檢驗的。

　　支序分類方法經常與傳統的表現型 (phenetic) 分類方法形成對比。表現型分類方法是基於物種間共有的相同特徵數量，亦即基於整體的相似性，對物種進行分群和分類。這種方法可能會在某些生物的分類上遇到麻煩，例如：海豚和鮪魚，這二種生物具有許多表面上的相似之處，但是這些生物並沒有密切的親源關係，如果我們期待分類法可以反應出種系發生 (phylogeny) 或者演化關係，則不應將它們分類在一起。

　　支序分類研究的最終結果是由被稱之爲「分支圖」(cladograms) 的樹狀關係圖來描繪出其假定的關係。現代 DNA 序列分析已經比較容易，種系發生學得到分子數據的支持，計算機系統可以處理大量的數據，有各種複雜的軟體可以用來分析和計算分支。但是沒有一種方法是完美的，所有的方法都有自己的誤差，例如：在形態學中經常發生趨同演化 (convergent evolution) 的錯誤；在分子生物學中經常有和外在特徵衝突的現象；分子數據雖然比利用化石數據更精確，但也充滿誤差。最理想的是將形態學、分子生物學，以及行爲生態學等信息結合起來，才能得到更好的結果。

表 8-2　五界分類系統和其它分類系統之比較

Carl Linnaeus	E. Haeckel	E.Chatton	H. F. Copeland	R. H. Whittaker	W. E. Balch et al.	T. Cavalier-Smith	C. R. Woese et al.	TaiBNET
1735	1866	1937	1956	1969	1977	1981	1990	
二界	三界	二帝國	四界	五界	六界	六界	三域	七界
無分類	原生生物界	原核生物帝國	原核生物界	原核生物界	真細菌界	細菌界	細菌域	細菌界
					古菌細菌界		古菌域	古菌界
		真核帝國	原生生物界	原生生物界	原生生物界	原生生物界	真核域	原生生物界
						原藻界		原藻界
				真菌界	真菌界	真菌界		真菌界
植物界	植物界		植物界	植物界	植物界	植物界		植物界
動物界	動物界		動物界	動物界	動物界	動物界		動物界

表 8-3 六界的特徵

域 Domain	細菌域 Bacteria	古菌域 Archaea	真核域 Eukarya			
界 Kingdom	細菌界 Bacteria	古菌界 Archaea	原生生物界 Protista	植物界 Plantae	真菌界 Fungi	動物界 Animalia
細胞種類 Cell type	原核 Prokaryotic	原核 Prokaryotic	真核 Eukaryotic	真核 Eukaryotic	真核 Eukaryotic	真核 Eukaryotic
核膜 Nuclear envelope	無 Absent	無 Absent	有 Present	有 Present	有 Present	有 Present
粒線體 Mitochondria	無 Absent	無 Absent	有/無 Present or Absent	有 Present	有/無 Present or Absent	有 Present
葉綠體 Chloroplasts	無 None(photosynthetic membranes in some types)	無 None (bacteriorhodopsin in one species)	有些有 Present in some forms	有 Present	無 Absent	無 Absent
細胞壁 Cell Wall	肽聚糖 Present in most; peptidoglycan	多糖/糖蛋白/蛋白質 Present in most; polysaccharide, glycoprotein, or protein	有些有 Present in some forms; various types	纖維素 Cellulose and other polysaccharides	幾丁質 Chitin and other noncellulose polysaccharides	無 Absent
基因重組 Means of genetic recombination, if present	接合作用/性狀引入/性狀轉換 Conjugation,transduction, transformation	接合作用/性狀引入/性狀轉換 Conjugation,transduction, transformation	受精作用和減數分裂 Fertilization and meiosis	受精作用和減數分裂 Fertilization and meiosis	受精作用和減數分裂 Fertilization and meiosis	受精作用和減數分裂 Fertilization and meiosis
營養方式 Mode of nutrition	自營/異營 Autotrophic (chemosynthetic, photosynthetic) or heterotrophic	自營/異營 Autotrophic (chemosynthetic, photosynthetic) or heterotrophic	自營/異營 Photosynthetic or heterotrophic or combination of both	光合作用 photosynthetic, chlorophylls a and b	分解後吸收 Absorption	消化後吸收 Digestion
移動方式 Motility	鞭毛/滑動/不動 Bacterial flagella, gliding, or nonmotile	有些有鞭毛 Unique flagella in some	9+2纖毛/鞭毛/變型蟲運動 9+2 cilia and flagella; amoeboid, contractile fibrils	有些精子具有9+2纖毛/鞭毛 None in most forms, 9+2 cilia and flagella in gametes of some forms	不動 Nonmotile	9+2纖毛/鞭毛 9+2cilia and flagella, contractile fibrils
多細胞型態 Multicellularity	無 Absent	無 Absent	大多無 Absent in most forms	有 Present in all forms	大多有 Present in most forms	有 Present in all forms

8-7 　古細菌域

古細菌域只有一個古細菌界，與真核生物有共同祖先。它們的細胞壁缺乏肽聚糖，具有插入子，醚鍵構成的脂質膜，蛋白質與生化反應都較類似真核生物。古細菌生活在地球極端的環境中，可分為三類：產甲烷菌 (methanogens)、嗜極端古細菌 (extremopiles) 和非極端古細菌 (nonextreme archaea)。產甲烷菌生活在沼澤、溼地和哺乳動物的腸道中，每年可釋放約 20 億公噸的甲烷。

8-8 　真細菌域

地球上生存年代最久的生命形式，最簡單的細胞，幾乎無所不在；為了與古細菌做區別，本類生物又被稱做真細菌 (Eubacteria)。細菌體內水分佔 90%，有小液胞、核糖體、貯存粒 (肝糖、脂肪與磷酸化物)、中質體 (mesosome)—細胞膜內褶，進行代謝。一般常區分為三大類，即球菌、桿菌和螺旋菌。多數原核細胞的直徑為 1 ～ 5μm，而一般真核細胞的大小約為 10 ～ 100μm，但某些藍綠菌長得特別大，可達 80μm × 600μm，肉眼可見。幾乎所有的原核生物都有細胞壁，但其細胞壁主要為肽聚糖 (peptidoglycan) 所構成，和植物是纖維素構成的細胞壁不同。

細菌在代謝上比真核生物更多樣性，能生存於各種環境。與真菌類等其它微生物，共同扮演分解者 (decomposers)，對地球上元素的循環扮演重要角色。產氧型光合細菌，如：藍綠菌，更是大氣中氧氣的主要製造者。利用遺傳工程改良的細菌具有商業價值，可應用於醫、藥、農業和工業上。例如：蘇力菌 (*Bacillus thuringiensis*) 可做為無汙染的昆蟲農藥，蘇力菌會生產結晶毒蛋白，特定種類的昆蟲吃下肚後會產生毒性而死亡，對人、畜牲、鳥類等無害 (在第 9 章會有詳細的介紹)。

8-9 　原生生物界 (Kingdom Protista)

原生生物界並無明顯的定義，主要是將動物界、植物界及真菌界中構造較為簡單或難以區分之種類納入此界，因此，不同之分類觀念會產生不同的結果。如惠特克於 1969 年提出五界分類系統時，僅將所有真核單細胞生物全放入本界；到了 1970 ～ 1980 年間，由於對生物細胞結構與生活史有較多的瞭解，故將一些動物界、植物界及真菌界中的生物併入原生生物界。本書主要將原生生物分成三大類，即藻類、原生菌類、原生動物類分別說明。

(一) 藻類 (Algae)

1. 藻類的特性

　　藻類一般被認為最原始、結構最簡單的植物，其體內沒有維管束組織，也沒有真正的根、莖、葉的分化；不會開花，不會結果，生殖器官也無特化的保護組織，常直接由單一細胞形成配子或孢子；所形成之受精卵或幼小個體也無任何母體的保護，就直接發育生長於環境中，沒有所謂「胚胎」的構造，是屬於「無胚胎」植物。屬於原生生物界中的藻類有裸藻門、甲藻門 (或稱渦鞭毛藻)、隱藻門、金黃藻門 (包括矽藻等浮游藻)、紅藻門、綠藻門和褐藻門 (表 8-4)。而生殖構造複雜的輪藻門則屬於植物界。

　　藻類的分佈與水脫不了關係，分佈於海洋、湖泊、河流、溝渠等地，有些生長於潮濕的地面、岩壁、樹幹及葉面。而藻類的大小、造形和色彩隨種類不同有很大的變化，大部份的藻類極微小，需用顯微鏡才能看到，但褐藻的部份種類可長達數十公尺 (如：巨海帶 *Macrocystis*)，有些藻類有鞭毛可以游動 (如：團藻 *Volvox*)，有些能分泌膠質，使多個細胞聚成一定型的靜止群體 (如：星盤藻 *Pediastrum*)，有的細胞排列形成絲狀 (如：水綿 *Spirogyra*)、管狀 (如：石髮)、或網狀 (如：水網 *Hydrodictyon*)。有的細胞呈平面方向分裂形成膜狀構造 (如：石蓴 *Ulva*、紫菜)，有的細胞可不斷增大但不分裂，只有核分裂，而形成單細胞多核之囊狀構造，只在生殖時才產生分隔 (如：羽藻與笠藻)。有的藻類具有初步的分化，如：褐藻與紅藻普遍基部均有「固著器」之構造，有如吸盤般可牢牢地附著在岩石上，不怕海浪沖走，有的其有類似莖、葉之分化及氣囊的構造 (如：馬尾藻)，可協助藻體在水深數公尺下能向上直立生長，以接受較多陽光。除了外部形態變化萬千，藻體內部之葉綠體亦有杯狀、網狀、星狀、板狀、環帶狀及螺旋狀等變化，其形狀、數目及分佈位置也是分類的重要依據。

2. 藻類的生殖

　　藻類的生殖方式和高等植物比較起來簡單很多，無性生殖有分裂生殖、孢子生殖及裂片生殖。有性生殖則有同型、異型配子結合，以及接合生殖 (如水綿的二藻絲互產生接合管，其中一細胞經由接合管到另一個細胞中產生結合子)。有的大型藻類具有明顯的世代交替，如石蓴的配子體及孢子體均可獨立生長，故有人認為綠藻可能是植物的祖先。

表 8-4　藻類

	色素	食物儲存	細胞壁	例子	
輪藻門 Charophyta	葉綠素 a,b	澱粉	纖維素	輪藻	
綠藻門 Chlorophyta	葉綠素 a,b	澱粉	纖維素或 無細胞壁	石蓴	
裸藻門 Euglenophyta	葉綠素 a,b	裸藻澱粉 paramylon	無	眼蟲	
金黃藻門 Chrysophyta	葉綠素 a,c 胡蘿蔔素	油滴 oil 昆布多糖	矽質纖維素 幾丁質	金藻	
矽藻門 Bacillariophyta	葉綠素 a,c	麥清蛋白 Leucosin	矽質纖維素 幾丁質	矽藻	
甲藻門 Pyrrhophyta	葉綠素 a,c	澱粉 / 脂肪 / 油滴	纖維素或 無細胞壁	角甲藻	
褐藻門 Phaeophyta	葉綠素 a,c 藻黃素	甘露糖醇 Mannitol 昆布多糖 laminaran	纖維素 藻膠酸 硫酸黏多醣	昆布	
紅藻門 Rhodophyta	葉綠素 a,d 藻青 / 紅素	紅藻澱粉 Floridean starch	纖維素 樹膠質 果膠	石花菜	

(二) 原生動物 (Protozoa)

　　原生動物主要包含一些異營性生物。這些異營性生物主要以細菌，其它原生生物或一些有機碎屑為食，亦有一些是以寄生為主的。依運動方式分成五個門 (表 8-5)。

表 8-5　原生動物

門	特徵	例子	
鞭毛蟲門 Flagellates	用鞭毛運動 大多為寄生 有些具有葉綠體	錐蟲 Trypanosoma — 　　　　　　　　非洲昏睡症 白蟻腸道 Trichonympha	
肉足蟲門 Sarcodina	用偽足運動 有些有複雜的殼 掠食性與寄生性	赤痢阿米巴 Entamoeba 太陽蟲 Actinophrys	
纖毛蟲門 Clilata	體表披覆纖毛 掠食性	草履蟲 *Paramecium caudatum* 喇叭蟲 Stentor	
吸管蟲門 Suctoria	成蟲無纖毛 掠食性	吸管蟲 Suctorians	
孢子蟲門 Sporozoa	無運動器官 絕對寄生性	瘧疾原蟲 Plasmodium	

　　其中，襟鞭毛蟲 (Choanoflagellate) 被認為是動物的旁系群 (sister taxon)。單細胞，異營，具有一條鞭毛，有漏斗型收縮領；當鞭毛擊水時會將水帶入漏斗中，過濾細菌為食。海綿動物也用相同方式進食。襟鞭毛蟲不是多細胞個體，但有些會聚集形成球體，看起來像是淡水的海綿動物。後續有待基因體比對來確定此兩種生物的親源關係。

(三) 原生菌類 (Fungus-like Protists)

　　原生菌類主要爲黏菌和水黴菌，它們的形態與眞菌相似，屬於趨同演化 (convergent evolution) 的結果。在細胞構造，生殖和生活史上，黏菌 (纖維素細胞壁) 與眞菌 (幾丁質細胞壁) 並不相同，黏菌和變形蟲類的原生生物有較爲親近之親緣關係。

　　黏菌 (slime mold) 大多生長於陰濕的土壤，枯木，腐葉或其它有機物上 (圖 8-3)。其生活史主要可以分成變形體 (plasmodium) 和子實體 (fruiting body) 兩階段。在變形體階段，黏菌的個體爲一團多核沒有細胞壁的原生質。變形體沒有固定的形狀，在陰濕的環境可由體表伸出僞足進行移動，並可以此僞足攝取食物。當環境乾燥時，變形體表面開始產生多個突起，這些突起最後發育成有細胞壁的子實體，子實體頂端有孢子囊，囊內的細胞經減數分裂產生孢子。孢子有厚壁，可以抵抗不良環境。當孢子落到適當的環境時，便會開始萌發形成配子，正負兩種配子互相結合成爲合子，合子便含有二倍數染色體 (2n)。在合子生長過程中，細胞核分裂而細胞質不分裂，因而形成多核的變形體。

圖 8-3　各種黏菌

8-10　真菌界 (Kingdom Fungi)

　　真菌無葉綠素，不能自製養分，但可由細胞膜吸收外界之養分。多數菌體由菌絲 (hyphae) 構成，菌絲有明顯的細胞壁，頂端產生**孢子囊** (sporangia)、以孢子繁殖，行**寄生** (parasitic) 或**腐生** (saprobic) 的異營生活。目前被生物分類學家們正式記錄與描述的真菌種類約有 12 萬種，但人們對於世界真菌多樣性的了解仍相當有限。傳統真菌學主要以孢子或子實體的大小、形狀等形態上的特徵分辨真菌。真菌學在傳統上常被劃歸在植物學的範疇中，但真菌其實與動物的親緣更為接近，它們早在十億年前就在演化上與動物分道揚鑣了。分類學家根據分子種系發生學的分析，將廣義的真菌與動物 (菌物總界與動物總界) 共同稱為後鞭毛生物的單系群 (monophyletic group)，而真菌界本身也是一個單系群。2018 年，Tedersoo 等人以 DNA 序列為基礎，總共將真菌分為九大類群，共計十八個門。以下將介紹常見的四個門 (表 8-6)。

　　真菌的共同特性有：

1.　結構

　　(1)　除了酵母菌是單細胞，其餘都是多細胞個體。

　　(2)　個體由菌絲 (hyphae，細胞所構成的長條有分支的線狀構造) 組成菌絲體 (mycelia)(圖 8-4)。例如：麵包黴的菌絲體有如蛛網似的纖維長在麵包的表面或內部。又如香菇的菌絲體埋在地下，而吾人食用的蕈，則是由地下的菌絲所長成之子實體。

　　(3)　細胞壁強韌，由幾丁質與其它多醣類所組成。

　　(4)　有些真菌的菌絲，在連續的細胞核之間有隔膜 (septa) 隔開 (圖 8-5)；有些則無，呈多核 (coenocytic)。

圖 8-4　菌絲 (hyphae)

2. 營養方式

(1) 全都是異營，行腐生或寄生。

(2) 某些眞菌對原生質萎縮有很強的抗力，故可生長在濃鹽水或糖水溶液中。

(3) 菌絲可分泌酶以水解蛋白質、碳水化合物及脂肪，並吸收分解的產物。

(4) 寄生性的眞菌有時其有特化的菌絲，稱爲吸允絲 (haustoria) 可以穿透寄主細胞並直接吸收其營養素。

(5) 有些眞菌是捕食者，例如：鮑魚菇 (*Pleurotus ostreatus*) 會吸引線蟲，並分泌麻醉物質，再用菌絲套住並穿入身體吸收養分 (主要是吸收氮)(圖 8-5)

(6) 構成生態系的分解者。

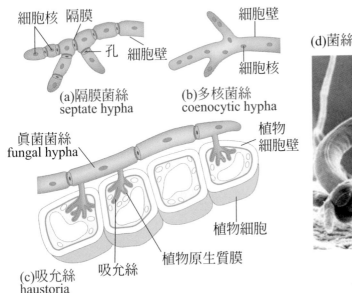
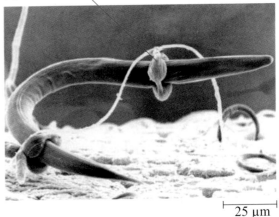

(a)隔膜菌絲 septate hypha

(b)多核菌絲 coenocytic hypha

(c)吸允絲 haustoria

(d)菌絲形成套環抓住並殺死腺蟲（Nematode）

25 μm

圖 8-5

3. 生殖方式

(1) 無性生殖有分裂生殖、出芽生殖與孢子生殖。

(2) 有性生殖依種類而異，一般具有菌絲特化而成的配子囊 (gametangia)。

(3) 水生眞菌的孢子其有鞭毛，陸生眞菌的孢子不能動，需依賴風力或動物來散佈。

表 8-6　真菌界

門	無性生殖	有性生殖	已知物種	例子	
壺菌 Chytridiomycota		游動孢子 zoospore	1500	蛙壺菌 *Batrachochytrium dendrobatidis*	
接合菌 Zygomycota	分生孢子	接合孢子 zygospores	1050	黑麵包黴 *Rhizopus*	
子囊菌 Ascomycota	分生孢子 conidia	囊孢子 ascospores	3200	羊肚菌 *Morchella vulgaris* 青黴菌 *Penicillium*	
擔子菌 Basiomycota	不常見	擔孢子 basidiospores	2200	香菇 *Lentinus edodes*	

(一) 壺菌門 (Chytridiomycota, chytrids)

大部分是水生，最原始的真菌，還保有祖先 (鞭毛生物) 有鞭毛的游動孢子 (zoospores)。蛙壺菌 (*Batrachochytrium dendrobatidis*) 的孢子會寄生在蛙類的皮膚，吸收養分並干擾皮膚的呼吸 (氣體交換)；蛙壺菌已經造成全球兩棲類族群數目急速下降。

(二) 接合菌 (Zygomycota)

許多有機物如果暴露於潮溼而溫暖的空氣中，常會發生縱橫交錯的絨毛狀菌絲，這種情形就是俗稱的發黴，引起有機物發黴的真菌統稱為黴菌。黑黴菌是常見的一種黴菌，發生於陳腐的麵包、水果或蔬菜上。

　　黑黴菌的孢子具有厚壁，可以抵抗乾旱的環境。當黑黴菌的孢子飄落在潮溼的麵包等有機物時，很快便萌發而產生白色的菌絲，菌絲無隔膜故為多核。成熟的菌絲可分三型 (圖 8-6)：其一為較粗而橫走於附著物上的匍匐菌絲；其二為較細的根狀菌絲，此根狀菌絲由匍匐菌絲伸入附著物中以吸取水分及養料；三為直立菌絲，其頂端形成孢子囊，成熟後便釋放出大量黑色的孢子，黑黴菌的名稱乃由此而來。

　　黑黴菌也可行有性生殖；首先相鄰正負交配型的菌絲彼此相對長出短側枝，當雙方的頂端互相接觸時，近側枝頂端處產生隔壁 (圖 8-6)，接著，二者接觸處的細胞壁便行融解，雙方的原生質及細胞核乃彼此接合而形成合子。此合子有厚壁，可抵抗惡劣的環境，合子經減數分裂而產生孢子。孢子如遇適當的環境便可萌發成菌絲。

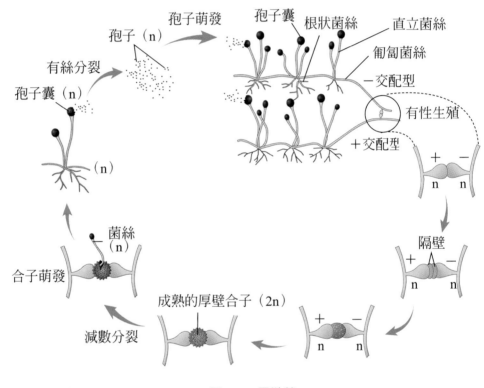

圖 8-6　黑黴菌

(三) 子囊菌 (Ascomycota)

　　子囊菌通常行無性生殖，菌絲有隔膜，中央有個大孔，可容許細胞質流動。行無性生殖時，會有一個完整的隔膜將菌絲的頂端隔開，產生分生孢子 (conidia)；分生孢子常常含有數個細胞核，當被風吹到適當的環境，就會萌發，形成新的菌絲體。子囊菌具有特殊的有性生殖構造－子囊 (ascus)，由子囊果 (ascocarp) 分化形成。子囊是個細胞，在子囊果的菌絲尖端形成，經由核融合產生合子，合子進行減數分裂產生單倍體細胞核，再進行一次有絲分裂，產生 8 個子囊孢子，落在適當的環境，就會萌發形成新的菌絲體。

　　酵母菌 (yeast) 是單細胞真菌，與一般真菌類最大的相異處是其個體不呈絲狀，通常為橢圓形，具有一個明顯的細胞核及大型的液泡。

　　酵母菌行無性生殖時，細胞的一端產生一小突起，同時細胞核行有絲分裂，其中一核移入突起內，接著母體與突起間收縮而形成一大一小的兩個細胞，狀如長芽，故稱之為出芽生殖 (budding)。酵母菌的生活史中有單倍體 (n) 和雙倍體 (2n)，單倍體的酵母菌除行出芽生殖外，也行有性生殖 (圖 8-7)，其過程是由正負交配型的兩個單倍體酵母菌結合而成為合子，合子為二倍體的酵母菌，這種酵母菌除了行出芽生殖外，也可經減數分裂而產生孢子，孢子萌發後便發育為單倍體的酵母菌。

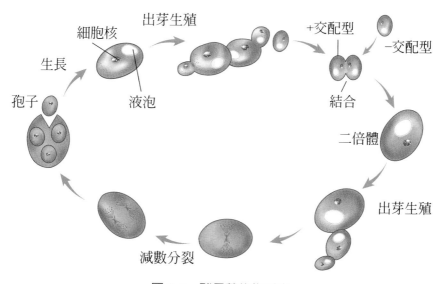

圖 8-7　酵母菌的生活史

青黴菌 (Penicillium) 常發生於果實、蔬菜或皮革上，而尤常見於腐敗的橘子表面。在附著物的表面有匍匐的菌絲，菌絲內有隔壁。由匍匐菌絲發生分枝 (圖 8-8)，有些分枝伸入附著物中，分泌酵素以分解食物，再予以吸收。另一些分枝形成直立菌絲，其頂端叢生一串串的孢子。孢子掉落於適當的環境中便可萌發。人們從青黴菌的分泌物提製青黴素 (penicillin)，用以治療一些細菌所引起的疾病。

圖 8-8　青黴菌之菌絲及孢子

(四) 擔子菌 (Basidiomycota)

蕈 (mushroom) 多發生於富含有機質的土壤或腐木上，通常由蕈傘 (pileus or cap) 及蕈柄 (stipe or stalk) 組成子實體，稱擔子果 (basidiocarp) 或蕈；蕈傘的腹面有多數作輻射狀排列的蕈褶 (gill)，其表面著生許多孢子，孢子掉落在適當的環境，便萌發而產生菌絲，此菌絲的每一細胞都含有一個核。當來自不同交配型 (正 / 負型菌絲) 而含有單核 (monokaryotic) 的菌絲相遇時，雙方的細胞可以結合成為含雙核 (dikaryotic) 的細胞，並發育為含雙核的菌絲，再發育為次級菌絲體 (secondary mycelium)，接著發育為蕈；蕈褶頂端長出擔子柄 (basidium)，細胞中的兩核結合產生合子，便行減數分裂而產生擔孢子 (basidiospores)(圖 8-9)。一個直徑 8 cm 的蕈傘，每小時可以產生近 4000 萬個擔孢子。

有些蕈類的子實體可供食用；如洋菇、草菇、香菇等都是常見的食用蕈類，但毒蕈的種類也不少，其中最毒的是瓢菌，瓢菌含有瓢菌素，只要吃下一個瓢菌，一天之內便可致人於死。毒蕈的蕈柄基部有杯狀之蕈杯，但蕈杯有時藏於地下而不易觀察到。其實，食用蕈與毒蕈很難加以辨識，因此，在未能確認是否屬於食用蕈類之前，切勿採食野生蕈，以免中毒。

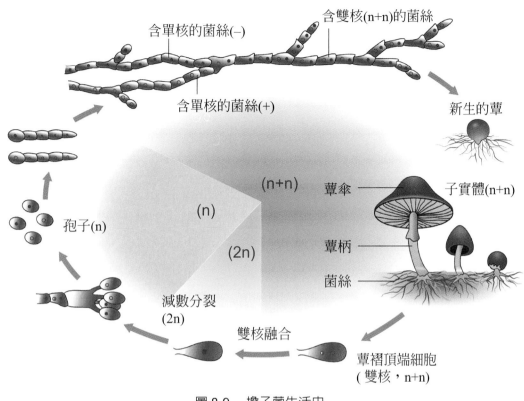

含單核的菌絲(−)

含雙核(n+n)的菌絲

含單核的菌絲(+)

新生的蕈

(n+n)

(n)

(2n)

孢子(n)

蕈傘

子實體(n+n)

蕈柄

菌絲

減數分裂
(2n)

雙核融合

蕈褶頂端細胞
(雙核，n+n)

圖 8-9　擔子菌生活史

(五) 真菌的生態角色

　　真菌和細菌是生物圈的主要分解者，讓元素可以循環利用。真菌是唯一可以分解樹木 (木質素) 的生物體，常常造成植物與動物生病，也造成極大的農業損失。但是，真菌也有很廣泛的商業用途，食用菇類、釀酒、醬油、發酵食品、麵包、抗生素以及工業量產有機物質等。

　　植物的根與特定真菌形成共生系統，稱為菌根 (mycorrhizae)。現存 80% 以上的植物都會產生菌根，重量佔了所有植物根重的 15%。真菌的菌絲增加了根的表面積，提高吸收效率，也提高了礦物質的吸收。

　　地衣 (lichen) 是真菌與光合作用生物的共生體。藍綠菌與綠藻生長在菌絲體層之間，真菌會控制它們的代謝反應，也有人說它們是奴役關係。已知的 15,000 種地衣中，只有 20 種不是與子囊菌共生。地衣常常是拓荒者，可以分解岩石作為先驅植物的生長地點。

8-11 植物界

　　植物界依本章前面之敘述包含了部分藻類 (algae)(綠藻、褐藻及紅藻)、苔蘚植物 (bryophytes)、蕨類植物 (ferns)、裸子植物 (gymnosperm)，及被子植物 (angiosperms)，其演化途徑如圖 8-10。

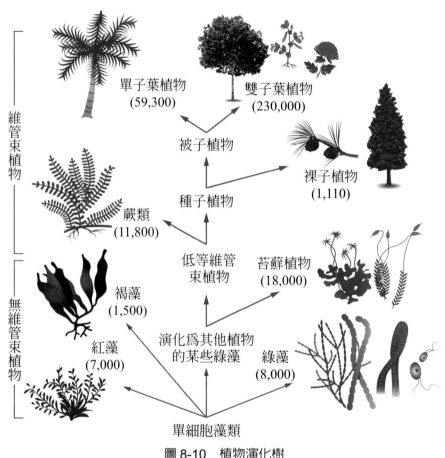

圖 8-10　植物演化樹

植物登陸所面臨的問題

　　藻類植物大多屬於水生植物，故沒有運送水份及養份的問題，因為每個細胞皆可由環境中直接吸取水份及養份。但是到了植物登陸之初，便遇到了兩個問題：

1.　植物體對於水份的吸收和運輸即使有部份細胞吸收到水份，但水份要運送到其它細胞歷時較久。

2.　由於環境較為乾燥，如何保護孢子或配子，並使精子和卵子能夠相遇。

因此，在植物登陸的過程中，為了解決以上的問題，以適應陸地生活。植物分別演化出維管束及胚胎以解決乾燥的問題，並開始分化出專門吸收水分的構造。

(一) 苔蘚植物 (Bryophates)

苔蘚植物是一群較低等的陸生植物，植物體扁平呈葉狀或具有假根、假莖、假葉 (圖 8-11)，因無真正維管束組織，所以個體普遍矮小，且需生存於潮濕的地方如樹幹、葉片、岩壁、石塊、濕地、水池等。為適應陸上生活，苔蘚植物已有較複雜的有性生殖，其受精卵停留在雌性生殖器官內發育成多細胞的胚胎，並自母體中吸收養分與水分，我們稱之為「胚胎植物」(embryophyte)，除了苔蘚植物之外，具有維管束組織的蕨類植物和種子植物也屬胚胎植物。

地錢　　　　　　　　土馬騌　　　　　　　　角蘚

圖 8-11　苔蘚植物：地錢、土馬騌和角蘚

大多數的多細胞植物生活史有明顯的世代交替。圖 8-12 為苔蘚植物的生活史，一為有性世代的「配子體」(gametophyte，n)，另一為無性世代的「孢子體」(sporophyte，2n)，但是苔蘚植物主要以配子體行光合作用，而孢子體很小且寄生於配子體上，與高等的種子植物相反。在我們日常所見到的苔蘚植物，是其配子體。「蘚類」(liverworts) 的配子體具有莖軸和葉狀體之分化，直立生長。所有苔蘚類植物都沒有根，但在葉狀體或莖軸上可長出長形細胞，我們稱之為「假根」，功用如高等植物的「根毛」，可附著在基質上，也可吸收水分及礦物質。

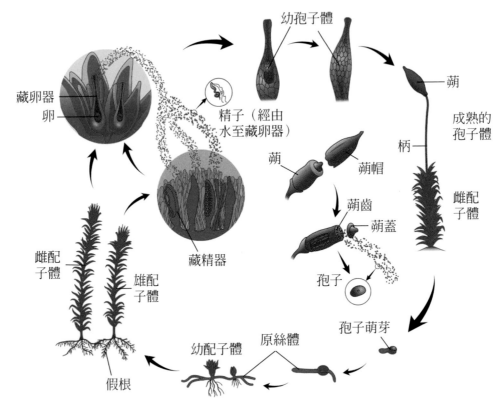

圖 8-12　土馬騌的生活史

　　成熟的配子體會長出藏卵器 (archegonium) 和藏精器 (antheridium)。藏卵器外形很像一個長頸花瓶，每個瓶中有一粒卵細胞。藏精器則呈卵圓形，底下有一支短柄支撐，每個藏精器可產生數萬個精子，在藏精器頂端中央有一小孔，當環境在水濕狀況下，可使藏精器的精子由小孔游出，藉小水滴游泳到藏卵器。當卵子成熟時，藏卵器的頸部會自動打開，並分泌一些特殊化合物吸引精子進入。藏卵器與藏精器的存在位置，依種類不同而有顯著差異。有的藏卵器或藏精器長在配子體的頂端或側枝上，並有各種包被保護 (如土馬騌)，有的則從葉狀體長出傘狀的構造，生殖器就埋在裏面 (如地錢)。有的配子體是雌雄同體，有的是雌雄異體，因種類而異。當環境不適合有性生殖時，配子體還會產生孢芽杯 (gemmae cups)(如地錢)，或由嫩枝處長出新枝來增殖。

　　「孢子體」本身亦有一些綠色細胞可行光合作用，然大多養分仍需依賴配子體供給。其基本構造由「吸足」(foot)、「蒴柄」(seta) 和「孢蒴」(capsule) 三部分所組成。吸足是扮演中間連絡角色，孢子體由此吸收配子體的養分。孢蒴又稱為孢子囊，內含有無數孢子。有的孢子囊的開口處有一圈齒狀物，稱為「蒴齒」(peristome)，其有吸濕作用。有的孢子囊內有螺旋紋狀的長形細胞，稱為「彈絲」(elater)，可以協助孢子的釋放。有些孢子囊本身有局部或環狀加厚，並保留數列薄壁細胞，當孢子囊乾燥時，由這些薄壁細胞處裂開成數瓣，可幫助孢子的散佈與釋放。

(二) 蕨類植物 (Ferns)

　　蕨類植物已經開始有維管束了，由於有維管束，故蕨類可以長的較苔蘚高大，且可生存在較乾燥的地區。蕨類植物的生活史 (圖 8-13) 中產生孢子的無性世代 (孢子體) 越來越發達，而產生配子的有性世代 (配子體) 越來越退化，這種現象與苔蘚植物恰恰相反。

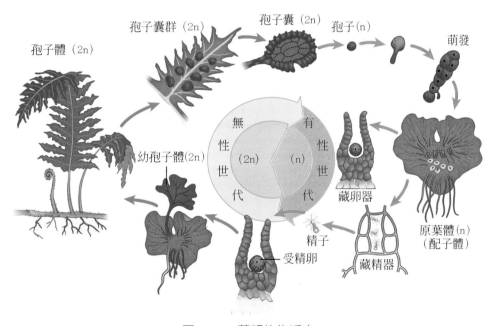

圖 8-13　蕨類的生活史

　　因為蕨類主要是藉由游動的精子繁殖，且配子體無維管束，故蕨類植物一般而言喜歡生長在水分充足的環境，森林底下、陰濕地上、樹幹上、岩壁上，甚至水中。

我們平常看到的蕨類植物體是它的孢子體，孢子體成熟後，就會從葉片上長出成群的孢子囊，大多數的蕨類都將孢子囊群長在葉的背面，少數成穗狀或葡萄狀，還有些種類則有專門生長孢子囊群的葉片。當孢子由孢子囊彈出後，如果遇到適當的環境，就會萌發成配子體。配子體又稱「原葉體」(prothalium)，一般呈心臟形，大都為暗綠色，可以行光合作用而獨立生活。配子體通常在潮濕而陰暗的地面上，少數則藏身於土壤中。配子體上有藏精器和藏卵器，藏精器內孕育精子 (雄配子)，藏卵器內孕育卵子 (雌配子)。精子藉游泳的方式到達藏卵器與卵受精後，長出幼小的孢子體。當孢子體剛長出時，配子體依然存在；可是當孢子體漸長，配子體也就逐漸萎縮而消失。

上述的蕨類植物我們叫它們「真蕨」(ture fern)，另外有一群蕨類植物在外部形態上與真蕨雖然不太像，但生活史大致相同，在演化上比真蕨更原始，這一群低等維管束植物包括了松葉蕨 (*Psilophyta*)、石松 (*Lycopodium*)、卷柏 (*Selaginella*)、水韭 (*Isoetes*) 及木賊 (*Equisetum*) 等，我們稱之為「擬蕨」(fern allies)。

(三) 裸子植物 (Gymnosperm)

在維管束植物中，有一群會結毬果，以種子繁殖後代，毬果缺乏明艷的色彩，胚珠裸露的植物，我們稱之為裸子植物。裸子植物早在古生代末期 (二疊紀) 就已經在地球上出現了。距今約兩億一千萬年前。裸子植物大多為常綠喬木或灌木，只有少數為落葉性喬木。除了最進化的麻黃類之外，木材中均為假導管 (tracheid) 所構成，莖枝內含有樹脂管，裏面充滿樹脂。葉大部分呈狹小的線形、針形、鑿形或鱗片狀，所以一般所說的針葉樹，即是指裸子植物。

裸子植物的毬果大多為單性花，只有少數是兩性花。花粉主要藉由風來傳粉，將花粉送到雌花的胚珠，胚珠直接裸生在大孢子葉上，很少被包起來。受精後胚珠發育成種子，種子內有子葉 2 ～ 15 枚，因此裸子植物也可稱為多子葉植物 (multicotyledons)。在生殖方面，裸子植物由受粉到受精需時甚久。例如日本有一種松屬植物，每年五月左右，雄花的花粉即到達雌花的胚珠上，可是胚珠中的卵細胞尚未發育，必須等到第二年的春天胚珠內藏卵器形成，而六月間才能完成受精作用、等到種子成熟，已是秋天了。所以松類的毬果 (cone) 幾乎都是前一年就開始發育，第二年才成熟 (圖 8-14)。

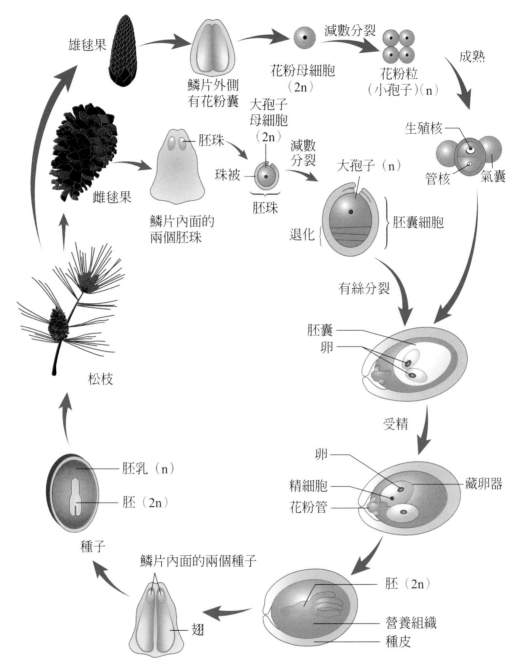

圖 8-14 松樹的生活史

(四) 被子植物 (Angisperms)

不同於裸子植物，所謂的被子植物是種子包被在果實裏頭的，它們的花通常較鮮豔而美麗，這群植物中，種子內具有兩枚子葉的，叫雙子葉植物 (dicot)，若只有一枚子葉則為單子葉植物 (monocot)。植物界由低等到高等的演化過程中，孢子體 (2n) 逐漸發達，而配子體 (n) 逐漸退化 (圖 8-15)。二倍體生物有二套的染色體，不管在

DNA 受傷修復或是基因突變引發疾病上都比單倍體佔有優勢，這也是多數高等生物 (動植物) 都是二倍體的原因。

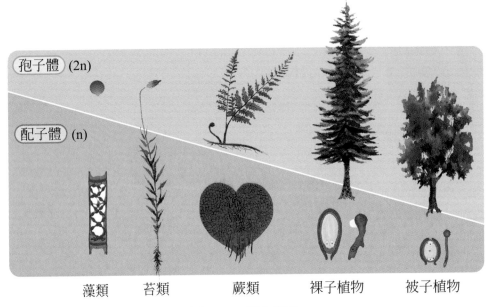

圖 8-15　演化趨勢

1. 雙子葉植物 (dicot)

一般我們常見的植物如蘿蔔、花椰菜、高苣、甘藍等蔬菜，桃、李、梅、蘋果、釋迦、西瓜、橘子等水果，杜鵑、菊花、玫瑰、睡蓮等花卉都是雙子葉植物。雙子葉植物有草本，有木本，有常綠也有落葉，廣泛分布於全世界。

除了具有兩枚子葉的共同特徵外，雙子葉植物還有一些足以供人辨識的特徵，就是根系為軸根系 (taproot system)，幼莖中可見維管束成環狀排列，莖常具清楚的樹皮、木質部和髓部三部分。由於形成層的存在，木質莖中往往有年輪的形成。葉雖形狀大小變化很多，但基本上葉脈為網狀脈。花的構造是雙子葉植物分類的重要依據，雙子葉植物花的各部分通常是四或五的倍數。

2. 單子葉植物 (monocot)

這群植物一般的特徵是，種子常有多量的胚乳 (endosperm)，根為鬚根系 (fibrous root system)；大部分的種類為草本植物，只有少數種類為高大的木本植物，如椰子、竹子、龍舌蘭等。他們的維管組織由多數散生的維管束所組成，且大都沒有形成層的構造，所以莖不會逐年加粗，葉通常平行脈，葉片基部時常變成鞘，葉柄一般不明顯。花的各部分如花萼、花瓣、雄蕊、雌蕊常是三或三的倍數。

大多數種子植物 (包含裸子和被子植物) 有三類主要的組織：基本組織 (ground tissue)、維管組織 (vascular tissue)、表皮組織 (dermal tissue)。

1. 基本組織

基本組織包含薄壁組織細胞 (parenchyma cells)、厚角組織細胞 (collenchyma cells) 與厚壁組織細胞 (sclerenchyma cells)。

2. 維管組織

維管組織通常排列成束，稱為維管束 (vascular bundle)，其內分為木質部 (xylem) 與韌皮部 (phloem)。而單子葉和雙子葉植物的維管束排列方式不同，是分類的依據之一。

木質部由假導管 (tracheids，或稱管胞)、導管分子 (vessel elements)、薄壁組織和厚壁組織組成。主要由假導管與導管分子負責輸送水分和鹽類，二者都有加厚的次級細胞壁，成熟時為死細胞。導管分子上下互相聯通，輸水效率較高；假導管上下封閉，輸水時須要通過壁孔 (pits，或稱紋孔)，輸水效率較差 (圖 8-16)。木質部輸送的動力來源主要來自蒸散作用，其次有毛細作用和根壓來幫助水往上輸送。其中根壓的產生依賴無機鹽類的主動運輸，以及卡氏帶 (Casparian strip) 的阻水功能。

韌皮部由篩胞 (sieve cells)、篩管分子 (sieve tube members)、伴細胞 (companion cells)、纖維和薄壁組織所組成；負責有機養分的輸送，可向上也可向下運輸。裸子植物和低等維管束植物只有篩胞，輸送效率較差。韌皮部的養分運送需要伴細胞幫忙將糖類裝載 (on-loading) 和卸載 (off-loading)，再藉由篩管二端的壓力差來造成液體流動，此即壓力流學說 (pressure flow theory)(表 8-7)。

表 8-7　水分及養分運輸比較

	木質部	韌皮部
運輸能力	蒸散流 (根壓、毛細現象、蒸散作用)	壓力流 (主動運輸、細胞質流)
運輸物質	無機鹽類、水	蔗糖、胺基酸、植物激素
運輸方向	1. 單向向上 2. 壁孔進行側向運輸	1. 單一篩管為單一方向運輸 (向上或向下) 2. 整體篩管為雙向運輸 3. 側篩孔進行側向運輸

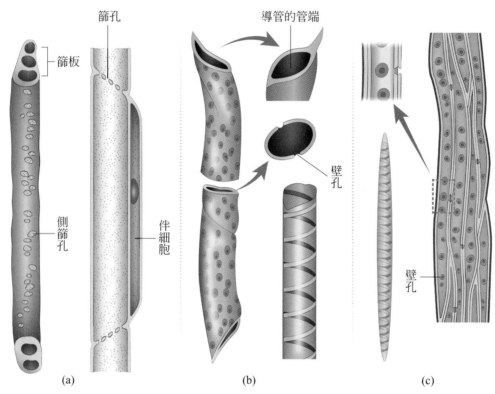

圖 8-16　(a) 篩管；(b) 導管；(c) 假導管

3. 表皮組織

　　表皮組織分布於植物體的體表，由扁平狀的表皮細胞 (epidermal cells) 覆蓋，其外還有蠟質的角質層 (cuticule) 可以防止水分散失。除了表皮細胞之外，還有一些特化的細胞，如：保衛細胞 (guard cells)、根毛 (root hairs) 和毛狀體 (trichomes) 等。

　　被子植物的器官有：根、莖、葉、花、果實和種子。裸子植物沒有花和果實的構造，只有毬果。

1. 根

　　根 (roots) 通常生長於土壤中，可以固定植物體並能自土壤中吸收水與無機鹽類，運送到莖；有些植物會在根中儲藏大量養分形成儲存根，如：地瓜和胡蘿蔔；有些特化根可以吸收空氣中的水分，如：蘭花和榕樹的氣生根；有些特化根會生長進入宿主的維管束中，吸收宿主的水分和養分，如：菟絲子的寄生根。根依生長來源可分：初生根 (primary root)、次生根 (secondary root) 和不定根 (adventitious root) 三種。初生根是由胚之幼苗發育而成，稱為主根 (main root)；次生根由主根分生而成，又稱為支根；

不定根則是由莖或葉部長出。依外部型態，可分為軸根系 (tap root system) 與鬚根系 (fibrous system)。

2. 莖

莖對於植物生存有兩種重要機能：(1) 支持葉片，使它接受日光與空氣；(2) 輸導由根吸收及由葉合成的各種物質，將其運送到需要利用或貯藏的器官。

莖在外觀上分為節 (node) 與節間 (internode)；節上有分生組織，可以分生出葉子、花芽和枝條。部分植物具有特化莖，可以儲存養分和水分，如：馬鈴薯的塊莖、洋蔥的鱗莖及香蕉的地下莖等。

莖依其支撐力量大小可分為木本莖 (woody stem) 和草本莖 (herbaceous stem)。草本莖質地較柔軟，其支持力主要靠細胞的膨壓，如：一年生、二年生或多年生的蔬菜、野草和蘭花。木質莖質地較堅硬，支持力強，主要靠厚壁細胞、纖維與木質部支持，具有次級生長，可逐年長高加粗。木本莖依其外型又可分為喬木 (tree) 和灌木 (shrub)。喬木可長至數十公尺高，主幹明顯，如：榕樹、樟樹等。灌木通常只有數十公分至數公尺高，分枝多，無明顯主幹，如：茶樹、杜鵑花等。藤本 (vine) 植物會攀附在其他植物體上，可分為木質藤本 (如：葡萄) 和草本藤本 (如：牽牛)。

3. 葉

葉子的主要功能是行光合作用，製造植物體所需的養分；蒸散作用也主要發生在葉片。葉著生在莖的節上，一個節上只長一片葉子，稱為互生；每個節長出二片相對的葉子，稱為對生；每個節長出三片以上的葉子，稱為輪生。若節間很短，葉片叢集在一起，稱為叢生。

4. 花、果實、種子

種子植物可以藉由花粉管完成受精作用並產生種子，使其在乾燥的陸地環境中取得優勢。其中，被子植物除了透過花色和花蜜來吸引動物幫助傳粉外，更可產生果實保護種子，並吸引動物幫助散布種子，增加繁殖上的優勢。雖然有性生殖有許多優點，但種子植物也常常進行無性生殖。

完全花包括花萼 (calyx)、花冠 (corolla)、雄蕊 (stamens)，及雌蕊 (pistil) 或稱心皮 (carpel) 等四個部位，四者中缺乏任何一部分則成為不完全花，例如：白楊、柳樹

等雌雄異株的植物。花冠是由花瓣 (petal) 集合而成；花萼是由萼片 (sepals) 集合而成；花萼與花冠合稱花被 (perianth)；雌蕊與雄蕊合稱花蕊。雌蕊頂端為柱頭 (stigma)，下接花柱 (style)，膨大部分為子房 (ovary)。子房內有一至多室，每室生有一個或多個胚珠 (ovules)。雄蕊包括花藥 (anthers) 及花絲 (filament)；花藥內有藥瓣 (antherlobe)，每個藥瓣內有花粉囊 (pollen sac)，囊內生有許多花粉母細胞 (pollen mother cell)，經減數分裂形成花粉粒 (pollen grains)。

當發育成熟時，花粉囊裂開，此時花粉粒經由媒介傳至大蕊柱頭 (stigma)，稱為受粉 (pollination)。同花或同株植物之花授粉者稱自花受粉 (self pollination)，如番茄、碗豆；同種異株間受粉者稱為異花受粉 (cross pollination)，後者多為風媒或蟲媒花。當傳粉到大蕊柱頭，即黏附在柱頭的分泌物中，吸收養分而萌發，向外突出一細長的花粉管 (pollen tube)，穿越珠被 (integument) 而達胚囊 (embryo sac)，此時管內兩個精核分別與卵細胞及二極核結合，此即被子植物獨有的雙重受精作用 (double fertilization)。精核與卵結合，發育成為胚(embryo，2n)；另一精核(1n)與二極核(1n+1n)結合，形成胚乳核 (endosperm nucleus，3n)，發育成胚乳 (endosperm，3n)。

受精後，胚珠 (ovule) 發育為種子 (seed)，種子包括種仁及種皮；胚和胚乳合稱種仁 (seed kernel)，珠被 (integument) 則形成種皮 (seed coat)；子房壁 (ovary wall) 發育為果皮 (pericarp)，果皮與種子合稱果實 (fruits)。

果實之種類頗多，通常為保護種子、散布種子或貯藏水分與養分，產生不同的外型。若果實純粹由子房發育而來的稱之為真果；若發育自萼片、花瓣或花托等其他部分者則稱為假果，如：蘋果、梨。

另外，果實依其發育起源可分成三類型：單果、聚合果和多花果。單果 (simple fruits) 是由單一個雌蕊的花發育而成，如櫻桃；聚合果 (aggregate fruits) 是從由多個雌蕊的花發育而來，如草莓；多花果或稱複果 (multiple fruits) 是由多數花朵聚集生成，如鳳梨。果實也依水分的多寡與軟硬程度而分為乾果 (dry fruits) 和肉果 (fleshy fruits)，乾果的成熟果實含有乾硬的組織，可藉風和動物散布；肉果的成熟果實是軟而多肉的，經鳥類、哺乳動物和其他動物吃下後，種子通過動物的消化道，在另外一個新的地方遺落時，便達到種子散播的目的。

種子 (seed) 包括種皮 (seed coat) 與種仁 (kernel)，種仁又分胚 (embryo) 和胚乳 (endosperm)。稻、麥、玉蜀黍等種子的種仁，包括胚和胚乳兩部，稱之為有胚乳種子 (albuminous seed)；大豆、碗豆及瓜科植物等的種仁，因胚之形成過程中，已將胚乳消耗，故成熟的種仁中，只見胚而不見胚乳，稱之為無胚乳種子 (exalbuminous seed)，但其子葉發達，可貯藏養分，供種子萌發時之用。胚為種子中的主要部位，發育為上胚軸 (epicotyl)、下胚軸 (hypocotyl) 和子葉 (cotyledon)。

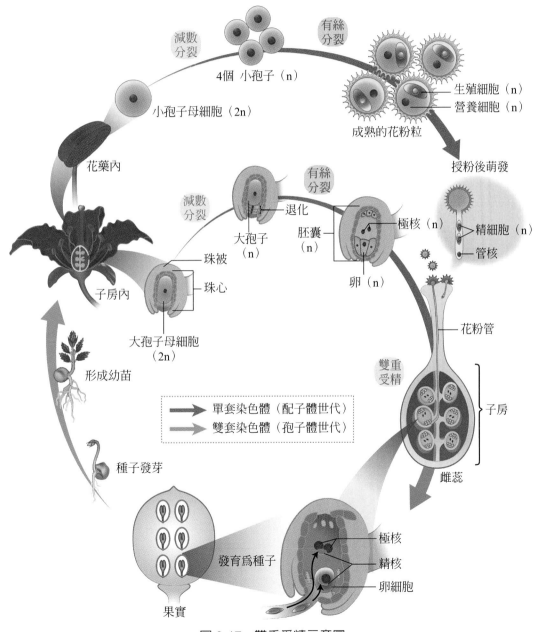

圖 8-17　雙重受精示意圖

8-12　動物界 (Kingdom Animalia)

　　動物界的生物種類繁多，經分類學家鑑定有學名者總數約 152 萬種以上 (Zhang，2013)，其中有部分已滅絕但仍有些尚未被命名者。本節只扼要地討論少數較具代表性或在演化或生態上十分重要的例子，由於動物的形態、色彩、構造千變萬化，故分類上多依各種特徵的組合，而較少依據一些表面的特性。

(一) 動物的特徵

1. 動物皆為真核多細胞生物。
2. 除最簡單的動物 (海綿) 外，細胞表現出分工的現象，產生一定的體制、組織、器官與系統。
3. 除少數的種類行固著生活外，在生活史上某段時期具有移動的能力。
4. 動物為異營性 (heterotrophic)，必須依賴攝食 (ingestion) 與消化 (digestion)，或吸收其他生物產生的溶解性物質。
5. 大部份動物有分化良好的感覺 (sensory) 和神經 (nervous) 系統，以便對外界刺激作出適當的反應。
6. 大部分動物行有性生殖，具有大而不能動的卵與小而可游動的精子。受精卵或結合子經由一連串胚胎發育成幼蟲 (larva) 或成熟的個體。

(二) 動物分類的標準

　　動物界是一個單系群，有著共同的祖先。傳統的分類標準以同源器官為主，生理、生化的特徵為輔；現今多改以演化特徵和分子證據來分類。重要的演化特徵有對稱性、個體胚層的數目、體腔之有無、消化道的特徵及其開口、分節與否等。

1. 同源的基礎

　　有些動物的構造，其外形或功能各有不同，例如鯨的鰭、蛙的前肢、人的上肢、鳥及蝙蝠的翼等，但其內部骨骼的排列以及發育的過程卻相同，都源始於共同祖先的同一構造，且過去曾為同一基因所控制，這些器官稱為同源器官 (Homologous organs) (圖 8-18)。

2. 生理和生化的基礎

　　美國 康乃爾大學的施比利 (Charles Sibley) 研究各種鳥類的卵蛋白，發現其化學性質各有不同，因而確定鳥在分類上的親緣關係。因此，生化方法亦可為動物分類上

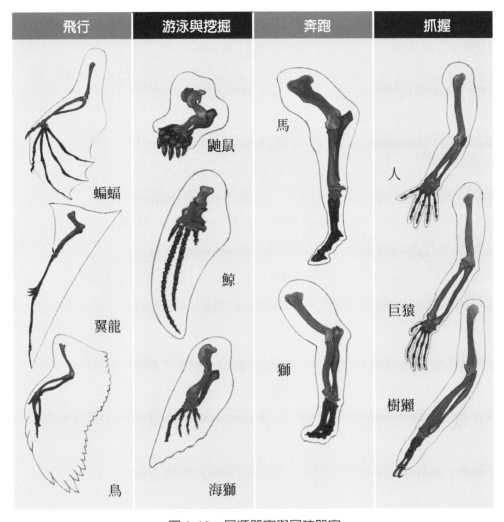

| 飛行 | 游泳與挖掘 | 奔跑 | 抓握 |

蝙蝠

翼龍

鳥

鼴鼠

鯨

海獅

馬

獅

人

巨猿

樹獺

圖 8-18　同源器官與同功器官

的一種標準。如染色體的數目與形式、共有的特殊蛋白質，如血球蛋白 (hemoglobin) 的胺基酸順序分析、蛋白質的免疫特性 (immunological property)、核酸的鹼基順序 (base sequence) 和雜交係數 (hybridization coefficient)、身體部分物理測量的電腦分析及其他相似性或相異性的考慮等，皆可作為分類的依據。

(三) 動物分類階層的舉例

人的學名 *Homo sapiens L.*

界	門	亞門	綱	亞綱	目	科	屬	種
動物界 Animalia	脊索動物門 Chordata	脊椎動物亞門 Vertebrata	哺乳綱 Mammalia	真獸亞綱 Eutheria	靈長目 Primates	人科 Hominidae	人屬 Homo	人種 sapiens

(四) 動物界的分門

動物有百萬種以上,其中有部分已經絕滅。學者將其分 10 ～ 20 門,甚至有分為 34 門者,現存動物現以最簡方式,依其構造和機能之複雜性,由簡而繁,列出如下:

無脊椎動物 (Invertebrates)

1. 多孔動物門 (Porifera),例如:海綿 (Sponges)
2. 刺胞動物門 (Cnidaria),例如:水螅 (hydra)、海葵、水母。
3. 櫛水母動物門 (Ctenophora),例如:櫛水母 (comb Jelly)。
4. 扁形動物門 (Platyhelminthes),例如:渦蟲 (planaria)、條蟲 (tapeworm)。
5. 紐形動物門 (Nemertea),例如:絲蟲 (ribbon worms)。
6. 線蟲動物門 (Nematoda),例如:蛔蟲 (Ascaris)、旋毛蟲、血絲蟲。
7. 輪蟲動物門 (Rotifera),例如:輪蟲。

原口動物

8. 軟體動物門 (Mollusca),例如:烏賊 (Squid)、蝸牛、蛞蝓、蛤蚌
9. 環節動物門 (Amelida),例如:蚯蚓 (earthworm)、水蛭。
10. 有爪動物門 (Onychophora),例如:Peripatus (Walking worm) 具有環節與節肢動物的特徵。
11. 節肢動物門 (Arthropoda),例如:蝶、蝗、蝦、蜘蛛、蠍。

後口動物

12. 棘皮動物門 (Echinodermata),例如:海參 (Sea cucumber)、海星、陽遂足、海膽。
13. 半索動物門 (Hemichordata),例如:樂實蟲 (acorn worm)。
14. 脊索動物門 (Chordata),此門分為三亞門:
    (a) 尾索動物亞門 (Urochordata),例如:海鞘 (Sea squirts)。
    (b) 頭索動物亞門 (Cephalochordata),例如:文昌魚 (Amphioxus)。
    (c) 脊椎動物亞門 (Vertebrata),例如:魚、蜥蜴、蛙、鳥、馬、猴、人。

(五) 主要代表性動物間的演化關係

上述諸門為動物界中較具代表性的門,至於這些動物間概略的種系發生架構如圖 8-19 所示。

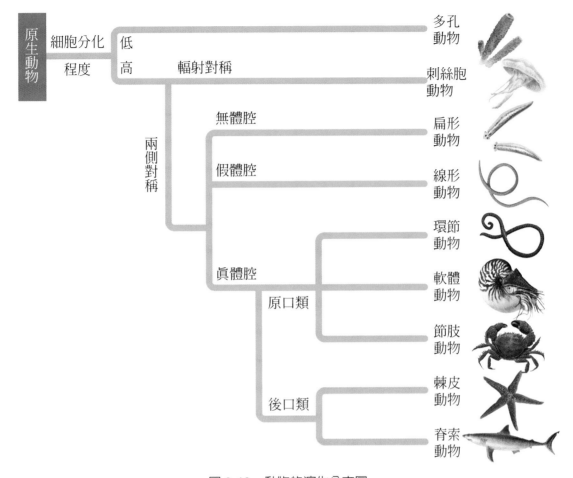

圖 8-19　動物的演化分支圖

(六) 重要的演化特徵

輻射對稱 (radial symmetry)：沿著中軸整齊排列成圓形的體型。

兩側對稱 (bilateral symmetry)：通過身體中軸，只能分割為均等的兩半。

假體腔 (pseudocoelomates)：在中胚層與內胚層間形成的體腔。

真體腔 (coelomates)：在中胚層內形成且完全以中胚層為襯裡。(圖 8-20)

原口動物 (protostomes)：在胚胎發育初期，一組細胞內凹形成一個開口稱為原口 (blastopore)，此開口最後發育成為成體的口 (嘴巴)。(圖 8-21)

後口動物 (deuterostomes)：此類動物其原口發展成為成體的肛門，而嘴巴在胚胎發育的後期才形成。

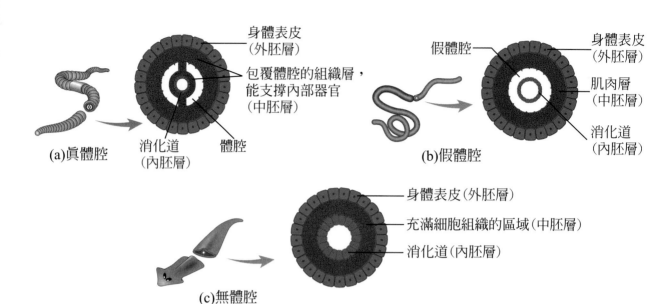

(a)真體腔　身體表皮（外胚層）　包覆體腔的組織層，能支撐內部器官（中胚層）　消化道（內胚層）　體腔

(b)假體腔　假體腔　身體表皮（外胚層）　肌肉層（中胚層）　消化道（內胚層）

(c)無體腔　身體表皮（外胚層）　充滿細胞組織的區域（中胚層）　消化道（內胚層）

圖 8-20　體腔形式

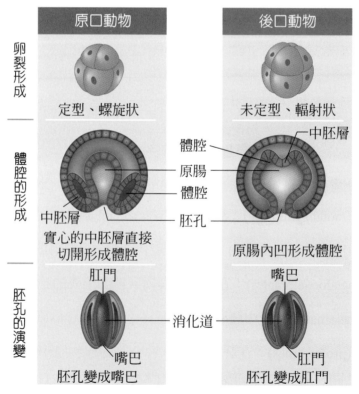

圖 8-21　原口動物與後口動物

(七) 各動物門簡介

1. 多孔動物門 (Porifera)

又稱海綿動物門 (Spongia)。種類約有
10,800 種，無組織、無器官、無體腔、無循
環系統、無神經系統，成熟的個體固著於岩
石或貝殼表面，行過濾式進食，大多數生活
於海水，少數生活於淡水環境。海綿動物的
個體具有襟細胞 (choanocyte)、骨針 (spicule)
及孔細胞 (porocyte)。

圖 8-22　海綿

2. 刺胞動物門 (Cnidaria)

又稱腔腸動物門 (Coelenterata)。種類
約有 16,000 多種，有組織分化、無臟器、
無體腔、無循環系統，開始出現消化腔，稱
為胃循環腔 (gastrovascular cavity)，有神經
網及感覺器分布體表，輻射對稱，水生，多
數行固著生活，肉食性，觸手上具有刺細胞
(cnidocyte)，受刺激時，會射出帶刺絲狀物，
藉以捕食和禦敵。部分種類的刺細胞帶有劇
毒，例如：僧帽水母 (*Physalia physalis*)。

圖 8-23　僧帽水母

3. 櫛水母動物門 (Ctenophora)

目前已知不到 100 種。與缽水母相似，身體透明，由內、外胚層組成，中膠層
很發達，內有肌纖維，體表具櫛帶，不具刺細胞，只有粘細胞。例如：櫛水母 (comb
jelly)。

4. 扁形動物門 (Platyhelminthes)

目前已知約 29,500 種。無環節、
兩側對稱、有三胚層、無體腔、無呼吸
系統、無循環系統、有口無肛門的動物，
必須保持身體扁平，以使氧氣及養料能
夠透過擴散作用來吸收。許多吸蟲和條
蟲會寄生於脊椎動物的腸內。例如：廣
頭地渦蟲 (Bipalium kewense)。

圖 8-24　廣頭地渦蟲

5. 紐形動物門 (Nemertea)

目前已知約 1,200 種，兩側對稱，三胚層，出現器官系統，但尚無體腔，是一類具吻 (proboscis) 而長帶形動物，絕大多數爲海洋底棲生活，只有小體紐蟲 (Prostoma) 屬在淡水環境生活。例如：絲蟲 (ribbon worms)。

6. 線蟲動物門 (Nematoda)

目前已知約 25,000 種，假體腔動物，有體腔液，但無體腔膜，具完整的消化道，即有口及肛門。絕大多數體型小，體長一般不超過 2.5 mm，也可達 7 mm，寄生種類更長達 1 m，體成圓柱形，兩端略尖，身體不分區，因此又稱爲圓蟲 (round worm)。種內數量很多，生活方式多樣，分解者、獵食者或寄生者。廣泛分布於海洋、淡水、土壤、溫泉、沙漠、海底。例如：蛔蟲 (Ascaris)、旋毛蟲、血絲蟲。

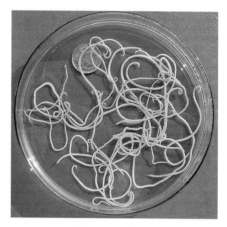

圖 8-25　蛔蟲

7. 輪蟲動物門 (Rotifera)

又稱輪型動物門，目前已知約 2,000 種，假體腔動物，有體腔液，但無體腔膜，具完整的消化道 (有口及肛門)。主要是淡水生活，身體前端有一個具纖毛的輪盤 (trochaldisc)，具有運動功能，而且是分類的重要特徵。體長在 0.5 mm 以下，最大可達 3.0 mm 左右。

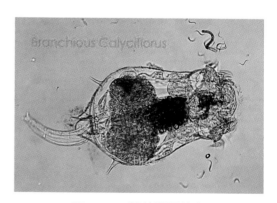

圖 8-26　萼花臂尾輪蟲

8. 軟體動物門 (Mollusca)

目前已知超過 107,000 種，三胚層，兩側對稱，具有真體腔的動物。體結構分爲頭、足、內臟團和外套膜四部分，身體柔軟，無內骨骼。具有完整的消化道，出現了呼吸與循環系統，例如：烏賊 (squid)、蝸牛、蛞蝓、蛤蚌。物種豐富度在海洋生物中排第一。一般分成 10 個綱，大約 80% 的軟體動物屬於腹足綱 (Gastropoda)。

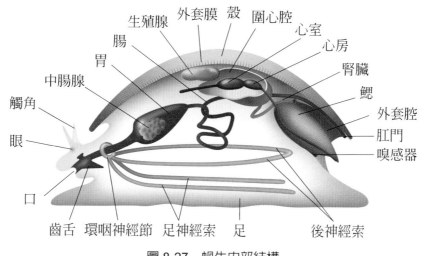

圖 8-27　蝸牛內部結構

9. 環節動物門 (Amelida)

目前已知約有 17,000 種，三胚層，兩側對稱，具真體腔、閉鎖式循環系統及鏈式神經系統，身體出現分節現象 (metamerism)，每一節具有相似的內部構造，分節可以增加身體的彎曲及伸縮性，例如：蚯蚓 (earthworm)、水蛭。

10. 有爪動物門 (Onychophora)

目前已知約 200 種，具有環節與節肢動物的特徵，體呈蠕蟲狀或長圓柱形，分為頭部與軀幹部，體長在 1.5 ～ 15 cm 之間。例如：櫛蠶 (Peripatus ; walking worm)。

圖 8-28　櫛蠶 (*Peripatus*)

11. 節肢動物門 (Arthropoda)

目前已知約 1,257,000 種，是世界上種類最多，數量最大，分布也最廣的一類。異型分節 (heteronomous metamerism)，身體分節，附肢也分節，軀幹分為頭、胸、腹三部分，頭部一般具感覺及攝食的功能，胸部主要為運動，腹部是生殖及代謝中心功能。每個體節有一對附肢，具外骨骼 (exoskeleton)，成長過程需要經歷蛻皮。循環系統為開放式，心臟為管狀或塊狀。一般分為四個類群：

1.　螯肢亞門 (Chelicerata)：身體分為頭胸部 (cephalothorax) 與腹部，無觸角，頭胸部第一附肢，形成螯狀，故稱螯肢 (chelicerae)，例如：蜘蛛、蠍子。

2.　甲殼亞門 (Crustacea)：型態多樣化，大多生活在海洋，少數在淡水及陸地，但不能脫離潮濕環境。具兩對觸角，體節數多且不固定，有些種類頭部體節與胸部體節癒合成頭胸部，例如：蝦、蟹。

3. 多足亞門 (Myriapoda)：包含了馬陸及蜈蚣等，多足類有超過 13,000 個物種，都是陸地動物。大多棲息在潮濕的森林中，以腐敗的植物為主食，在分解植物的遺體上扮演重要的角色，只有少數是掠食者。

4. 六足亞門 (Hexapoda)：包括昆蟲綱 (Insecta) 和三個較小的類群。昆蟲是世界上最繁盛的動物，已發現超過 100 萬種，幾乎分布於地球上的每一個角落，只有海洋未被入侵。昆蟲的主要特徵是身體區分為頭 (head)、胸 (thorax) 和腹 (abdomen) 三部分。頭部有一對觸角，一對複眼及三對附肢構成的口器。胸部三節，具三對足，通常中、後胸各有一對翅 (wing)。腹部 11 節，無附肢，但在 8～11 節，常有交尾和產卵的結構。昆蟲的發育，通常經過卵 (egg)、幼蟲 (larva)、蛹 (pupa) 及成蟲 (adult) 階段。

昆蟲之所以在地球取得如此優勢，有以下幾點因素：

① 昆蟲外骨骼都具有蠟質層包裹整個身體，可以防止體內水分蒸發，使其適應陸地活動；

② 昆蟲具有兩對或一對能飛翔的翅，增加了其生存及擴散的機會，更有效逃避敵害；

③ 很小的體型，只要極少量食物即可滿足生長發育的需要，也利於隱藏，躲避敵害，方便攜帶並進行傳播擴散；

④ 強大的生殖能力與短的生活週期，環境不利時，可以休眠或滯育；

⑤ 發育中經過變態，因為變態使各蟲態之間，有效利用和協調有利與不利的外界環境，而保證了自身的發育；

⑥ 昆蟲在結構與生理方面的多樣性，使它們能在各種環境條件下適應與生存。

此外，昆蟲在生態扮演著很重要的角色。蟲媒花需要得到昆蟲的幫助，才能傳播花粉。而蜜蜂採集的蜂蜜，也是人們喜歡的食品之一。昆蟲是蜥蜴、青蛙、小型鳥類的重要食物來源。在東南亞和南美的一些地方，昆蟲本身就是當地人的食品。

12. 棘皮動物門 (Echinodermata)

目前已知約 7,500 種，為後口動物，真體腔，開放式循環系統，輻射型神經系統，幼蟲為兩側對稱，成體為五輻射對稱 (pentamerousradial symmetry)，全部在海洋底棲生活，例如：海參 (Sea cucumber)、海星、陽隧足、海膽。棘皮動物特有的結構是水管系統和管足，用於移動、攝食及呼吸，也是一種感覺器官。

13. 半索動物門 (Hemichordata)

目前已知約 100 種，全部生活於海中，後口動物，身體多呈蠕蟲狀，以前將它們的口索視同脊索，但是近來發現：口索與脊索既非同功，又非同源器官，而且半索動物有許多無脊椎動物的特徵，因此列為無脊椎動物的一門。分為腸鰓綱 (*Enteropneusta*) 和羽鰓綱 (*Pterobranchia*)。

14. 脊索動物門 (Chordata)

此門分為三亞門：

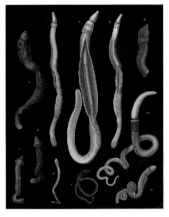

圖 8-29　柱頭蟲 (腸鰓綱)

1. 尾索動物亞門 (Urochordata)，例如：海鞘 (Sea squirts)。
2. 頭索動物亞門 (Cephalochordata)，例如：文昌魚 (Amphioxus)。
3. 脊椎動物亞門 (Vertebrata)，例如：魚、蜥蜴、蛙、鳥、馬、猴、人。

脊索動物體制為兩側對稱 (bilateral symmetry)、背方有脊索 (noto-chord)、咽部有鰓裂 (gill slites)、背神經索 (nerve cord) 擴延成腦、脊柱 (vertebra) 位於消化管腹側。

上述的各門動物中，除脊椎動物外，餘均缺乏脊椎骨組成的脊柱，稱為無脊椎動物 (invertebrate)。常見的魚類、兩生類、爬蟲類、鳥類和哺乳類都有脊椎骨組成的脊柱，均屬脊椎動物 (vertebrate)。

魚類 (fishes) 為水棲脊椎動物，其體形似紡錘形，適於水中生活。身體分頭、軀幹及尾三部分，外被鱗片。四肢成為鰭，用鰓呼吸。骨骼有軟骨性與硬骨性兩種。前者如鯊魚 (shark)，後者如鱸魚 (Perch)、鯉魚 (carp) 等。魚類雌雄異體，多卵生 (oviparous)，間或卵胎生 (ovoviparous)。在脊椎動物中，以魚類種類最多，幾佔全部脊椎動物的一半。

蛙是兩生類 (amphibia)，其幼體稱為蝌蚪 (tadpoles)，用鰓呼吸，適於水中生活。蝌蚪經變態後，尾部消失，並改用肺呼吸，適於陸上生活。這樣一生中經過水陸兩種生活的動物，稱之為兩生類動物 (amphibia)。

蜥蜴 (lizard)、蛇、龜和鱷魚 (crocodile) 為爬蟲類 (reptilia)。此類動物的身體均被鱗片或甲，終生以肺呼吸。缺乏體溫調節機構，天熱時體溫增高，代謝作用進行迅速，個體活潑；天冷時體溫降低，代謝作用亦降低，行動亦遲鈍。這種體溫隨環境而改變的動物，稱為變溫動物 (poikilothems)。

鳥類 (aves) 是適於飛行的恆溫動物，體外被有羽毛，骨骼輕，前肢特化為翼，可用於飛翔。有些鳥類不會飛，例如鴕鳥 (ostrich)，其翼已退化，但有強壯而善於行走的腿；南極的企鵝 (penguin)，其前肢似鰭，可用於游泳。

哺乳類 (mammals) 是最高等脊椎動物。一般主要特徵是體表被毛、體溫恆定，雌體有乳腺、能產生乳汁餵哺幼兒，大多數哺乳動物的胎兒在母體子宮內發育時，所需要的營養由胎盤 (Placenta) 供給，胎盤是胎兒的一部分組織與母體的一部分組織聯合而成。胎兒所需的營養及 O_2 由胎盤供給，胎兒代謝所產生的廢物亦經由胎盤排出，因此幼體出生時，已經發育良好，獲得較高的生存機會。通常所見的牛、羊、馬都屬於胎盤哺乳類 (placental mammals)。哺乳動物約有 5,500 種，約 1,200 屬，153 科，29 目，可分為：

(1) 原獸亞綱 (Prototheria)：為原始卵生的哺乳類仍保留有許多爬蟲類的特徵，如卵生和泄殖腔 (cloaca)。多數種類滅絕，殘存的僅有單孔目 (Monotremata) 鴨嘴獸和針鼴二種，分布於澳洲、塔斯梅尼亞及新幾內亞等地。

(2) 後獸亞綱 (Metatheria)：為有袋的哺乳類，母獸腹面由皮膚褶裝所成的腹囊或育兒袋 (marsupium)，乳頭開口於袋內，胎兒沒有胎盤，不能得到充分的營養而早產，無毛保護，亦無眼和耳，但有發育良好的嗅覺器官和發育完善的前腳，爬入袋內吸吮乳汁直到發育完全，約 70 天後，才敢冒險出袋小遊。種類很多，均屬於有袋目 (Marsupiala)，現存於澳洲地區的袋鼠 (kangaroo)、無尾熊、塔斯梅尼亞狼等。存於美洲的有袋類和負子鼠。

(3) 真獸亞綱 (Eutheria)，或稱胎盤哺孔類：最主要的特徵為胎盤 (placenta) 的形成。胎兒在母體子宮內發育，由胎盤供給營養。胎盤由一部份的胎兒組織與一部份的母體組織共同形成，胎兒經由胎盤取得養分和氧氣並排除廢物。

(a)   (b)   (c)

圖 8-30   (a) 鴨嘴獸、(b) 針鼴、(c) 負子鼠

本章複習

8-1 分類的意義

■ 最早為生物體進行分類的是 2000 多年前的希臘哲學家亞里士多德 (Aristotle)，他將生物分為植物和動物，動物又分成陸生、水生與空中生活的種類，植物也分三類。

■ 1750 年左右，瑞典生物學家林奈 (Carolus Linnaeus，1707 ～ 1778) 提出二名法 (binomials)，解決了生物命名和分類的問題。

8-2 分類學之目的

■ 主要目的有以下五點：
- 製作出世界生物誌 (包含動物誌、植物誌等)。
- 找出好的方法來鑑定物種，並能清楚的讓其它人了解。
- 產生一個一致的分類系統。
- 能了解生物體之間的演化關係。
- 正確的鑑定生物體，包含命名及記載所有現存或化石生物。

8-3 種的觀念

■ 「種」的定義：一個生物族群，他們在構造和功能上相同，有相同的祖先，在自然狀態下可交配而繁衍後代，且後代具有生殖力，則稱為同種。

■ 不同物種之間無法交配、交配後無法產生後代、或者產生了後代卻無生育力等，這些現象就是所謂的生殖隔離 (reproductive isolation)。新物種的產生過程也就是生殖隔離的建立歷程。

8-4 生物的名稱

■ 生物的名稱可分為兩大類，即俗名和學名。

■ 林奈提出「二名法」—取分類層級的「屬名」加上「種名」成為正式「學名」，此種生物學名便成為後來國際上通用之命名法。二名法有以下幾點特性：
- 生物之學名以「拉丁文」或「拉丁化希臘文」記載。
- 學名分成三大部份，即「屬名」+「種名」+「命名者」。通常命名者隱藏不寫。
- 屬名第一個字大寫，學名書寫時要以斜體字或劃底線表示。
- 生物體之發現者有命名優先權，即命名者提出之適當名稱為正式學名，而其它名稱則不予採用。

8-5 分類系統

■ 林奈對分類學第二個貢獻，是對生物的分類以一種共有特徵漸增的層級分類法，七個分類階層依序為：界－門－綱－目－科－屬－種。

8-6 生物的分類

■ 1969 年，惠特克 (Whittaker) 依據細胞形態、營養、生殖及運動方式等差異將生物分成五個界：原核生物界 (Monera)、原生生物界 (Protista)、真菌界 (Fungi)、動物界 (Animalia) 和植物界 (Plantae)。

■ 種系發生學 (phylogenetics) 是一門涉及描述和重建物種 (或更高分類單元) 之間遺傳關係模式的學科。

■ 1950 年，分類學家威利•漢尼格 (Willi Hennig) 提出了一種根據形態學來確定種系發生樹的方法，此方法是根據生物的共有衍生特徵 (synapomorphies) 對生物進行分類，被稱為支序分類學 (cladistics)。

8-7 古細菌域

■ 古細菌域只有一個古細菌界，與真核生物有共同祖先。它們的細胞壁缺乏聚糖，具有插入子，醚鍵構成的脂質膜，蛋白質與生化反應都較類似真核生物。

■ 古細菌生活在地球極端的環境中，可分為三類：產甲烷菌 (methanogens)、嗜極端古細菌 (extremopiles) 和非極端古細菌 (nonextreme archaea)。

8-8 真細菌域

■ 細菌體內水分占 90%，有小液胞、核糖體、貯存粒 (肝糖、脂肪與磷酸化物)，中質體 (mesosome)一細胞膜內褶，進行代謝。一般常區分為三大類，即球菌、桿菌和螺旋菌。

■ 幾乎所有的原核生物都有細胞壁，但其細胞壁主要為肽聚糖 (peptidoglycan) 所構成。

8-9 原生生物界 (Kingdom Protista)

■ 原生生物分成三大類，即藻類、原生菌類、原生動物類。

■ 藻類一般被認為最原始、結構最簡單的植物，其體內沒有維管束組織，也沒有真正的根、莖、葉的分化；不會開花，不會結果，生殖器官也無特化的保護組織，常直接由單一細胞形成配子或孢子；所形成之受精卵或幼小個體也無任何母體的

保護，就直接發育生長於環境中，沒有所謂「胚胎」的構造，是屬於「無胚胎」植物。

■ 藻類的無性生殖有分裂生殖、孢子生殖及裂片生殖；有性生殖則有同型、異型配子結合，以及接合生殖。有的大型藻類具有明顯的世代交替，如石蓴的配子體及孢子體均可獨立生長，故有人認為綠藻可能是植物的祖先。

■ 原生動物主要包含一些異營性生物。這些異營性生物主要以細菌，其它原生生物或一些有機碎屑為食，亦有一些是以寄生為主的。

■ 原生動物依運動方式分為五個門：鞭毛蟲門、肉足蟲門、纖毛蟲門、吸管蟲門、孢子蟲門。

■ 原生菌類主要為黏菌和水黴菌，形態與真菌相似。

■ 黏菌 (slime mold) 大多生長於陰濕的土壤、枯木、腐葉或其它有機物上。其生活史主要可以分成變形體 (plasmodium) 和子實體 (fruiting body) 兩階段。

8-10　真菌界 (Kingdom Fungi)

■ 真菌無葉綠素，不能自製養分，但可由細胞膜吸收外界之養分。多數菌體由菌絲 (hyphae) 構成，菌絲有明顯的細胞壁，頂端產生孢子囊 (sporangia)、以孢子繁殖，行寄生 (parasitic) 或腐生 (saprobic) 的異營生活。

■ 2018 年，Tedersoo 等人以 DNA 序列為基礎，總共將真菌分為九大類群，共計十八個門，常見的有壺菌、接合菌、子囊菌、擔子菌。

■ 植物的根與特定真菌形成共生系統，稱為菌根 (mycorrhizae)。真菌的菌絲增加了根的表面積，提高吸收效率，也提高了礦物質的吸收。

8-11　植物界

■ 植物界包含了部分藻類 (algae)(綠藻、褐藻及紅藻)、苔蘚植物 (bryophytes)、蕨類植物 (ferns)、裸子植物 (gymnosperm)，及被子植物 (angiosperms)。

■ 苔蘚植物是一群較低等的陸生植物，植物體扁平呈葉狀或假根、莖、葉之別，因無真正維管束組織，所以個體普遍矮小，且需生存於潮濕的地方。

■ 蕨類植物由於有維管束，故蕨類可以長的較苔蘚高大，且可生存在較乾燥的地區。

■ 蕨類主要是藉由游動的精子繁殖，且配子體無維管束，故蕨類植物一般而言喜歡生長在水分充足的環境。

- 在維管束植物中，有一群會結毬果，以種子繁殖後代，毬果缺乏明豔的色彩，胚珠裸露的植物，稱之為裸子植物。

- 裸子植物的毬果大多為單性花，只有少數是兩性花。花粉主要藉由風來傳粉，將花粉送到雌花的胚珠，胚珠直接裸生在大孢子葉上，很少被包起來。受精後胚珠發育成種子，種子內有子葉 2 ～ 15 枚，因此裸子植物也可稱為多子葉植物 (multicotyledons)。

- 被子植物是種子包被在果實裏頭的，它們的花通常較鮮艷而美麗，這群植物中，種子的胚其有兩枚子葉的，叫雙子葉植物 (Dicot)，若只有一枚子葉則為單子葉植物 (Monocot)。

- 大多數種子植物 (包含裸子和被子植物) 有三類主要的組織：基本組織 (ground tissue)、維管組織 (vascular tissue)、表皮組織 (dermal tissue)。

- 被子植物的器官有：根、莖、葉、花、果實和種子。裸子植物沒有花和果實的構造，只有毬果。

8-12 動物界 (Kingdom Animalia)

- 動物界是一個單系群，有著共同的祖先。傳統的分類標準以同源器官為主，生理、生化的特徵為輔；現今多改以演化特徵和分子證據來分類。重要的演化特徵有對稱性、個體胚層的數目、體腔之有無、消化道的特徵及其開口、分節與否等。

- 有些動物的構造，其外形或功能各有不同，例如鯨的鰭、蛙的前肢、人的上肢、鳥及蝙蝠的翼等，但其內部骨骼的排列以及發育的過程卻相同，都源始於共同祖先的同一構造，且過去曾為同一基因所控制，這些器官稱為同源器官 (Homologous organs)。

- 動物界的分門：多孔動物門 (Porifera)、刺胞動物門 (Cnidaria)、櫛水母動物門 (Ctenophora)、扁形動物門 (PIatyhelminthes)、紐形動物門 (Nemertea)、線蟲動物門 (Nematoda)、輪蟲動物門 (Rotifera)、軟體動物門 (MoIIusca)、環節動物門 (Amelida)、有爪動物門 (Onychophora)、節肢動物門 (Arthropoda)、棘皮動物門 (Echinodermata)、半索動物門 (Hemichordata)、脊索動物門 (Chordata)。

Chapter 9

病毒與細菌介紹 (Introduction of Viruses and Bacteria)

全境擴散

　　病毒 (virus，舊稱「濾過性病毒」) 是由一個核酸分子 (DNA 或 RNA) 與蛋白質構成的非細胞形態，以寄生方式存活的介於生命體及非生命體之間的有機物種。然而這種構造簡單且微小的物種，卻能夠重創比它們大無數倍的生物。以 2002 ～ 2003 爆發的**嚴重急性呼吸道症候群** (SARS, severe acute respiratory syndrome) 為例，這種由冠狀病毒 (Coronavirus) 所引發的非典型肺炎，當時造成全球恐慌，也導致包括醫務人員在內的多名患者死亡。臺灣從 2003 年 3 月 14 日發現第一個 SARS 病例，到 2003 年 7 月 5 日世界衛生組織宣布將臺灣從 SARS 感染區除名，近 4 個月期間，共有 664 個病例 (行政院衛生署疾病管制局 9 月重新篩選出 346 個實際病例)，其中 73 人死亡。部分 SARS 患者雖然脫離了生命危險，但留下了嚴重的後遺症，如骨頭壞死導致殘疾、肺部纖維化以及精神抑鬱症。

　　而緊跟在後，A 型 H1N1 流感於 2009 年爆發時，也引發了全球的惶惶不安，世界衛生組織更將全球流感大流行警告級別提升至最高等級第 6 級。最初世界衛生組織使用了「豬流感」(swine flu) 的名稱，2009 年 4 月 30 日，由於農業界及聯合國糧農組織的關切，世界衛生組織為免對因豬流感一詞造成流感能經由進食豬肉製品傳播的誤解，當日開始改用 A 型 H1N1 流感稱呼該病毒。所謂「H1N1」是病毒名稱的縮寫，其「H」指的是血球凝集素 (Hemagglutinin)、而「N」指的是神經胺酸酶 (Neuraminidase)，兩種都是病毒上的抗原名稱。其意思是：具有「血球凝集素第 1 型、神經胺酸酶第 1 型」的病毒。

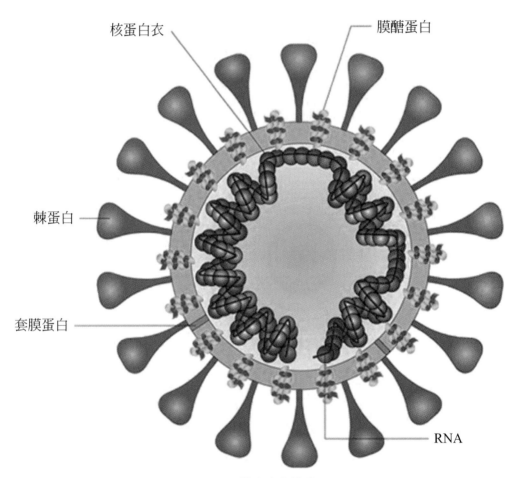

核蛋白衣　　　　　　　　膜醣蛋白

棘蛋白

套膜蛋白

RNA

圖　冠狀病毒的構造

來源：Nature Medicine 10(12 Suppl):S88-97・January 2005

9-1 病毒 (Viruses) －生物界邊緣的物體

(一) 病毒的發現與起源

1884，法國微生物學家查理斯尚伯朗 (Charles Chamberland) 發明一種細菌無法通過的陶瓷過濾器，他利用這種瓷濾器可以將液體中存在的細菌除去。

1892 年，俄國植物學家伊凡諾斯基 (Dimitri lvanovsky，1864 ～ 1920)，壓取患有煙草嵌紋病植物的液汁，用精細的瓷濾器濾過，此時如有細菌亦不能通過瓷濾器上的小孔，故濾過的液體應為無菌的濾液。然而，將此濾液塗於無病的煙葉上，結果健康的煙葉，不久出現嵌紋病。六年後，荷蘭的微生物學家貝吉林 (M. W. Beijerinck，l851 ～ 1931) 重複了伊凡諾斯基的實驗，他認為此濾液必含有比最小細菌還要小而看不見的感染物 (infectant)，稱為病毒 (virus)，拉丁字義為「毒物」。

1899 年，德國學者羅福勒 (Loeffler) 和弗路希 (Frosch)，又發現牛的口蹄病 (foot-and-mouth disease，FMD)，可經由病畜身上水泡所製成之過濾液所感染。

1931 年，德國工程師恩斯特魯斯卡 (Ernst August Friedrich Ruska) 與馬克斯克諾爾 (Max Knoll) 發明了電子顯微鏡，使得病毒可以被觀察。1935 年，美國微生物學家史坦力 (W. M. Stanley)，從 1 公噸多的患病菸葉中分離出一茶匙的煙草嵌紋病病毒 (tobacco mosaic virus，簡稱 TMV)，在電子顯微鏡下觀察呈針狀的晶體，分析其成分為蛋白質；到 1941 年，貝納 (Bernal) 與范庫肯 (Fankuchen) 用電子顯微鏡看到該晶體為細棒狀組成，這是第一張病毒的 X 射線晶體繞射圖 (圖 9-1a)。

分離之 TMV 雖用各種方法培養，均不能在體外繁殖；但史坦力將此結晶溶於水中，塗在煙葉上，不久煙葉發生病象；證明 TMV 須在煙葉細胞中方能繁殖，因而獲得 1946 年諾貝爾化學獎。其他病毒也必須在活的寄主細胞內方能繁殖。也就是說，病毒為寄生形式，它缺乏獨立生活所需的酶，因此須要寄主活細胞內的酶系方能表現生命的特徵。

只要有生命的地方，就有病毒存在；病毒很可能在第一個細胞產生的時候就存在了。但因為病毒不會形成化石，也就沒有直接的證據和參照物可以研究其起源與演化過程；分子生物學技術是目前唯一可用的方法，這些技術需要遠古的病毒 DNA 或 RNA，而目前儲存在實驗室中最古老的病毒樣品也不過 90 年。

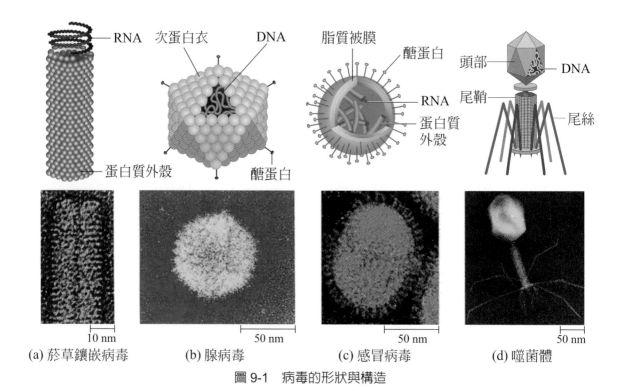

(a) 菸草鑲嵌病毒   (b) 腺病毒   (c) 感冒病毒   (d) 噬菌體

圖 9-1 病毒的形狀與構造

(二) 病毒的形狀與構造

　　病毒體積微小，在電子顯微鏡下方能見到，通常是螺旋狀 (helical) 或多面體 (polyhedral) 以及二者的組合型。如：TMV 的蛋白質外殼就是一空心的螺旋狀 (圖 9-1a)；脊髓灰質炎病毒 (小兒麻痺病毒 poliovirus) 則是一正多面體，有 12 個頂點和 20 個面所構成 (圖 9-1b)；噬菌體則是二者的組合型 (圖 9-1d)；流行性感冒 (influenza virus) 亦爲多面體，在其蛋白質外殼之外，尙覆一層脂質被膜 (lipid envelope)(圖 9-1c)。

　　目前已知的病毒大小介於 15 到 680 nm 之間，例如：口蹄疫病毒 (FMD virus) 爲 l5 nm，擬菌病毒 (mimivirus) 爲 400 nm，巨大病毒 (megavirus) 爲 680 nm。有些絲狀病毒長度可達 1400 nm，但寬度只有 80 nm。

　　病毒爲非細胞的感染原，其構造簡單，由核酸的中心和蛋白質外殼 (capsid) 兩部份所構成，有些病毒在蛋白質外殼之外尙覆一層脂質的被膜 (envelope，又稱套膜)。若病毒的核酸爲 DNA 者，稱爲 DNA 病毒，若爲 RNA 者則稱爲 RNA 病毒，到目前爲止，尙未發現兩種核酸並存的病毒。DNA 或 RNA 便是它的遺傳物質，稱爲基因體組 (genome)，病毒的基因組小的只有 5 個基因；大的可帶有數千個基因。

　　病毒之遺傳物質可能爲單股或雙股的核酸 (可爲環型或線型)，其外的蛋白質外殼是由蛋白質次單元組成，有些病毒其核酸會捲繞在蛋白質上，例如 TMV 病毒之蛋白質外殼是由 2220 個蛋白質次單元捲繞而成；有些病毒外殼還會被來自細胞膜的雙層脂質 (即套膜) 所包封，例如：人類後天免疫系統缺乏症候群 (AIDS，愛滋病) 的病毒 (HIV)。(圖 9-2)

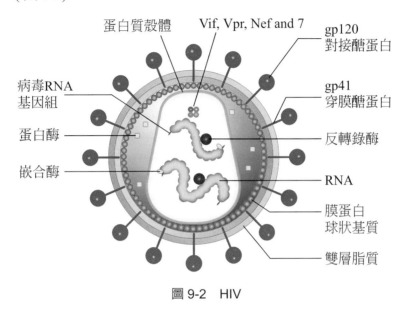

圖 9-2　HIV

(三) 病毒的種類

　　由於病毒不像其生物一樣藉由交配產生後代，因此種別的定義與一般生物不同。2016 年，國際病毒分類學委員會 (International committee on taxonomy of viruses，ICTV) 依據病毒的抗原特性與生物特性等，將病毒分爲：目、科、亞科、屬、種。總共有 8 個目、119 個科、35 個亞科、725 個屬、4,300 個種以及約 3,000 個種尚未分類的病毒。

　　另外，病毒可依其寄主生物而分爲：(1) 細菌病毒 (bacterial viruses)，如噬菌體；(2) 植物病毒 (plant viruses)，如 TMV；(3) 動物病毒 (animal viruses)，如小兒麻痺病毒。屬於植物疾病的有煙草、黃瓜、萵苣、馬鈴薯等的嵌紋病，稻麥的萎縮病、花生的叢枝病、甘蔗的矮化症；人類則有黃熱病 (yellow fever)、流行性感冒 (influenza)、脊髓灰質炎 (poliomyelitis) —即俗稱的小兒麻痺 (imfantile paralysis)、普通感冒 (common cold)、麻疹 (measles)、流行性腮腺炎 (mumps)，A 型肝炎 (傳染性肝炎 infectious hepatitis)、B 型、乃至 C 型 (血清性肝炎)、D、E 型肝炎，泡疹 (herpes)、水痘 (chicken pox)、狂犬病 (rabies)、日本腦炎 (japanese encephalitis) 等。一般來說，病毒與宿主之間具有專一性，但在罕有情況下，會跨越物種障礙而產生感染。

(a)   (b)

圖 9-3　(a) 煙草上的煙草花葉病毒症狀。(b) 辣椒植物受捲葉病毒侵害

(四) 病毒的生殖與遺傳

　　噬菌體是感染細菌的病毒，在結構上和功能上有極大的變異。有些噬菌體以 T 來命名，如：T1、T2、T4、和 T6 等。當噬菌體入侵細菌時，有幾個共同步驟：

1. 附著 (attachment)：噬菌體遇到細菌時，以其尾部的微絲附著在細菌的細胞壁上。

2. 穿透 (penetration)：將其所含的溶菌酶溶解細胞壁，此時尾部收縮，將頭部所含的 DNA 注入細菌內，而把蛋白質外殼留在外面，此一過程不超過一分鐘。

3. 複製 (replication)：注入的 DNA 控制了細菌的生化活動，在很短時間內，細菌 DNA 的表現遭抑制，甚至 DNA 被分解；病毒的 DNA 進行轉錄與轉譯，更進一步地操縱生化反應。然後利用寄主的核糖體 (ribosome)、酵素系統和一些自己 DNA 製造的酶，自行複製所有的大分子物質，如：大量的病毒 DNA 及蛋白質外殼。

4. 組合 (assembly)：新製造出來的病毒各部位加以組合，產生完整的新病毒。

5. 釋放 (release)：病毒會產生溶菌酶 (lysozyme)，能分解寄主細胞膜 (壁)，細菌的細胞破裂，放出百多個噬菌體，從噬菌體附著以至最後釋放數以百計的新病毒約需 30 分鐘。釋出的噬菌體又會再一次的感染新細菌，週而復始，稱作溶菌週期 (lytic cycle)。

　　然而，少數種類的噬菌體，在感染細菌後並不進行增殖，而是將其核酸與寄主的 DNA 組合在一起，形成一種共存的狀態，當細菌進行分裂時，噬菌體的核酸便跟隨細菌 DNA 而複製，然後與寄主 DNA 一起分布於子細胞內；如此噬菌體的核酸乃隨細菌一代一代地分裂，每個細菌的子細胞內，都含有噬菌體的核酸，此時稱為潛溶週期 (lysogenic cycle)(圖 9-4)。在某些環境因子 (induction event) 的影響下，有部分細

菌會失去所建立的共存關係，使噬菌體的核酸和寄主 DNA 分離，並進行增殖，然後使該細菌解體，進入溶菌週期。

　　細菌與潛溶性噬菌體建立共存關係後，可以使細菌的某些性狀發生改變，例如：引起白喉的桿菌與引起霍亂的弧菌，僅在含有潛溶性噬菌體時才具有致病性；又當細菌與潛溶性噬菌體建立共存關係後，該細菌即不再受同種噬菌體之感染。

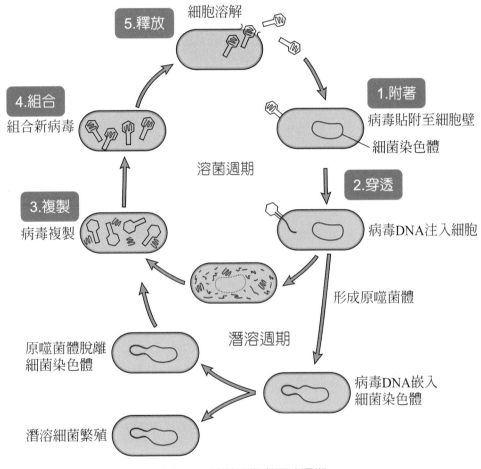

圖 9-4　溶菌週期與潛溶週期

　　病毒突變 (mutation) 速度很快，經過突變的噬菌體和正常的噬菌體，可同時生活於一個寄主細胞內。當寄主細胞破裂放出子代，其中有些與正常的相同，有些與突變的相同，更有些具有兩種特徵的新種出現。這種新類型病毒的發生，是由於基因的重新組合而成，稱為基因重組 (genetic recombination)，或稱基因再組合。有時候，數個病毒感染同一宿主，也會發生基因重組。例如：鳥類流感病毒與人類流感病毒同時感染同隻豬身上，就會產生新型病毒，**鳥禽類流行性感冒** (Avian Influenza，AI) 就是這樣反覆出現大規模感染 (圖 9-5)。

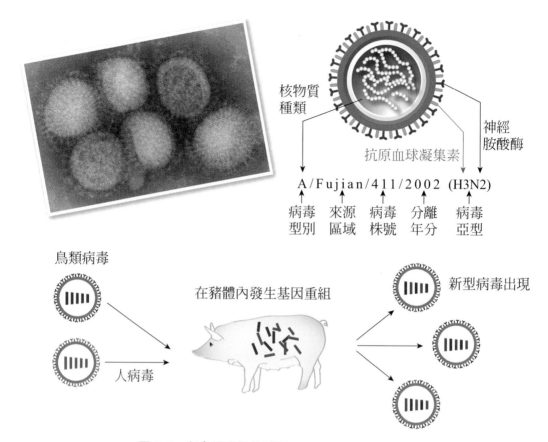

圖 9-5　鳥禽類流行性感冒 (Avian Influenza，AI)

　　動物病毒通常是經由黏膜如口腔、鼻腔、消化道等內面的黏膜，首先附著於表面，再藉細胞之胞吞作用 (endocytosis) 而進入寄主細胞。不同的病毒之間生命周期的差異很大，但大致可以分為六個階段 (圖 9-6)：

1.　附著：病毒外殼與宿主細胞表面特定受體之間發生專一性結合。例如，愛滋病毒 (HIV) 只能感染人類 T 細胞，因為其表面蛋白 gp120 能夠與 T 細胞表面的 CD4 分子結合。

2.　入侵：病毒附著到宿主細胞表面之後，通過受體媒介型胞吞作用或膜融合進入細胞，這一過程通常稱為「病毒進入」(viral entry)。

3.　脫殼：病毒的外殼遭到宿主細胞或病毒自己攜帶的酶降解破壞，病毒的核酸得以釋放出來。

4.　合成：病毒基因組完成複製、轉錄以及轉譯 (病毒蛋白質合成)。

5. 組裝：將合成的核酸和蛋白質外殼組裝在一起。在病毒顆粒完成組裝之後，病毒蛋白常常會發生轉譯後修飾。例如：愛滋病毒 (HIV)。

6. 釋放：無套膜病毒需要在細胞裂解 (使細胞膜破裂) 之後才能得以釋放。對於有套膜病毒則可以通過出芽 (budding) 的方式釋放，病毒需要從插有病毒表面蛋白的細胞膜結合，獲取套膜。

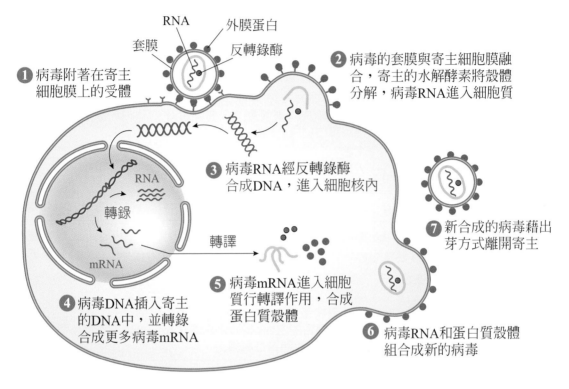

圖 9-6　人類免疫不全病毒 (human immunodeficiency virus，HIV)

(五) 病毒和癌症 (Viruses and Cancer)

　　已知病毒可引起多種動物的癌症。致癌性病毒的核酸 (DNA) 可插入寄主 DNA 中，使其轉形為癌細胞。其作用機制可能是改變寄主重要蛋白質的性質；有些是藉致癌基因 (oncogene) 的作用，而有些則是 RNA 病毒，由反轉錄酶 (reverse transcriptase) 產生 DNA 後再插入寄主 DNA 中來使寄主細胞變成癌細胞。例如：人類乳突病毒－子宮頸癌、皮膚癌、肛門癌和陰莖癌的成因；B 和 C 型肝病毒－肝癌；皰疹病毒科－卡波西肉瘤 (Kaposi's sarcoma)、體腔淋巴瘤 (body cavity lymphoma) 和鼻咽癌 (nasopharyngeal carcinoma) 等。

表 9-1　動物病毒

類型	名稱	病因	特性
雙股 DNA (dsDNA)	痘病毒 (Poxviruses)	天花、牛痘和經濟上重要家禽的疾病。	大型、複雜、卵形的病毒，其在寄主細胞的細胞質中複製。
	泡疹病毒 (Herpes-viruses)	1 型單純泡疹 (唇泡疹)；2 型單純泡疹 (生殖器泡疹，為一種性傳染病)；帶狀泡疹，水痘。艾泊斯坦巴氏 (Epstein-Barrvirus) 病毒並與感染性單核白血病和勃克氏淋巴瘤有關。	中型到大型，有被膜的病毒；常引起潛伏性感染；有些可引起腫瘤。
	腺病毒 (Adeno-viruses)	對人類呼吸和消化道感染的已知約 40 型；常引起咽痛、扁桃體炎、及結膜炎；尚有感染其他動物的種類。	中型的病毒。
	乳突瘤類病毒 (Papova-viruses)	人類的疣和一些變質腦病，能使動物致癌。	小型。
單股 DNA (ssDNA)	小病毒 (Parvoviruses)	感染狗、嚙齒類、天鵝等疾病。	極小的病毒；有些內含一股 DNA；有些需輔助性病毒幫助以行增殖。
單股 RNA (ssRNA)	小 RNA 病毒 (Picarna-viruses)	感染人類的約有 70 種，包括小兒麻痺病毒、腸病毒感染腸；鼻病毒感染呼吸道，為引起感冒的主因；柯沙奇病毒 (Coxsachie virus) 可引起無菌性腦膜炎。	多群小型病毒。
	披衣病毒 (Toga-viruses)	德國麻疹、黃熱病、馬的腦炎。	大型，數群中型，有被膜的病毒；多由節肢動物傳播。
	正黏液病毒 (Myxo-viruses)	人類和其他動物的流行性感冒。	中型的病毒常呈現突出的釘狀物 (spike)。
	副黏液病毒 (Paramyxo-viruses)	麻疹，痄腮 (腮腺炎)、犬溫熱病。	相似黏液病毒，但稍大。
	逆轉錄病毒 (Retroviruses)	某些腫瘤 (惡性毒瘤)，白血球過多症；AIDS。	
雙股 RNA (dsRNA)	呼腸弧病毒 (Reo-viruses)	小孩的嘔吐和腹瀉 (嬰兒吐瀉病)。	含雙股的 RNA。

9-2　細菌 (bacteria) －具備細胞的最原始生物

細菌到處可發現其存在，不論在水中、土壤、空氣，以及生物的體內外都有細菌存在；是所有生物中數量最多的一類，一湯匙的農地土壤可能就有超過 25 億的細菌，1 毫升 (mL) 的海水可能有 2,500 萬的細菌，卻有 2 億 5 千萬個噬菌體 (有效控制細菌的數量)。健康成人體重有 1% ～ 3% 是細菌的重量，總數略大於人體的細胞數目 (約 40 兆)。

雖然細菌可能是地球上生存年代最久的生命形式，但它們被認為是最簡單的細胞。19 世紀中期，德國植物學家柯恩 (F. J. Cohn，1828 ～ 1898) 以複式顯微鏡觀察，發現細菌有近似藍綠藻 (blue-green algae) 的細胞壁，因此將細菌列入植物界。近年，生物學家認為細菌沒有一個正規的細胞核，故將細菌與藍綠藻列入原核生物 (prokaryotes) 中，藍綠藻也被改為藍綠菌。

(一) 細菌的形狀、構造

1. 形狀與大小

以複式顯微鏡觀察細菌，寬度介於 0.2 ～ 1 μm，長度為 1 ～ 10 μm。柯恩最早即根據其形態分為三類，即球菌 (cocci)、桿菌 (bacilli) 和螺旋菌 (spirilla)。細菌有的單獨存在，有的在細胞分裂後仍不分離，成為菌落 (colony)。桿菌呈香腸般的連繫著，稱為鏈桿菌 (streptobacillus)。球菌呈念珠狀者，如：乳酸鏈球菌 (streptococcus)，可使牛奶變酸，為歐洲人所嗜飲的酸牛奶。有些球菌稱為葡萄球菌 (staphylococcus) 像一串葡萄；還有一種經常八個或更多的聚在一起，稱為八聯球菌 (sarcina)；亦有四個為一單位的稱為四聯球菌。只有螺旋菌呈單獨細菌存在。

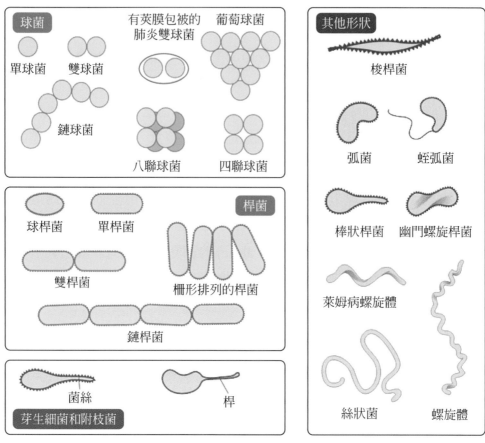

圖 9-7　細菌的形狀

2. 細菌的構造

　　細菌是單細胞原核生物，缺少完整的細胞核，即無核膜及核仁，亦缺乏真核細胞的多種胞器，如粒線體、內質網、高基氏體、溶小體、過氧小體、中心體等。細菌雖無細胞核，但卻有環狀的 DNA，與蛋白質構成一簡單之染色體。當細菌分裂時，DNA 發生相當於染色體複製的變化，然後平均分配到兩個子細胞，稱為二**分裂法 (binary fission)**；分裂時不具紡錘絲，但染色體可依附於細胞膜來幫助分裂時染色體的移動。電子顯微鏡下可看到 DNA 分子集結成一條環狀染色體，盤曲在細胞內，稱為**擬核 (nucleoid)**。其 DNA 寬 3 nm，長 1,200 μm，較細菌細胞長 500 倍之多。

　　細菌的體內，水分約佔 90%，細胞質中有小型的液泡、核糖體，以及**貯存粒 (storage granule)**，貯藏一些肝糖、脂肪和磷酸化物。有些細菌的細胞膜會向內褶疊，形成中質體 (mesosome)，進行多種代謝作用。細菌缺少粒線體和內質網，通常存在於粒線體中進行能量轉變的酶，在細菌則位於細胞膜附近。

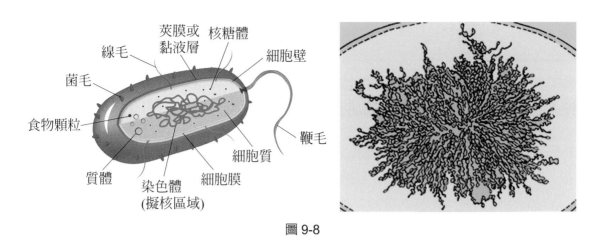

圖 9-8

　　細菌的細胞壁是由**肽聚糖 (peptidoglycan)** 組成的複雜構造，並非一般植物細胞壁之纖維素。有些細菌之細胞壁外具有保護性之**莢膜 (capsule)**，可抵抗寄主白血球之吞食。例如肺炎球菌，有莢膜的對於寄主防禦有抵抗力，足以使人致病，而無莢膜者則不能。

　　細菌的細胞壁依據丹麥物理學家克利斯汀・格蘭 (Hans Christian Gram) 利用染色特性將細菌分成兩大類：一為**格蘭氏陽性菌 (gram positive**，簡寫為 G(+))，另一為**格蘭氏陰性菌 (gram negative**，簡寫為 G(-))。G(+) 的細胞壁主要由肽聚糖構成，比 G(-) 厚，以結晶紫 (crystal violet) 染色後，染料不易脫出細胞壁，呈藍紫色。而 G(-) 的細胞壁之外層為脂蛋白和脂多醣組成，裡層則為一層較薄的肽聚糖，染色時，染劑容易被洗出來，故在格蘭氏染法中呈現粉紅色 (圖 9-9)。除了形狀外，格蘭氏染色法也成了好用且重要的分類特徵。

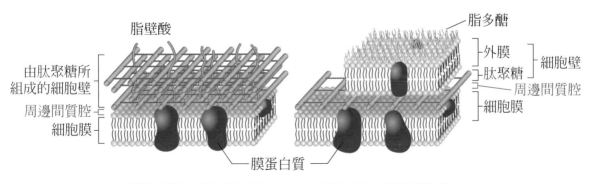

(a) 格蘭氏陽性菌的細胞壁　　(b) 格蘭氏陰性菌的細胞壁

圖 9-9　格蘭氏陽性與陰性細菌的細胞壁構造

桿菌、螺旋菌多具有鞭毛 (flagella)，鞭毛直徑僅 12 nm，在複式顯微鏡下，須經特殊之染色，方能看到。鞭毛基部埋在細胞膜內，經細胞壁生出 (圖 9-10a)，是爲運動工具，每秒可運行 50 μm，鞭毛之成分爲一種收縮性之蛋白質，消耗 ATP 進行旋轉式運動，與眞核生物鞭毛的擺動明顯不同。

3. 內孢子的形成

有些細菌，可產生具有高度抵抗力之內孢子 (endospore) 用以渡過不良之環境。內孢子是由細胞質濃縮形成一層外被，將 DNA 與少量細胞質包圍。呈球形或卵圓形，此時細菌在內休眠，即爲成熟的內孢子，單獨存在於細胞中央或一端 (圖 9-10b)。環境適宜時，孢子吸水，突破內壁，形成一有活力繼續成長的細菌，數日並未增加，故並非生殖。

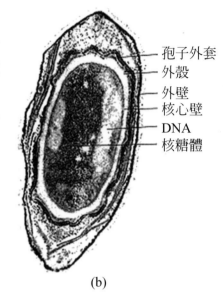

孢子外套
外殼
外壁
核心壁
DNA
核糖體

(b)

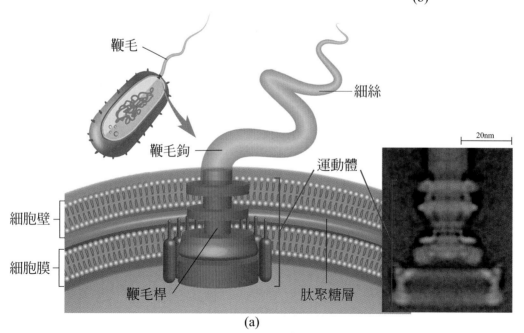

鞭毛
細絲
鞭毛鉤
運動體
細胞壁
細胞膜
鞭毛桿
肽聚糖層

(a)

圖 9-10　細菌的 (a) 鞭毛與 (b) 內孢子

(二) 細菌的營養 (Nutrition)

細菌亦需食物、能量，以維持其代謝作用。依其營養方式可分：

1. 異營細菌 (heterotrophs bacteria)

這類細菌不能自製有機食物，而需要攝取外界的有機物以維持生命。可分：

(1) **腐生細菌** (saprophytic bacteria)：不能自製養料，多生存於有機物質上，牠有細胞外酶 (extracellular enzymes) 和細胞內酶 (intracellular enzymes) 來分解有機物。生物屍體及排洩物藉此得以分解，完成自然界的物質循環。

(2) **寄生細菌** (parasitic bacteria)：這類細菌體內缺少某種酶系，不能如腐生細菌自己合成葡萄糖、胺基酸、維生素等有關生長的物質。寄生細菌通常有害，可以分泌毒素或破壞寄主的組織引起疾病，稱為致病菌 (Pathogens，又稱病原菌)。

2. 自營細菌 (autotrophs bacteria)

這一類細菌能自製食物，將無機物合成有機物，供應本身的需要。可分：

(1) **光合細菌** (photosynthetic bacteria)：這一類細菌其體內有葉綠素可行光合作用自製食物，但尚未形成葉綠體，葉綠素包含在一種泡狀構造中，叫做載色體 (chromatopore)。光合細菌有三群：綠硫菌 (green sulfur bacteria)、紫硫菌 (purple sulfur bacteria) 以及藍綠菌 (cyanobacteria)，它們皆吸收弱紅光進行光合作用。綠硫菌和紫硫菌含紫色素 (purple pigment) 及葉綠素 (類似 photosystem I)，它們進行光合作用時並不放出 O_2，因為它們是利用 H_2S 做為電子的供應者：

$$CO_2 + 2H_2S \rightarrow (CHO)_n + 2S$$

(2) **化合細菌** (chemosynthetic bacteria)：有些細菌無葉綠素，不能行光合作用，但亦不行異營，而是獨立生活；它們可利用氧化無機物來產生能量，也由無機原料來合成其本身所需的食物。如吸收環境中的 CO_2、H_2O 及含氮化合物，利用氧化氨、碳酸亞鐵、硫化物等放出的化學能來製造複雜的有機物。如鐵細菌、硫細菌、氨細菌、硝酸菌和固氮細菌 (azotobacter) 等。其中有些細菌對整個生物圈氮的循環 (圖 9-11) 扮演了極為重要的角色。有些則對植物氮肥的供應不可或缺，如：將氨轉化成硝酸鹽 (nitrate) 和亞硝酸鹽 (nitrite)，皆可作為植物的氮肥來源。

$$2HNO_2 + O_2 \xrightarrow{\text{硝酸菌}} 2HNO_3 + 能量$$

又 NH_3、NH_4^+ 可經由硝化細菌在硝化作用 (nitrification) 中將電子移走,最後釋出 NO_2^-。

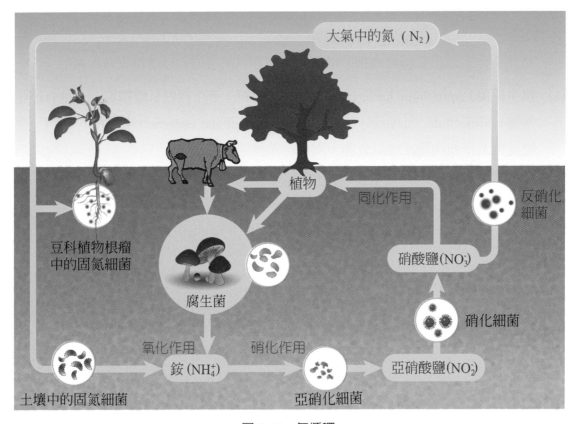

圖 9-11　氮循環

(3) **共生細菌** (symbiotic bacteria):豆科植物之根瘤 (root's nodules)(圖 9-12) 中有根瘤細菌 (Pseudomonas radicicola),能固定空氣中的 N_2 形成植物可吸收的氮肥 (NH_3);人體腸內一些細菌可合成維生素 K 及 B_{12} 以利人體利用,如大腸桿菌;而牛、羊胃中的一些細菌可幫助消化纖維素,像這些細菌與其寄主間雙方皆有利益者,稱為互利共主 (mutulistic)。另一群細菌與寄主間僅一方獲利而對另一方無害者,稱片利共生 (commensalistic)。如寄居在我們體內的正常微生物群,大部分都是對人體無害的片利共生。

此外,有些細菌具有經濟價值,對人類有極大貢獻者,如:乳酸桿菌,能幫助新生兒消化牛奶,且對乾酪 (cheese)、人造凝乳 (yogurt) 及其他發酵乳製品皆相當重要。

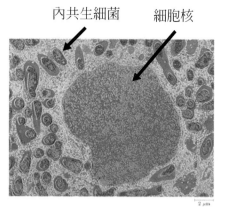

內共生細菌　　細胞核

(a) 鳥足擬三葉草的根瘤　　(b) 碗豆根瘤的電子顯微圖

圖 9-12

(三) 細菌的呼吸 (Respiration)

1. **需氧菌** (aerobes)：大部分細菌要利用氧氣行呼吸作用，此類菌稱為需氧菌，如：白喉桿菌 (Bacillus diphtheriae)、肺炎桿菌 (Bacillus pneumoniae)，必需生存於氧氣充足的器官上。

2. **絕對厭氧菌** (obligate anaerobes)：必需生活在無氧環境中，遇氧不能生長甚至死亡，細菌能自無氧環境中分解碳水化合物及胺基酸取得能量，以供生長繁殖。如：破傷風桿菌 (Clostridium tetani)，病菌在傷口深處，空氣不能接觸處迅速繁殖。它們對於醣類的無氧代謝稱為發酵 (fermentation)；對於胺基酸則稱腐敗 (putrefaction)。

3. **兼性厭氧菌** (facultative anaerobes)：不論氧氣的存在與否，皆能正常生長，這類細菌的種類最多，如：大腸桿菌。

(四) 細菌的生殖 (Reproduction)

　　細菌以二分裂法行無性繁殖為主，但有時可以交換 DNA。細菌在環境適當時，每 20 分鐘即可分裂一次，如同幾何級數增加。如無外力干擾，理論上一個細菌增殖 6 小時後可分裂到 250,000 個；到 24 小時後，天文數字；但事實上，因為細菌在分裂過程中，數目不斷增加，環境中的水分、養料不足，細菌分泌物如酸類及乙醇等能阻止其繼續繁殖，或寄生體內防禦系統的限制，故細菌實際數量未如理論之多。(圖 9-13)

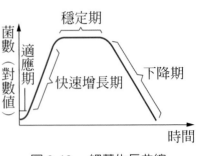

圖 9-13　細菌生長曲線

(五) 細菌遺傳物質之重組

1. 接合作用 (conjugation)

　　正交配型細菌依賴接合管 (conjugation pilus or mating bridge) 將 DNA 轉移至負交配型細菌體內，基因重新組合。(圖 9-14)

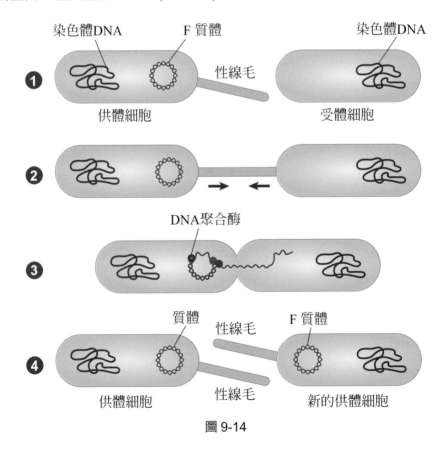

圖 9-14

2. 性狀引入 (transduction)

　　是由正在繁殖的噬菌體攜帶，而將前一個細菌的遺傳物質的一部分傳給後一個細菌，是為性狀引入。前一個細菌稱為供給者 (donor)，後一細菌則稱受納者 (recepient) (圖 9-15)。

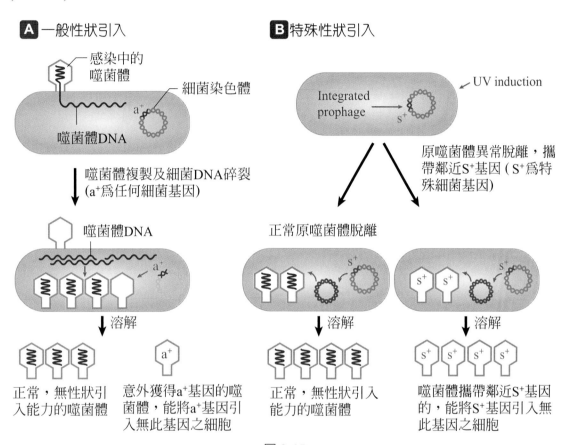

圖 9-15

3. 性狀轉換 (transformation)

細菌之間遺傳物質交換的第三個方法，是性狀轉換，這是 1928 年英國科學家格里夫斯 (Fred Griffith) 所發現 (圖 9-16)。

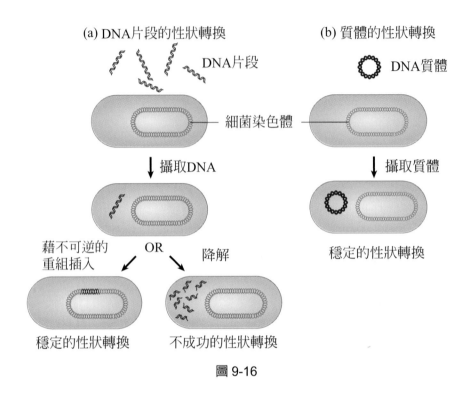

圖 9-16

(六) 人類的細菌性疾病

疾病 (disease) 是指生物體內生理機能的不平衡。而引起生理機能失常的病因有：病原微生物、原生動物、寄生蟲、病毒、黴菌以及非病原體引起的疾病，例如營養不良、維生素缺乏、內分泌腺分泌失調、中毒、發育不良、遺傳性疾病，以及物理性、化學性傷害等皆稱為疾病。

細菌感染人類常引起的疾病歸納如表 9-2。其他尚有梅毒螺旋體 (Treponema pallidum) 引起梅毒 (syphilis)，棒狀桿菌屬 (Corynebacterium) 可引起白喉，弧菌屬 (Vibrio) 引起霍亂 (cholera)，黴漿菌 (Mycoplasma) 引起黴漿菌性肺炎。

表 9-2 細菌感染人類常引起的疾病

細菌種類	主要特徵	重要疾病
球菌類		
金黃色葡萄球菌 (Staphloccus aureus)	球菌，常聚集成一堆 G(+)	引起大水泡或感染傷口及皮膚引起膿腫。
化膿性鏈球菌 (Streptococcus pyogenes)	球菌，成串或成對存在 G(+)	造成鏈球菌性喉炎 (Bacterial pharyngitis)，耳朵感染、猩紅熱 (scarlet fever) 及風濕熱 (Rheumatic fever)。
肺炎鏈球菌 (Streptococcus pneumoniae)	球菌，成串或成對存在 G(+)	引起細菌性肺炎 (bacteria pneumonia) 或腦膜炎 (meningitis)。
淋病雙球菌 (Neisseria gonorrhoeae)	雙球菌 G(-)	引起淋病 (gonorrhea)。
桿菌類		
破傷風桿菌 (Clostridium tetani)	專性厭氧性，可形成孢子 G(+)	引起破傷風 (tetanus lockjaw)，破傷風外毒素可影響神經系統，造成牙關緊閉。
肉毒桿菌 (Clostridium botulinum)	厭氧性，可形成孢子 G(+)	外毒素引起食物中毒。
沙門氏菌 (Salmonella)	G(-)	有的可引起食物中毒 (腹瀉、發燒、嘔吐)，有的可造成傷寒 (typhoid)。
流感、嗜血桿菌 (Haemophilus influenzae)	小型桿菌 G(-)	造成上呼吸道及耳朵感染，有時亦可導致腦膜炎。
大腸桿菌 (Escherichia coli)	兼性厭氧性 G(-)	會引起偶發性腹瀉、尿道感染與腦膜炎。
痲瘋桿菌 (Mycobacterium leprae)	細長，不規則 G(+)	引起痲瘋 (Hansen 氏病)。
結核桿菌 (Mycobacterium tuberculosis)	細長，不規則 不易染色	引起肺結核 (tuberculosis) 與其他組織結核病。
砂眼披衣菌 (Chlamydia trachomatis)	球菌，絕對寄生，是一種在構造上介於細菌和病毒之間的微生物	引起砂眼、花柳性淋巴肉芽腫。

此外尚有白喉 (diphtheria)、百日咳 (whooping cough)、細菌性赤痢 (dysentery)、炭疽病 (anthrax) 等常見的疾病亦是細菌引起的。

本章複習

9-1 病毒 (Viruses) —生物界邊緣的物體

■ 荷蘭的微生物學家貝吉林重複了伊凡諾斯基的實驗，認為煙草嵌紋病植物的液汁，必含有比最小細菌還要小而看不見的感染物，稱為病毒，拉丁字義為「毒物」。

■ 普里昂蛋白會導致綿羊感染羊搔癢症或牛感染牛腦海綿狀病變 (俗稱「狂牛症」)，也會使人獲患庫魯病和克雅氏病。

■ 病毒為非細胞的感染原，其構造簡單，由核酸的中心和蛋白質外殼兩部份所構成，有些病毒在蛋白質外殼之外尚覆一層脂質的被膜 (又稱套膜)。

■ 噬菌體入侵細菌時，有幾個共同步驟：(1) 附著、(2) 穿透、(3) 複製、(4) 組合、(5) 釋放。

■ 已知病毒可引起多種動物的癌症，例如：人類乳突病毒－子宮頸癌、皮膚癌、肛門癌和陰莖癌的成因；B 和 C 型肝病毒－肝癌；皰疹病毒科－卡波西肉瘤、體腔淋巴瘤和鼻咽癌等。

9-2 細菌 (bacteria) —具備細胞的最原始生物

■ 細菌可能是地球上生存年代最久的生命形式，但它們被認為是最簡單的細胞。

■ 細菌根據其形態分為三類，即球菌、桿菌和螺旋菌。

■ 細菌是單細胞原核生物，缺少完整的細胞核，即無核膜及核仁，亦缺乏真核細的多種胞器。

■ 丹麥物理學家克利斯汀‧格蘭利用結晶紫染色特性將細菌分成兩大類：一為格蘭氏陽性菌 (簡寫為 G(+))，另一為格蘭氏陰性菌 (簡寫為 G(-))。

■ 有些細菌，可產生具有高度抵抗力之內孢子用以渡過不良之環境。

■ 異營細菌不能自製有機食物，而需要攝取外界的有機物以維持生命。可分：(1) 腐生細菌、(2) 寄生細菌。

■ 自營細菌能自製食物，將無機物合成有機物，供應本身的需要。可分：(1) 光合細菌、(2) 化合細菌。

■ 細菌以二分裂法行無性繁殖為主。

■ 細菌遺傳物質重組的方法：(1) 接合作用、(2) 性狀引入、(3) 性狀轉換。

Chapter 10

人類的免疫系統 (Human Immune System)

COVID-19

2003 年，全球爆發嚴重急性呼吸道症候群 (severe acute respiratory syndrome, SARS) 疫情，禍首是史上首見之嚴重急性呼吸道症候群冠狀病毒 (SARS coronavirus, SARS-CoV)，疫區主要在東亞與北美。2019 年底，首名不明原因病毒性肺炎的病例於中國 武漢市出現，卻與 2003 年的 SARS 不盡相同。經由遺傳分子檢驗定序以後，確認為一種新型的冠狀病毒所引發，病毒被命名為嚴重急性呼吸道症候群冠狀病毒二型 (SARS-CoV-2)，此種新型傳染病則被命名為嚴重特殊傳染性肺炎，俗稱 2019 新型冠狀病毒肺炎 (Coronavirus Disease-2019, COVID-19)。由於為史上首見，人類群體並無有效之免疫作用可以應對，加上此新型病毒比 SARS 更高之傳染性與更長的病程，以及群眾欠佳之警覺性與衛生習慣，使得本疾病造成傷亡嚴重的全球大流行。

COVID-19 發病以後，會出現嚴重的肺部感染，造成嚴重的肺部發炎，液體堆積導致肺部浸潤的症狀。如果未能治療成功，將造成病人呼吸衰竭而死；即使治療成功，也留下諸多後遺症。病原於 2020 年 1 月被確認為冠狀病毒科的新成員後，全球各頂

尖機構即分頭展開對此病毒的積極研究，同時以研究所得資訊，研擬疫苗的研發計畫。於 2020 年底，COVID-19 的疫苗開始逐步進入實際施打，期望能夠弭平已流行超過一年的全球性疫情。

　　對於微生物的知識，讓我們能了解各種病原，如細菌、病毒、真菌等的殺傷性，以及防治之道。而免疫學的知識，則讓我們知道，人體有哪些策略可以應對各種的微生物感染，並利用免疫學的特性，想辦法研發疾病防治的方法。唯有了解微生物，也了解免疫，才能知己也知彼，在與微生物及傳染病共存的世界下，趨吉避凶，維持健康安全。當代的免疫學，已經貢獻於諸多疫苗的成功開發以及預防接種，如 B 型肝炎、肺結核、小兒麻痺、白喉、破傷風、水痘、日本腦炎、德國麻疹、流行性感冒。進行手術移植時，也需要考慮病人發生排斥作用的風險機率。惱人的過敏現象，則是免疫系統反應過度所造成。免疫學，可說是日常生活中最密切接觸的生物學原理之一。

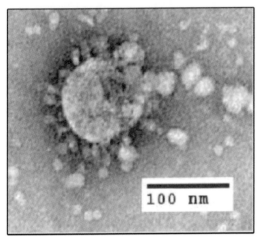

2013 年爆發 SARS 疫情之冠狀病毒 SARS-CoV，直徑僅不到 100 nm

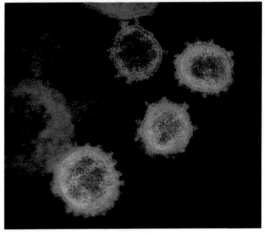

2019 年爆發 COVID-19 疫情之冠狀病毒 SARS-CoV-2，病毒表面用以感染宿主的棘蛋白冠狀結構清晰可見

　　在日常生活中，人體時時刻刻都暴露在微生物的環繞中，若是遭到致病微生物感染，而沒有將其消滅的話，即造成疾病的出現、傳染、流行，以及可能帶來死亡。因此，在長久的演化過程中，人體準備了非常精密的防禦機制，來為自己提供保護。

　　防禦機制 (defence mechanism) 可以分爲非專一性防禦機制 **(non-specific defence mechanism)** 與專一性防禦機制 **(specific defence mechanism)**。非專一性防禦機制，通常是描述皮膜組織的**物理性阻隔 (physical barrier)**，以及白血球的**吞噬作用 (phagocytosis)**，此種防禦機轉會盡其所能地阻止**病原體 (pathogens)** 入侵至體內，或是清除入侵至體內的外來異物。專一性防禦機制則是利用免疫反應，產生**抗體 (antibody)**，專一性地辨識特定病原與外來異物，其特色爲具有專一性及效率高。本章將在之後的章節，逐一說明其細節。

10-1　先天性免疫 (Innate Immunity)

(一) 皮膜組織 (Mucosal Tissues)

　　人體的防禦機制尚可以三道防線的觀點視之。第一道防線爲**皮膜** (或稱**黏膜 mucosa**) 的阻隔保障，第二道防線爲白血球的吞噬作用，第三道防線則爲免疫反應與抗體的產生，用以對抗入侵致病原。

　　第一道防禦爲皮膜組織的阻隔障礙，位於人體最外層的皮膚，以及消化道、呼吸道、泌尿道、生殖道的內襯組織，爲人體最直接接觸外在病原的場域。致病微生物的感染，乃是從以上各處的其中之一，入侵到人體當中，因此這些場域必須有良好的防禦機制，確保體內的安全。皮膚的**眞皮**當中具有**皮脂腺 (sebaceous gland)** 與**汗腺 (sweat gland)**，所分泌的油脂與汗液的混合物，其酸鹼值約爲 pH4 ～ pH5.5，具有抑制細菌繁殖的功能。汗腺除了汗液以外，還會分泌**溶菌酶 (lysozyme)** 殺菌。此外，皮膚尚具有排列緊密，由十數層以上的死亡細胞構成的**角質層 (stratum corneum)**，可以有效防止微生物入侵至體內。因此如果皮膚有所創傷、破損、或是昆蟲叮咬，便將成爲微生物感染的入口。

　　除了皮膚的汗液以外，淚腺所分泌的淚液、唾腺所分泌的唾液，也具有溶菌酶，分別在眼部及口部扮演防禦的角色。胃液當中的**胃酸 (gastric acid)**，爲鹽酸成分的強酸，可以殺死經由飲食進入胃中的細菌。**氣管 (trachea)** 與支氣管的內襯上皮細胞，具有能夠分泌黏液的**杯狀細胞 (goblet cells)**，將藉由呼吸進入呼吸道內的微生物及外來異物黏附，同時利用**纖毛細胞 (ciliated cells)** 的不斷擺動，將其送至喉頭，經由咳

嗽反應將異物排出體外，或滑入食道，然後落至胃裡，由胃酸分解。泌尿道與生殖道的化學環境通常為酸性且有共生菌叢存在，微生物在此環境下不易繁殖，亦有抑菌的功用。

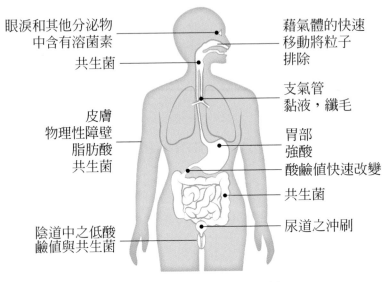

眼淚和其他分泌物中含有溶菌素

共生菌

皮膚
物理性障壁
脂肪酸
共生菌

陰道中之低酸鹼值與共生菌

藉氣體的快速移動將粒子排除

支氣管
黏液，纖毛

胃部
強酸
酸鹼值快速改變

共生菌

尿道之沖刷

圖 10-1　人體的先天免疫機制

(二) 吞噬細胞 (Phagocytes)

　　如果有微生物突破第一道防線，進入體內，人體尚有其他方法來加以排除，亦即第二道防線。第二道防線包含**吞噬細胞 (phagocytes)** 的行動、**抗菌蛋白 (antimicrobial proteins)** 的作用、以及**發炎反應 (inflammation)**。吞噬細胞為白血球，含**嗜中性球 (neutrophils)**、**嗜伊紅性球 (eosinophils)**、**巨噬細胞 (macrophages)**。嗜中性球在細菌入侵時，是最先大量增殖的白血球，能夠穿出血管進入組織，對細菌進行攻擊與吞噬。然而攻擊並吞食細菌的過程之中，亦可能造成其損傷，故其壽命不長。嗜伊紅性球可以針對**寄生蟲 (parasites)** 進行攻擊。巨噬細胞則是由**單核球 (monocytes)** 分化而來，可以增長至原有體積之數倍，有效增加其攻擊力與吞噬強度 (圖 10-2)，壽命最長可達數月，巨噬細胞在吞噬外來物質後會將其分解並將其一小部分表現在細胞表面，並將其呈現給淋巴球，以建立專一性免疫防禦。

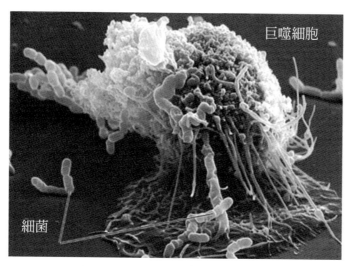

圖 10-2　巨噬細胞對細菌進行攻擊

(三) 抗菌蛋白 (Anti-microbial Proteins)

　　除了吞噬細胞以外，人體內尚含有一些蛋白質具有殺菌或抗菌的功能，被統稱為**補體 (complement)**，存在於血液、組織液中，能夠增強免疫的啟動與作用。補體蛋白由肝臟製造，目前已經發現超過 20 種不同種類或形式的補體蛋白。一旦被活化發生後，補體蛋白會藉由特定的組合，參與在不同的防禦模式中。第一種模式，補體蛋白會組合形成**膜穿孔複合體 (membrane attack complex，MAC)**(圖 10-3)，在細菌的細胞膜上造孔，使水分進入細菌體內，破壞其滲透壓，造成其死亡，達成殺菌的功能。第二種模式是**促進發炎反應 (pro-inflammation activity)**，活化補體的聚集，引發**化學趨化作用 (chemotaxis)**，吸引白血球的聚集，增加細菌被吞噬的機率。第三種模式，稱為**調理作用 (opsonization)**，補體蛋白活化後，會與細菌發生結合，黏附在細菌上，被補體黏附的細菌將更易於被白血球吞噬，促進殺菌。

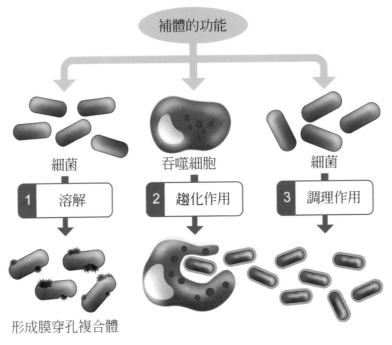

補體的功能

細菌　　　吞噬細胞　　　細菌

1 溶解　　　2 趨化作用　　　3 調理作用

形成膜穿孔複合體

圖 10-3　補體蛋白形成膜穿孔複合體

　　除了補體以外，若是病毒入侵，尚有另一種可以針對病毒進行抑制的分子稱爲**干擾素 (interferons，IFNs)**，其成分爲**醣蛋白 (glycoprotein)**。當病毒入侵時，被感染的細胞會製造出干擾素，釋放至鄰近尚未受感染的細胞，鄰近的細胞接收到干擾素後，會調節啓動自己內部的病毒防禦機轉，抑制病毒的複製活性，或是摧毀病毒的 RNA，來達成抑制病毒的目的。干擾素不直接殺死病毒，但可以使病毒的增殖減緩，讓免疫系統取得優勢。

(四) 發炎反應 (Inflammatory Response)

　　當細菌或病毒入侵，造成組織感染時，感染區域的組織會釋出眾多化學物質，促進**發炎反應 (inflammatory response)**(圖 10-4)，稱爲**發炎物質 (inflammatory substance)** 或**發炎介質 (inflammatory mediators)**。感染區域組織當中的**肥大細胞 (mast cell)** 分泌的**組織胺 (histamine)**，能夠引發血管擴張、血管通透性增加，以增加血流、促使白血球聚集，並穿透血管至組織對抗病原。血流的增加，造成組織出現**紅 (redness)** 與**熱 (heat)** 的現象；血管通透性增加，水分滲出，造成組織**水腫 (swelling 或 edema)**；發炎物質的作用也會刺激神經，使組織產生疼痛。故發炎的四大徵象爲紅、熱、腫、痛。發炎反應的其中一項目的，是引發嗜中性球的聚集，與巨噬細胞的

增生，以對抗入侵之微生物，然而若是感染情況較為嚴重，無法立即將病原清除，則可在感染處見到黃綠色的**膿 (pus)**，為死亡之白血球、死亡之組織細胞，以及微生物的殘餘碎片，所形成之混合物。

　　微生物感染造成的發炎反應，會導致局部組織的紅熱腫痛。另一方面，如果感染程度嚴重，有可能導致**發燒 (fever)**。發燒的目的是藉著溫度的升高，來抑制某些細菌的生長或繁殖，並提升免疫反應的效率，然而若是發燒失控，體溫過高，有致命的危險，需要立即送醫處置。

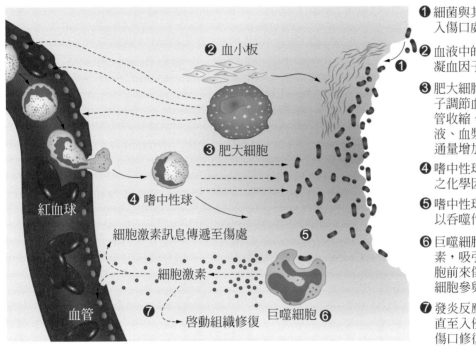

圖 10-4　發炎反應

❶ 細菌與其他致病原進入傷口處

❷ 血液中的血小板釋放凝血因子於傷處

❸ 肥大細胞分泌化學因子調節血管舒張、血管收縮，造成傷處血液、血漿、與血球流通量增加

❹ 嗜中性球分泌可殺菌之化學因子

❺ 嗜中性球與巨噬細胞以吞噬作用除去病原

❻ 巨噬細胞分泌細胞激素，吸引更多免疫細胞前來傷處，並活化細胞參與組織修復

❼ 發炎反應持續進行，直至入侵物排除，及傷口修復完畢

10-2　後天性免疫 (Acquired Immunity)

　　前述提及皮膜阻隔、白血球吞噬作用、抗菌蛋白、發炎反應等，乃是每一個人與生俱來的共同免疫途徑，因此稱為**先天性免疫 (innate immunity)**。本節將談論另一種形式的免疫途徑，由於在出生之後經歷不同環境的刺激與形塑，造成人人發展與表現不同，故稱為**後天性免疫 (acquired immunity)**，或**適應性免疫 (adaptive immunity)**。

(一) 淋巴器官 (Lymphoid Organs)

　　後天性免疫功能的發揮，由**淋巴球 (lymphocytes)** 來執行。淋巴球所在的系統，稱為**淋巴系統 (lymphatic system)**。淋巴系統是除了**血液循環系統**之外，特別為白血球及免疫相關物質所使用之系統，其基本組成為**淋巴器官與淋巴管 (lymphatic vessels)**。血液中之血漿如滲出到組織當中，成為**組織液 (interstitial fluid)**，組織液由**微淋管 (lymphatic capillaries)** 回收 (圖 10-5)，會成為**淋巴液 (lymph)**，內含白血球及抗體。來自左上半身以及下肢的淋巴液匯入較粗之淋巴管，至**胸管 (thoracic duct)**，後由左鎖骨下靜脈回收到血液循環當中；來自右上半身的淋巴液，則匯入**右淋巴總管 (right lymphatic duct)**，後由右鎖骨下靜脈回收至血液循環，此過程稱為**淋巴循環 (lymph circulation)**(圖 10-6)。淋巴循環的功能，為收集組織液回收至血液循環，協助淋巴細胞與抗原接觸並誘發免疫反應，以及幫助脂肪的吸收與運輸。值得注意的是，淋巴循環只有回心方向，無出心方向。淋巴液的流動，除了靠淋巴管內瓣膜維持單一方向輸送以外，淋巴管壁平滑肌的收縮、身體骨骼肌的收縮，以及姿勢的改變，皆可幫助淋巴液的流動。

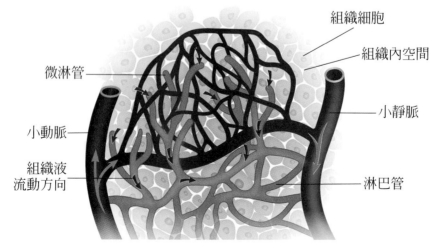

組織細胞
組織內空間
微淋管
小靜脈
小動脈
組織液流動方向
淋巴管

圖 10-5　組織液經微淋管回收成為淋巴液

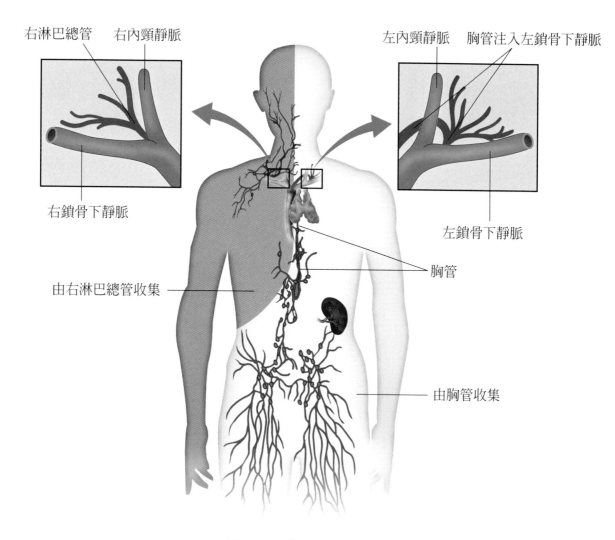

右淋巴總管　右內頸靜脈

左內頸靜脈　胸管注入左鎖骨下靜脈

右鎖骨下靜脈

左鎖骨下靜脈

由右淋巴總管收集

胸管

由胸管收集

圖 10-6　淋巴循環

在淋巴液流回血液循環系統之前，會經過許多滿布全身的**淋巴結 (lymph nodes)**。淋巴結或稱**淋巴腺 (lymph glands)**，外觀為卵圓形或腎形，直徑大約 1 公分至 2 公分，是許多淋巴球聚集的場所。淋巴結內含多層結構 (圖 10-7)，最外層為**緻密結締組織**的膜包覆，內層則有位於外側的**皮質 (cortex)**，近內側的**副皮質 (paracortex)** 與最內側的**髓質 (medulla)**。淋巴球分為 **T 細胞 (T cells)** 與 **B 細胞 (B cells)** 兩種 (見後述)，淋巴結的皮質為 B 細胞所在，內含**生發中心 (germinal center)**，被認為是**記憶型 B 細胞 (memory B cell**，見後述) 形成的場所；副皮質為 T 細胞聚集處，亦可找到 B 細胞；最核心處的**髓質區域 (medullary region)**，則聚集許多能分泌抗體的**漿細胞 (plasma cells**，見後述)，抗體由此輸出至血液循環系統。

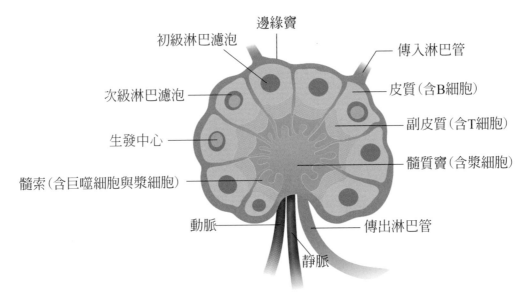

圖 10-7　淋巴結構造

淋巴結的功能包括對淋巴液中的細菌及異物進行**過濾 (filtration)** 與**排除 (elimination)**，以及提供淋巴球**增殖 (proliferation)** 的場所。許多淋巴結位於黏膜的附近，例如喉部開口的**扁桃腺 (tonsils)**，正是淋巴結集結之處，是咽喉與上呼吸道抵抗微生物感染的一道防線。

1. 脾臟 (spleen)

脾臟為人體最大的淋巴器官，位於腹腔，長度約 7 公分至 10 公分。脾臟內部分為**紅髓 (red pulp)**、**白髓 (white pulp)** 與**邊緣區 (marginal zore)**(圖 10-8)。紅髓內部具有**脾竇 (splenic sinuses)** 的構造，其組織內的**柵狀縫隙 (slits)**，能夠破壞老舊的紅血球；白髓則聚集許多淋巴球，執行免疫功能。紅髓與白髓間由邊緣區做區隔，內有淋

巴細胞及巨噬細胞，是脾臟內最先捕獲、識別抗原的區域，是脾臟引發免疫反應的重要部位。正常人的脾臟尚具備**儲血 (blood reservoir)** 的功能，在大出血的情況下，脾臟會收縮，將其內部的血液釋放。

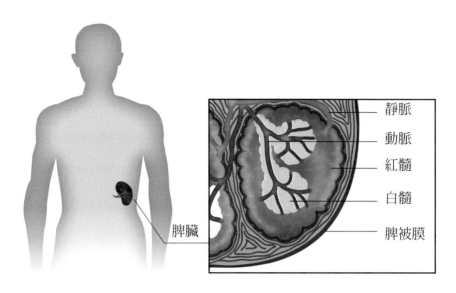

靜脈
動脈
紅髓
白髓
脾被膜

脾臟

圖 10-8　脾臟的構造

2. 胸腺 (thymus)

位於胸腔，胸骨之下 (圖 10-9)，分爲左右兩葉，具有皮質與髓質構造，是 T 細胞**分化 (differentiation)** 與**選殖 (selection)**，達到**成熟 (maturation)** 之處 (見後述)。在兒童時期會有發達的發展，然而在大約超過 12 歲以後，會慢慢地萎縮。

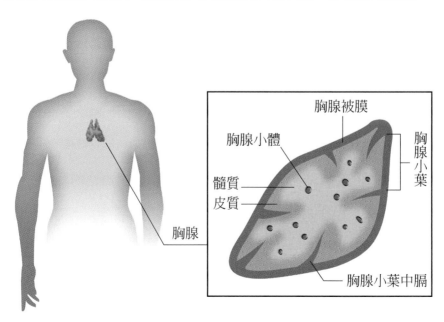

胸腺被膜
胸腺小體
髓質
皮質
胸腺
胸腺小葉
胸腺小葉中膈

圖 10-9　胸腺的位置與構造

(二) 淋巴細胞 (Lymphocytes)

淋巴細胞即淋巴球，分為 T 細胞 (T cells)、自然殺手細胞 (natural killer cells，NK cells) 與 B 細胞 (B cells)。皆能針對**抗原識別結合 (antigen recognition)**，引發免疫反應，於以下說明。

T 細胞，因其在骨髓製造，卻在**胸腺 (thymus)** 成熟，故得此名稱。T 細胞能夠分為四種：**胞毒型 T 細胞 (cytotoxic T cell)**、**輔助型 T 細胞 (helper T cell)**、**調節型 T 細胞 (regulatory T cell)**、與**記憶型 T 細胞 (memory T cell)**，其功能各異。胞毒型 T 細胞亦稱為**殺手 T 細胞 (killer T cell)**，其功能為消滅異常的細胞，包含腫瘤細胞、遭病毒感染的細胞，或是其他外來的細胞。當胞毒型 T 細胞與細胞表面的抗原結合，發現到異常的抗原 (來自病毒的碎片、細胞突變的產物，或是外來的細胞成分)，胞毒型 T 細胞會與目標細胞結合，釋放**穿孔蛋白 (perforin)**，在其細胞膜上造孔，使水分進入目標細胞內，破壞其滲透壓，造成其死亡。自然殺手細胞的作用模式 (圖 10-10)，與胞毒型 T 細胞類似，但辨識目標細胞的方

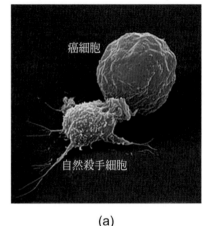

(a)

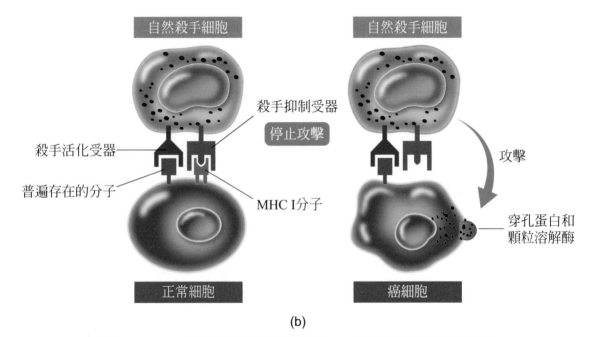

(b)

圖 10-10　(a) 自然殺手細胞攻擊癌細胞。(b) 自然殺手細胞的活化機制

式不同，兩者有互補的關係，自然殺手細胞會針對腫瘤細胞或是病毒感染的細胞，進行攻擊。當其偵測到前述二種細胞的存在時，會貼附在目標細胞上 (圖 10-10b)，釋放穿孔蛋白以及蛋白酶，殺死細胞，或引發**細胞凋亡 (apoptosis)**。由胞毒型 T 細胞主導的免疫行動，稱爲**細胞媒介性免疫 (cell-mediated immunity)**。

輔助型 T 細胞，不直接消滅異常細胞，而是能夠偵測到異常抗原的存在，將訊息傳給胞毒型 T 細胞或是其他白血球，令其活化，針對病原採取摧毀或吞噬行動，故其功能爲免疫活動的**協調 (mediation)**。調節型 T 細胞，舊稱**抑制型 T 細胞 (suppressor T cell)**，與維持**免疫耐受性 (immune tolerance**，見後述)，以及防止**自體免疫疾病 (autoimmune disease)** 發生有關。

記憶型 T 細胞爲未曾遭遇抗原的**初始 T 細胞 (naïve T cell)**，在遭遇抗原之後，分化轉變成具有記憶性的 T 細胞族群，以待日後遭遇同一種抗原時，能夠快速大量地增殖，對同樣的抗原作出反應。T 細胞對正常與異常抗原的辨識鑑別能力需要確保穩定，否則有可能造成正常組織的誤殺。因此，每一個由骨髓製造的**淋巴幹細胞 (lymphoid progenitor cells)**，在轉變爲成熟的 T 細胞以前，必須送至胸腺進行 T 細胞的分化與選殖，其淘汰率超過九成，方能確保人體的安全。

B 細胞得名於其初次發現於鳥類尾部的免疫器官**法氏囊 (bursa of Fabricius)**。在人體，B 細胞由骨髓製造，亦在骨髓成熟，可經由抗原遭遇活化或是由輔助型 T 細胞引發活化。B 細胞活化以後，會快速轉變成**漿細胞 (plasma B cell)** 並大量增殖。漿細胞能夠針對特定的抗原，大量製造相對應的**抗體**，釋放至血漿當中，用以對付病原。另一群**初始 B 細胞 (naïve B cell)** 在遭遇抗原以後，沒有轉變成漿細胞，而是轉變成**記憶型 B 細胞 (memory B cell)**，可存活長達數年，一旦再次遭遇同樣的抗原，記憶型 B 細胞能快速分化轉變爲漿細胞，產生抗體，爲身體提供保護。由 B 細胞途徑所主導的免疫，稱爲**抗體媒介性免疫 (antibody-mediated immunity)**，或**體液性免疫 (humoral immunity)**。

人體免疫系統當中，尚有一群扮演特殊角色的細胞，稱爲**抗原呈現細胞 (antigen-presenting cells, APCs)**。此種細胞在攝入微生物或非自身抗原，加以分解後，能將碎片分布呈現到自己的細胞膜表面，成爲抗原，讓附近的初始 T 細胞、胞毒型 T 細胞、輔助型 T 細胞、以及初始 B 細胞，能夠與之短暫結合。使 T 細胞及 B 細胞得知感染或異常抗原的出現，並產生活化，之後分化成胞毒型 T 細胞、輔助型 T 細胞、

與漿細胞，藉以合作消除特定抗原的目標。抗原呈現細胞的特性是其具有多面發展的**偽足 (pseudopodia)**，能夠增加其接觸空間的總表面積。常見的抗原呈現細胞有三種，為**樹突細胞 (dendritic cells，DCs)**(圖 10-11)、巨噬細胞與 B 細胞。

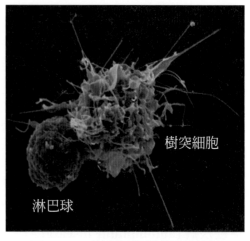

圖 10-11　樹突細胞與淋巴球接觸

(三) 抗體 (Antibodies)

抗體 (antibody) 又稱為**免疫球蛋白 (immunoglobulin)**，為漿細胞所製造，對於特定抗原有**結合專一性**的分子。其分子結構為一 Y 形，左右對稱，由一對的**重鏈 (heavy chain)** 與**輕鏈 (light chain)** 構成 (圖 10-12)。抗體與抗原結合的專一性，來自於與其**抗原結合位 (antigen binding site)** 形狀的相符，因此一種抗體只能對應到一種抗原。抗體作用於抗原，有多種功能，包括**中和反應 (neutralization)**、**凝集反應 (agglutination)**、**沉澱反應 (precipitation)**、**調理反應 (opsonization)** 以及**補體活化反應 (complement activation)**。

由於抗原與抗體之間的結合專一性，當抗體結合上抗原，若抗原本身是微生物或其他生物所分泌的**毒素 (toxin)** 分子，或某特定致病相關構造 (如細菌鞭毛)，當抗體與其結合，使其失效，稱為中和反應 (圖 10-13)。如果微生物為多個抗體分子所結合，可能遭到圍困，形成一叢凝集**團塊 (clump)**，能夠吸引吞噬細胞執行吞噬作用，此為抗體凝集反應 (圖 10-14)。沉澱反應係描述當抗體與可溶性抗原結合時，使得抗原被從血清中脫離，沉澱形成團塊，吸引吞噬細胞的吞噬。抗體結合上位於微生物表面的抗原時，能夠發揮與補體相同的角色，使微生物較易被吞噬細胞吞噬，為調理反應 (圖 10-15)。抗體與抗原的結合，也可能引發補體的活化，導致補體蛋白進一步形成膜穿孔複合體，在細菌的細胞膜上穿孔，直接殺菌。

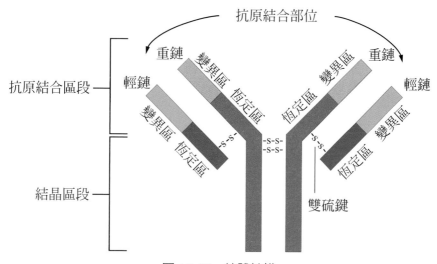

圖 10-12 抗體結構

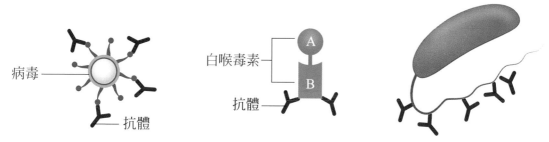

圖 10-13 抗體的中和反應，病毒 (左)、毒素 (中)、細菌鞭毛 (右) 遭到抗體的中和

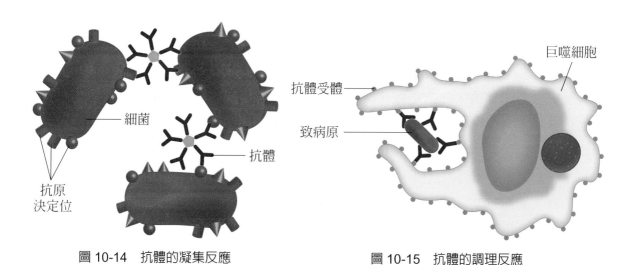

圖 10-14 抗體的凝集反應

圖 10-15 抗體的調理反應

抗體也稱**免疫球蛋白 (immunoglobulin)**，依照其結構差異，可以分為五種**抗體分類 (class of immunoglobulins)**：IgG、IgM、IgA、IgD、IgE。人體中最多的抗體種類是 IgG，達 80%；在感染初期，IgM 是最早出現的抗體，也最快增加；IgA 可以隨著體液分泌以執行作用，如唾液、淚液，以及母乳；IgD 的功能是作為 **B 細胞受體 (B cell receptor)**；IgE 與過敏有關。其餘資訊參照表 10-1。

表 10-1　五種抗體分類

	IgG	IgM	IgA	IgD	IgE
結構 (抗體形態)					
單元數	1	5	2	1	1
抗體結合位數	2	10	4	2	2
分子量 (Da)	150,000	900,000	385,000	180,000	200,000
含量比例	80%	6%	13%(單元)	<1%	<1%
通過胎盤與否	可	不可	不可	不可	不可
功能	中和反應 凝集反應 調理反應 補體活化	中和反應 凝集反應 補體活化	中和反應 圍困黏膜病原	B 細胞受體	嗜鹼性球與肥大細胞的活化 產生過敏現象

(四) 主動免疫與被動免疫 (Active Immunity and Passive Immunity)

在抗原以病菌、外來細胞、異常細胞的形式入侵或出現時，人體需要活化相對應的 T 細胞和 B 細胞來對其展開清除。事實上，自出生開始，人體內部的淋巴球，即不停在隨機產生各種的**株系 (clone)**，亦即會隨機產生非常多不同的 T 細胞和 B 細胞，各自對應到不同的抗原，在身上等候應用的時機。如果有一特定抗原出現，而此抗原剛好對應到某一種已存在的 T 細胞或 B 細胞株系，則該對應到的 T 細胞或 B 細胞株系就會開始活化並增殖，產生更多同株系的 T 細胞，對目標細胞進行摧毀，或更多同株系的 B 細胞，分化成更多同株系的漿細胞，大量釋放抗體，對抗原進行反應。此一萬中選一的活化過程，稱為**株系選殖 (clonal selection)**(圖 10-16)，或稱**純系選殖**。

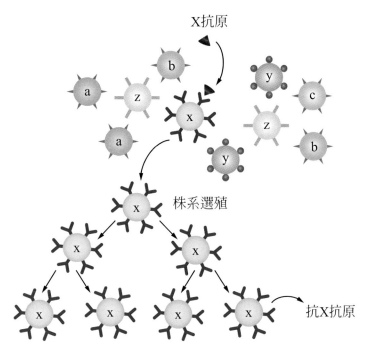

X抗原

株系選殖

抗X抗原

圖 10-16　抗體的株系選殖

　　然而，適用的抗體並不永遠都在第一時間出現，來對抗原進行反應。若有一從未出現在人體內的抗原首次出現，人體免疫系統搜尋或產生對應 B 細胞活化，時間會較長，釋放抗體的產量會較低，稱為**初次免疫反應 (primary immune response)**。一旦曾受特定抗原感染，免疫系統會留下記憶型 B 細胞，當同樣的抗原再次侵入人體內，記憶型 B 細胞能夠快速地轉變成漿細胞，並大量增殖，大量釋放相對應的抗體。與初次暴露於抗原時相比，此時，抗體的產量顯著增加，反應的速度顯著增快，稱為**二次免疫反應 (secondary immune response)**(圖 10-17)。

　　然而，某些傳染病的病原，具有較高的突變率與較快的突變速度，導致其產生新品系的病原速度，比人體產生新的相對應抗體的速度還快。如欲預防此疾病的流行，難度將會較高。常見的例子如**流行性感冒病毒 (influenza virus)**，由於每一年的品系未必相同，因此在預防相關的措施一直都相當有挑戰性。另外，如果不同病原之間有機會彼此發生基因重組，產生的全新品系病原，因多數人皆無抗體相應，通常會帶來大流行的危機。

10-17

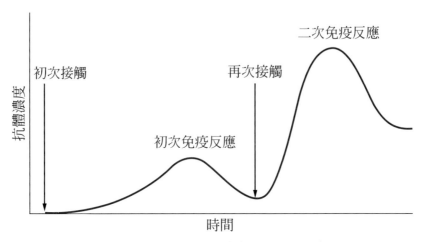

圖 10-17　初次免疫反應與二次免疫反應

　　疫苗的原理，來自於人體經由**疫苗預防接種 (vaccination)** 攝入抗原以後，會產生出相對應的抗體，來與抗原反應，並且有記憶性，此稱為**主動免疫 (active immunity)**。如今有相當多種傳染性疾病，已有常規疫苗可以應用，進行預防接種，包含**脊髓灰質炎 (poliomyelitis，即小兒麻痺)**、**破傷風 (tetanus)**、**白喉 (diphtheria)**、**百日咳 (pertussis)**、**結核病 (tuberculosis)**、**B 型肝炎 (hepatitis B)**、**日本腦炎 (Japanese encephalitis)**、**麻疹 (measles)**、**腮腺炎 (mumps)**、**德國麻疹 (rubella)**……等。

　　疫苗本身，又因其成分的不同，可以分為**非活性疫苗 (killed vaccine)**、**活性減毒疫苗 (live attenuated vaccine)**、以及**類毒素疫苗 (toxoids)**。非活性疫苗，係將死亡病毒或細菌個體注入人體內，產生免疫，如**沙克疫苗 (Salk vaccine)**；活性減毒疫苗則是以化學方式將活病原進行**減毒 (attenuation)** 手續，令其致病力降低至極其微弱，如可供口服的**沙賓疫苗 (Sabin vaccine)**。此類型疫苗優點是可以將抗原完整性保留，強化免疫效期，但安全性的顧慮較非活性疫苗高；類毒素則是將細菌產生的**毒素 (toxin)**，進行加熱或化學處理以後，將其毒性抑制或降低至零，然後作為抗原，注入人體內，產生的抗體稱為**抗毒素 (antitoxin)**，如破傷風與白喉。

　　另外一種應用抗體進行治療的技術，稱為**被動免疫 (passive immunity)**。將抗原注入動物身上，由動物產生免疫反應之後，再對其抽血提取血清，分離出抗體加以保存，用以對抗抗原。此種方法所得之產品稱為**免疫血清**或**抗血清 (antiserum)**。遭毒蛇咬噬，送醫緊急處理施打的蛇毒抗血清，即以此法產生。抗血清的優點是能夠立即生效，不過為時並不長久，有少數患者可能引起免疫副作用，為**超敏反應 (hypersensitivity)**。

(五) 過敏 (Allergy)

絕大多數情況之下，接觸抗原，即會引發相對應抗體的製造與釋放，對抗原進行反應。然而，在少數特定情形之下，抗體與抗原之間的結合，造成的結果，未使抗原消除，卻引發了**過敏反應 (allergy, or allergic response)**。我們將能夠引發過敏反應的抗原，稱爲**致敏原 (allergen)**。IgE 是與過敏相關的抗體，其變異區段能夠與抗原結合，而其固定區段則可與組織中的肥大細胞結合，附著於其細胞膜上。當過敏原與 IgE 抗體結合，會使得肥大細胞活化，發生**顆粒脫除作用 (degranulation)**(圖 10-18)，將其內以**囊泡 (vesicles)** 形式儲存的**組織胺 (histamine)** 與**血清胺 (serotonin)** 等過敏**媒介物**釋放至胞外。組織胺與血清胺釋放以後，造成局部血管擴張、血管通透性增加、血流增加的現象，因而造成過敏常見的症狀，如水腫、發紅、發癢、打噴嚏、流鼻水、流眼淚……等，**如過敏性鼻炎 (allergic rhinitis，或稱乾草熱 hay fever)、蕁麻疹 (hives)**。常見的過敏原，有食物 (例如海鮮、蛋、花生)、藥物、灰塵、花粉、黴菌孢子、動物毛髮或羽毛等。也因爲 IgE 與過敏症的關聯，過敏人士的血漿中，IgE 的數量通常較一般人高。

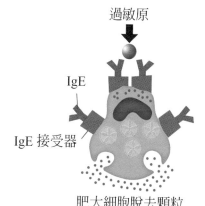

過敏原

IgE

IgE 接受器

肥大細胞脫去顆粒
並釋出過敏媒介物

圖 10-18　過敏反應圖解

　　氣喘 (asthma) 亦爲過敏引發的一種疾病，因爲肥大細胞的作用，使呼吸道 (尤其是支氣管) 發生水腫，造成呼吸氣流減少，引發呼吸不順。如果過敏的情況更嚴重，引起氣管與支氣管平滑肌收縮，使呼吸道狹窄情況加重，造成嚴重**呼吸困難 (dyspnea)**，需要馬上進行處置。另一種嚴重的過敏反應，稱爲**全身性過敏反應 (anaphylaxis)**。此種現象的特點包括發病速度快，症狀散佈面積廣大，是由於肥大細胞反應過劇，造成過敏媒介物過量釋放，引發的一系列症狀，由於反應過劇與範圍廣大之故，常會造成快速出現的紅疹、劇癢、呼吸困難、暈眩感等症狀，嚴重者可能造成血漿流失導致低血壓，引發**過敏性休克 (anaphylactic shock)** 而致命。故一旦發生全身性過敏，必須送醫。食物與藥物的過敏反應，有極少數情況能引發全身性過敏反應，而最常造成全身性過敏反應的過敏原，係來自於蟲螫 (如螞蟻與毒蜂) 的**毒素 (venom)**。

　　過敏症狀的治療，依不同之病情表現使用。最常見之過敏用藥通常爲**抗組織胺 (antihistamine)**，此種藥物之結構與組織胺相似，能夠與細胞表面之**組織胺受**

體 (histamine receptor) 發生結合，藉此與組織胺進行競爭，減少組織胺附著細胞的機率，進而減低過敏的症狀。如果是氣喘的過敏症狀，則另給予**支氣管擴張劑 (bronchodilator)**，內含成分能使支氣管平滑肌舒張，達到緩解的效果。全身性過敏則可能使用**腎上腺素 (epinephrine)** 做為緊急治療。

(六) 抗體應用 (Applications of Antibody)

由於生物化學與生物科技技術的進步，如今已經可以應用特殊抗體進行常規生物或醫學檢測，由於抗體本身的特性，抗體檢測的優點為速度快、準確性高，ABO 血型的檢驗即為一例。懷孕初期時，著床的**胎盤 (placenta)** 會製造**人類絨毛膜促性腺激素 (human chorionic gonadotropin，hCG)**，孕婦血漿中此激素的濃度即增加，因此驗尿時，若抗 hCG 的抗體出現呈色反應，可證實懷孕的發生。另外，Rh 陰性血型的婦女懷孕，若是懷有 Rh 陽性血型之胎兒，其第二胎會有罹患新生兒溶血症候群的風險，可以在生產前後對母親注射抗 Rh 陽性抗原之抗體加以避免或預防。

10-3　免疫系統的疾病 (Immune Diseases)

健康人的免疫系統，可以正常地防禦體內環境的安全。然而，當免疫系統失效或失控時，往往導致某些重大疾病的發生。

愛滋病 (Acquired Immune Deficiency Syndrome，AIDS)，為人類免疫缺陷病毒 **(human immunodeficiency virus，HIV)** 感染所導致。1981 年，美國**疾病控制與預防中心 (Centers for Disease Control and Prevention，CDC)** 發佈了全球首見的疾病案例。一群年輕男性感染罕見的**肺囊蟲肺炎 (pneumocystis pneumonia)** 與卡波西氏肉瘤 **(Kaposi's sarcoma)**，不久死亡。由於其共同病徵皆致因於免疫機能喪失的嚴重感染，故於 1982 年將其命名為**後天免疫缺陷症候群 (acquired immune deficiency syndrome)**。愛滋病毒為一反**轉錄病毒 (retrovirus)**，能感染人類的輔助型 T 細胞、樹突細胞、以及巨噬細胞，導致其死亡 (圖 10-19)。當這些細胞死亡，其數目減少，免疫系統對抗原識別的能力大幅減低，進而增加病人感染其他併發症而死亡的機率。

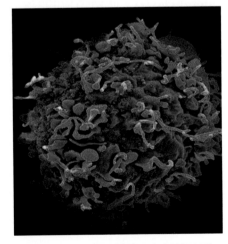

圖 10-19　愛滋病毒正在對輔助型 T 細胞進行感染

　　愛滋病感染初期，約於一個月內，會出現類似流行性感冒的症狀，持續時間約 1 至 2 週，無法與流行性感冒辨別，然已經具有傳染性。而後病毒活動會下降，進入**臨床潛伏期**，最長可達 20 年。之後再次發病，病人出現淋巴結腫大、發熱、疲勞、食慾不振、體重下降等症狀。待愛滋病進入晚期時，常出現原蟲、真菌、病毒感染的併發症，如肺囊蟲肺炎、結核菌感染、卡波西氏肉瘤的發生，最後多重感染而死亡 (圖 10-20)。在感染之後約 6 至 12 週，血液中尚無法驗出愛滋病毒抗體，稱為**空窗期 (window period)**。愛滋病毒存在於人體的體液中，尤其是血液、精液，以及陰道分泌物。雖暴露於空氣中對愛滋病毒生存極為不利，然於血液中可存活較長時間，故常見之傳染機制為血液傳播 (例如針頭共用、輸血)、母嬰垂直傳播、以及性行為傳播。基於愛滋病對人體之危害，目前對於捐血與輸血之血液檢查，皆有嚴格之標準與程序。

　　早期常用**酵素免疫法 (enzyme-linked Immunosorbent assay，ELISA，簡稱酶聯法)** 檢驗是否有愛滋病毒特異性抗原存在，如為陰性則排除感染，若為陽性，需再以**西方氏墨點法 (Western blotting assay)** 進一步檢查確認。然而此檢驗法須於遭病毒感染超過 12 週空窗期以上之結果方有參考價值。現尚有以**反轉錄聚合酶鏈反應 (reverse transcription-PCR，RT-PCR)** 的方式，檢驗病毒特異性 RNA 片段的存在與否，來診斷是否罹患愛滋，可縮短至感染 2 週即可初步判定是否為患者，檢驗速度大幅提升，較適用於已確定感染者，然而仍需於空窗期後再次抽血，以西方氏墨點法重複確認。另外，雖然愛滋病血液篩檢已經成為血庫血液檢驗的必要常規程序，民眾依然不可，也不該利用捐血來藉機為自己進行愛滋篩檢。

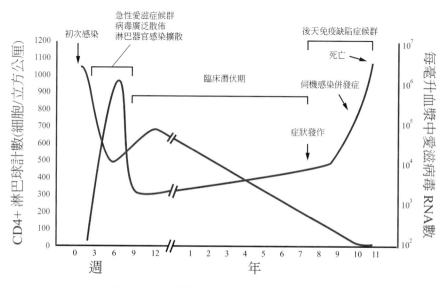

圖 10-20　愛滋病毒感染時間與病程追蹤

由於病毒突變率與抗原複雜性，截至 2020 年，尚無有效疫苗可以預防愛滋，亦無特效藥可以治療。現有治療愛滋病之醫療措施，以華裔美籍科學家何大一 (David Ho，1952～至今) 發明之合併式抗反轉錄病毒藥物療法 (combination anti-retroviral therapy)，或俗稱雞尾酒療法 (AIDS cocktail therapy) 較為著名。此療法原理是抑制愛滋病毒的複製，進而降低病人的死亡率，然而目前尚無法完全清除患者體內之愛滋病毒，價格不斐，同時副作用依然顯著，並非完全理想，仍待改進。

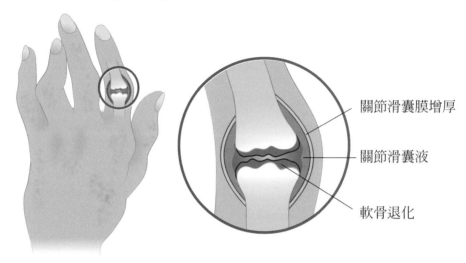

圖 10-21　類風溼性關節炎導致手指關節變形

另一種類型的免疫疾病，是由於人體產生對自身抗原反應的淋巴球，導致免疫系統對自身組織的攻擊，稱為**自體免疫疾病 (autoimmune diseases)**。正常的免疫系統，對於自身組織或細胞之抗原不會有相對應的 T 細胞和 B 細胞，稱為免疫系統的**自我耐受性 (self-tolerance 或 immune tolerance)**。T 細胞與 B 細胞在成熟以前，會經過選擇性淘汰的程序，稱為**株系淘汰 (clonal deletion)**。被淘汰的 T 細胞或 B 細胞，即為具備對**自我反應性 (self-reactivity)** 的株系，人體經由此程序，避免產生對自身抗原具有攻擊性的 T 細胞與 B 細胞。自體免疫疾病有非常多種形式，如果軟骨組織受自身反應抗體攻擊，可能引發**類風溼性關節炎 (rheumatoid arthritis)**(圖 10-21)；**全身紅斑性狼瘡 (systemic lupus erythrematosus，SLE)** (圖 10-22) 則是多處皮下組織以及多重器官受

關節滑囊膜增厚

關節滑囊液

軟骨退化

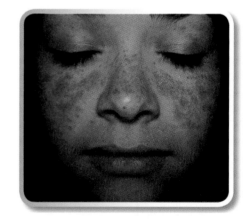

圖 10-22 全身紅斑性狼瘡病人臉部出現典型的蝴蝶狀紅斑 (butterfly rash)

抗體攻擊；**神經肌肉接合點 (neuromuscular junction，NMJ)** 受抗體攻擊，可導致**重症肌無力 (myasthenia gravis)**(圖 10-23)、神經纖維**髓鞘 (myelin sheath)** 受攻擊引發的**多發性硬化症 (multiple sclerosis)**、以及**格瑞夫氏症 (Grave's disease)** 造成的**甲狀腺亢進 (hyperthyroidism)**。引發自體免疫疾病的原因目前尚未明瞭，可能由於遺傳、感染，或是其他不明原因導致疾病的發作。自體免疫疾病目前皆無特效藥可以根治，需要終身追蹤以及服藥控制。

除自體免疫疾病是由於免疫系統過度活化之外，尚有先天性免疫功能低落的**嚴重複合型免疫缺乏症 (severe combined immunodeficiency, SCID)**，為罕見疾病。此類型疾病的患者，T 細胞與 B 細胞功能皆不良，易有全身性細菌感染、病毒感染、黴菌感染 (或以上三者複合感染) 而造成死亡的風險。SCID 成因可能來自於基因突變或是家族遺傳，適切的骨髓移殖可能為較常採用的治療方式，然而仍需配合定期補充免疫球蛋白。

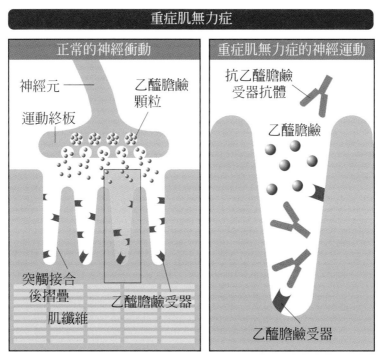

圖 10-23 重症肌無力致病機轉。左：正常的神經肌肉接合點。右：病人的神經肌肉接合點，因受抗體攻擊而使乙醯膽鹼受體受損或消失

本章複習

10-1 先天性免疫

■ 先天免疫系統的細胞會非特異地識別並作用於病原體。與後天免疫系統不同，先天免疫系統不會提供持久的保護性免疫，而是作為一種迅速的抗感染作用存在於所有的動物和植物之中。

■ 先天性免疫系統的第一道防禦為皮膜組織的阻隔障礙；第二道防線包含**吞噬細胞 (phagocytes)** 的行動、**抗菌蛋白 (antimicrobialproteins)** 的作用、以及**發炎反應 (inflammation)**。吞噬細胞為白血球，含嗜中性球、嗜伊紅性球和巨噬細胞。抗菌蛋白則有補體 (complement)、干擾素 (interferons) 和細胞激素 (cytokines) 等等。若組織感染持續且擴大，會啟動發炎反應 (inflammation) 來引發嗜中性球的聚集，與巨噬細胞的增生，以對抗入侵之微生物。

10-2 後天性免疫

■ 先天免疫系統的細胞會經由與特定病原體接觸後，產生能識別並針對特定病原體啟動的免疫反應，因為經歷不同環境的刺激與形塑，因此造成人人發展與表現皆可不同。

■ 淋巴器官 (Lymphoid Organs)

- **淋巴結 (lymph nodes)** 的功能包括對淋巴液中的細菌及異物進行過濾與排除，以及提供淋巴球增殖的場所。許多淋巴結位於黏膜的附近，例如腸道的**培氏斑塊 (Peyer's patches)**，用以就近抵禦外來物的入侵。喉部開口的扁桃腺 (tonsils)，也是淋巴結集結之處。

- **脾臟 (spleen)** 為人體最大的淋巴器官內部分為**紅髓 (red pulp)**、**白髓 (white pulp)** 與**邊緣區 (marginal zone)**。

- **胸腺 (thymus)** 位於胸腔，胸骨之下，分為左右兩葉 (lobes)，具有皮質與髓質構造，是 T 細胞分化與選殖，達到成熟之處。

■ 淋巴細胞 (Lymphocytes)

- T 細胞，因其在骨髓製造，卻在胸腺成熟，故得此名稱。T 細胞能夠分為四種：**胞毒型 T 細胞 (cytotoxic T cell)**、**輔助型 T 細胞 (helper T cell)**、**調節型 T 細胞 (regulatory T cell)**、與**記憶型 T 細胞 (memory T cell)**，其功能各異。

- B 細胞得名於其初次發現於鳥類尾部的免疫器官法氏囊 (bursa of-Fabricius)。B 細胞活化以後，會快速轉變成**漿細胞 (plasma cell)** 並大量增殖。由 B 細胞途徑所主導的免疫，稱為**抗體媒介性免疫 (antibody-mediatedimmunity)**，或**體液性免疫 (humoral immunity)**。

- **抗原呈現細胞 (antigen-presenting cells, APCs)** 經攝入微生物或非自身抗原，加以分解後，能將碎片分布呈現到自己的細胞膜表面，成為抗原，讓附近的初始 T 細胞、胞毒型 T 細胞、輔助型 T 細胞、以及初始 B 細胞，能夠與之短暫結合並活化。

■ 抗體 (Antibodies)

- 抗體又稱為**免疫球蛋白 (immunoglobulin)**，為漿細胞所製造，對於特定抗原有結合專一性 (binding specificity) 的分子。其分子結構為一 Y 形，左右對稱，由一對的**重鏈 (heavy chain)** 與**輕鏈 (light chain)** 構成，重鏈與輕鏈，以及兩條重鏈，彼此之間有**雙硫鍵 (disulphide bond)** 連接。

- 抗體依照其結構差異，可以分為五種等級：**IgG、IgM、IgA、IgD、IgE**。人體中最多的抗體種類是 IgG，達 80%；在感染初期，IgM 是最早出現的抗體，也最快增加；IgA 可以隨著體液分泌以執行作用，如唾液、淚液，以及母乳；IgD 的功能是作為 B 細胞受體 (B cell receptor)；IgE 與過敏及寄生蟲感染有關。

■ 過敏 (Allergy)

- 在少數特定情形之下，抗體與抗原之間的結合，造成的結果，未使抗原消除，卻引發了**過敏反應 (allergy, or allergic response)**。我們將能夠引發過敏反應的抗原，稱為致敏原 (allergen)。

- IgE 是與過敏相關的抗體，其變異區段能夠與抗原結合，而其固定區段則可與組織中的肥大細胞結合，附著於其細胞膜上。使得肥大細胞活化釋放**組織胺 (histamine)** 與**血清胺 (serotonin)** 等過敏媒介物。

- 過敏症狀的治療，依不同之病情表現使用。最常見之過敏用藥通常為抗組織胺 (antihistamine)。

10-3 免疫系統的疾病

■ 健康人的免疫系統，可以正常地防禦體內環境的安全。然而，當免疫系統失效或失控時，往往導致某些重大免疫系統疾病的發生。

■ 愛滋病 (AIDS)，**為人類免疫缺陷病毒 (human immunodeficiency virus，HIV，亦稱 AIDS virus 愛滋病毒)** 感染所導致。愛滋病毒為一反轉錄病毒 (retrovirus)，能感染人類的**輔助型 T 細胞、樹突細胞、以及巨噬細胞**，導致其死亡。當這些細胞死亡，其數目減少，免疫系統對抗原識別的能力大幅減低，進而增加病人感染其他併發症而死亡的機率。

■ 當人體產生對自身抗原反應的淋巴球，導致免疫系統對自身組織的攻擊，稱為**自體免疫疾病 (autoimmune diseases)**。常見疾病有紅斑性狼瘡、類風溼關節炎、重症肌無力、多發性硬化症、以及格瑞夫氏症 (Grave's disease) 等等。

■ **嚴重複合型免疫缺乏症 (severe combined immunodeficiency, SCID)**，為罕見疾病。此類型疾病的患者，T 細胞與 B 細胞功能皆不良，易有全身性細菌感染、病毒感染、黴菌感染 (或以上三者複合感染) 而造成死亡的風險。

Chapter 附錄

參考圖片

CH1

圖 1-1(a)：

https://zh.wikipedia.org/zh-tw/ 亞里斯多德

圖 1-1(b)：

https://www.timetoast.com/timelines/la-evolucion-
de-la-medicina-e0636b98-a63f-46a6-90f6-
345472acf40f

圖 1-1(c)：

https://zh.wikipedia.org/wiki/ 李時珍

圖 1-2：

https://www.alamy.es/imagenes/by-andreas-vesalius.
html

https://www.pinterest.fr/pin/795729827881171172

圖 1-3：

https://www.slideshare.net/CarlosAlvarez302/
micologia-clinica

https://docplayer.org/56847870-Lichtmikroskope-
von-hund-geschichtliches-das-mikroskop-
kontrastierverfahren-stativsysteme-dokumentation.
html

圖 1-4：

https://en.wikipedia.org/wiki/Ernst_Ruska

https://www.timetoast.com/timelines/inventions-
from-1930-1935

圖 1-5：

https://kids.britannica.com/students/assembly/
view/217841

圖 1-7：

http://togreen.blogspot.com/2008/08/characteristics-of-living-things.html

CH2

圖 2-2：

https://zh.wikipedia.org/wiki/ 同素異形體

https://zh.wikipedia.org/wiki/ 鑽石

https://zh.wikipedia.org/wiki/ 碳的同素異形體

圖 2-20：

https://docplayer.es/88628280-Biofisicoquimica-de-metaloproteinas.html

圖 2-23：

https://www.freegreatpicture.com/animal-collection/bees-and-honeycomb-21394

CH3

奈米細胞：

https://www.semanticscholar.org/paper/Cell-membrane-based-nanoparticles%3A-a-new-biomimetic-Li-He/90217880dd2013bf4d15b9913fdbab18ab053b61

圖 3-2：

http://luverneband.com/cell-structure-and-function-diagram/cell-structure-and-function-diagram-unique-what-are-prokaryotic-cells-simplified-dbriers/

圖 3-3：

http://krupp.wcc.hawaii.edu/biol101/present/lcture16/sld014.htm

圖 3-4(a)：

https://en.wikipedia.org/wiki/Robert_Hooke

圖 3-4(b)：

https://grupoappeler.wordpress.com/2015/12/10/15-libros-de-ciencia-que-cambiaron-el-pensamiento-humano/

圖 3-5(a)：

https://it.wikipedia.org/wiki/Cellula

圖 3-5(b)：

https://danielwetmore.wordpress.com/tag/cells/

圖 3-6：

https://edition.cnn.com/2017/04/07/health/flu-pandemic-sanjay-gupta/index.html

圖 3-9(b)：

https://www.pinterest.com/pin/465207836482318241/

圖 3-11(a)：

https://slideplayer.com/slide/14999683/

圖 3-11(b)：

http://biomundociencia.blogspot.com/2013/12/celulas-y-organulos-al-miscroscopio.html

圖 3-11(c)：

https://schaechter.asmblog.org/schaechter/2014/12/merry-2.html

圖 3-11(d)：

https://plantcellbiology.masters.grkraj.org/html/Plant_Cellular_Structures13-The_Nucleus.htm

圖 3-14(b)：

https://www.the-scientist.com/foundations/palade-particles-1955-38022

圖 3-15(b)：

https://www.iuibs.ulpgc.es/servicios/simace/

圖 3-16：

http://www.bbioo.com/lifesciences/33-10215-1.html

圖 3-18：

https://zh.wikipedia.org/wiki/ 色素體

圖 3-19：

https://slideplayer.com/slide/3922332/

圖 3-20：

http://daneshnameh.roshd.ir/mavara/mavara-index.php?page=%D9%84%DB%8C%D8%B2%D9%88%D8%B2%D9%88%D9%85&PHPSESSID=fb1fa27e2a72cedf8725ad064a926e36&SSOReturnPage=Check&Rand=0

圖 3-21：

https://docplayer.es/58033654-2o-b-a-c-h-i-l-biologia-e-r-t-o-jose-reig-arminana.html

圖 3-22：

https://ja.wikipedia.org/wiki/ 細胞骨格

圖 3-23：

http://manabu-biology.com/archives/%E7%B4%B0%E8%83%9E%E9%AA%A8%E6%A0%BC%E3%81%AE%E7%A8%AE%E9%A1%9E.html

圖 3-24：

https://www.naturepl.com/stock-photo-nature-image01595515.html

圖 3-25(a)：

https://www.slideserve.com/petula/thanatochemistry

圖 3-25(b)：

http://www.krugozors.ru/foto-pod-mikroskopom.html

圖 3-26(a)：

http://www.yourarticlelibrary.com/biology/how-the-cell-wall-is-formed-answered/6656

圖 3-26(b)：

http://www.emeraldbiology.com/2013/07/

圖 3-29：

http://astarbiology.com/aqa_tags/cell-recognition-and-the-immune-system/

圖 3-30：

https://bookfanatic89.blogspot.com/2019/01/plant-and-animal-cells-in-hypertonic.html

圖 3-33：

https://www.quora.com/How-is-water-transported-through-the-cell-membrane

圖 3-35：

https://loigiaihay.com/nhap-bao-va-xuat-bao-c69a16251.html

圖 3-36：

https://es.slideshare.net/smallbogs/fisiologia-de-loslquidos-corporales-presentation

CH4

圖 4-3：

http://wps.prenhall.com/wps/media/objects/3082/3156859/blb1404.html

圖 4-4：

https://slideplayer.com/slide/13422925/

圖 4-6：

https://slideplayer.com/slide/3878522/

圖 4-16：

https://slideplayer.com/slide/9204658/

圖 4-17

https://iwil.ca/food/

CH5

綿羊桃莉：

https://zh.wikipedia.org/wiki/ 多利

圖 5-2：

https://slideplayer.com/slide/10931320/

圖 5-3：

https://www.quora.com/What-is-the-difference-between-a-human-karyotype-and-an-animal-karyotype-with-23-pairs-of-chromosomes

圖 5-4：

https://slideplayer.com/slide/10931320/

圖 5-6：

https://slideplayer.com/slide/13722816/release/woothee

圖 5-7：

https://slideplayer.com/slide/15733595/

圖 5-8：

https://huecrei.com.vn/thong-tin-chuyen-nganh/sinh-ly-sinh-san/su-phan-chia-te-bao-sinh-duc-1

圖 5-10(a)：

https://slideplayer.com/slide/15082163/

圖 5-10(b)：

https://slideplayer.com/slide/14155303/

CH6

圖 6-1：

https://zh-yue.wikipedia.org/wiki/ 蟲蟲

圖 6-2：

https://zh.wikipedia.org/wiki/File:Thomas_Andrew_Knight_(1758%E2%80%931838).jpg

圖 6-3：

https://zh.wikipedia.org/wiki/ 孟德爾

https://ru.depositphotos.com/stock-photos/ropox.html

圖 6-4：

http://www.esp.org/essays/mendelswork-02/index.html

圖 6-5：

https://redsearch.org/images/P/ 人類孟德爾遺傳學 #images-7

圖 6-12：

https://www.quora.com/What-are-the-characteristic-of-people-with-O+-blood-group

圖 6-14：

https://www.slideshare.net/richielearn/genetics-canine-module

圖 6-17：

https://dictionary.cambridge.org/us/dictionary/english/siamese

https://alchetron.com/Himalayan-rabbit

圖 6-22：

https://www.royal-menus.com/nicholas-ii-engagement-menu

圖 6-24：

https://slideplayer.com/slide/13246396/

圖 6-26：

https://slideplayer.com/slide/9796874/

圖 6-29：

http://internetsecuritysoftware.info/bari/f/fragile-x-syndrome-karyotype/

圖 6-30：

https://slideplayer.com/slide/8489184/

圖 6-31：

https://www.healthtap.com/topics/chromosome-analysis-follow-up

https://slideplayer.com/slide/14462735/

CH7

CRISPR/Cas9：

http://news.creaders.net/china/2018/11/26/big5/2022049.html

圖 7-2：

https://scitechvista.nat.gov.tw/c/sT6X.htm

圖 7-3：

https://blog.coquipr.com/2011/01/la-vida-en-arsenico-se-queda-corta-de-evidencia/

圖 7-4：

https://slideplayer.com/slide/8271133

圖 7-8：

http://ppdhsinhhoc12.weebly.com/bagravei-1-gen-matilde-di-truy7873n-vagrave-quaacute-trigravenh-nhacircn-273ocirci-c7911a-adn.html

圖 7-13：

https://biologydictionary.net/trna/

圖 7-15：

https://www.chinatimes.com/hottopic/20151116004386-260805?chdtv

CH8

圖 8-1 眼鏡蛇

https://pixabay.com/zh/photos/king-cobra-cobra-snake-reptile-405623/

圖 8-1 家貓

https://pixabay.com/zh/photos/cat-pet-striped-kitten-young-1192026/

圖 8-1 大山貓

https://pixabay.com/zh/photos/lynx-bobcat-wildlife-predator-1095228/

圖 8-1 臺灣獼猴

https://zh.wikipedia.org/wiki/File: 柴山獼猴 .jpg

表 8-4 輪藻
https://zh.m.wikipedia.org/wiki/File:Chara_sp_reproductive_structure.JPG
表 8-4 石蓴
https://commons.wikimedia.org/wiki/File:Meersalat-Ulva-lactuca.jpg
表 8-4 眼蟲
https://www.flickr.com/photos/loarie/21124589116
表 8-4 金藻
https://en.wikipedia.org/wiki/Chrysophyta#/media/File:Dinobryon_sp.jpg
表 8-4 矽藻
https://commons.wikimedia.org/wiki/File:Diatom_algae_Amphora_sp.jpg
表 8-4 角甲藻
https://www.flickr.com/photos/57556735@N08/21063741022
表 8-4 昆布
https://pixabay.com/ja/photos/ 昆布 - 海 - 海藻 - 植物 - 自然 -706294/
表 8-4 石花菜
https://commons.wikimedia.org/wiki/File:Gelidium_latifolium.jpg
表 8-5 錐蟲
https://www.flickr.com/photos/77092855@N02/6912974847
表 8-5 太陽蟲
https://commons.wikimedia.org/wiki/File:Actinophrys_sol.jpg
表 8-5 草履蟲
https://zh.wikipedia.org/wiki/File:Paramecium_caudatum_Ehrenberg,_1833.jpg

表 8-5 吸管蟲
https://en.wikipedia.org/wiki/Suctoria#/media/File:Suctoria1_wiki.jpg
表 8-5 瘧疾原蟲
https://www.flickr.com/photos/121483302@N02/14816576282
圖 8-4：
https://study.com/academy/lesson/hyphae-definition-function-types.html
圖 8-5：
https://www.slideserve.com/tanika/chapter-31-fungi
表 8-6 蛙壺菌
https://en.wikipedia.org/wiki/Batrachochytrium_dendrobatidis#/media/File:CSIRO_ScienceImage_1392_Scanning_Electron_Micrograph_of_Chytrid_Fungus.jpg
表 8-6 黑麵包黴
https://commons.wikimedia.org/wiki/File:Black_mold_(rhizopus_sp).jpg
表 8-6 羊肚菌
https://commons.wikimedia.org/wiki/File:Morchella-vulgaris-0594.jpg
表 8-6 青黴菌
https://commons.wikimedia.org/wiki/File:Penicillium_sp._(ascomycetous_fungi).jpg
表 8-6 香菇
https://commons.wikimedia.org/wiki/File:%E9%A6%99%E8%8F%87_Lentinus_edodes_-_panoramio.jpg
圖 8-8：
http://www.publicdomainfiles.com/show_file.php?id=13484247688821

A-6

圖 8-11 地錢

https://commons.wikimedia.org/wiki/File:Marchantia_polymorpha_190708.jpg

圖 8-11 土馬騌

https://pl.m.wikipedia.org/wiki/Plik:Polytrichum.commune.2.jpg

圖 8-11 角蘚

https://commons.wikimedia.org/wiki/File:Anthoceros_sp.jpg

圖 8-22：

https://commons.wikimedia.org/wiki/File:Euplectella_aspergillum_Okeanos.jpg#/media/File:Euplectella_aspergillum_Okeanos.jpg

圖 8-23：

https://commons.wikimedia.org/wiki/File:Physalia_physalis_cumbuco_brasilia.jpg#/media/File:Physalia_physalis_cumbuco_brasilia.jpg

圖 8-24：

https://commons.wikimedia.org/wiki/File:Bipalium_kewense.jpg#/media/File:Bipalium_kewense.jpg

圖 8-25：

https://commons.wikimedia.org/wiki/File:T._canis_adult_worms_wiki.JPG#/

圖 8-26：

https://www.ruten.com.tw/item/show?21819992850947

圖 8-28：

https://commons.wikimedia.org/wiki/File:Velvet_worm_(2002).jpg

圖 8-29：

https://zh.wikipedia.org/wiki/ 半索動物門

圖 8-30：

鴨嘴獸 Johncarnemolla | Dreamstime.com

針鼴 Michael Elliott | Dreamstime.com

負子鼠 Holly Kuchera | Dreamstime.com

CH9

圖 9-1：

https://sites.google.com/site/it5720610018/home/virus/chemical-composition-of-virus?tmpl=%2Fsystem%2Fapp%2Ftemplates%2Fprint%2F&showPrintDialog=1

圖 9-3：

https://www.forestryimages.org/browse/detail.cfm?imgnum=1402027

https://en.wikipedia.org/wiki/Plant_virus

圖 9-7、圖 9-8：

http://iwcc.edu.wiringdiagram.us/diagram/bacterial-cell-morphology-and-arrangement.html

圖 9-10：

https://jephmeuspensamentos.wordpress.com/tag/teoria-do-design-inteligente/

圖 9-12：

https://slideplayer.com/slide/14698900/

CH10

COVID-19：

(左) CD Humphrey，CDC

(右) https://www.flickr.com/photos/niaid/49534865371/

圖 10-2：

https://slideplayer.com/slide/9241431/

圖 10-10(a)：

https://www.ucl.ac.uk/immunity-transplantation/
research/immune-regulation/liver-nk-cells-non-
alocholic-fatty-liver-disease

圖 10-11：

http://www.brainimmune.com/pro-and-anti-
inflammatory-effects-of-neuropeptide-y-
induction-of-dendritic-cells-migration-and-th2-
polarization/

圖 10-19：

https://www.pinterest.at/pin/258182991122
046952/

圖 10-21：

https://obatasamuratditangan.wordpress.com/

圖 10-22：

https://www.infosalus.com/salud-investigacion/
noticia-descubren-solo-gen-defectuoso-puede-
conducir-lupus-20181220071034.html

名詞索引

CH1

CH2

CH3

CH4

CH5

CH6

CH7

CH8

CH9

美國疾病控制與預防中心　Centers for Disease Control and Prevention，CDC　10-20

肺囊蟲肺炎　Pneumocystis pneumonia　10-20

卡波西氏肉瘤　Kaposi's sarcoma　10-20

後天免疫缺陷症候群　Acquired immune deficiency syndrome　10-20

反轉錄病毒　Retrovirus　10-20

空窗期；酶聯法　Window period　10-21

酵素免疫法　Enzyme-linked Immunosorbent assay，ELISA　10-21

西方氏墨點法　Western blotting assay　10-21

反轉錄聚合酶鏈反應　Reverse transcription-PCR，RT-PCR　10-21

合併式抗反轉錄病毒藥物療法　Combination anti-retroviral therapy　10-22

雞尾酒療法　AIDS cocktail therapy　10-22

自體免疫疾病　Autoimmune diseases　10-22

自我耐受性　Self-tolerance，immune tolerance　10-22

株系淘汰　Clonal deletion　10-22

自我反應性　Self-reactivity　10-22

類風溼性關節炎　Rheumatoid arthritis　10-22

紅斑性狼瘡　Systemic lupus erythrematosus，SLE　10-22

神經肌肉接合點　Neuromuscular junction，NMJ　10-23

重症肌無力　Myasthenia gravis　10-23

鏈球菌　*Streptococci*　10-23

風濕性心肌炎　Rheumatic myocarditis　10-23

神經纖維髓鞘　Myelin sheath　10-23

多發性硬化症　Multiple sclerosis　10-23

格瑞夫氏症　Grave's disease　10-23

甲狀腺亢進　Hyperthyroidism　10-23

嚴重複合型免疫缺乏症　Severe combined immunodeficiency，SCID　10-23

得　分

生物學
學後評量
CH01 緒論

班級：＿＿＿＿＿＿＿＿＿

學號：＿＿＿＿＿＿＿＿＿

姓名：＿＿＿＿＿＿＿＿＿

一、選擇題：共4題

(　　) 1. 下列何者不是生物體具有的生命現象？
(A)能形成結晶體　(B)新陳代謝　(C)生長發育　(D)繁殖

(　　) 2. 手觸含羞草使其葉片閉合，稱為
(A)睡眠運動　(B)觸發運動　(C)生長　(D)發育

(　　) 3. ①學說 ②實驗 ③觀察 ④假設 ⑤定律。正確的科學研究方法依序為
(A)31245　(B)23415　(C)15432　(D)34215

(　　) 4. 池塘中有天鵝、野鴨、魚及各種昆蟲，這些動物共同生活在一起，形成一個
(A)生態系　(B)社會　(C)群落　(D)族群

二、填充題：共3題

1. 古希臘名醫＿＿＿＿＿＿＿是歷史上第一位著名的實驗生理學家，他曾利用猿、豬的解剖來描述分析人類神經和血管的機能，所著的《＿＿＿＿＿》曾被認為是權威著作達1300年之久。

2. 明代李時珍以科學的精神研究中藥，編成《＿＿＿＿＿》一書；19世紀的達爾文曾稱此書為「＿＿＿＿＿」。

3. 就一生物個體而言，其體制的層次由小到大依序為：＿＿＿＿＿＿ 、 ＿＿＿＿＿＿ 、 ＿＿＿＿＿＿ 、 ＿＿＿＿＿＿ 、 ＿＿＿＿＿＿ 。

三、問答題：共7題

1. 說明以下學者對生物學的貢獻。
   (1)亞里斯多德。
   (2)蓋倫。
   (3)李時珍。

(4)林奈。

(5)雷文霍克。

(6)許來登與許旺。

2. 何謂「人類基因體計劃」？

3. 生物具有哪些生命的特徵？

4. 人體由哪十個系統組成？

5. 解釋下列名詞。
   (1)群落。
   (2)族群。
   (3)生態系

6. 如何區別「生長」與「發育」？舉例說明。

7. 何謂科學的研究方法？

得　分

生物學

學後評量

CH02 細胞的化學組成

班級：＿＿＿＿＿＿＿＿＿

學號：＿＿＿＿＿＿＿＿＿

姓名：＿＿＿＿＿＿＿＿＿

一、單選題：共10題

（　　）1. 下列化學反應何者屬於同化作用？

(A)ATP→ADP＋Pi＋能量　(B)葡萄糖＋葡萄糖 → 麥芽糖

(C)澱粉＋水→ 葡萄糖　(D)中性脂肪 → 脂肪酸＋甘油

（　　）2. 50 個分子的甘油和100 個脂肪酸化合時，最多可得多少個脂質？並釋出多少個水分子？

(A) 50 個脂質、50 個水分子　　　(B) 99 個脂質、99 個水分子

(C) 33個脂質、99 個水分子　　　(D) 100 個脂質、100 個水分子

（　　）3. 葡萄糖的分子式為$C_6H_{12}O_6$，由10 個葡萄糖所形成的寡醣，其分子式為何？

(A) $C_{60}H_{120}O_{60}$　(B) $C_{60}H_{102}O_{51}$　(C) $C_{60}H_{100}O_{60}$　(D) $C_{50}H_{120}O_{51}$

（　　）4. 單醣分子不包含何種元素？

(A)C　(B)H　(C)S　(D)O

（　　）5. 人類的雌、雄性激素是屬於何類分子？

(A)類固醇　(B)多肽類　(C)蛋白質　(D)醣類

（　　）6. 核苷酸的組成不包含下列哪種物質？

(A)胺基酸　(B)五碳糖　(C)嘌呤類　(D)磷酸

（　　）7. 水是一種極性分子，這種特性與水的下列何種物理特性有密切關係？

(A)內聚力　(B)表面張力　(C)比熱　(D)以上皆是

（　　）8. 生物體中含量最多的無機物是

(A)氯化鈉　(B)鈣　(C)鐵　(D)水

（　　）9. 脂溶性維生素不包括

(A)A　(B)D　(C)C　(D)K

（　　）10.胺基酸序列是蛋白質第幾級結構？

(A)一　(B)二　(C)三　(D)四

（請沿虛線撕下）

二、填充題：共5題

1. 原生質的組成複雜，含有各種化合物與元素，而細胞中的_____、_____或_____皆由原生質特化而來，但_____為細胞的後生物質，並不屬於原生質。

2. 化學上常見的緩衝劑有三種：_____、_____以及_____，將緩衝劑溶於水可製成緩衝溶液。人體血液內有一個重要的緩衝系統，由_____及_____所構成。

3. 單醣類由_____、_____、_____三種元素所組成，其通式為_____。

4. 肝醣、澱粉、纖維素屬於多醣，皆由多個_____脫水化合而成，通式是_____。

5. 脂肪酸分子內通常具有_____個碳原子；若碳與碳之間的鍵結全為單鍵「－」稱為_____，若碳與碳之間含有一個以上的雙鍵「＝」則稱為_____。

三、問答題：共9題

1. 原生質中
   (1)有哪些無機物？
   (2)有哪些是有機物？

2. (1)水分子的氫鍵使其有何特性？
   (2)水對於生物體的重要性有哪些？

3. 雙醣有哪三種？如何形成？

4. 多醣類的
   (1)通式為何？
   (2)有哪些種類？
   (3)如何合成的？

5. 說明碳酸在血液中如何具有酸鹼緩衝的功能。

6. 寫出胺基酸的基本結構並說明如何形成雙胜(dipeptide)。

7. (1)解釋水解作用(hydrolysis)。
   (2)下列各物質水解最後的產物是何種物質？
   (a)蛋白質　(b)肝醣　(c)澱粉　(d)脂肪　(e)核酸

8. 中性脂肪是如何合成的？

9. (1)核酸分為哪兩種？
   (2)構成核酸的單位是什麼分子？而它又是由什麼分子構成的？

得　分

生物學
學後評量
CH03 細胞的構造

班級：＿＿＿＿＿＿＿＿
學號：＿＿＿＿＿＿＿＿
姓名：＿＿＿＿＿＿＿＿

一、單選題：共10題

（　　）1. 細胞膜上何種成分可作為辨認自我和非我的標籤？
(A)脂質　(B)膽固醇　(C)醣蛋白　(D)磷脂質

（　　）2. 下列何種物質可藉簡單擴散(simple diffusion)經細胞膜自由進出細胞？
(A) H^+　(B)CO_2　(C)Na^+　(D)蛋白質

（　　）3. 下列有關植物細胞的敘述，何者正確？
(A)細胞核中的DNA可控制細胞生理活動
(B)粒線體是唯一可合成ATP 之胞器
(C)葉綠體內的囊狀膜可進行光合作用暗反應
(D)細胞壁可控制物質進出細胞

（　　）4. 下列何者可用來作為區別真核細胞或原核細胞的依據？
(A)有無細胞壁的存在　　　(B)細胞內是否具有複雜的膜狀胞器
(C)細胞中是否含有DNA　(D)細胞中是否具有核糖體

（　　）5. 蝌蚪在變態過程中會失去鰓和尾，這種現象與下列何者有關？
(A)溶小體　(B)核糖體　(C)粒線體　(D)高基氏體

（　　）6. 下列何種胞器在高等植物細胞中不會發現？
(A)過氧化體　(B)核糖體　(C)粒線體　(D)中心粒

（　　）7. 能分解H_2O_2的觸酶存在於何種胞器中？
(A)過氧化體　(B)核糖體　(C)葉綠體　(D)液泡

（　　）8. 人體中哪一種細胞內核糖體的數量比較多？
(A)紅血球　(B)表皮細胞　(C)骨細胞　(D)胰臟細胞

（　　）9. 細胞骨架的成分為
(A)醣類　(B)核酸　(C)蛋白質　(D)脂質

(　　) 10.草履蟲的攝食方式稱為
　　　　(A)擴散作用　(B)胞飲作用　(C)主動運輸　(D)吞噬作用

二、填充題：共5題

1. ＿＿＿＿包括細菌與藍綠藻，為較原始的細胞，這類細胞多數具有細胞壁，缺少＿＿＿＿及＿＿＿＿，細胞體積較小，構造簡單。

2. 細胞膜中親水性的頭部因含有帶負電的＿＿＿＿，因此會與水分子產生吸引力，而位於膜的外側；疏水性的尾部因受到水分子排擠，彼此之間也會聚集在一起，位於膜的內側，這種現象稱為＿＿＿＿。

3. 少數的胞器並非由膜組成。＿＿＿＿的主要成分為蛋白質與rRNA；＿＿＿＿的主要成分為微管蛋白。

4. 細胞膜上的蛋白質依其功能尚可分為＿＿＿＿、＿＿＿＿、＿＿＿＿、＿＿＿＿與＿＿＿＿等。

5. 染色質是由＿＿＿＿與＿＿＿＿纏繞而成。平時細胞未分裂時，兩者纏繞鬆散。細胞分裂前期，染色質會透過彎折與螺旋纏繞得更加緊密，形成桿狀的＿＿＿＿＿。

三、問答題：共9題

1. 原核細胞(prokaryotes)與真核細胞(eukaryotes)有何相似與相異處？

2. 細胞學說(cell theory)由何人發表？內容為何？

3. 比較動、植物細胞的差異，哪些胞器為動物細胞所特有？哪些胞器為植物細胞特有？

4. 解釋：(1)被動運輸(passive transport)、(2)簡單擴散(simple diffusion)、
   (3)滲透作用(osmosis)。

5. (1)與人類紅血球等張的食鹽水濃度為多少？
   (2)若將紅血球置於9％NaCl溶液中會發生何種情形？何故？
   (3)若將紅血球置於0.1％NaCl溶液中會發生何種情形？何故？

6. 解釋下列胞器的功能：
   (1)粗糙內質網、(2)高基氏體、(3)核糖體、(4)過氧化體、(5)液泡。

7. 解釋何謂內共生學說(endosymbiotic theory)。

8. 細胞骨架有哪三種？功能各為何？

9. 內噬作用有哪幾種？說明其差異。

<table>
<tr><td rowspan="4">得　分

　　　　　　</td><td>全華圖書〔版權所有，翻印必究〕</td><td></td></tr>
<tr><td>生物學</td><td>班級：＿＿＿＿＿＿＿＿</td></tr>
<tr><td>學後評量</td><td>學號：＿＿＿＿＿＿＿＿</td></tr>
<tr><td>CH04 能量觀念和細胞呼吸</td><td>姓名：＿＿＿＿＿＿＿＿</td></tr>
</table>

一、單選題：共10題

(　　) 1. 粒線體特有的電子傳遞鏈相關受體分布在下列何處？
　　　(A)內膜所包圍的基質(matrix)內　　(B)內膜
　　　(C)外膜　　　　　　　　　　　　　(D)內、外膜兩膜間的空隙

(　　) 2. 糖解作用合成ATP的方式稱為？
　　　(A)化學滲透磷酸化　(B)受質階層磷酸化　(C)電子傳遞　(D)光合磷酸化

(　　) 3. 在葡萄糖氧化過程中，糖解作用產生的丙酮酸須轉變成何種化合物才能進入克氏循環？
　　　(A)乙醯輔酶A　(B)三磷酸甘油酸　(C)檸檬酸　(D)乙醛

(　　) 4. 經由下列何種呼吸作用過程所能合成的ATP 最多？
　　　(A)糖解作用　　　　　　　　　　(B)檸檬酸循環
　　　(C)電子傳遞鏈與氧化磷酸化　　　(D)丙酮酸變為乙醯輔酶A

(　　) 5. 克氏循環發生在粒線體
　　　(A)基質(matrix)內　(B)內膜上　(C)外膜上　(D)內、外膜兩膜間的空隙

(　　) 6. ATP、ADP 和磷酸肌酸分別含有幾個高能磷酸鍵？
　　　(A) 3、2、1　(B) 2、1、1　(C) 2、1、0　(D) 2、2、1

(　　) 7. 下列何者不是克氏循環後的最後產物？
　　　(A) NADH　(B) FADH$_2$　(C) CO$_2$　(D) H$_2$O

(　　) 8. 細胞進行無氧呼吸時，將丙酮酸還原成乳酸或酒精的是
　　　(A)NADH　(B)NADPH　(C)FADH$_2$　(D)H$_2$O

(　　) 9. 當肌細胞內ATP／ADP 的比值下降時，細胞的代謝作用進行情形是：
　　　(A)促進肝糖分解、氧化　　(B)促進葡萄糖合成為肝醣
　　　(C)促進ADP 水解為AMP　　(D)促進脂肪合成

(　　) 10.①乳酸 ②酒精 ③二氧化碳 ④NADH。酵母菌的醱酵作用會產生上述何種
　　　　物質？

　　　　(A)1、3　(B)2、4　(C)2、3　(D)1、2、3

二、填充題：共5題

1. 化學能可看作是一種_____。醣類、脂肪、蛋白質等分子在合成過程中將化學
能儲存在_____中，這些物質稱為_____化合物；分解後產生的二氧化碳與
水即使將其分子的鍵結打斷也只能釋出極少能量，稱為_____化合物。

2. ATP是核苷酸的一種，是由_____、_____與三個_____組成。

3. _____為克服能量障壁令反應發生所需的最低能量。這些能量用以切斷反應物
的_____，以便新鍵產生。

4. 在細胞中受酶作用的物質，稱為_____。而此物質在酶上結合的區域稱為
_____。

5. 大部分的酶在0℃時活性很低；溫度昇至_____時開始活動。溫度超過最適
溫，酶的活性漸減，若超過_____，酶即停止活動。

三、問答題：共11題

1. 從生物學的角度來看，何謂「低能鍵」？何謂「高能鍵」？兩個有何不同？

2. 試畫出 ATP的結構並說明其功能。

3. 酶(enzyme)有何重要性質？

4. (1)何謂輔因子(cofactor)？

   (2)ATP形成的輔酶(coenzyme)有哪幾種？功能為何？

5. 影響酶活性的因素哪些？

6. 呼吸作用分為哪四個步驟？各步驟生成的高能化合物為何？

7. 何謂化學滲透理論(chemiosmotic theory)？

8. 試說明ATP合成酶(ATP synthase)如何進行氧化磷酸化作用(oxidative phosphorylation)？

9. 試比較有氧呼吸與無氧呼吸的能量轉換效率。

10. (1)發酵作用在細胞中何處進行？
    (2)常見的發酵作用有哪兩種？寫出其反應方程式。

11. 除了醣類外，細胞中還有哪些化合物可作為能量來源？舉例說明之。

得　分

全華圖書 (版權所有，翻印必究)

生物學

學後評量

CH05 細胞的生殖

班級：＿＿＿＿＿＿＿＿＿

學號：＿＿＿＿＿＿＿＿＿

姓名：＿＿＿＿＿＿＿＿＿

一、單選題：共10題

( ) 1. 無性生殖的優點為何？

(A)容易保留親代優良性狀　　　　(B)提高物種遺傳的多樣性

(C)增加子代適應環境變動的能力　(D)容易發生遺傳基因的重組。

( ) 2. 落地生根的葉緣可長出幼小植株，關於這樣的生殖方式下列何者正確？

(A)以此法繁殖的子代基因與親代並不相同　(B)過程需要有配子的結合

(C)可在短時間內大量繁殖子代　　　　　　(D)子代將更容易適應環境。

( ) 3. 下列何者為細胞進行分裂時才會出現的構造？

(A)核仁　(B)核膜　(C)紡錘體　(D)中心粒

( ) 4. DNA複製發生在細胞週期的何期？

(A)M　(B)S　(C)G2　(D)G1

( ) 5. 有絲分裂時，中節複製發生在何期？

(A)前期　(B)中期　(C)後期　(D)末期

( ) 6. 某生物個體具有2對染色體1^a 1^b 2^a 2^b，則經減數分裂後所產生的配子染色體組合不可能為

(A) 1^a1^b　(B) $1^a 2^b$　(C) $1^b 2^b$　(D) $1^b 2^a$

( ) 7. 下列為減數分裂過程的若干步驟：①染色體複製 ②同源染色體分離 ③姊妹染色分體互相分離 ④形成四分體，其發生的先後順序為

(A)1234　(B)1423　(C)2413　(D)1342

( ) 8. ①染色體複製 ②中節複製 ③同源染色體分離 ④同源染色體配對。上述各項何者為有絲分裂和減數分裂共有的現象？

(A)3、4　(B)1、2、3　(C)2、3、4　(D)1、2

( ) 9. 下列何種細胞不具有同源染色體？

(A)精原細胞　(B)初級精母細胞　(C)次級精母細胞　(D)體細胞

(請沿虛線撕下)

<背面尚有試題>

(　　) 10.男性形成精子時，若不考慮互換，最多可形成幾種精子？

(A)4^{23}　(B)2^{46}　(C)2^{32}　(D)2^{23}

二、填充題：共4題

1. 細胞準備進行分裂時，所有染色體都會先進行複製，這個過程是在間期中的

　　　　　　期進行，複製後的染色體由2條　　　　　　組成。

2. 植物細胞有細胞壁，在細胞質分裂時不會產生　　　　　　，而是於母細胞中央(原中期板的位置)產生　　　　　　，這是由　　　　　　產生的囊泡融合而成的雙層膜系。

3. 第一次減數分裂前期，複製後的染色體濃縮，同源染色體集合成對，

形成　　　　　　，稱為　　　　　　作用。

4. 月經週期來臨時，卵巢中隨機一個　　　　　　會進行第一次減數分裂，形成一個

　　　　　　與一個　　　　　　。

三、問答題：共7題

1. 舉例並說明生物無性生殖的方式有哪些？

2. 畫出細胞週期，說明其中各階段所代表的意義。

3. 解釋以下名詞：(a)姊妹染色分體(sister chromatids) (b)同源染色體(homologous chromosomes) (c)中節(centromere) (d)著絲點(kinetochore)。

4. 某細胞有三對同源染色體(1^a與1^b、2^a與2^b、3^a與3^b)，畫出其有絲分裂的詳細過程。

5. 某細胞有兩對同源染色體(1^a與1^b、2^a與2^b)，畫出其減數分裂的詳細過程。

6. 說明動物細胞與植物細胞在有絲分裂時有何相同與相異處。

7. 說明有性生殖時如何能產生具有大量變異特性的子代。

得　分

全華圖書（版權所有，翻印必究）

生物學

學後評量

CH06 生物的遺傳

班級：＿＿＿＿＿＿＿＿

學號：＿＿＿＿＿＿＿＿

姓名：＿＿＿＿＿＿＿＿

一、單選題：共10題

(　) 1. AA、I^AI^B、ss、Bb、I^Bi、Aa、BB、rr。以上基因組合屬於異基因型的有＿＿＿＿種。

　　(A) 2　(B) 3　(C) 4　(D) 5

(　) 2. 基因型為AaBbCCDd的個體，其產生配子型式最多有＿＿＿＿種。

　　(A) 5　(B) 6　(C) 8　(D) 9

(　) 3. 若以黃圓豌豆(YyRr)與某豌豆交配，子代中黃圓：黃皺=1：1，則此豌豆親代基因型應為下列何者？

　　(A) yyRR　(B) Yyrr　(C) YyRR　(D) YyRr

(　) 4. 蕃茄的紅果(R)對黃果(r)是顯性，高莖(T)對矮莖(t)是顯性。設親代之一為紅果高莖且為異基因型，另一為黃果矮莖。依Mendel實驗程序，試預期F1之表現型有幾種？出現黃果高莖的機率為？

　　(A)2種、1/2　(B) 4種、1/2　(C)4種、1/4　(D)6種、1/3

(　) 5. 基因型AaBB 者與AaBb 者交配，遵照獨立分配律，所生子代基因型為AaBb 之機率為

　　(A)1/2　(B)1/8　(C)1/3　(D)1/4

(　) 6. 附圖為一血友病遺傳，下列何者正確？

　　(A)丙與丁若再多生幾胎，可能生出正常男孩

　　(B)甲的基因型XY

　　(C)乙的基因型為XX^h

　　(D)乙與己的基因型不同

(　) 7. 某夫婦視覺都正常，其長子為色盲男孩，則下一胎生一個視覺正常女孩的機會是

　　(A)1/4　(B)1/32　(C)1/16　(D)1/8

＜背面尚有試題＞

( ) 8. 有關人類的血型敘述，下列何者正確？

(A) A 型者，因為有 I^A 基因，其紅血球上有A 抗原

(B) Rh 血型也是由遺傳控制，多數人皆為 Rh 陰性

(C) $I^B I^B$ 及 $I^B i$ 者，因基因型不同，故表現型也不同

(D) O 型者，基因型為 ii，血球上完全沒有任何抗原存在

( ) 9. 一白眼雄果蠅與一異基因型的紅眼雌果蠅交配，所產生的子代眼色遺傳情形為何？

(A)皆為白眼

(B)雌者皆為紅眼，雄者一半紅眼、一半白眼

(C)雌者一半紅眼、一半白眼，雄者皆為白眼

(D)雌雄皆一半紅眼、一半白眼

( ) 10.假定A型的男子與AB型的女子結婚，子女中出現何種血型，便可確定該男子為異基因型？

(A)AB　(B)A　(C)B　(D)O

二、填充題：共4題

1. 碗豆的雄蕊會釋出花粉而掉落在同一朵花的雌蕊上，稱為_____。

2. 相對之性狀中，常有一方較具優勢而易於顯現，孟氏稱此優勢的特徵為_____，勢力弱的一方隱而不現，稱為_____。

3. 人類的身高、膚色和智力等性狀具有連續性的差異，屬於_____遺傳，亦即一種性狀的形成是受到幾對不同基因的控制，但每一個顯性基因皆具有相同的影響，又稱做_____遺傳。

4. 蘇頓推測聚集在一條染色體上的許多基因將成為不能分離與自由組合的基因群體，形成_____。

三、問答題：共10題

1. 設T代表高莖，t代表矮莖，豌豆純種高莖與純種矮莖受粉，試依孟德爾遺傳實驗程序計算方式，逐步求出 (1)F_1 之表現型與比例？(2)F_1 自花受粉後，F_2 之表現型及比例？(3)F_2 之基因型及比例？

2. 依據孟德爾遺傳定律之要點，敘述(1)何謂分離律？(2)何謂獨立分配律？

3. 含有下列基因型之個體，將會產生哪些種類之配子？

(I)AaBB　(2)YYRr　(3)BBcc　(4)AaBb　(5)AaBbCc

4. 在下列之基因型中，AA、I^AI^B、ss、Bb、I^Bi、Aa、BB、rr、ii、I^BI^B。(1)何者是同基因型？(2)何者是異基因型？(3)哪些表現型相同？(4)何者是複對偶基因？

5. 番茄的紅果(R)對黃果(r)是顯性，高莖(T)對矮莖(t)是顯性。設親代之一為紅果高莖且為異基因型，另一為黃果矮莖。依Mendel實驗程序，試預期F_1之(1)表現型及其比例？(2)基因型及其比例？

6. 假如兩個初生嬰兒在醫院裡弄混了，(1)你可否從下列血型來決定哪一個嬰兒是屬於王姓，哪一個嬰兒是屬於張姓夫婦的？(2)推算這六個人各為何種基因型？

嬰兒甲	O 型
嬰兒乙	A 型
王太太	B 型
王先生	AB 型
張太太	B 型
張先生	B 型

7. 假定A型的男子與AB型的女子結婚，(1)子女中可能出現哪幾種血型？(2)子女中出現何種血型，便可確定該男子為異基因型？

8. 人類性別的決定與果蠅性別的決定有何不同？

9. 解釋下列名詞：
   (1)性聯遺傳
   (2)性染色體不分離現象
   (3)不完全顯性遺傳
   (4)複對偶基因

10. 下列不正常的染色體數目將引發何種病症？
   (1)45X
   (2)47XXY
   (3)47XYY
   (4)Trisomy2I
   (5)第21對染色體單臂缺失
   (6)Short 5

得　分		

生物學

學後評量

CH07 基因的構造與功能

班級：＿＿＿＿＿＿＿＿

學號：＿＿＿＿＿＿＿＿

姓名：＿＿＿＿＿＿＿＿

一、單選題：共10題

(　　) 1. 假設胺基酸的平均分子量為300，核苷酸的平均分子量為200，若有一段帶遺傳訊息之DNA分子，其分子量為9,600，請問經轉錄轉譯後，做出的蛋白質分子量為多少？

(A)2,400　(B)4,800　(C)9,600　(D)1,200

(　　) 2. 「遺傳密碼發生改變，不一定造成遺傳性狀的改變」該敘述是：

(A)對的，反密碼子不同的遺傳密碼，可能製造出相同的密碼子

(B)對的，反密碼子不同的tRNA，可能攜帶相同的胺基酸

(C)錯的，基因控制性狀相當嚴密，不容絲毫改變

(D)錯的，依據「一基因一酵素學說」，基因改變，酵素必改變，性狀隨之改變

(　　) 3. a.遺傳密碼、b.密碼子、c.反密碼子：在製造蛋白質過程中，各密碼出現的先後次序為？

(A)abc　(B)acb　(C)bca　(D)bac

(　　) 4. 已知某蛋白質分子上一段胺基酸排列為a-b-c，而細胞質中tRNA1(UUC)攜胺基酸a，tRNA2(UGU)攜胺基酸b，tRNA3(AGC)攜胺基酸c，則其DNA上相關之核酸排列應為：

(A)AAGACATCG　(B)TCGAAGACA　(C)TTCTGTAGC　(D)AAGTCGACA

(　　) 5. 基因表現的操縱組模式中，下列何者之作用有如「開關」？

(A)構造基因　(B)調節基因　(C)操作子　(D)誘導物

(　　) 6. 將噬菌體之DNA以^{32}P作標記，使其感染細菌(培養基之P為^{31}P)時，則:

(A)細菌內無放射性

(B)所有繁殖的噬菌體，其DNA皆具^{32}P

(C)絕大部分繁殖的噬菌體不具放射性

(D)所有繁殖的噬菌體，其DNA皆具^{31}P而不具^{32}P

( ) 7. DNA之二股，二股之氮皆為^{15}N以〰〰表示，一股^{15}N一股^{14}N以〜〜 表示，二股皆為^{14}N以——表示，若親代為〰〰之細菌在^{14}N之培養基中繁殖，經第三次分裂後，培養基中的細菌，〰〰 比 〜〜比——為何？

(A)1：1：1　(B)0：1：1　(C)0：1：3　(D)3：1：0

( ) 8. 構成DNA之核苷酸中，下列何者之比值為1：1？

(A)(A+T)：(C+G)　　　　(B)(A+C)：(T+G)

(C)(A+U)：(C+G)　　　　(D)(A+C)：(U+G)

( ) 9. 物種和物種之間DNA的差異主要是？

(A)組成的成分不同　　　　(B)有的為單股，有的為雙股

(C)含氮鹼基的序列不同　　(D)組成染色體的蛋白質不同

( ) 10.下列哪個胞器內不含有tRNA？

(A)細胞核　(B)核糖體　(C)內質網　(D)粒線體　(E)葉綠體

二、填充題：共5題

1. 在基因工程中常以細菌的_____作為載體(vector)，將DNA植入寄主細胞內；目前有哪些醫藥製品是藉由基因工程產生的？_____。

2. 「中心法則」指的是：所有生物的遺傳訊息由DNA_____，再由_____蛋白質。

3. 基因工程中，常用來大量複製DNA片段的技術，稱為_____。

4. 基因工程中，常需要剪接DNA。請問：用_____剪DNA；用_____接DNA。

5. 一個操縱子包含：_____、_____、_____。

三、問答題：共10題

1. DNA分子之構造，似一雙股之迴旋形"樓梯(Spiral staircase)"試問此樓梯之縱柱與橫檔(Rungs)各由何種成分組成？

2. 何謂半保留複製(Semiconservative replication)？

3. 何謂(1)m-RNA，(2)r-RNA，(3)t-RNA。

4. 解釋
   (1)轉錄作用(Transcription)。
   (2)轉譯作用(Translation)。

5. 何謂基因療法？舉例說明。

6. 重點說明細胞中蛋白質合成的過程。

7. 如果有一DNA轉錄出mRNA，其核苷酸鏈是：
   GGUGCUGUUCCUUUUAAAGAAGAUCGU，則
   (1)轉譯的多胜鏈順序將如何排列？
      (參照表7-1)製作此多胜鏈要花費多少GTP？
   (2)又該DNA密碼股之核苷酸鏈如何排列？
   (3) t-RNA之Anticodon順序又如何排列？
   (4)胺基酸平均分子量為110 Dalton，此多胜鏈的分子量是多少？
      需要幾條多胜鏈才有1克重？

8. 人類基因體3.23×10^9 b.p.，DNA鹼基對平均分子量700 Dalton，每10個鹼基對長度34 nm，請問：

(1)一個單核體細胞，其DNA長度是多少？

(2)一個單核體細胞，其DNA重量是多少？

9. 目前市面上有販賣多種GMO，請介紹3種GMO，並研究它們的轉殖過程，並評估是否對人體有害？

10. 許多電影中出現複製人情節，請找一部你喜歡的電影並用科學的角度來分析其複製人的情節是否有不合理的地方？

得　分

生物學

學後評量

CH08 生物體的分類

班級：＿＿＿＿＿＿＿＿

學號：＿＿＿＿＿＿＿＿

姓名：＿＿＿＿＿＿＿＿

一、單選題：共10題

（　）1. 下列何種化合物在蝗蟲和玉蜀黍的細胞內是不相同的？
(A)酵素　(B)胞嘧啶　(C)ADP　(D)葡萄糖

（　）2. 原核生物與真核生物最大的差異在於原核生物沒有何種構造？
(A)細胞膜　(B)遺傳物質　(C)細胞核膜　(D)細胞質

（　）3. 下列哪一種生物不會進行有絲分裂？
(A)細菌　(B)變形蟲　(C)酵母菌　(D)瘧原蟲

（　）4. 下面哪一組中的四種生物均屬原生生物(Protista)？
(A)桿菌、變形蟲、團藻及眼蟲　　(B)瘧原蟲、細菌、馬尾藻及念珠藻
(C)眼蟲、輪蟲、矽藻及渦鞭藻　　(D)球菌、紫菜、單胞藻及念珠藻

（　）5. 下列各種原生動物的運動構造何項有誤？
(A)草履蟲：鞭毛　(B)變形蟲：偽足　(C)眼蟲：鞭毛　(D)睡眠原蟲：鞭毛

（　）6. 下列何種原生動物可行光合作用？
(A)草履蟲　(B)眼蟲　(C)睡眠原蟲　(D)變形蟲

（　）7. 下列有關細菌與高等植物的比較，何者正確？
(A)兩者都具有核膜　　　　　　　(B)細胞壁都含有纖維素
(C)兩者都有核糖體　　　　　　　(D)兩者都有粒線體

（　）8. 下列何項構造不是單套染色體(n)？
(A)分生孢子　(B)內孢子　(C)擔孢子　(D)種子

（　）9. 真體腔動物的體腔是由何種胚層所圍成的空腔？
(A)外胚層與中胚層　　　　　　　(B)外胚層與內胚層
(C)中胚層與內胚層　　　　　　　(D)中胚層與中胚層

（　）10.是誰將生物分門別類，並制定生物學名的命名法則？
(A)亞里斯多德　(B)蓋倫　(C)林奈　(D)許來登

二、填充題：共4題

1. 真菌的細胞壁是由_____和其他多醣類組成。

2. 菌根是由_____和_____形成的共生系統。地衣則是____
   _____和_____的共生體。

3. 胚胎植物指的是_____、_____和_____。

4. 植物的世代交替是指哪二個世代？_____和_____。

三、問答題：共5題

1. 寫出生物的分類系統(三域六界)。

2. 動物分類以何種原則做為標準？

3. 寫出人類的分類階層。

4. 寫出(1)由低等到高等動物中，分類上各個門(Phylum)的名稱，(2)舉例說明。

5. 將生物分類後，可以看出演化關係嗎？為何？

得　分

全華圖書（版權所有，翻印必究）

生物學

學後評量

CH09 病毒與細菌介紹

班級：＿＿＿＿＿＿＿＿＿＿

學號：＿＿＿＿＿＿＿＿＿＿

姓名：＿＿＿＿＿＿＿＿＿＿

一、單選題：共10題

（　）1. 病毒不具下列何種特性？
(A)可用人工培養基培養　　(B)對寄主有專一性
(C)可通過細瓷濾器　　(D)在寄主細胞內能增殖

（　）2. 下列何項傳染病是細菌感染引起的？
(A)傷寒　(B)流行性感冒　(C)德國麻疹　(D)小兒麻痺

（　）3. 細菌在惡劣的環境下，能夠形成具有抵抗劇烈溫度變化或乾燥氣候的孢子，稱為
(A)四分孢子　(B)分子孢子　(C)內孢子　(D)囊孢子

（　）4. 細菌細胞壁的主要成分為何？
(A)纖維素　(B)木聚糖　(C)果膠　(D)肽聚糖(蛋白質和醣類)

（　）5. 下列何者不是病原體使寄主產生疾病的方式？
(A)產生內毒素　　(B)產生抗體
(C)分泌外毒素　　(D)分泌酵素破壞寄主的組織

（　）6. 根瘤菌和豆科植物共同生活在一起的方式是？
(A)寄生　(B)腐生　(C)互利共生　(D)自營

（　）7. 噬菌體的生活史，包括下列步驟：1.附著於寄主(細菌)表面 2.細菌合成噬菌體的核酸和蛋白質 3.細菌破裂釋出噬菌體 4.噬菌體注入DNA於細菌體內 5.於細菌體內組合成噬菌體。依序應為
(A)1,2,4,5,3　(B)1,2,5,4,3　(C)1,4,5,2,3　(D)1,4,2,5,3

（　）8. 病毒一離開寄主細胞，便呈現休眠狀態，無法繁殖，其原因是？
(A)失去養分的供應　(B)失去保護作用　(C)缺少酶系　(D)無法利用氧

（　）9. 病毒在體制(organization)上屬於？
(A)原子等級　(B)分子等級　(C)細胞等級　(D)組織等級

( ) 10. 下列有關細菌的敘述，何者錯誤？

(A)某些細菌含有質體，其具有自我複製的功能

(B)若在適宜的環境，細菌每隔20分鐘可分裂一次，3小時後將有2^9個細菌

(C)有些自營細菌能行光合作用

(D)細菌只能無性生殖，故無遺傳變異

二、填充題：共2題

1. 細菌依賴三種方式進行遺傳重組：＿＿＿＿＿＿＿＿、＿＿＿＿＿＿＿和

＿＿＿＿＿＿＿。

2. 國際病毒分類學委員會將病毒分為：＿＿＿＿＿、＿＿＿＿＿、＿＿＿＿＿、

＿＿＿＿＿、＿＿＿＿＿。

三、問答題：共10題

1. 解釋：

(1)噬菌體(Bacteriophage)：

(2)質體。

2. 病毒的構造如何？

3. (1)病毒有哪些生物特徵？

 (2)有哪些非生物特徵？

4. 細菌細胞與真核細胞有何不同？ 它缺少哪些胞器？

5. 簡述G(＋)、G(-)細菌其細胞壁有何不同？

6. 簡答細菌(1)依形狀可分哪些類別？(2)依其營養方式可分哪三類？

7. 細菌如何發生基因重組？

8. 解釋細菌的性狀引入(Transduction)。

9. 解釋"疾病"(Disease)的定義，疾病由哪些原因引起？

10. 除了造成疾病之外，細菌與病毒對人類社會是否有益處？舉例說明。

得　分

全華圖書〔版權所有，翻印必究〕

生物學

學後評量

CH10 人類的免疫系統

班級：＿＿＿＿＿＿＿＿

學號：＿＿＿＿＿＿＿＿

姓名：＿＿＿＿＿＿＿＿

一、單選題：共10題

（　）1. 下列何者不屬於先天性免疫？
(A)皮膜組織　(B)白血球　(C)抗體　(D)補體

（　）2. 下列何者能引發血管擴張與血管通透性增加？
(A)干擾素　(B)組織胺　(C)介白素-1　(D)溶菌酶

（　）3. 記憶型B細胞可在淋巴結何處找到？
(A)生發中心　(B)副皮質　(C)皮質　(D)髓質

（　）4. 下列何者為初級淋巴器官？
(A)淋巴結　(B)胸腺　(C)脾臟　(D)扁桃腺

（　）5. 細胞媒介性免疫主要由下列何者執行？
(A)輔助型T細胞　(B)胞毒型T細胞　(C)記憶型B細胞　(D)巨噬細胞

（　）6. 抗體由下列何者製造？
(A)巨噬細胞　(B)樹突細胞　(C)漿細胞　(D)胞毒型T細胞

（　）7. 器官移植手術的其中一項挑戰是免疫的排斥作用，與下列何者有最大關聯？
(A)巨噬細胞　(B)嗜伊紅性球　(C)胞毒型T細胞　(D)肥大細胞

（　）8. 注射疫苗，是利用下列何者的功能以達成主動免疫的目標？
(A)記憶型B細胞　(B)記憶型T細胞　(C)巨噬細胞　(D)嗜中性球

（　）9. 愛滋病毒攻擊的對象為下列何者？
(A)記憶型B細胞　(B)記憶型T細胞　(C)輔助型T細胞　(D)胞毒型T細胞

（　）10.下列何者為減毒疫苗？
(A)蛇毒血清　(B)肺結核　(C)沙賓疫苗　(D)白喉

（請沿虛線撕下）

二、填充題：共5題

1. 發炎反應發生時，有 ＿＿＿＿、＿＿＿＿、＿＿＿＿、＿＿＿＿ 的現象

2. 補體活化引發白血球聚集的現象，稱為 ＿＿＿＿＿

3. 下肢的淋巴液在淋巴循環中將匯聚至 ＿＿＿＿＿，而後進入血液循環

4. 抗體結合病原，使其失效，稱為 ＿＿＿＿＿

5. 全身紅斑性狼瘡屬於 ＿＿＿＿＿

三、問答題：共16題

1. 請指出人體防禦機制的三道防線。

2. 請說明補體的作用機制。

3. 請說明發炎反應的機轉。

4. 請指出先天性免疫與後天性免疫的區別。

5. 請說明淋巴循環的內容。

6. 請指出淋巴結、脾臟、以及胸腺在免疫學上的功用。

7. 請說明T淋巴球與B淋巴球的區別，並請指出輔助型T細胞與抗原呈現細胞的功能。

8. 請說明抗體的結構與作用機制。

9. 請說明抗體分類以及各類型抗體的功能。

10. 請說明疫苗接種以及抗蛇毒血清的原理。

11. 請說明過敏的發生以及治療原理。

12. 關於抗體檢測應用，請至圖書館或使用網際網路查詢更多的實例。

13. 請至衛生福利部疾病管制署網站，追蹤查詢COVID-19的歷史、傳播方式、疾病表現、疫苗資訊，以及防治方法。

14. 請說明愛滋病毒的特性，以及愛滋病的症狀。

15. 請指出愛滋病毒的傳染途徑與檢測方式。

16. 請說明自體免疫疾病發生的原理。

（請沿虛線撕下）

<背面尚有試題>

歡迎加入 全華會員

● 會員獨享
會員享購書折扣、紅利積點、生日禮金、不定期優惠活動……等。

● 如何加入會員
掃 QRcode 或填安讀者回函卡直接傳真 (02) 2262-0900 或寄回,將由專人協助登入會員資料,待收到 E-MAIL 通知後即可成為會員。

如何購買 全華書籍

1. 網路購書
全華網路書店「http://www.opentech.com.tw」,加入會員購書更便利,並享有紅利積點回饋等各式優惠。

2. 實體門市
歡迎至全華門市(新北市土城區忠義路21號)或各大書局選購。

3. 來電訂購
(1) 訂購專線:(02) 2262-5666 轉 321-324
(2) 傳真專線:(02) 6637-3696
(3) 郵局劃撥(帳號:0100836-1 戶名:全華圖書股份有限公司)
※ 購書未滿 990 元者,酌收運費 80 元。

OpenTech.com.tw 全華網路書店

全華網路書店 www.opentech.com.tw
E-mail: service@chwa.com.tw

※ 本會員制如有變更則以最新修訂制度為準,造成不便請見諒。

讀 者 回 函 卡

掃 QRcode 線上填寫 ▶▶▶

姓名：　　　　　　　　生日：西元　　　　年　　　月　　　日　性別：□男 □女

電話：（　　）　　　　　　　手機：

e-mail：　　　　　　　　　　　　　　　　（必填）

通訊處：□□□□□

學歷：□高中・職　□專科　□大學　□碩士　□博士

職業：□工程師　□教師　□學生　□軍・公　□其他

學校／公司：　　　　　　　　　　　科系／部門：

註：數字零，請用 Φ 表示，數字 1 與英文 L 請另註明並書寫端正，謝謝。

· 需求書類：

□ A. 電子 □ B. 電機 □ C. 資訊 □ D. 機械 □ E. 汽車 □ F. 工管 □ G. 土木 □ H. 化工 □ I. 設計

□ J. 商管 □ K. 日文 □ L. 美容 □ M. 休閒 □ N. 餐飲 □ O. 其他

· 本次購買圖書為：　　　　　　　　　　　　　書號：

· 您對本書的評價：

封面設計：□非常滿意　□滿意　□尚可　□需改善，請說明

內容表達：□非常滿意　□滿意　□尚可　□需改善，請說明

版面編排：□非常滿意　□滿意　□尚可　□需改善，請說明

印刷品質：□非常滿意　□滿意　□尚可　□需改善，請說明

書籍定價：□非常滿意　□滿意　□尚可　□需改善，請說明

整體評價：請說明

· 您在何處購買本書？

□書局　□網路書店　□書展　□團購　□其他

· 您購買本書的原因？（可複選）

□個人需要　□公司採購　□親友推薦　□老師指定用書　□其他

· 您希望全華以何種方式提供出版訊息及特惠活動？

□電子報　□DM　□廣告　（媒體名稱　　　　　　　　　）

· 您是否上過全華網路書店？（www.opentech.com.tw）

□是　□否　您的建議

· 您希望全華出版哪方面書籍？

· 您希望全華加強哪些服務？

感謝您提供寶貴意見，全華將秉持服務的熱忱，出版更多好書，以饗讀者。

填寫日期：　　／　　／

2020.09 修訂

親愛的讀者：

感謝您對全華圖書的支持與愛護，雖然我們很慎重的處理每一本書，但恐仍有疏漏之處，若您發現本書有任何錯誤，請填寫於勘誤表內寄回，我們將於再版時修正，您的批評與指教是我們進步的原動力，謝謝！

全華圖書 敬上

勘 誤 表

頁 數	行 數	書　名	作　者
		錯誤或不當之詞句	建議修改之詞句

我有話要說：（其它之批評與建議，如封面、編排、內容、印刷品質等・・・）

政府績效管理
工具與技術

邱吉鶴／著

序

　　2008年春季，接受淡江大學公共行政系黃一峰主任的邀請，開了一門「政府績效管理」的課程，但找遍各書局及網路，沒有找到該課程適合用書，只好擷取政府部門相關法規及學者專家研究內容授課。2008年5月，離開服務32年的公職，在清雲科技大學企業管理系謀得一教職，主要講授策略管理與管理學課程，偶爾受邀到公務機關講解計畫管理等相關課程，但仍覺得授課教材與政府實務作業有相當的落差。2011年夏天，有一次與老長官前考選部林嘉誠部長、前研考會林克昌主任秘書相聚機會，談起政府管理相關事宜，二位長官鼓勵本人，可以用過去公務的經驗及計畫管理的研究，撰寫一本有關政府部門績效管理方面書籍。經多方思考，仍重新拾回以往公務的幹勁，開始蒐集資料，提起筆完成本書。

　　本書撰寫以政府部門施政工作管理過程為主軸，採用策略績效管理思考觀點，分別介紹政府績效管理相關理論及實務作業。本書內容分為：總論、決策與規劃、執行與控制、績效評估及績效管理趨勢等五篇14章，並在每章蒐集二個案例補充內容不足及供作研討。總論篇，除介紹績效管理基本概念與相關理論外，並就影響政府施政的環境因素、專業主義、行政倫理及社會責任等議題提出討論；決策與規劃篇，主要介紹政府決策與規劃的工具與技術，以及施政計畫與中長程計畫的編審作業；執行與控制篇，主要介紹執行力與控制方法，以及政府部門施政工作之追蹤與管制作業；績效評估篇，介紹績效評估相關理論及我國政府部門實務績效考核作業；管理趨勢篇，介紹進入廿一世紀知識經濟時代，如何建構電子化政府及知識型政府。

　　本書的出版，特別感謝秀威資訊科技股份有限公司協助出版事宜，行政院研考會等政府網站及媒體網路提供豐富的資訊，研考會老同事陳海雄主任等幫忙蒐集資料，本人研究助理李雅珍協助資料的整理。當然，要感謝內人建棋、兒女筠芸、仁厚、宇晟及外孫女柔尹的陪伴，渡過這些寫作的日子。

本書疏漏與不足的地方在所難免，尚祈學者專家及讀者不吝指教，以為未來修正或再版的參考；更期待本書能產生拋磚引玉的效果，未來有更多此類專業的書籍出版。

邱吉鶴　謹序

2013年3月

目　次

第一篇

總論

Chapter 1
績效管理基本概念

　　根據研究者統計，企業在市場上五年內能繼續生存者，尚不及百分之二十；其餘百分之八十大多因經營績效不佳，而結束營業、倒閉或被併購。同樣，從歷史觀之，如果一個國家或政府經營不善，嚴重者被併吞或被劃為殖民地；次之，造成國家與社會的動盪不安，人民生活的困苦。

　　美國與多數歐洲國家，一直被認為全球最富裕、最先進的國家。然而，2007年底發生美國次級房貸危機，引發2008年美國連動債金融風暴，繼而引起2010年歐洲主權債信危機及全球經濟危機。美國發生大型投資銀行如雷曼兄弟等倒閉，失業率攀升，以及市場消費的衰退；歐洲希臘、愛爾蘭、西班牙、葡萄牙、義大利等國家，因政府未能節制開支及社會福利支出過高，致債務持續擴大，引發債信危機，不得不緊縮財政開支，造成社會的動亂與不安。

　　同樣的，此種現象也在亞洲國家發生，日本在廿世紀70年代靠產品的技術與品質，曾為全球第二大經濟強國，由於未隨著全球市場環境的變化，快速的調整產業結構與企業經營體質，逐步被已開發或開發中國家模仿而失去優勢，近二十年經濟停滯不前。台灣在70年代靠著建立完整的電子及資訊產業代工價值鏈，經濟發展為亞洲四小龍（台灣、香港、新加坡、韓國）之首，成為全球開發中國家的典範；亦由於整體產業政策未快速的調整，在全球經濟快速變動及資訊電子產業代工模式失去優勢下，已落為亞洲四小龍之尾，國民實質所得已二十年未曾成長。

　　台灣電力公司及中油公司為國營事業，除了國家賦予的政策任務外，亦為國家財務收入重要來源的事業機構。然而，截至2012年6月止，台電已虧損了半個資本額，中油亦不妨多讓；究其原因，主要係政治因素油電價未隨著國際原料價格調整，更重要的是國營事業長期的包袱，過於專注技術發展，未做好績效導向的管理。

　　造成上述不同國家或政府事業機構施政績效不佳或經濟衰退，歸納其主要原因包括：1.主政者未能明確提出未來的願景及目標，引導整體施政方向；2.政府部門未能

敏銳嗅覺全球環境快速的變化，創新產業結構與經營策略；3.長期昧於國內政治與民粹的現實，無限擴大社會福利與消耗性支出，造成財政困頓；4.政策規劃粗糙，且執行不力；5.政府部門各自為政，各項施政計畫與國家整體發展願景與目標無法配合；6.政府部門常因政治凌駕於行政，形成無謂的空轉；7.政策規劃與執行的本位主義，無法發揮整合的功效；8.花太多時間在政治應對及例行業務協調，卻忽略長期發展策略的思考與規劃等，這些問題都必須透過組織績效管理的過程，進行系統邏輯的思考。本章將介紹績效管理的涵義、程序及本書架構。

1.1 績效管理的涵義

　　績效管理係指組織以願景、目標為基準，以策略為核心，結合組織資源與作業流程，採取一系列有效管理活動，包括策略規劃、目標設定、作業流程管理、支援系統建構、激勵與獎勵制度、鼓勵創新與組織學習、建立績效標竿、績效評估及風險管理等，以創造組織價值及達成組織績效目標的結果。近年來，國際環境變化愈趨劇烈，科技發展更形快速，而組織能夠取得的資源有限，學者認為組織必須提出願景與策略，結合組織擁有的資源及內部作業流程作有效的管理，才能提升組織績效；於是，就有不同的策略績效管理方法的提出，也漸成為近十餘年企業、政府機關及非營利事業機構主要績效管理的工具。

　　再者，人力資源管理寶典一書，描述績效管理為管理一個組織或個人的績效。雖然這並非文獻上紮實的定義，但卻能說明績效管理的廣度，很難確定其範圍、活動和執行層面，即明示績效管理係屬組織管理一個多構面活動的結果。績效名詞辭彙（Glossary of Performance Terms）一書，更進一步提出績效管理包括組織中任何層級（個人、部門或整體）應加瞭解及採取行動的績效相關議題。因此，績效管理含蓋績效評量、制度和流程，為組織中人員管理及作業流程等相關議題，包括領導、決策、影響別人、激勵、創新和風險管理等有助改善組織績效事項。Harte（1994）定義績效管理為一套有系統的管理活動，用來建立組織與個人目標，以及如何達成該目標的共識，進而採行有效的管理方法，提升目標達成的可能性。Adnum（1993）認為績效管理的焦點為策略規劃（stragic planning）、管理控制（management control）及作業控制（operational control）。Saltmarshe, Ireland and Mc Gregor（2003）提出績效的三個主要架構為目標（goals）、績效評量（performance assessment）及績效管理（performance management）。由上述學者的見解與主張顯示，績效管理包括策略規

劃、目標設定、執行作業及績效評量等流程。

　　績效管理強調的是如何建構一套有效的績效管理制度，創造組織的價值。其中承擔責任為組織的領導者，到底領導者應做什麼事，採取什麼策略帶領組織發展；根據相關文獻相關學者的主張，領導者必須具備目標管理、溝通能力、激勵技巧、績效評估、決策能力、專業技巧、授權、緊急應變、體恤員工及時間管理等條件；領導者必須具備以身作則、喚起共同願景、挑戰舊方法、促使他人展開行動及鼓舞人心等能力；在組織中領導者應扮演創造者、營造者及改造者角色，領導的精髓為明確一致的策略目標，強固堅定的執行力及領導價值觀的實踐；在領導的過程中，領導包括發現策略議題、系統評量組織氣候、尋找組織創新能力、轉變組織文化與價值及重建全新組織等；在組織整體管理及經營過程中，領導者必須確立方向（願景、僱客、未來）、展現個人風格（嗜好、正直、信任、分析能力）、鼓舞員工（獲得支持、權力分享）及帶動組織（建立團隊、創造改變）。整體而言，領導者的職責就在於建構一套完善的績效管理系統，採取有效的管理方法，帶領組織創造最佳的績效。

　　行政機關績效是組織和人力活動的一個結果，而績效管理活動係整合組織文化、流程、程序，以及管理員工、創造學習和持續改進。換言之，行政機關績效管理的內涵包括了二個部分：一為如何（How）提升組織績效，一為達成什麼（What）組織成效。組織經營訂定意欲達成的目標，即以成效的數字或完成的服務作為達成與否的具體績效衡量指標；事實上，績效目標的達成有許多相關的影響因素，如以組織運作的價值鏈來看，其中主要活動與支援活動各自都有其價值的產生，這些價值產出也是構成組織績效價值的綜合體。

　　每一個行政機關組織的存在，均有其使命或任務，在於提供特殊的服務為其標的顧客服務。因此，顧客的需求及對提供服務的滿意度為組織績效的核心，國際標準組織（International Organization for Standardisation；ISO）提出ISO9000：2000模式如圖1-1，展示了組織活動的運作過程，組織為了滿足顧客的需求，必須投入相關的資源，經由評量、分析、資源管理等活動，產出滿足顧客需求的產品，在系統運轉過程中，持續不斷的改善產品品質，這意含著績效管理具有動態改變的本質。

　　綜合上述，績效管理包括下列主要的內涵與特性：

1. 績效管理係指組織以願景、目標為基準，以策略為核心，結合組織資源與作業流程，採取一系列有效管理活動。
2. 績效管理的程序包括策略規劃、目標設定、執行作業及績效評量等流程。

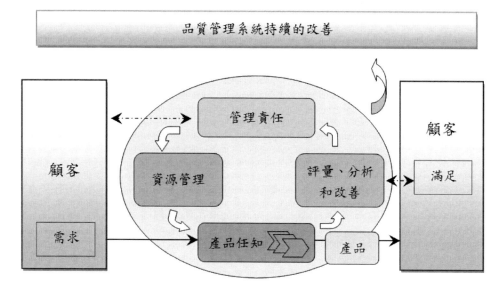

圖1-1　ISO9000：2000模式

資料來源：ISO, 2000, International Organization for Standardisation, Geneva

3. 績效管理的活動係整合組織文化、流程、程序，以及管理員工、創造學習和持續改進。

4. 績效管理具有動態改變的本質。

1.2 願景、目標與策略

　　2012年馬英九連任中華民國第十三任總統，五二〇就職演說中提出，未來四年要以「黃金十年」的國家願景，和全體國人共同奮鬥。我們的目標，是建設和平、公義與幸福的國家。政府將以「強化經濟成長動能」、「創造就業與落實社會公義」、「打造低碳綠能環境」、「厚植文化國力」、以及「積極培育延攬人才」作為國家發展的五大支柱，以全面提升臺灣的全球競爭力，讓臺灣在這四年脫胎換骨、邁向幸福。從上述演說內容文字中，可以明確看出馬英九總統所提出的願景、目標及策略，為何一個國家的領導者或一位地方民選的首長，都要提出治理的理念與期望？這些願景、目標可以達成嗎？這些策略務實可行嗎？本節將從相關定義與功能說明如下：

1.2.1 願景

　　願景係指一個主政者對其所領導的政府部門的理念與期望，指引未來往何處去的景象。Colling與Porras（1994）認為，願景包括：核心理念（Core Ideology）及構想未來（Envisioned Future）二個部分如圖1-2，就如同中國易經太極的陰陽兩面。

　　陰面為核心理念，即主政者必須提出經營組織的核心價值（Core values）及核心目的（Core purpose），引導政府部門未來發展的方向；而核心價值是指一個組織存在的價值為何？它能帶給所服務的人民什麼樣的希望與期待；核心目的是指一個組織為什麼要生存？它能滿足人民什麼樣的需求，讓人民及員工願意跟它向前走；基本上，核心理念只是引導與激勵未來努力正確的方向，它是一個模糊、看不見的方向，且可能永遠達不到的目的。

　　陽面為構想未來，它包括建構10年到30年宏觀、多元、大膽的目標（Big, Hairy, Audacious Goal; BHAG）及生動的描繪（Vivid description），即主政者必須提出明確、清楚、具挑戰性且可逐步達成的目標，並用生動、活潑且易懂的文字或口語宣傳，讓所屬政府部門員工、所服務的人民及相關利益關係人知曉，激勵其共同逐步達成目標。

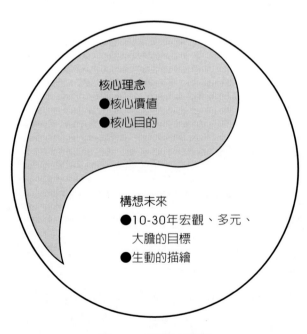

圖1-2　願景架構圖

資料來源：James C. Colling & Jerry I. Porras（1994）

1.2.2 目標

　　目標係用來具體地描繪出某段固定期間得以完成的成果。具體的目標包括三個要素：1.目標項目（What）－以什麼作為看到成果；2.達成水準（Which）－達成到那裡才算是達成；3.目標期限（When）－何時之前達成目標。從前節願景中，敘述建構10年到30年宏觀、多元、大膽的目標，係為一個組織整體且長遠的目標，在政府機關（構）必須化為不同層級及年度施政計畫目標，才能夠逐步的實現。根據行政機關（構）的層級及所負責的任務不同，形成一個目標網如圖1-3。

　　目標的本質是：1.以「人性管理」為基礎的管理制度－激發員工潛能；2.是「柔術管理」，而非「霸術管理」；3.「目標值」不等於「標準值」；4.以「激勵」為手段，而非以「懲罰」來強制；5.目標執行成果評核是「絕對值」，而非「相對值」。

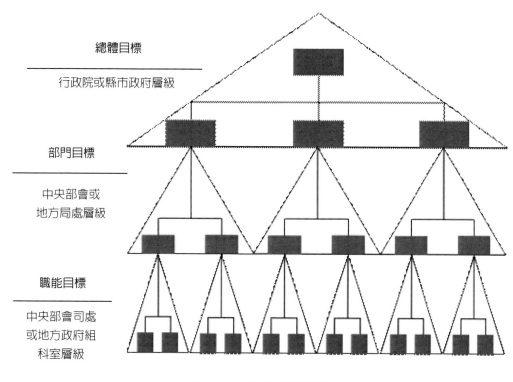

圖1-3　行政機關目標網

目標的功能包括：1.促進「向前推進的管理」；2.能帶來「達成幹勁、導向重點、集中精力」的效果；3.使「解決問題」成為可能；4.培養「能幹的人」5.連結人與人間的關係。

一個良好目標應具備的特色，包括：1.應該以最後的預期成果呈現，而非以行動的方式表達；2.目標應該是可衡量且可量化的，才可評估是否達成預期成果；3.目標訂定應該要有時間限制，也就是要明確訂定開始的時間及最後完成的時間；4.目標應該要有挑戰性，但不要好高騖遠，過難或過容易的目標，都不具有激勵的效果；5.目標必須以書面方式呈現，成為共同朝向努力的證明；6.目標必須傳達給組織所有相關成員知道，以凝聚共同團結的力量。

目標設定的步驟分別為：1.目標設定時研究事項的整理，包括環境變化、上級方針與目標、主要業務、來自組織內外相關人員的期待、現況的問題點、前期反省點；2.擷取出部門、自己業務上相對應的課題；3.目標設定，明確指出What、Which、When；4.比重設定，依難易度及組織貢獻的大小來設定；5.實施目標設定會談等步驟。

1.2.3 策略

策略是組織用來達成目標的手段；是一套針對未來組織發展方向與經營方式的行動與計畫決策，而其核心概念為組織必須取得競爭優勢，以獲取持續發展的機會。從上述策略定義中，可以顯示策略具有下列的內涵：

1. 策略的形成是以組織願景與目標為基準，尋找達成目標的手段。
2. 策略是一套不同層級策略組合，包括國家或地方政府總策略，所屬機關（構）層級次策略，以及所屬機關（構）部門之功能性策略，不同層級的策略必須相互連結，上層策略具有下一層策略指導作用。
3. 策略是一個動態的概念，必須經由外部環境機會與威脅的偵測與觀察，以及組織內部所擁有資源優勢與劣勢的分析，找出內外部環境之配適（fit）最有效策略工具。
4. 策略必須具備有競爭優勢，也就是與主要競爭對手比較，具有相對的優勢，在市場競爭中能夠獲得較高的利益。
5. 策略的目的在追求組織生存與持續發展的機會，也就是能夠產生比以前更好的績效；就政府而言，即是讓人民過著更有尊嚴、更幸福的生活。

湯明哲教授（2011）在其【策略精論】一書中指出，策略具有四項特質，包括：

1. 策略是「做對的事情，而不是僅將事情做好」（Do the right thing rather than do the things right）。政府要有決心做對的事，適時提出對國家長遠發展及人民福祉有利的政策；同時要有能力、有方法，把事情做好，實質能夠反應在國家或地方發展及人民的生活品質上。

2. 策略是從執行長（Chief Executive Officer，CEO）的觀點出發，以組織的整體利潤為最大考量。就政府部門而言，總統或行政院長應站在玉山上，甚至世界的頂峰，看到台灣或全球的變化；台北市長應站在陽明山上，看到台北市的變化。高度越高，視界越廣，越能看到影響國家或地方未來發展的因素，掌握精準的策略。

3. 策略是長期的承諾，應從長期發展的觀點出發。政府部門提出來的政策，最少要有五年以上的思考，擬定長期發展的方向，而不是「頭痛醫頭、腳痛醫腳」急就章的做法。

4. 策略要知所取捨（Strategy is about hard choices）。政府部門的資源是有限的，除了法定必須要執行的政策外，其他不可能所有的事情都做，更不可能樣樣都做好，只能在眾多的政策中做選擇，發展出對國家或地方具有長期競爭優勢的政策。

綜上觀之，策略是從組織總體的角度建構長期競爭優勢，提供組織長期發展的方向，而不是短期、技術性的決策。因此，策略必須化為行動方案或計畫，才能落實在組織績效上；就政府部門而言，即在策略指引下，依政府部門任務與權責提出施政計畫，將資源作集中有效的運作。

1.3 施政計畫

政府施政是一系列的施政計畫績效管理活動，包括政策（計畫）形成、規劃（編審）、執行（管制）、績效評核及回饋等過程。施政計畫是政府政策推動的藍圖，藉由政策付諸具體行動，以產生預期的施政成果。因此，施政計畫管理程序，首先必須督促各機關落實計畫的事前規劃與審議工作，提升施政計畫事前的評估效能；其次，積極運用各種計畫執行與管制的作為，確保計畫在執行過程中不偏離既定的方向；最後，再就各主管機關的政策或計畫執行結果進行考核，釐清主管機關執行的權責，並回饋作為未來施政規劃與執行的參考。

任何一個政府組織或部門在推動施政計畫過程中，除了內部結構運轉外，亦必須與外部環境互動，才能建構一個完整的施政績效管理體系。系統理論（System Theory）認為組織和社會系統一樣，其與環境形成動態的影響關係，組織自外界接受各種輸入（Input）包括：資源、物料、能源、技術及資訊等，經由內部組織結構的運轉（Transfer），然後形成輸出（Output）的產品或服務。因此，政府施政計畫的推動，不僅受外部環境的影響，且與本身內部資源或能耐（管理能力）相關，形成一個完整的動態運轉體系。根據系統理論及施政計畫管理過程相互連結如圖1-4，並分析說明如下：

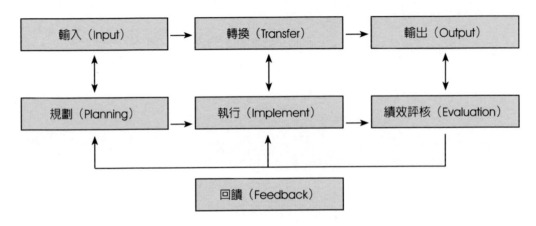

圖1-4　施政計畫績效管理程序

1.3.1 施政計畫設計與規劃

政府部門的組織職掌或執政者的施政理念，必須透過政策的可行性評估及政策規劃的過程，才能落實於施政成效中。政策的可行性評估係將執政者的理念或所欲解決的問題的概念予以具體化；政策（施政計畫）規劃係指將確定的政策，透過資料的蒐集、整理及分析等技巧，並配合資源分配與運用而訂定出可行的方案。因此，施政計畫之規劃，通常係為針對所欲追求的目標或遭遇的問題，透過思考的過程，將蒐集的資料整理分析訂出方案；另外，政府部門面對有限資源情況下，如何將資源做適當的配置達成組織所欲追求的目標，也必須透過規劃與審議的程序進行資源配置的協調，才能避免因資源排擠效應（crowding-out effect）所產生負面的現象，以期達到Peter Drucker主張的效能與效率，即「do the right thing, do the thing right」。

1.3.2 施政計畫的執行與管制

施政計畫經由規劃及預算編審，並經民意機關（中央為立法院、地方為縣市議會）審議通過後；接著，進入行政機關執行階段，為確實控制施政計畫執行的內容與進度，同時行政機關採取管制措施。而施政計畫執行與管制同時進行期間，相關機關必須採行執行計畫工作事前安排、執行進度資訊的掌控、執行機關的協同合作及執行計畫的調整與修正等程序

施政計畫執行會因計畫性質、執行範圍及工作分工等因素，將權責機關區分為主管機關（單位）、主辦機關（單位）及協辦機關（單位）等，必須仰賴不同機關（單位）間協同合作（collaborative），才能讓施政計畫順序執行依期完成。依據Follett的領導理論，不同機關間應以夥伴關係代替指揮關係，每一機關應以合作的精神為基礎；Barnard的合作系統理論亦提出相互合作的重要性，只有在目標與利益相互一致下，才能建立不同機關間的協調與合作關係。

施政計畫如果事前規劃的妥當，並在政策及外在環境穩定下，能夠如期如質的完成，為施政計畫執行最佳的結果；但是，行政計畫的執行常受政治干擾、政策的變更及環境天災的影響等不可抗拒因素，非一般行政機關所能掌控的，在此情境下所產生的施政計畫執行落後，必須作適當的調整與修正，才能具有符合計畫執行的實際情況。根據權變理論（Contingency Theory）認為沒有一套絕對的組織原則（Organization Principles），任何一種原則只有在某種情況下才有效用。因此，行政機關宜因應政策變動或外部環境的影響，必要時應將執行計畫作彈性的調整與修正。

1.3.3 施政計畫績效評估與回饋

施政與計畫執行在年度結束或某一特定階段，必須進行績效評估，一則檢討年度或階段執行成果，以作為課責的依據；一則將執行檢討結果回饋到計畫規劃與執行階段，以作為調整策略及再計劃的依據。

績效評估為績效管理多元化本質的領域中，作廣泛和有效的調查。Peter Drucker認為管理工作的基本要素之一，就是衡量與評估，對於組織成員之績效而言，很少有其他因素如此重要。他認為管理者必須用衡量回饋他們的努力，有系統的建立自我控制。OECD（1994）指出，績效評估係提供較佳的決策與改善整體產出的結果，為公部門現代化與行政革新的關鍵因素。

1.3.4 資訊科技的運用

施政計畫資訊系統的建置，主要目的在支援施政計畫管理、簡化作業流程、降低政府行政成本及整合施政管理相關資訊。以資料庫管理系統為核心所開發出來資訊系統進行區分，可分為集中式處理架構（Centralized Processing）、主-從式架構（Client-Server Architecture）、三層式處理架構（Three-Server Architecture）、同質性分散性處理（Homogenous Distributed Processing）及異質性分散性處理（Heterogeneous Distributed Processing）等系統。雖然隨著Web（www）的興起及電腦等相關工具愈來愈強，管理作業的系統已逐步提升，惟其系統管理的模式仍偏向集中式架構。

隨著網路的快速進步，未來的政府機關、企業或非營利組織都將會跨越國界與區域。由於許多政府機關或企業開始將資料庫分散至網路上的自有網站，以反應其組織結構，因此就有分散式系統架的產生。分散式系統架構初期係以個別整體組織運作規劃，資料組成結構大部份具同質性，這類系統稱為同質性分散資料庫系統；但各個獨立組織的內部運作條件、形態有所差異，所面對的問題是異質性的，所以各自建立自有的資料庫，這類系統稱為異質性分散資料庫系統。而異質性系統最重要面對的問題是跨組織資料的整合處理，整合可分為資料整合與系統整合二種；在資料的整合方面，其對象可能包括同質性的分散性資料庫系統與集中式的資料庫系統，以緊密的結合方式將所有資料融合在一起，此種整合方式稱為緊密式整合方式（Tightly-Coupled）；在系統整合方面，則是與組織中專家系統或舊有的其他檔案處理系統做介面的整合，以形成交互運作系統（Inter-Operable Systems），此種整合方式稱為鬆散式整合方式（Loosely-Coupled）。

1.4 本書內容架構

本書根據政府施政績效管理的過程，共分五篇，擬定各章架構如圖1-5。分別說明如下：

1. 總論篇：介紹績效管理基本概念及相關基本理論，政府部門績效管理所面對環境因素、長期形成的行政文化，以及管理過程應注意的行政倫理與所承擔的社會責任，使讀者對績效管理的內涵及相關理論應用有所認識。
2. 規劃與決策篇：介紹規劃與決策的基本理論，以及政府部門規劃施政計畫實務作業程序。

3. 執行與控制篇：介紹執行與控制的基本理論，以及政府部門年度施政工作追蹤與管制實務作業程序。

4. 績效評估篇：介紹績效評估相關理論工具，以及行政機關及施政計畫績效評估實務作業程序。

5. 績效管理趨勢篇：介紹政府部門資訊科技的應用，以及如何運用知識管理及組織學習，建構電子化政府及知識型政府。

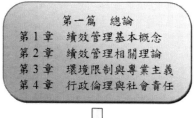

圖1-5　本書架構圖

┌───┐
│ **｜問題討論｜**
│
│ 1.試述績效管理的主要內涵與特性？
│
│ 2.何謂願景、目標與策略？它們在績效管理過程中有何作用？
│
│ 3.施政計畫績效管理包括那些活動或程序？
└───┘

蕭萬長：沒見過台灣如此茫然

作者：記者崔慈悌、方明／台北報導 | 中時電子報 –
2012年10月4日 上午5:30
工商時報【記者崔慈悌、方明／台北報導】

前副總統蕭萬長昨（3）日表示，他見證過台灣經濟發展半世紀，從沒見過像現在這樣，社會上充斥著無力與茫然，顯示台灣經濟正陷入坐困愁城的變局中。他呼籲給馬時間，但政策一旦確立方向，需要堅持，不能再轉彎。

蕭萬長昨發表「啟動國家競爭力」演說，他見證過台灣經濟發展半世紀，從沒見過像現在這樣。圖／方濬哲

蕭萬長昨天出席政大商學院信義書院的揭牌儀式，並以「啟動國家競爭力」為題發表演說。代表台灣縱橫國際談判近半世紀的蕭萬長表示，他頭一次看到像現在這樣，台灣經濟正陷入坐困愁城的變局當中，彌漫著迷失方向的焦慮與不安。

他說，台灣經濟正進入一個關鍵時期，需要把握機會、積極轉型，才能迎向下一個世代的康莊大道。如何重啟國家競爭力、大步邁向新時代？經濟轉骨的方法很多，但根本之道莫過於發揚「企業倫理」。

蕭萬長認為，企業倫理的概念，最好能藉由學校教育，對學生不斷闡釋，並輔以實際案例來說明，讓未來的專業經理人，都能「從心出發」，領悟企業倫理的重要，進而落實在企業營運上。

他說，未來台灣企業的競爭指標，不應只有規模、營收、毛利率等量化數據，而是能在企業文化、道德、倫理等面向，建立獨樹一幟的競爭力，這不是企業的額外負擔，而是未來台灣企業得以在國際舞台上發光發熱的資產。

雖然國內經濟發展陷入低迷，不過他認為並不需要太悲觀，因為台灣的優勢還是存在，他建議台灣應發展成為「生產、生活、生態」的加值島，亞太地區的加值服務中心，讓其他國家到台灣可以增加附加價值，並為個人的幸福加值。

對於行政院推出的經濟動能推升方案，他認為，現階段行政院的政策，都是在往這個方向為產業結構做轉型並提升競爭力，政策也是朝向開放與國際化，能與國際接軌的方向去走，呼籲大家再給馬政府一些時間。

至於台商總會長黃正勝日前當面嗆「財經官員一代不如一代」，蕭萬長也緩頻表示，過去是專制時代，政府效率幾個人說了就算，但現在是民主社會，要兼顧各界的聲音，不過縱然如此，一旦討論出現共識，確立政策方向「還是需要堅持，不能再轉彎」。

| 個案研討 |

1. 蕭萬長見證過台灣經濟發展半世紀，沒見過像現在這樣，社會上充斥著無力與茫然，台灣經濟正陷入坐困愁城的變局中。他呼籲政府政策一旦確立方向，需要堅持，不能再轉彎。到底台灣什麼地方出了問題？

2. 蕭萬長建議台灣應發展成為「生產、生活、生態」的加值島，亞太地區的加值服務中心，讓其他國家到台灣可以增加附加價值，並為個人的幸福加值。上述建議與行政院推出的經濟動能推升方案有何關係？經濟動能推升方案能夠帶動台灣產業結構轉型嗎？

案例2

施振榮：短期有感　長期就無感
籲政府規劃長遠政策

作者：陳文信／台北報導 | 中時電子報－2012年11月17日 上午5:30
中國時報【陳文信／台北報導】

　　宏碁集團創辦人施振榮昨指出，台灣社會在資本主義與民主政治下，陷入「價值的半盲文化、資源的齊頭文化、行政的防弊文化」三大瓶頸，百姓期待短期、有形政策，往往會傷害國家未來的長遠發展，「短期愈有感的，長期就愈無感！」他強調，朝野都應規畫長期政策，帶給人民希望，創造「無形的有感」。

施振榮昨天中午赴前民進黨主席蔡英文所成立的「小英基金會」演講。這是繼日前邀請前副總統蕭萬長談經濟議題後，蔡辦第二度安排名人演講。

對於日前投書建議各界領袖坐下來談，共同解決台灣的問題，媒體詢問這是否與蔡英文所提的「國是會議」有同樣立場？施振榮表示自己沒有政治傾向，一直是中性客觀的。

施振榮提醒，台灣目前盲點在於只重視福利、建設預算等有形的、立即的價值；但老百姓更要體認，有形直接的有感政策，往往傷害未來發展，使得狀況愈弄愈糟。畢竟民主政治如果太急，不給執政者足夠的空間規畫長期的、對的政策，只知道拚短期的有感，長此以往，民眾將會愈來愈無感。

「更重要的是希望！」施振榮強調，規畫長期的政策，現在看來雖然是無形的，但只要能擘畫願景、提供希望，就是有感的政策。期盼朝野都能坐下來合作，共同推動這種「無形的有感」政策。

｜個案研討｜

1. 宏碁集團創辦人施振榮指出「短期愈有感的，長期就愈無感！」百姓期待短期、有形政策，往往會傷害國家未來的長遠發展。到底政府應注重短期政策，還是長期政策？

2. 施振榮認為，民主政治如果太急，不給執政者足夠的空間規劃長期的、對的政策，只知道拚短期的有感，長此以往，民眾將會愈來愈無感。他的講法政治人物或民眾聽得進去嗎？政治人物或民眾能夠耐心等待嗎？

Chapter 2
績效管理相關理論

　　績效管理為一綜合性社會管理科學，涉及的管理領域非常廣闊，隨著時間的轉動，新的管理的理倫持續不斷出現，也造成績效管理思想的演進。

　　績效管理與一般管理理論密切相關，一般管理學教課書把管理思想依時間序列的演進，區分成四個時期，包括：1.傳統理論時期（1900-1930年代），主要理論有Frederick Taylor的科學管理理論，以及主張行政管理學派之Max Weber的科層組織理論、Henri Fayol的行政管理原則及Herbert Simon的管理行為理論；2.修正理論時期（1920-1960年代），主要理論有主張行為管理學派之Mary Parker Follett的領導理論、Elton Mayo的霍桑實驗、Chester Barnard的合作系統理論及Douglas McGregor的X理論與Y理論，以及主張管理科學之Robert McNamara與Charles Thornton的計量管理理論；3.新進理論時期（1960年代以後），為主張組織環境學派之Kenneth Boulding的一般系統理論、Robert Kahn、Daniel Katzh與James Thompson開放系統理論、及Joan Woodward、Tom Burns與George Stalker、Paul Lawrence與Jay Lorsch的權變理論；4.近代管理時期（1980年代以後），主要理論有Birger Wernerfelt與Jay Barney的資源基礎理論，以及Peter Senge的學習型組織等。這些理論在政府部門之組織結構、制度、法規、作業流程及人力資源管理等建構過程中，都可以明確的發現，其中又以行政管理學派的理論，影響政府部門最為深遠。

　　以上所列管理理論的內容，在一般管理學教課書中都有詳細的介紹，讀者可自行參考。本章就績效管理理論發展過程、屬性分析工具及績效管理相關理論介紹如下：

2.1 績效管理之理論發展

　　績效理論隨著不同時期組織使用管理的工具，以及學者研究績效的構面而異。1970年代早期，組織注重生產過程投入、資源的有效運用及產出的結果，學者提出

經濟（economy）、效率（efficiency）、及效能（effectiveness）之三E模式績效評估制度；1980年代，學者認為組織績效不是評估出來的，而是規劃與管理出來的，學者提倡應重視績效管理活動，而有績效管理的主張；1990年代以後，學者認為外部環境變化快速、組織內部資源有限，必須要有願景與策略引導組織資源有效運用，並注重作業流程的管理，而有學者提出策略績效管理的理論。本節分別就績效評估、績效管理及策略績效管理相關理論說明如下：

2.1.1 績效評估

績效評估係指一個組織為其特殊目的，選擇適當的績效指標，針對評估標的（組織、政策、個人）進行執行過程與結果的評量，以引導組織績效目標的達成。績效評估為績效管理多元本質的領域中，廣泛和有效的調查。Peter Drucker認為管理工作的基本要素之一，就是衡量與評估，對於組織成員之績效而言，很少有其他因素如此重要。他認為管理者必須用衡量回饋他們的努力，從有系統方法建立自我控制。OECD（1994）提出績效評估的主要目的，為提供較佳的決策與改善整體產出的結果，為政府部門現代化與行政革新的關鍵因素。

根據績效評估相關文獻，Neely，Gregory and Platts（1995）將績效評估定義為：有效率和有效果的行動之量化過程。Neely（1998）指出績效評估的三個相關因素，包括：

1. 個別評估：為有效率和有效果的量化行動。
2. 整體評估：為整體評估一個組織所有的績效。
3. 支援設施：為資料的獲得、整理、分類、分析、解釋和傳播。

Ittner，Larcker and Randall（2003），Gates（1999），Otley（1999）等擴大績效評估定義的範圍，將績效評估定義為策略發展和付諸行動。在這些績效評估成長的文獻中，引用了「什麼是必須評估或做的事」，隱喻績效評估包括策略或目標發展，用績效評估行動改善組織績效。績效評估文獻中指示，不同組織績效評估目的，可以選擇不同類型的績效評估方法。依管理評估目的而言，Kopczynski與Lonbardo（1999）列舉五項目的，包括：確認好的績效、確定績效目標、比較判定績效、責任、建立聯盟和信任；Hatry（1999）繼續增加五項，包括：內部與外部預算活動、確認問題、評估、策略規劃及改善。後來，Behn（2003）將其目的減為八項，包括：評估、控制部屬、決定預算和需求、激勵員工、增進組織成員與政策首長關係、慶祝工作完成、學習計畫執行效率及改善績效。

Berman與Wang（2000）分析美國績效評估，將績效評估分為二大類型為：評估

服務結果與品質及評量工作因素，他們建議用這二大類指標來評估績效。de Lancer Julnes與Holzer（2001）提出三個類型評估指標，包括：效率、成本、利益和結果指標；計畫產出和影響指標；組織政策與流程組成成分指標。Behn（2003）提出評估績效需求結果及預算與分配決策效率二類型之衡量，Kravchuk與Schack（1996）提出預算、組織發展及改變組織條件與環境等多元指標。綜合上述，學者認為不同組織績效管理與評估目的，應運用多構面績效評估指標，才能進行完美的績效評估。

2.1.2 績效管理

績效管理（Performance Management）係指組織對其有助於績效的活動，採取一套有系統的管理方法，以達成組織整體的績效目標。而績效管理的活動包括目標設定、作業流程管理、激勵與溝通、鼓勵創新與學習、建立績效標竿及績效評估等。人力資管理寶典描述績效管理為：「管理一個組織或個人的績效」。雖然這不是文獻上紮實的定義，但它證明了績效管理的廣度很難確定其範圍、活動和執行面，也說明了績效管理係管理一個組織中多構面活動的結果。

績效團隊辭彙（Glossary of performance Terms）更進一步提出，績效管理包括在組織中任何層級（個人、部門或整體）你所了解和行動的績效議題。因此，績效管理含蓋績效評量、系統和流程，為有關管理人和作業流程的議題，包括領導、決策、影響別人、激勵、創新和風險管理等有助改善組織績效事項。Harte（1994）定義績效管理為一套有系統的管理活動過程，用來建立組織與個人對目標以及如何達成該目標的共識，進而採行有效的管理方法，以提升目標達成的可能性。Harte定義中特別強調目標設定，以職責為基礎，以工作表現為中心。Adnum（1993）認為績效管理的焦點為策略規劃（Strategic planning）、管理控制（management control）及作業控制（Operational control）。Saltmarshe, Ireland and Mc Gregor（2003）提出績效三個主要特徵架構為目標（goals）、績效評量（performance assessment）及績效管理（performance management）。由上述學者主張顯示，組織績效管理的內涵包括目標設定、規劃、執行作業及績效評量等。

相關文獻學者分析績效管理體系中不同的工作職能，認為績效管理內涵包括下列活動：

1. 策略規劃：決定組織目標及如何達成。
2. 管理策略執行流程：執行一個意圖策略。
3. 挑戰假設：不僅聚焦執行一個意圖的策略，還要確保策略內容仍然有效的。

4. 檢查工作：注意期望的績效結果是否達成。

5. 遵守約定：確信組織能達成最低限度標準。

6. 直接與員工溝通：傳達什麼是個人策略目標必須達成的資訊。

7. 與外部顧客溝通

8. 提供回饋：告訴員工如何達成群體或組織所期望的績效目標。

9. 評估與獎勵行為：激勵員工採取與組織策略及目標一致的行動。

10. 建立不同組織、部門、團隊和個人的績效標竿。

11. 建立非正式管理決策流程。

12. 鼓勵改進和學習。

2.1.3 策略績效管理

　　策略績效管理（Strategic Performance Management）係指組織管理以策略為核心，結合組織的資源與作業流程，採取一系列有效管理活動，包括策略規劃、目標設定、作業流程管理、支援系統建構、激勵與獎酬制度、鼓勵創新與組織學習、建立績效標竿、績效評估及風險管理等，以創造組織價值及達成組織績效目標。策略績效管理與傳統績效管理系統不同之地方，為其聚焦在策略。甚至，績效管理所使用的策略，必須確信能夠被執行及策略是有價值的，它也被策略文獻的學者當作策略控制系統。IdeA（The Improvement Development Agency）和PMMI（Audit Commission Performance Management, Measurement and Information）歸納相關文獻學者的主張，將策略績效管理分為三個主要功能：

1. 策略（Strategic）：策略執行與挑戰。

2. 溝通（Communication）：角色定位、溝通方向、提供回饋及標竿學習。

3. 激勵（Motivational）：評估、獎勵、鼓勵改善與學習。

　　學者強調績效管理執行的重要方法就是從改變管理觀念開始，應依循下列策略績效管理執行因素：

1. 高階管理者的同意、指揮和領導：開始時，高階管理者必須要有明確的策略、目標、評量指標，以及能夠被執行的績效目標。

2. 管理者的參與和責任：如果沒有管理團隊，僅有高階管理者同意、指揮和領導是不夠的。因此，員工參與非常重要，邀請管理者和員工共同協助發展管理系統；利用員工參與，促進相互信任、瞭解和自我評量績效，包括使用人力資源及資訊系統功能等都是非常重要。更重要的，管理者必須負起績效管理的責任。

3. 訓練與教育：員工在任何層級必須學習策略績效管理統的原理，包括衡量、工具和程序。員工可能用不正常、聚焦、遊戲和非法行動曲解資訊系統，所以訓練和教育員工如何從事績效管理，以免發生不良行為。

4. 溝通和回饋：溝通因素被大多數文獻引用，大部分學者強調它是重要的，學者的報告先傾向聚焦在將評量結果回饋給員工。即使如此，還是有其他有關溝通部分影響績效管理的效果，變革管理文獻指出，口語或非口語溝通（例如演講、手式、談話、新聞和報告等），在特殊或一般績效管理時，用來清楚說明評量結果，或運用作鼓勵員工參與組織活動。

5. 資訊技術系統：資訊系統的設計是為了有效的蒐集、分析和報導資料，假如資料有瑕疵，資料整合過程就會有瑕疵，也會造成溝通和決策的瑕疵；因此，使用一個資訊技術系統支援這份工作是非常重要的。總而言之，一些原因需要使用有關資訊技術，像是技術能力、分項資料的摘取和操作，能夠提供高階管理者一個誘因，採用新的衡量工具。

2.2 績效管理之分析工具

從績效管理的涵義與相關理論文獻中，發現近年學者的研究逐漸趨向於策略績效管理的課題；根據相關文獻的調查統計，企業、政府機關及非營利機關已使用策略績效管理作為組織管理的工具。其次，從績效管理的理論發展中，學者對組織績效的定義範圍逐漸擴大，組織績效除了最後的結果因素外，而影響結果及如何達成結果的因素，更是績效管理必須重視的關鍵因素。本節介紹幾項近代策略績效管理的重要工具，以瞭解影響績效管理主要因素。

2.2.1 平衡計分卡（Balanced Score-card；BSC）

1992年Kaplan & Norton提出平衡計分卡，包括財務、顧客、內部流程、學習與成長等四個構面，當作一個績效衡量的系統使用，強調財務與非財務、內部與外部、領先與落後，以及短期與長期指標的平衡。經由多年研究的演進，逐漸強調組織願景及策略結合，而將四個構面轉變為組織驅動因子。即財務構面，在使一個組織創造股東價值的持續成長；顧客構面，在為目標顧客定義價值；內部流程構面，在於要求內部流程的卓越，以滿足顧客；學習與成長構面，在衡量一個組織創新、持續改善和學習能力，如圖2-1。

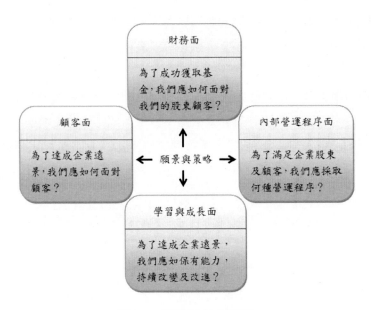

圖2-1 平衡計分卡架構

資料來源：Kaplan & Norton, 1996b, "Linking the Balanced Scorecard to Srategy", California Management Review, Fall, Vol39, P.54

　　平衡計分卡是一套協助組織落實願景與策略的管理工具，除了相關聯的財務、僱客、內部流程及學習與成長等四大績效構面外，還包括了策略性議題、策略性目標、策略性衡量指標、策略性衡量指標之目標值、策略性行動方案、策略性預算及策略性獎酬等七大環環相扣的要素，而且七大要素間具有因果關係與引導作用，亦即策略性議題會影響目標，進而影響衡量指標，依此類推。平衡計分卡四大構面與七大要素形成具體的內容如表2-1所示：

表2-1 平衡計分卡之具體內容表

區別 要素 構面	1 策略性議題	2 策略性目標	3 策略性衡量指標	4 策略性衡量指標之目標值	5 策略性行動方案	6 策略性預算	7 策略性獎酬
財務構面	ˇ	ˇ	ˇ	ˇ	ˇ	ˇ	ˇ
顧客構面	ˇ	ˇ	ˇ	ˇ	ˇ	ˇ	ˇ
內部流程構面	ˇ	ˇ	ˇ	ˇ	ˇ	ˇ	ˇ
學習與成長構面	ˇ	ˇ	ˇ	ˇ	ˇ	ˇ	ˇ

資料來源：吳安妮，2003，平衡計分卡之精髓、範疇及整合（上），會計研究月刊，第211期，第45頁

另外，平衡計分卡有具有結合目的及手段的功能，包括四大子系統：

1. 策略系統：策略性議題及策略目標。
2. 衡量系統：策略性衡量指標、策略性衡量指標之目標值。
3. 執行系統：策略性行動方案、策略性預算及策略性獎酬等內容。
4. 溝通系統：七大要素之間的因果關係的持續溝通所形成。

將此四大子系統互相結合與七大要素相配合，更可發揮平衡計分卡之效益與功能，如圖2-2所示：

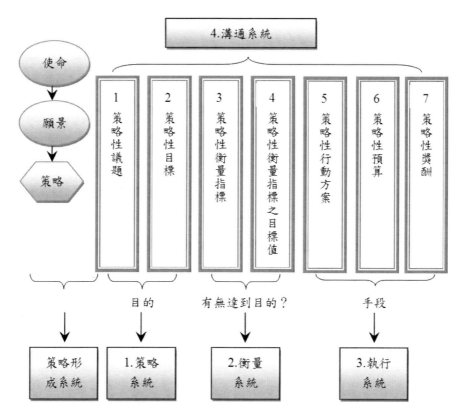

圖2-2　平衡計分卡之要素及系統

資料來源：吳安妮，2003，平衡計分卡之精髓、範疇及整合（上），會計研究月刊，第211期，第45頁

2.2.1 全方位計分卡（Holistic Scorecard；HSC）

　　Sureshchandar and Rainer Leisten（2005）研究軟體工業的策略績效管理與評量指出，在今混亂和非連續經濟發展的時代，組織經營環境常劇烈改變，軟體工業具有活潑、動態及不確定環境等特質。因此，在競爭的項目、技術的改進或文化的議題，必須採取一個開放系統管理方法，有別於平衡計分卡提倡封閉系統方法。

　　Sureshchandar and Rainer Leisten指出，平衡計分卡（BSC）在探索定義學習與成長構面時，將最後工作擺在無形資本上（Kaplan and Norton, 2004），描述無形資產和其策略角色的觀點，將無形資產分為三大類：人力資本（包括員工技術、才能和知識）、資訊資本（包括基本資料、資訊系統、網路系統和技術基本設施）和組織資本（強調文化、領導、員工聯合、團隊工作和知識管理）。但是Kaplan and Norton並未將無形資本或智慧資本課題明確分類出來，在高科技如IT產業，智慧資產是組織核心能力，有助於公司維持競爭力。因此，有必要將智慧資本從傳統觀點領域中抽出來，當作智慧資本或無形資本的領域進行探索。

　　Sureshchandar and Rainer Leisten認為，平衡計分卡（BSC）並沒有注意到利益關係人（Stakeholders）的需求。雖然平衡計分卡在財務構面思考到股東利益，顧客構面想到顧客需求，學習與成長構面注意到員工技術，但是對於員工軟性的議題不夠注意—誰是組織關鍵的關係人。另員工組織行為也是員工構面重要因素之一，員工相關議題關係到組織管理策略是否能成功執行，有必要當作單獨的領域進行探討。另外，Sureshchandar and Rainer Leisten認為組織不是在真空狀態作業，在組織營運作業中有責任去回應社會；事實上，社會性議題在全面品質管理文獻已經強調其重要性。

　　從達成組織策略的觀點而言，不同的組織必須採取不同衡量方法（Gautreau and Kleiner, 2001）。Sureshchandar and Rainer Leisten（2005）的研究認為，IT產業不同於其他產業，必須要有一個不同的績效管理與評量架構。他建議一個架構如圖2-3，包括財務、顧客、內部流程、智慧資本、員工及社會等六個構面，稱為全方位計分卡（HSC）。同時他認為這構造至少具有三個目的，分別為策略衡量、願景預測及策略管理。

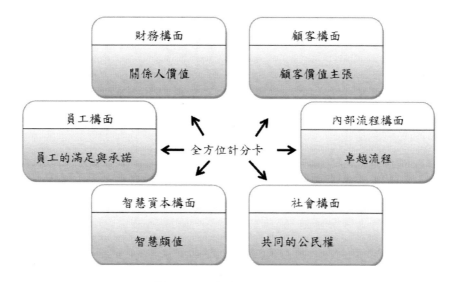

圖2-3　全方位計分卡架構

資料來源：Sureshchandar and Rainer Leisten, 2005, Insight from research Holistic Scorecard Strategic performance measurement and management in the software industry, Measuring Excellence, Vol.9, No.2, p23.

　　全方位計分卡績效管理架構描繪出目標與六個構面關係，聚焦在組織策略目標的執行。此外，每一構面必須揭示一些宏觀面稱為關鍵成功因素（CSFS）及微觀面稱為關鍵績效指標（KPIS），CSFS和KPIS必須連結組織的策略，建構一個行動計畫作為藍圖，來達成組織設定的目標。有關全方位計分卡（HSC）方法描繪如圖2-4。

2.2.3 整合性績效管理（Integrated performance management；IPM）

　　Verweire and Berghe（2003）提出整合性績效管理（IPM）概念，他們認為IPM是一個協助組織規劃、執行和改變策略的流程，為了滿足利益關係人（Stakeholder）的需求；它能促進組織發展及執行組織策略，提升組織績效的期望。他們同時認為，假如組織能夠達成策略連結和成熟度連結，IPM是個有效的工具。

　　策略連結被管理文獻認為，是有效績效管理的必備條件。Verweire and Berghe（2003）認為，如果想要發展策略連結概念，需要非常清楚知道管理和作業系統具有什麼要素，必須連結所有的策略。Garvin（1998）認為研究者想要描述組織功能，需要管理和組織上採取一個流程的觀點，因為流程能提供有力的鏡頭，讓我們瞭解管理和組織，這個流程理論已經在組織理論、策略管理、作業管理、群體動態和管理行為等研究上出現。就策略管理而言，Porter（1980）提出的價值鏈（Value Chain）是個好例子，用流程觀點分析競爭優勢的來源。

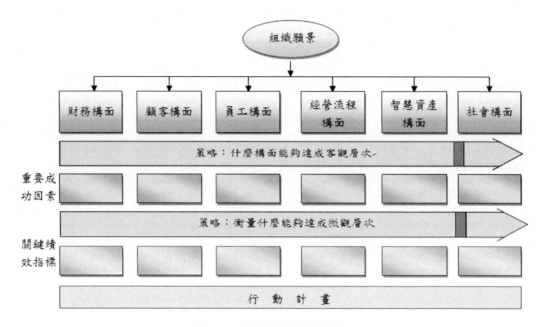

圖2-4 全方位計分卡方法

資料來源：Sureshchandar and Rainer Leisten, 2005, Insight from research Holistic Scorecard Strategic performance measurement and management in the software industry, Measuring Excellence, Vol.9, No.2, p23.

在組織層級，Verweire and Berghe（2003）認為一個事業可分為三個關鍵流程：作業流程、支援流程和管理流程。而作業流程包括創新、生產、產品銷售和顧客需求服務等流程；支援流程為支援作業流程和組織經營的需要；管理流程為如何完成所有的任務，聚焦在採取有效及合乎道德標準的方法達成組織目標，管理流程包括：設定方向流程（規劃）、監督和控制、組織、員工和領導。Verweire and Berghe（2003）將上述流程重組，並考慮到工作過程中組織行為等面向，提出整合性績效管理（IPM）五個主要管理活動如圖2-5，包括：

1. 目標設定流程（goal-setting processes）

2. 作業流程（operational processes）

3. 支援流程（support processes）

4. 評估與控制流程（evaluation and control processes）

5. 組織行為流程（organizational behavior processes）

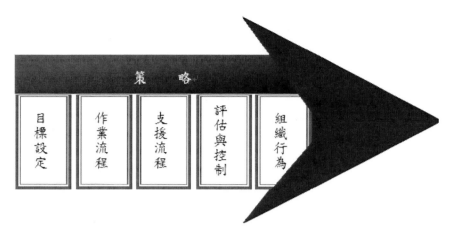

圖2-5　整合性績效管理架構

資料來源：參考Verweire and Berghe (2003), Integrated performance management: adding a new dimension, Management Decision. Vol 41, No. 8, P784.繪製

　　策略連結創造一個適合於組織策略與策略績效管理（IPM）間的流程，而策略績效管理架構提供一個擴大策略連結的新機會，整合其他管理方法在績效管理上討論。Verweire and Berghe（2003）認為，雖然策略連結是個非常有效的績效管理方法，但他們認為仍然是不夠的。因為許多組織開始創業時，傾向在組織中創造策略連結，一旦創業成功，則策略連結效果會受到限制。這種限制Verweire and Berghe認為是缺乏成熟連結（maturity alignment）管理和作業流程。因此，提出四個不同成熟度：開始（start）、低（low）、中（medium）和高（high）如表2-2，代表一個組織的不同發展階段。

表2-2　策略績效管理成分與成熟度關係

IPM組成 成熟成度	1.目標設定	2.作業流程	3.支援活動	4.評估與控制	6.組織行為活動
高	大幅改變	自動和彈性	整合和合適的	學習	自我導向的 團隊工作
中	明白知道	簡化有效率的	正式和權威的	修正錯誤	訓練式的 團隊工作
低	能夠知道	建構	習慣性	協調衡量	合作的
開始	部分知道	活動不連續	非正式 依需要而定	非正式	特別的

資料來源：Verweire and Berghe(2003), Integrated performance management: adding a new dimension, Management Decision. Vol 41, No. 8, P785.

2.2.4 三種工具共同特性

學者提出的策略績效管理方法眾多，本節選擇平衡計分卡（BSC）、全方位計分卡（HSC）及整合性績效管理（IPM）三種具代表性方法。平衡計分卡可說是近十餘年廣被運用的管理工具；全方位計分卡（HSC）乃以平衡計分卡為基礎，增加不同產業動態因素，使計分卡的內涵更豐富。而整合性績效管理從組織活動的流程分析中，找出組織績效管理的價值鏈，連結組織策略及組織發展成熟度，為一個整合平衡計分卡及其他個別策略績效管理的方法。其共同特性說明如下：

1. 聚焦策略：策略績效管理（SPM）的核心，為其聚焦在策略上，必須確信所使用的策略能夠被執行，且是有價值的；BSC強調組織願景與策略結合，運用策略連結組織活動的驅動因素；HSC主張組織活動的驅動因素更為多元，除延用SPM的財務、顧客、員工及內部流程四個構面驅動因素外，並增加了智慧資本、人力資本及社會等構面的驅動因素；另HSC除將策略與驅動因素連結外，並將策略展開與組織重要成功因素、關鍵績效指標及行動計畫相連結，促使策略擴展至組織活動各個層次；IPM為一策略連結組織活動的整合性方法，提供了一個系統連結策略、資源和流程。

2. 價值活動：策略績效管理的理論主張，組織績效係由一系列有效的管理活動產生的結果，包括策略規劃、目標設定、作業流程管理、支援系統建構、激勵與獎酬制度、鼓勵創新與組織學習、建立績效標竿、績效評估及風險管理等，以創造組織長期及整體的價值與成效。BSC強調組織財物與非財務、內部與外部、領先與落後、及短期與長期的績效；HSC將BSC主張擴大增加了智慧、人才及社會價值；IPM採用企業經營價值鏈活動的概念，結合組織活動中策略、資源與流程，形成一個動態成熟的價值鏈。

3. 流程管理：組織績效管理包括策略規劃、目標設定、執行作業及績效評量等流程。BSC提出內部流程的創新及組織學習與成長；HSC提出經營流程、風險管理流程及知識管理流程；IPM提出系列整合性績效管理流程，並提出成熟連結流程管理概念，將組織績效管理推向高發展階段。

4. 系統整合：組織績效的內涵包括了如何（How）提升組織績效及達成什麼（What）組織績效；依據系統理論的觀點，組織績效建構的概念分為二大層次，一為組織本身的活動：即投入與產出的過程；另一為組織標的影響：即對接受服務者所產生的影響與效果。

5. 動態績效：每一組織的存在是在服務某特定顧客，隨著時間的變動，顧客需求的變化及組織經營規模的改變，組織必須持續不斷的改變產品或產品品質，即意含著組織績效具有動態改變的本質。BSC及HSC均主張多構面績效；IPM主張組織的活動會隨著組織的成熟度，而採取不同的措施。

2.3 績效管理相關理論

績效管理為一綜合性社會管理科學，涉及的管理領域非常廣闊，包括策略規劃、目標設定、作業流程管理、支援系統建構、激勵與獎酬制度、鼓勵創新與組織學習、建立績效標竿、績效評估及風險管理等相關知識。因此，績效管理可以運用的相關理論工具非常多，本節僅擷取部分主要理論摘要介紹如下：

2.3.1 系統理論

1. 主要學者：Thompson（1967, 2001）、Kastand Rosenzweig（1972）、Robbins（1990）。
2. 理論主張：組織經營為一投入（input）、轉換過程（processes）、產出（output）及作業轉換結果（outcome）的循環過程，受外在環境的影響。
3. 與績效管理相關觀點：同時注視過程及結果的績效；主張組織績效具殊途同歸的結果；效率、效果為績效評估重要指標。

2.3.2 資源基礎理論

1. 主要學者：Porter（1980）：競爭優勢理論；Prahalad and Hamel（1990）：核心專長（core competence）。
2. 理論主張：「資源＋專長-策略-競爭優勢」，組織內部資源的優劣勢，決定了其致勝的關鍵。
3. 與績效管理相關觀點：組織能力、流程改造、組織學習、專長基礎競爭、再造工程等。

2.3.3 社會資本理論

1. 主要學者：Coleman（1990）；Putnam（1993.1995.2000）；Fukuyama（2000）。
2. 理論主張：人類互動的核心、信任關係

3. 與績效管理相關觀點：組織信任；領導者與部屬的信任關係；社會網絡關係；
回饋機制。

2.3.4 組織生態理論

1. 學者：Aldrich and Pfeffer（1976）；Campbell（1969）；Hannan and Freeman（1977）。
2. 理論主張：適者生存、優勝劣敗、自然選擇模式及環境決定模式。
3. 與績效管理相關觀點：競爭、慣性、合作。

2.3.5 權變理論

1. 主要學者：Burns and Stalker（1961）；Thompson（1961）；Galbraith（1973）。
2. 理論主張：組織因應外部環境而調整，建立獲取任務環境成員的依賴性。
3. 與績效管理相關觀點：建立與任務環境成員互依關係網絡、建立資訊處理能力
（通報系統、橫向聯繫關係）、危機處理。

2.3.6 制度（機制）理論

1. 主要學者：Meyer and Scott（1983）；Selznick（1949）。
2. 理論主張：組織需面對內外在制度環境、技術環境及任務環境變遷的影響，若
能增加其正當性，將更能提昇其生存機會。
3. 與績效管理相關觀點：制度規範、專業規範、社會規範、社會網絡關係，其中
制度環境包含政治、法規、規範、文化等建構。

2.3.7 構型理論

1. 主要學者：Meyer（1993）；Mintzberg（1981）。
2. 理論主張：組織係由不同要素組合，經由動態的重組，不同的組織構型會產生
殊途同歸的效果。
3. 與績效管理相關觀點：影響組織績效因素為多構面，績效評估的應使用多重指
標；不同組織具有殊途同歸的效果，即績效管理或評估宜依其特性設計。

2.3.8 資源依賴理論

1. 主要學者：Pfeffer and Salancick（1978）。
2. 理論主張：組織基本上適用於理性適應模式，即組織可根據過去的經驗，外部

環境的變遷，從內部調整其行為，而透過組織與外部環境間的資源相互依賴，主動對外部環境刺激有適當的反應與對策。

3. 與績效管理相關的觀點：主動創造環境、應變能力、連結及合作策略。

2.3.9 一般競爭理論

1. 主要學者：Porter（1980,1985）。

2. 理論主張：尋求致勝的競爭計謀，以覓得一個生存空間。

3. 與績效管理相關觀點：策略、競爭優勢、競爭力。

2.3.10 交易成本理論

1. 主要學者：Coase（1937）；Oliver Williamson（1975）。

2. 理論主張：交易二造行為，在其過程中所產生的資訊搜尋、條件誤判與監督交易實施等各方面的成本；因交易失靈問題必須思考不同的交易組織機制。

3. 與績效管理相關觀點：交易成本、投機主義、交易失靈、資訊不對稱、資產特定性、採購行為、貪瀆預防、契約、監督、違約等。

│ 問題討論 │

1. 試說明績效管理思潮演進的過程？

2. 試舉三項績效管理分析工具？其共同特性為何？

3. 試舉例績效管理過程相關理論？

陳揆：若沒改善　會自我斷然檢討

資料來源：自由時報 2012年9月24日 上午4:24

〔自由時報記者邱燕玲／台北報導〕行政院長陳冲昨天大動作召集閣員召開擴大政務會談，對於立委要求三個月內拿出成績，陳揆強調，行政團隊不應被「三個月」侷限，雖然不必在三個月內翻轉所有經濟的數據，但執行力、溝通或團隊精神都應全力發揮；若無改善的跡象，即使不到三個月，他個人會做一些斷然的檢討，「包括自我檢討」。

大動作召集閣員開會

倒閣案未過，但外界要求內閣拿出成績的聲音未減，陳揆因此緊急召集閣員開會回應外界期待。會後行政院發言人胡幼偉轉述指出，陳揆指示各部會有些事情應做得更積極一點，希望這星期就能感受到大家的改變。

要求各部會限期提方案

在相關政策的時程方面，陳揆要求各部會九月底前針對經濟動能推升方案提出具體行動方案；經建會在十月中旬以前針對台商回台提出規劃方案，十一月底前公布自由經濟示範區的構想，並要求經濟部儘速規劃浮動電價構想及具體作法，在兩、三個月內提出公式。

陳揆也要求各部會應有團隊合作的精神，他表示，之前有些部會被批評有本位主義，他認為本位主義是正確的，因為各部會首先應把分內的事情做好，但接下來應有團隊精神。

陳揆還指示閣員應做好溝通工作，他表示，不論對國會、媒體與民眾的溝通都相當重要，對於外界的指教行政團隊相當感謝，但某些批評如果是惡意錯誤的，一定要扭轉，內閣成員應不厭其煩與國會及媒體溝通，掌握溝通技巧，並建立良好的國會及媒體關係。

陳還並說，今天就要公布失業率，由於各部會都會定期公布統計數字，他提醒相關部會在發布統計數字後，應分析數字的意義，並針對數字提出因應措施，不能只公布數字，而不做後面的事情。

1. 立法委員要行政院三個月拿出績效，行政院三個月後真的拿出績效了嗎？到底政府的施政績效是如何形成的？

2. 陳冲院長所採取的拼績效因應措施，是否能夠發揮短、長期施政的效果？

案例 2

郭台銘提五要思維

資料來源：記者鄭淑芳 中時電子報－2012年11月8日 上午5:30

　　迎向2013年只剩不到2個月，昨（7）日鴻海董事長郭台銘受邀遠見雜誌華人企業領袖高峰會演講時指出，看景氣，不應一味聽信經濟學家的言論，聽自己的心聲最準。為了迎接明年全球景氣的變化球，企業主一定要有「五要」和「五不要」的思維。

　　郭台銘昨日的講題「展望2013年全球景氣，企業因應世界變局所需的領導力」，郭董指出，因應明年全球景氣，一定要有「五要」和「五不要」的思維。

　　郭台銘強調，「五要」的思維中，首先要了解國際政治結構對全體經濟面的影響越來越大，郭台銘強調，搞政治的人未必要搞懂經濟，但搞經濟的，一定要懂政治，因為不景氣的時代，政府那隻看不見的手對市場的干預會愈多。第二個思維是企業必須重新檢視核心競爭力是什麼。他強調，企業核心競爭力指的就是不可或缺的企業文化，笑稱鴻海集團是台灣製造，大陸再加工的產物，醞育出來的特有DNA就是多元和包容。

　　至於另三個要有的思維，則包括採行由上而下（TOP DOWN）的決策模式、持續的推動創新及創造環境歷練國際化的經營人才，郭台銘指出，關於上述的三個要有的思維，鴻海也在努力中。

此外，在培育國際化人才上，郭台銘也爆料，目前鴻海正在與美國麻省理工學院開放講堂洽談，且鎖定「原汁原味」的美國工程師，提供三大優勢環境，包括到台灣或大陸學習中文、提供實際動手製造的環境及有機會到美國發展自動化的環境。

　　同樣面對明年全球景氣變化，郭台銘強調，也要有不動搖、不依賴、不忘掉、不畏懼、不悲觀的五不思維。

　　所謂不動搖，指的是面對困境，不要動搖永續經營的決心；不依賴指的是不要過分依賴政府的決策；不忘掉，則是面對經營策略調整時，不要忘掉你能掌控的有效資源；不畏懼指的是面對挑戰不要畏懼；至於不悲觀，則是面對變局，不悲觀。郭董強調，未來企業競爭對手不是景氣變化，而是對自己的信心，一定要不悲觀，才能獲取最後的勝利。

| 個案研討 |

1. 郭台銘指出，因應企業面對全球景氣，一定要有「五要」和「五不要」的思維。「五要」和「五不要」的內容為何？其在管理上具有什麼意涵？

2. 郭台銘的「五要」和「五不要」思維適用於政府部門嗎？政府部門首長應具備什麼樣的思維？

Chapter 3
環境限制與專業主義

　　2008年國民黨總統候選人馬英九，提出，「633」競選政見，即承諾當選總統後，台灣每年經濟成長率6％、失業率低於3％、及至2015年國民所得達到3萬元，順利當選中華民國第十二任總統。然馬英九政府提出633時，並未預期到2007年底美國發生次級房貸危機，引發2008年美國連動債金融風暴，快速漫延到全球，而台灣為外貿導向淺碟型經濟國家，受到波及影響最大，2009年台灣經濟降為負1.93％、失業率升至5.85％、國民所得維持在1萬6,353美元；2010年由於兩岸政策的穩定及全球稍有復甦，經濟成長率在前一年低基期下達到10.88％、失業率降至5.21％，國民所得升至1萬8,588元，得到暫時的喘息；接著，歐洲2010年又發生主權債信危機，擴大全球經濟風暴，迄至2012年已擴及到中國、印度、巴西及俄羅斯等金磚四國，美國、歐洲、中國等為台灣主要經貿國家，致台灣2011年經濟成長率降到4.03％，甚至國內主要經濟研究機構預測，2012年台灣經濟成長率滑到1％，讓馬英九政府「633」政策完全破滅，在2012年競選連任時，受到在野黨競選對手嚴重的指責。這到底是馬英九政府的失信或無能？還是所逢的時機不對所造成的結果？

　　台灣民主政治快速的發展，中央政府已經在2000年及2008年二次政黨輪替執政，地方政府每四年選舉中政黨輪替更為頻繁。每當新的執政黨上台時，執政者或政治人物都會抱怨政府文官體系的公務員思想僵化及政策配合度低，且一般民眾認知亦大多認為公務員作風官僚，效率低落，這種現象到底是公務員本質上的工作態度出了問題？還是民主政治與官僚體制所延伸的問題？

　　根據開放系統理論（open systems theory）的主張，任何一個組織經營，勢必受到外部環境的影響，必須接受外界資源的轉入，經過轉換後再將產品輸出至外界環境。政府部份係為服務人民而存在，必須仰賴人民與企業的稅收，從事基礎建設、社會福利及國防外交等活動，創造國家永續發展及保障人民生命財產的安全。其次，政府部門政策形成、規劃與執行，必須與外界團體或個人接觸與互動，才能確保政策

的目標。因此，政策制定者或執行者需要有系統的審視所面對的複雜外部環境。一般而言，政府部門所面對的外部環境可分成總體環境（macro-environment）、任務環境（task-environment）二大類。總體環境是指政府部門所共同面臨的一般環境因素，例如政治因素（Political factors）、經濟因素（economic factors）、法律因素（Legal factors）、社會文化因素（Socio-culture factors）、科技因素（technological factors）、人口統計因素（demographic factors）、及國際關係因素（international relations factors）。任務環境是指政府部門政策形成與執行所直接面對的外界影響因素，包括人民（people）、企業（enterprise）、相關機關（relevant authorities）、政黨（Political Party）、社團（societies）、壓力團體（pressure groups）及媒體（media）等。如圖3-1所示，政府機關所面對的總體環境與任務環境。

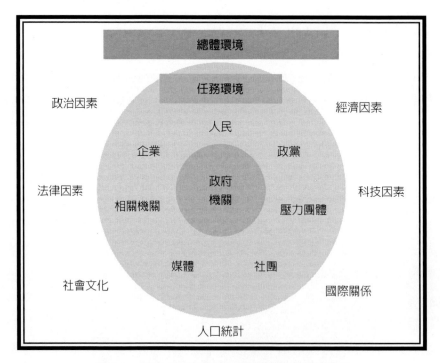

圖3-1　政府部門面對的總體環境與任務環境

　　此外，根據制度理論（Institutional theory）主張，任何一個組織採取某項制度或結構設計，必須獲得合法地位，以及取得生存的資源；其制度（system）、專業（profession）及社會（society）的規範，將形成一獨特的組織文化（organization culture），影響員工的行為，且與組織的競爭優勢有高度的關聯性。政府部門受

到Weber的科層組織之理性法定威權體系，以及Foyal行政管理原則的專業分工、權責相稱及層級節制等主張影響深遠，形成與企業不同的行政文化（Administrative culture）。

本章將介紹政府所面臨的外部環境，包括總體環境、任務環境，以及影響政策制定與執行的行政專業主義。

3.1 總體環境

總體環境又稱為一般環境（general environment），對於政府部門的影響較為間接，但是其影響的層面廣泛且時間較為長久，總體環境的因素包括政治、法律、經濟、社會、文化、科技、人口統計及國際關係等因素，分別說明如下：

3.1.1 政治

政治環境因素對於政府部門的政策推動影響非常大。例如台灣為一民主政治的國家，無論是中央與地方的政黨輪替，都會影響到政府的政策；如果中央與地方不同政黨執政，也會形成不同政黨或政策的衝突；其次，民主政治必須定期的選舉，執政首長或民意代表都有選票的壓力，許多政策的思考都是政治凌駕在行政之上，甚至對一般行政人員進行關說或施壓，讓行政機關疲於奔命，產生政策推動的困擾。

3.1.2 經濟

政府部門績效好壞及民眾滿意度的高低，受到經濟環境因素影響特別深遠。例如2007年底美國發生次級房貸危機，引發2008年美國金融風暴，續而漫延歐洲發生主權信貸危機，擴大全球經濟海嘯，這段時期誰來執政，都不會有好的成績與滿意度。其次，企業重視貨幣滙率與銀行利率，將衝擊企業的利潤與生存；人民重視的是通貨膨脹率、失業率及國民所得，如果物價什麼都漲，只有薪水不漲，失業率又不斷提升，政府提出再多的經濟政策，都無法感動社會與人民。

3.1.3 法律

政府的法規多如牛毛，包括法律、命令及行政規則。公務人員處理職務上事務，都有相關法規的規範，可確保公務人員行動的一致性與穩定性。政府部門的體制建立在法理的基礎上，依循法規運作，但法規常是過於繁複、疊床架屋、或法規未明確具

體等情事，造成解釋上偏差與執行上困難；又行政機關受制於法條的規範，不能因地制宜，降低了執行上的效率與合理性；且法律修訂常受政黨政治的考量，彼此妥協的結果，未必合乎現實社會的需求；特別在社會環境急速的變遷下，新的社會問題不斷的產生，致部分問題無法可資遵循，亦無前例可以參考的現象。

3.1.4 社會文化

社會文化因素是指人民所共同認知、重視的態度與價值觀，以及社會結構的特質。台灣經由日本殖民地、威權統治及民主政治的演變，孕育出多元社會文化，例如北部與南部人民對事務的看法就有不同，更何況台灣社會有閩南族群、客家族群、外省族群、原住民族群，以及近年快速增加的新住民族群，其個別族群有其不同價值觀與生活習慣，民主政治國家的政策，必須去滿足不同區域或族群的需求。其次，台灣社會長期的發展，也建立了共同的價值觀，例如對人權、弱勢團體、兩性平等及環境保護的重視，以及理性、溫和的社會，這些都是台灣社會文化的價值。

3.1.5 科技

科技環境因素是指政府部門藉由各種科技與知識的運用，提升施政效率與效果。例如資訊系統可以快速蒐集、輸入、傳送及彙整資料，幫助政府部門提升行政效率，擴大控制的幅度；資訊系統結合網通系統，可以提供人民更多的訊息及快速的服務，也可協助政府部門打破時間與空間的限制，利用視訊或線上會議進行快速的協調與溝通。更重要的，未來雲端科技的發展，可以幫助解決政府部門檔案儲存、彙整、傳輸與利用等問題，建立起學習型組織。

3.1.6 人口統計

人口統計環境因素為一個國家未來發展的關鍵因素之一，人口結構的改變將影響政府的政策與產業的結構。而重要人口統計因素包括人口數目、人口成長率、年齡組成結構、男女比率、家庭結構、教育程度、所得分配及居住分佈等。例如台灣出生人口成長率逐年降低，政府部門必須推出鼓勵結婚與生育政策；台灣65歲以上老年人口數的增加，養護及健檢政策必須即早因應；大學教育的普及，必須配合產業政策作適度的調整；南、北部人口分佈與流動，將影響住宅政策；外籍新娘及新住民嬰兒的增加，將影響社區及幼兒教育政策等。

3.1.7 國際關係

國際關係因素是指全球或區域環境的變化，或邦交國關係的消長，將影響政府相關政策的因應。例如2001年美國911恐怖攻擊事件及2003年美伊戰爭，將影響石油的供應及國家的安全；1997年亞洲金融風暴、2008年美國金融風暴及2010年歐洲經濟蕭條，台灣經濟受到嚴重波及，政府部門提出發放消費卷、擴大失業補助及穩定經濟等相關政策；兩岸關係更牽動台灣政治的敏感神精，由於中國大陸己成為台灣主要貿易輸出國家，兩岸關係的穩定，將影響台灣對外貿易及台商在中國大陸的投資保障。

3.2 任務環境

任務環境或稱為特定環境（Specific environment），係指政府部門經常與其往來的組織、團體或個人，對政府部門產生直接的影響關係，包括人民、企業、政黨、社團、壓力團體、相關機關及媒體等，分別介紹如下：

3.2.1 人民

政府係為保障人民生命財產安全及增進人民生活福祉而存在，民主政治的執政者是由人民所選舉出來的，人民將直接影響政府部門施政的合法性與合理性。政府部門必須時時瞭解民意、解決人民生活與安全問題；人民可以透過民意代表、陳情、訴願或選舉，表達其心聲。

3.2.2 企業

企業是一個國家產業經營的主體，是人民就業的主要場所；一國企業發展的榮枯，將直接影響國家的經濟前景，以及人民就業與生活。政府部門提出的勞工、稅務、環保及保障消費者權利等政策，將直接影響到企業投資意願、經營成本與利潤，企業將會透過公會組織或議會遊說等施壓，例如2012年政府提出的證所稅，將影響企業公開市場的籌資與經營成本，企業或相關公會遊說等活動頻繁。

3.2.3 政黨

民主政治即是政黨政治，經由選舉就有執政黨與在野黨的產生，執政者經由政策實現其理念或對人民承諾，在野黨站在監督立場進行反對或與執政者妥協；其次，政

府部門每年施政計畫預算或重要法案，都必須經由民意機關通過，民意機關中各政黨有其各自的立場，各民意代表亦有各自利益與看法，不論是年度預算或法案都必須經由協商或妥協產生；再者，各政黨或民意代表平日經常透過政治施壓或關說，對政府部門政策推動產生重大的影響。

3.2.4 民間社團

民間社團含蓋的範圍非常廣，包括企業所組成的公會、勞工所組成的工會、財團法人、慈善機構、宗教團體、農漁會、水利會等組織，這些組織大多擁有龐大的財力與選票的資源，是政黨或民意代表爭取支持的對象，也是政府政策委託執行或溝通的標的；同時，因此擁有社會的影響力，將對政府部門政策形成與推動，產生強大的壓力與影響。

3.2.5 壓力團體

壓力團體是指民間為某一理念或目的所組成的組織，包括綠色環保團體、消費者保護基金會、動物保育團體、人權團體等，其最大的目的在督促政府部門政策推動過程，應重視人權、動物虐待及生態保育等問題。例如環保團體反對國光石化在台灣投資及蘇花公路的興建；動物保育團體重視流浪狗撲殺不人道的行為；人權團體反對血汗工廠及醫護人員超時工作的問題。

3.2.6 相關機關

政府部門依不同層級或職權，設置垂直與水平之不同機關，每一政策的推動都需要不同層級或類別機關的協同合作，才能達成政策的目標。例如全民健保政策，中央主管機關為衛生福利部，水平機關涉及到經濟部、勞動部等職權，垂直機關必須委由縣（市）政府、鄉（鎮市）公所協助執行；高速公路的興建，主管機關為交通部，同樣涉及到土地取得、管線遷移、環境評估及補償發放等問題，必須尋求中央或地方主管機關同意與合作。

3.2.7 媒體

民主國家政府除行政、立法、司法三權分立外，媒體可謂之第四權，對政府部門重大政策具有重大的輿論影響。台灣媒體包括平面媒體中國、聯合、自由三大報系，

以及不同類型雜誌；視訊媒體除了台視、中視、華視及民視等無限電視台外，尚有非凡、東森、民視、三立及TVBS等有線電視台；還有無數合法或非法的廣播電台，自台灣解除戒嚴後，可說是媒體百家爭鳴，對於不同時期政府部門政策，進行正反面的揣測與評論，造成執政者強大的壓力。例如2012年美國牛肉進口、證所稅及油電雙漲政策等，媒體站在不同的角度與立場，不斷提出不同看法與評論。

3.3 外界環境的管理

政府施政必須面對複雜的環境及不同環境的波動。在此複雜與不確定的環境中，政府部門必須有能力瞭解環境及克服環境的困難，才能提升施政績效。本節將分別說明環境的類型及管理的方法。

3.3.1 環境不確定性

環境不確定性（environmental uncertainly）是指影響政府部門政策之外界環境因素的多寡與波動程度，可分成環境複雜性及環境穩定二個面向。環境複雜（environmental complexity）為影響政策之外部總體環境因素多寡與涉及任務環境因素的多少；環境穩定性（environmental stable）為在某一特定時間內影響環境因素維持平穩的程度。根據環境複雜性與環境穩定性二個構面，可以形成下列四種不同的環境狀態，如圖3-2所示：

圖3-2　四種環境狀態

資料來源：參考張國雄, 管理學, 2010, p84

1. 低度不確定性：即外部環境簡單且穩定度高，所以不確定的程度低。例如社會福利政策，在政府財政許可下，受到外界質疑的程度低。

2. 高不確定性：即外部環境複雜且不穩定，所以不確定的程序最高。例如政府推動的633政策，受到全球及國內政治經濟等因素影響，且這些因素是政府部門無法掌握的。

3. 低、中度不確定性：即外部環境複雜，但是影響程度不高，所以面對的環境是低、中度不確定。例如政府推動的國民年金制度，雖然面對的外部環境因素非常複雜，但是只要政府下定決心，這些環境因素都可以順利解決。

4. 高、中度不確定性：即影響外部環境簡單，但是受到這些因素影響的程度非常高，所以環境是高、中度不確定。例如政府推動的國光石化，政府主要受到影響的為政治與環保因素，但是這二項因素涉及到不同價值與意識形態，就會產生非常大的阻力。

3.3.2 管理環境不確定性

面對全球化與資訊科技變化快速時代，外部環境影響因素隨時可能發生，政府部門可採用下列方式來管理：

1. 成立跨部門組織：政府部門針對外部環境不確定性複雜與影響程度，啟動不同層次的因應措施。如果外部環境不確定性低，可依現行部門分工建立標準化的管理程序；如果外部環境不確定性高，且影響影響範圍大且時間長，必須採取跨部門組織，整合相關部門的資源，例如政府部門為因應美國金融風暴及歐債經濟危機，在行政院成立穩定物價小組，由副院長擔任召集人，結合經濟部、財政部、農委會及公平會等機關，統一指揮，分工合作。

2. 注重外部環境動態：政府部門主官（管）與員工應對外部環境變化具有敏感度，扮演組織跨越角色（boundary-spanning roles），即各部門主管與員工應隨時取得外部環境最新、有用的資訊，以提供決策參考。

3. 事先預測與規劃：政府部門主官（管）與員工除蒐集外部環境變化最新資訊外，應對可能影響的環境因素進行預測，並事先規劃因應措施。例如歐債危機持續蔓延，政府部門事前研判不同的狀況發生，對國內經濟、金融業的影響，規劃因應的策略。

4. 快速回應：當外部環境影響事件發生時，政府部門必須快速回應，以免錯失良機，事件嚴重擴大。例如2008美國金融風暴，政府即時發放消費券及短期失業

救助等措施。

3.4 專業主義

3.4.1 專業主義的內涵

專業主義是一種職業特質，這種特質必須是經由專業化的過程而塑造出來的，且此一特質是與眾不同的；Benveniste（1987）提出專業主義不可缺乏的六大要素，包括：

1. 使用技巧是基於特殊的科技知識；
2. 必須具備高等教育與訓練資格；
3. 必須經由專業能力測驗進入組織；
4. 存在有專業團體；
5. 存在專業行為與倫理規範；
6. 存有服務的責任與承諾。

專業主義是一種內在價值，這種價值的形成是透過專業技術之外，更在乎的是專業的倫理精神與對專業責任的尊重。制度理論（Institutional theory）主張，一個組織為在社會環境中獲得合法的地位及賴以生存的資源，將採取某種特殊的組織結構設計，以及長期形成其獨特的制度、慣例、文化規範、行事標準及價值觀等，依其機構的內涵區分為制度規範、專業規範及社會規範等三個層次類型，可作為不同類型組織專業主義有用解釋的參考，分別介紹如下：

1. 制度規範

具有正式結構系統所制定的制度規範，Zuker（1987）稱之為來自組織外部的制度性壓力，例如法律規範、行政規定、社會規範等，其影響組織運作是強制性（coercive）的機制。這是由於制定制度規範的來源擁有極大權力，組織必須遵守這些法令規章。現代社會最具代表性的制度創立與執行者為政府或國家，其所制定的法令規章是組織存活的首要條件。組織必須把這些制度規範涵蓋於組織的行政程序，或調整組織結構來執行政令。此外，來自社會的道德風俗壓力亦可視為一種制度規範，亦會透過強制性機制影響組織的運作。

2. 專業規範

　　組織內部或組織相關系統的專業規範，其影響組織運作的機制是規範性（normative）的機制。規範性壓力主要導因於組織間之專業化（professionalization）過程所形成的一套價值觀念與行為標準，是這些組織或組織成員的共同觀點，進而自願的遵循這些專業規範，也就是某個組織群體界定其工作的方法、條件、產出等，並對其發展出一種獨特的認知與正當性。例如就行政機關而言，內政、國防、財經、外交、教育、環保及衛生等機關，每一機關都有其專業法規，每一部門都有其一套工作準則與標準，各機關的員工認知與價值觀也有相當大的差異，這些都是組織長期發展形成的專業主義文化。

3. 社會規範

　　來自與組織運作直接或間接相關的社會一般大眾，或稱之為市場規範。市場規範複雜而多變，其形成也可能會受到前述之制度規範或專業規範的影響，是制度環境中不確定性最高的資源部分。當制度環境提供的符號意義模糊不確定，或制度內涵的異質性高而不易釐清甚至互相抵觸時，組織會主動透過模仿性（mimetic）的機制，模仿環境中其他較正當或成功之組織的運作規則，使組織增加正當性。此種模仿性機制，未必會增加組織運作的效率，但可以使組織因保持與其他組織的同質而取得社會一般大眾的認可與支持。Scott（1987）認為，為社會一般大眾所認可與支持的運作規則本身即可成為一種資源，因為各個組織必須遵守這些運作規則方可取得正當性，因此對這些運作規則制定有影響力的人或組織，也因而擁有某種有價值的權力。Zuker（1987）認為，由於組織往往不能獲得環境變遷方面的足夠資訊，而且決策者在策略選擇上有理性上的限制，因此組織在面臨突如其來的環境變遷時，有時會模仿同業中其它重要組織的適應策略，與其它組織採取相同的策略，以降低被環境淘汰的危險性。

3.4.2 行政機關專業主義

　　行政機關的專業主義依機構理論內涵分析：制度規範部分，行政機關具有明確的機關及職位層級結構、明確的法規體系、以及逐級指揮與控制等特色；專業規範部分，行政機關組織採取專業分工、依法辦事，非常注重程序合法等特色；社會規範部分，行政機關係為特殊族群或人民服務存在的，必須受到民意機關的監督及社會價值

的規範，久之亦形成行政機關及公務員獨有的行事風格及價值觀。

行政機關為政府體制主要的一環，依政府機關體制，行政機關區分為中央機關及地方機關；中央機關又依我國現行憲政體制五權分立，設置行政院、立法院、司法院、考試院及監察院等五院，院下設部、會等二級機關及局、處等三級機關；地方機關分為縣（市）及鄉（鎮、市）等二個層級，採行專業分工，分層負責。其次，政府部門掌理眾人之事，在憲政體制度下，行政機關各依組織法掌理政務，必須依法律命令規範人民權利義務及行政規則處理組織內部程序與事務，行政機關的法規可謂多如牛毛。再者，行政機關服務之公務人員，必須依公務人員考試法考試任務，其俸給、升遷及工作保障均有相關法規予以規範，致公務員經由考試任用後均得到應有及明確的保障；因此，在威權時期，公務員多以服從命令及奉公守法為準則，至近年民主開放後，由於政治的干擾及法制的扭曲，公務員漸有多一事不如少一事及少做少錯的觀念。從上述的體制、法制及公務員價值觀顯示，行政機關已形成一種獨特的專業機構文化。其專業主義的特色如下：

1. 層級節制

行政機關係由不同層級機關及各個層級不同職位編制而成，所有機關及職位皆作層級的安排。也就是說，每一低層級機關及職位必須受高一層級的機關及職位的監督及控制，且每一層級機關或職位皆有明確的職責。這種上下層級彼此隸屬及上級指揮下級的關係，在行政機關的組織系統中可以明確的顯示，例如中央機關行政院下設二級、三級或四級機關，甚至行政院為計畫、預算及人事等特定目的，設置國發會、主計總處、人事總處等機關，負責對主管機關相關業務的監督與控制；。而機關內部如部、會等二級機關設司（處）及科，以及幕僚研考、人事、會計及政風等單位，職位由首長、副首長、主任秘書、司（處）長、副司（處）長、專門委員、科長、專員及科員等編配而成，其權責自然形成一個層級系統，逐級指揮與控制。行政機關強調的層級節制，固然有利於行政機關的管理與控制，但往往造成溝通不良，下情無法上達，或上層命令無法貫徹的現象。又因層級節制的架構，亦易形成官大權威大、官大學問大的情形，但逢問題或事件發生時，卻有緊張對立的情況，常見互相推諉或相互推責的現象。

2. 法規體系

依我國法制體系層次區分憲法、法律、命令及行政規則，根據行政院法規會截至2011年12月的統計，法律（含法、律、條例或通則）計695項，行政命令（含規程、規則、辦法、綱要、標準或準則）計3823項，而各機關根據法律或行政命令、或組織執掌所訂定的行政規則更難以估計。依法規體系關係而言，下層的法規不可牴觸上層的法規；又政府為管理某特定目的事業，均個別立法訂定不同法規，各自依法行使特定職權。另行政機關為維護業務正常的運轉，行政機關內部每一項業務均有固定的程序可供遵循；行政機關訂定有一致性的抽象法規體系，明訂每一職位的權利與責任，可幫助每一層級系統活動，執行業務時依既定的法規辦事，這種法規體系可確保行政機關持續的運轉，並可確保公務人員行動的一致性與穩定性。行政機關的體制建立在法理的基礎上，依循法規運作，但法規常有過於繁複，疊床架屋，造成彼此衝突，或法規未明確具體規定，造成解釋上的偏差與執行上的困難，又行政機關常受制於法條規範，不能因時因地制宜，降低了組織效率與合理性；且法律之修訂過於繁複，常受黨派政治的考量，彼此妥協結果，新訂定的法律，未必符合現實社會所需；特別在社會環境急劇的變遷下，新的問題不斷產生，致部分問題無法可資遵循，亦無前例可以參考的現象。

3. 專業分工

行政機關組織中的各個單位或職位都給予明確分工，職有專司，每一成員必須精熟自己負責的工作。雖然專業分工可產生專門知識，增進組織效率；但是，如果過度分工結果，將會造成部門間彼此溝通協調上的困難，降低組織的生產力。例如1997年12月自由時報揭示了花蓮海洋公園開發案，業者自1990年開始籌設，進行開發案的申請，歷經七年時間，經由政府部門公文往返蓋了817個章（經調查超過這數字），開了無數次的會議及進行多次的會勘，方取得雜項執照。該案經作者等於1998年進行個案研究分析發現，花蓮海洋公園非都市土地使用變更審查包括土地使用、建築管理、地政、環保、水土保持及中央地方等62個機關，由於審查標準不一、公文層轉繁複及重複會勘等造成行政效率不彰。而且行政機關皆有一套個別的管理與獎懲制度，目的在激勵員工士氣，提高組織效能，然專業分工的結果，常造成各自為政的現象，公務人員常以保護自己權益為前提，向上進升為目標，亦可能產生有功則爭、遇過則推，爭功諉過，互踢皮球，造成行政機關內的許多流弊。

4. 依法辦事

行政機關承襲官僚體制的工作氣氛，也就是正式化並依法辦事，組織內各職位相互間彼此交互作用，或對外界服務有關事務之處理都有統一的格式；行政機關公務人員處理業務必須依循一定的程序，逐級而上。依法行政雖合乎客觀合理的決定，但易形成緊守法令而不知權變的現象。若法令合乎時宜，依法辦事，則屬合理；若法令不合時宜，緊守法令，則讓人有僵硬而不知權變之感。組織成員交互作用公式化、刻板化，影響所及，工作士氣受到打擊，組織效率亦易受到影響；又行政機關文書作業依循一定的程序簽報，固然可以達到品質管制之效，亦可明確組織成員權利、義務與責任，有助行政業務的正常運作，但公文從收文到發文之間，歷經層層關卡，既費時又缺乏效率，對緊急事件之應變能力會降低，容易因顧及程序而延誤時效。

5. 政治干擾

我國中央政府結構依憲政五權分立體制設置，行政機關必須受立法機關及監察機關監督，這種結構設計確實能達到權力制衡的作用。但是立法委員由民意選舉產生，每年除二次定期立法院會期對行政院及所屬機關首長提出質詢外，每年立法委員書面質詢亦達百件以上，立法委員為了符合政黨利益及個人選票的考量，亦常有為某特殊群體利益及人民的請託，運用政治的手段或立法的技術干擾行政運作的情形；監察委員為政治任命，常因其個人背景對行政業務的瞭解及辦案業績的需求，每年監察院糾正與調查案件達數百件，亦造成行政機關業務的干擾，以致行政機關遇到法規具有裁量權力或法規規範較為模糊事項，不敢有較宏觀或大膽的作為，形成行政措施推進緩慢的現象。

6. 保守文化

行政機關公務人員大都經由國家考試進用，並得到工作的終身保障。因此公務員進入行政部門後流動率甚低，根據銓敘部截至2012年3月的統計，公務人員平均年齡為42.63歲，平均年資為16.47年，這些數據都高於一般企業及非營利機構的員工。其次，行政機關公務人員長期接受依法行政、奉命行事的觀念，公務人員任用與升遷亦建立考試任命及逐年考核逐級升遷的制度，這些觀念與制度確實有益於行政倫理的建構。但公務人員長期服務在層層監督環境及升遷緩慢的制度下，養成了多一事不如少一事、少做少錯的心態；更由於工作績效與報酬難以配合，創新的錯誤可能受處罰的

情境，亦長期形成了公務員保守的文化與價值觀。

綜上而言，行政機關的制度本身是以控制為手段，以提高效率為目的，故能使行政業務正常的運作，不致造成脫序的情況，但過度的科層化卻也形成溝通不良、難以適應外在社會快速變遷的現象。Weber明確的指出，官僚體制本身只是一種明確的工具，可以為任何目的、任何利益與權勢服務；官僚體制本身也是一種目的理性，以工具本身能否達到目的來衡量工具設計的合理性。在此種組織結構下，個體必須改變自己，重新適應與遵循組織既定的一套價值模式與互動形式，此種組織的特徵是透過嚴密的、既定的運作形式，達到組織既定的目標與績效，也是此種組織的特色。

| **問題討論** |

1. 政府施政過程會受那些總體環境與任務環境因素影響？這些環境因素可以管理嗎？
2. 何謂專業主義？試說明行政專業主義的特性？

健康還是利益問題？
楊進添坦言美牛是台美貿易的一部份

NOWnews – 2012年3月7日 下午9:05
政治中心／綜合報導

　　美牛解禁問題在台灣掀起大風暴！根據外交部長楊進添在上午所說，政府將以國民健康為前提，優先考慮國家利益。這種說法明顯就是站在模擬兩可的立場上，政府在「說法」上始終稱以國民健康為主，但是在「做法」上卻是以國家利益為主，強制開放瘦肉精進口。今（7）日，楊進添表示，美國牛肉確實是台美貿易問題的一部份，但是跟免簽開放絕無掛勾！

　　行政院開放美國牛肉的進口，外界及學者專家們將焦點放在美國對馬政府施加壓力的層面上觀看。今天外交部長接受立委詢問時說，台美投資暨貿易架構協定（TIFA），兩國早就想要簽署，但是一切問題在2007年時因為美牛議題陷入停擺。現在行政院強行通過，代表著國家利益已經凌駕於國民健康的利益，犧牲全民的健康！

　　楊進添進一步說，「美國和我們都會談到美牛，包括免簽、軍售，這些議題我們都會提出來，美牛一直都是談判項目，不是今天、不是昨天，也不是去年，存在的時間已經多年了。」

　　換言之，2007年因美牛停擺的討論機制，在總統大選過後，談判機制又再度重啟並且經過行政院強行通過，一切的作法及政策上面的實行，完全是把國家利益擺在國民健康前面。

　　馬英九總統在日前還特別強調，「政策考量以國民健康為重」，並重申政府會在國民健康優先考量下，尊重專業意見，加上陳冲曾經表示對美牛議題的「三沒有原則」，現在開放的做法，讓民眾質疑政府根本就是在玩一手拿著棍棒、一手拿著胡蘿蔔的兩面手法！

1. 美牛解禁問題在台灣掀起大風暴,到底問題的癥結在那裡?它受到那些外在環境因素影響?

2. 由本個案政府處理過程中,有那些經驗值得未來參考的地方?

案例2

台鐵弊案模式／低價先搶標　運作猛追加

資料來源:自由時報 – 2012年11月16日 上午4:30

　　〔自由時報記者曾鴻儒／台北報導〕台鐵工程招標弊案連連,逢甲大學副教授李克聰直指,為求時效,道路養護幾乎都是採開口合約或限制性招標;公部門長期和廠商接觸、關係趨於密切,產生「默契」後,交通工程的特殊工法、技術等專業術語,又易有「模糊空間」,時效、默契、專業一結合,弊端反而隨之而來。

　　李克聰說,這次傳弊端的太麻里溪橋是最顯著例子,該橋在風災受損,政府要搶快重建,台鐵採價格標,廠商遂低價搶標,但不敷成本,若非運作官員追加預算,就會因做不下去而停工,結果工程品質受影響,時效也沒達成。

　　李克聰分析,公部門與廠商的合作默契、以專業傲慢模糊外界關心焦點、為選票施壓而要求工程時效,這三項因素干預下,就容易生弊,要防弊就要減少這些干預。

　　成大交管系副教授鄭永祥則說,為求工程時效,就須力求方便,常因而忽略細節,從而影響品質、衍生弊端;他建議交通部,台鐵採購、發包應回歸採購法,所有工程採購流程要更公開,不能只偏重工程系統,在充分揭露資訊下,導入更多學者與專家的意見,才不會重蹈覆轍。

1. 政府部門公共工程常以專業傲慢模糊外界關心焦點，容易生弊。這是普遍現象嗎？還是個案問題？為何外界常以專業傲慢形容行政機關？

2. 學者認為，台鐵採購、發包應回歸採購法，所有工程採購流程要更公開，不能只偏重工程系統，在充分揭露資訊下，導入更多學者與專家的意見，才不會重蹈覆轍。採購法能夠防弊嗎？學者與專家的意見對公共工程防弊可產生效果嗎？要怎麼做才不會重蹈覆轍？

Chapter 4
行政倫理與社會責任

　　台灣2008年卸任總統因貪瀆案入獄，2012年行政院秘書長、消防署長疑似接受賄賂收押，地方政府頻傳官商勾結、裙帶濫權等工程綁標醜聞事件。這些政府官員上至總統、行政院秘書長、下至地方的科員，經由民主程序的選舉、政治的派任或文官的任用，受人民託付授予官職、供予俸祿，並依公務員宣示條例宣示：恪遵憲法，效忠國家，代表人民依法行使職權，不徇私舞弊，不營求私利，不受授賄賂，不干涉司法……等。但卻不能謹記在心，做出違法亂紀，不符行政倫理的事。

　　廿一世紀已是全球化的社會，科技的發展與知識的應用，已使「M型社會」形成，即整個社會所得趨向於「富者愈富、貧者愈貧」的兩極化「M」現象。根據商業周刊報導，台灣各所得階層的分配、痛苦指數（失業率加上物價指數）、薪資年增率與老年化指數加以觀察，台灣已逐漸走向M型社會的不確定感，愈來愈多的社會弱勢需要支持與協助，這些都是政府部門責無旁貸的任務。其次，在「地球村」的社會中，全球共同關心的議題，例如地球暖化、人權保障及反恐怖等，這些都是政府部門施政核心價值。

　　行政倫理是政府部門公務人員忠於國家與人民，應有的本份；社會責任是先進國家應有的義務，二者為政府的核心價值，亦為現代化國家進步的展現。本章就行政倫理與社會責任之涵義、理論觀點及所涵蓋的內容，分別介紹如下：

4.1 行政倫理的內涵

　　行政倫理（Public Administrative Ethics）亦稱為公務道德、服務道德或倫理服務，係指政府部門之公務人員應遵守的行為規範及扮演的角色分際；即公務人員執行政策之行為規範與價值的選擇。政府部門所提供各項服務，是人民所託付的權力，公務人員必須以責任、公平與公道為期許，最重要的是著重公道、社會正義等價值考量與作

為，將公平觀念當作行政倫理的原則，並承認不同的人有不同的需求與利益，應使社會上最為弱勢的人獲得最大的照顧。

行政（公務）人員為何要有倫理道德的規範？由於行政人員在擔任不同職務過程中，扮演著政策制定者、政策執行者及專業服務者的角色，擁有政策的決策與行政的裁量權，其權力的行使將影響人民的權益。因此，行政人員被期望能服從法規執行政策及切實回應社會的需求，以及注重專業主義（Professionalism）與民主間的衝突，調和專業倫理與行政倫理，以符合社會的期待。

經濟合作暨發展組織（Organization for Economic Co-operation and Development, OECD；1996）為利於政府公務人員瞭解應有的行為角色，推動建立政府倫理辨別四個基礎概念，包括：

1. 倫理風尚精神：指界定公共服務整體文化的所有理想的集合體。
2. 價值：為指引個人判斷什麼是好的和適當的標準或原則。
3. 倫理：將特有期待的理想或風尚精神轉化為日常行為的規則。
4. 行為：指政府公務人員實際的行動與行為。

OECD將倫理和行為二個層次，都歸納入政府部門日常工作的規範領域。行為規範是公務人員被正式要求遵行的法定責任內容；倫理規範則包括法定責任以外受到期待的更嚴格行為標準，要求公務人員不能有「不當使用公務職權、角色或資源，圖謀私人直接或間接利益的行為」，包括：

1. 抵觸刑法所明訂的違法行為；
2. 不符合倫理準則、原則或價值的倫理欠當行為；
3. 違反一般作為或習慣作法的不當行為。

4.2 行政倫理的三種觀點

行為倫理的內涵，根據不同時期理論的發展，基本上有下列三種不同的觀點：

4.2.1 倫理的功利觀

倫理的功利觀（utilitarian view of ethics）是以政策的決策或執行的結果為基準，來判斷公務人員行為是否合乎倫理。即公務人員制定或執行政策時，當二種政策比較下，那一種政策能夠為最大多數人求得最大利益，則此一政策就比較合乎倫理。此一觀點主張傾向追求效率與生產力，符合組織追求利潤極大化的價值，但其缺點為在追

求功利的同時，可能忽略一些利害關係人的權益；此外，一些學者專家質疑政府制定或執行一個政策，是否可以為了最後結果而不擇手段。

4.2.2 倫理的權利觀

倫理的權利觀（rights view ethics）是以人權的觀點出發，政府部門的政策制定或執行，必須充分尊重與保護個人的自由與權利。即政府部門制定任何政策必須符合保障人民身體、財產、生命、言論等自由與權利，公務人員執行任何政策必須尊重每一個人。此一觀點充分保障了人權，但是保障人權如果被政治操作，往往可能過於強調保護個人各種權利，而模糊了政策目標的達成。

4.2.3 倫理的正義觀

倫理的正義觀（justice view ethics）主張，公務人員在法律規範下，公平公正地實施與執行各項政策，強調政府的政策是回應人民的需求，而非公共組織的需求。公共服務的任務即是在於合理、公平的分配社會資源與利益；而社會主義，即是在一個公道社會下，分配權利、責任與利益。政府部門應該首先考慮及照顧弱勢者的利益，不能為了多數人的利益而犧牲少數人，少數人不能成為多數人的手段。

4.3 行政倫理的內容

行政倫理可分為公共政策倫理、行政決策倫理及個人行為倫理三個層次，皆可能產生不同的倫理問題；即公務人員在作決策、執行或個人行為都會發生倫理問題。繆全吉（1989）及邱華君（2001）將倫理問題歸納成四類，包括：責任衝突時的倫理問題、利益衝突時的倫理問題、角色衝突時的倫理問題、及正當行為分際不易確定時的倫理問題，本節引用分述如下：

4.3.1 責任衝突

責任衝突分為主觀責任（subjective responsibility）與客觀責任（objective Responsibility）。主觀責任是指個人內心所把持而認為應當負責任，客觀責任是指法規及上級命令所交待的責任。客觀責任中當法規不一致、命令不一致，或法規與命令間不一致時，公務人員常會陷入無所適從的困境。另外，當外在的法規命令之要求（客觀責任）相左時，亦會產生倫理困境。解決責任衝突倫理困境的方法，是排列

主、客觀責任的位階性，或是將兩種責任加以調和，亦可以將主、客觀責任整合成更具包容性的架構，以解決衝突。

4.3.2 利益衝突

利益衝突是指公務人員的個人利益與公務職責的不相容，當公務人員利用職務上的便利而謀取個人私利，以致愧對職守時，就產生利益衝突的倫理問題。這些倫理問題的現象，包括：賄賂、（bribery）、以影響力圖利（influence peddling）、資訊圖利（information peddling）、盜用公款或公物（stealing from government）、餽贈與接受招待（gifts and entertainments）、在外兼職（outside employment）、未來任職（future employment）、徇親帶故（dealing with relative）及裙帶關係（nepotism）、戀棧過去的職務（the lure of past）、欺騙（deception or cheat）等。以上十種倫理問題，皆由利益衝突引起，解決此衝突的辦法並非讓公務人員有「更好的待遇」（better pay）即可，而是要加強公務人員的責任心與榮譽感。

4.3.3 角色衝突

今日多元社會的公務人員，常常要扮演許多不同的角色，若公務人員的角色扮演與自己、長官、民眾及親友的期待不同或相互衝突時，倫理困境於焉產生。例如：公務人員的外在行為期望與個人內心的行為期望不一致時，就會形成「角色內」的衝突；公務人員在機關內也要扮演眾多的角色，主官、部屬及民眾所加諸的角色期待，常會令公務人員困擾，復以親人、朋友對公務人員個人的行為期望，更易形成「角色間」的衝突。要解決這些角色衝突，不能單靠法規命令、提高報酬、人際關係的訓練與組織發展等方法，而應澄清公務人員個人的價值及其哲學或宗教的觀點，並在責任的面向上多作思考，如此才可能調和這些衝突。

4.3.4 正當行為分際不易確定

公務人員常在某些行為標準上，不易加以確定的情形，在快速變遷的社會中又難以定出標準。例如公務人員如何認定公眾利益？最大多數人的最大利益就是嗎？抑或只是民主程序下，競爭結果勝利一方的私利？傳統官僚理論認為公眾利益要由法規命令來決定；新公共行政則認為，應以「社會主義」做為判斷的標準；理性的生物競爭法則認為，所有人都是在追求私利，因此才會形成公眾的利益；公共選擇理論則認為，公眾偏好的集合就是公眾利益，到底誰的觀點正確？由此可知判定公眾利益，以

作為決策的指引著實不易。又如：公務人員應否接受餽贈和招待？我國民間一般禮儀注重禮尚往來，而有送禮的風俗，若為了避嫌一概拒收，似乎顯得矯飾與無情，將會傷害友誼，故受與不受分寸何在，實難確定。此外公務人員的私人生活範圍應有多大？是否為了避嫌而須全部公開，抑或僅限於辦公時間？上述諸例皆是公務人員之正當行為分際不易確定時，所產生的倫理問題，如何解決實非易事。

4.4 如何提升行政倫理

公務人員的行政倫理規範即是公務道德規範，主要規定於公務員服務法、公務人員任用法、公務人員考績法、公務員懲戒法、公務人員財產申報法中；2008年行政院為讓公務員對行政倫理有明確認知，加強推動廉政工作，訂定行政倫理規範及國家廉政建設行動方案，並設置中央廉政委員會負責統籌規劃與執行；接著，積極推動廉政機構組織立法，於2011年立法院通過法務部廉政署組織法，主管行政機構廉政相關業務。

行政倫理規範的制定與執行機關建置，如果無法力行實踐，將不足遏止違法亂紀，唯賴全體公務人員建立共同倫理價值觀，才能收到效果。提升行政倫理作法如下：

1. 高階首長的倡導

行政倫理文化的養成，是中高階首長主導，必須靠首長的身教與力行。如果首長有假公濟私、浮報費用、或給予親友特殊待遇的行為，則其他主管與員工亦會學習同樣的行為。例如，作者於1990年進入行政院研考會服務，親聞一位副處長（處長出缺未補，代理處長）到地方訪察業務，接受地方官員招待晚餐，並要求餘興節目，被地方官員函告當時首長，經其命令嚴查處分（該主管自行退休），並嚴格規定員工任何業務出差不可接受招待，僅可中餐委請訪查機關代訂100元便餐並付費。當時，作者服務行政院研考會管制考核處，負責行政機關施政計畫查核及國營事業年度工作考成，主管帶領嚴守此項規定，剛開始受到受訪機關（構）質疑，後逐漸受到認同與讚賞，直至作者2004年離開仍維持此項優良的傳統。

2. 訂定明確行政倫理規範書

政府部門規範公務人員行政倫理的規定，散佈在不同的法規，讓公務人員無法明確知道不同業務執行應遵循事項，各行政機關有必要整合相關規定，彙編行政倫理規

範書，讓每一位有所依循。行政倫理規範書上應記載機關的基本價值和對員工行政倫理的期望，所有層級主管都應該支持，並不斷重申行政倫理的重要性。

3. 建置獨立的查核制度

政府部門每一機關都已配置政風單位，表面上附屬在各機關中受首長督導，實質上受法務部廉政署的直接指揮，與機關首長及員工缺乏相互信任感，且政風單位偏向事後違規事件的處理，一般公務人員對政風人員多因恐懼而不願接觸，對於可能違規事件之事前預防，無法收到遏止的效果。行政機關可仿照企業作法，採臨時編組方式，由副首長擔任召集人，遴選績優人員組成，根據行政倫理規範書規定，針對各部門採取定期或不定期的查核，直接向首長報告與負責。

4. 建立正式的保護機制

行政倫理相關規劃及稽核制度，可能造成一般公務人員心生畏懼而有不作為的行為，造成行政效率的低落。因此，行政機關應建立行政倫理保護機制，對於執行政策相關規定模糊，而行政人員勇於做出有利組織或人民的決策或行政裁量，應給予強力的保護與支持；其次，行政機關應該建立特殊上訴管道，讓員工可以在沒有生活、安全或工作顧慮的情況下，提出與行政倫理相關的檢舉。

5. 塑造行政倫理文化

行政倫理靠法規與稽查制度，只能產生部分的效果。根本上，必須型塑各行政機關的倫理文化，把行政倫理當作公務人員的價值與榮耀，當作處理行政業務決策與行政裁量的指導原則，形成整體組織共同的價值觀與行為規範。而行政倫理文化的塑造，必須依賴首長明確的理念、實質的參與公開表揚優秀的員工，形成全體員工的共識，才能達到長期的效果。

4.5 社會責任的內涵

社會責任（social responsibility）為一個團體或個人合乎社會道德的行為。就企業而言，係指企業承諾持續遵守道德規範，為經濟發展做出貢獻，並且改善員工及其家庭、當地整個社區、社會的生活品質；就政府而言，政府部門為了追求國家的永續發展，除了滿足人民需求的公共利益外，更應追求社會與環境有效的長期目標。換言

之，社會責任是指一個組織或個人，同時追求經濟、社會與環境的永續經營發展；已由對人的關懷，擴張到對社會與環境的關懷。

政府是為人民的福祉與社會利益而存在。國防、外交、環境保護、人權保護、勞工與消費者權益、社會公平正義、醫療衛生及公平競爭環境等，除了利用法律、制度來執行上述功能外，還可以扮演更積極的角色，利用政策與誘因，推動企業社會責任，例如政府可以運用公共政策，營造有利企業負起社會責任的環境，透過授權、激勵形成夥伴與贊助等措施；同時，政府可以與民間社團、非營利組織或工會合作，建立監督及促進社會責任的行為。

廿一世紀已進入全球化的社會，像環境與人權保護等已成為全球性共同關注的議題，也是評鑑是否為已開發中國家的重要指標。近年來我國政府積極參與及贊助全球性環境與人權組織，社會責任的相關規範已成為政府部門政策制定與執行的重要工作。

4.6 社會責任的觀點

社會責任迄今尚無公認的定義，應含蓋的範圍仍有相當多的爭議。其主要二個學派為古典觀點（classical view）與社會經濟觀點（socio－economic view），分別介紹如下：

4.6.1 古典觀點

古典觀點認為管理的唯一社會責任是追求最大經濟效益，其主張衍生自Adam Smith在1776年所提出的經典論著「國富論」（The Wealth of Nation）中的看法，即個人或組織所追求的私行為，係透過那隻看不見的手（the invisible hand），將使社會整體利益最大化。此主張最知名的學者，首推諾貝爾經濟學獎得主Milton Friedman，其所著的資本主義與自由（Capitalism and Freedom）一書中指出，企業唯一的社會責任是替股東爭取最大利潤，只要企業遵守政府法規及商場遊戲規則，從事公司與自由競爭，無詐欺及不法的行為，運用資源於營運活動提高利潤，就是盡到社會責任。

Friedman的主張，並非說組織不應負起社會責任，他認為社會責任只侷限在創造股東最大利潤。支持此觀點的學者認為，社會上存在的每一組織都有其個別的目的，企業只應對其股東負責，其他社會責任自有相關組織，如政府、慈善機構、公益團體等來負責。如果每一個組織都能達成其設定的目的，則社會資源的分配與應用，將達到最佳的狀態。

4.6.2 社會經濟觀點

社會經濟觀點認為，管理的社會責任不只是追求經濟利益，應包括社會福祉的增進與保護。支持此一觀點的學者主張，一個安定富裕的社會，會使所有成員都受益，身為社會成員的每一份子，自當負起創造安全富裕社會的成本；因此，社會責任的範圍，絕非僅止於創造組織的經濟利益，應擴張到整個社會（全球）及環境。

聯合國經濟與社會事務部（DESA）於2011年6月發布《世界社會情勢報告—全球社會危機》（The Report on the World Social Situation: The Global Social Crisis）報告指出，2007年全球金融危機使全球經濟成長減緩，甚至在2009年出現負成長，並使當年全球95個國家和地區人均所得下滑，世界正面臨新一波「全球社會危機」。由於全球金融危機對社會發展造成嚴重影響，其不僅嚴重影響國家在教育、衛生醫療政策發展，還加劇貧窮、失業問題。該報告更指出，各國在面臨經濟危機所引發的社會衝擊，應將經濟政策與社會政策緊密結合，在社會發展層面問題，包括失業與就業問題、社會保障體系問題（如醫療、教育）、貧富差距與貧窮化問題，甚至是糧食安全問題等進行審慎政策規劃，才能降低社會衝擊。特別是應以全球金融危機為契機，重新審視社會發展政策，實現永續、公平的社會發展，並讓人民能夠分享發展的成果。

4.6.3 觀點的演進

政府部門的社會責任觀點，隨著國家發展的不同階段，形成不同的時代觀點。例如開發中國家，最主要追求的是經濟發展，採取的是古典觀點，如何改善人民的生活水準；進入新興國家階段，政府部門逐漸注意到社會的正義與公平，採取社會回應式的社會責任觀點，快速呼應全球發展趨勢及滿足人民的需求；到進入已開發中國家之林，政府部門會主動關心全球環境的發展，重要的政策將同時思考社會責任相關議題，已將社會責任當作政府部門的重要施政。

4.7 當今社會責任重要議題

近年來，國際上對於社會責任的規範、標準及道德行為準則的發展日漸蓬勃。從政府部門或非營利組織角度來看，獲得大多數國家認同與關切的議題，首推是否為保護地球資源的永續發展與利用，除了經濟永續發展的議題外，更應重視社會永續發展

與環境永續發展;其次,就是人權保障的議題,如何建構一個公平的生活與工作環境。分別說明如下:

4.7.1 永續發展

　　永續發展是人類與自然錯綜複雜的關係中,結合了環境、經濟與社會層面的一種綜合性發展觀念。1980年「世界保育方略」(World Conservation Strategy)提出永續發展的概念以來,永續發展已成為全球人類重視的焦點。雖然人類對永續發展有不同的詮釋,但是世界環境與發展委員會(WCED)主席Brundtland認為永續發展是一個道德原理,也是一個倫理價值信念。除此,他更在「我們共同的未來」中宣稱:「人類的生存與福祉賴於能否提升永續發展為全球倫理」。

　　永續發展的焦點是集中在能確保人類生存基礎,及提高生活品質的社會、經濟與環境面向上,台灣大學全球變遷研究中心研究結果認為,包括:

1. 經濟的永續:永續的經濟須考慮包括環境壓力及資源需求的所有成本(full-cost accounting),而非將這些成本視為外部成本而忽略之,同時也不因為追求短期利益,而忽略長期永續的目標,而是意識到永續經營是好的經濟。

2. 社會的永續:一個永續性的社會需要滿足人類對乾淨的食物、空氣、飲水、住屋等等的基本需求,及確保民眾公平享有這些基本需求的權利,同時推廣民主的決策機制,使受影響的民眾能參與決策。

3. 文化的永續:任何的發展必須考慮到人類對發展所感受到的價值,並鼓勵和保持文化領域團體,認同他們的文化財產和傳統的價值。

4. 生態環境的永續:生態的永續意指發展應考慮到生態自然過程的維持、生物多樣性和生態資源。而為達到此一目的,我們的社會必須認同其它物種的生存與福祉。

　　由於人口增加及社會經濟發展的影響,地球環境面臨到資源耗竭與污染負荷加劇的環境問題。而世界各國有鑒於地球惡化的情況嚴重,若不抑制或減輕這種惡化趨勢,人類將面臨浩劫。聯合國自1972年便在瑞典斯德哥爾摩召開人類環境會議,發表《人類宣言》(Declaration of the United Nations Conference on the Human Environment),呼籲人類應要有共同致力改善環境的具體行動。而在1987年聯合國與環境發展委員會所發表的「我們共同的未來」(Our Common Future: The World Commission on Environment and Development)中提出了「永續發展」的觀念(United Nations Sustainable Development),另外,1992年里約熱內盧的地球高峰會也發表

政府績效管理工具與技術

了《里約環境與發展宣言》（RIO Declaration on Environment and Development），並且通過《二十一世紀議程》（Agenda 21），規劃出人類的願景（UN Conference on Environment and Development，1992）。

　　1992年巴西里約地球高峰會議之後，「永續發展」這個名詞經過媒體的報導，已逐漸成為眾人琅琅上口的用語，永續發展也逐漸成為人類共同的願景。但如何能達到永續發展的理想，目前卻仍無定論，不過我們可以看到的是，聯合國推動二十一世紀議程的腳步加快，跨科際的學術性研究團隊也陸續形成，有愈來愈多的地方政府與社區團體成立相關的永續發展推動委員會，積極地推動永續發展的理念，同時更透過實際的行動方案朝永續發展的理想邁進。

　　我國在全球化浪潮與經濟衰退的衝擊下，除了早在1997年成立「行政院國家永續發展委員會」外，在面對《二十一世紀議程》挑戰下，我國為參與國際永續發展的事務，也依據了永續發展的基本原則、願景，並參考各國及聯合國的《二十一世紀議程》，在2000年5月正式擬定通過「二十一世紀議程—中華民國永續發展策略綱領」，以作為我國推動永續發展工作的基本策略及行動方針。

　　永續發展這個概念對我國而言，仍是相當新的概念，在行政院國家永續發展全球資訊網中（行政院國家永續發展全球資訊網），有關於台灣永續發展宣言曾明白指出，四百年前，台灣因她美麗的山川風貌，被世人稱為「福爾摩沙－美麗之島」；近代數十年的發展歷程中，台灣人民創造了經濟成長，同時也建立了全民參與的政治民主，但卻在經濟發展過程中，使生態環境遭到污染和破壞，並導致公害嚴重、物種漸減、森林及水資源減少等現象，進而影響了今後世代的永續發展。因此，宣言中提及，永續發展的真諦是「促進當代的發展，但不得損害後代子孫生存發展的權利」。永續發展必須是建構在兼顧海島「環境保護、經濟發展與社會正義」三大基礎之上；同時體認到台灣地狹人稠、自然資源有限、天然災害頻繁、國際地位特殊等，對永續發展的追求，比其他國家更具有迫切性。

4.7.2 人權保障

　　人權（human rights）乃人之為人當然享有的權利，相關用語尚有基本人權及基本權。人權的基本觀念源於自然法思想，由洛克（John Locke, 1632-1704）及盧梭（Jean-Jacques Rousseau, 1712-1778）等人提出，強調自由權、生命權、財產權為人生下來就有的權利，是先於國家而存在的「自然權」；其後隨著時代的演進，人權的內涵更加廣泛。

人權為與生俱來，不可侵犯的權利。但它是人類經過漫長歲月的奮鬥才獲得的。人權的發展可以從下列的歷史文獻來瞭解。例如英國1215年大憲章（Magna Carta）、1628年權利請願書（Petition of Rights）、1679年人身保護法（Habeas Corpus Act）、及1689年民權（權利）法典（Bill of Rights），其後如1776年「美國獨立宣言」及1789年「法國人權宣言」等。二次大戰後，為了促使各國政府與人民能夠共同致力於保障人權的目標，聯合國大會於1948年12月10日頒布了「世界人權宣言」（Universal Declaration of Human Rights）（共30條），將做為一個享有人性尊嚴的人所應擁有的人權，逐一列舉出來，使各國有所遵循。1966年通過「國際人權公約」（International Covenant on Human Rights）包括：「公民及政治權利國際公約」（International Covenant on Civil and Political Rights）（共31條）及「經濟、社會及文化權利國際公約」（International Covenant on Economic, Social and Cultural Rights）（共53條），分別規範了自由權及社會權之重要性及保障範圍，此一公約為國際人權的最基本理念及要求，亦是聯合國最盼望各國達到之人權標準。人權的發展可分下列四大趨勢：

1. 從自由權到社會權

十八、九世紀的憲法以自由主義為基礎，強調人身自由、精神自由及經濟自由等自由權的保障，旨在防止國家對個人的干預，二十世紀的憲法本於福利國家的理念，重視教育權、生存權、勞動權等社會權（1919年德國威瑪憲法首先將社會權入憲），期望國家的積極介入。近年來，集體人權觀念的興起，出現和平生存權、生態環境權等主張，亦值得重視。

2. 從法律保障到憲法保障

十九世紀的人權規定多採「法律保留」的方式，人民的權利僅在法律規定的範圍內受保障。今日法治主義強調人權受憲法的保障，即使立法機關制定的法律亦不可侵犯人權，否則即屬違憲。我國憲法第八條對人身自由保障的規定是明顯的例子。

3. 從政治保障到司法保障

早期的權力分立強調立法與行政之間的制衡關係，以保障人民的自由。如今轉而強調司法對立法的制衡，以期落實人權的憲法保障。現代國家普遍設立司法（違憲）審查制度（Judicial Review），即是司法保障的具體呈現。

4. 從國內保障到國際保障

第二次世界大戰前，人權幾乎純屬國內法範圍的事項，戰後成為國際共同關心的對象。除聯合國憲章外，其他如世界人權宣言、國際人權公約、消除對婦女一切形式歧視公約（1979年）、兒童權利公約（1989年）等皆是。

我國為弘揚人權理念及普世價值，落實憲法保障人民基本權利，遵守國際人權規範，強化人權政策諮詢功能，特設總統府人權諮詢委員會；其主要任務包括：（1）、人權政策之提倡與諮詢；（2）、國家人權報告之提出；（3）、國際人權制度與立法之研究；（4）、國際人權交流事務之研議；（5）、提供總統其他人權議題相關諮詢事項。

其次，行政院為研究各國人權保障制度與國際人權規範，推動並落實基本人權保障政策，特設行政院人權保障推動小組，其任務包括：（1）、各國人權保障制度與國際人權規範之研究及國際人權組織合作交流之推動事項；（2）、國家人權保障機關組織設置之研議及推動事項。（3）、人權保障政策及法規之研議事項。（4）、人權保障措施之協商及推動事項；（5）、人權教育政策之研議及人權保障觀念之宣導事項；（6）其他人權保障相關事項。

| 問題討論 |

1. 何謂行政倫理？試說明不同倫理觀點的主張？
2. 行政機關可能發生倫理的問題有那些？如何提升行政倫理？
3. 何謂社會責任？有那些不同觀點？當今社會責任最重要議題是什麼？

貪淫無度　薄熙來被雙開

作者：王銘義／北京報導 | 中時電子報－2012年9月29日 上午5:30
中國時報【王銘義／北京報導】

　　備受各方矚目的中共十八大日程，終於拍板，十一月八日召開十八大！中共新華社在政治局會議結束後，昨亦同時公布薄熙來案最新情況，薄熙來因濫權、枉法、收受鉅額賄賂、玩女人等罪嫌，在海內外造成「非常惡劣」影響，被開除黨籍及公職（雙開），並移送司法機關處理。另外，重慶市渝中區人大常委會昨亦臨時集會，罷免薄熙來重慶市人大代表職務。

　　選在中秋節及十一長假前夕，一如外界預料，中共昨召開政治局會議，並在央視全國新聞聯播公告十一月一日召開十七屆七中全會，十一月八日召開十八大，且同時公告薄案審查最新情況。由中紀委送交政治局的調查報告顯示，薄熙來案件所涉犯罪事實比外界想像更嚴重，比中共過去被處理的兩位政治局委員北京市委書記陳希同、上海市委書記陳良宇有過之而無不及。

　　中紀委在調查中指出，薄熙來在擔任大連市、遼寧省、商務部領導和政治局委員兼重慶市委書記期間，嚴重違反黨紀，在王立軍事件和薄谷開來案件中濫用職權；利用職權為他人謀利，直接和通過家人收受鉅額賄賂；與多名女性發生或保持不正當性關係；違反組織人事紀律，用人失察失誤，造成嚴重後果。

　　在與女性發生或保持不正當性關係上，外媒已多所指出，薄熙來睡過超過一百個女人，其中傳聞包括央視主持人劉芳菲、大連電視台女主播張偉傑、歌手湯燦，以及電影明星、模特兒等，甚至從國外「進貢」女子。

　　其中，調查還發現了薄熙來其他涉嫌犯罪問題線索。「薄熙來的行為造成了嚴重後果，極大損害了黨和國家聲譽，在國內外產生了非常惡劣的影響，給黨和人民的事業造成了重大損失。」

　　中紀委的調查，與先前自多維、博訊等海外不少網站報導內容雷同，也表明大陸內部一定程度是先放話給相關媒體，減輕殺傷力。

據研判，中共司法機關因仍需進行調查與審理，十八大前不會有結果，也可能拖兩三個月，但以薄涉及的刑責，未來極可能被判處死緩。

中共十八大日程比外界原預期稍晚約廿天，應與中紀委對薄熙來案件的調查，須整合王立軍事件與薄谷開來殺人案件的審理有關。同時，中日兩國爆發釣島主權紛爭，激起大陸各地出現反日示威，亦可能導致遲遲未能拍板定案。

中共政治局在會議後發表文件稱，要堅決查處違紀違法案件，不管涉及到誰，不論權力大小，都要一查到底，決不姑息、決不手軟。新華社亦發表專文稱，任何人踐踏黨紀國法都要受到嚴厲懲處。香港時事評論員程翔說，薄案的描述比外界預期嚴厲，顯示是胡錦濤與習近平聯手的結果。

┃個案研討┃

1. 從薄熙來個案中，有那些違反行政倫理的問題？
2. 在台灣是否有相同的案件發生？試舉例說明？

案例2

疼惜大地，力行減碳333

資料來源：摘自2008年4月號慈濟月刊

伴隨地球暖化、氣候變遷，人們對於環保的意識日漸抬頭，環保運動已成為了地球公民的共同責任！2008年慈濟推動「克己復禮‧減碳節能心生活」，響應422世界地球日，特在4月17～22日發起「疼惜大地，力行減碳333」，提出九種減碳節能的生活方式，藉由生活態度的改變，進而善盡一份身為地球公民的責任。之後，慈濟關懷社會的人文推廣以「疼惜大地、力行減碳333」為主題，以網際網路、海報、專書、推廣光碟及媒體合作方式進行，各地慈濟人透過掃街、淨山、淨攤、騎單車、健行等活動響應；獲百萬人的共襄盛舉，願意力行為下一代留下純淨的地球。

地球人的本分事

這個地球的危機真是愈來愈多重了！我們才意識到環境污染嚴重，呼籲大家力行資源回收，省水省電節約能源，以步行或騎腳踏車減少碳足跡，沒想到全球糧荒達三十年之最的問題倏忽而至。

雖然台灣目前仍是物產豐饒的景象，但在全球經濟緊密相連的今天，我們不能不提高警覺：會不會有一天那爭奪有限食物的暴動情景，也在台灣出現？

其實，從地球暖化、天災頻仍，到環境污染、能源耗竭、物價上漲，皆是環環相扣，惡化的問題循環不已。這股狂瀾超乎個人能力挽，我們只能相互提醒，要共同努力減緩其速度，深切反省過去如何予取予奪。來者可追，我們此後的生活該如何自我約束。

可以做的事情很多。聯合國「跨政府氣候變遷小組」主席帕僑里便懇切地呼籲世人，以「不吃肉，騎腳踏車，簡約消費」等方式減少溫室效應。該小組經過六年研究，證實促成全球暖化的諸多因素，有百分之九十是「人為」造成，倘若各國無法減少溫室氣體排放量，本世紀的地球，將比上一世紀升溫攝氏四度。極端氣候將使暴雨和乾旱的災情更為嚴重，全球將有三十億人口得面臨缺水危機，缺糧的問題也隨之產生。

慈濟自1990年起推行環保，早期希望帶動垃圾減量與惜福愛物的傳統美德，如今更回應地球環境的迫切呼救，以及舉世的人文潮流，發起「疼惜大地，力行減碳三三三」運動。

在飲食方面，我們呼籲素食少肉，不浪費食物，食用低「碳里程」運送，也就是住在地附近生產的食物；在節能方面，多用腳踏車，或以大眾運輸工具替代開車，且省水省電省紙張；在儉樸生活方面，不追流行，減少消費，延續物命，不使用一次即丟的商品。

2008年4月下旬於全球各分支會聯絡點展開的慈濟四十二周年慶靜態活動展，我們邀約社會大眾一起來深入了解「力行減碳三三三」的意義。如高雄分會推行「一日減碳新生活」運動，邀請社區民眾一起體驗如何做「有機人」。

我們切莫忽視「滴水成河，粒米成籮」的群體力量，以台灣行之有年的垃圾分類及資源回收為例，短短十年就讓垃圾量減半，甚至取消了十座焚化爐的興建計畫。同樣的道理，許多看似困難的事，只要有心，就有成功的希望。

　　證嚴上人提醒大家：「我們都是地球人，呵護地球人人有責，人與人之間要彼此和和氣氣，有共同的理念，自愛、愛地球，這是地球人的本分事。」力行儉樸生活，的確已是地球公民的責任。

| 個案研討 |

1. 證嚴法師提醒大家：「我們都是地球人，呵護地球人人有責，人與人之間要彼此和和氣氣，有共同的理念，自愛、愛地球，這是地球人的本分事。」力行儉樸生活已是地球公民的責任。在台灣我們已經做到了嗎？已有那些成果？還有什麼是我們需要更加努力的地方？
2. 慈濟功德會在社會責任上做了那些貢獻？有那些是政府部門值得借重與學習的地方？

第二篇

決策與規劃

Chapter 5
決策的工具與技術

　　2012年1月14日台灣完成第13任總統選舉，國民黨候選人馬英九連任，隨及政府提出復徵證所稅及油電雙漲政策，卻引發台灣社會嚴重的紛擾，在民意反彈與壓力下，政府不得不將原來政策內容作適度的調整。

　　復徵證所稅本來就是複雜敏感的問題，一經提出股市量能急凍，股民、企業、證券業者強力反彈，且政府部門財政部與金管會政策意見不一，行政與立法部門沒有共識，導致財政部長去職，在政府政策「先求有，再求好」，不得不推出情況下，立法院加開臨時會通過一個面目全非的政策。

　　台灣油電價格政策，原已訂有價格試算標準，卻受到政治的操作破壞。油電價格政策將會帶動民生物質價格波動，當政府宣導油電價合理化的必要時，市場已然浮動，百物齊漲，民怨自然升高，這是政府不能不承受的痛，導致政府不得不將電價調整為三階段調漲。

　　事實上，證所稅是否應該課徵及油電價格合理化，都是值得重視的政策。問題在是否做好事前政策可行性評估，決策過程溝通是否足夠，如果要在短時間內提出複雜敏感的政策，不只讓人覺得政府與人民感受脫節，更予人感到政府部門專業傲慢的印象。

　　政府的政策萬端，決策面臨的問題複雜度不一，決策的方式頗大，但決策過程有其一定系統思考邏輯。本章將介紹決策的基本概念及管理者如何作決策。

5.1 決策的意涵

　　決策（decision making）係指管理者為解決組織面臨的問題或策劃未來的發展，經由內、外部環境分析，從數項可能的行動方案中，選擇出一項最適當的方案。決策的制定權力依組織結構的職權與權力的分配，每一層的人員都會進行決策工作，決策

是管理者的重要職責，大的決策可能是決定組織未來發展的方向，小的決策可能只是決定一位員工違規是否應該接受的處罰。

一般而言，管理者即是決策者，對政府部門而言，管理者是不同階層的主官（管），但亦可能是負責政策執行的行政人員。而管理者需負起決策的理由有三：1.政府部門因環境的變遷，必須面對不同的問題，決策首要工作就是如何找到問題、界定問題；2.管理者必透過決策，解決組織目前存在的問題，使政府部門正常運作；3.管理者基於職責，做好決策是責無旁貸的任務。但是，決策者最困難的地方在於如何制定最佳的方案，除了依靠管理者個人智慧、能力與經驗外，必須要有一套完整的決策者思考模式與制定政策的邏輯，才能提升決策的品質。

決策雖然是管理者責無旁貸的任務，但並非所有管理者皆會以積極態度面對問題。管理者決策的態度可分為三種類型，包括：問題趨避者、問題解決者及問題尋求者。問題趨避者，經常對問題視而不見，認為多做多錯，少做少錯，決策能免則免，此類型者經常發生在政府部門，遇到問題能推則推，或者等候上級明確指示，再來作決定，也是政府部門為民眾最為垢病的地方，例如NCC處理旺中購併案，拖了一年半卻懸而未決；問題解決者，當問題出現了才會開始思考解決方案，例如台灣的產業政策，直到經濟成長衰退及失業不斷提升，才在尋找可能突破的政策；問題尋求者，為主動、積極尋找問題，在問題未發生或發生時，事前尋找可能的解決方案，如此可有較多時間與資源回應問題，例如台灣人才流失與少子化問題，政府部門應積極尋求可能解決方案。

5.2 決策的過程

政府部門每一位公務員，無論職位大小或層級高低，皆需要作決策（decisions）。一般而言，位居愈高者，所作的決策問題愈複雜，影響層面愈大，例如財政部長必須解決稅賦公平的問題，經濟部長應該思考國內產業競爭力問題；位居中階部門主管，所作的決策偏向部門主管業務的專業性，根據所面臨問題大小或涉及的範圍，有些必須陳報上一層級決定，有些依權責分工表自行決定；基層的主管或公務員，所作的決策大多屬例行性問題，一般行政機關大多建置法規及標準作業流程，但經常在執行上會遇到法規模糊的行政裁量問題，可能影響到人民權益及行政效率。

決策雖然所面臨的問題複雜程度不同，所影響的層面不一，但在作決策的過程中，必須要有一系統思考的邏輯與步驟，以協助決策者成功的機率。根據相關學者專

家的主張，決策過程（decision-making process）包括八個步驟如圖5-1：確認問題、設定決策標準、決定標準的權重、發展解決方案、分析解決方案、選擇解決方案、執行方案及評估決策的效果。每一步驟的細節分別說明如下：

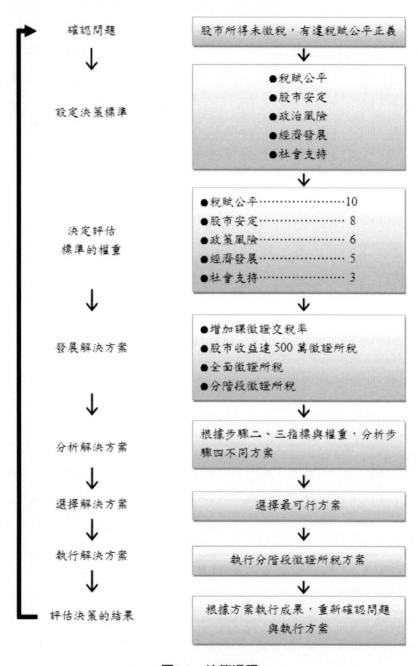

圖5-1　決策過程

5.2.1 確認問題

決策過程的開始，一定有一個問題（problem）的存在，即某一事件的現實與理想存在有差距。例如經濟不景氣產生勞工失業的問題，勞委會必須找出失業的癥結，確定是否應該推出政策解決該問題；外資、法人及股民投資股市，只課徵證交稅，而未課徵證所稅，財政部需經檢討是否符合有所得就必須課稅之社會公平正義原則，是否急需去檢討處理的問題，或是可以暫時延後一下的問題。如果課徵證所稅對國家財政有很大的助益，社會對課徵證所稅已有強烈的共識，那就會財政部形成很大的壓力，必須去解決「股市所得未徵稅，有違賦稅公平正義」的問題。

5.2.2 設定決策的標準

主政者或執行者一旦確認應該解決的問題，接著就是決定決策的標準（decision criteria），即決定那因素與該項問題的決策有關。例如課徵證所稅可能必須評估的因素包括：每年能夠帶來國家的財政收入；對股市是否會產生短期或長期波動的影響；目前推出證所稅，各政黨可能的意見如何，立法的阻力有多大；當時經濟景氣狀況如何，是否會影響到企業在公開市場籌資的問題；以及社會對課徵證所稅，是否已產生了強大的壓力等。如果經仔細分析後，上述為評估課徵證所稅的重要因素，我們設定決策的標準為「稅賦」、「股市安定」、「政策風險」、「經濟發展」及「社會支持」等評估指標。

5.2.3 決定評估標準的權重

在設定決策標準步驟中，所設定的稅賦公平、股市安定等評估標準，對課徵證所稅的重要性並不完全相同；因此，必須將每一標準配予權重，以便在決策中能夠區分輕重緩急。至於如何決定權重，最簡單方法就是最重要者，配予權重10分，其他以其重要性配予不同分數，例如課徵證所稅最重要考慮因素為稅賦公平，配予權重10分，其次為股市安定配予8分……等。

5.2.4 發展解決方案

發展解決方案（Development Alternatives）係指決策者列出解決問題的各種可行方案。例如課徵證所稅的問題，可能解決的方案包括：增加課徵證交稅的稅率、每年股市收益達500萬元以上者課徵證所稅、全面課徵證所稅、分階段課徵證所稅等不同方案。

5.2.5 分析解決方案

分析解決方案（Analytical Alternatives）係指在決定可行方案後，運用步驟二設定的決策標準及步驟三標準的權重，評估所有可行方案。例如步驟四課徵證所4項可行方案，經由依決策標準得分數乘以每項標準的權重，再計算出不同方案所得的總分，以區別不同解決方案得分的高低。

5.2.6 選擇解決方案

選擇解決方案（Selecting an Alternative）係指根據步驟五所計算不同方案分數高低，選擇分數最佳的可行方案。例如課徵證所稅問題，可能最後選擇的是分階段課徵證所稅。一個重大政策的決策過程，理論上可以依據上述決策過程思考邏輯，但實務上可能的影響因素非常複雜，2012年課徵證所稅，係經由多方利害關係人的角力，所形成與理論有很大差距的決策。

5.2.7 執行解決方案

政府部門政策決定後，就必須依法執行。例如課徵證所稅立法通過，不論政策好壞，自修正法案立法通過、總統發佈日起，自然生效。但是，政府的政策經常遇到執行不力或失敗的情形，其中最主要原因係決策的理想與實務的執行差距過大；因此，要提升政策執行的成功機率，決策過程必須詳加評估。

5.2.8 評估決策的結果

決策過程的最後一個步驟，是在檢視決策的結果是否將問題真正的解決。例如分階段課徵證所稅是否可以解決股市所得未徵稅之違反稅賦公平正義問題。經該方案執行一段時間後，如果經評估該問題仍然存在，那應該怎麼辦呢？此時，主政者或執行者必須進一步檢討問題出在那裡，是原來的問題界定出了錯誤？還是執行過程出了問題？經由重新思考，再次尋找解決的方案。

5.3 決策的制定方式

政府部門每一位公務員幾乎每天都在作決策，但是否意味著所作的每一項決策都是冗長、複雜或明顯的決策過程呢？其實，政府部門大部分的決策都是例行性公

務，例如戶政事務所承辦人民申請戶籍謄本，地政事務所人民申請地籍測量資料等；其次，政府部門經常遇到緊急需要處理的事件，必須在短暫的時間內作出決策，例如2003年的SARS事件，歷年的風災、雨災、地震、火災等事件。政府部門的事務繁複，所遇到決策事件的情境差異頗大；因此，決策的制定方式亦有所不同，茲分別介紹三種常見的決策觀點。

5.3.1 理性觀點

理性觀點的假設決策者是全然客觀與合乎邏輯的，他會明確的界定問題，並找到清楚而特定的目標。理性的假設適用於任何決策，但是我們關心的是決策結果能否帶給組織最大的效益；因此，理性決策同時假設所有決策都以組織效益為出發點，也就是說決策者追求的是組織的最大利益。

理性決策的假設，是否合乎政府部門實務的決策方式？如果政府部門所面對的決策問題很單純、目標明確、替代方案少、時間壓力不大、蒐集資料成本低、且政府鼓勵公務員創新與冒險行為，以及決策結果是具體可衡量的，則理性決策的假設是成立的。但在現實世界中，政府部門所面臨的問題都有其複雜度及時間的急迫性，如果每一決策都依理性假設的過程，將嚴重影響行政效率與效果。

5.3.2 有限理性觀點

政府部門任何新的政策推出或執行，主政者或執行者大都認為他們的決策是經過深思熟慮的遵循理性的模式。然而，決策的過程會受到問題的模糊、資訊的不足、時間的壓力及決策者能力等限制，決策者只能傾向在有限度理性（bounded rationality）的假設下作決策，即在組織的資源及個人的能力的限制下，在簡化的決策模式範圍內作出理性的決策。因為決策者無法分析所有方案的資訊，只能作出差強人意的決策，已算是盡可能作出理性的決策。

政府部門大部分決策無法完全符合理性的假設，所以常以有限理性的方式作決策，即只能尋求滿意解而非最佳解的政策。但是，更要注意的是政府部門決策常受組織文化、內部政治、權力等因素影響，經常見到依循往例的保守決策，或意識形態的賭注決策。

5.3.3 直覺觀點

直覺式決策（intuitive decision making）是一種由個人經驗與判斷累積而成的潛意識決策方式。一般而言，直覺式決策根據決策者偏好可分為五種方式，包括：決策者以過去經驗、感覺或情緒、本身知識認知、潛意識及價值觀或道德等為基礎作決策，根據相關研究，約有三分之一的決策者常使用直覺式決策。

直覺式決策和理性決策並非彼此獨立的，在實務上二者有互補的效果。一位對某事件有特殊經驗的決策者，在遇到緊急事件資訊有限的情況下，可以快速的應變。例如2003年台灣發生SARS事件，在此緊急防止疫情擴大狀況下，不可能完全靠系統性或詳細的分析問題，必須靠決策者經驗與判斷，快速的形成差強人意的決策。

5.4 決策的類型

政府部門每日所要處理的公務，依其所面對問題的例行性與複雜程度，可區分為結構化的問題（structured problems）與非結構化的問題（unstructured problems）。因此，依問題的性質而有不同類型的決策。

5.4.1 預設的決策

結構化問題多為例行性的公務，具有問題經常發生、內容大致相同、資訊很容易掌握等特性，例如政府部門每日處理的人民申請案件、採購作業、人事與會計事務等。而此類的問題約占政府部門公務80%以上，為了提升執行該類問題的效率，政府部門大多採用預設的決策（programmed decision）。常見的預設決策方式，包括：程序（procedure），例如採購作業只要按部就班依採購作業標準作業程序執行；規則（rule），例如行政部門訂定相關會計、人事等行政規則，作為執行的依據；政策（policy），通常以訂定相關辦事或處理原則，以因應例行業務遇到情境不同時，好讓決策者有彈性的處理空間。

5.4.2 非預設的決策

政府部門經常面臨許多情況屬於非結構的問題，即該問題是新的，不常見的，且和該問題有關的資訊不完全，例如台灣面臨2008年美國金融風暴、2011年歐洲債危機或突發性的天災等，政府部門需以非預設性決策（non-programmed decision）的方

式，發展出特定的解決方案。一般而言，非預設性決策多為影響層面非常大的重大政策，或碰到特殊的危機處理問題，其解決的方式常無前例可循，需藉由非預設性決策，量身訂製特別的解決方案。

5.4.3 整合性決策

政府部門處理公務所面臨的問題類型、決策類型與組織層級間的關係如圖5-2。一般而言，基層人員主要職責為負責一般公務的執行，因此他們大多依據預設性的程度或行政規則；隨著組織管理層級的提升，所要主管的事項或任務愈來愈複雜，高階層人員必須在更多時間去思考解決非結構性的問題。

實務上政府部門的公務並不容易遇到完全結構或非結構的問題，因此很難將決策完全劃分為預設型決策與非預設型決策二種。這二者只是極端的狀況，大部分的決策是落在二者極端之間，即預設的決策也會需求個人的判斷；非預設決策的特殊情況，也可能從預設的決策或以前相關事件中，得到一些經驗或解決方法的幫助。因此，預設型決策與非預設型決策是重疊存在的，它們存著相輔相成的效果。

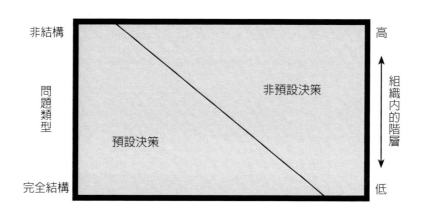

圖5-2. 決策類型與問題結構、組織層級關係

資料來源：林孟彥譯，2006，管理學（八版），P.161

5.5 決策的風格

根據學者針對決策風格理論的研究，一派學者認為，人們作決策的方法有二種，第一種人由思考方式著手，這類決策者會以理性和邏輯的方式處理訊息和思考，在做

決策之前，會儘量去蒐集資訊，並確認其資料的邏輯性與一致性，此者在政府部門偏向於學術型決策者；第二種人則傾向創意和直覺，這類決策者通常只看大局，不會去仔細思考決策過程的邏輯，此者偏向官僚型決策者。

決策風格的另一派理論，係以決策者對不確定性的忍受度著手。決策者對不確定性容忍度低時，他會儘量蒐集資訊降低不確定性；而決策者對不確定性容忍程度較高者，他可以同時處理許多事情。如果以決策者「思考方式」與「對不確定性的容忍度」二個構面為基礎，可以歸納出四種決策風何如圖5-3，包括命令型（directive）、分析型（analytic）、概念型（conceptual）和行動型（behavioral），分別說明如下：

1. 命令型：決策者以理性思考方式，對不確定性容忍程度低，做事合乎邏輯而有效率。這種類型決策者只根據較少的資訊，只評估少數的方案，就可很快速和有效率的做出決策。

2. 分析型：決策者對不確定性容忍度較高，會蒐集更多的資訊及考慮更多的方案，才做出決策。一般而言，類型決策者非常仔細，善於處理特殊複雜的問題。

3. 概念型：決策者通常為較宏觀的看法，並會尋找很多可行解決方案，比較專注於長期目標，善於以創新性思考來解決問題。

4. 行動型：決策者重視他人意見，並易接納別人意見，喜歡利用會議進行溝通，並儘量避免衝突。

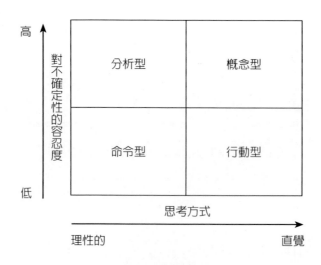

圖5-3.決策風格

資料來源：S. P. Robbins and D. A. DeCenzo, Supervision Today, and ed. (Upper Saddle River, NJ: Prentice Hall, 1998), P.166. 林孟彥譯，管理學（八版），2006，P.166

上述四種決策風格雖然有明顯的差異，但大部分的決策者兼具二種或二種以上的決策風格。而這四種決策風格，無法說那一種風格比較好，決策者會視不同的情況，作適度彈性的調整。

5.6 未來政府部門的決策

民主政治的國家，政黨、媒體、社團及人民的意見愈來愈多而複雜，任何一個政策的決定都不可能讓所有人都滿意；因此，沒有絕對最佳的政策。現今的世界環境變化快速，主政者經常須在資訊不完整又有時間壓力的情況下，作出富有挑戰性的決策；早期官僚體制會議式研商、分攤責任式的決策，已不足以因應。在這瞬息萬變的時代中，主政者應該如何作有效的決策？相關學者提出下列看法：

1. 首長的魄力與承擔：決策需要智慧與經驗，更需要有魄力與承擔的首長，才能在資訊不足及時間壓力下，作出具挑戰性的決策。首長要能夠替屬下承擔成敗責任，屬下才敢提出創造性可行方案；首長要有敏捷的判斷力，才能因應多元不同的意見。

2. 深思熟慮而後行：一個好的決策，必須從更深與更廣的層面去思考問題。當一事件或問題發生時，剛開始只能看到表象，在緊迫的時間壓力下，很容易只作表面膚淺的分析，而未能找到問題的癥結，可能作出的決策只是解決了短期的問題。因此，在決策過程中應學習不斷去問「為什麼」，促使決策者更深入思考問題的主因，找出解決的方法。

3. 知道錯誤喊停的時候：在一項政策在決策過程或決策後，很明顯不可行時，不要只顧面子一昧固守成規，不應害怕踩煞車。政府部門主政者經常習慣先決定要做什麼，再去找學者專家或有利資訊背書，卻極力忽略負面的資訊，因為太執著於自己的決策，以致於不知如何權變。

4. 培養決策的能力：根據決策學者相關研究，一個有效的決策者具有下列六項特徵：

（1）強調重點，能夠即時掌握問題核心。

（2）決策過程合乎邏輯，且前後一致。

（3）能夠接受主、客觀的想法，具備融合理性與直覺式決策的思考。

（4）具有豐富的智慧與經驗，在解決特定或緊急的困境問題時，不見得需要很多的資訊與分析。

（5）鼓勵所屬蒐集相關資訊及有根據的想法。

（6）決策結果明確、可靠、容易執行，且知所變通。

在這民主政治多元意見及環境瞬息萬變的時代裡，作決策並非一件容易的事。成功的管理必須具備好的決策技巧，才能為政府部門作出完美的政策。

│問題討論│

1.何謂決策？決策過程需經由那些步驟？

2.決策有幾種不同方式？最常用的決策方式是那一種？為什麼？

3.在這瞬息萬變的時代中，主政者應該如何作出有效的決策？

經建會、勞委會不同調

作者：記者譚淑珍／台北報導 | 中時電子報 – 2012年9月2日 上午5:30

　　經建會日前向馬英九報告的「加強推動台商返台投資方案」，藉由放寬外勞比率至40％引鮭魚返鄉，勞委會副主委潘世偉1日指出，外勞增額將影響本勞就業，應審慎考量，任何政策都要逐步調整，否則風險很難平衡。

　　行政院昨日召開第五場、也是最後一場財經經系列座談會，主題為「勞資關係及人力資源」，會中，就有關國內產業缺工，經建會提出以提高外勞配額至40％，以作為吸引台商回台投資誘因的方案，潘世偉就很質疑的說，要先定義是要「吸引什麼樣的台商回來」？

　　為振興經濟，也為回應工商團體呼籲，行政院自8月開始依序召開了「國際經貿」、「能源政策」、「金融」、「觀光與會展」及「勞資關係暨人力資源」等五場財經系列座談會，均由陳冲親自主持。

　　在昨天最後一場會議中，與會企業包括工總理事長許勝雄、商總理事長張平沼等都指出，引進外勞是會帶動本國勞工的就業機會。

　　但是，潘世偉卻認為，創造就業機會需要能真正提升本勞勞動條件，不是有機會，什麼都好。

　　他也對經建會提出的藉由放寬外勞比率至40％引台商回流方案，表明需提到9月外勞政策諮詢委員會中討論，還說，對回流台商的定義與條件要更為明確。

　　潘世偉的質疑，讓經建會副主委吳明機不得不抬出馬英九指出，總統指示這是特定性、2年的短期措施，相關配套，會在1個月內會確認具體內容，意指此方案乃馬英九認可、背書的。

　　吳明機進一步解釋，「引進外勞配額提至4成，換角度也是在創造6成本勞就業」，外勞增額主要也是針對類似小夜班這類本勞不願意從事的業別，作為引進台商誘因。

　　然而，潘世偉還是說，依據經建會的報告內容，美國與韓國雖然有支援企業回國投資的專案，也都有提出稅租優惠、資金協助等誘因，但是，並沒有以外勞為籌碼。

1. 經建會與勞委會為何對外勞開放政策有不同意見？當政府政策有不同意見時如何解決？

2. 外勞政策主管機關是誰？外勞是否開放政策應經由那些決策的過程？

案例2

康納曼：慢想型領導　才有好決策

資料來源：謝錦芳／台北-紐約越洋專訪/中時電子報 2012年11月2日

　　編按：二〇〇二年諾貝爾經濟獎得主康納曼（Daniel Kahneman）新作《快思慢想》去年底出版，榮登《紐約時報》年度最佳暢銷書，今年仍高居亞馬遜分類排行榜第一名。中文版版權由天下文化取得，於十一月一日在台上市。

　　本報獨家專訪這位被譽為「繼佛洛依德之後，最偉大的心理學家」，為讀者詳盡剖析為何直覺反應造成錯誤，股市專家、政治名嘴為何失靈，國家領導人如何提升決策品質。

　　在這個理盲、民粹至上的時代，政治家、企業家或投資人，更必須保有理性思維，才能做出最佳決策。諾貝爾經濟獎得主、行為經濟學之父康納曼（Daniel Kahneman）接受本報獨家專訪時指出，人的直覺與偏見是有缺陷的，容易造成錯誤決策；三思而後行，會做出更好的決策。許多理財專家、政治名嘴的預測結果是慘不忍睹，他們犯了過度自信的毛病。

　　現年七十八歲的康納曼，甫由歐洲返回紐約，不巧遇到颱風來襲。依照約定的時間，他在家中接受本報越洋電話專訪，與讀者分享半世紀來的研究結晶。以下為訪談的精彩摘要：

問：《快思慢想》出版後，成為年度最佳暢銷書，為何這麼受歡迎呢？

答：這是很大的驚喜。我想，人們對於心智如何運作、如何做決策會感興趣。

　　我在書中提出許多新名詞，讀者可以透過這些新名詞認識新思維與新觀

念。寫作時，我設定了二個目標，希望這本書可以讓一般大眾看得懂，也對專業人士有幫助，但同時要滿足這兩個目標實在很困難。

問：您在書中提到，日常生活中，人們通常依賴直覺做判斷，即使這些判斷很多是錯的。我們應如何避免這樣的錯誤？

答：人的直覺多數時候運作得很好，但某些情況下，直覺會導致錯誤的答案；另一些情況下，慢想表現較好。如果我們放慢思考，結果會是比較好的。其實，我自己也很難避免犯錯。不過，企業或團體在做決策時，不妨多思考一下再

問：從行為經濟學的角度，政府如何在決策上避免犯錯？

答：政府的決策錯誤，多半因為政治人物不同的意識形態，或不同政治角度看世界，例如美國的兩個政黨在很多政策上意見南轅北轍。我想，做決策時放慢思考，可以有不同結果。希望未來選出的新總統有一組好顧問，有一個好的決策程序，有助於推出好的政策。

問：什麼是好的決策程序？

答：決策者會考慮到決策偏差或錯誤的可能性。例如，資訊收集的過程中，會注意這些資訊是有效的，並且關注少數群體的意見。做為國家領導人，在決策過程中，一定要確定自己關注到少數的聲音，這樣可以避免錯誤。歐巴馬總統的決策模式相當好，他會確保自己聽到各方意見，而不是只聽多數群體的意見，然後做出最後的決定。這一點是很重要的。

問：許多時候，政治人物、媒體是以直覺來反應，充斥非理性的民粹思維，怎麼辦呢？

答：民主時代，的確會出現這樣的現象。許多政治人物是以眼前的事務來做判斷，所以有許多非理性的表現。不過，在民主的社會裡，自由是很重要的，這也是民主發展的基礎。

問：您的研究顯示，許多政治專家、名嘴所做的預測慘不忍睹，他們都犯了過度自信的毛病，什麼原因？

答：專家有不同類型，有些真正的專家，對於自己不熟悉的領域，會承認自己不懂；多數專家都是信心滿滿，否則也不會被視為專家。做為一個旁

觀者，你必須判斷這些專家這麼自信，是否充分有理；當然，這是很困難的。所以，我們試著問自己，這個領域是否允許專家來做預測，以股市為例，華爾街的金融專家認為自己擁有足夠專業做預測，但他們同時要與其他的股市專家競爭，因此說股市是無法預測的。

| 個案研討 |

1. 康納曼（Daniel Kahneman）認為政府決策錯誤的主要原因為何？什麼是好的決策程序？

2. 康納曼（Daniel Kahneman）指出，人的直覺與偏見是有缺陷的，容易造成錯誤決策；三思而後行，會做出更好的決策。你是否完全同意他的看法？直覺決策是否在政府部門普遍存在？有辦法改善嗎？

Chapter 6
規劃的基礎

　　政府的治理需要一份藍圖，無論是國家或地方的執政者都有義務告訴人民，在他任期內帶給人民什麼樣的建設與福祉；而這些建設與福祉需要如何來實現，需要多少預算與時間來完成，都必須經由審慎的規劃，提出明確的方案、目標、方法及配合的資源，納入政府部門年度施政計畫，經由民意機關的審議通過，主管機關或執行機關的落實執行，才能實現執政者理念與承諾。因此，規劃是政府機關的首要工作，是公務人員職責必備的能力。本章將分別介紹規劃的意義與功能、規劃的步驟與方式、計畫的類型基本架構，以及企劃人員應具備的能力。

6.1 規劃的意義與功能

6.1.1 規劃的意義

　　規劃（planning）為政府部門績效管理過程的首要步驟，是展現政府施政效能的核心工作。通常係指政府部門根據組織的職掌，針對所欲追求的目標或所要解決的問題，經由縝密思考的過程，將所蒐集的資料透過整理、分析等技巧，訂定出完整的計畫（或稱之方案）。「規劃」一詞常與「企劃」、「策劃」、「計畫」等名詞相互混淆使用；一般而言，規劃與企劃、策劃定義較為相近，是一種動態的程序，是一連串資料蒐集、分析，並透過邏輯思考的過程；而計畫（plan）乃是規劃所產生的結果。

　　規劃是計畫（或方案）制訂的過程，而計畫制訂乃根源於政府部門想要完成組織的任務或解決某一特定的問題，針對未來可能發生的狀況或追求的境界，謀求可行的解決措施。從政府部門施政績效管理的角度觀之，規劃必須符合下列三個形式要件：

　　1. 機構要件：政府部門任何規劃案件，必須符合組織法規職掌或上級機關命令授權形式要件。例如政府的年度施政方針由行政院規劃頒布；行政院年度施政計

畫由各主管機關負責個別規劃，並指定國家發展委員會負責統籌彙整；交通建設個案計畫由交通部負責，教育發展計畫由教育部提出；地方政府各層級計畫之規劃作業類同。

2. 流程要件：政府部門各層級或類型計畫之規劃，必須符計畫作業流程及功能要件，即規劃必須經由法定的流程及相關主管機關（單位）的審議作業。例如蘇花公路改善工程計畫涉及中央、地方不同機關的權責及道路工程、地質、環保等專業領域，必須要有層次分明的規劃流程分工，更需要結合各領域專業人才的分工合作，才能做好規劃。

3. 工具要件：政府部門規劃完成的案件必須符合目的條件，即規劃的內容必須說明藉由運用那些工具或技巧，形成那些方案或造成何種結果。例如蘇花公路改善工程的規劃，必須經由政策、環境、技術及經濟效益等可行性評估，評估的過程需要大量的數據分析及操作過程，因此需要專業的工具，否則規劃易流於空談。

6.1.2 規劃的功能

規劃是制定計畫的首要工作，任何政府部門所要執行的事項，都應該經過事前的規劃，以增加未來執行成功的機率。因此，一個經由充分準備與規劃的計畫，可以達到下列功能：

1. 資源整備的功能：一份完整的企劃書，係經由系統化準備好的報告，針對規劃項目進行資料蒐集與分析，並需與相關機關（單位）進行溝通、協調與整合，期將資源作最適當的分配，並將機關或事件間衝突與矛盾降至最低，以發揮資源運用最大的效果。例如蘇花公路改善工程的興建，在交通部公路總局下成立蘇花公路改善工程處，負責規劃與執行蘇花公路改善工程，整合中央與地方的資源，協調排除執行流程可能發生的問題。

2. 指導執行的功能：一份完整的規劃報告，包括工作執行的流程、明細的分工及運用的技術，可作為主（協）辦機關執行的藍圖。例如蘇花公路改善工程包括不同路段的擴建、修繕山洞的穿鑿及路橋的興建等，其間必須經由鑽探、環評、工程設計、公告招標、施工，以及每項工作預算、時間的分配及任務的分工等，在完整的規劃報告中都有細部的設計與說明，主（協）辦機關如能按部就班依規劃事項與時程全力配合執行，遇到障礙即時排除，將可促進計畫如期如質的完成。

3. 控制績效的功能：規劃除對未來執行的流程作系統邏輯的設計外，為了達成預期的計畫績效，同時必須在規劃時設立控制的功能，針對各項細目設計衡量工作表現的機制。例如蘇花公路改善工程必須設定總計畫的期程與預算，並設定各分項計畫及細目工作的完成進度、標準的耗材、應有的產出等，以作為執行過程的控制及總計畫績效評估的依據。

4. 確保安全的功能：一個好的規劃，除了利用正面的資料做出完善的執行計畫外，也要善用負面的資料建構預警的系統。例如蘇花公路改善工程興建必須經過陡峻的山壁，穿鑿山洞可能發生地質及水脈等施工問題，這些可能造成工程的延宕與成本的增加；其次，整體工程完工後，由於受到自然環境的影響，部分路段仍然可能發生土崩或落石現象，行車時速及安全不及一般高速公路。

6.2 規劃的步驟與方式

規劃是慎密思考的過程，必須具備一定的步驟，才能確保規劃的過程中重要事項不被遺漏；此外，完成規劃的步驟，因組織與決策的不同，而有不同的規劃方式，分別說明如下。

6.2.1 規劃的步驟

規劃目的在解決政府部門現已存在或潛存的問題，對於未來問題的發展及解決問題的過程與方式進行預測，做適當的安排，以利工作的執行及目標的達成。而規劃作業過程中，應善用幕僚人員進行相關知識資訊的蒐集與分析並邀集上、下階層共同參與，以凝聚向心力。規劃是循序漸進的過程，唯有按部就班的進行，才能規劃出合宜的計畫。根據學者的研究，大致可分為六個步驟如圖6-1，分別說明如下：

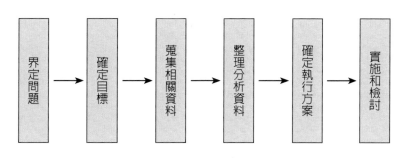

界定問題 → 確定目標 → 蒐集相關資料 → 整理分析資料 → 確定執行方案 → 實施和檢討

圖6-1 規劃的步驟

1. 界定問題：政府部門所要執行的公共事務包絡萬象，在有限的組織能力與預算下，無法也無能力解決其職掌所含蓋的問題。因此，當政府部門依職掌或政策指示要解決某特定問題時，首先要明確界定解決此問題的範圍；其次，問題本身有輕重緩急，政府部門必須根據其能力與資源，將要解決的問題排列先後順序；再者，在決定優先要解決問題後，我們不能只看問題的表徵，必須找出問題的癥結，才能夠對症下藥，將政府有限的資源作最有效的運用。例如台灣近年少子化問題愈來愈嚴重，到底什麼原因產生少子化的現象，可能是年輕人結婚年齡上升；但為何產生年輕人晚婚呢？根據相關研究指出，台灣教育水準提升，年輕人思想逐漸開放，對於婚姻或生育子女的觀念逐漸淡泊；還有初入社會工作，基本收入不高，結婚、購屋及養育子女都將成為負擔等問題，這些問題涉及到內政、教育、經濟、財政及勞資等政府部門，必須同心協力找到問題癥結，排列解決問題的優先順序，才能提出有效的政策。

2. 確定目標：目標為解決問題的水準，想要達到政策或計畫的效益。政府部門所要解決的問題，不可能一次性解決，因為政府所擁有的資源是有限的，且問題會不斷的發展與新生的；因此，政府部門僅能在計畫期限內所能掌握的資源，確定解決問題的程度，估計所欲達成的目標。例如政府部門要解決少子化問題，到底應從鼓勵結婚補助、購屋補貼或生育獎勵等，何者方向著手，年度或中長期想要投入的資源與達成的目標比率多少，以及能夠產生多少整體的效益。

3. 蒐集相關資料：資料蒐集包括政府部門內部與外部的資料。政府的政策或計畫大都是延續性或相關性的，政府部門擁有豐富的檔案及相關研究報告可以提供參考；其次，外部學術機構、顧問公司及媒體等所發行的期刊、報張雜誌、網路資訊等，都是可以蒐集或找尋的次級參考資料。當然，如果遇到特殊規劃案件，在次級資料缺乏情況下，必須委有外部研究機構或顧問公司進行專案研究，以利取得初級資料，例如蘇花公路改善工程的整體規劃、地質鑽探或環境影響評估等的研究。

4. 整理分析資料：蒐集資料的目的在協助界定問題及找出解決問題的可行方案。而所蒐集的資料必須根據所要解決的問題，進行有系統的分類與分析，以界定問題的癥結及重要性；其次，根據內、外部資料找出要解決問題的可行方案。例如解決少子化問題，可能有結婚補助、購屋補貼及生育獎勵等可行方案。

5. 確定執行方案：在經整理分析資料找出可行解決方案後，接著依解決問題的目標及相關性，提出評估方案的指標與權重，進行不同可行方案優先性順序的排

列，最後決定執行的方案。但在此必須特別說明的，政府部門在最後確定執行方案，大都不是只選擇一項最佳方案，可能因政策考量或不同機關的權責，同時推出多項執行方案或綜合性方案。例如解決少子化問題，政府部門分階段同時推出結婚補助、購屋優惠、生育獎勵及育嬰補貼等政策。

6. 實施與檢討：規劃完成的計畫必須經由落實的執行，才能展現計畫的績效及發現規劃或執行的問題。政府部門必須在計畫推動一段時間進行定期的檢討，看看是否達成預期的目標，或重新檢視原先規劃的方案是否有須修正或調整的地方，以因應環境的變化與政策的需求。

6.2.2 規劃的方式

政府部門的規劃方式，因法規的規範、計畫的類型及行政機關的特性等因素，而有所差異。常見的型態有三種，包括由內而外與由外而內、由上而下與由下而上及權變式的規劃，分別如明如下：

1. 由內而外與由外而內的規劃

政府部門在規劃政策或計畫時，依組織的職掌或政策問題發生的因素而決定，大致可分為由內而外規劃（inside-out analysis）或由外而內規劃（outside-in analysis）。

由內而外者係政府部門依組織職掌或上級機關的指示，再考量服務對象的需求及環境影響因素，規劃可行的政策或計畫，完成組織的任務或達成上級機關或長官的理念。

由外而內者係指政府部門根據外部環境變化所產生的問題或民意所反應的意見，再檢討內部的政策及資源的分配，提出可行的政策或計畫，以因應環境的變化。

上述規劃方式僅是分類型態的區別，實務上政府部門規劃時不太可能單純區別為由內而外或由外而內的方式，而是內、外因素需同時納入考量。政府部門的任務即在處理公共事務的問題，在資源限制下，應是儘量找出內部資源與外部環境最配適的可行計畫。

2. 由上而下與由下而上的規劃

政府部門推出的政策或計畫，依組織內部發動的層級來區別，可以分為由上而下規劃與由下而上規劃。

由上而下規劃（top-down planning）係指由上級機關負責計畫擬定，再逐層傳遞

給下一層級機關（單位）擬定細部計畫或執行計畫，例如行政院每年會頒布次一年度施政方針，再由所屬部會或生三級機關據以擬定下一年度施政計畫或執行計畫。

由下而上規劃（bottom-up planning）係指計畫由所屬機關（單位）各自發展細部計畫，送請上級機關彙整為一總體計畫；或由下級機關自行發展計畫，陳請上級機關核定的計畫，例如行政院彙整所屬各機關的年度施政計畫，各機關中長程計畫達到一定全額者需報請上級機關核定，地方政府每年申請中央主管部會的補助計畫。

政府部門規劃時，最好是上、下層級機關（單位）主管人員經過充分互動、協調，不但可使下級機關瞭解與接受上級機關的計畫目標，提高對計畫執行的承諾；且經由相關機關的共同參與，各機關（單位）間計畫整合性大幅提升，才能提升規劃的品質。

3. 權變式規劃

政府部門政策式計畫的規劃，除了依法規或組織正常體系運作外，常會遇到政治、經濟、自然、環境等不確定因素；為了因應這些不確定因素的發生，解決相關問題或預防問題的擴大，政府部門必須即時提出因應對策或計畫，即有所謂的權變式規劃（contingency planning），例如2009年政府為因應美國金融風暴的影響，推出五年5000億擴大內需方案。基本上，此類型計畫的規劃，先由行政院訂定計畫申請或補助的原則，再由所屬機關及地方政府提出相關計畫彙整而成。

6.3 計畫的類型

根據計畫體系如圖6-2，政府部門依組織職掌之任務與使命，提出長期發展的願景、目標與策略，並每年度配合上級機關施政方針（或要點），整合年度、中長程及專案型個案計案，以及經常性支出非計畫型預算，編制成年度施政計畫送請民意機關（中央為立法院、地方為縣、市、議會及鄉、市民代表會）通過後，據以執行；其次，行政機關為使個案計畫如期執行，預算有效運用，在年度開始又將施政計畫中，不同類型計畫或預算項目之執行工作、進度及預算，規劃成細部的作業計畫（或稱為執行計畫），以為執行或控制的依據。由上述說明來看，政府部門的施政計畫係由不同類型的計畫所組成的，本節根據計畫的層級、性質、時間、執行狀態等特性分類說明如下：

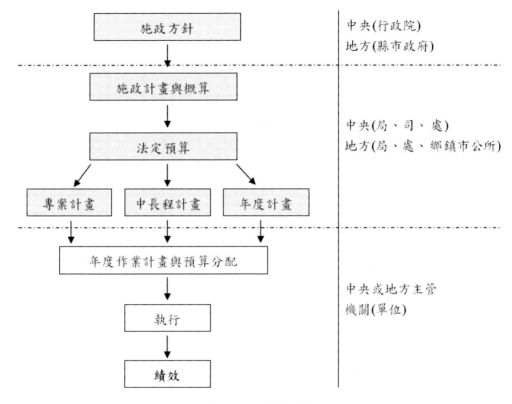

圖6-2　計畫體系

6.3.1 依計畫層次分類

　　政府部門的施政計畫主要可分為三個層次：策略性計畫（strategic plans）、功能性計畫（functional plans）與操作性計畫（operational plans），而對應的規劃工作可分為策略性規劃、功能性規劃及作業性規劃。

　　策略性計畫係在說明不同層級政府的施政方向及長期目標，屬於全盤性或長期性的計畫，例如行政院的施政方針，僅是剛要性及原則性說明政府整體發展的願景、目標與策略。

　　功能性計畫係指不同層級政府所屬部門（機關）根據上級施政方針（要點）所擬定中長期發展計畫，例如行政院所屬各部會的中程（四年）施政計畫，根據政府整體的施政目標與策略，提出部門整體發展計畫。一般而言，此類型計畫較策略性計畫具體，除了部門發展的願景、策略與目標外，並提出推動方案及概估預算，但大都未提出具體的執行方法與步驟。

操作性計畫係指政府各部門為達到施政目標所提出實施計畫,即年度個案計畫;此類計畫無論是中長程、年度或專案性個案計畫,都必須納入年度施政計畫中編列實質預算,才可以實現具體的目標。

6.3.2 依計畫性質分類

根據行政院所屬各機關中長程個案計畫編審要點第9點規定,重要中長程個案計畫審議作業分為:社會發展計畫、公共建設計畫及科技發展計畫。行政院為利三大類型計畫及預算編審作業,並分別訂定「行政院重要社會發展計畫先期作業要點」、「政府公共建設計畫先期作業實施要點」及「政府科技發展計畫先期作業實施要」。

社會發展計畫依行政院頒布的先期作業實施要點1條規定,係指為預防、解決社會問題,促進社會發展所研擬的具體計畫,包括環境空間、社會安全、衛生福利、教育文化、資訊通信及產業經濟等類別。

公共建設計畫依先期作業要點規定,係指各機關推動之各項實質建設計畫,即計畫總經費中屬經常行者不得超過資本門之二分之一,包括農業建設、都市建設、交通建設、水利建設、工商設施、能源開發、文教設施、環境保護、衛生福利等9大項;惟上述公共建設個案計畫,如為國家政事發展所需,得經行政院核定……,不受前項個案計畫編列經常門經費比例之限制。

科技發展計畫依要點第2條規定,其範圍包括依據「國家科技發展計畫」及「中華民國科技白皮書」中之各項研究發展課題所擬定之科技發展計畫,以及行政院交辦、國科會核定、行政院科技會報、科技顧問會議、產業科技策略會議決議之科技發展計畫。

綜合上述說明來看,至今政府部門對社會發展計畫、公共建設計畫及科技發展計畫尚未有一明確的定義,且三者間內容相互重疊與混淆,期待未來中央政府組織改造完成,行政院研考會與經建會合併為國家發展委員會後,因組織職掌整合,而政府部門三大性質計畫有一明確的定義。

6.3.3 依計畫期程分類

政府部門的計畫依提出或執行時間期程區分,可分為年度計畫、中程計畫及長程計畫。年度計畫是指期程在一年內完成者,例如各級政府每年度依年度預算所提出的年度施政計畫,或個案計畫在年度內執行完成者。中程計畫是依行政院所屬各機關中長程個案計畫編需要點規定,係指期程二年至六年的計畫,例如現行政府部門配合總

統或地方首長選舉的任期，所提出的各機關中程（四年）施政計畫，以及個案計畫訂定期程為二年至六年者；長程計畫依上開編審要點規定，訂定期程超過六年之計畫。

6.3.4 依計畫執行狀態分類

　　依政府部門計畫執行狀態可分為延續性計畫及新興計畫。延續性計畫依其性質可分為二大類，一類為中長程計畫未執行完成，必須持續編列預算分年完成計畫目標及執行事項，直至整體計畫執行結束；另一類為每年必須固定編列執行的計畫，例如社會福利計畫、老農年金計畫等，又稱為經常性行計畫（standing plans）。新興計畫係指政府部門為推行一個新的政策或公共建設，例如政府為解決發生的少子化問題，推出青年購房輔助專案、幼兒津貼等政策，或新建台中市捷運系統計畫等；新興計畫係屬以前未曾執行的計畫，因此，政府部門必須新開拓財源或納入政府重大政策，爭取中長程個案計畫預算優先編列。

6.4 計畫的內容與邏輯架構

　　政府部門的計畫依其目的、使用對象及層次等而有不同的類型，但其內容有其一定的系統架構與撰擬的邏輯，本節將分別說明計畫的基本內容與邏輯架構。

6.4.1 計畫的基本內容

一項完整的計畫基本上必須具備6W2H1E等要項，說明如下：

1. Why（為什麼）：計畫的推動必定是在解決某一特定的問題，或是創新某一重要的政策。因此，必須作以下幾項思考：（1）是否與組織職掌有關或上級交辦的任務；（2）到底要解決什麼問題或創新什麼政策，其核心的問題是什麼；（3）為瞭解問題的癥結，必須進行情境分析，針對內、外部環境因素找出問題根本的原因，以及要解決該問題的理由。簡言之，即是為什麼（Why）要做這件事件，它的依據及理由是什麼。

2. What（什麼）：根據想要解決的問題，必須要考量到在解決此問題上能夠取得多少資源？資源從何處來？是否有能力解決此問題？要解決此問題達到什麼水準？以及解決問題的主要事項是什麼？簡言之，即是計畫想要達到什麼（What）程度水準目標，以及要解決的重要內容是什麼（What）。

3. Who（誰）：這項計畫依權責應該由什麼機關（單位）或什麼人負責規劃及執行，如果計畫龐大複雜其又涉及到那些機關，它在此計畫中應該是什麼樣的角色。簡言之，即確定計畫的主協辦機關（單位）及承辦人員是誰（Who）。

4. Whom（對誰）：任何一項計畫都必須確定受影響的對象（Whom），即計畫的利害關係人。包括計畫所要服務或受益的標的人口有多少，他們想要的是什麼及能夠得到多少利益，以及計畫推動期間可能受到影響利害關係人是誰（Whom），如何使受害的程度降到最低，並得到合理的補償。

5. Where（何處）：即計畫執行的地點在何處（Where），它的區位與交通是否有利計畫執行，需要解決什麼樣的問題，以及計畫執行期間影響的空間有多大。

6. When（何時）：計畫要有明確的期程，無論是年度計畫或中長程計畫一定要明確訂定，從何年何月何日開始至什麼時間結束，例如102年度一年期的計畫，其期程為102年1月1日至102年12月31日；三年期的中程計畫，其期程為102年1月1日至104年12月31日。

7. How（如何）：計畫為了解決問題及達成目標，必須提出執行的措施及步驟，即採取什麼方式可以完成該計畫執行事項，每一執行事項應包括那些步驟與流程，應根據不同計畫的性質及創新的方法，提出計畫最有效可行的措施。

8. How much（多少預算）：計畫必須要預算配合，才能有效推動，否則只是空談。計畫預算必須精細估算編列，如果為年度計畫必須明確編列總預算及分項工作分配預算；如果為中長程計畫必須編列總預算、分年度預算、分項工作預算。其次，必須說明預算的來源及分配。

9. Effect（效果）：最後，計畫必須說明預期的績效，包括計畫完成後可能產生的效益，但計畫可能產生負面的效果，亦必須併同詳細說明。

上述6W2H1E為一般計畫內容的要項，但根據計畫的類型其重視的主要內容而有所差異，例如政府部門的施政方針（要點），屬策略性之剛要重點計畫，注重的是Why（為什麼）、What（什麼）及Effect（效果）；個案的年度計畫及中長程計畫，比較需要完整的6W2H1E內容；而執行（作業）計畫為付諸行動的計畫，重視的是How（如何），如何有效的安排工作流程、進度與預算。其中Who（誰）、Whom（對誰）、Where（何處）及When（何時）為計畫必須說明的基本資料。

6.4.2 計畫的邏輯架構

計畫的撰寫搭配「起承轉合」的思考邏輯，可區分成三個部分環環相扣，如圖6-3，分別說明如下：

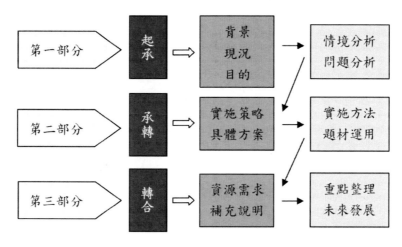

圖6-3　計畫的邏輯架構

資料來源：鄭啟川、趙滿鈴、洪敏莉，贏在企業專業的起跑點，2012年1月，p125

1. 計畫的第一部分－起承

計畫架構的「起頭」主要內容包括計畫的背景、現況說明、情勢分析及問題分析、然後根據內、外情勢分析，決定解決問題所要達成的目標水準。

在計畫撰擬時，先要說明所要撰寫的內容是什麼，再提供數據印證。數據資料可參考組織內容相關的檔案或研究報告，以及自外界蒐集的次級資料，如因有計畫所需進行研究調查的初級資料，那更能提升參考的價值。

2. 計畫的第二部分－承轉

從第一部分的內容中，已分析出計畫想要解決的問題，以及預期達成的目標；在第二部分最主要工作是針對問題與目標，提出承轉的實施策略與具體方案。

本部分主要內容包括提出策略、具備的執行方案、執行工作的步驟與分工、預算的分配及預期效益。策略是從大量資料分析中，經研判找出計畫的指導方向；執行方案是根據策略所提出具創意、有效的執行措施；接著根據執行方案寫出計畫工作分

配與進度時間表、預算及負責的機關（單位）或人員，此部分可以運用計畫評核術（Program Evaluation Review Technique；PERT）或甘特圖來表示；最後，提出預期效益，以作為第三部分總結引導之用。

3. 計畫的第三部分－轉合

計畫要有一完美的結尾，在第二部分主要內容說明完成後，第三部分則要發揮轉合的力量，其主要的內容包括：（1）承接第二部分寫出總結；（2）提出因應環境可能變化的權變計畫；（3）再次強調計畫完成預期效益；（4）提出確保計畫成功的評估指標；（5）展望未來。

6.5 企劃人員的基本能力

一份完美的計畫書必須依靠企劃（規劃）人員來完成，要成為一位優秀的企劃人員，必須具有廣泛的知識與技巧，包括：基本的企劃知識、分析-解決能力及跨領域的學理，如圖6-4。根據學者研究認為，企劃人員應具備下列基本能力：

1. 組織分析能力：具備組織架構、邏輯分析及化繁為簡的能力。
2. 蒐集資料能力：具備運用不同管道及人際脈絡，蒐集內、外部相關資料能力。
3. 運用工具能力：撰寫計畫過程中，運用環境分析、問題分析、方案選擇、流程安排等工具與技巧。
4. 判斷決策能力：具備掌握計畫內容重點、找到問題癥結及判斷可行方案的能力。
5. 文字表達能力：具備撰寫文字表達、美化、下標題及整合的能力。

圖6-4 企劃能力的養成

資料來源：鄭啟川、趙滿鈴、洪敏莉，贏在企業專業的起跑點，2012年1月，p116

計畫書撰寫技巧的增進，只有不斷的學習與練習，並可從運用「鑑往」、「知來」、「有效」三個方面來提昇寫作技巧，分別說明如下：

鑑往：即要能從蒐集到的歷史次級資料中，分離出有用的資訊。而這項技巧必須依靠經驗的持續累積，平時勤於學習與練習，如何把從相關的資料中，尋得有用的資訊。

知來：即掌握未來環境變化的能力。隨著掌握外部環境最新的資訊，善於運用市場研究方法及敏感觀察外部趨勢的技巧，準備預測未來。

有效：即提出創新有效的解決方案。計畫書寫得多完整，再有邏輯性，如果提不出可以解決問題的方案，將是前功盡棄。因此，企劃人員應隨時謹記「創新」與「創意」能讓閱讀者耳目一新的有效方案，才是計畫書成功的不二法門。

| 問題討論 |

1. 何謂規劃？政府部門任何施政工作都要進行規劃嗎？

2. 一個政策規劃需經由那些步驟？一般政策規劃採取何種方式？

3. 一般計畫應包括那些基本內容？撰寫計畫基本思考的邏輯為何？

4. 一位優良的企劃人員應具備那些基本能力？

救經濟／陳冲端出五大構面方針 各部會行動計畫月底出爐

NOWnews – 2012年9月11日 下午4:58
記者王鼎鈞／台北報導

　　行政院長陳冲11日召開記者會正式宣布「經濟動能推升方案」，以調整產業結構、促進投資出口以及調節人力供需，期能達成改善產業體質，推升經濟成長動能，提升經濟景氣因應能力之目標。陳冲說，各部會「行動計畫」將在9月底前完成。

　　行政院於今年2月間由主管經濟事務之管政務委員中閔擔任召集人，成立「國際經濟景氣因應小組」，迄今已召開多次跨部會會議討論「經濟動能推升方案」。此外，陳冲於8至9月間並親自主持5場「財經議題研商會議」，邀集工商團體及勞工團體進行座談，提供寶貴意見，相關建議亦經篩選納入方案。

　　陳冲表示，該方案提出「推動產業多元創新」、「促進輸出拓展市場」、「強化產業人才培訓」、「促進投資推動建設」及「精進各級政府效能」5大政策方針。

　　經建會副主委吳明機在記者會中介紹方案內容如下：

　　一、「推動產業多元創新」：工作重點及具體做法包括推動「製造業服務化、服務業科技化與國際化、傳統產業特色化」，並在5年內挑選50項目進行傳統產業維新；推動中堅企業躍升，3年重點輔導約150家以上具潛力之中小型企業群。

　　加速研發成果應用於產業及落實產學研合作，聚焦十大工業基礎技術深耕；優化觀光提升質量，推出「台灣觀光年曆推動計畫」整體行銷台灣觀光，帶動觀光及關聯產業發展，並催生105年1,000萬國際旅客來臺；活化金融永續發展，發展具兩岸特色之金融業務並推動以臺灣為主之國人理財平臺。

　　能源發展優質永續，配合產業發展，建構安全穩定、效率運用、潔淨環境之永續能源發展，推動綠能產業躍升，促進綠能應用與推廣及帶動綠色就業；黃金廊道樂活農業，整合農委會、經濟部、交通部及地方政府政策資源，輔導

獎勵農民、產銷班、農企業，發展農業節水生產專區。

　　二、「促進輸出拓展市場」：工作重點及具體做法包括提升輸出附加價值，開發新興市場，遴選領頭廠商帶領其他廠商共同拓展新興市場，預計推動12個整合示範案例；強化服務輸出競爭力，鎖定具國際競爭力之服務業進行海外行銷推廣，促成1,000場國際會議及1,000檔展覽活動（含獎勵旅遊）在臺舉辦，擴大會展及週邊產業900億元商機。

　　積極加入區域經濟整合，提升「國際經貿策略聯盟布局小組」層級由行政院院長擔任召集人，並推動與重要貿易夥伴洽簽各種經濟合作協議（ECA），加速完成海峽兩岸經濟合作架構協議（ECFA）後續協議談判；強化智財權策略布局，研擬「智財戰略綱領（草案）」。

　　三、「強化產業人才培訓」：工作重點及具體做法包括結合產業需求，改進技職教育，持續推動技職教育再造第2期方案，引進業界資源，與業界共同規劃課程、授課及產學人才交流，發展典範科技大學計畫。

　　發展人力加值產業，強化產學訓之銜接，積極推動「縮短學訓考用落差方案」；推動人才布局，培訓新興市場人才，培訓國際行銷業務經理人，策略性選定重點新興市場地區學生，吸引優秀學生來台留學或研習華語

　　因應產業及社會發展趨勢，適時調整勞動法規，建立外籍優秀專業人士來臺工作之友善環境，持續檢討現行外籍勞工政策與相關措施，允許在提升本國勞工就業的前提下，增加廠商聘僱外籍勞工的核配比例，積極改善工時和工資相關規範，以擴增勞動市場和產業之動能。

　　四、「促進投資推動建設」：工作重點及具體做法包括擴大招商，促進民間投資每年至少新台幣1兆元，國際招商則預定102年目標為新台幣335億元，推動台商回台投資，鼓勵發展國際品牌、於產業鏈居關鍵地位與發展高附加價值之台商回流，並透過解決基層人力不足、放寬外勞、擴大職訓、土地取得困難、設備進口關稅優惠、ECFA談判有利項目等方式，落實在台投資及就業之成長。

　　創新財務策略推動公共建設，推動「跨域加值公共建設財務規劃方案」，協助公共建設籌措資金，積極啟發促參案源，吸引國內資金及陸（外）資投入

公共建設；促進中長期資金投入公共建設，研議放寬相關法令，並適時配合各主管機關研議政府基金或壽險資金投入公共建設。

因應產業發展趨勢適時調整投資相關法規，檢討僑外投資負面表列及陸資來臺投資之業別項目及投資限制，研議規劃修正外國人投資條例及華僑回國投資條例，簡化審核流程，以及訂定「提升民間投資動能方案」。

規劃與推動自由經濟示範區，配合區域經濟整合趨勢，開放國內市場，創造臺灣加入TPP條件，並鬆綁國內投資法規，提升臺灣國際競爭力與吸引力，同時打造良好區內投資環境，改善區內生產要素條件（土地、勞動、資本）。

五、「精進各級政府效能」：工作重點及具體做法包括改進政府採購機制，研修「政府採購法」並推動「公共工程躍升計畫」，鼓勵採取最有利標方式、統包模式、資深公務員為主評選機制等方式，推動永續、環保、節能之高品質公共工程建設；落實政府預算檢討機制，如屬跨機關或跨領域之重大議題，由主計總處會同各相關主管機關進行專案審查；強化法規檢討平台機能，推動法規合理化，如強化法規影響評估（RIA）機制，作為法制國際化及貿易談判依據，全面提升國際經貿法規之競爭力。

活化公有土地和資產，篩選閒置國有建築用地及低度利用國有建築用地，辦理活化作業，結合公私有土地、各級政府及公股事業相關資源，擇定若干具指標性案件積極推動；推動公有企業擴大投資，包括中鋼、台糖、臺灣港務股份有限公司以及桃園國際機場股份有限公司在未來數年內均有重大投資計畫。

行政院表示，為讓國人清楚了解政府的作為與努力，陳冲指示各機關應立即分行辦理，面對外在環境的挑戰，懷抱克服危機的決心，也請各界給予支持。

陳冲並請「國際經濟景氣因應小組」召集人管政委確實管控方案執行成效，以滾動檢討方式，積極辦理各項具體做法，期能提昇我國中長期競爭力。陳冲說，各相關部會的「行動計畫」將會在9月底前完成。

1.行政院推出的「經濟動能推升方案」屬於那一類型的計畫？其計畫具體程度如何？

2.陳冲院長說，各相關部會的「行動計畫」將會在9月底前完成。一項行動計畫必須經由那些作業程序，才能夠有效的執行？

案例2

善於時間管理，以事半功倍

資料來源：取自2011-12-28 天下雜誌 488期 作者：天下網路部整理

所謂「一日之計在於晨，一年之計在於春」，這句話，總是在每年年初提醒我們要記得規劃未來，免得馬齒徒長而一事無成。不過，規劃是一件事，執行又是另外一件事，所謂計畫趕不上變化，每到年底做檢核時，才發現有許多意外的事情插進來，結果還是一事無成。

這樣的情境為何在實務中不斷上演？其中一個主要原因應該是時間管理出了問題。事實上，在職場裡，不管你是一個基層員工、中階主管抑或是高階領導人，時間管理若出了問題，那麼，相信在年末績效評比時，你將只有疲勞與苦勞，很難獲得高績效的功勞。

那麼，如何做好時間管理呢？首先，應該列出所有工作項目清單，做好優先順序的管理。基本上，透過清單及優先順序的整理，不僅可掌握工作的全貌，也可藉此機會釐清及整合相關的工作項目，性質相似的可歸類在一起，以便做更有效率的執行。

其次，可運用相關的時間管理方法，讓自己了解個人對時間的運用與分配的現況與期望，例如，時間管理矩陣。時間管理矩陣是美國艾森豪將軍用來做時間管理的工具，其主要是透過「重要」與「緊急」兩個指標，將所要處理的事情，各別放入四個象限中，以分清楚輕重緩急及優先順序。

在這矩陣中的第一象限是重要且緊急的事情，例如，電腦伺服器當機，公司運作停擺；第二象限是重要但不緊急的事件，如公司的長期發展規劃；第三象限為既不重要也不緊急，例如聊天、看報紙等；第四象限是不重要但很緊急，例如，非預期的訪客。

讀者可試著透過此一工具記錄自己在工作日、工作週及工作月，所有的時間在各象限的分配，以了解自己運用時間的實際狀況。根據研究，大部分的人都認為自己花比較多的時間在重要事情上，但事實上，大多數的時間往往被緊急但較不重要的事情所佔用，而且，並未完全或盡可能的將時間與精力用在重要的事。而在了解實況之後，可做期望規劃，從落差中去尋求改善之道。

再者，為了有效運用時間，一定要懂得適時且勇敢地說NO。對於突如其來的訪客或電話、無聊邀宴、不必要的會議，都應該有勇氣拒絕。

| 個案研討 |

1. 何謂時間管理？要如何做好時間管理？
2. 為什麼公務員都認為自己工作非常忙碌？但是民眾總是感受不到政府部門績效呢？

Chapter 7
施政計畫編審

　　施政計畫是政府政策推動的藍圖，藉由施政計畫規劃與執行，達到施政的目標。我國行政機關施政計畫編審主要係依據預算法第28條至54條規定，規範預算與計畫二個體系籌劃、擬編及審議程序，如圖7-1。而預算法中規定，為了配合預算與計畫編審，行政院及預算、計畫主管機關必須訂定相關作業法規，例如預算部分有中央及地方預算籌編原則、中央政府計畫預算編製辦法、中央政府中程計畫預算編制辦法等；計畫部分有行政院所屬各機關施政計畫編審辦法、行政院所屬各機關中程施政計畫及年度施政計畫編審作業注意事項、行政院所屬各機關中長程個案計畫編審要點、政府公共建設計畫先期作業實施要點、政府科技發展計畫先期作業實施要點、行政院重要社會發展計畫先期作業實施要點、行政院所屬各機關施政績效管理要點、行政院所屬各機關施政績效管理作業手冊等，詳如表7-1。從上述相關規定中，可以看出我國施政計畫編審採預算與計畫二個作業體系，最後綜合成年度施政計畫，送請民意機關審議，完成法定程序。本章將根據相關法規，就預算與計畫二個體系編審作業介紹如下。

表7-1　施政計畫編審相關法規彙整表

預算作業相關法規	計畫作業相關法規
預算法	行政院所屬各機關施政計畫編審辦法
中央及地方政府預算籌編原則	行政院所屬各機關中程施政計畫及年度施政計畫編審作業注意事項
中央政府總預算編製辦法	行政院所屬各機關中長程個案計畫編審要點
中央政府總預算編製作業手冊	政府公共建設計畫先期作業實施要點
中央政府中程計畫預算編製辦法	政府科技發展計畫先期作業實施要點
中央各主管機關編製概算應行注意辦理事項	行政院重要社會發展計畫先期作業實施要點
政府公共工程計畫與經費審查作業要點	行政院所屬各機關施政績效管理要點
	行政院所屬各機關施政績效管理作業手冊

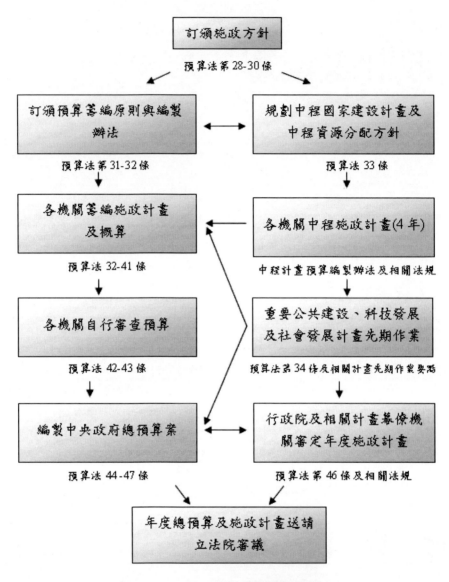

訂頒施政方針

預算法第28-30條

訂頒預算籌編原則與編製辦法

規劃中程國家建設計畫及中程資源分配方針

預算法第31-32條

預算法 33 條

各機關籌編施政計畫及概算

各機關中程施政計畫(4 年)

預算法 32-41 條

中程計畫預算編製辦法及相關法規

各機關自行審查預算

重要公共建設、科技發展及社會發展計畫先期作業

預算法 42-43 條

預算法第 34 條及相關計畫先期作業要點

編製中央政府總預算案

行政院及相關計畫幕僚機關審定年度施政計畫

預算法 44-47 條

預算法第 46 條及相關法規

年度總預算及施政計畫送請立法院審議

圖7-1 中央政府施政計畫編審程序

7.1 預算編審作業

依據憲法第59條規定，行政院每年必須將下一年度之預算案，提出送請立法院審查，完成年度法定預算。依據預算法第28條至54條規定，現行中央政府預算編審程序如下：

7.1.1 行政院訂頒施政方針

依據預算法第30條規定，行政院應於年度開始九個月前，訂定下年度之施政方針。而施政方針訂定的參考資料包括：

1. 行政院編製國富統計、綠色國民所得帳及關於稅式支出、移轉性支付之報告（預算法第29條）。
2. 中央主計機關提供以前年度財政經濟狀況之會計統計分析資料，及下年度全國總資源供需之趨勢，與增進公務及財務效能之建議（預算法第28條1款）。
3. 中央經濟建設計畫主管機關提供以前年度經濟建設計畫之檢討意見與未來展望（預算法第28條2款）。
4. 審計機關提供審核以前年度預算執行之有關資料，及財務上增進效能與減少不經濟支出之建議（預算法第28條3款）。
5. 中央財政主管機關提供以前年度收入狀況，財務上增進效能與減少不經濟支出之建議（預算法第28條4款）。
6. 其他有關機關提供與決定施政方針有關的資料。（預算法第28條5款）

7.1.2 訂頒預算籌編原則及編製辦法

依據預算法第31條規定，中央主計機關應遵照施政方針，擬定下年度預算編製辦法，陳報行政院核定，分行各機關依照辦法。第32條第1項規定，各主管機關遵照施政方針，並依行政院核定之預算籌編原則及預算編製辦法，擬定主管之施政計畫及概算。換言之，行政院主計總處每年必須擬定「中央及地方政府預算籌編原則」與「中央政府總預算編製辦法」，陳報行政院核定後頒布，作為各機關擬定下年度施政計畫及概算主要依據。

中央及地方政府預算籌編原則主要目的包括：

1. 宣示國家基本預算政策。
2. 本中央、地方統籌規劃及遵守總體經濟均衡原則，加強開源節流措施，嚴密控制收支差絀。
3. 本零基預算精神，建立資源分配之競爭評比機制，提升整體資源使用效益。
4. 控制赤字預算規模。
5. 控制債務餘額的成長。
6. 審慎評估人口年齡結構變動對財政之潛在影響等。

中央政府總預算編製辦法主要內容包括：

1. 預算案之籌劃：主要規範擬定預算籌編原則，行政院年度計畫及預算審查會議設置、年度歲出預算分配、年度基準需求額度及競爭性需求額度的配置等。

2. 概算之編製：主要規範公共建設、科技發展、重要社會發展、工程及建築、設置及應用電腦、預算員額異動及派員出國等計畫預算先期審查、年度施政計畫擬定依據，以及確實編製歲出、入預算。

3. 概算之審查：主要規範由行政院主計總處負責各機關所編概算彙核整理、財政部負責歲入概算檢討審議、行政院經建會、國科會及工程會分別負責公共建設計畫、科技發展計畫、公共工程與各類房屋建築興建之審查。

4. 預算案之編製：主要規範各機關預算案提報的時程、格式及程序等。

7.1.3 各機關籌編施政計畫、概算及預算

依據預算法第32條第1項規定，各主管機關遵照施政方針，並依照行政院核定之預算籌編原則及預算編製辦法，擬定其所主管範圍內之施政計畫及事業計畫與歲入、歲出概算，送行政院。第33條規定，前條所訂之施政計畫及概算，得視需要，為長期之規劃擬編。第36條規定，行政院根據中央主計機關之審核報告，核定各主管機關概算，分別行知主管機關轉令其所屬機關，各依計畫，並按照編製辦法，擬編下年度之預算。

預算法第37條規定，各機關單位預算，歲入應按來源別科目編製之，歲出應按政事別、計畫或業務別與用途科目編製之，而各機關單位歲出預算主要內容包括：

1. 重大公共工程建設及重大施政計畫經費（預算法第34條）。

2. 經常性非計畫型政事別、業務別與用途別經費（預算法第37條）。

3. 補助地方政府經費。（預算法第38條）

4. 繼續執行之計畫型或非計畫行經費。（預算法第39條）

5. 單位預算歲出經費。（預算法第40條）

6. 附屬單位預算歲出及捐助財團法人經費等。（預算法第41條）

7.1.4 各機關自行審查預算

依據預算法第42條規定，各主管機關應審核其主管範圍內之歲入、歲出預算及事業預算，加具意見，連同各所屬機關以及本機關之單位預算、暨附屬單位預算，依規定期限，彙轉中央主計機關；同時應將整編之歲入預算，分送中央財政主管機關。

預算法第43條第1項規定，各主管機關應將其機關單位之歲出概算，排列優先順序，供立法院審議參考。

7.1.5 編製中央政府總預算案

依據預算法第45條第1項規定，中央主計機關將各類歲出預算及中央政府財政主管機關綜合擬編之歲入預算，彙核整理，編成中央政府總預算案，並將各附屬單位預算，包括營業及非營業者，彙案編成綜計表，加具說明，連同各附屬單位預算，隨同總預算案，呈行政院提出行政院會議。

預算法第46條規定，中央政府總預算案與附屬單位預算及其綜計表，經行政院會議決定後，交由中央主計機關彙編，由行政院於會計年度開始四個月提出立法院審議，並附送施政計畫。

7.1.6 立法院預算審議

依據預算法第48條規定，立法院進行預算案實質審查前，由行政院長、主計總長及財政部長列席，分別報告施政計畫及歲入、歲出預算編製之經過，完成一讀後，交付程序委員會規劃進行分組審查，分組審查結果經立法院全院各委員會聯席會議討論確認後，始提報院會進行二、三讀程序。

中央政府預算案通常在進入二讀程序前，先行依據立法院職權行使法規定，由立法院長或副院長主持協商會議，就預算初步審議結果，進行朝野黨團協商，完成協商後，即提報院會，完成預算案二、三讀的法定程序。

預算法第49條規定，立法院對預算案之審議，應注重歲出規模、預算餘絀、計畫績效、優先順序，其中歲入以擬變更或擬設定之收入為主，審議時應就來源別決定之；歲出以擬變更或擬設定之支出為主，審議時應就機關別、政事別及基金別決定之。憲法第70條規定及司法院大法官會議釋字第391號解釋，立法院對行政院所提預算案，不得為增加支出項目或支出金額之提議，亦不得為款項目節間之移動增減並追加或削減原預算項目，以貫徹預算之提案權與議決權之劃分，並謀求政府合理用度，防止政府預算膨脹，避免浪費。

行政院將預算案送立法院後，立法院應依憲法第63條規定議決預算案，並於年度開始前15日咨請總統公布，完成法定預算程序。立法院若未能在期限內完成審議，依據預算法第54條規定，收入部分暫按上年度標準及實際發生數，覈實收取支出部分，新興資本支出計畫及新興計畫，須俟完成審議程序始得動支；經常門預算及延續性計

畫，得依已獲授權之原訂計畫或上年度實際執行數，覈實動支；履行法定義務之收支，依規定收取及動支；因應各項收支調度需要之債務舉借，可覈實辦理。

7.2 計畫編審作業

根據行政院所屬各機關施政績效管理作業手冊，我國中央政府計畫管理體系概分為『機關施政績效管理』及『個案計畫績效管理』二個主軸。而機關施政績效管理編審作業主要依據預算法第33條、中央政府中程計畫預算編製辦法、行政院所屬各機關施政計畫編審辦法、行政院所屬各機關施政績效管理要點、行政院所屬各機關中程施政計畫及年度施政計畫編審作業注意事項等法規，由各機關配合總統任期策訂4年期中程施政計畫，內容涵蓋業務、人力及經費三大面向，每年再據以編定年度施政計畫；換言之，機關施政績效管理包括：中程施政計畫及年度施政計畫。

個案計畫績效管理編審作業主要依據預算法第34條、中央政府中程計畫預算編製辦法、行政院所屬各機關中長程個案計畫編審要點、政府公共建設計畫先期作業實施要點、政府科技發展計畫先期作業實施要點，行政院重要社會發展計畫先期作業實施要點、政府公共工程計畫與經費審查作業要點等法規，由各機關依施政需要研訂中長程個案計畫提報行政院核定，並依資源需求提報年度預算納入年度施政計畫，以取得年度法定預算。而個案計畫除了中長程個案計畫外，尚有年度個案計畫及專案個案計畫等，由於此類型計畫內容與編審程度與中長程個案計畫相似，將不重複介紹。本節將就中程施政計畫、年度施政計畫及中長程個案計畫編審作業，分別說明如下。

7.2.1 中程施政計畫編審作業

依據行政院所屬各機關施政績效管理作業手冊定義，中程施政計畫係指各機關依其使命、願景、施政重點、關鍵策略目標及關鍵績效指標，每年滾進檢討更新未來4年之施政藍圖，如圖7-2架構圖。因此，中程施政計畫係以4年施政藍圖為策略規劃考量，其內容包括使命、願景、施政重點、關鍵策略目標、關鍵績效指標等五個部分，分別說明如下：

1. 使命：係指組織職掌，其存在的目的及應履行的任務。
2. 願景：係指依機關使命及職掌任務，描繪組織未來發展的方向，策訂長遠發展的目標。
3. 施政重點：係指依使命及願景引導下，檢討內部政策執行成效及評估外部環境

發展趨勢，並依據總統治國理念及行政院長施政主軸，規劃未來4年應達成的重要施政目標與策略，以為政策的指導方針。

4. 關鍵策略目標：係指達成施政重點的重要成果，依據現行行政院績效管理方法，採用平衡計分卡（Balanced Score-card；BSC）精神，提出業務成果、行政效率、財務管理及組織學習等四大面向之整合性關鍵策略目標。

5. 關鍵績效指標：係指反應關鍵策略目標實際的成果，用以衡量績效的依據。績效指標可分為成果型指標（outcome）及效率型指標（output），並視目標的特性採用質性或量化的指標。

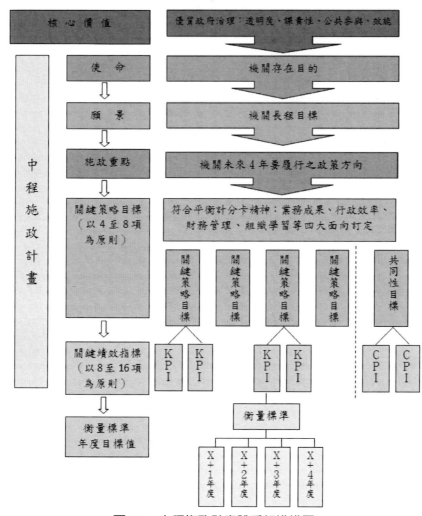

圖7-2　中程施政計畫體系架構構圖

資料來源：行政院研考會

中程施政計畫的編審作業運用行政院政府計畫管理資訊網（GPMnet），採用網路化作業方式辦理，其作業流程詳如圖7-3，說明如下：

1. 機關研擬與初審作業：各機關由首長或副首長召集組成之任務編組，成員包括單位主管、所屬機關首長及學者專家，採取由上而（top-down）的決策模式、擘劃願景、施政重點及關鍵策略目標；復以由下而上（bottom-up）全員參與方式，訂定關鍵績效指標及衡量標準，據以擬定機關中程施政計畫。再由首長或副首長主持任務編組會議完成初審作業，並傳送行政院複審。

2. 行政院複核作業：由行政院研考會召集相關機關及學者專家進行複審作業；俟複審作業完成後，由行政院長主持內閣策略會議，確認各機關之施政重點、關鍵策略目標、關鍵績效指標及年度目標值，送交各機關據以修正，再由研考會彙編「行政院所屬各機關中程施政計畫」，提報行政院會議通過。

3. 資訊公開：經由行政院會議通過，並經行政院核定後，各機關應於二週內將中程施政計畫登載於機關網頁之「主動公開資訊」項下。

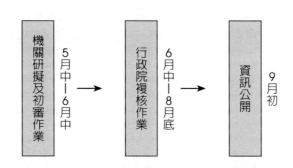

圖7-3　中程施政計畫作業流程圖

資料來源：參考行政院所屬各機關施政績效管理作業手冊修訂

7.2.2 年度施政計畫編審作業

　　年度施政計畫係指各機關就會計年度內應辦理事項所編訂之施政計畫。各機關本著施政績效管理之理念，依據行政院年度施政方針、中程施政計畫之四年施政重點、關鍵策略目標與共同性目標、關鍵績效指標與共同性指標，並考量國家財政收入狀況後，據以訂定。根據行政院年度施政計畫相關編審作業規定，其內容包括前言、年度施政目標、年度關鍵績效指標及共同性指標、年度重要施政計畫、以前年度實施狀況及成果概述、年度預算資料等6個部分，其體系架構如圖7-4，分別說明如下：

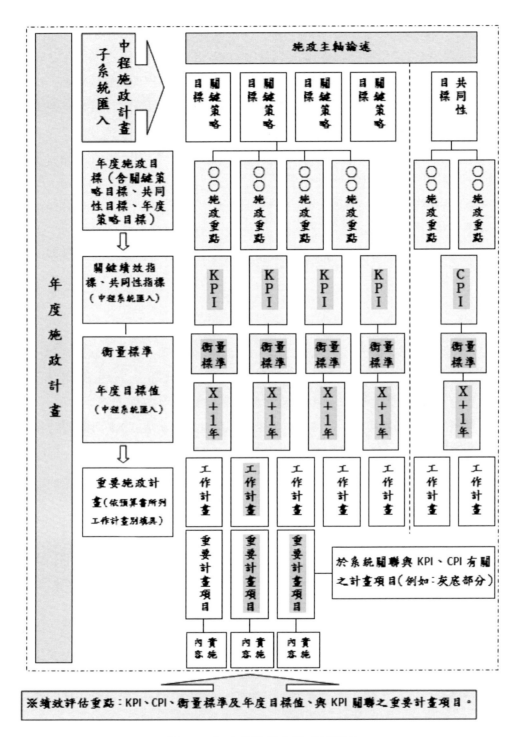

圖7-4　年度施政計畫體系架構圖

資料來源：行政院研考會，2009，04

1. 前言：摘述各機關願景、施政重點、關鍵策略目標等關聯性事項。
2. 年度施政目標：連結GPM net轉錄中程施政計畫之關鍵策略目標及共同性目標，並增列各機關年度策略目標，敘明達成目標所需辦理的施政重點。
3. 關鍵績效指標及共同性指標：連結GPM net轉錄中程施政計畫之關鍵績效指標、共同性指標及年度目標值。
4. 年度重要施政計畫：以年度概算書所列計畫別為基礎，填列相關資料，包括：工作計畫名稱及編號、重要計畫項目及編號、計畫類別及實施內容
5. 以前年度實施狀況及成果概述：填列前（X-1）年度與上（X）年度關鍵策略目標及共同性目標達成情形分析。
6. 年度預算資料：由各主管機關會計單位以附件方式，附加根據主計機關所編製之年度預算資料。

依據行政院所屬各機關施政績效管理作業手冊，年度施政計畫編審作業分成二個階段。第一階段分為機關研擬及初審作業、行政院複核作業、函送立法院審議及資訊公開等流程；第二階段為經立法院審議結果，各機關配合修正、呈報總統並分行各機關據以實施及資訊公開等流程。其作業流程詳如圖7-5，分別說明如下：
1. 機關研擬及初審作業：各機關配合中程施政計畫作業進度，同步辦理年度施政計畫擬定作業，並組成審議小組完成初審，並附年度主管預算資料，經由GPM net傳送研考會辦理行政院複審作業。
2. 行政院複核作業：由行政院研考機關召集相關會審機關進行複審作業，並經行政院內閣會議決議後，送交各機關據以修正；再由研考彙編所屬各機關○○年度施政計畫提報行政院會議通過，併同中央政府總預算案函送立法院審議。
3. 行政院核定版資訊公開：經行政院核定後，各機關應於二週內將年度施政計畫登載於機關網頁之「主動公開資訊」項下。
4. 立法院審議結果修編：各機關依立法院對中央政府總預算案審議結果，配合修正年度施政計畫，傳送研考機關審議及彙編。
5. 行政院彙編分行作業及資訊公開：由研考機關彙編完成○○年度施政計畫呈報總統，並分行各機關據以實施。各機關應於二週內將資訊登載於機關網頁之「主動公開資訊」項下。

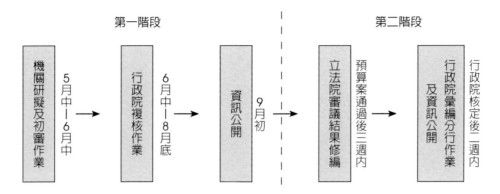

第一階段　　　　　　　　　　　　　　第二階段

機關研擬及初審作業
5月中—6月中
行政院複核作業
6月中—8月底
資訊公開
9月初
立法院審議結果修編
預算案通過後二週內
行政院彙編分行作業及資訊公開
行政院核定後二週內

圖7-5　年度施政計畫作業流程圖

資料來源：參考行政院所屬各機關施政績效管理作業手冊修訂

7.2.3 中程個案計畫編審作業

依行政院所屬各機關中長程個案計畫編審要點第2條規定，中長程個案計畫係指各機關以業務功能別，依據中程及年度施政計畫，訂定為期二年以上的個案計畫；期程為二年至六年者稱中程個案計畫，六年以上者稱長期個案計畫。第3條規定，中長程個案計畫的擬定，主要是基於：

1. 依基本國策及國家中長程施政目標應規劃事項。

2. 依國家整體及前瞻發展需要應規劃事項。

3. 依機關任務及中長程施政目標應規劃事項。

4. 依有關法令規定應規劃事項

5. 依民意及輿情反應之應規劃事項。

6. 依上級指示或會議決定應規劃事項。

7. 配合相關計畫應規劃事項。

8. 其他重要施政事項。

中長程個案計畫之擬訂，各機關應參酌其所擁有資源能力，事前蒐集充分資料，進行內外環境分析及預測，設定具體目標，進行計畫分析，評估財源籌措方式及民間參與之可行性，訂定實施策略、方法及分期（年）實施計畫。其計畫內容如下（編審要點第6條）：

1. 計畫緣起：包括計畫依據、未來環境預測及問題評析。

2. 計畫目標：包括目標說明、達成目標之限制、預期績效指標及評估基準。

3. 現行相關政策及方法之檢討。

4. 執行策略及方法：包括主要工作項目、分期（年）執行策略、執行步驟（方法）與分工。

5. 期程與資源需求：包括計畫期程、所需資源說明、經費來源及計算基準、經費需求（含分年經費）。

6. 預期效果及影響。

7. 附則：包括替選方案之分析及評估、有關機關配合事項、中長程個案計畫自評檢核表（如表7-2）、其他有關事項。

表7-2　中長程個案計畫自評檢核表

檢視項目	內容重點 （內容是否依下列原則撰擬）	主辦機關		主管機關		備註
		是	否	是	否	
1.計畫書格式	（1）計畫內容應包括項目是否均已填列（「行政院所屬各機關中長程個案計畫編審要點」（以下簡稱編審要點）第6點、第14點）					
	（2）延續性計畫是否辦理前期計畫執行成效評估，並提出總結評估報告（編審要點第6點、第15點）					
2.民間參與可行性評估	是否填寫「促參預評估檢核表」評估（依「公共建設促參預評估機制」）					
3.經濟效益評估	是否研提選擇及替代方案之成本效益分析報告（「預算法」第34條）					
4.財源籌措及資金運用	（1）經費需求合理性（經費估算依據如單價、數量等計算內容）					
	（2）經費負擔原則： a.中央主辦計畫：中央主管相關法令規定 b.補助型計畫：中央對直轄市及縣（市）政府補助辦法					
	（3）年度預算之安排及能量估算：所需經費能否於中程歲出概算額度內容納加以檢討，如無法納編者，須檢附以前年度預算執行、檢討不經濟支出等經費審查之相關文件					
	（4）經資比1：2（「政府公共建設計畫先期作業實施要點」第2點）					

政府績效管理工具與技術

檢視項目	內容重點 （內容是否依下列原則撰擬）	主辦機關		主管機關		備註
		是	否	是	否	
5.人力運用	（1）能否運用現有人力辦理					
	（2）擬請增人力者，是否檢附下列資料： 　　a.現有人力運用情形 　　b.計畫結束後，請增人力之處理原則 　　c.請增人力之類別及進用方式 　　d.請增人力之經費來源					
6.營運管理計 畫	是否具務實及合理性（或能否落實營運）					
7.土地取得費 用原則	（1）能否優先使用公有閒置土地房舍					
	（2）屬補助型計畫，補助方式是否符合規定（中央 　　對直轄市及縣（市）政府補助辦法第10條）					
	（3）屬公共建設計畫，取得經費是否符合規定（行 　　政院所屬各機關辦理重要公共建設計畫土地取 　　得經費審查應注意事項）					
8.環境影響分 析（環境政 策評估）	是否須辦理環境影響評估 （環境影響評估法）					
9.性別影響評 估	是否填具性別影響評估檢視表 （編審要點第6點）					
10.跨機關協 商	（1）涉及跨部會或地方權責及財務分攤，是否進行 　　跨機關協商					
	（2）是否檢附相關協商文書資料					
11.依碳中和 概念優先 選列節能 減碳指標	（1）是否以二氧化碳之減量為節能減碳指標，並設 　　定減量目標（編審要點第6點）					
	（2）是否規劃採用綠建築或其他節能減碳措施					
	（3）是否檢附相關說明文件					

資源來源：行政院研考會

　　依據編審要點規定，中長程個案計畫編審可分為二個階段，第一階段包括各機關
研擬與自評、行政院審議與核定；第二階段包括先期作業審查、納入年度施政計畫及
預算案。其作業流程詳如圖7-6，分別說明如下：

1. 機關研擬與自評：各機關中長程個案計畫作業，分由業務單位研擬計畫初稿，
研考（計畫）單位辦理統籌、協調及研議事項（編審要點第4條）；其次，各

機關應由副首長召集有關單位進行自評，其間得諮詢專家、學者、相關機關或團體意見，並應填列中長程個案計畫自評檢核表，納入計畫書報請機關首長或行政院核定（編審要點第7條）。

2. 行政院審議與核定：各機關報請行政院審議核定的中長程個案計畫，依計畫性質分為社會發展計畫（含行政資訊計畫）、公共建設計畫及科技發展計畫等三大類型，分別由研考機關會同主計總處等有關機關審議後，陳報行政院核定（編審要點第9條）。其審查事項包括計畫需求、計畫可行性、計畫協調分工、計畫效果（益）及計畫影響等（編審要點第10條）。

3. 先期作業審查：中長程個案計畫必須納入年度施政計畫編列法定預算，依預算法、中央政府中程計畫預算編製辦法及相關計畫先期作業實施要點規定，在納入年度施政計畫編列預算前，必須依計畫性質分送研考機關及國科會進行先期作業審查，如計畫內容涉及公共工程與各類房屋建築興建者必須先送請工程主管機關審查，以確定納入年度計畫預算編列優先順序及年度預算分配額。

4. 納入年度施政計畫及預算案：各機關依計畫審查結果納入年度施政計畫及預算案，以取得年度執行預算。

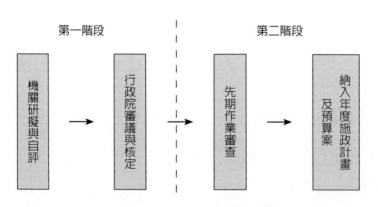

圖7-6中長程個案計畫作業流程圖

┌─ **｜問題討論｜** ─────────────────────────────┐

1.試說明我國施政計畫預算編審作業程序及內容？

2.試說明我國中長程計畫編審作業程序及計畫內容？

3.試說明我國年度施政計畫編審作業程序及計畫內容？

└──────────────────────────────────────┘

蘇花公路改善計畫

資料來源：維基百科，自由的百科全書

　　蘇花公路改善計畫，正式名稱為台9線蘇花公路山區路段改善計畫，簡稱蘇花改，實施路段為台9線蘇澳－崇德段。台灣東部首要的聯外道路蘇花公路（編號為省道台9線）在日治時代開闢以來，一直未能維持長期穩定的安全度，交通部公路總局因而提出此改善計畫，以根本性的提升蘇花公路服務品質。

　　公路總局為回應民意「安全回家的路」訴求，基於花東環境保育及社會公平之精神，建構於強化路線抗災維生性及運輸安全服務性，蘇花改計畫的目標為改善蘇花公路的安全性與可靠度，而非提昇蘇花路廊公路運輸量。

規劃內容

- 原則：
  - 以提高公路安全及抗災能力為目標，不同路段採取不同改善方案，研擬出工程規模最適當的方案。
- 標準：
  - 一般省道雙車道標準，設計速率每小時40~60公里。
  - 部份路段為封閉式快速道路，禁止輕慢車行駛，設計速率每小時60~80公里。
- 改善路段：
  - 蘇澳-東澳，現行標準低導致交通肇事頻率高
  - 南澳-和平、和中-大清水，改善落石坍方問題
  - 東澳-南澳，採小幅度彎度改善及邊坡保護工程
  - 和平-和中，因現況良好不須改善
  預計新建改善長度38.4km，隧道總計23.6km
- 未來工作重點：
  - 已通過環境影響評估審查，建設計畫經行政院核定，目前已全面展

開設計、發包施工事宜，經由周詳設計、完善招標策略、確實管控品質及良好的管理維護，期能順利於2017年全線完工通車，提供東部民眾往來北部一條安全的路，並成為公路建設之模範工程。

推動時程

2009年
- 11月26日，專家學者深度座談（臺北）
- 12月18日，專家學者深度座談（花蓮）

2010年
- 1月18日，民眾說明會（宜蘭縣南澳鄉）
- 1月19日，環保署「台9線蘇花公路山區路段改善計畫環境影響諮詢會議」
- 1月20日，民眾說明會（花蓮縣政府）
- 1月21日，民眾說明會（花蓮縣秀林鄉和平村）
- 2月24日，行政院核示原則同意蘇花改可行性研究報告
- 6月25日，蘇花改環境影響評估計劃說明會（花蓮縣和平村）
- 6月26日，蘇花改環境影響評估計劃說明會（宜蘭縣南澳鄉）
- 8月20日，環保署蘇花改環境現況調查及環境影響預測諮詢會
- 8月30日，蘇花改環境影響評估計劃說明會（宜蘭縣蘇澳鎮）
- 9月7日，民間團體溝通會議
- 9月15日，民間團體溝通會議
- 9月17日，環保署蘇花改環境影響說明書預審會
- 9月28日，交通部核轉蘇花改環境影響說明書至環保署
- 10月4日，民間團體溝通會議
- 10月13日，環保署召開蘇花改環境影響說明書現勘
- 10月18日，於環保署召開「台9線蘇花公路山區路段改善計畫環境影響說明書」專案小組初審會
- 11月1日，於環保署召開「台9線蘇花公路山區路段改善計畫環境影響說明書」專案小組第2次初審會

- 11月7日，於環保署召開「台9線蘇花公路山區路段改善計畫環境影響說明書」專案小組第2次初審會確認會
- 11月9日，於環保署召開第200次環境影響評估委員會，決議：本案有條件通過環境影響評估審查
- 12月13日，經建會委員會議討論通過「台9線蘇花公路山區路段改善計畫」（即蘇花改）建設計畫案，計畫期程自2010年至2017年，概估總經費需求492億元，將由中央編列公務預算支應。

2011年

- 1月21日，提送「台9線蘇花公路山區路段改善計畫環境影響說明書（定稿本）」至環保署核備。
- 1月28日，「台9線蘇花公路山區路段改善計畫環境影響說明書（定稿本）」環保署同意備查。
- 1月29日，蘇花改計畫優先標「和平路段橋樑工程」動土，全長38.4公里，總經費492億元，預計2017年通車。
- 12月23日，行政院公共工程委員會審定蘇花改「蘇澳～東澳段A3標東澳東岳段新建工程」及「和中～大清水段C1標中仁隧道新建工程」。

2012年

蘇花改工程改善路段計有「蘇澳～東澳段」、「南澳～和平段」、「和中~大清水段」等3個路段，其中「南澳～和平段」已於2011年1月29日開工，加上工程會於23日審定的兩個工程標，其中「蘇澳～東澳段」A3標預定於2012年1月公告招標，2015年7月完工，「和中～大清水段」C1標預定於2012年1月公告招標，2016年4月完工，屆時蘇花改3個路段將進入全線同時發包施工的高峰期。

┌ **│個案研討│** ─────────────────────────────

1. 試以5W2H1E說出蘇花公路改善計畫內容？
2. 蘇花公路改善計畫可以在概估總經費需求492億元額度內如期如質完工嗎？
3. 蘇花公路改善計畫總經費需求492億元，是否還要經過法定預算程序？

王金平：審預算　國會角色吃重

資料來源：中央社－2012年11月6日 下午5:12記者何孟奎

　　立法院長王金平今天說，刪減明年各部會預算提案有5000多件，往年僅3000多件，今年審查預算狀況將很不一樣，國會角色吃重。

　　王金平中午出席「第10屆遠見雜誌華人企業領袖高峰會」，在午餐論壇演說「整合民意‧因應變局－立法院的關鍵角色」表示，立法院在瘦肉精美牛、油、電價格調整與證券交易所得稅等議題都有著力。

　　他說，國會審查預算，「文化部今年不好受，立委單是針對文化部明年度的預算刪減提案就有400多案」。整體來說，刪減中央政府各部會預算提案共5000多案，如果再加上國營事業，不知有多少提案需朝野協商。

　　王金平表示，往年中央政府各部會預算刪減提案約3000多件，加上國營事業預算提案，共約6000案，今年單是部會就已5000多案，國會角色吃重；不過，「歡喜做、甘願受」，他會盡力協調，但可預見今年預算審查狀況會很不一樣。

　　他說，除審查預算，立法院對每項重大政策都以民意為基礎，如今年一度要漲油、電價，立法院反映民意，建議電價不能一次漲足，被政府決策階層接受，後來電價得以緩漲。

　　王金平表示，民意就是人民意志、人民對公共政策的看法與態度，政府如果掌握不了民意，人民會對施政無感，即使經濟成長不錯，民眾感受不到，人民無感，問題就來了。

│ 個案研討 │

1. 立法院長王金平說，刪減明年各部會預算提案有5000多件，往年僅3000多件，今年審查預算狀況將很不一樣，國會角色吃重。每年立法院實際刪減各部會預算提案有多少？實際刪減預算的比例為多少？立法院做到了替百姓荷包把關嗎？

2. 王金平表示，立法院對每項重大政策都以民意為基礎。民意就是人民意志、人民對公共政策的看法與態度，政府如果掌握不了民意，人民會對施政無感。你同意王院長的看法嗎？立法院是否還有改善的空間？

第三篇

執行與控制

Chapter 8
施政計畫執行力

　　2009年元月20日美國總統歐巴馬在就職演說中提出，將要建設新公路與橋樑、廣設資訊網路、發展太陽能與風力能源、改造教育體制及提昇醫療品質等。同時歐巴馬指出，今天的問題不是在於政府的大小，而是在於政府是否產生功效。那個方向能夠提供肯定的答案，我們就往那裡走；答案否定的地方，計畫就要停止；管理大眾金錢的人，花錢要精明，這樣才能重建政府與人民間信任的價值。從歐巴馬演說中，道出了選擇施政計畫正確方向的重要性，惟有把政府的預算花在正確的地方，確保各項施政順利的推動，才能達成國家發展及民眾福祉的目標。

　　2009年1月8日中研院院士管中閔在經濟日報「救經濟，拿出戡亂時期guts」一文中指出，今年情況的經濟溫度要靠擴大內需支撐，關鍵在政府公共建設的執行效率；他呼籲政府要以921地震或是動員戡亂時期來看待現在的經濟情勢，採取非常作法，暫時凍結政府採購法的適用，讓公務員能夠放手去做，藉此提高執行效率；他同時指出，政府的公共建設預算1月花跟12月花的經濟效益是差很多的。管中閔院士這段話，雖然是在經濟情勢最嚴峻時期提出，但他已道出了政府部門計畫與預算執行的諸多限制，以及計畫與預算執行效率對國家整體經濟發展或穩定的重要性。

　　2002年Larry Bossidy and Ran Charan（2002）在執行力一書中提出了相當重要的觀點：「執行並非侷限在戰術層面，它應該是一套紀律與一套系統，我們必須將執行深植於企業策略、目標與文化當中」。2003年高希均認為，執行力是徹徹底底把對的任務完成；事實上，把一個對的任務，或者一個對的政策，徹徹底底完成，從來就是政府施政的成功關鍵。換言之，執行力是一套紀律與一套系統，在規劃階段，必須思考執行層面可能發生的問題；在執行階段有效落實推動，使能如期如質達成既定的策略目標、績效指標。

　　綜上而言，施政計畫是行政機關業務執行的依據，不僅能顯示機關功能，也是施政績效的展現；而施政計畫執行力的成敗，更攸關國家整體發展及人民對政府的信

心。本章分別介紹執行力的涵義、執行力基本理論、施政計畫執行力基本模式、執行的問題及提升執行力的方法。

8.1 執行力的涵義

執行力是一套紀律、系統，從規劃階段思考執行層面可能發生的問題，執行階段落實推動，能夠如期如質達成既定的政策目標。Larry Bossidy and Ran Charan（2002）在執行力一書中指出，執行力是一種紀律，是策略不可分割的一環，是領導人的首要工作，應該成為組織文化的核心成分；而執行力的內涵是將執行力的核心理念、目標、策略、培訓、賞罰、參與、堅毅等融於組織文化。

Larry Bossidy and Ran Charan提出，執行力的核心流程包括：人員流程、策略流程及營運流程。人員流程係指組織用到能夠執行的人，且人才間具有互補的作用；策略流程是指組織要有明確的政策，指引執行的方向；營運流程係指組織要不斷改善作業流程，才能提升競爭能力。此三種流程彼此緊密連結，策略流程必須將人員及營運現實納入考量；人員的挑選與升遷必須參考策略及營運計畫；而營運流程必須與策略目標以及人員水準相互配合；更重要的是，組織領導人及領導團隊應深度投入此三種組織流程，遴選各級主管、擬定策略方向及主導營運；不論組織規模大小，領導人對上述三種流程均不宜授權他人處理，並將執行融入組織文化。

執行是一套系統化流程，是在探討如何（How）與什麼（What），提出質疑、確認權責分明，追蹤進度不致脫節。在流程中把策略、營運以及執行策略的人員連結起來運作；究其本質，執行就是以有系統方式，瞭解實際狀況並據以採取行動。如將執行的觀念應用在政府部門，是指施政計畫經過合法化階段取得地位，再由執行機關和行政人員負責推動，進入政策執行階段。而政策執行階段是績效管理過程最重要的階段，如果政策方案不能有效落實，則政策問題建構、議程設定及政策規劃過程之投入，都將失其意義。

Edwards Ⅲ的政策執行觀點常被作為政策執行應用的模型，他認為溝通、資源、執行者意向與官僚結構等四項變項互動，將直接或間接的影響政策執行的成敗，分別說明如下：

1. 溝通：是政策執行的首要條件，執行的命令若能清晰的傳達，則政策執行受到的阻礙越少，越能收到預期的效果，而執行成功必須要有效的溝通。
2. 資源：可分有形的資源與無形的資源，有形的資源包括人員、設備等，在人員

方面，組織不但要有充足的人手，更要確保組織人員具備相關政策的執行技巧與專業，才能確保政策的執行成功；而設備方面，小至辦公用品，大至相關儀器設備，都是成功的政策執行所不可或缺的。無形的資源包括資訊與權威等，充分而清楚的資訊是政策執行的關鍵，倘若沒有充分的資訊，決策者可能設定了錯誤的政策目標，或只能藉由不斷的摸索，嘗試在錯誤中學習，政策執行自然不易成功；權威可能是下達執行命令，也可能是支援人員金錢等，皆是權威的表現。

3. 執行者意向：任何政策執行者皆有其態度、意願與偏好，並且會對政策表現出己身的觀點與態度。若執行者本身對於政策表現出反感，甚至相當反對的態度情緒，毫無疑問地會影響政策執行；反之，倘若執行者本身對政策的態度傾向中立，甚至是支持，這都有助於成功的政策執行。

4. 官僚結構：包括標準作業程序與執行政策責任分散現象。責任分離化現象會導致政策協調日益困難，更有可能因為責任分離化，讓不同的單位執行相同的目標，導致金錢與人力資源的浪費。因此，應重新設計機關的責任分配，加強政策協調功能，使責任分離的偏頗現象降至最低，提高政策執行的效能。

8.2 執行力的基本理論

當代政策執行研究學者將1970年作為政策執行系統性研究的起點，其中研究代表Pressman和Wildavsky所著的「執行」（Implementation）一書中指出，執行是一個人的需要與獲致需要方法二者間的互動過程，政策執行是一項動態的觀念。由於政策執行是一項動態的觀念，因而學者對於政策執行的研究途徑有不同的區分觀點。例如Nakamura與Smallwood指出，古典的行政模式與政策執行模式有其迥然不同之處，後者係指政策執行不能脫離政策規劃與政策評估階段，必須重視政策執行環境對於執行過程的影響；Hill認為，政策執行研究可分為兩波（waves），第一波是以「由上而下」的模式為主，稱為「由前推進的策略」（forward mapping）；第二波則特別是針對第一波的論點加以批判，稱為「向後推進的策略」（backward mapping）。

政策執行最具有代表性的是美國學者Sabatier的觀點，他將政策執行的研究途徑分為三種：即「由上而下」研究途徑（top-down approach）、「由下而上」研究途徑（bottom-up approach）和「整合」研究途徑（synthesis or integrated approach）。分別說明如下：

1. 「由上而下」的政策執行觀點：將政策制定與執行階段加以明確分工，前者為設定目標，後者為執行目標；即決策者有明確的政策執行目標，而執行者能以客觀中立、理性、效率的態度配合、履行，此派學者強調政策執行的法令規章結構。

2. 「由下而上」的政策執行觀點：主要論點為運用多元參與者的策略互動所形成的政策網絡，認為成功的政策執行是執行機構中各個參與者運用技巧和策略的結果。即上級單位站在輔導與監督的立場，授權給下級單位或基層人員參與，並賦予充分的自由裁量權。

3. 「整合」的政策執行觀點：結合運用「由上而下」與「由下而上」兩種研究途徑的變數和概念，以解釋政策執行的過程和結果，強調沒有絕對完美與有效的執行模式，主要仍須視社會、政治的整體條件；著重在環境因素，而非政策設計本身的問題。

政策執行的模型以Sabatier提出的「政策變遷的宣導聯盟架構」（advocacy coalition framework of policy change）最具有代表性，該架構係以「政策變遷」概念取代「政策執行」，將政策執行過程視為改變政策內容及政策取向學習（policy-oriented learning）的過程，並以政治系統論為基礎，經過修正後另行提出政策次級系統（policy subsystem）的概念，掌握長期的政策變遷過程，進而瞭解政策行動者的信仰體系與價值觀念，對於政策執行結果的影響。此外，學者特別指出法令在政策執行過程扮演著非常重要的地位，但法令通常是模糊的、原則性的和相互衝突的，提供執行人員部分程度的行政裁量權。因此，亦有學者由法規設計觀點探討行政官僚人員的裁量權對執行的影響，或注意到法規設計對組織結構或執行所產生的未預期事件和負面功能，政策執行研究不應只從執行過程本身探討，必須考慮到政策設計與政策溝通等因素對政策執行的影響。

政府政策實務運作模式，首先必須督促各機關落實計畫的事前規劃及審議工作，提升施政計畫事前評估效能；其次，積極運用各種追蹤管制作為，確保計畫在執行過程中能夠不偏離既定方向；最後，對各機關政策或計畫執行結果進行考核，釐清主管機關執行權責及績效，並將這些資源提供作為後續擬定計畫參考。如以計畫之規劃周全度及執行落實與否，分析其與績效的關係如圖8-1；一般而言，在規劃方向及作法都很正確情況下，規劃周全、執行落實，其績效最佳；其次為規劃雖不周全，但能落實執行；再次為規劃周全、執行不落實；而規劃不周全，執行又不落實，其績效必定最差。

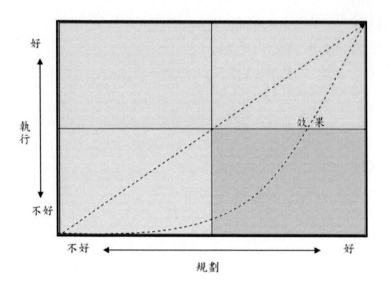

圖8-1　施政計畫規劃、執行與績效關係

資料來源：邱吉鶴、易文生，行政機關資本支出暨固定資產投資計畫執行落後原因之探討，1998，p9。

8.3 施政計畫執行力基本模式

　　本節參考相關文獻資料及政府部門相關法規作業流程，據以建構施政計畫執行力基本模式如圖8-2，說明如下：

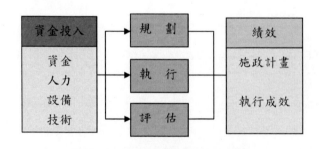

圖8-2　施政計畫執行力基本模式

資料來源：邱吉鶴、莊麗蘭，施政計畫執行力之探討，2005，p51。

1. 資源投入

　　政府施政必須每年編列年度施政計畫預算，送立法院審查通過後，據以實施；而政府施政依不同性質有不同功能組織及人力配置，並配置所需設施等。惟政府每年度

預算額度、人力與其它資源有限度，如甲機關的計畫額度增加，相對會排擠其他機關的計畫額度；如果未能有效配置，將會增加機會成本、時間成本，甚至社會成本。

2. 政策（計畫）規劃

Peter Drucker認為，組織績效的好壞，首先必須講究do the right thing , make the right policy，要有正確政策；其次再講do the thing right，也就是執行力。許士軍（2001）認為，在策略規劃時，把組織的使命、願景及策略釐清，把組織目標訂清楚，把組織該做什麼事更明確說清楚，如此在管理上已經成功了一半，因績效不僅是做出來的，而且是設計出來的，如果在設計時把事情執行面相關可能遭遇問題考慮在內，在執行過程成功機率一定比較大，自然績效比較好。

3. 政策（計畫）執行

前瞻周延的規劃必須配合組織強有力的執行力，方能產生具體績效。而組織執行力包括政策或計畫推動、協調及整合能力，以及財務、時間與品質等控管能力，並保證執行結果符合預期目標及顧客需求。

4. 政策（計畫）評估

評估必須依賴績效指標作為基準，績效指標的選擇，必須能夠反映規劃的政策或計畫執行成果。績效指標必須在規劃階段訂定，以作為執行過程之指引及評估績效的依據。另績效評估結果應予即時獎勵，方能達到激勵效果。

5. 計畫執行成效

計畫執行力為政府部門施政績效的表徵。而執行力的提升，必須依賴周延的政策（計畫）規劃、強有力的執行能力，以及前瞻具引導性的績效指標與及時激勵，發揮鏈結與綜合效果。

8.4 施政計畫執行的問題

政府機關計畫與預算執行，依其產生落後情形因素，基本上可從政策形成、規劃與設計、審議、執行、評估與激勵、中央與地方分工等區分，說明如下：

8.4.1 政策（計畫）形成階段

計畫執行順利與否，決定因素包括政策本身是否已完整評估、規劃是否完備、執行單位與執行對象的溝通協調情形、執行所面對的外界環境與執行主體條件與態度等，均影響計畫執行的狀況或成敗。政策形成階段未能完備周延或取得相關實施對象、利害團體、執行單位的共識，往往直接影響後續執行。

8.4.2 規劃與設計階段

由於規劃未盡周延，導致執行過程中發生窒礙難行瓶頸，常見疏漏及缺失現象如下：

1. 缺乏合理規劃設計作業時間，致規劃出來的政策過於粗糙或多所闕漏，造成執行品質不良或日後變更設計，延宕進度。
2. 計畫執行過程所涉及的工作項目、時程及預算等未周延考量，完整納入計畫。
3. 執行步驟先後要徑關係未予釐清，致關鍵流程落後，影響後續工作進行。
4. 市場狀況與工程執行能量未詳實評估，經常發生標案流標，延宕執行時程。
5. 事前未掌握關鍵權責機關或權益人，先行協調取得共識，致執行發生障礙。
6. 計畫預算編列不當，包括未依計畫執行需求核實分年配置預算；計畫執行第二年起，未依實際執行狀況及年度執行能量，調整編列次年度預算額度，致編列預算無法執行。
7. 預算編列未善用科目，致計畫執行受限於預算科目流用規定，無法靈活調整，影響預算執行與使用效益。

8.4.3 計畫審議階段

審議機制功能是基於整體國家政策及財源等資源條件考量下，檢視確認各施政計畫之必要性、可行性、時效性、效益性、合理性等，目的在確保政府之人力、預算等資源，得以有效運用，發揮最大效益。現行審議階段常見現象如下：

1. 主管部會限於審議人力、時程等因素審議粗糙，計畫相關作業未盡完備即獲同意，造成日後執行困擾。
2. 行政院審議時程倉促，未能充分掌握審查計畫相關資訊，或相關項目資訊未盡周延，須待補件致延後審查時程，或因時程限制勉強通過，造成無法發揮審議的把關功能。
3. 立法機關完成預算審議較遲或附帶決議有條件動支預算等，均影響年度預算執

行率。

8.4.4 計畫執行階段

計畫欠缺健全管理機制，致使計畫延宕無法有效推進，歸納原因如下：

1. 工程施工前置作業延誤：包括用地取得、地目變更、設計時程、工程經費審議時程、申請綠建築候選證書延誤、申請建照時程延誤等，以及預算書圖審議往來不同審議單位之間耗費時程。

2. 行政作業延誤：專業人力不足、相關法令不熟悉、落後未即時反應有效解決、未確實控管進度、變更設計時程延宕等，未能積極協調溝通，致無法改善落後幅度。尤其涉及跨單位、機關或不同層級機關執行計畫，因溝通協調不良，致延誤情形更為普遍。

3. 標案多次流、廢標：招標有其法定時程，流、廢標將直接延宕後續執行時程。流、廢標原因包括招標條件未符市場狀況、招標文件規範未盡合宜等。

4. 工程施作問題：發生工程施政落後原因，包括民眾抗爭問題無法解決、工程期程或進度比重分配不合理、用地無法取得、土方處理、管線遷移、承商能力或工人機具不足、天然災害因素（如颱風、雨季、海象）等。

5. 缺乏風險管理（Risk Management）意識與應變處理能力：行政機關普遍缺乏風險管理意識，未能事前預測計畫執行過程可能發生問題，及早預為準備或排除；遭遇問題時，未能迅速回應，或未能妥善運用既有協調解決機制，致延宕處理時機。探究根本原因，一為缺乏計畫管理能力與經驗，非工程單位較缺少承辦此類計畫經驗，或缺乏人力或經費資源；二為缺乏積極主動任事，致未能作更多投入分析、定義風險與預為處理。

8.4.5 評估與激勵

1. 多重考核造成行政負擔：行政院施政計畫考核，除依據行政院所屬各機關施政計畫評核要點辦理計畫評核外，尚有資本支出考核、專案考核如擴大公共建設方案考核，及公共服務擴大就業計畫考核等項目繁多。一個施政計畫受多種考核，造成增加各機關行政人力及成本負擔。

2. 評估指標未竟合理：各項考核的評估指標未竟合宜，如適當性、代表性不足，以及訂定目標值偏低未具挑戰性，或分項權重未盡合理，造成評估結果，未充分反映實際努力成果。

3. 激勵誘因不足：行政機關評核結果多採記功、嘉獎方式，缺乏實質如獎金或其它激勵方式；且獎懲未能使執行人員得到及時肯定，激勵效果有限。

8.4.6 中央與地方分工

計畫推動涉及中央與地方權責分工議題，大體上可分二大部分。一為中央機關執行之計畫，涉及需地方政府配合事項，例如用地、申請許可、申請建照、路權等；二為中央部會專案補助地方執行計畫，其影響計畫執行因素如下：

1. 中央機關審查核定補助計畫過遲，大幅壓縮年度內地方政府可執行時程。
2. 中央機關計畫審查，未考量補助項目執行條件與地方執行能力，例如以前年度保留款未執行、用地未取得、民眾抗爭、相關申請程序未完成等。
3. 中央機關核定補助項目時，未規範地方相關實施配合事項，未建立補助計畫管理督導機制，掌握計畫執行情形。
4. 地方政府納入預算時程延誤，致計畫無法執行。
5. 地方政府未周延規劃計畫執行事項與時程，或因相關行政作業延誤。
6. 中央主辦機關將補助計畫撥付數列為執行數，掩蓋計畫未落實執行的事實。

8.4.7 執行機關與執行人員

執行機關與人員是攸關計畫執行力的重要因素，現行存在下列問題：

1. 執行機關（單位）或人員規劃、執行等管理能力不足。
2. 執行機關以爭取經費不易，以及縱使覈實提出預算，審查時屢遭刪減等因素，經常發生預算編列不實或預算執行認知的偏差。
3. 行政機關大多忽略年度預算係供年度內運用目的，大量保留預算對政府財政的負面影響。

8.5 提升施政計畫執行力的方法

建議提升施政計畫執行力的方法，說明如下：

8.5.1 政策（計畫）形成階段

1. 強化政策妥適性：確實評估政策與計畫之必要性、可行性、效益性與合理性，並視需要導入地方政府及地方民眾意見。此階段幕僚單位應提供專業完整評估

資訊，由決策者作出最佳決策。

2. 合理評估研訂計畫時程與推估經費。

3. 上級機關應給予主辦機關充裕的計畫規劃時間，才能保證計畫得以周延規劃，並合理評估框列預算，以符實際需求，避免浪費影響預算效益；執行機關則應隨時掌握狀況，預測後續執行能力。

4. 急迫性案件仍應審慎評估：政策或計畫具有急迫性者，仍應考量必要程序，如關鍵利弊分析，或採提供更多元資源，研擬最適策略與執行模式，以收應變之效，並減少負面衝擊。

8.5.2 計畫規劃設計階段

1. 預為檢視計畫涉及必要審查項目及其所需時程：依計畫性質、規模、實施地點、相關條件等檢視所涉及必要審查事項，包括土地取得（協調議價或徵收、公告；用地變更、編訂；移撥協調、取得；地上物拆遷補償）、工程經費送審、證照申請及其他申請作業與時程（綠建築候選證書申請、建照及使用執照申請、路權申請、水權、臨時電力等）、相關法令限制與時程（例如一定規模以上或特定保護地區之一階段環評、二階環評或僅需作差異分析、都市計畫審議、水保計畫等）等，及各事項間相關性或前後關係（有些是序列、有些是可並行），詳實估列相關法定與行政作業時程，使計畫時程規劃符合實際。

2. 完整羅列具體工作事項及期程，覈實分配編列經費：針對前置作業、規劃設計、公告、發包、簽約、施工、工期、完工結案等工作，除將相關法令規定之必要時間納入時程規劃外，規劃設計及施工均應訂定合理期程，兼顧執行效率與品質；並依據計畫執行與付款時程覈實編列年度預算。

3. 規劃設計期程合理化：變更設計往往造成計畫進度延宕，多因規劃設計時程不足所導致，因此合理規劃時程是絕對必要的。此外不同類型計畫有不同流程，例如補助地方型計畫或原住民區執行計畫，應含計畫執行地區之地方政府或住民溝通所需時程；城鄉新風貌計畫更須與地方人士等充分溝通與規劃設計。

4. 落實中程計畫及先期作業相關機制運作：執行期程超過2年以上之計畫，應依據「行政院所屬各機關中長程計畫編審辦法」及「中央政府中程計畫預算編製辦法」納入中程施政計畫範疇內，據以研擬中長程個案計畫，預為擬定執行策略及方法、資源需求等。

5. 妥適編列計畫預算：包括（1）.妥適編列計畫預算科別，彈性調整運用依據中

央政府各機關單位預算執行要點規定（第二十點）「各機關經常門及資本門各分支計畫，如一分支計畫之經費不足，而同一工作計畫內之他分支計畫有結餘時，可互相流用。」之規定，將相同性質計畫編列於同一預算之「工作計畫」內，可因應執行狀況彈性調整運用，提升執行與經費運用效益。（2）.規劃、設計經費與工程費分離編列，落實計畫先期規劃（公共建設計畫，規劃費提前核給機關進行規劃設計；社會發展計畫，則寬列先期規劃費辦理規劃），使規劃及設計工作時間及經費皆充裕，得以落實整體規劃設計提早完成，以供審查者及大眾瞭解，有充分時間細部設計、審查、溝通、修正，進而提升工程設計水準，且有充裕時間檢審替代方案及競合問題。例如日本公共建設，係於公共建設軟、硬體設施興建前二至五年，完成規劃與設計工作，俾利細部設計、審查、溝通與修正之做法，可供參考。

8.5.3 計畫審議階段

1. 強化主管機關計畫審議機制：檢視現行機關計畫審議機制是否充分完備，包括審查人力、作業時程、審查規範，及計畫提報資訊完整性等，提出改進措施。
2. 改進行政院計畫審議機關審查機制：研議計畫核定前先編列規劃經費，做為規劃、設計之具體作法研究經費，將此觀念納入各先期作業審議要點或審議準則中修正，改進計畫審議準則與審議流程，提升審議時效與審議功能。
3. 應用執行資訊回饋，考量年度執行能量：落實要求各機關提供計畫執行及查證建議辦理情形等資訊，為確保施政績效及避免排擠政府預算，部分計畫過去年度經費有保留情形、預算編列過於浮濫及執行率偏低，審議機關即應考慮予以適度縮減。

8.5.4 計畫執行階段

1. 確實釐定年度作業計畫，據以執行與管考：計畫核定後確實擬定執行計畫，擬定過程中應邀集相關權責單位共同研商確認，建立共識以利配合，或預為辦理相關前置作業，確保後續作業順利進行。
2. 建立執行機關計畫管理機制，建立計畫風險管理意識：有效掌握監控計畫執行，保持計畫風險管理意識，隨時預測後續可能狀況，預為處理及採取預防措施。對嚴重落後狀況應迅速回應，採取具體改善作為，並追蹤處理結果。落後案件經評估年度預算依原訂執行步驟，已無法有效執行時，應考量採取擴大作

業面、調整工項經費分配與執行次序、時程等措施。

3. 強化跨級協調與處理機制：強化各機關問題協調處理機制，尤其是跨單位、跨部會執行事項。一旦計畫執行遇有障礙時，應積極協調處理，依計畫列管機制，逐級提升協調解決層級，以及妥善運用相關問題解決專案小組機制，或請求計畫列管機關協助。

4. 改善施工管理與完工驗收作業：強化施工管理包括施工進度及預算數的合理分配，掌握施工介面協調、材料送審、進料時程規劃、出工率及機具設備等相關事項；各階段及竣工估驗，應確實掌握時效。

8.5.5 計畫評核作業

1. 訂定合理評核機制及評估指標，確實考核計畫：計畫規劃之初，即應訂定評核指標，包括共同指標與個別指標，並分配合理權重，年度結束應確實據以評核，發揮公平合理的評核效果。

2. 妥適運用考核資訊，發揮激勵及改進計畫之效益：合理公平之考核結果應與獎懲結合，才能發揮正面誘因與消極警誡作用。獎勵宜增加實質獎金等方式，並予以制度化，授權機關首長，以達即時激勵作用。

3. 建立一元化分層考核制度，落實分層負責：現行多元考核體系，造成行政負擔之現象。考核宜回歸施政計畫管理體系，採分層考核作法，行政院層級考核部會整體施政績效，部會層級考核年度施政計畫執行績效，並加強提升各機關自我管理能力。

8.5.6 中央與地方分工

1. 中央執行計畫涉及地方配合辦理事項，應尊重地方意見，加強溝通協調取得共識，並提前告知地方政府預為準備。

2. 地方政府對辦理各類審查流程，宜檢討整合縮短時程，中央機關應加強與審查或執行地所轄之地方政府溝通協調。

3. 專案型補助計畫部分，應強化審議並落實督導管考。依據「中央對直轄市及縣（市）政府補助辦法」及「中央對直轄市及縣（市）政府申請計畫型補助款補助之處理原則」規定相關作業，包括提前告知受補助項目之地方政府、建立補助計畫明確之審查及評比規範、強化補助項目之審查機制、健全補助計畫之執行機制、必要時採代收代付方式執行、落實督導管理、研訂法定補助退場機

制、推動地方政府執行經驗分享與學習、建立標竿學習機制等。

8.5.7 執行機關與執行人員

1. 提升計畫執行機關及人員能力，包括計畫規劃及計畫管理知能、審議人力專責化、強化機關計畫管考人員管考及協調機制、機關建立自我管理機制等，並加強計畫風險管理，有效預防及問題解決能力，以及強化跨單位協調能力。

2. 改變預算編審心態及計畫管理認知，包括建立有計畫才有預算之正確作法，始能明確施政目標，將預算作必要運用，發揮最大效益。此外機關應正確認知管考機關或單位之正面功能，適時運用發揮協調及解決問題的效果。

綜觀行政機關對於計畫規劃、審議、編列預算與計畫控管、考核等，均已訂定相關法規，建立完整管理機制。惟計畫執行落後發生原因，主要包括：計畫與預算之觀念未盡足夠、計畫規劃與管理能力不足、相關法規規範不甚熟稔、審議人力有待專責化、管考專業有待提升、執行機關與人員之能力、觀念與心態等扮演計畫執行力的關鍵角色；尤其觀念與心態的改變，為發揮計畫執行的原動力。如果具有積極任事心態，縱使非計畫相關專業機關單位，亦可逐步培育提升相關必要能力，運用各種專業資源與機制，展現計畫執行力。

│ 問題討論 │

1. 試述執行力的涵義及其基本理論？
2. 試舉例說明影響施政計畫執行力的因素？
3. 政府機關應如何提昇施政計畫執行力？

陳（沖）：加速公建預算執行

中央社 – 2012年11月15日 下午12:12

　　（中央社記者謝佳珍台北15日電）行政院長陳（沖）今天指示加速公共建設預算執行，希望今年度達成率超越民國99年的92.41%。

　　陳（沖）上午在行政院會聽取公共工程委員會「101年度第3季公共建設推動辦理情形」。

　　陳（沖）說，「愛台12建設政府投資部分」全年度可支用預算數新台幣3310億元，101年度截至第3季止，累計分配數2155.87億元，執行數1975.91億元，執行率91.65%（占分配數）、達成率59.69%（占預算數），均超越去年同期。

　　他說，具指標性的1億元以上公共建設計畫，全年可支用預算數3883.91億元，至9月底的累計分配數2249.78億元，執行數2114.45億元，執行率93.98%（占分配數），超過去年同期的93.51%；但達成率54.44%（占預算數），較去年同期減少3.75%。

　　陳（沖）說，公共建設對整體經濟發展是重要元素，必須重視；就今年而言，雖有部分進步，也尚有待努力的地方，比如1月到9月廢標與去年同期減少37.25%，但累積分配數的執行率有91.65%，達成率只有54.44%。

｜個案研討｜

1. 101年度第3季公共建設推動執行率91.65%（占分配數）、達成率59.69%（占預算數），均超越去年同期。是否表示公共建設執行力有提昇？是否其中還隱含有其他因素？

2. 行政院長陳（沖）指示加速公共建設預算執行，希望101年度達成率超越民國99年的92.41%。有可能達成嗎？政府重大公共建設年度預算執行，實際達成率有超過90%以上紀錄嗎？

政院上菜救經濟　業界要看執行力

自由時報－2012年9月12日 上午4:29

五方針推經濟動能 竟還是中長期方案

　　〔自由時報記者邱燕玲、陳梅英、黃宣弼／台北報導〕不同於南韓採減稅降息手段，行政院昨公布「經濟動能推升方案」，採中長期措施救經濟。負責規劃此案的政務委員管中閔表示，此方案以中長期為主，有些成效不可能今年就顯現；對經濟成長率，他坦言「今年保一沒問題，保二有很大的困難」。

　　工商界對政院的刺激方案有不同看法，工總理事長許勝雄呼籲政府先推出幾個指標性案子，才能「築巢引鳳」吸引投資；商總理事長張平沼認為，這些措施都不是馬上見效，且政府要有執行力，政策才能產生效果。

　　行政院長陳冲昨主持記者會，管中閔、經濟部長施顏祥、經建會副主委吳明機等出席。陳揆強調，經濟動能推升方案是「大綱」，他要求各部會在九月底以前提出行動計畫。

　　行政院的經濟動能推升方案是彙整先前五場財經議題研商會議的內容，包括「推動產業多元創新」、「促進輸出拓展市場」、「強化產業人才培訓」、「促進投資推動建設」、「精進各級政府效能」五大政策方針。

陳揆說不降息減稅　以GDP為元素促成長

　　陳揆表示，台灣不像南韓採減稅降息手段，而是以GDP（國內生產毛額）為元素，發展出五大政策方針，並以中長期為目標，但包括產業、輸出、投資裡也有短期作為，可視為提升經濟動能的「點火引擎」。

　　對此方案能提升多少GDP，管中閔在記者會上答覆表示，希望今年後的每一年為GDP增加一至一‧六個百分點的成長。

　　在「促進投資推動建設」方面，政府將調整相關法規，檢討僑外投資負面表列及中資來台投資的業別項目，並研議簡化僑外資的投資審核流程，由現行

「事先申請核准」，改為「原則事後申報，例外事前許可」。

哪些「例外」須事前許可？經濟部長施顏祥說，涉及國家安全、社會安定及「重大金額」的案子，但重大金額有多大，要與業者溝通。

施顏祥也說，第四波陸資鬆綁項目目前還在彙整各部會意見：陳揆表示，外資、陸資來台將進行項目檢討，有些限制的條件、比例是否放寬，或放寬的程度如何，目前都在檢討中。

至於推動「自由經濟示範區」，經建會副主委吳明機表示，具體方案預計十一月提出，與台商回台投資方案一樣，在外勞聘僱部分將朝放寬方向研議，但前提是創造國內就業。

許勝雄指出，如要振興經濟，最簡單的就是由政府率先推出幾件具有指標性、激勵性的案子，將台灣塑造成一個有活力的投資環境，才能「築巢引鳳」，吸引外商、台商來台投資。

鬆綁中資放寬外勞　將是主要推動方向

至於產業人才方面，許勝雄表示，目前很多產業的小夜班、大夜班都找不到員工，並非薪水不好，而是台灣年輕人不願意做這種勞動的工作，因此希望政府能放寬外勞政策，增加配額，讓產業有足夠人力。

｜個案研討｜

1. 行政院長陳冲強調：經濟動能推升方案是「大綱」；商總理事長張平沼認為，這些措施都不是馬上見效，且政府要有執行力，政策才能產生效果。那政府要如何做才能展現執行力？才能產生政策效果？

2. 陳揆強調，經濟動能推升方案是「大綱」，他要求各部會在九月底以前提出行動計畫。各部會能夠在短時間內提出具體的行動計畫嗎？可以提升政策執行力嗎？

Chapter 9
控制的方法

北區第二高速公路工程原規劃期程，自1985年7月開始施工，預期1991年全部完工通車。惟根據交通部國工局（1998）該工程計畫總結報告顯示，1987年開始用地取得及施工時，由於民眾抗爭、勞動力短缺、砂石供需失衡及隧道段地質不良崩坍等因素，致計畫期程調整四次，實際完工通車時間為：中和至新竹段先於1993年開放通車；新竹竹南段、汐止木柵段及臺北聯絡線分別於1996年2.3月陸續開放使用；至於桃園內環線及木柵中和段工程，則於1997年8月開放通車，較預期全部完工通車時間延後5年8個月。該工程於可行性研究階段，預估總需求預算581.4億元；次經細部設計重新按計畫路線作業，估計預算編列為1280.08億元，較可行性研究階段增加698.68億元；計畫執行至1992年復追加預算487.45億元，合計預算編列為1767.53億元。

公共工程執行落後將產生工程實體執行成本及協調、監督成本的增加；公共工程年度執行預算的保留，將排擠其他工程編列預算的機會，產生所謂機會成本；公共工程因落後施工期延長，將產生環境污染、交通不便等社會成本；公共工程完工期延後，將影響公共設施發揮的效用成本。

由上述個性公共工程建設計畫中顯示，計畫在規劃、執行過程中，若未配合有效的控制系統，可能造成政府績效大打折扣，並將大量增加計畫執行成本的支出。本章將分別介紹控制的涵義、控制的基本理論及有效控制等基本概念。

9.1 控制的涵義

控制（controlling）是指政府部門為確保原規劃的政策或計畫，按原定的執行事項、預算及時程正常執行，在執行過程中不斷的評估與矯正，即時解決遭遇的困難問題，以達成組織或計畫的目標。換言之，控制是配合政策或計畫的執行，實現原規劃的政策任務與目標。

9.1.1 控制的重要性

　　政府部門經由規劃完善的政策或計畫，建構嚴密的組織執行架構，透過合理的執行分工、協調與激勵機制，促進政策或計畫目標的達成。但是，如果組織中沒有周詳的控制機制，監督所有的執行措施依規劃的內容進行，將難確保政策或計畫目標能夠落實達成。

　　控制是績效管理中重要一個過程，透過控制讓管理人員及執行人員，瞭解政策或計畫的目標、執行工作內容、可使用的預算、預期進度，以及合作機關（單位）的分工與協調機制，遇到困難問題時如何即時解決。因此，控制過程中所提供的資訊，有利於主（協）辦機關（單位）進行下列管理工作：

1. 落實目標的達成：控制過程必須建立執行的目標、工作的流程、預算的分配、預期的進度、協調分工機制及關鍵查核點等，有利即時發現問題、解決問題，確保政策或計畫目標的達成。

2. 預防危機的發生：管理人員或執行人員可以運用控制的機制，在政策或計畫執行發生偏差之初，即時發覺、及時矯正解決，以免偏差事件持續擴大，造成執行上嚴重的落後。

3. 確保執行的品質：透過控制的機能，建立標準化作業流程及品質績效的指標，可作為主（協）辦機關（單位）執行的標準，依據原定流程按部就班的執行，以確實執行結果的品質。

4. 修正計畫的憑證：管理人員或執行人員可以藉由控制的機能，比較政策或實際計畫執行情形與原規劃內容及進程是否吻合，檢討有無必要調整或修正政策或計畫。

5. 績效考核的依據：經由控制過程與結果所蒐集的資訊，可以作為客觀評估政策或計畫執行績效的重要依據。

9.1.2 控制的程序

　　政府部門為確保執行依原規劃的軌道進行，必須建立控制程序的機制，不斷回應執行過程中不可預測的內外部環境變化，以期將環境因素的影響控制在可容許範圍內。控制程序（control process）可分為建立目標或標準、衡量實際績效、比較績效差異及採取必要行動等四個步驟。每個步驟彼此獨立但相互連結如圖9-1，分別說明如下：

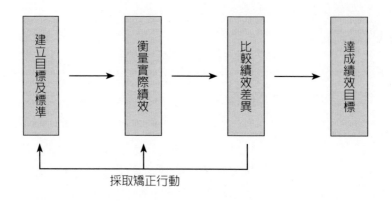

採取矯正行動

圖9-1　控制的程序

1. 建立目標或標準：控制程序的第一個步驟為建立目標或標準（establishing objectives and standards），包括政策或計畫的目標、執行工作流程查核點、預算使用進度、預期時程進度及預期績效的指標等，以作為執行與控制的依據。

2. 衡量實際績效：控制程序的第二個步驟為衡量實際績效（measuring actual performance）。管理人員或執行人員必須定期記載及蒐集執行的資訊，包括執行工作流程查核點、預算使用進度、預期時程進度及已發生遭遇的困難或問題的資訊，所蒐集的資訊尤其注重即時、正確的資訊，以為定期績效衡量的基礎。

3. 比較績效差異：控制程序的第三個步驟是將實際結果與目標及標準比較（comparing results with objectives and standards）。管理人員或執行人員經由定期蒐集的實際執行結果資訊，與原規劃訂定的政策或計畫的目標、執行工作流程查核點、預算使用進度、預期時程進度及預期績效的指標等作比較，可得知其間是否存在差異。實際執行結果與預期標準間不可能完成一致；因此，必須分析為可容許的差異範圍，再來決定是否應該採取必要的行動。

4. 採取必要行動：控制程序的第四個步驟是採取必要行動（taking necessary actions）。當政策或計畫執行發生顯著偏差時，管理人員或執行人員必須採取必要的矯正行動，如果政策或計畫執行發生偏差在可控制範圍，可採取例外管理（management by exception）的原則，以確保規劃目標的達成；如果政策或計畫執行發生偏差係為政策改變、天然災害等不可抗拒因素，就必須考慮採取政策或計畫調整或修正措施，以符合實際執行的環境及可達成目標的狀況。

9.1.3 控制的方式

政府部門的控制依機關（單位）間關係及控制發生的時序，而有不同控制方式。依機關（單位）間關係而言，可分為內部控制與外部控制。內部控制（internal control）是指行政機關運用的控制系統，進行政策或計畫執行的控制，亦可稱為自我控制（self-control），例如行政機關設置研考單位或秘書單位負責控制，以及政策或計畫執行單位自我控制；外部控制（external control）是指上級機關或外部審計、民意機關等所進行的控制，例如行政院對所屬部會的計畫執行情形管制、審計部對所有機關（構）進行的預算審計及中央機關對地方機關補助計畫的管理等。

依控制發生的時序可分為前饋控制、同步控制及回饋控制。前饋控制（feed-forward）亦稱為事前控制，是指在規劃時先行預測未來政策或計畫執行可能發生的問題，預先作周密的考慮；同步控制（concurrent control）亦稱事中控制，即在政策或計畫執行過程同步進行控制與監督，以督促執行機關（單位）依規劃的作業流程與進度推展，以確實目標的達成；回饋控制（feedback control）亦稱事後控制，是指政策或計畫執行結束後，將實際執行的結果與原規劃訂定的政策或計畫的目標、執行工作流程查核點、預算使用進度、預期時程進度及預期績效的指標等作比較，並將資訊提供給相當機關（單位），以作為決定是否採用矯正行動及再計畫的參考。

9.2 控制的基本理論

9.2.1 控制的觀點

本節將參考控制前提及相關控制理論的文獻，分別介紹交易成本經濟觀點（transaction cost economics）、社會交換觀點（social exchange perspective）及資源基礎觀點（resource-based perspective）。

1. 交易成本經濟觀點

從早期控制理論研究觀之，交易成本經濟提供了控制前提重要意涵，交易成本經濟理論依據資產特殊性、環境不確定及交易的頻率，選擇市場、組織結構及混合式的控制模式，已經用在選擇控制方式與安排組織結構。組織控制被當作保護特殊資產與降低交易不確定性的方法，由於不同的控制方式提供不同層次的資產保護與降低不確

定性，控制者指出不同控制方式係在達成特殊的目的；就組織不同層級關係而言，上級機關利用控制工具保護其投入資產及投機行為。

交易成本經濟觀點似乎著重在為何上級機關執行控制，當作解釋上級機關控制方式及滿足其需求；換言之，上級機關控制的傾向，不需證明對其下屬或夥伴機關執行活動確實的影響。在一組織中執行正式的控制，執行控制者必須知道組織重要作業流程及有能力衡量最後的成果，交易成本經濟觀點似乎未說明不同機關間社會互動的影響。

2. 社會交換觀點

從社會交換觀點來看，談判模式認為控制系統結果，係來自於上級機關資源貢獻對談判過程的影響，上級機關重要資源的貢獻，增加了下級或夥伴機關的依賴關係，同時降低了下級或夥伴機關談判力量。依循上述觀點，Mjoen和Tallman（1997）建議，上級機關運用更多的策略性資源貢獻，將有助其具有更多控制力量；Yan和Gray（2001）發現，上級機關取得控制力量來自於不同資源的承諾，像是技術（technology）、知識（know-how）及市場進入（market access）等能耐。

社會交換觀點的談判模式，對於上級機關如何建構控制系統提出具有價值的觀點，但此談判模式也有其限制，包括：

（1）注重資源的相關重要性，卻忽略了資源的本質與特性，建議上級機關貢獻重要資源，但卻沒有說明什麼樣的資源可以引導控制。

（2）未清楚說明資源貢獻如何連結不同控制類型。

（3）注重在組織內部夥伴相互依賴關係，卻忽略不同機關間管理的角色。

3. 資源基礎觀點

交易成本經濟觀點指出上級機關應採用激勵方式控制，社會交換觀點著重在不同機關間相關資源的依賴，並沒有從不同角度有系統的研究上級機關如何利用資源貢獻，建構具體的不同類型操作性控制方式，或許早期不同機關間關係，上級機關資源貢獻，只是下級或夥伴機關施政成功的輔導性需求。但是，組織控制相關研究已經指出，一個組織使用三種控制類型，必須依賴其使用有關過程或產出的知識與機制，上級機關有效控制下級或夥伴機關，來自其擁有的資源貢獻。

因此，就上級機關與下屬或夥伴機關間關係而言，資源貢獻似乎適合於上級機關建置控制系統，根據資源基礎觀點連結資源類型與具體控制類型關係；上級機關不僅

創造與下屬或夥伴機關間資源相互依賴關係，亦是上級機關借此使用不同的控制方式，作為上級機關建置或執行控制的情境因素。

依據資源基礎觀點，組織擁有稀有或特殊資源，將能夠取得競爭優勢；近期該觀點領域的發展，提出資源連結策略行動，其結果將影響組織績效。換言之，一個組織資源貢獻將決定其對策略夥伴的吸引力、提出的控制方式及選擇的治理結構；同時，建立有效的組織控制系統必須要有適當的資源與能耐，上級機關的貢獻是用來執行策略關係，提供不同控制機制。

9.2.2 資源貢獻與控制

資源的貢獻可分為有形（tangible）與無形（intangible）資源，或區分為物資（physical）、人力（human）、財務（financial）、技術（technological）及組織（organizational）等資源。Miller和Shamsie（1996）提出，聚焦在所有權基礎（property-based）與知識基礎（knowledge-based）二個類型資源，這二項資源具備有取得與模仿的障礙，所有權基礎資源受到法律的保障；知識基礎資源具有隱性、複雜與模糊等特性的障礙，上級機關依法或長期累積擁有這些資源，可用來作為控制的機制。Das和Teng（2000）提出，資源或資產必須給予適當保護，資產基礎與知識基礎資源是組織間協同合作的重要管理因素；Chen等（2009）建議，運用適當的資源類型預測組織控制類型。值得的注意的，組織傾向使用多元控制類型管理複雜工作，一個資源類型可能連結一個以上控制方式，分別說明如下：

1. 所有權基礎資源

所有權基礎資源（property-based resources）為具有價值的資產，擁有明確的所有權，像是財務能力、有形資產及職權等。在政府部門中，上級機關具有預算統籌分配權、財產與設施指定使用權，以及法定政策指揮、指導或監督權等，這是下級機關或地方夥伴機關所必須依賴與服從的。因此所有權基礎資源為最優先設計，提供上級機關作為高度控制的工具。

組織控制理論認為，當組織衡量結果時，控制者要使用成果控制。當上級機關提供或補助下級與夥伴機關施政計畫預算、設施與授與職權，必定要求下級或所屬機關提出施政目標及結果指標，以讓其能知道掌握的所有權基礎貢獻，是否發揮其所預期的成果。總之，上級機關採用所有權基礎資源的成果控制，讓其能明確得到所想要的成果資訊。

依據組織控制理論，假如控制者知道一個組織資源轉換的過程，經常使用過程控制。所有權基礎資源允許上級機關觀察或評估下屬或所屬機關的施政活動，並期望其採取適當的措施或行為；上級機關擁有所有權基礎貢獻，允許其涉入下級或夥伴機關資訊系統，掌握指揮或監督權、會計作業及施政報告等。總之，上級機關具備所有權基礎資源，讓其有權決定何者措施或行為是適當的，可運用過程控制促使得到其所想要的措施或行為。

2. 知識基礎資源

知識基礎資源（knowledge-based resources）係指無形（intangible）知識與技能，像是技術和管理專門知識與技能，尤其隱形（tacit）知識更無法具體的表達。換言之，一個組織擁有專業知識與技能，可以有效的協助具有價值的創新流程，甚至可以發展出新的產品，知識是很難被其他組織所學習的。由於知識具有模糊（vague）與靈巧（subtle）的本質，知識基礎資源不易被模仿或轉換；因此，能為組識創造競爭優勢。

知識基礎資源不是非常具體與明確的，由於具有難懂與隱性的特質，所以其價值很難真正被知道或測量出來。當不同機關一同執行任務，所具備的隱性知識貢獻的成果，不易被衡量或區別；因此，隱性知識與技能不適合讓上級機關採行成果控制。

不過，知識基礎資源具有靈巧與模糊的本質，像是資源不易被轉換，可能有利於上級機關進行過程控制。由於知識隱含在執行流程中，必須做中學才能獲取；因此，上級機關必須涉入操作，才能促進知識的貢獻，亦可觀察到下級或夥伴機關實際的措施與行為；當上級機關愈注意到執行的措施或行為，就可能使用過程控制。

當控制者知道轉換的過程，一些措施或行為將經由投入轉換為產出，組織將採用行為基礎控制（behavior-based control），知識基礎資源將是提供知識的來源。例如技術或專業知識的累積，將使執行工作更為順暢與有效，管理技能將決定重要的投入，形塑成長的方向及執行組織的策略，其他資源運用像是技術、創新、協同合作、推銷及彈性因應不確定環境等。因此，上級機關採取過程控制，必須依賴知識基礎資源的貢獻。

知識基礎資源可能影響社會控制。早期控制理論主張，當過程行為控制較弱時，可採用社會控制，此主張特別強調社會控制，如果沒有社會通路與機制，社會控制是很難執行的。知識基礎貢獻對過程控制的影響，不會自動提升社會互動的效果；反而知識基礎貢獻有利於社會控制，因為這些貢獻是隱藏在人的經驗與技能中，上級機關

知識的轉換必須持續的社會互動；換言之，社會機制的建立能促使知識的流動，讓上級機關與所屬或夥伴機關進行瞭解、溝通或解決問題，這隱含著當上級機關貢獻知識基礎資源時，可以採行社會控制。

資源貢獻促使上級機關必須執行不同類型的控制方式。然而，是否執行控制必須視上級機關是否要控制；換言之，當必須依賴相關的控制達成組織目標時，資源貢獻變成必須被應用當作控制工具。依據組織控制理論，有效控制設計必須與組織任務環境相結合，不同環境情況常要不同類型控制方式；因此，上級機關採用三種類型控制視不同的情境因素而決定，其中又以組織的策略與目標為關鍵核心因素。就資源基礎貢獻而言，如果上級機關為了保障其資產使用，達到其想要的目的，就可能執行成果控制；如果上級機關重視下級或所屬機關的執行措施與行為，就可能執行過程控制；如果上級機關注重知識與技能的傳送，或不同機關間社會互動及協同合作，就可執行社會控制。

9.2.2 控制的類型

上級機關的控制將會影響所屬機關及策略夥伴機關的執行力，尤其受到交易成本經濟理論的重大影響，把上級機關控制當作一個組織總體結構一部分。交易成本經濟理論對組織活動行為的假說，來自新古典經濟學之有限理性及投機主義，有限理性係指組織或個人處理資訊的能力有限，其來自環境和行為的不確定性；投機主義係指契約另一方為追求自利所表現出來交易成本政治之投機行為。因此，組織必須設計控制機制，以解決下屬或策略夥伴機關有限理性決策及投機行為，其目的在提升組織效率。

近年來，研究者從不同觀點探討組織特殊的控制類型。從社會交換觀點而言，Steensma和Lyles（2000）發現管理過程的控制影響超過組織結構控制；從資源基礎觀點（resource-based view）而言，Choi和Beamish（2004）認為上級機關最好採用組織所掌握的明確優勢，採取不同的控制方式；Mjoen和Tallman（1997）、Luo等（2001），以及，Yan和Gray（2001）認為不同的控制類型，其主要依策略方向或功能性作業為基礎，他們發現雖然不同控制類型具有相關性，但具有不同建構與績效的義涵。

組織控制研究者提出三種廣泛應用控制類型的架構，包括成果控制（output control）、過程式控制（Process control）、及社會控制（Social control），這三種控制意圖對組織產生不同的影響，這些控制類型具有相關性，但是無法相互替代；它們在

組織中共同存在，並形成不同的組合，以達到組織多元的目標；這些架構已廣泛的應用在管理、會計、行銷研究等理論實證上。此三種類型應用在政府部門不同層級的組織控制，分別說明如下：

1. 成果控制：注重在組織的成效與影響（outcome），上級機關必須要有明確的成果要求，衡量下級或夥伴機關成果的達成，以作為獎懲的依據。
2. 過程控制：注重執行作業活動，上級機關特別重視下級或夥伴機關的行為與過程，並監督其執行的活動。過程控制強調標準作業程序、制式的法律規章、特殊的個別角色、確實的報告及審議的程序。
3. 社會控制：係利用上級機關與下屬或夥伴機關間社會互動、分享價值及相互瞭解，這些需要大量的組織互動與溝通機制，像是固定儀式、團隊活動及其他社會化方法。

上述三種不同控制類型用來管理不同的過程與成果，不同的控制類型產生不同的影響，這些類型提供上級機關如何執行控制之全面性與執行性的觀點，但可以確定的，組織控制方式不是單一的模式，這三種類型各有不同的目的。因此，上級機關必須瞭解，操作不同的控制類型應採用不同的方式與機制。

9.3 有效的控制

有效的控制（effective controls）是指經由控制系統的運作，可以降低政策或計畫執行過程的障礙，充分發揮行政機關執行任務的潛能，使政府的政策或計畫執行達到最大的效果。雖然不同的政策或計畫的控制，常會面臨不同的情境因素（contingency factors），但是有效的控制仍有下些共同性特質與原則可資依循。

9.3.1 有效控制的特質

有效的控制會因政策或計畫的類型與行政機關的主張不同，而有不同的定義。例如科技研發型計畫可能適合成果控制，強調執行過程給予執行機關充分的彈性；公共工程型計畫可能較適合過程控制，強調執行過程給予適當的控制，協調執行機關快速排除執行的障礙。但是，政策或計畫的有效控制，仍有下列共通的特質：

1. 正確的資訊：控制的過程中，執行機關提供的資訊內容，必須是精確、有意義且可靠的，才能作為決策的依據。
2. 適時的資訊：執行機關提供的資訊必須要有時間的期限，能夠適時提供偏差的

資訊，才能快速解決執行上的問題。

3. 彈性的控制：控制會因政策或計畫的類型而有所不同，應建立彈性的控制系統。例如科技研發型計畫可能適合成果控制，公共工程型計畫可能較適合過程控制。

4. 經濟的效果：控制必須符合經濟的原則，過度的控制將使作業成本增加，徒增執行機關的困擾。

5. 易懂的資訊：執行機關提供的資訊必須簡單易於理解，避免引起不必要的誤解，以致延誤事件問題的解決。

6. 合理的指標：控制的績效指標與標準必須合理，讓執行機關可以接受且可達成，以降低執行機關抗拒與爭議。

7. 策略的配置：有效的控制必須將績效指標放在策略目標工作上，促使執行機關集中心力於最可能發生偏差的地方。

8. 例外的管理：管理人員因受資源、時間及資訊取得的限制，無法進行所有執行事項的控制，應針對發現偏差事項進行強力例外的管理。

9. 多元的指標：控制的指標包括效率與效果指標，應根據政策或計畫的類型訂定多元可衡量的指標，避免指標狹隘過於主觀。

10. 矯正的措施：管理人員在控制過程，必須能夠快速指出偏差問題的所在，提出矯正差異的可行措施。

9.3.2 有效控制的情境因素

政府部門控制系統的有效性，常受不同機關面對環境的情境因素影響。例如組織規模大小、授權程序、計畫重要性、管理者需求及組織文化等，說明如下：

1. 組織規模大小：行政機關組織規模大小不一，大型組織者中央機關如內政部、教育部、經濟部、交通部等，地方機關如台北市政府等直轄市，部門龐雜、分工細密、成員眾多，必須依賴法規詳細條文的正式控制系統，才能有效控制；小型組織者中央機關如客家委員會、原住民委員會等，地方機關如連江縣政府等，由於部門單純、成員不多，可採行彈性的控制系統，如非正式控制系統或走動式管理（management by wandering around）等。

2. 授權程序：政府部門為層級式官僚組織，必須依賴授權來提升控制幅度。組織授權程序越高，控制的數目越多、範圍越廣；反之，則控制的數目越少。

3. 計畫重要性：行政機關個案施政計畫規模及預算金額大小不一，其執行結果影

響層面亦有差異。越重大的計畫，越需要周詳與正式的控制系統；小型或例行性計畫，應盡量授權執行機關自我控制。

4. 管理者需求：不同的行政首長對政策或計畫重視類別不一，對控制重視程度亦不一致；因此，對控制需求也有不同的差異。

5. 組織文化：行政機關長期組織價值觀與傳統處事習慣，所形成的組織文化將影響對控制的看法與作法。組織文化越民主，越偏向自我控制；反之，組織文化越專制，越偏向正式的外部控制。

9.3.3 有效控制的原則

控制系統的設計目的，在協助執政機關達成政策或計畫的目標。有效的控制系統必須適當、合理又可行，被組織成員接受，認為有助其工作的執行，他們才會對控制持正面態度。有效控制的原則如下：

1. 建立適當的控制體系：行政機關組織規模大小及主管業務複雜度不一，除行政院或各地方政府建立控制的基本規範外，宜根據不同機關特性建置個別合適的控制系統。

2. 參與式控制系統設定：行政機構控制系統的建構與控制標準的訂定，應讓執行機關及相關人員參與，可以讓參與者表達其需求，瞭解控制的性質與目的，以降低其未來抗拒控制的心態。

3. 設定適當的控制標準：政策或計畫的績效控制標準，宜由控制機關（單位）與執行機關（單位）共同設定，理想的控制標準應是合理、可行又具有挑戰性。

4. 實施正確必要的控制：行政機關有時會有過度的控制，將所有政策或計畫無論大小都納入控制系統，採取統一標準的作業程序，形成重複控制及行政作業的增加。

5. 採行多元的控制方法：行政機關應根據政策或計畫規模大小及複雜程度，決定選擇內部控制、外部控制，或前饋、同步及回饋控制方式，並選定適當的控制指標。

6. 提供充足的控制資訊：中央或地方研考主管機關應建構控制資訊網站，充分提供控制相關法規、實務操作方法及最新控制技術與知識，引導執行機關建立自我控制的機制，協助迅速解決執行或控制過程中所發生的問題。

1. 試述控制的涵義與程序？

2. 試從交易成本觀點與資源基礎觀點說明控制方式的異同。

3. 試說明有效控制的特質、原則及環境影響因素？

全台還有17處蚊子館　浪費逾百億

自由時報－2012年9月2日 上午4:33

163處列管 94年開始活化

　　〔自由時報記者王貝林／台北報導〕九月起立法院將進入審查預算的新會期，立委能否看緊人民荷包，備受關注。根據審計部一百年度中央政府總決算審核報告的追蹤，政府為收拾「蚊子館」的爛攤子，九十四年成立專案小組，依個案不同性質訂定活化標準，共管制一百六十三處；專案小組已於今年五月停止運作，卻仍有十七處未能有效活化，等於白白浪費一百一十三億人民納稅錢。

　　審計部的報告雖肯定專案小組的活化成效，但也呼籲政府，應加速研擬後續管考機制、追蹤活化成效，國家資源才能有效利用。

　　審計部九十四年調查公共建設計畫執行績效，函請行政院改善，行政院同年八月成立「活化閒置公共設施專案小組」，九十五年二月核定推動方案逐案活化，並在九十八年二月明定專案小組執行期限至今年五月截止。總計專案小組共列管一百六十三處蚊子館，其中絕大多數都是「一鄉鎮市一停車場」政策下、無視需求興建的停車場乏人問津，還有不少市場、運動休閒場館及各種民眾活動中心、遊客中心閒置。

2/3公共設施 閒置逾10年

　　這些公共設施興建時間從六十五年至九十八年不等，三分之二都已閒置十年以上，專案小組重新評估當地特性及需求後協助活化，其中「台東國立台灣史前文化博物館」轉型為「台東文旅休閒行館」、雲林虎尾的「現代化大型批發魚市場」轉型為圖書館及青少年活動場等，都是使用性質一百八十度轉變的活化成功案例；也有像彰化縣政府將閒置的停車場委外經營，透過減收租金換取廠商自行維護更新設備，吸引廠商接手經營，縣府未再投入經費即達成活化目標。

但是，有部分活化措施遭遇地方配合度不高的困境，其中多半是因地方財務不佳，要將閒置的設施活化，需先花一筆維護或改造經費，且沒有把握活化措施可以奏效，所以對「解決前人留下的爛攤子」往往興趣缺缺；此外，也有像南投名間、高雄茄萣閒置的停車場，一度規劃改為照護機構、社福機構，最後又不了了之。

轉型活化 多數尚待努力

截至今年五月專案小組停止運作，仍有十七處公共設施未能達成活化目標，相關建造經費共近一百一十三億元，依使用性質大致可分為停車場類七處、休閒遊憩類六處、焚化廠納骨塔三處、漁港案一處，建造經費從一千五百萬元至二十三億元不等，以歷時十九年、歷任四屆市長的台南海安路地下街花費最多；十七處中有八處專案小組查核至今年五月仍完全閒置；另九處設施也僅低度使用，尚待繼續活化。

這十七處設施中，有部份設施在當地政府努力下，近月來轉型活化有成，不過多數仍在尚待努力階段。

| 個案研討 |

1. 全台灣為什麼會有那麼多蚊子館？是政策規劃出了問題？還是控制出了問題？
2. 審計部的報告雖肯定專案小組的活化成效，但也呼籲政府應加速研擬後續管考機制、追蹤活化成效，國家資源才能有效利用。政策靠管考有用嗎？要如何管考才能有效？

中國大陸財政部全面加強績效管理

資料來源：中央日報－2012年11月1日 上午11:20

　　中國大陸財政部將全面加強績效管理。在10月30日發佈的《預算績效管理工作規劃（2012-2015年）》中，財政部要求推進重大民生支出項目和企業使用財政性資金績效評價。此外，根據《規劃》制定的《縣級財政支出管理績效綜合評價方案》等配套文件也一併印發，其中亦對今後縣級財政提出了債務風險評價要求。

　　《規劃》提出了未來績效管理的總體目標，包括進一步逐步覆蓋績效目標，不斷增加編報績效目標的專案和部門，逐步擴大覆蓋範圍。此外，還要明顯擴大評價範圍，各級財政和預算部門都開展績效評價工作，並逐年擴大評價的專案數量和資金規模。

　　具體實施方面，財政部表示，將實施擴面增點工程，到2015年編報部門整體支出績效目標的一級預算單位占本級所有一級預算單位的比例力爭達到30%。編報績效目標的轉移支付資金占本級對下轉移支付規模的比例力爭達到40%。編報績效目標的專案預算資金占本部門專案預算資金的比例力爭達到50%。

　　《規劃》特別提出，要推進重大民生支出專案績效評價和企業使用財政性資金績效評價。未來逐步涉及三農、醫療衛生、節能環保、保障性安居工程等重大支出專案。此外，還將以產業轉型升級、節能減排、科技創新等相關財稅政策為評價重點，開展企業使用財政性資金績效評價，完善資金監控制度，提高資金使用效益，確保實現宏觀政策目標。

　　《規劃》要求，2013年起各級財政部門將預算部門報送的重點績效評價結果向同級政府報送，為其決策提供依據，未來完善績效評價指標體系，初步形成體現各行業、專業等方面特點的各類評價標準，並將建立全國統一的績效資訊資料庫，實現資源分享。

　　30日發佈的《縣級財政支出管理績效綜合評價方案》，也對縣級財政績效

管理進行了部署，提出未來將重點考核重點支出保障程度、財政供養人員控制和財政管理水準三方面內容。

其中，在財政管理水準方面，未來將以預算收支平衡、總預算暫存暫付款、債務風險、年終結轉為主要評價內容，評價縣級財政在上述幾方面的管理水準。特別是在債務風險方面，財政部要求今後各地根據債務風險程度指標分檔後，各縣通過地方政府性債務風險預警機制測算得出具體得分。

財政部還表示，未來將在《預算法》及其實施條例中對預算績效管理的基本原則、基本要求等內容做出明確規定，使預算績效管理工作有法可依、有章可循，為全過程預算績效管理順利開展提供堅實的法律基礎和有力的法律保障。（大陸國研網專供，作者：郭一信）

| 個案研討 |

1. 中國大陸預算控制有那些特色？兩岸預算制度有何異同？

2. 中國大陸以預算收支平衡、總預算暫存暫付款、債務風險、年終結轉為主要評價內容，評價縣級財政管理水準。可以產生什麼樣的效果？這種評價縣、市政府財政管理制度，在台灣可行嗎？

Chapter 10
施政工作追蹤管制

　　政府部門為提升施政執行力，落實施政目標的達成，運用現代管理的方法，建立施政工作追蹤管制作業體系如圖10-1，以為施政過程重要的控制依據。政府部門施政工作的過程控制，依事件發生的時間順序及計畫類型可區分為追蹤與管制二種控制方式。一般而言，對非計畫型事件或方案的控制，稱為追蹤；通常為會議的結論、決議或首長指（裁）示事項，或為特定目的所形成之綜合性方案，沒有明確的預算，達到階段任務後即可解除追蹤，或形成計畫後進入管制階段。而計畫型事件或方案的控制，稱為管制；通常為具體的計畫，訂有明確目標、執行事項、經費及執行期程等內容。

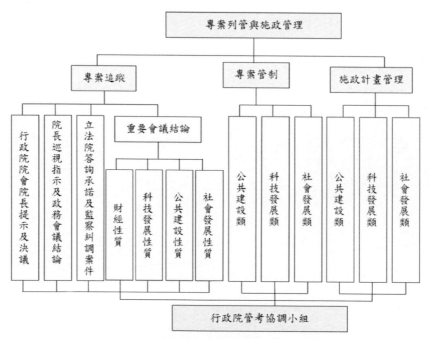

圖10-1　施政工作追蹤管制作業流程圖

資料來源：行政院研考會

政府部門在施政工作執行過程進行追蹤或管制作業，其主要目的係督促執行機關（單位）建立施政工作相關資料，提供首長、上級機關、及管制、會計、審計等機關（單位）相關資訊，以作為決策、控制與績效檢討應用，如圖10-2，藉以提升整體施政管理績效。本章節介紹政府部門施政工作追蹤及計畫管制作業。

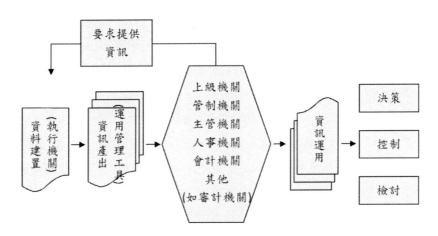

圖10-2　施政工作追蹤、管制資訊運用關係

資料來源：行政院研考會

10.1 追蹤作業

追蹤作業係指對於長官重要的指示、相關會議具體的結論或尚在研擬階段的計畫，要求主管機關定期提報辦理情形，瞭解並掌握其執行進度。依其性質區分為「一般追蹤」及「專案追蹤」二類。一般追蹤是指行政機關重要會議決議、首長重點指（裁）示及例行追蹤事項，例如行政院一般追蹤事項包括「總統政見」、「院長交辦或指示事項」及「監察案件」等。專案追蹤是指行政機關某段時期首長指示重點施政工作或重大事件的追蹤，例如行政院專案追蹤事項包括「行政院治安會報」、「行政院毒品防治會報」、「中央廉政委員會」及「食品藥品安全專案會報」等會議主席裁（指）示事項追蹤。

追蹤事項依類型可分區為：擬定或修訂政策與法規、解決政策執行存在的問題及對於現行政策或法規執行的瞭解與查詢等三個類型；第一種類型為擬定或修訂政策或法規，首先評估政策或法規是否需要或可行，如果該政策或法規已有相關政策在執行，或已有相關法規可以規範，或評估在現行環境下是不需要或不可行的，則經由

評估結果陳報後，即可解除追蹤；其次，如果經由評估結果政策或法規是需要或可行的，那主管機關（單位）就必須根據追蹤事項的內容，擬定或修正政策或法規，並提出預期目標、執行步驟及預期完成期限，作為負責追蹤機關（單位）追蹤執行情形的依據，直到擬定或修訂政策與法規完成，才能解除追蹤。

第二種類型為解決政策執行存在的問題，主管機關（單位）接到追蹤機關（單位）送（傳）來的追蹤事項，必須評估該項問題是否存在，如果不存在經由說明陳報即可解除追蹤；如果存在就必須根據追蹤事項的內容，研擬解決方案，提出解決問題的目標、執行步驟及預定完成期限，作為追蹤的依據，直到該項問題解決簽報核定後，才可解除追蹤。

第三種類型為對於現行政策或法規執行的瞭解與查詢，該類型占所有追蹤事項的比例屬最高，惟此種追蹤事項內容較為模糊，研考與主管機關（單位）認定較易產生差距，常引起追蹤過程的爭議與解除追蹤認定的困難；一般而言，此類型的追蹤事項經由主機關一次充分說明後，即可解決追蹤。

由於追蹤作業係為貫徹首長施政之意旨，因此有效之追蹤，可使首長適時而充分瞭解追蹤事項之執行內容及相關問題；必要時，並可協助主管機關解決執行上所遭遇之困難，進而達成追蹤之目標。此外，追蹤作業亦可提供足夠之資訊，促使主管機關於擬訂相關行動計畫時，更加周延、更具可行性。

行政院所屬各機關追蹤作業主要依據「院長交辦或指示事項追蹤作業要點」及「監察院糾正及調查案件追蹤管制作業注意事項」二項法規，地方政府亦訂定類同的相關法規，其追蹤作業流程如圖10-3，說明如下：

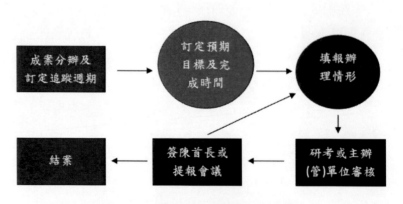

圖10-3　施政工作追蹤作業流程圖

資料來源：行政院研考會

1. 研考或主辦（管）單位分辦：中央或地方管考機關（單位）收到長官重要的指示及相關會議結論後，立即依據案件性質及主管業務機關進行分辦。分辦事項包括：會議或決議（定）來源、辦理事項、主（協）辦機關（單位）、資料提報方式、資料提報週期。

2. 研訂執行計畫：依據案件性質主（協）辦機關（單位）收到研考機關（單位）分辦事項後，進行確認及研訂執行計畫。主要內容為負責辦理事項、預期目標、執行事項步驟、各執行事項預定完成期限。

3. 定期提報執行情形：主（協）辦機關（單位）依據所訂執行計畫及研考機關（單位）規定週期，定期提報執行情形。主要內容為執行事項、預期目標達成情形、預期進度達成情形、定期執行情形。

4. 研考或主辦（管）單位審核：研考或主辦（管）單位針對主（協）辦機關（單位）定期提報執行情形進行審查。審查事項包括：（1）執行計畫審查（核）：執行事項是否缺漏、目標及預定完成期限是否合理。（2）定期執行情形審查（核）：預期目標及進度是否達成、預期行事項填報是否完整、落後事項是否提出檢討及因應措施，決定完成事項是否解除追蹤。

5. 定期檢討：研考或主辦（管）單位定期將執行情形提報相關會議。主要內容為檢討截至執行期限執行成果、檢討執行落後案件改進（善）措施、針對辦理成果是否辦理獎懲。

10.2 施政計畫管制基本觀念

我國施政計畫的管制，肇始於民國58年6月國家安全會議第二〇次會議通過「加強政治經濟工作效率計畫綱要」，責成當時行政院研考會負責規劃推動，建立完整的管制考核體系如圖10-4。其後施政計畫管制作業經過多年來的不斷改進，民國90年度開始，確立目前之由院、由部會及由部會所屬機關自行列管三級列管制度，自92年開始由研考會建置「政府施政計畫管理資訊系統」（GPMnet）之網路單一窗口，供各機關上網填報年度作業計畫、辦理情形，並由研考機關或計畫管理機關透過此平台分別針對社會發展類、科技發展類及公共建設類進行管制，並視實際需要辦理實地查證，具體推動管考一元化工作，針對由院管制計畫每季編印「行政院列管案件進度季報」陳報院長及分送各機關參考。

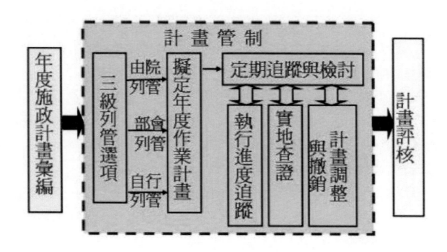

圖10-4　施政計畫管制考核流程

資料來源：行政院研考會

10.3.1 施政計畫管制目的與過程

　　年度施政計畫管制作業，主要目的希望經由事前的預測規劃與整備，執行中的控管與協調，排除過程中執行困難與問題，以期順利達到預期的施政目標。因此，年度施政計畫管制作業過程包括：年度施政計畫的選項、擬定作業（執行）計畫、執行進度的填報、計畫的調整與撤銷及實地查證等程序；所謂年度施政計畫的選項係指所屬各機關提報列管計畫項目，並建議列管的層級，例如我國中央政府施政計畫採取三級列管制度，即行政院層級列管、部會層級列管及執行機關（單位）自行列管，台北市及台北縣政府採行二級列管制度，即縣（市）府層級列管及所屬機關（單位）自行列管，此項列管方式為我國政府部門獨有的設計。

　　擬定作業（執行）計畫係指年度施政計畫執行前，將計畫的執行過程、進度與預算作事前的安排，以為執行與管制的依據；執行進度填報係指執行機關根據作業（執行）計畫及規定的管制週期，定期提報執行情形，如逢執行進度落後，並檢討執行落後原因及提出因應措施；計畫的調整與撤銷係指年度計畫執行過程中遇到外在不可抗逆因素或政策的改變，影響執行進度時計畫必須作適度的調整，或因政策及預算不足，致計畫無法繼續執行必須撤銷列管；實地查證係指年度計畫執行中因政策需要或執行落後嚴重，採取例外管理的方式，進行實地瞭解現況及協助排除執行困難的問題。上述年度施政計畫管制的作為，亦為我國政府部門管理的特色。

10.3.2 施政計畫的管制程序

施政計畫經由規劃及預算編審，經民意機關（中央為立法院、地方為縣市議會）審議通過後；接著，進入行政機關執行階段，為確實控制施政計畫執行的內容與進度，同時行政機關採取管制措施。而施政計畫執行與管制同時進行期間，相關機關必須進行執行計畫工作事前安排、執行進度資訊的掌控、執行機關的協同合作及執行計畫的調整與修正等程序，茲分別說明如下：

1. 執行計畫的事前安排：年度施政計畫內容與預算確定後，為讓計畫在年度內如期如質的完成，將執行工作及預算使用作事前的安排，即主管（辦）機關提出執行（作業）計畫就顯得格外重要。執行（作業）計畫最主要目的是將執行工作事項流程、進度及預算作事前預測與合理的排定，以作為年度施政計畫執行與管制的依據。根據Taylor科學管理理論之工作分析與設計，以及Gantt提出條狀圖的使用，都有助於執行計畫工作的安排。

2. 執行進度的資訊掌控：根據執行計畫安排的工作步驟、進度及預算，執行機關必須依期程落實執行，將執行資訊正確的記載，除作為自我管理的根據外，並可提供上級機關或外部管制機關控管的資訊，以利執行遭遇困難時，即時協調解決或作彈性的調整。施政計畫執行進度的掌握，涉及到控管機關層級的問題，根據Coase（1932）及Williamson（1985）所提出的交易成本理論主張，施政計畫會因主管（辦）機關自我管理及外部（上級）機關的監督管理，產生不同的控管與行政成本。

3. 執行機關間的協同合作：施政計畫執行會因計畫性質、執行範圍及工作分工等因素，將權責機關區分為主管機關（單位）、主辦機關（單位）及協辦機關（單位）等，必須仰賴不同機關（單位）間協同合作，才能讓施政計畫順序執行依期完成。依據Follett的領導理論，不同機關間應以夥伴關係代替指揮關係，每一機關應以合作的精神為基礎；Barnard的合作系統理論亦提出相互合作的重要性，只有在目標與利益相互一致下，才能建立不同機關間的協調與合作關係。

4. 執行計畫的調整與修正：施政計畫如果事前規劃的妥當，並在政策及外在環境穩定下，能夠如期如質的完成，為施政計畫執行最佳的結果；惟行政計畫的執行常受政治干擾、政策的變更及環境天災的影響等不可抗拒因素，非一般行政機關所能掌控的，在此情境下所產生的施政計畫執行落後，必須作適當的

調整與修正，才能具有符合計畫執行的實際情況。根據權變理論（Contingency Theory）認為沒有一套絕對的組織原則（Organization Principles），任何一原則只有在某種情況下才能效用；因此，行政機關宜因應政策變動或外部環境的影響，必要時應將執行計畫作彈性的調整與修正。

10.3 施政計畫的管制作業

行政院為落實年度施政計畫執行，訂頒「行政院所屬各機關施政計畫管制作業要點」及「行政院所屬各機關管制考核業務查證實施要點」二種，其目的係藉由計畫事前執行工作流程、進度及預算的安排、事中執行狀況的掌握及遭遇困難問題的排除，以落實原規劃執行事項及目標的達成。而二種要點主要內涵包括：年度施政計畫選項列管作業、研擬作業（執行）計畫、填報執行進度、實地查證作業、計畫調整撤銷作業，而地方政府準用或自訂法規辦理。分別說明如下：

10.4.1 選項列管作業

依據行政院所屬各機關施政計畫管制作業要點規定，各機關年度施政計畫應分為行政院管制（以下簡稱院管制）、部會管制及部會所屬機關自行管制（以下簡稱自行管制）三級。各機關年度施政計畫，符合下列原則之一，應列為院管制計畫：

1. 報行政院核定之專案計畫，經行政院指定由院管制者。
2. 重要中長程計畫須由院管制者。
3. 當前重大政策。
4. 跨部會執行之重要計畫。
5. 其他經行政院選定之重要年度施政計畫。

各機關年度施政計畫，符合下列原則之一，應列為部會管制計畫：

1. 首長指示之重要施政項目。
2. 二個以上所屬機關共同執行之計畫。
3. 各部會內部單位執行之計畫。
4. 其他未列為院管制之中長程計畫或重要年度施政計畫。

各機關年度施政計畫未列為院管制或部會管制者，均應由各部會所屬機關列為自行管制計畫。其選項列管程序如圖10-5，包括：

1. 行政院式地方政府頒布選項列管原則，並辦理說明會。

2. 所屬各機關（單位）依據審定之年度施政計畫，提報年度列管計畫及預算，並建議列管等級及方式。

3. 研考（計畫）機關（單位）審查各機關提送計畫及預算正確性，並審查列管等級及方式的適切性。

4. 召開施政計畫審議會議或經由首長核定。

5. 各機關（單位）依核定計畫執行與列管。

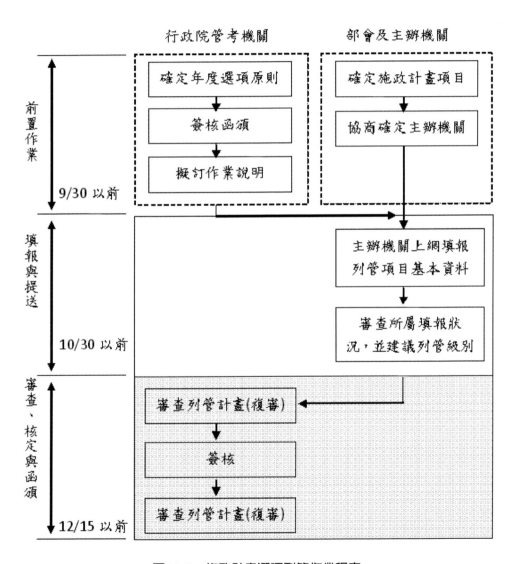

圖10-5　施政計畫選項列管作業程序

資料來源：行政院研考會

10.4.2 研擬作業（執行）計畫

依據行政院所屬各機關施政計畫管制作業要點規定，各機關年度施政計畫分級管制項目核定後，應擬訂作業計畫，作為執行及管制依據。其作業程序如圖10-6,說明如下：

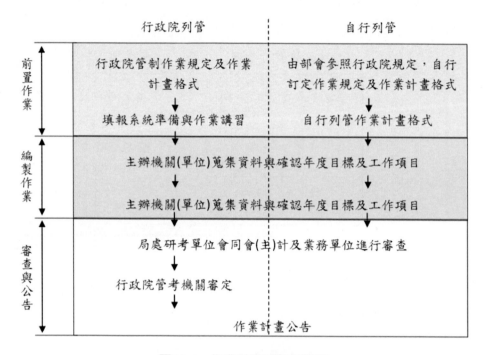

圖10-6　作業計畫編制作業圖

資料來源：行政院研考會

1. 訂定作業規定與報表格式：由行政院或部會管考機關訂定作業規定與報表格式，並向相關機關（單位）說明作法。原則上，各機關（單位）依其原核定計畫內容複雜性及列管需求擬定作業（執行）計畫，其作業（執行）計畫內容區分為二類型：複雜型內容包括：計畫依據與源起、中長程目標與年度目標、執行事項（步驟）、預算分配、績效指標、權責分工、協調事項與方式、分年分項工作研擬（工作流程、進度及預算安排）；簡單型內容包括：計畫內容、關鍵查核點、進度與預算分配。

2. 資料蒐集與目標確認：包括確定主（協）辦機關、蒐集上游計畫及可使用年度預算、及由主（協）辦、會計、研考機關（單位）共同確認年度階段目標。

3. 作業計畫研擬：院管制計畫，各級機關研考單位應協助該計畫主辦單位於1月15日前擬訂作業計畫，作為執行及管制依據；部會管制計畫及自行管制計畫，則應依各部會所定時程，擬訂作業計畫。由二個以上機關或單位共同主辦者，管考機關或研考單位得視業務性質指定一機關或單位負責綜合作業，該機關或單位應主動協調各主辦及協辦機關或單位確定分工，於規定時限前，彙擬作業計畫，其內容及結構如表10-1及圖10-7。

4. 審查與公告：作業計畫由各級機關研考單位負責審查；院管制計畫由部會初核後，送行政院管考機關核定；部會管制計畫由部會核定；自行管制計畫則依部會規定，由部會核定或由主辦機關自行核定。研考（計畫）機關（單位）審查內容，包括：作業（執行）計畫的完整體、執行流程（查核點）的適切性，績效指標的適當性，執行進度與預算分配的合理性。最後，由研考與計畫執行機關（單位）協商與確認並公告。

表10-1　作業計畫編制內容

計畫要項	注意重點
年度目標	確認年度具體目標，或輔以間接指標
經費來源與使用	掌握經費來源與數量（年度、追加、保留） 確認用途項目（經常、資訊、採購、建築、行政）
工作項目	必須能達到年度目標 區分具體工作項目，並注意關聯性
進度規劃與預算分配	分月工作摘要應列量化目標 工作步驟安排應注意各工作項目之配合 預算應依工作步驟、預定量適當分配
重要查核點	瓶頸點、階段檢查點、可能影響進度之關鍵點 （均需限制時間）

資料來源：行政院研考會

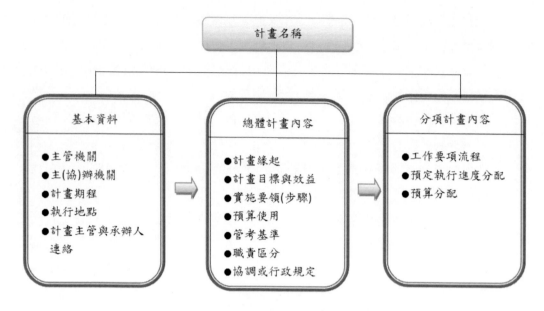

圖10-7　年度列管作業計畫結構圖

資料來源：行政院研考會

10.4.3 定期檢討與進度管制

　　行政機會部分施政計畫管制採取自我檢查、關鍵查核及例外管理的原則，其作業程序如圖10-　，說明如下：

1. 主辦機關自我檢查：主辦機關主管人員必須定期掌握計畫實際執行進度與作業計畫預期進度是否產生差異；檢查重點包括工作進度、預算支用進度及重要查核點達成情形，如圖10-8。

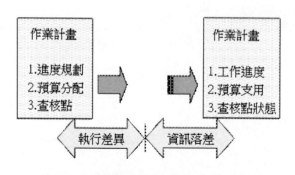

圖10-8　計畫實際進度與預期進度差異圖

資料來源：行政院研考會

2. 進度填報：各機關（單位）依核定列管週期填送執行進度報表，執行進度報表內容包括：計畫列管週期重點執行工作、截至週期日重點工作執行情形、執行進度、預算使用情形及落後事項檢討與因應措施。

3. 差異分析與檢討：研考（計畫）機關（單位）依原審定作業計畫，審查執行進度報告填報的完整性、執行進度與預算使用是否符合原規劃標準。針對落後超過一定幅度計畫確實進行差異分析與檢討，研提管考建議；針對超過執行機關權限事項，提出解決或主動協調解決。

4. 資料處理與運用：定期彙整執行進度報告提報行政院會議或專案檢討會議，督促落後案件改善執行情形。對於執行進度落後超過一定幅度案件，可採取提高管考頻率方式，密集糾正計畫執行，加速計畫趕上進度。特殊落後案件，可採行專案報告及實地查證方式。

10.4.4 實地查證

依據行政院所屬各機關管制考核業務查證實施要點規定，行政院管考機關（單位）在施政工作執行期間，可以運用查證方法，如圖10-9，針對列管案件執行落後者採取例外管理措施，進行實地訪問或訪查，瞭解遭遇的困難問題，協助協調排除，讓施政工作如期如質完成。

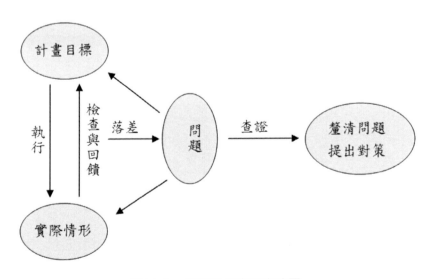

圖10-9　施政工作查證方法圖

資料來源：行政院研考會

Chapter 10　施政工作追蹤管制

1
7
3

施政工作查證採取重點與彈性原則，針對進度落後影響重大案件，採行業務訪問為主、實地查證為輔方式，著重資訊瞭解、進度追蹤及問題發覺，視個案性質與類別採取彈性的運用，其查證的流程如圖10-10，說明如下：

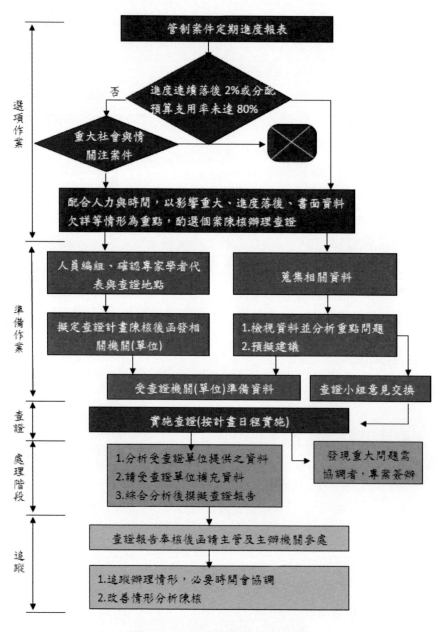

圖10-10　施政工作查證方法圖

資料來源：行政院研考會

1. 選項查證作業：針對年度管制案件定期進度執行報表，篩選進度落後者或社會輿情重視案件，經協商主管機關進一步瞭解執行情形，決定是否列入查證案件。
2. 查證準備工作：查證機關（單位）協商計畫執行機關蒐集更多執行情形及問題資料，研析問題癥結及可能現象，確定查證重點如圖10-11所示，並擬定查證計畫。查證人員視個案需求進行編組分工，事前研商交換意見，必須時邀請學者專家及相關機關（單位）參與，共同協助解決問題。

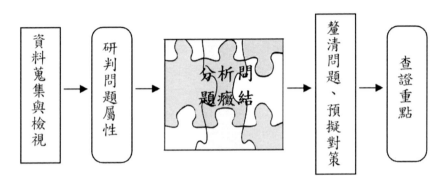

圖10-11　施政工作查證重點流程圖

資料來源：行政院研考會

3. 實施查證：著重資訊瞭解、進度追蹤、問題發覺、績效核對及釐清待解決問題事項等，進行實地觀察及檢討會議，深入瞭解實況，共同研商可行改善對策。
4. 撰擬查證報告：根據資料分析及實地查證結果，撰擬查證報告，提報相關管制會議或簽請首長核定，送請計畫執行機關參考改善，並將建議事項納入列管計畫執行進度查核。

10.4.5 調整撤銷作業

當計畫執行遇到外在環境變化或不可能抗拒之影響因素等，致計畫執行與原規劃產生巨大差距時，計畫主管機關必須調整計畫執行內容、進度及預算；當計畫執行遇到政策改變或組織變動等因素，致原政策必須停止執行時，計畫主管機關必須撤銷原計畫列管作業。依據行政院所屬各機關施政計畫管制作業要點規定，各施政計畫主辦機關應依核定之作業計畫貫徹執行，但符合有下列情形之一者，得申請調整作業計畫：

1. 機關或單位任務變更、編併或裁撤，影響計畫執行者。

2. 制度或法規變更，影響計畫執行者。

3. 年度計畫預算（資源）增減，影響計畫執行者。

4. 遭遇不可抗力之特殊因素，嚴重影響計畫執行者。

符合有下列情形之一者，得申請撤銷管制：

1. 機關或單位任務變更、編併或裁撤，無法辦理者。

2. 政策或情勢變更，應予停止辦理者。

3. 原奉核定之資源條件消失，無法辦理者。

4. 併案或分案管制者。

申請案件主辦機關應在年度或計畫結束前三個月提出，院管制計畫之主管部會並應在年度或計畫結束前二個月核轉行政院，逾期不得申請。申請調整作業計畫之幅度，除以原定當年度工作事項為範圍外，應先依行政院所屬各機關中長程計畫編審辦法修正計畫後始得提出申請。

| 問題討論 |

1. 何謂追蹤？追蹤與管制作業有何不同？追蹤作業包括那些程序？

2. 試說明施政計畫的管制作業？

內政部落實總統政見，執行成果受民眾肯定

資料來源：2010-05-17 00:00 AM 內政部發言人室

　　總統上任迄今滿兩週年，內政部逐一落實執行總統各項政見，包括青年安家、生態環境及照顧弱勢等面向。主要成果包括推動「青年安心成家方案」、建設污水下水道系統、推動「生態城市綠建築方案」、補助弱勢老人裝置假牙及特殊境遇家庭等。

　　對於總統在競選時所提出的新婚首次購屋、生育子女換屋優惠，內政部辦理「青年安心成家方案」，98年度實際補助1萬6,760戶買屋者前2年200萬元零利率的購屋貸款，補助8,000戶租屋者2年每月最高3,600元的租金補貼。根據內政部於5月13.　14日委託民調機構所辦的民意調查結果發現，支持政府推動本方案之民眾高達83%，認為對於減輕青年成家負擔有所幫助者亦高達78%，99年度內政部將擴大辦理提供2萬戶購屋貸款及1萬5,000戶租金補貼。

　　有關推動污水下水道建設，已完成馬總統要求的每年提升用戶接管普及率3%的目標，98年度實際提升用戶接管普及率3.08%，克服萬難達成目標。前項調查也發現支持政府推動本項建設之民眾高達94%，認為對於改善都市居住環境衛生有所幫助者亦高達93%。江宜樺部長表示，內政部將持續積極加速建設污水下水道系統，讓台灣的生活環境品質趕上西方先進國家。

　　另外總統關注的節能減碳，內政部也推出「生態城市綠建築方案」，獎勵低碳節能綠建築及公部門重大開發案須符合綠建築規定，累計迄今已有711件公有新建建築物取得綠建築標章，預估每年可省電2.18億度，省水940萬噸，其節省之水電費約達6.2億元。調查結果顯示，支持政府推動這個方案之民眾高達87%，認為對於節能減碳、永續環境有所幫助者亦高達84%，內政部將持續積極推動辦理。

　　對於總統非常關心的老人健康，內政部補助低收入戶及中低收入老人裝置假牙，對全口活動假牙補助最高4萬元，半口及部分活動假牙補助1萬5,000元至3萬5,000元，98年度已有4,823人獲得補助。經調查結果顯示，支持政府推動

這個補助措施之民眾高達90%，認為對於提升弱勢老人健康及減輕負擔有所幫助者更高達91%，99年將擴大辦理補助，以減輕弱勢老人經濟負擔。

而為維護特殊境遇家庭的基本權益，內政部已經修法，除了補助單親媽媽外，並增加補助中低收入單親爸爸及隔代教養家庭，內容包括緊急生活補助、子女生活津貼及醫療補助等相關措施，97年迄今共補助特殊境遇家庭3萬856戶、25萬9千餘人次。經調查支持政府推動這個補助措施及認為對於維護特殊境遇家庭的基本權益有所幫助之民眾均高達89%，江部長表示內政部將秉持照顧弱勢的使命，積極維護社會弱勢者的基本權益。

江宜樺部長指出，有關內政部所執行的總統政見，均已落實推動中，除了上述成果外，多項法案已完成草擬送請行政院或立法院審議中，例如修正社會救助法，放寬低收入戶認定標準；集會遊行法由核准制改採報備制；修正紀念日及節日實施條例，恢復兒童節放假；研擬長期照顧保險法草案等等。針對上述辦理中的工作，內政部將繼續積極推動。

│ 個案研討 │

1. 總統政見要經由什麼程序才能展現成效？內政部所發布的成效與總統各項政見有多大的關聯性？

2. 江宜樺部長指出，內政部所執行的總統政見均已落實推動中，除了上述成果外，多項法案已完成草擬送請行政院或立法院審議中。政策或法案完成，就能展現成效嗎？還是要再經後續的執行與管制？

「城鄉風貌示範計畫」落實作業管制提升執行績效

資料來源：2012/10/29 13:4

經濟日報記者 林安妮　　報記者林安妮報記者林安妮／29日報

　　行政院核定、交由經建會列管「臺灣城鄉風貌整體規劃示範計畫」，自98年度執行以來，已進入第4年。經建會表示，由於本計畫推動，對於臺灣各城鎮景觀風采，無論城市或鄉村，都將產生巨大轉變與影響，經建會作為計畫管制、協調與政策檢討機關，對於計畫執行成效，自始即給予極大關注。

　　本示範計畫由內政部主管、營建署主辦，分年編列預算補助各縣市政府執行，性質上需中央與地方高度配合，由於地方政府並無研提計畫經驗，致主辦機關審定計畫即費時甚久，加以計畫核定後需納入地方預算，無法預為掌控議會通過時程，以致進度大幅落後。

　　經建會爰於99年11月召開專案檢討會議，針對此類補助型計畫之推動障礙，於100年1月2日訂頒「院管制經濟發展類施政計畫屬補助型計畫作業管制表」，訂定主要作業流程規範，包括提前於前1年8月提報計畫，當年1月底前完成審查（含10-15%增額備案計畫），並即辦理各項前置作業，地方議會如未及於6月中旬通過預算，則應同意先行墊款，縣市政府必要時得以保留決標方式於6月底前完成招標，否則由備案遞補等做法，期能改善進度延宕問題，發揮計畫效益。

| 個案研討 |

1. 臺灣城鄉風貌整體規劃示範計畫，屬何類型計畫？其計畫採取何種管理或管制方式？地方政府執行機關要自行管制嗎？

2. 臺灣城鄉風貌整體規劃示範計畫主要發生執行落後原因為何？是否為中央補助地方型計畫普遍現象？要如何解決？

第四篇

績效評估

Chapter 11
績效評估工具與技術

　　十多年前影響頗大的暢銷書《追求卓越》，二位作者觀察到，美國成功頂尖企業的十大要訣之一就是「生產力源自員工」的法則，要讓員工有生產力，作法上除了從尊重員工出發外，管理層次也需要強調強硬的一面，即讓員工瞭解到「快樂衡量和績效導向」的管理。

　　工作績效必須加以評量，經由評量並公告，可以良性循環地刺激更多的努力追求績效。余朝權教授指出，他所做的生產力研究結果發現，「凡是已開始衡量自己生產力的企業，其生產力也比較高。……也就是說，工作成果回饋給人們知道時，可激勵人們更加用心工作，追求更高的生產力」，他稱生產力第一原理就是「沒有衡量，就無法進步」。無獨有偶地，David Osbome和Ted Gaebler在暢銷書《政府再造》中也特別呼籲要建立績效評估制度，強調即使沒有獎勵，僅是將成果發佈也會改變整個機構組織，因為績效衡量可以發揮下列幾項有用的功能：衡量什麼，什麼就會被做好；不測量結果，就無法知道成敗；不知道什麼是成功，就無法獎勵；不獎勵成功，可能就是在獎勵失敗；不知道什麼是成功，就無法獲取經驗；不瞭解為何失敗，就無法鑒往知來；能證明有績效結果，就能贏得民眾支持。

　　績效評估具有的多重意義，除了激發追求成功的意念外，也藉以學習失敗教訓。本章分別介紹績效評估的涵義、方法、評估指標及制度的建構。

11.1 績效評估的涵義

　　績效評估係指一個機關試圖達成某項目標、如何達成目標與是否達成目標的系統化過程；基本上，績效評估是指任何利用追蹤與評估組織績效的過程。

　　績效評估是為了瞭解一個機關的工作項目執行的「效果」和「效率」如何的過程。管理大師Peter Drucker認為「效率」即是把目前正在進行的任務做得更好，其意

謂著「把事情做好」（doing things right）；「效能」則為成功的根源，亦即「做對的事情」（doing the right thing）。Robbins認為效能在追求組織目標之達成，效率則在於強調投入與產出間的關係，同時尋求資源成本之最小化。因為組織的資源是有限的，所以效率問題便為管理階層所重視；然而效率與效能兩者之間，具有相互關聯的關係。當管理者以一定的投入生產出更多的產出，或以較少的投入生產出一定的產出時，我們可以稱之為有效率；當管理者達成組織所設定的目標時，我們則稱之為有效能。所以效率的追求著重於方法（means）之使用，而效能的追求則為結果（ends）之衡量。因此，管理者除了考慮如何達成組織之目標外，更需注意到的是結果（outcomes），如圖11-1所示。

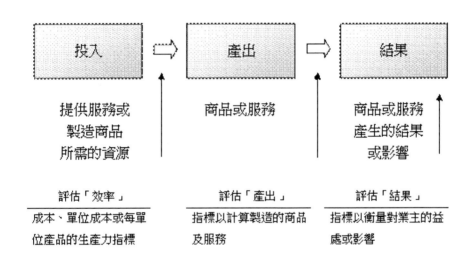

圖11-1　績效評估之過程

資料來源：何志浩等（88年）

11.1.1 績效評估功能

經由績效評估可產生以下五種功能：

1. 評估（To Evaluate）：經由績效評估後可了解一個組織成功與否。
2. 學習（To Learn）：利用評估的過程來發現或學習工作中的經驗或教訓。
3. 激勵（To Motivate）：使大家有一種緊迫感，希望將事情儘快作好。
4. 推展（To Promote）：有了評估結果就可以向公眾和立法機關說明機關的執行成效，以爭取預算。

5. 慶祝（To Celebrate）：使員工因目標明確而圓滿完成工作後，有一種勝利感，有助於未來更努力工作。

11.1.2 績效評估成功要件

根據美國國會會計總署（US General Accounting Office；GAO）的調查，績效評估成功的要件包括：

1. 適時提供清晰的績效資料：美國聯邦機關實施績效管理的經驗顯示，各機關的領導者與資深管理者對於提供績效資訊有相當疑慮，特別是當這些資料準備對外公佈時，各機關的首長大都持著相當的疑慮。如果該績效資訊與資源的配置有相當關係，則提供資訊對於他爭取預算有所障礙，而不願意提供正確資訊。

2. 績效資料之蒐集具有誘因：績效管理涉及機關的任務、策略規劃、策略目標、預算編列、績效指標等工作，這一繁複的過程如果沒有提供強有力的誘因，事實上很難推動績效管理活動，他們需要接受有關績效管理的訓練。

3. 具有熟練技巧的績效管理：五分之二的聯邦官員認為他們需要接受有關績效管理的訓練。他們需要的知識與技巧包括：策略規劃、組織文化改變的技巧、面對多元利害關係人的諮詢與妥協技巧、績效衡量的分析與報告方法、提供有效資料的資訊系統、計畫活動的成本分析法、激勵員工使用績效指標資料的方法、績效預算等。

4. 具有公正權威的績效管理者：到底負責推動績效管理的聯邦管理者，是否有足夠的權威決定那些項目應該建立績效指標？調查顯示少於半數的官員有這樣的決策權，多數是沒有擁有這種權威性。因此，為使績效管理有效推動，對於績效管理者要有公正的權威性。

5. 最高決策者高度認同與支持：績效管理如果沒有最高決策者的支持與認同，無論績效管理者如何努力，都將不會有明顯的成效。

6. 培養互信與自主的組織文化：績效管理可以是一種學習的動力，但也可以是一種懲罰的措施，關鍵就在於如何培養實施績效管理的互信與自主的組織化。

11.2 績效評估方法

Robbins（1990）整合過去學者的理論模式，提出評估組織效能之方法主要包括：目標達成法（Goal-attainment Approach）、系統法（Systems Approach）、策略顧客法

（Strategic-constituencies Approach）及競爭性價值（Competing-values Approach），以及近來學者用來評估組織與計畫績效的資料包絡分析法（Data Envelopment Analysis；DEA）及平衡計分卡（Balanced Score-Card；BSC）。謹簡要說明如下：

11.2.1 目標達成法（Goal-attainment Approach）

目標達成法係依據目標的達成程度來評估組織之績效，其評估之一般準則即建立在組織所欲達成之目的或產出上，因而此方法之運作係以目標之可測性為前提。

由於描述組織目標之最終準則（ultimate criterion）通常是不易衡量的，因此方法之使用可依據最終準則，研擬以產出或結果表示之次最終準則（penultimate criterion），此一層次之準則彼此間具有取捨（trade-off）關係，準則間應力求互相獨立。若次最終準則可予以衡量，則將這些準則加權組合，即可評估最終準則之達成程度。但實際上欲研擬具有取捨關係且互相獨立之次最終準則，則必須達成組織目標之某些過程或狀態，用以描述這些過程或狀態之附屬變數（subsidiary variables）其數目較多。目標達成法概念性架構可以圖11-2.表示之。

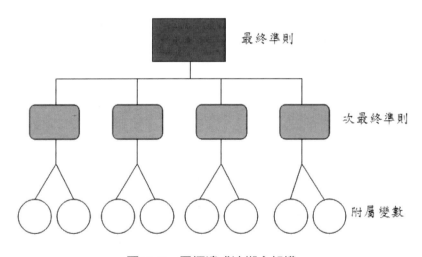

圖11-2　目標達成法概念架構

資料來源：Robbins（1990）

11.2.2 系統法（Systems Approach）

系統法係將組織視為一種系統架構，獲取投入、經過轉換過程並產出。組織目標的重點除了產出部分外，也應該獲取投入／處理過程／輸出管道，以及維持穩定與平

衡方面的能力加以評估;因此,強調組織效能的評估準則,應包含對於長期生存的考慮。此方法乃是假設組織由內部次集合組成的,次集合的績效不佳將會對於組織整體的績效有負面影響;此外,效能必須考慮外部環境中的顧客,並與其保持良好互動關係,尤其是那些有力量影響組織穩定營運的團體或個人;因為組織生存有賴於穩定補充所消耗的資源,所以重視與環境間的關係,以確保組織能持續獲取資源及有利的生存條件。

　　系統法係同時以手段及目的來評估組織之績效。由系統的觀念來看,組織獲取資源並透過轉換過程而產生,因而可將組織績效以組織系統能為環境所提供的服務或產品之數量,和由於這些服務或產品使得組織能繼續從環境中獲取足夠,且適當的投入來加以描述。系統法如圖11-3.架構。

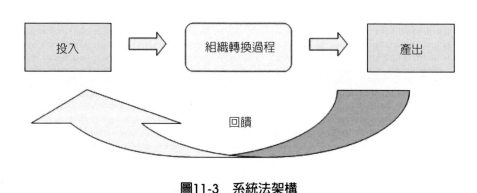

圖11-3　系統法架構

資料來源:Robbins(1990)

11.2.3 策略顧客法(Strategic-constituencies Approach)

　　策略顧客法認為有效能的組織必須能滿足某主要顧客的需求,以獲得組織持續生存所必須的支持。此法有些類似系統法的觀點,但是並非考慮所有的環境因素,而是只有考慮那些在環境中會影響組織生存的因素。此法假設組織是既得利益者競爭資源的競技場,因此組織效能是評估組織能否滿足那些賴以維生的關鍵顧客,這些顧客各有其獨特的價值觀。

　　策略顧客法係以組織對其主要顧客需求的滿意程度來評估組織績效。策略顧客法將評估重點置於組織賴以生存之支持者上,因而如何衡量支持者主觀的滿意程度,實為使用此方法之關鍵所在。

11.2.4 競爭性價值法（Competing-Values Approach）

競爭性價值法評估組織的準則，係依評估者及其所代表的利益而定，因此對於準則重要性的排列結果，將能夠反應評估者的價值觀，而非所評估之效能。其基本的假設是組織效能並沒有所謂的最佳準則，所以對於組織效能的觀念與評估者所選定的目標是基於評估者個人的價值、偏好與利益；而這些不同的偏好取向可加以整合與組織，產生競爭價值基本組合。學者以多重向度分析得出評估組織績效之空間，以供評估者思考，其主要向度為反映成果之目的－手段，這些向度對組織績效評估指標之選擇有釐清及整合的作用。

競爭性價值法認為評估組織效能的準則，基本上可區分成三類競爭價值（圖11-4）：

第一類為與組織結構有關之競爭性價值：從強調「彈性」（flexibility）到強調「控制」（control）。這個彈性／控制構面反映出存在組織中創新、適應力、變革的價值與職權、秩序、控制的價值之間的衝突。

第二類為與組織哲學有關之競爭性價值：從強調「員工的發展」到強調「組織的發展」。這是存在組織中關心員工的感覺、需求與關心組織的生產力、目標之間的衝突。

第三類為與組織之「目的」與「手段」有關之競爭性價值：從強調「處理過程」到強調「最終結果」。組織應以長期性準則（手段）與短期性準則（目的）來評估其績效。

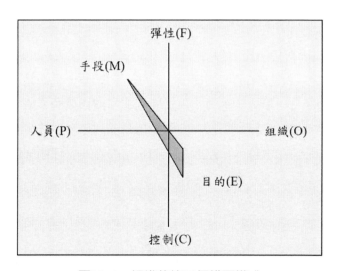

圖11-4　組織效能三個構面模式

資料來源：Ouinn & Cameron（1983）

11.2.5 資料包絡分析法（Data Envelopment Analysis；DEA）

　　資料包絡分析法是Charnes、Cooper與Rhode三位學者，首先於1978年提出的一種績效衡量方法。主要是利用「包絡線」（envelopment）的技術代替一般個體經濟學中的生產函數，該包絡線在經濟學上，意指在各種可能生產組合中「最有利的各組合點」所形成的「邊界」。資料包絡分析法模式將所有被評估單位的投入項與產出項對映到幾何空間中，並尋找其邊界，凡是落於邊界上的單位，資料包絡分析法認為其投入與產出組合最有效率，其績效指標定為1；至於其他不在邊界上的單位，則以特定的有效率點為基準，給予一個相對的績效指標（大於0，小於1），即這些點皆在該包絡線所形成之凸集合內，不在邊界上。根據假設的不同，分別有CCR模式、BCC模式、加法模式（Additive Model）及差額基礎模式（SBM）。

　　DEA方法之相對效率分析，可以快速量化比較不同個案計畫績效，並顯示不同個案計畫其無效率的來源；效率強度分析，可以明顯區分不同個案計畫效率高低；差額變數分析，可以指出不同個案計畫投入與產出項的效率值；因此，DEA方法確實可以解決行政機關應用傳統績效指標法之指標不夠客觀、評估過程冗長、評估結果不易橫向比較及無法即時回饋等部分問題。但是，DEA方法的應用必須考慮：計畫執行過程可能受到不可控制環境因素影響、執行機關是否提供充分正確資料（訊）、評估人員專業能力、及選擇投入與產出評估指標是否適當等，所產生效率值偏差問題。

11.2.6 平衡計分卡（Balanced Score-Card；BSC）

　　1992年Kaplan and Norton提出平衡計分卡（Kaplan and Norton, 1992），包括財務、顧客、內部流程、學習與成長等四個構面，當作一個績效衡量的系統使用，強調財務與非財務、內部與外部、領先與落後，以及短期與長期指標的平衡。經由多年研究的演進，逐漸強調組織願景及策略結合，而將四個構面轉變為組織驅動因子，即財務構面可使一個組織創造股東價值的持續成長；顧客構面在為目標顧客定義價值；內部流程構面在於要求內部流程的卓越以滿足顧客；學習與成長構面在衡量一個組織創新、持續改善和學習能力，如圖11-5。

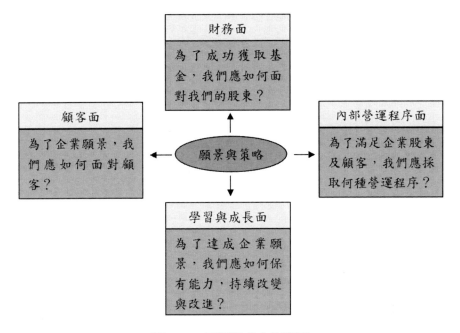

圖11-5　平衡計分卡架構圖

資料來源：Kaplan and Norton（1996b）. Linking the Balanced Scorecard to Srategy

11.3 績效評估指標

　　管理大師Peter Drucker指出：「管理工作的基本要素之一就是衡量與評估，管理者建立衡量尺度，對於組織成員之績效而言，很少有其他因素如此重要」。其中建立衡量尺度所指的就是建立評估標準與衡量模式，也就是所謂績效衡量（Performance Measurement）與績效指標（Performance Indicators；Pls）體系的建立。而績效衡量與績效指標事實上是互為因果的，由於政府績效衡量的困難性使績效指標不易設計，如缺乏有效的績效指標將使績效衡量難以進行。「經濟合作與發展組織」（OECD）的會員國均認為，績效衡量的主要目的為提供較佳的決策與改善整體的產出結果，且其為公部門現代化與行政革新的關鍵要素。同時，自1980年以來，績效指標乃公共服務的焦點所在，適當的Pls設計已成為有效績效管理系統的必要條件。

　　近年來，以「績效」作為政府再造的核心價值已成為當代政府的共識，而評估績效的優劣與否端賴有效的績效指標設計與運用。OECD在檢視其會員國進行績效管理的努力時，曾對績效指標定義為：「對績效從事量化衡量，對績效是否恰當提供表面

上的標示」；除此之外，Cartor與Greer更指出績效指標乃執行非干涉控制（hand-off control）以及課以機關責任的工具，它亦是目標設定機制的核心，更是資源分配的管道。換言之，一個理想的績效指標本身除作為一種評估工具之外，它也應能夠正確且具體的反應組織的目標以及應負的責任。

11.3.1 建立績效評估指標的原則

　　Carter Klein和Day（1992）引用系統論的觀點認為如欲建構績效管理模式，在概念上可從投入（input）、過程（process）、產出（output）與結果（outcomes）四個層面加以分析，包括：

1. 投入：指組織活動所需的資源，包括人員、設備與消耗品等。
2. 過程：指組織傳送服務的路徑與方式。
3. 產出：指組織的活動及所製造出的財貨與服務。
4. 結果：指每一個產出對於接受者所產生的衝擊與影響，包括中介結果與最終結果。

　　Talbot（1999）以一簡化的公共績效模型（simple public performance model）表示上述四層面的關係，如圖11-6，並認為此模型的焦點在於：

1. 投入與產出間的效率問題。
2. 減少投入的成本。
3. 合法的過程（due process）與公平性（equity）。
4. 評估投入、產出與結果的關係。

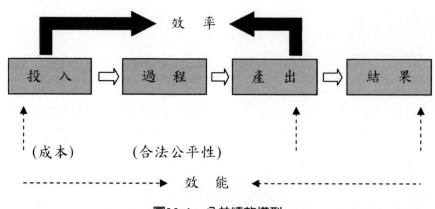

圖11-6　公共績效模型

資料來源：Talbot（1999）

政府績效管理工具與技術

190

綜合上述，組織的績效建構在概念上分為兩大層次，一為組織本身的活動：即投入與產出的過程；二為組織標的對象：即對服務接受者所產生的影響與效果。雖然系統論中的輸出、輸入模式多少可以反映組織活動的績效，但許多組織卻樂於使用具體的概念來建構其績效指標，其中最常見的為所謂的3 E模式，即「經濟」（economy）：考量投入成本與資源；「效率」（efficiency）：考量產出與資源；「效能」（effectiveness）：考量產出與結果。此外尚有論者主張其他的Es，如「公平」（equity）、是否具備「企業家精神」（entrepreneurship）、「功效」（efficacy）、「資格條件」（electability）、「卓越程度」（excellence）、「倫理」（ethics）等。

11.3.2 建立績效評估指標的標準

任何一個組織在從事績效衡量前均需考量幾項步驟，分別為：所要蒐集的資料為何？如何蒐集？應使用何種標準與指標？資料如何分析以及報告如何提出等？其中最具困難之處為績效指標的設計與如何選擇適當的指標。Jackson指出理想的績效指標應符合下列標準：

1. 一致性（consistency）：指組織進行衡量時在時間及標準上應有相同的基礎。
2. 明確性（clarity）：指績效指標應定義明確且易於瞭解。
3. 可比較性（comparability）：指標衡量的結果可以加以比較，方能達成評估優劣的目的。
4. 可以控制（controllability）：指衡量範圍須為管理者可以控制的職權範圍內。
5. 權變性（contingency）：指績效指標的設計須考量內外在環境的差異性，並隨環境的變化作適當的調整。
6. 有限性（boundedness）：係指指標須有一定的範圍且集中在有限數量的指標上，即指標的數量應極小化。
7. 全面性（comprehensiveness）：指標的衡量須涵蓋管理中所有面向。
8. 相關性（relevance）：係指建立績效指標所使用的資訊須正確，且能衡量出特定的需　求與情境。
9. 可行性（feasibility）：係指績效指標能為組織中各級成員接受，符合組織文化。

除了上述原則之外，Rose與Lawton認為良好的績效指標尚須具備信度（reliability）、效度（validity）、時限性（timeliness）、敏感性（sensitivity）和成本效益（cost-effectiveness）等。

11.3.3 有效績效指標具備的條件

Likierman根據一項為期三年的研究計畫，訪查了公部門中五百位中高階主管運用績效指標的實務經驗，提出了二十項值得借鏡之處（lessons）與建議，頗具參考價值。為了便於瞭解，將結果分成四大層面說明如下：

1. 在概念上（concept）

（1）衡量的內容應涵蓋所有相關的要素。

（2）依組織性質的差異性選擇適當的指標數量。

（3）訂定足夠的軟性（soft）或質化指標，特別是品質方面的指標。

（4）指標系統須考量政治系絡與課責型態。

（5）設計指標系統時須讓基層人員參與使其有投入感。

2. 在準備階段上（preparation）

（1）同時建立與重視長期與短期性指標。

（2）確保能公平的反映出管理者的努力成果。

（3）管理者應尋求各種解決失控狀況時的方法。

（4）採納相關組織的運作經驗。

（5）在施行前須確保所有標準均是實際的（realistic）。

3. 在執行階段上（implementation）

（1）新的指標需要藉著時間與經驗來發展（develop）與修正（revision）。

（2）指標系統須與所現存的系統連結。

（3）指標須為衡量對象易於瞭解與接受。

（4）如須採用替代性指標（proxies），必須慎重的選擇。

（5）指標系統引進後須重新評估組織的內部與外部關係。

4. 在實際運用上（use）

（1）用的資料必須是可信的。

（2）評估結果應視為一種指引（guidance）並提供討論，而非最終答案。

（3）強調回饋與追蹤（follow-up）的重要性。

（4）所有指標的權重（weight）並非需要相同。

（5）衡量結果必須在適當的時間內，以易於接受的方式（user-friendly）向管理者提出。

另外，David N. Ammons（1996）也提出建立「績效衡量與監測體系」時應注意的關鍵事項：

1. 績效管理必須和組織的管理策略結合。
2. 產出或結果應充分反應服務對象的需求觀點，不是僅考量技術上方便。
3. 衡量中的效能應以產出或結果為主。
4. 結果、產出或投入指標的設定選擇應遵循一些原則。
5. 績效衡量結果應該公告，並應和獎勵與預算管理結合。
6. 制度的落實完全依賴高層的全力支持與持續關注。

11.4 績效評估制度之建構

　　績效評估制度之建立其主要目的，在引導行政機關走向現代化管理，提升政策執行績效。然行政機關組織龐大、組織大小不一、業務差異性亦大，欲建構一個有效可行的績效評估制度，必須考慮到成本效益、可操作、與現行相關作業規定配合及各行政機關容易接受等前提。根據組織績效評估模式之目標達成法，策略顧客法及競爭性價值法之特性，融入系統法的概念，描繪行政機關績效評估架構，如圖11-7所示，說明如下：

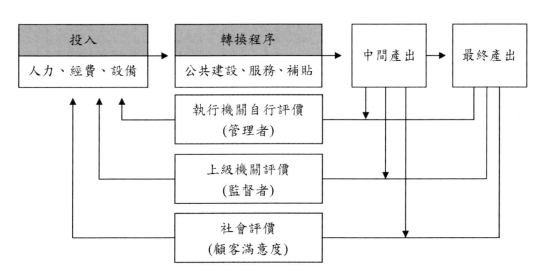

圖11-7　行政機關績效評估架構

資料來源：參考黃旭男（民87年）修正

1. 行政機關從事公務活動，每年度均編列施政計畫，投入人力、經費、設備等資源，進行公共建設、社會福利及為民服務等工作。

2. 行政機關年度施政計畫訂有目標、執行策略、預算及執行進度，經由計畫執行的轉換程序完成其組織的職掌及計畫的目標。而行政機關績效的展現，必須依靠施政計畫之規劃、執行與評估的管理過程。

3. 行政機關施政之中間產出，係指施政計畫年度目標達成度、年度工作及預算執行效率等。

4. 行政機關施政之最終結果，係指其顧客滿意的程度。而一般行政機關的顧客包括管理者本身、上級監督機關及其所服務之標的團體或民眾。

11.4.1 評估內容與指標

就圖11-7之績效評估架構，可依執行機關（管理者）、上級機關（監督者）及社會（標的團體或民眾）三個評估者類別，分別選擇評估內容及評估指標（如表1），說明如下：

表1　行政機關績效評估構面

評估者	評估構面	評估重點
執行機關自行評價（管理者）	經營（作業）績效 ・計畫執行績效 ・行政管理績效	・以計畫目標界定以反應執行績效之率指標 ・以組織目標界定足以反應行政作業之績效
上級機關評價（監督者）	策略方針績效 ・年度重點工作 ・業務改善成果	・評估年度重點工作之目標達成狀況 ・具先導性、自發性之各項業務改善成果
社會評價	顧客滿意績效 ・服務對象滿意度 ・公共建設產生的效益	・依服務品質相關理論及服務項目設計問卷，進行抽樣調查 ・依顧客對期望服務品質與實際感受服務品質進行差距分析，進而評估顧客對服務的滿意度

1. 執行機關（管理者）評估：著重於經營（作業）績效，評估構面包括計畫執行績效及行政管理績效。計畫執行績效以計畫目標界定足以反應執行績效之效率指標，例如計畫規劃的可行性、計畫目標的達成度、預算與執行工作的效率等；行政管理績效以組織目標界定足以反應行政作業之績效，例如環保機關的環境影響評估審查的效率，工商機關對業者申請工商登記或證照所使用的天數等。

2. 上級機關（監督者）評估：著重於策略方針績效，評估構面以執行機關年度重點工作及業務改善成果為主。年度重點工作績效係由執行機關於年度開始前提出足以代表該機關核心工作5-10項，並提出每一事項評估指標，年度終了評估執行機關績效；業務改善成果績效係配合政府整體的改革，由執行機關提出該機關年度改革事項，年度終了評估其改革成果。

3. 社會評估（民意調查）：著重於服務顧客滿意的程度，評估構面包括服務對象滿意度及調查公共建設產出的效益。服務對象滿意度係以執行機關選擇重點工作或針對特殊性政策設計的調查問卷，並依抽樣方法進行問卷調查，以了解標的團體或民眾的滿意程度及改進意見；公共建設效益調查包括建設的品質及使用的效益，依問卷或訪問方式進行使用者滿意度調查，以蒐集相關意見。

11.4.2 評估的方法

根據上述建構之行政機關績效評估制度模式，行政機關從事公務活動，每年均需編列施政計畫，投入人力、經費、設備等資源，經過年度施政計畫執行的轉換，產生年度施政績效。而行政機關的績效可分為整體組織績效及個別政策（計畫）績效；評估的方式可分為行政機關內部評估（主管機關自行評估或上級機關評估）及民意調查或委託專家學者的外部評估。依據上述組織績效及政策績效二個評估面向，以及行政機關績效評估常用之指標法及民意調查二種評估方法，提出績效評估四種方式，如圖11-8，說明如下：

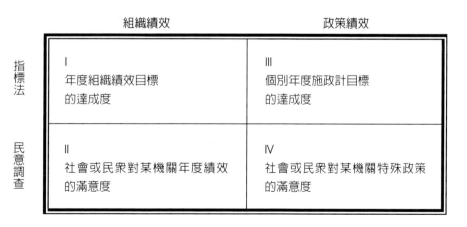

圖11-8　行政機關績效評估四種方式

1. 組織績效／指標法：本方法係以指標法來評估行政機關組織整體績效，由各機關於擬定年度施政計畫時，提出該年度要達成的整體組織目標，並訂定評估目標達成的績效指標，作為年度終了績效評估的依據。

2. 組織績效／民意調查法：本方法係就各機關年度整體績效，進行民眾滿意度調查。根據各機關年度重點施政設計問卷，採取電話隨機抽樣調查方法，以瞭解民眾對各機關績效表現的看法。

3. 政策績效／指標法：本方法係就各機關年度施政計畫中之個別計畫進行評估，各機關之附屬機關（單位）在擬定個別計畫時，應同時提出具體目標及可衡量的指標，作為年度終了該計畫執行績效評估的依據。

4. 政策績效／民意調查法：本方法係就選擇各機關之特定政策進行民眾滿意度調查，根據特定政策內容及性質設計問卷，針對其標的團體或個人進行調查，以瞭解其對該政策執行績效的看法。

11.4.3 績效評估制度

行政機關績效評估根據上述績效評估四種方式，參考相關組織績效理論，建構行政機關績效評估制度，如表2.，就制度之評估面向、評估機關、評估內容、評估方法、評估指標及評估結果的運用與激勵說明如下：

表2　行政機關績效評估制度

區別 面向	評估機關	評估內容	評估方法	評估指標	運用與激勵
組織績效	行政院	年度組織績效目標達成	·指標法 ·民意調查	·成果導向 ·民眾滿調查	代表部會層級年度績效
政策績效	行政院或主管機關	各項年度施政計畫目標達成	·指標法 ·民意調查	·效果 ·效率 ·服務對象滿意度	·所有年度施政計畫評估結果，可作為部會整體績效表現參考 ·作為各執行機關年度績效參考 ·依評估結果對執行績效優異計畫之主管或個人予以獎勵

1. 評估面向：行政機關的績效就策略面及作業（執行）面而言，大致可分為整體組織績效及個別政策績效二個面向。首先，整體組織績效必須能找出代表組織

的績效目標，以及可以評估出目標的績效指標，才能達到組織績效評估的目的；其次，個別政策績效若能訂出明確目標及績效評估指標，個別政策績效評估結果可以代表該政策（計畫）及執行機關（單位）績效，若再經由所有個別政策（計畫）評估績效配予權重換算結果，亦可代表行政機關整體組織績效。

2. 評估機關（構）：行政機關績效評估方式可分為行政機關的內部評估（主管機關自行評估或上級機關評估）及民意調查或委託專家學者的外部評估，評估面向分整體組織績效及個別政策績效二種。在各機關整體組織績效方面，由上級機關行政院負責評估；在個別政策績效方面，因數量過於龐大，可依政策重要性及已建立之管考三級制分別由行政院研考單位負責評估，或由各機關自行評估。

3. 評估內容：行政院所屬各機關每年根據年度施政計畫編審作業事項，編訂年度施政計畫報行政院，評估面向分為整體組織績效及個別政策（計畫）績效二種。在整體組織績效方面，各機關可配合編訂年度施政計畫時，提出該年度組織績效目標及可評估或代表目標的績效指標，作為組織績效評估的依據，例如行政院衛生署主管醫政、防疫及健保等業務，其提出的年度績效目標可能包括提供重殘病床率提升百分之二十、兒童日本腦炎防疫率達百分之九十八、全國健保人口達百分之九十九等，其評估指標可能包括標的人口比例、提供服務量等，惟年度目標及評估指標會逐年選擇與改變；在個別政策（計畫）績效方面，同時在編訂年度施政計畫時，要求各執行機關提出各項年度施政計畫目標及評估指標，作為該政策（計畫）執行績效評估的依據，例如電信科技研究計畫需考量的目標包括計畫執行與成果運用，而評估的指標包括計畫執行效率、支援電信事業建設營運、成果擴散及學術與相關貢獻等，再配予評估權重。至於採用民意調查評估組織或政策績效時，則依據組織施政重點或政策核心工作設計問卷調查。

4. 評估方法：依據前述組織績效及政策績效二個評估面向，同時採用指標法及民意調查。依英美兩國績效評估制度及我國現行作法，大都採取指標法，民意調查採不定期實施。由於指標法實施成本較低，且容易為行政機關接受。

5. 評估指標：Rose與Lawton（1999）認為良好的績效指標須具備有信度、效度、時限性、敏感性和成本效益等特性，亦必須符合效率、效果、經濟及公平等原則。英美兩國績效評估制度強調成果導向指標，必須反映成本、品質、時間、產出及顧客滿意度等標準。績效評估面向分為整體組織績效及個別政策（計

畫）績效二種，在整體組織績效方面，可參考英美兩國制度，採取成果導向的指標，減少因評估對各機關的干擾；在個別政策（計畫）績效評估方面，結果或總結評估是無法提供政策（計畫）如何運用的資料，不僅無法解釋計畫為何成功、為何失敗，而且也難以提供未來改進一個政策（計畫）的消息，宜同時兼顧效率與效果性指標，以期各項政策（計畫）能如期如質的推動，達成組織整體的目標。至於採取民意調查評估時，應以民意滿意度作為評估指標。

6. 評估結果的運用與激勵：政府因民眾而存在，民眾對政府的績效應有知的權力；而政府推動政策（計畫）的良窳，將影響往後政策的推動及排擠其他政策（計畫）預算的使用。英美二國制度均強調資訊公開，我國近年行政程序法公布實施後，亦要求各機關應將相關資訊公開。現資訊網路已有相當發展，行政機關應定時將組織績效目標及推動的政策（計畫）公布於網站上，每年評估的結果亦應定時公布，讓公眾知道各機關績效的表現，共同參與監督政府。另年度績效成果亦應作為編列持續推動政策（計畫）的參考，進而建立計畫預算制度。英美兩國制度已建立績效薪給及績效獎章作法，惟我國現行績效給予制度改變不易，如採績效獎金及績效獎章作法，對戮力從公之公務員有激勵效果，可逐步將組織績效評估制度與個人績效激勵制度相結合。

│問題討論│

1. 試說明績效評估的涵義與功能？
2. 試舉例三種最常用評估組織效能之方法？
3. 試說明建立績效評估指標的的原則與標準？
4. 試說明我國績效評估制度的內容？

5都17縣首長評比 台南賴清德奪冠

作者：郭琇真 | 台灣醒報 – 2012年10月11日 下午4:55

【台灣醒報記者郭琇真台北報導】賴清德榮登「縣市長施政民感度大調查」首位！《新新聞》最新一期針對五都17縣市首長做民調，入榜前5名分別為台南賴清德、宜蘭林聰賢、花蓮傅崐萁、高雄陳菊及苗栗劉政鴻；前台南市長許添財表示，首長除了要做好市政經營，媒體形象的經營也很重要；針對調查半數國民黨籍首長敬陪末座，羅淑蕾表示，大家要一起努力。

有感施政有多難？《新新聞》10月最新一期周刊，特別針對全國五都17個縣市，進行民意調查，此項調查是由《新新聞》於8月中旬委託台灣指標民調公司，抽樣全台15214位民眾，分別針對「增加或改善基本公共設施」、「推動教育和藝文活動」、「增加就業機會與發展工商業」等10項指標做調查。

《新新聞》總編輯古碧玲表示，此項調查的評比除了民眾評價縣市首長外，各縣市首長也自身評分，然後再將「民眾對施政面向的評價」與「縣市長自評」交叉對比，得出「施政有感度」，最後再加總3項評分得出縣市長的「施政民感度」。

此項調查結果分別是由台南市長賴清德、宜蘭縣長林聰賢、花蓮縣長傅崐萁、高雄市長陳菊及苗栗縣長劉政鴻，佔居前5名；其中民進黨縣市長佔了3席，國民黨縣市長則只有苗栗縣長劉政鴻入圍。

針對此項調查，前台南市長許添財首先質疑「民調的客觀性」，他說，因為民調只針對市話做訪問且受訪者是匿名的，如此出來的民調結果，會與現實有些落差。

「縣市首長除了要市政經營外，公眾形象的媒體經營也很重要。」許添財進一步指出，首長除了要在恰當的時機，推出符合大環境的政策外，公眾形象的經營也很重要，這將會比市政經營更讓民眾直接覺得「有感」，但過而為之也會適得其反；另外，前任首長若做得好，也會讓市民對下任首長更有所期待。

國民黨籍縣市長唯一入圍前5名的苗栗縣長劉政鴻則說,在大環境不景氣的影響下,施政最困難的莫過於財政匱乏,而要在有限的經費下做事,沒有議會的支持是無法順利推行政策的。

圖說:台南市長賴清德(資料照片)

| **個案研討** |

1. 縣首長評比用民調是否為一好的評估方法?不同縣市可否用相同評估指標?

2. 前台南市長許添財質疑「民調的客觀性」,他說因為民調只針對市話做訪問且受訪者是匿名的,如此出來的民調結果,會與現實有些落差。為什麼?績效評估會受那些因素影響?

張忠謀致歉　台積電回聘被裁員工

資料來源：2009/05/21 中國時報【林上祚／台北報導】

　　台積電勞資爭議昨日圓滿落幕，台積電董事長張忠謀昨日公開表示，對於資方拿員工年度績效考核結果，辭退數百名員工表達歉意，強調該制度「不能作為遣散的工具」；他承諾將回聘遭資遣員工，不願回公司的資遣員工，則可獲得十萬到五十萬不等的「關懷金」。

誤用績效管理制度掀波

　　台積電去年底依據「績效管理與發展制度」（Performance Management and Development，簡稱PMD），資遣五％台積電員工，根據台積電員工自救會統計，遭資遣員工人數近千人，他們組成自救會，經過近半年抗爭與協商，終於得到資方善意回應。

　　張忠謀昨日發表影音談話，強調去年底、今年初，全球經濟衰退造成公司業務突然緊縮，就在這個時候，公司辭退了好幾百位同仁，過程中，「公司沒有適當尊重同仁的個人尊嚴，也沒有充分顧慮到在經濟不景氣下，找工作的困難」，因而引起許多離職同仁的不滿，也造成許多在職同仁的不安，他對整個事件的開始及發展感到非常的痛心與遺憾。

　　「台積電一九八七年成立至今，人才一直是公司最重要的資產」張忠謀說，台積電在二〇〇〇年到二〇〇一年業務也曾急遽緊縮，但也沒有大幅裁員。

向數百人提出補救辦法

　　張忠謀強調，裁員事件因績效管理制度被誤用而起，該制度本來是希望鼓勵表現優異同仁「更上一層樓」，對於十分努力但仍無法有稱職表現同仁，「人事部門要主動為他尋求其他職務，讓他有表現機會」。

　　既然這批員工，當初是因考核制度被資遣，張忠謀希望「回到當初事件發生前的狀態」，五月十三日勞資協調大會，資方已向幾百位員工宣布「補救辦

法」，邀請六月一日返回公司，台積電本周已向離職員工發出意願書，本周匯整後，將即辦理員工復職事宜。

張忠謀請同仁安心工作

張忠謀同時特別呼籲，在職同仁全心接納，給予最大的關懷，大家一起繼續為台積電打拚；至於不願回來同仁，張忠謀表示，除了資遣費外，台積電還會再額外加發「關懷金」，按照職級不同發給十萬到五十萬元不等，「孕婦及重大傷病者，再加發四個月」。

張忠謀表示，目前經濟危機雖然尚未過去，但公司營收已有好轉，第二季的狀況比第一季好很多，「最壞的情況已經過去，我們不會裁員，請各位同仁安心工作。」，希望大家以在台積電工作為傲。

| 個案研討 |

1. 台積電董事長張忠謀強調制度「不能作為遣散的工具」。你同意張董事長的看法嗎？組織建立績效評估（鑑）制度主要目的為何？

2. 台積電建立的「績效管理與發展制度」（Performance Management and Development）適合應用在政府部門嗎？有那些是值得政府部門借鏡的？

Chapter 12
行政機關績效評估

　　我國行政機關之績效評估制度，最早實施的為1949年頒布之公務人員考績法及根據考績法訂頒之公務人員考績法施行細則，主要為對全國公務員進行之個人年度績效考核；其次，為1951年實施之行政院所屬機關考成辦法，根據該辦法考核內容的發展，經歷組織績效考核、政策（計畫）考核及施政重點工作考核等不同時期，主要變動原因為首長重視施政面向不同，以及評估結果公平性遭質疑而調整；到2000年政府執政黨的輪替後，政府順應先進國家績效管理風潮，於2002 年先後訂定「行政院所屬機關施政績效評估要點」及「行政院暨地方各級行政機關實施績效獎金及績效管理計畫」，前者為參照美國政府績效與成果法（government performance and result act；GPRA）所推動之組織績效評估制度，後者為依績效管理與激勵理論所推動之組織內單位（團體）及個人績效評估制度。就上述四種績效評估制度的重點內容整理如表12-1；行政機關之不同績效管理制度，就評估標的（對象）、評估構面、績效指標及評估結果應用等面向彙整如表12-2。本章就行政機關績效評估制度之沿革、組織層次及個案計畫層次績效評估介紹如下：

表12-1　行政院機關績效管理制度彙整表

法規類別	公務人員考績法及其施行細則	行政院所屬機關考成辦法	行政院所屬機關施政績效評估要點	行政院暨地方各級行政機關實施績效獎金及績效管理計畫
公布時間	1949年	1951年	2002年	2002年
法規主管機關	銓敘部	行政院研考會	行政院研考會	行政院人事行政局
適用範圍	全國公務人員	行政院所屬機關中央其他機關及地方政府準用	行政院所屬機關	全國各行政機關
評估構面	個人	政策（計畫）	組織	單位（群體）及個人
評估目的	公務員年度績效表現，作為個人年度考績依據	評估行政機關年度施政計畫執行績效，達到施政目標程度	評估行政機關組織整體績效，引導組織策略發展與改革	將行政機關績效管理與績效獎金制度結合，激勵團隊合作與個人表現
評估指標	個人之工作、操行、學識與才能	政策之作為、執行進度、經費運用及行政作業	組織之業務、人力及預算	施政及革新工作、個人貢獻程度
評估方法	經由主管人員評擬、考績會初核、機關首長覆核，送銓敘部銓敘審定	重大經策（計畫）經由主管機關自評、上級機關初評，再送行政院複評；其他政策（計畫）由主管機關自評	經由主管機關自評，再送行政院複評	由主管機關成立績效委員會自行評估
評估等第	分甲、乙、丙、丁四等	分優、甲、乙、丙四等	分特優、優、甲、乙丙四等	團體績效分三級以上等第，個人衡酌貢獻程度
激勵方式	作為發放年度考績獎金依據	績優執行機關頒發獎牌，績優執行人員記功嘉獎	績優機關頒發獎牌，績優人員公開表揚及記功嘉獎	頒發績優團體及個人獎金

表12-2　行政機關績效評估之結構與內涵

評估標的	評估構面	使用指標	評估結果應用
組織層次	・業務 ・人力 ・經費	・業務目標達成率 ・人力運用與精簡 ・經費執行效率及節省	不同型態組織依評估構面之業務、人力及預算等三面向選擇其績效指標，訂定衡量基準，並就評估結果作水平比較
群體層次 （部門）	・政策作為 ・政策執行 ・經費運用 ・業務創新	・政策挑戰性與目標達成率 ・政策執行效率 ・預算執行率 ・業務創新數量	依群體（部門）執行之政策訂定績效指標及衡量基準，並就評估結果作水平比較
個人層次	・工作態度 ・工作表現 ・品德操行 ・學識經驗	・工作配合度 ・執行工作表現 ・個人品德 ・專業知識與經驗	依公務人員考績法及施行細則明定，並依評定等第作為發放考績獎金依據

12.1 行政機關績效評估制度之沿革

　　我國行政院所屬機關考成辦法於民國四十年公布實施，五十八年行政院研究發展考核委員會成立接續辦理行政機關考成業務，迄今已歷四十餘年。其間考成項目曾因應不同時期的需要，歷經多次修正。考成項目有所變動，而考成方式、參與機關、人員與政策方針亦多有變革，就分期簡述如下：

12.1.1 實地考核時期

　　民國58.59年考成項目區分為主管業務、人的管理、事的管理、物的管理。其中主管業務按機關特質與當時施政重點列舉細項；「人的管理」涵蓋推行職位分類、貫徹考用合一等人事制度、措施之執行績效評估；「事的管理」涵蓋考核研究發展、行政管理革新、推行新制管考措施等，至於「物的管理」則考核庶物管理與財務統計、編報執行等。

　　辦理方式以實地前往各機關考核為主，書面審查考核為輔。考核小組成員層次頗高，如當時研考會陳主任委員雪屏、楊副主任委員家麟、宋副主任委員達等擔任領隊，而成員分由行政院研考會大部分單位主管暨經合會（經建會前身）、國科會、主計處、人事局指派人員擔任，實地考核組共約七十二人；至於受考核機關則由法定專責單位「研考處」辦理初核工作。

考核結果除密呈　總統核閱外，不對外公布，不個別通知受考核機關。「主管業務」考核成績以甲、甲下、乙上、乙等評語區分等第，而非以成績排序，其餘人、事、物的管理三類，則有明確評分及排序。

12.1.2 書面、重點考核時期：

民國59年　蔣故總統經國先生接任行政院院長，指示「以實地考核方式評定政務官的得失或等第似不適宜」，故自60年以後行政機關考成由「政務考核」轉向「行政考核」為重點，主要以書面考評方式進行，而以「由院列管計畫考評」為考成項目，至70年以後增列「各機關積極辦理工作項目」、「提高公文品質建立查考制度」等項目。

考核程序雖仍沿襲考成辦法所規定「分層負責、逐級實施」之精神，先由行政院所屬各機關部、會、行、處、局、署及省市政府主辦單位自評，次由主管機關初核，再由研考會、國科會及經建會等進行複核。惟實際參與人員層次亦因考核方式之改變而降低，且未整體編組，僅由各複核機關分別辦理主管考核項目，而由研考會彙整陳報。至於受考核機關自61年起，在精簡組織編制之政策下，各機關研考專責單位併入秘書部門，由於人少事繁，影響自評、初核品質甚巨。

12.1.3 擴大考核項目時期：

民國75年度考成架構大幅變革，為期考成確實反映機關整體績效，擴大考成範圍，並於75年8月5日簽奉俞前院長國華核定，增列「預算執行」與「人事管理」兩大類，致使考成項目多達四大類十四分項，而參與複核機關涵蓋行政院主計處、人事局、經建會、國科會及研考會，惟複核方式則維持書面審查為之，至於初核階段則仍由各機關秘書部門所轄研考人員兼辦。

自75年度至81年度曾參酌辦理經驗及受考核機關建議，調整考成分項與評分標準，惟架構仍然維持75年度之體制辦理。考成方式已趨向納入整體行政工作，逐項訂定評估指標、評分標準及配分權數據以考核。在考成結果之處理方面：於作業時按5分制評定各項分數，陳報時均以評語如「甚優」、「優良」、「可」「尚待改進」等詞敘述績效良窳，並依行政院所屬機關考成辦法簽陳院長核定後呈報　總統。考成結果對於個別受考核機關之首長影響如何，各首長重視考成結果與否，均難以查考，惟考成結果對各機關一般績效有某種程度之反映。而對於個別執行人員之影響方面，多年來均未依業務績效辦理獎懲，直至79年修定前述考成辦法，加列各機關得

依考成結果辦理獎懲，惟修訂以來，仍僅有國防部、環保署及省市政府等少數機關辦理。

12.1.4 施政重點項目考核時期

民國80年度行政機關工作考成總報告於81年7月7日簽陳　院長，奉批示：「一、可，二、以後有無必要應檢討其實效。」研考會遵示通盤檢討考成制度，簡併已由其他業務主管機關或單位辦理之考核項目，如行政效率、人事管理及預算執行等，自82年度起將考成項目調整為「由院列管計畫考評」與「施政重點項目考核」二大部分。前者向為行政機關考成之重點項目，最能表現受考機關之業務特性與年度施政方向；後者則以逐年彈性規劃考核重點內容，以反映政府階段性之施政重點，並運用考核結果，貫徹政策之執行。

「由院列管計畫考評」方面，就每年度由院列管重點施政計畫加以考評，加強年度開始前作業計畫之審核，並就計畫目標達成度與效益、人力與預算運用，以及規劃作為與程序適切與否等項目，研擬具體或量化評估指標，落實平時管制工作，俾作為年終考核之依據。考評結果並附具可行改進建議，提供主管機關參考辦理。

「施政重點項目考核」方面，每年參酌院長向立法院之施政報告、重要會議或專案指示等，選定有關機關施政重點或提升效率項目加以考評。於年度伊始規劃並頒發具體考核項目及評分標準，俾受考核機關遵循加強辦理，年度終了後應就初核資料前往實地複核，必要時邀請行政院幕僚機關如秘書處、人事局、主計處等參與。

12.1.5 機關施政與個案計畫考核期

民國89年政黨輪替，政府順應先進國家績效管理風潮，於民國91年訂定「行政院所屬機關施政績效評估要點」，參照美國政府績效與成果（government performance and result act；GPRA）所推動之組織績效評估制度，併同原已實施的年度計畫考核，將政府績效考核工作區分為組織層面的「機關施政績效評估」及個別計畫層面的「個別施政計畫評核」，如圖12-1。「機關施政績效評估」係以部會整體為考核對象，強調策略管理與結果導向，評估層次為策略層次之組織績效。「個別施政計畫評核」方面，係以年度列管施政計畫為對象，依計畫管理、執行績效等面向之評核指標，分別辦理評核作業。

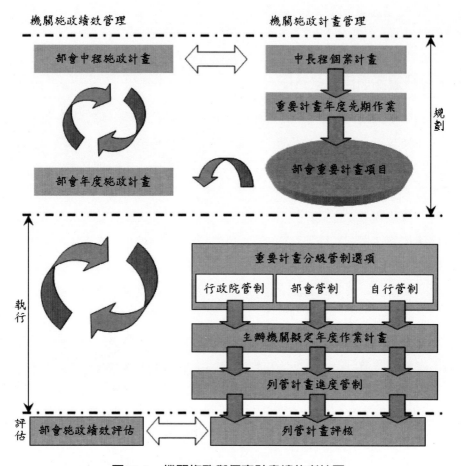

圖12-1　機關施政與個案計畫績效考核圖

資料來源：行政院研考會

12.2 組織層次施政績效評估

　　行政院為推動各機關組織層次施政績效評估，特依據行政院所屬各機關中長程計畫編審辦法、年度施政計畫編審辦法及施政績效評估要點，訂頒行政院所屬各機關施政績效管理手冊，就重點摘述如下：

12.2.1 策略績效目標

1. 擬定方式及內容

（1）基於施政績效管理之目的，有助於提升行政院所屬各機關業務績效，因

此，各機關應依前述之概念，由首長召集內部單位與所屬機關（必要時得邀請專家學者）成立任務編組，採目標管理及全員參與方式，規劃機關整體發展願景後，再依據此願景訂定「業務」、「人力」、「經費」3面向策略績效目標。

（2）各面向策略績效目標內容如下：業務面向為各機關依組織及業務特性所定之執行目標；人力面向為「合理調整機關員額，建立活力政府」目標；經費面向為「節約政府支出，合理分配資源」目標。

（3）各機關所訂策略績效目標總數目為5至10項，其中應包含人力及經費面向之策略績效目標各1項，業務面向之策略績效目標3至8項，機關業務性質較為特殊者得酌予增減。

（4）「業務」、「人力」、「經費」3面向策略績效目標應分別賦予權重，其權數配置各為70%、15%、15%。

2. 擬定原則

（1）策略績效目標應具備策略性、綜合性與整合性，不以機關內部單位及所屬機關別或數目做為各策略績效目標之擬定、分項依據。

（2）策略績效目標另應同時具備代表性（可涵蓋機關重點業務推動成果）、客觀性（可依客觀方式加以評估）、量化性（可具體衡量）、穩定性為原則。如因業務特性致績效目標內容無法具備前述原則者，應敘明理由並提出其他適當目標。各機關在訂定目標值時應力求挑戰性、適切性，並提出可供比較之基礎資料。

（3）依成果設定目標有困難或不適切者，得改依產出設定目標。

12.2.2 衡量指標

各機關為進行施政績效評估，設計一套衡量策略績效目標與年度績效目標實現程度之指標系統，俾能從事比較作業。簡言之，衡量指標即各機關做為衡量策略績效目標與年度績效目標是否達成的工具，該指標依性質可分為「共同性指標」與「個別性指標」，其意義如下：

1. 共同性指標：各機關共同適用之衡量指標，包括行政效率、服務效能、人力資源發展、預算成本效益、電子化政府及促進民間參與公共建設等6類。

（1）行政效率：指反應「簡化組織流程」等相關指標，意即衡量各機關透過流程簡化或創新，妥善分配投入之時間、物力、財貨、勞務，達成提升產出

之指標。

（2）服務效能：指反應「提升顧客服務」、「降低服務成本」、「提升服務水準」等指標，意即衡量各機關運用資源提供公共服務之執行成果指標。

（3）人力資源發展：指「機關年度各類預算員額控管百分比」、「機關精簡精省超額職員人力達成百分比」、「分發考試及格人員比例」、「依機關年度施政計畫新增業務、機關或整併機關員額運用與政策執行之配合度」、「機關人力控管達成情形-依規定應出缺不補（含應精簡員額）之員額」、「機關人力控管達成情形-依規定應移撥或撤離之員額」、「依法足額進用身心障礙人員及原住民人數」、「終身學習」、「組織學習」等指標。

（4）預算成本效益：指「各機關當年度經常門預算與決算賸餘百分比」、「各機關年度資本門預算執行率」、「各機關中程施政目標、計畫與歲出概算規模之配合程度」、「各機關概算優先順序表之排序與政策優先性之配合程度」等指標。

（5）電子化政府：指「網路線上申辦服務」、「憑證應用服務」等指標。

（6）促進民間參與公共建設：指「簽約金額責任額度達成率」、「簽約案件數達成率」、「列管案件數」等指標。

2. 個別性指標：由各機關依組織任務及業務性質自行訂定之衡量指標。

12.2.3 評估方式與結果

1. 評估方式

根據行政院研考會編印的近年行政院所屬各機關施政績效評估報告顯示，行政機關施政績效評估作業行政機關分為自評、初評及複評三個階段。首先由各機關根據其年度訂定之績效指標進行自評與初核作業，再送由行政院辦理複核。而評估標準，在2004～2005年採取特優、優等、甲等及乙等四個等第評定；2006年以後，評估結果以燈號顯示，綠燈代表「績效優良」、黃燈代表「績效尚可」、紅燈代表「績效尚待加強」及白燈代表「績效尚待客觀證實」，評估標準如表12-3。

2. 評估結果

根據行政院研考會編印之近年行政院所屬各機關施政績效評估報告2006年受評估機關39個，該年度採績效指標燈號表示績效結果，不作受評機關橫向績效結果的比

較，惟從各機關所得燈號差異中仍可顯示當年度績效的不同；整體而言，2006年行政院所屬各機關計訂定1,487項衡量指標，經行政院複核結果，評估為績效良好的綠燈1,014項（68.19％），評估為績效尚可的黃燈有358項（24.08％），評估為績效尚待加強的紅燈有72項（4.84％），評估為績效待客觀證實的白燈有43項（2.89％），而至2011年整體績效評估結果已有向上趨勢。

表12-3　2006年行政院所屬各機關績效評估標準

燈號	評估標準
綠燈 （績效優良， 以符號☆表示）	1.目標具戰性，達成或超越目標值，且確有結果面之績效產出 2.甚具或極具挑戰性，達成度在90％以上，且確有結果面之績效產出
黃燈 （績效尚可， 以符號▲表示）	1.雖達成目標值，惟目標具挑戰性 2.目標略具挑戰性或與上年度相同，達成度在90％以上，未滿100％者 3.目標具挑戰性，達成度在85％以上，未滿100％者 4.目標甚具或極具挑戰性，達成度在80％以上，未滿90％者
紅燈 （績效尚待加強， 以符號●表示）	1.執行有缺失，遭民意機關或大眾媒體質疑且確有事證者 2.目標值達成度未達80％ 3.重要工作事項未依原訂進度完成 4.欠缺具體績效情形
白燈 （績效尚待客觀證實，以符號□表示）	1.評估體制或評估方式不客觀 2.未依先前設定的評估體制進行評估 3.以活動、程序或產出取代結果績效呈現 4.工作推動初期，績效尚不顯著 5.其他績效未顯現情形

12.3 個案計畫層次績效評估

我國行政院所屬各機關之計畫績效評估，依據「行政院所屬機關考成辦法」，訂定之「行政院所屬各機關年度工作考成作業要點」，以及為評估各機關資本支出及固定資產投資計畫預算執行效率所訂定之「行政院暨所屬各機關計畫預算執行考核獎懲作業要點」，就該二項要點規定之評估構面、評估對象、評估內容、評估指標、評估方式及獎懲作業，說明如下：

1. 評估構面

　　行政院所屬各機關年度工作考成作業要點第3點規定，考成項目包括由列管計畫考評及施政重點項目考核二項；行政院暨所屬各機關計畫預算執行考核獎懲作業要點第一點規定為資本支出及固定資產投資計畫。現行績效評估偏向於政策（計畫）面的評估。

2. 評估對象

　　行政院所屬各機關年度工作考成作業要點第2點規定，考核對象為行政院所屬各部、會、行、處、局、署、院、省政府及省諮議會；第6.7點規定各機關之部會列管及自行列管計畫，以及直轄市政府、各縣（市）政府得參照本要點或自訂本機關作業要點。行政院暨所屬各機關計畫預算執行考核獎懲作業要點第1點規定考核對象包括行政院暨所屬各部、會、行、處、局、署及其附屬機關。現行行政院層級評估對象，計畫部分以部會層級為主；計畫預算執行部分包括部會及其所屬機關，以執行機關為主。

3. 評估內容

　　行政院所屬各機關年度工作考成作業要點第3點規定，考成項目包括由院列管計畫考評及施政重點項目考核二項，而後者又以行政院會議院長提示及決議事項執行情形，以及各機關首長向院長簡報重點工作項目執行績效為考核重點。行政院暨所屬各機關計畫預算執行考核獎懲作業要點規定，其考核項目包括行政機關資本支出計畫預算、特別基金預算、非營業基金預算，以及國營事業固定資產投資計畫預算。現行績效評估內容為計畫（政策）及預算執行績效為主。

4. 評估指標

　　行政院所屬各機關年度工作考成作業要點附件注意事項中規定，由院列管施政計畫執行績效考評項目包括共同項目及個別項目。而共同項目的評估指標計有計畫作為、計畫執行、經費運用及行政作業四項，如表12-4，個別項目包括依個別計畫所訂目標達成度，或自選及自訂與計畫相關的評估指標，如表12-5，共同項目與個別項目配分權數各占百分之五十；施政重點項目之各機關首長向院長簡報施政重點工作項目執行情形績效考核，係由主管機關依簡報所提出之重點工作項目，訂定年執行目

標及評估指標作為評估依據。行政院暨所屬各機關計畫預算執行考核獎懲作業要點規定，年度績效評估指標為全年度計畫預算實際已執行度達百分之90，且達成原訂施政目標。現行績效評估都直接或間接訂有評估標準，評估指標以計畫或預算執行效率為主，除目標達成度外，多偏向於效率性指標。

表12-4　由院列管計畫考評共同性指標

指標項目	子指標項目
計畫作為（12%）	·計畫目標之挑戰性（4%） ·作業計畫具體程度（4%） ·計畫之修訂（4%）
計畫執行（15%）	·進度控制情形（7%） ·進度控制結果（8%）
經費運用（15%）	·預算控制情形（7%） ·預算執行結果（8%）
行政作業（8%）	·作業計畫（2%） ·年度考評資料（4%） ·進度報表（2%）

資料來源：行政院研考會

表12-5　由院列管計畫考評個別性指標

指標項目	子指標項目
目標達成度（50-20%）	依年度作業計畫由主管機關自行訂定
自選項目（0-20%）	依計畫性質由主管機關自行選擇 ·人力運用量之控制效果（4-8%） ·人力運用質之控制效果（4-8%） ·工程品質評鑑（4-8%） ·工程勞安控管（4-8%） ·工程環保控管（4-8%）
自訂項目（0-20%）	依計畫性質由主管機關自行訂定

註：主管機關未自選或自訂項目，其配分權數併入目標達成度項目分配資料來源：行政院研考會

5. 評估方式

　　行政院所屬各機關年度工作考成作業要點第5點規定，考成應分級實施，區分為執行機關（單位）自評、主管機關初核及行政院複核三個層次，而複核除書面審查外，兼採重點實地查證方式進行。行政院暨所屬各機關計畫預算執行考核獎懲作業要點第2.3點規定，依分層負責原則，十億元以上之計畫或行政院列管計畫，由各部會初核，送行政院審核小組複核，其餘計畫由各部會負責考核，而考核方法除書面資料審核外，必要時得請執行機關提供說明或辦理實地查證。現行績效評估方式兼採書面審核及實地查證，評估程序分為執行機關自評、主管機關初核或直接審核，行政院列管計畫或達十億元以上計畫才送行政院複核。

6. 獎懲作業

　　行政院所屬各機關年度工作考成作業要點第6點規定相關獎懲標準，考成成績分為甲、乙、丙、丁四等第，考列甲、乙等者，主辦機關（單位）相關主管予以記功或嘉獎；考列丙、丁等者，主辦機關（單位）相關主管、主管人員分別予以申誡或記過處分；行政院每年得選擇執行績效最優之10項計畫簽陳院長頒發獎狀。行政院暨所屬各機關計畫預算執行考核獎懲作業要點第4點亦規定有相關獎勵標準。現行績效評估制度具有獎懲的作用。

｜問題討論｜

1. 試說明我國行政機關績效評估不同階段變革的特色與考核重點？
2. 試說明我國組織層次施政績效評估過程與重點？
3. 試說明我國個案計畫績效評估過程與重點？

交通部100年度施政績效報告

資料來源：行政院研考會　公告日期：101年5月9日

一、施政目標及年度施政重點

　　本部主管全國交通行政及交通事業，負責交通政策、法令規章之釐定和業務執行之督導，業務廣涵通信、運輸、氣象、觀光等範圍，其發展與國家之經濟、社會、國防、外交等息息相關。隨著社會環境及經貿情勢之變遷，社會大眾對政府之需求日殷、期許愈高。是故，本部持續以建立顧客友善的行旅環境、產業健全的物流環境、社會永續的運輸環境為願景，以達到提高民眾滿意度、有效提昇施政績效並增強國際競爭力之目標。依據行政院100年度施政方針，配合中程施政計畫及核定預算額度，並針對當前社會狀況及本部未來發展需要，編定100年度施政計畫，其目標與重點如次：

　　（一）提升路政運輸服務水準。

　　（二）提升海空運服務水準。

　　（三）落實飛航安全。

　　（四）提升觀光服務水準。

　　（五）提升郵電服務水準。

　　（六）積極落實莫拉克颱風災後重建。

　　（七）提升氣象服務水準。

二、績效評核作業情形

　　（一）為落實「交通部中程（99至102年度）施政計畫」，本部依據「行政院所屬各機關施政績效管理作業手冊」規定，於「關鍵策略目標」（包括「業務成果」、「行政效率」、「財務管理」及「組織學習」等四大面向）及「共同性目標」2目標（包括「行政效率」、「財務管理」及「組織學習」等三大面向）訂定指標，以衡量本部100年度施政績效，其中「共同性目標」項

下「行政效率」、「財務管理」及「組織學習」指標分別由行政院研究發展考核委員會、主計處及人事行政局所訂定。各策略績效目標下之衡量指標及目標值，係經本部98年6月4日部務會報研訂，並奉 院核定後實施。

（二）本部各部內單位及部屬機關之自評作業於101年1月31日完成；各類重要列管計畫，除採用書面審核外，本部並由各主管業務司、會計處暨秘書室組成「交通部列管施政計畫考評小組」（本部主任秘書擔任召集人），兼採重點實地查證方式辦理績效評估；其餘指標，則採用客觀的統計數據。

三、外在環境分析及施政目標達成概況

交通服務與民眾生活息息相關，近年來由於人口結構高齡化、國人生活水準提升、休閒旅遊需求增加、環保觀念抬頭、消費者意識高漲、無障礙空間之重視、高速鐵路加入營運、高快速公路及都會區捷運系統路網形成，加上國際油價及經濟環境的變動等因素，使得國人對於旅運交通環境的需求日趨複雜且多元。本部持續以「民眾優質的行旅環境」、「產業健全的物流環境」及「社會永續的運輸環境」為努力之願景，充分考量使用者及管理者之需求、因應未來產業、人口結構的變動與科技的進步，依既定的計畫，逐步落實，以具體達成目標，完成對民眾的承諾。茲針對本部100年度關鍵策略目標及共同性目標下各面向、指標之達成情形簡要說明如下：

（一）關鍵策略目標：關鍵策略目標下共包括「業務成果」、「行政效率」、「財務管理」及「組織學習」等四大面向，含19個關鍵績效指標，各面向下所訂指標及達成概況分述如下：

1. 業務成果

（1）提升路政運輸服務水準：包括「省道公路橋梁耐震補強」及「臺鐵沙崙支線新建工程年度達成率」2項衡量指標，達成度皆為100%。

（2）提升海空運服務水準：包括「自由貿易港區進出口貿易值成長情形」及「國際航空客運量」2項衡量指標，達成度皆為100%。

（3）落實飛航安全：包括「降低我國10年平均失事率」及「營運國際航線之國籍航空公司保持符合IOSA評鑑標準」2項衡量指標，達成度

分別為100%及98%。

（4）提升觀光服務水準：包括「觀光收入」及「觀光入口網站全年網頁服務人次」2項衡量指標，達成度皆為100%。

（5）提升郵電服務水準：包括「提升郵政儲金業務營運量」及「提供20Mbps服務之寬頻涵蓋率」2項衡量指標，達成度皆為100%。

（6）積極落實莫拉克颱風災後重建：包括「風災受損橋梁復建」及「道路復建公里數」2項衡量指標，達成度分別為83.33%及100%。

2. 行政效率

提升氣象服務水準：包括「氣象預報準確度」及「地震測報效能」2項衡量指標，達成度皆為100%。

3. 財務管理

加強機關財務管理：包括「國有公用不動產提供利用、出租、委託經營或設定地上權等收益」、「辦理國有公用財產檢核」、「獎補助費資料按季送立法院達成率」及「特別預算執行率」4項衡量指標，達成度分別為100%、100%、100%及96.57%。

4. 組織學習：

強化組織學習能力：包括「賡續推動組織學習，擴散至部內各單位及所屬機關」1項衡量指標，達成度為100%。

（二）共同性目標：共同性目標下共包括「行政效率」、「財務管理」及「組織學習」等三大面向，含7個共同性指標，各面向下所訂指標及達成概況分述如下：

1. 行政效率：

（1）推動組織調整作業：依行政院研究發展考核委員會所定，包括「推動組織調整作業」1項衡量指標，達成度為86%。

（2）提升研發量能：依行政院研究發展考核委員會所定，包括「行政及政策研究經費比率」及「推動法規鬆綁：主管法規檢討訂修完成率」等2項衡量指標，達成度皆為100%。

2. 財務管理：提升資產效益，妥適配置政府資源：依行政院主計處所定，

包括「機關年度資本門預算執行率」及「機關中程歲出概算額度內編報概算數」等2項衡量指標，達成度分別為95.72%及100%。

3.組織學習：提升人力資源素質與管理效能：依行政院人事行政局所定，包括「機關年度預算員額增減率」及「推動終身學習」等2項衡量指標進行評核，達成度皆為100%。

│ 個案研討 │

1. 交通部提出的策略績效目標、衡量指標及目標值，是否可以反映其組織核心業務？可評估出實際績效嗎？

2. 從交通部100年度施政績效報告中顯示，除預算及組織調整少數指標外，其他指標達成大都為100%，是否表示該年度績效非常好？與社會實際觀感是否有落差？為什麼？

嚴長壽：讓爛博士去開計程車

作者：劉東皋 | 臺灣時報 – 2012年11月11日 上午1:01

〔記者劉燊台中報導〕近年來積極關心教育的嚴長壽，昨日在豐原一場演講中，直批台灣的大學教育失敗與失策。

一家建設公司數年來與市議員陳清龍服務處合作，每年購買大批書籍贈送給山城地區中小學，今年特別大量採購嚴長壽的著作「教育應該不一樣」做為贈書。嚴長壽昨天受邀到豐原陽明大樓進行一場演講，吸引上千名學校教師與關心教育的家長、民眾前來，很多人席地而坐，更多的人站在樓上、樓下走道兩旁聽講。

嚴長壽極度憂心台灣僵化的教育，將使台灣失去競爭力。尤其針對台灣大學教育，有相當的批評。

嚴長壽對政府要以補助方式，協助博士畢業生就業的做法，頗不認同。他說，如果博士畢業生本身缺乏競爭力，「讓這些爛博士去開計程車好了」，而不是還要由政府給予補助就業。話才說完，引起現場近千名聽眾大力鼓掌。

另外，他表示，他原本受台灣大學之托，有意參與台大校長遴選之工作。他期望遴選委員會能到國際上邀請優秀的人才到台大擔任校長，即使三顧茅廬，也要把不願意前來的優秀人才極力邀來。但台大後來仍希望透過教授投票的方式產生校長。嚴長壽認為，這對一些有心帶領學校邁向國際及頂尖的人才，是一種障礙。

嚴長壽說，台灣近幾來很流行用一個字形容台灣。他自己認為最恰當的一個字是「寵」。台灣如今是大人寵小孩，政治人物寵選民，政府官員寵民意代表。如果校長必須透過教授投票產生，有時候為了討好「選民」，而不敢全力作為與治理，這對學校的發展，極為不利。

另外，經常受邀到各大學演講的嚴長壽說，他到一些大學演講時，常在教室外看到很多學生打瞌睡。他問校長為何有這麼多學生打瞌睡？校長說這些學生很辛苦，晚上還要打工。他反問校長，學生如果學習效果差，不是應該當

掉？校長卻回說，不能當，因為當一個就少一個。

嚴長壽憂心說，學生打工賺錢付學費，學校怕當掉學生沒有收入，就這樣讓學生打工賺錢養學校，混了四年後再給學生一張沒有競爭力的文憑。這樣的大學及大學教育，在台灣還不知有多少。

他指出，如今一年出生人口僅剩十六萬六千人，但必須有三十多萬學生才能養活現在的大學家數。等於未來必須要一個學生讀兩個大學，否則有一半的學校要倒閉。台灣的大學過剩、早晚有學校要關門，但政府卻還沒有好好規劃、制訂大學退場機制。

他也憂心，台灣的博士有多少是在不夠嚴謹的教育下而產出的？這些缺乏競爭力的博士畢業生，政府還要編預算補助他們就業，卻不去探討、並改善基本原因，從根本解決問題。造成多少學生浪費生命在大學讀書，拿了大學或碩博士文憑，卻毫無競爭力，浪費了無數的生命和社會資源。

他無奈的表示，台灣的一些政府官員很像在上電視機智問答節目，每天上台，面對民意代表、媒體、上級的問話，天天在機智問答，而自己頭上掛著的一個大汽球則愈漲愈大。不少官員的心態，只是擔心自己頭上的汽球不要在他任內漲破就好，卻不去想辦法讓汽球消氣（解決問題）。

| 個案研討 |

1. 嚴長壽說，形容台灣最恰當的一個字是「寵」、大人寵小孩，政治人物寵選民，政府官員寵民意代表。如果校長必須透過教授投票產生，為了討好「選民」，而不敢全力作為與治理，這對學校的發展極為不利。他說的是事實嗎？倒底台灣教育出了什麼問題？

2. 嚴長壽對政府要以補助方式，協助博士畢業生就業的做法，頗不認同。他說，如果博士畢業生本身缺乏競爭力，「讓這些爛博士去開計程車好了」，而不是還要由政府給予補助就業。他說的有道理嗎？是博士畢業生本身缺乏競爭力？還是台灣教育政策根本出了問題？

第五篇

績效管理趨勢

Chapter 13
電子化政府

　　廿一世紀隨著政治、經濟、社會、科技環境快速的變化，世界各國已進入全球化、數位化、知識化的高度競爭時代。政府角色已從管制者、服務者轉變為價值創造者；政府功能已由專業、品質、效率的服務型組織，調整為創新、前瞻、責任的價值創造型組織。在此關鍵時刻，我國在經濟發展、社會福利、民主政治、兩岸關係及科技應用等各個層面，都面臨著前所未有的挑戰；台灣能否再次脫胎換骨，向上提升，為世代子孫奠定永續發展的基礎，作為世紀領航者的政府，是責無旁貸的。

　　創新、前瞻、責任是數位時代政府組織競爭的利器，也是新世紀行政的典範。資訊與網通科技的普及應用，已對政府組織運轉、績效管理及人民價格創造等工作，帶來重大的衝擊與影響。台灣要脫胎換骨發展知識經濟，提升國家競爭能力，應用資訊與網通科技的速度、深度與廣度，將是主要的關鍵之一。政府應用資訊與網通科技，不僅可以革新內部行政作業流程，打破官僚組織的專業分工及制度僵化的界限，提升行政效率，以及提供人民創新便捷的服務；同時，政府更可應用資訊與網通科技，快速蒐集及偵測全球環境的變化，引導國內政治、經濟及社會的發展；經由網路化釋放出大量的資訊，帶動民間企業創新發展，以及人民生活更多價值創造的機會。

　　電子化政府已是世界各國共同追求的目標之一。資訊與網通科技的應用，已成為人民生活的一部分，更可解決政府行政管理與人民價值創造的相關問題，是政府競爭的重要工具。本章節將介紹電子化政府的涵義、我國電子化政府發展過程、數位行政的應用及數位行政文化的塑造等議題。

13.1 電子化政府的涵義

　　電子化政府是指透過資訊與網通科技，將政府、企業、非營利組織、人民及資訊相連在一起，建立互動系統平台，讓政府資訊與服務更加方便，隨時隨地可以取得可

用的資訊與快速的服務。電子化政府是建立一個政府與各界網網相連的資訊網路,把政府的公務處理與服務作業,從人工與電腦作業轉變為數位化與網路化作業,便利使用者可以在任何時間、地點,都能經由網路查詢政府資訊、及時通訊,並可直接在網路上申請服務;同時,政府可以透過網路提供相關有用的資訊,讓企業、非營利組織與人民有更多發展與價值創造的機會。

電子化政府和我有什麼關係?相信這是大多數人接觸到電子化政府時的第一個反應。其實,電子化政府和你我大有關係!舉例來說,日常生活中的電話費、停車費繳費通知,網路報稅、買車票、掛號,通通都是電子化政府服務的一環。換句話說,「電子化政府」就是政府透過資通訊的力量,將政府的資訊或服務提供給社會大眾,並根據使用者需求不同,分門別類,提供個人化的貼心數位助理及客製化服務。

13.1.1 電子化政府應用範圍

電子化政府主要係應用資訊與網通科技,推展資訊上網、電子申辦服務、電子採購、電子商務、電子支付、電子資料庫、數位出版、網路學習、公用資訊站(kiosk)、網路視訊等應用,其主要範圍包括:

1. 政府對人民(Government to Citizen, G2C):以人民需求為中心,提供人民快速的網路申辦服務,讓更多人對政府的電子化服務內容有更多認識,並善用各項資料/服務,作為工作及生活上的最實用、有用的e幫手,例如民眾e管家等。

2. 政府對企業(Government to Business, G2B):以企業需要為中心,透過網路提供企業申辦、諮商、輔導等服務及產業發展相關資訊,例如企業e幫手等。

3. 政府對非營利組織(Government to Association, G2A):以非營利組織各相關機構或團體需求為中心,各項網站應用資訊與網通科技,提供整體的網路服務,例如網際營活網站。

4. 政府對政府(Government to Government,G2G):藉由各政府機關間(Cross-Agency)資訊的分享與業務的協同合作,以提升政府部門網路應用效果,並對人民、企業、非營利組織及政府單位提供高附加價值、整合式的網路與通訊服務,例如支援RSS、blog、個人化機制及戶政、地政申辦作業。

5. 政府對公務人力(Government to Employee, G2E):以現任、退休及未來潛在的公務員需求為中心,提供學習、應用、考試、任用、權益保障等相關網路資訊,例如政府e公務等服務。

13.1.2 電子化政府網路類型

網際網路的崛起，帶動了數位化、知識化、行動化與即時化的管理趨勢。行政機關透過資訊入口網站，即能有效的整合員工、民眾與外部機關（單位）不同的資訊來源；透過角色的設定與權限管理，能使組織內文件管理與資訊傳遞更安全；透過個人化桌面設定即可與同事、民眾或外部機關（單位）特定人士進行有效的溝通，同時亦可蒐集所需的資訊；因此，資訊科技已成為行政機關最重要的管理工具。

現代先進國家資訊科技的運用，已由電子化政府（e-Government）走向電子化治理（e-Governance），除了著重內部流程管理及電子化服務外，更強調的運用資訊科技進行規劃、溝通、監督及創新等活動，並講求資訊的分享與透明化。我國政府加速推動數位e台灣電子化政府平台，制定資訊使用的共通標準規範，全面推動各機關資訊化管理，根據政府部門建構資訊系統的特性、使用範圍及資訊開放的程度，政府部門資訊網路類型可分為四種，包括：

1. 內部網路系統（Intranet）：以進行內部行政作業與決策需求為中心，運用資訊科技進行規劃、溝通、監督及創新等活動，透過角色的設定與權限管理，能使組織內文件管理與資訊傳遞更安全，例如各機關內部計畫、預算及人事管理等作業系統。

2. 外部網路連接系統（extranet）：以連接政府機關間或特定目的團體為中心，分享特定的資訊，透過個人化桌面設定即可與工作伙伴、人民或外部機關（單位）特定人士進行有效的溝通，例如政府共用性行政資訊系統包括：文書檔案系統-行政院研考會（含檔案局）、人事系統-行政院人事局、預算及會計系統-行政院主計總處、支付系統-財政部台北區支付處、財產管理系統-財政部國有財產局等。

3. 網際網路系統（Internet）：以與民眾或外部團體互相溝通需求為中心，講求資訊的分享與透明化，同時亦可蒐集所需的資訊，例如政府部門推動的線上申辦服務與應用、政府資訊查詢相關網站。

4. 完全開放系統（open system）：將政府資訊完全透明化，並廣泛蒐集各界對政策討論的意見，例如政府部門公共論壇網站。

13.2 電子化政府的演進

　　我國政府為達成「活力經濟、永續臺灣」願景及經濟發展、社會公義及環境保護並重之目標，提出「愛台12建設總體計畫（2009-2016）」，其中「智慧台灣計畫」如圖13-1所示，以建構智慧型基礎環境、發展創新科技化服務、提供國民安心便利的優質網路環境為主要目的，期使民眾可經由多元化環境享受經濟、方便、安全、貼心的智慧生活服務，並由行政院研考會統籌推動智慧台灣計畫項下之電子化政府業務。

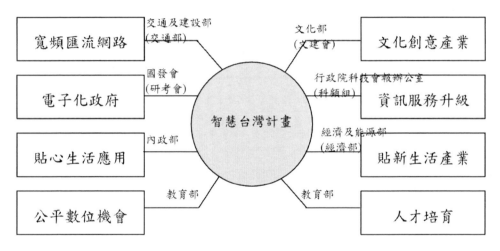

圖13-1　智慧台灣計畫

資料來源：行政院研考會

　　我國自1998年開始推動以網際網路為基礎之電子化政府，已經順利完成第一階段的政府網路基礎建設，第二階段的政府網路應用推廣計畫，以及第三階段著重社會關懷、提供民眾無縫隙的優質政府服務，至今無論在提升效率及服務品質方面，已有相當具體的成果，並獲得國際組織評比肯定，政府網路使用度與整備度獲世界經濟論壇（WEF）2010年至2011年評比第2名及第5名成績，在2011年早稻田大學的電子化政府發展調查報告我國名列第13名。歷經前面三個階段的努力後，我國電子化政府進入下一個轉型改造的階段，未來發展將朝向從民眾的角度提供主動、分眾與全程的電子化政府服務，如圖13-2所示。此根據行政院研考會的規劃，就四階段電子化政府計畫說明如下：

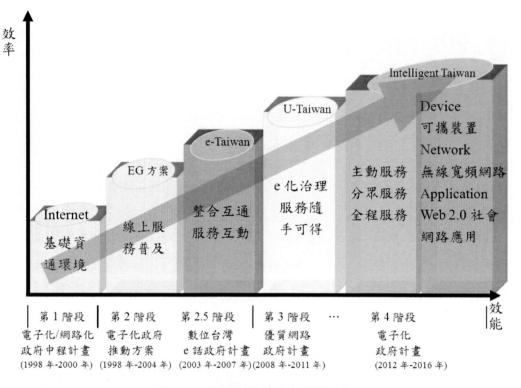

効率

Intelligent Taiwan

Device
可攜裝置
Network
無線寬頻網路
Application
Web 2.0 社會
網路應用

U-Taiwan

主動服務
分眾服務
全程服務

e-Taiwan

e 化治理
服務隨
手可得

EG 方案

整合互通
服務互動

Internet

線上服
務普及

基礎資
通環境

效能

第 1 階段	第 2 階段	第 2.5 階段	第 3 階段 …	第 4 階段
電子化/網路化	電子化政府	數位台灣	優質網路	電子化
政府中程計畫	推動方案	e 話政府計畫	政府計畫	政府計畫
(1998 年-2000 年)	(1998 年-2004 年)	(2003 年-2007 年)	(2008 年-2011 年)	(2012 年-2016 年)

圖13-2　我國電子化政府推動歷程

資料來源：行政院研考會

13.2.1 第一階段電子化政府計畫（87-89年）

我國電子化政府業務的推動，從民國70年代建立大型行政資訊系統以來，即陸續展開。民國80年代推動「電子化／網路化政府中程推動計畫」（87年-89年），致力建設政府骨幹網路、發展網路便民及行政應用、加速政府資訊流通、建立電子認證及網路安全機制等子計畫。

政府機關藉由全球資訊網站的設置，將各類資訊在網站上呈現，而民眾可直接上網瀏覽、查詢或下載政府所提供的各類資訊（如政策、法規，相關行政作業程序、採購資訊……等）。本階段政府部門運用資訊進行內部行政作業改造外，政府對民眾服務仍為單向作業，民眾無法直接透過線上方式與政府進行互動。

13.2.2 第二階段數位臺灣e化政府計畫（90-96年）

民國90年代推動「電子化政府推動方案」（90至93年）持續深化及擴大政府網路應用，目標為建立暢通及安全可信賴的資訊環境、促進政府機關和公務員全面上網、

全面實施公文電子交換、推動1,500項政府申辦服務上網、推動政府資訊交換流通及書證謄本全面減量作業。除上述引導性之方案外，另在「挑戰2008：國家發展重點計畫」（92至96年）第6分項數位臺灣計畫中，電子化政府重點計畫共18項，如圖13-3所示。

本階段政府除提出線上資訊外，已建立與民眾互動的機制，如會員申請、線上意見提供等，並提供民眾簡易之線上申請作業，惟整個交易仍須離線完成；即政府網站提供申辦書表，供民眾線上填寫與申請作業，仍須親臨櫃檯辦理後續相關作業。

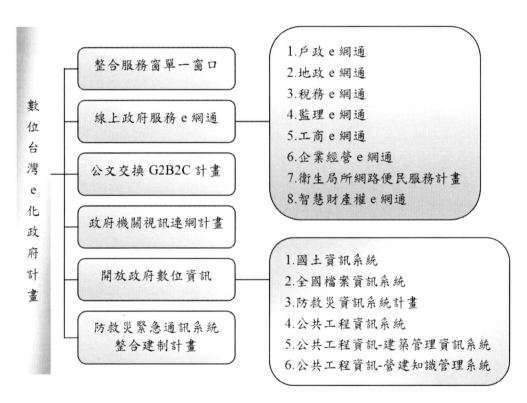

圖13-3 數位臺灣e化政府計畫架構

資料來源：行政院研考會

13.2.3 第三階段優質網路政府計畫（97至100年）

民國97年推動之優質網路政府計畫，以達成「增進公共服務價值，建立社會的信賴與聯結」願景，落實「發展主動服務，創造優質生活」、「普及資訊服務，增進社會關懷」、「強化網路互動，擴大公民參與」三大目標，實現主動、分眾、持續及扎

根之服務。目前優質網路政府規劃推動10大旗艦計畫,如圖13-4所示。

　　本階段政府提供具有交易性質的線上服務,民眾可以透過政府提供的電子化服務,於線上完成單項業務的申辦作業,不必親臨櫃檯辦理後續相關作業。

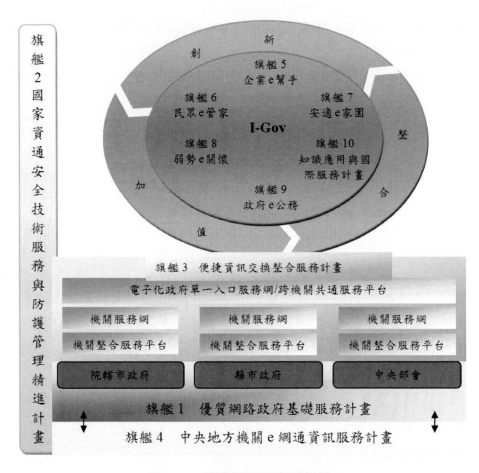

圖13-4　優質網路政府計畫架構

資料來源:行政院研考會

13.2.4 第四階段智慧台灣計畫(101至105年)

　　我國推動電子化政府以來,已獲得國際評比、國內民意調查的肯定,顯示電子化政府推動已具相當成效。為達更佳管理效能、提供更好的服務,規劃下一階段電子化服務配合網路發展特性,加強行動通訊隨手可得(Mobilization)、個人客製化(Individualization)等應用,以受惠對象觀點提供全程網路化服務。因應資通訊技術

的快速發展趨勢，第四階段電子化政府規劃重點將建構政府服務的DNA核心理念，包括設備（Device）發展可攜式行動裝置上的服務，網路（Network）因應無線寬頻網路應用發展便捷服務，及應用（Application）善用Web 2.0社會網絡發展更貼進民眾需求的創新服務，並彰顯「民眾服務」、「運作效率」及「政策達成」三大公共價值為主軸，聚焦提供電子化政府的主動服務、分眾服務，並以受惠對象的角度進行思考，發展全程或跨部門間服務，規劃重點如圖13-5所示。

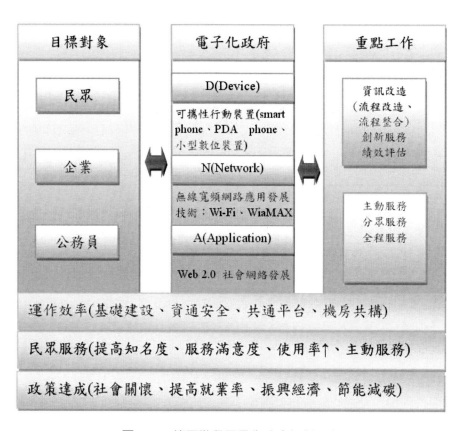

圖13-5　第四階段電子化政府規劃理念

資料來源：行政院研考會

　　第四階段電子化政府規劃理念，聚焦於將「民眾視為一件事情」的全程服務規劃重點，以民眾、企業及公務員等分眾族群為服務主要對象，以對內提升運作效率、對外增進為民服務品質、並兼顧社會關懷與公平參與等三面向為核心，如圖13-6：

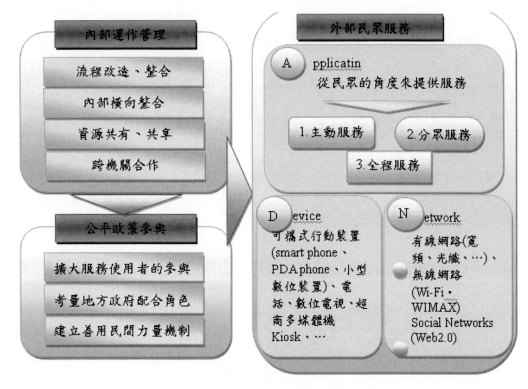

圖13-6 第四階段電子化政府規劃三面向

資料來源：行政院研考會

1. 提升外部民眾服務，延續電子化政府DNA：以受惠對象的角度進行思考、發展全程服務及跨部門間之協調，其規劃重點以DNA策略發展為方向，民眾可以自定所需服務與取得管道（包括網站、智慧型手機、即時通訊等多元管道），讓政府服務無縫接軌，使政府服務更貼近民眾的需求。應用無線高速寬頻網路，取得互動性更強的政府影音服務，並善用Web 2.0社會網絡增進公民參與溝通效率的應用，進行各項策略形塑以及各項執行計畫之規劃。

2. 強化內部運作管理，倡導機關合作：配合政府組織改造落實資訊改造及流程改造，檢討設計服務流程，調整不同機關內外部權責及營造合作、共有、共享氛圍，鼓勵機關分享所用的資訊，以銜接現有個別機關片段服務；跨機關整合服務流程，串聯中央與地方各級機關服務資源，形成以民眾為中心的整體服務流程。

3. 活化公平政策參與，實現永續經營：電子化政府服務需加入社會關懷與弱勢族群的思維，整合地方政府資源，善用民間力量機制，深入及擴散政府服務宅配

到家，並提供公益轉換營利模式實現數位機會中心之永續經營，持續創造偏鄉數位學習及社區發展。此外，推動Web 2.0應用讓民眾對相關政策與服務都有更多的參與，並獲悉資料提供的負責單位，彰顯透明、課責、參與及效能的政府服務，建構公平的資訊社會。

面對資訊科技與社會環境的快速發展與變遷，為提供全民優質生活，政府須以使用者為中心，藉由創新科技的應用，提供智慧服務，促進社會網路發展及活絡，強調綠能共享的概念，有效利用資訊資源及人力，並提升政府行政效能。該計畫爰以「服務無疆界，全民好生活」為願景，如圖13-7所示。其計畫目標包括：

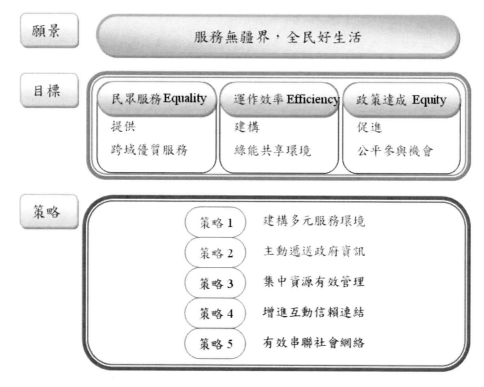

圖13-7　第四階段電子化政府願景、目標與策略

資料來源：行政院研考會

1. 提供跨域優質服務：以民眾服務觀點推動跨機關服務整合，強調由受惠者或服務對象的全程角度來規劃，透過跨機關間服務流程整合，單一窗口提供申請、查詢、下載、繳費等工作，讓服務友善、便民，在安全可信賴的基礎上，提供契合民眾需求的全程服務。

2. 建構綠能共享環境：與國際發展趨勢同步，應用綠色科技整合及活化現有電子化政府環境，減少碳排放，解決日益嚴重的環境危機，以發展永續城市，增進國家社會之競爭力。

3. 促進公平參與機會：以網路服務有效縮短數位落差，提升國民資訊素養，創造資訊弱勢民眾更多的資訊近用及參與社會運作之機會，期能進一步改善生活品質，是下一階段電子化政府的重要努力目標。

13.3 數位行政的應用

隨著國際化及數位公民興起等主客觀環境變化，透過電子化政府服務創造資訊科技公共價值（public value of IT, PVIT），已成為政府服務創新，以及提升國家競爭力不可或缺的要件。共通服務是電子化政府的基礎，可使政府機關遵循共同的資料交換格式與軟體發展環境，用較少的資源發展符合民眾需求的網路服務。為建構以使用者需求為主的服務導向型電子化政府，必須提供安全穩定的政府共通基礎服務，使各級政府能在穩定的網路傳輸線路上，結合安全的電子憑證管理及應用，以共通服務平台的軟體環境，建構各項創新服務。

電子化政府的基礎服務包含民眾服務應用、社會網絡應用（Web2.0）及行政管理應用三個部分，即運用政府網際服務網、政府機關公開金鑰基礎建設，以及電子化政府服務平台等。而政府入口網係在作為民眾取得政府各機關資訊之總入口，同時提供更主動式的服務，例如支援RSS、blog與個人化機制，讓使用者可以接收到政府完整的資訊，建構以價值創造為導向之電子化政府。

13.3.1 民眾服務應用

歷經政府網路基礎建設、線上服務推展、跨機關資訊互通等階段的努力，現階段配合智慧台灣總目標如圖13-8，加強社會網絡應用（Web2.0）、線上申辦服務及應用推廣，並依政府所服務對象之相關需求，推動分眾、主動、紮根及持續等服務。

政府針對不同的使用族群需求，豐富「政府機關間（G2C）」、「政府對企業（G2B）」及「政府對民眾（G2G）」的資訊服務深度與廣度，並可由使用者自行選擇方便的資訊取得方式，得到政府主動推送到家的資訊服務，例如建置國家考試便民服務，主動提供應考人相關國家考試資訊之自動推播機制與個人化通知訊息，讓電子化政府深入每一個家庭與個人，成為民眾的生活好幫手。

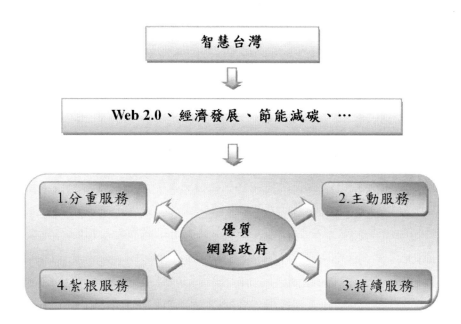

圖13-8 智慧台灣網路政府架構

資料來源：行政院研考會

13.3.2 社會網絡應用（Web3.0）

　　根據行政院研考會「99年個人家戶數位落差調查報告」（調查12歲以上國民），我國40歲以下民眾超過9成會上網，全國平均約有7成的民眾會上網，推估全國約有1,446萬名網路族。其中近6成5的網路族經常參與網路社群，並利用「即時通訊」（MSN等）及「臉書」（Facebook）等與外界聯繫。另依研考會民國99年1月「新興網路議題調查報告」，有50.7%的網民表示歡迎政府成為其社群朋友，顯見網友對於社會動態、政府施政等網路輿論的擴散，均有相當的影響。

　　世界各國推動電子化政府均將民眾參與（e-participation）列為政府創新應用服務的關鍵指標。因應社會網絡發展及擴大與國際接軌之趨勢，政府廣為應用社會網絡加強與民眾溝通及互動，並廣為運用各種社群媒體，主動提供更貼近民眾生活需求的資訊，諸如觀光、稅務、交通、災情、教育及醫療照護等等資訊。

　　政府為了進一步協助各機關廣為應用社會網絡，特別針對各級政府機關導入Web 3.0社會網絡各種事項，制定有關建置、導入、版面配置、網路社群營運以及風險管理機制等規範，綜整而成政府網站Web 3.0營運作業參考指引，提供各機關參考應用。

13.3.3 行政管理應用

　　網際網路的崛起，帶動了數位化、知識化、行動化與即時化的管理趨勢。行政機關透過資訊入口網站，即能有效的整合員工、民眾與外部機關（單位）不同的資訊來源；透過角色的設定與權限管理，能使組織內文件管理與資訊傳遞更安全；透過個人化桌面設定即可與同事、民眾或外部機關（單位）特定人士進行有效的溝通，同時亦可蒐集所需的資訊；因此，資訊科技已成為行政機關最重要的管理工具。

　　現代先進國家資訊科技的運用，已由電子化政府（e-Government）走向電子化治理（e-Governance），除了著重內部流程管理及電子化服務外，更強調的運用資訊科技進行規劃、溝通、監督及創新等活動，並講求資訊的分享與透明化。因此，政府機關應加速運用數位e台灣電子化政府平台，建構施政計畫與預算資訊管理系統，制定資訊使用的共通標準規範，全面推動各機關資訊化管理，運用Intranet系統進行內部行政作業與決策，使用extranet系統分享不同機關資訊，採用Internet系統與民眾或外部團體互相溝通，利用open系統將政府資訊透明化，並廣泛蒐集各界對政策討論的意見。

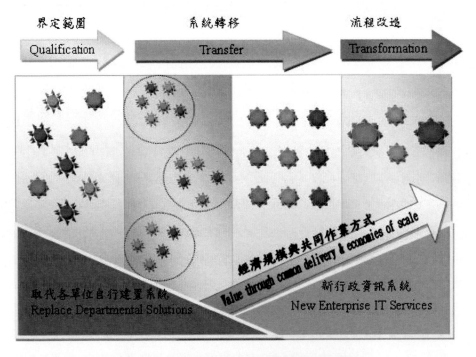

圖13-9　共用性行政資訊系統發展進程圖

資料來源：行政院研考會

共用性行政資訊系統發展如圖13-9，現有行政資訊系統包括:文書檔案系統-行政院研考會（含檔案局）；人事系統-行政院人事總局；預算及會計系統-行政院主計總處；支付系統-財政部台北區支付處；財產管理系統-財政部國有財產局；政風、計畫管考、立委及監委系統等-逐步納入。除上述共用性行政資訊系統外，依據共用性行政資訊系統核心工作發展之原則與策略，推動政府共用元件、e公務電子交換等，可參考政府「共同性行政資訊系統改造」。

13.4 數位行政文化的塑造

組織文化（organization culture）是指組織成員共同的信念與價值觀，它會影響組織成員的認知、態度與行為。台積電董事長張忠謀先生曾表示：「企業文化是企業的基石和靈魂，特別是大型企業如果缺少了企業文化，就難以凝聚團隊士氣、維持創新。」英特爾（Intel）公司以計畫式管理及企業文化實現卓越的經營，最主要的利器為「建設性對立」、「績效管理」及「參與式決策」。亞馬遜（Amazon）公司在創辦人Bezos的領導下，整個企業展現出「團隊戰力」、「埋頭努力」、「智慧結晶」及「熱情服務」的組織文化。上述企業成功的組織文化，都值得政府機關學習參考。

微軟（Microsoft）創辦人Bill Gates在其數位神經系統一書中指出：「我們現已具備建立數位神經系統所需的工具、系統路線的接駁和聚合的功能，但是要實踐一間公司的最高潛能障礙，卻是員工的陳舊思維、墨守成規的心態及抗拒創新的慣性。」政府無法將新科技及管理思維強加在尚未準備好的行政文化上，但要進入數位行政時代，必須孕育、塑造優質的數位文化，才能使公務員的思維模式與數位科技接軌。當台灣已有近1500萬的數位公民時，當政府面臨分秒必爭的全球競爭壓力時，公務員必須調整價值觀，改變工作心態，樹立新行為準則，加速轉型為數位時代的公務員，才能落實顧客價值創造型的政府。前行政院研考會主任委員林嘉誠教授（2001）提出，塑造數位時代的十種行政文化，分別說明如下：

1. 知識分享的文化：政府機關累積了豐富知識文件及資深經驗的工作者，有待開發與利用。網路普及強化了資訊流通的廣度與深度，為政府知識工作者創造了潛在的、便捷的交流管道；透過電子郵件、群組軟體、內部網路及網際網路，政府機關不但可以找到具備專業的知識員工，交流分享知識，也可與其他機關工作者，直接溝通或分享經驗，彙集政府集體的智慧，共同解決施政的問題。因此，如何鼓勵公務員以開放心胸分享知識，將是政府建構數位行政文化的要務。

2. 資訊公開的文化：政府資訊公開、透明化程度，是檢驗一個國家民主程度的重要指標。政府必須樹立「政府資訊是公共財」的價值觀，塑造資訊公開化、透明化的機關文化；基於民眾及社會知的權利與知識分享的原則，在不違反國家安全及民眾隱私權的前提下，依據行政程序法及政府資訊公開法相關規定，全力推動政府資訊公開工作。

3. 團隊合作的文化：政府層級節制、壁壘分明的行政官僚文化，已不足因應數位時代的快速變遷。數位時代的政府組織運作，必須建立精巧靈活的工作團隊，利用群組軟體、全球資訊網、社群活動及公共論壇等數位工具，創造跨部門工作團隊，彼此分享知識與經驗。數位行政的組織運作，就是利用數位科技強化政府內外溝通效率，加速資訊流通與知識分享，建立以解決問題為導向的協同合作工作團隊。

4. 鼓勵創新的文化：在全球競爭激烈的環境中，唯有創新才能維持組織的持續成長。數位行政的時代，政府部門應從法規制度、領導方式、技術應用及績效評核等層面，建立重視創新、鼓勵創新、獎勵創新及利用創新的數位行政文化，培養具備主動積極、創新創意凡的現代公務員。

5. 公開問題的文化：在今日資訊發達的時代，政府無法再獨占及壟斷資訊，人民的眼睛是雪亮的，唯有公開問題，才能即早發現問題、解決問題，因為問題不會自動消失，遮蓋問題只會讓情況更糟。行政程序法實施後，政府全任何政策制定與決策，都必須公開化、透明化，建立程序的正義。政府建立公開問題的數位行政文化，不僅是落實法律的要求，也是發展數位行政必然的結果。

6. 意見表達的文化：在政府的會議場合，通常可以見到下列情景：在涉及敏感及須負責任問題討論時，機關與會代表都三緘其口或須再請示；即使發言也常語詞模糊、態度閃躲，造成許多會議是「會而不議、議而不決、決而不行、行而不果」的現象。這種行政文化，正是阻礙行政效率及創新進步的主要原因。在數位行政時代，政府必須建立充分表達不同意見的文化，鼓勵公務員多元思考的意見表達。

7. 工作學習的文化：新數位科技引進知識爆炸及社會快速的變遷，終身學習成為數位公務員必備的條件，知識工作者必須從工作中不斷的學習；政府部門領導者及管理者必須具備領導學習及迅速學習的能力，孕育整個政府樂在學習及團隊學習的行政文化。由於數位科技快速發展，電子線上學習技術愈趨成熟，政府設置網路文官學院等機制，提供公務員更多元終身學習的環境，讓公務員在

不斷學習中成長、成長中學習。

8. 積極進取的文化：數位經濟時代，國與國間或人與人間競爭愈來愈激烈，原地踏步就是落伍，進步緩慢也會落後。政府進入數位行政時代，必須扭轉公務員的心態及價值觀，樹立積極進取的行政文化。政府首長應勇於授權及承擔責任，積極改變一般公務員「多做多錯、少做少錯、不做不錯」的心態與行為。

9. 精緻細膩的文化：數位時代講求的創新、品質、效率及顧客回應，政府的行政文化必須提昇與轉型，運用群組軟體、資料庫及全球資訊網，建構網路政府，以平行處理、同步作業及立即反應，處理複雜的資源與政務；強調工作創新與品質的精緻細膩的數位行政文化，建構一個「輕鬆工作環境、嚴謹工作態度」的嶄新工作職場文化。

10.全球思維的文化：數位時代，無遠弗屆，世界已成為一個地球村，國家的政治、經濟、社會及生態環境，都難免受到全球化的影響或限制；因此，數位時代的領導者及管理者，必須具備全球化的思維模式，對於全球化體系的運轉，應具備敏銳的洞察力，政府的政策、法規及制度的訂定，都必須與國際接軌。

　　行政文化是政府的靈魂，也是驅動政府創新進步的基石。公務員的價值觀、心態、行為及思考模式，則是落實顧客導向價值創造型政府的關鍵。建立積極、主動、負責的公務員工作態度，樹立「尊重與關懷」、「守法與倫理」、「創新與品質」及「溝通與和諧」新價值行政文化，為現代化政府必須積極創造的目標。

| **問題討論** |

1. 試述電子化政府涵義與應用範圍？
2. 試說明我國電子化政府發展的過程？
3. 試說明如何塑造數位行政文化？

臺灣第四階段電子化政府計畫今年10月出爐

資料來源：行政院研考會　文⊙王宏仁、辜雅蕾　2010-03-09

重點

· 第四階段電子化政府計畫10月定案

· 第四階段於民國101～105年間執行

· 全程服務是第四階段新增規畫重點

行政院研考會發布第四階段電子化政府計畫藍圖，將在跨機關整合的基礎上，為民眾或企業需求提供全程化的服務，並將各項政府服務延伸到可攜式行動裝置與社交網絡技術中。行政院研考會副主委宋餘俠表示：「最晚十月定案，民國101年正式實施。」

早從民國86年起，臺灣就展開第一階段電子化政府計畫，但從民國91年第二階段電子化政府計畫以後，這項計畫的預算改由擴大公共建設經費支應，成為國家常態性基本建設之一。

因此，不論是電子化政府第二階段或第三階段計畫的預算都超過百億元的規模，平均每年投入金額超過20億元。

第三階段優質網路政府計畫將於民國100年結束，隨後是民國101～105年的第四階段電子化政府計畫。第四階段計畫仍持續推動第三階段提出的「主動服務」與「分眾服務」，但新增加了「全程服務」概念。

新增端到端的全程服務

宋餘俠解釋，所謂「全程服務」，是從受惠者或服務對象的全程化角度來規畫政府服務。也就是說，政府服務分別依據民眾、企業或公務員角度的需求的便利性和完整性來設計，提供一種「端到端（End to End）的全程服務。」

例如在政府對企業的G2B全程服務中，政府電子採購是企業最關心的項目

之一。雖然採購招標作業已經電子化，但電子支付過程仍有不少行政程序需透過書面進行，如押標金得透過人工處理才能轉成履約保證金，手續相當繁複。對企業而言，不少財務管理中的下游機制還無法和政府服務連線處理。

民國99年1月上線的第二代政府電子採購網則已整合了電子支付與電子領、投、開標，提供多項電子保證的服務，例如企業可在線上或臨櫃申請電子押標金與電子履保金，而招標的政府機關也能在線上進行電子押匯或同意註銷等簡化流程的措施。更進一步，「涵蓋採購、電子支付、合約管理的全程自動化作業，這是第四階段可努力的方向。」宋餘俠說。

全程服務落實在政府對民眾報稅服務上，未來會推動綜合所得稅扣除單據電子化，將國稅資訊平臺整合保險、醫療、學費、公益捐贈等資料，讓民眾不用自行蒐集書面扣除資料，直接利用網路報稅服務下載之扣除資料，讓網路申報程序更完整。

甚至提供給公務員的政府公務服務也會導入全程服務概念，推動公文電子化的全程處理，運用自然人憑證進行身分簽證，從公文收發、擬辦會辦、主管簽核，甚至歸檔都能夠採無紙線上作業，減少公文書面往返，提高政府行政作業效率。

全程化可提升效率

行政院研考會副處長簡宏偉表示：「從開始到結束都達到無紙化，可以讓政府效率更高。全程化最直接的影響就是提升效率。」

他進一步補充：「第四階段電子化政府計畫將會檢討現行流程後，重新建立標準作業程序，執行新舊流程銜接，從受惠者或服務對象的全程化角度來規畫。」

行政院研考會主任委員朱景鵬說：「對民眾而言，第四階段希望做到電子化政府是單一窗口。」

整體來說，行政院研考會主任委員朱景鵬表示：「對民眾而言，第四階段電子化政府計畫希望做到單一窗口的服務。」

除此之外，第四階段計畫會持續運用第三階段後期續階計畫所引入的Web

2.0概念，來發展各項政府服務。但更進一步，行政院研考會計畫將政府Web 2.0應用拓展到如智慧型手機、小型數位裝置、多媒體機、Kiosk等可攜式裝置上，並結合有線寬頻、光纖網路，與無線的Wi-Fi、WiMAX等網路技術來發布。

將Web 2.0服務延伸到可攜裝置

簡宏偉說：「透過可攜式行動裝置和無線寬頻網路技術，結合Web 2.0概念來創造服務，讓電子化政府的服務管道更多元。」

具體規畫上，第四階段計畫包括三大面向，第一個規畫重點是外部服務，包括了Web 2.0概念、多元服務管道與前述的主動、分眾和全程服務。第二個規畫重點是內部管理，著重流程改造與整合、強調內部橫向整合、資源共有共享與跨機關合作。

最後一項是數位機會，第四階段計畫中將更清楚地定位數位機會中心的角色、並考量地方政府的配合角色，提供公益轉換營利的模式。

規畫進度上，宋餘俠表示：「預定今年四、五月時完成初步計畫，再進行政策審查程序，最晚十月定案。民國100年會推動部分先導計畫，民國101年正式實施。」目前，行政院研考會也在政府入口網中設立第四階段電子化政府策略規畫專區，公布規畫小組會議摘要與專家學者的政策建議，並開放民眾回應。

| 個案研討 |

1. 行政院研考會主任委員朱景鵬說：「對民眾而言，第四階段希望做到電子化政府是單一窗口。」這個目標能夠達到嗎？

2. 第四階段計畫仍持續推動第三階段提出的「主動服務」與「分眾服務」，新增加了「全程服務」概念。第三階段的電子化政府概念，是否在政府部門已深耕？如何才能各階段電子化政府服務概念？

電子化企業

資料來源：bmeweb.niu.edu.tw/material/ec/電子化企業.htm

　　E-Business一般稱為「電子化企業」或「電子商業」，目的是把企業轉化並改良業務與作業流程，進而改變了商業交易模式。所謂「電子化企業」談的是關於企業是如何運用Internet的技術來改善企業的核心，商業流程，提升運作效益並擴展商機，以及個人如何透過網際網路提昇生活品質。

　　電子化企業（E-Business）係指透過網際網路相關資訊技術及管理方法之運用（如Internet, Extranet, Intranet），轉化並改造企業或其上下游供應鏈之運作核心與流程進而改善公司內的運作及經營的本質，使公司本身及其合作對象間均能加速運用新的企業營運模式，以提昇企業整體經營績效。

企業之電子化演進

　　從企業資訊單位的區域網路LAN，到企業內部網路的Intranet，到整合商業夥伴的商際網路Extranet，及發展為網際網路上的電子商務過程，我國產業自動化及企業電腦化以提升至相當水準。

電子商業的效益

　　降低成本

　　強化上下游分工整合能力

　　提高效率增加生產力

　　提高產品品質增加競爭力

　　提昇企業之形象與信譽

　　提高服務品質與客戶滿意度

　　訂單來自於電子話交易,不須經人加工處理

　　訂單錯誤率大幅下降

電子化企業結構

電子商務狹義的定義是指企業之電子商務交易。因此產業價值鏈中企業與上中下游合作夥伴或顧客進行電子化溝通及交易過程與結果均屬電子商務範疇。然而，電子實施商務的基礎式相關企業都必須傳行為電子化企業。

電子化企業為未來數位經濟環境中的基本經濟單位，亦為有效推動產業供應鏈中合作夥伴及顧客間進行電子商務必要基礎。企業因應電子商務所帶來的衝擊，必須預作準備進行體質的改造活動，充分運用資訊及通訊科技，對內健全企業管理機能間資訊流之傳遞及暢通，對外便利合作夥伴間及顧客之商流、資訊流、物流與金流之自動化與數位化。

電子化企業透過網路與上下游合作夥伴及主要顧客進行線上溝通、線上交易、線上服務以及商情、技術資源以及專業知識的分享與合作，使價值鏈中成員緊密連結，進而提昇產業整體競爭力。

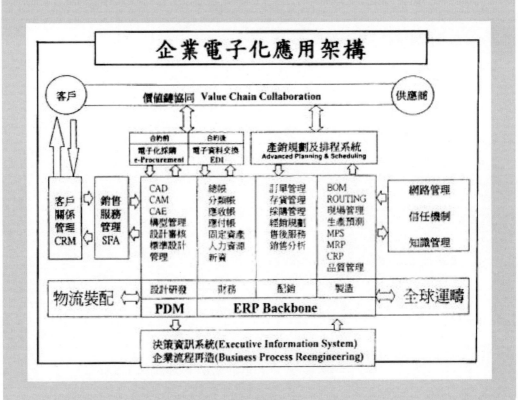

電子化企業的應用範圍

　　電子企業的主要應用範圍係涵蓋了企業與企業間透過企業內網路（Intranets）、企業外網路（extranets）、及網際網路（Internet），將重要的企業情報與知識系統與其供應商、經銷商、客戶、內部員工及相關合作夥伴緊密結合；藉著網路技術的運用，改變原有的企業流程，其中主要的技術應用範圍包括：企業流程再造、客戶關係管理、供應鏈管理、知識管理、企業智慧等，以創造、傳遞及累積企業價值，其產業電子化的主要應用範圍如下圖所示。

　　資訊科技以醞釀成一股能量，其力量改變了企業內部運作方式及效率，供應鏈管理（SCM）、企業資源規劃（ERP）、客戶關係管理（CRM）等三個層面的電子數位化，使企業降低了成本，並提高生產速率。隨著企業內部分轉型為電子化，在資訊流無遠弗屆的情況下，企業與企業的電子商務將可創造更大的商機與實質收益。以下將分別說明供應鏈管理、企業資源規劃及顧客關係管理的定義與主要應用範圍。

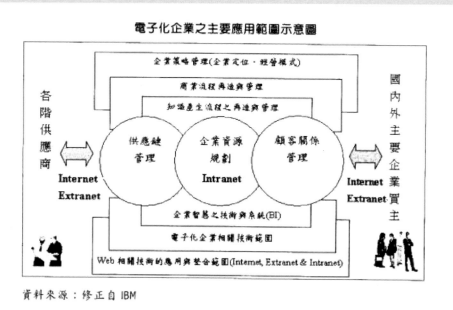

電子化企業之主要應用範圍示意圖

資料來源：修正自 IBM

1.企業為何要推動電子化商務？它能帶給企業那些經營效益？

2.電子化企業經營模式是否適合應用在政府部門？電子化政府與電子化企業有何
　異同？

Chapter 14
知識型政府

　　資訊網通的快速發展及全球化運動的形成，促使世界邁入知識經濟時代，整個地球村的面貌正在迅速改變，知識、學習及創新已成為組織發展的核心價值。傳統型政府運作模式，已面臨前所未有的困境；面對內外在複雜變動的不確定環境，政府組織型態與治理模式，均須有所調整與因應。

　　傳統農業、工業時期以勞力、機器及資金為主的經濟型態，已被澈底顛覆；產品的生產已由有形的、實體的原料，逐漸被以知識為主的產業所取代。知識資本可以快速流通，不受傳統組織與地域疆界的限制；以知識作為主要資本或資源的經濟，具有不會耗盡、可無限複製、邊際成本遞減、邊際效用遞增、知識累積及外溢效果等特性，知識已成為組織主要的生產要素。

　　資訊與網通科技驚人速度的發展，影響現代人生活與組織服務的模式，電子郵件、網際網路、視訊會議、電子商務已成為一般人生活的部分；資訊與網通技術，以數位方式提昇溝通連接的強度及人工記憶內容重置的層次，使溝通全然不受時間與空間的限制，直接衝擊個人與個人、個人與組織、組織與組織間的互動方式；同時，有助於個人或組織知識的獲取、創造、分享、移轉、儲存、利用與學習，建構一個學習型或知識型的組織。本章將以知識型政府的概念，分別介紹知識管理的涵義、知識型政府的職能、知識型政府的成功關鍵因素。

14.1 知識管理的涵義

　　知識管理係指組織為了提升競爭能力與績效，對於存在組織內外部的個人、群組或組織內有價值的知識，進行有系統的獲取、創造、分享、移轉、儲存、利用等工作。

　　由於知識的概念很廣泛，有許多不同的詮釋觀點，知識管理的定義也呈現相當地多樣化。Petrash（1996）從知識的應用觀點定義，認為知識管理是將適當的知識

在適當的時間，給適當的人，使其能作出最佳的決策。Wiig（1997）從知識的目的觀點詮釋，認為知識管理是指組織有系統、明確地對其知識資產進行充分地探索與運用，以提升組織內知識相關工作的績效，並達到報酬的極大化。APQC（2000）定義強調知識的流程與目的觀點，認為知識管理是能幫助使用者改善生產力的一種系統化的「流程」，主要包括資訊與知識的定義（Identifying）、獲取（Capture）與移轉（Transferring）。

14.1.1 知識管理的架構

知識管理係為提升組織競爭能力與績效，所從事知識的定義、獲取、儲存、分享、移轉、利用與評估等相關活動。而知識管理主要構成內涵包括：人（people）、知識（knowledge）、資訊科技（technology）及分享（share）等四個部分，以

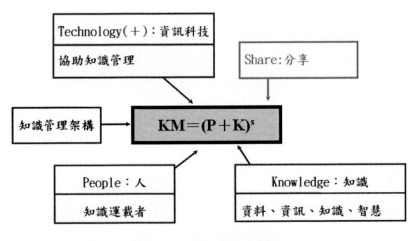

圖14-1　知識管理架構圖

方程式表示為KM＝（P＋K）S，如圖14-1所示，說明如下：

1. 人（people）：知識管理是以人為主軸的相關活動。知識的定義、獲取、儲存、分享、移轉、利用與評估等活動，必須由組織中員工去執行；知識管理的目的，必須依靠組織成員去完成。而人更是知識的承載者，員工長期累積的工作經驗，是知識管理過程中待開發的核心隱性知識。
2. 知識（knowledge）：知識是知識管理過程所要創造的主要內容。依知識的層

次區分，知識可分為資料（data）、資訊（information）、知識（knowledge）及智慧（intelligence）四個層次，知識管理係從內外在環境所儲存的資料中，尋找組織經營相關的資訊，經由加值創造組織可用的知識，再應用在組織經營管理或產品創新上，形成組織持有的智慧。依知識的種類區分，知識可分為個人知識與組織知識、內隱知識與外顯知識；組織可經由知識分享，提昇個人知識，累積成組織的知識；透過知識管理活動，開發員工內隱的工作經驗，加值內外部獲取的有用知識，以提昇組織整體經營能力。

3. 資訊科技（technology）：資訊科技是知識管理主要運用的工具，協助解決知識的獲取、儲存、分享、移轉、利用等問題，使知識管理過程全然不受時間與空間的限制，有助建構一個學習型或知識型的組織。

4. 分享（share）：知識分享是知識管理過程的核心。知識具有不會耗盡、可無限複製、邊際成本遞減、邊際效用遞增、知識累積及外溢效果等特性，知識經由分享愈來愈為擴散與增值，將產生倍數增值的效果。

14.1.2 知識管理的目的

知識管理主要目的為提升組織競爭能力與績效。組織推動知識管理過程中，經由知識的獲取、儲存、分享、移轉與利用，同時可以達到經驗傳承、降低員工犯錯機率、縮短學習曲線、誘發經營創新、組織重新定位、提升員工效率及提升組織競爭力等效果，如圖14-2所示，分別說明如下：

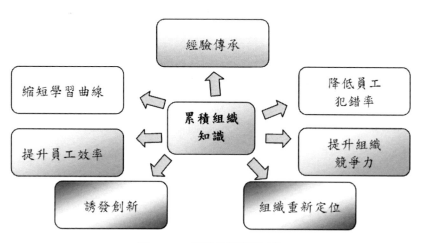

圖14-2　知識管理目的圖

資料來源：杜順榮　2007　知識管理方法論　太世科網路行銷公司

1. 經驗的傳承：知識分為內隱知識與外顯知識，其中內隱知識大都屬於員工個人的工作經驗或組織中員工共同的智慧，很難用語言表達或形成文字，必須經由知識管理社群活動或師徒制的傳承，才能將個人或組織的隱性知識與經驗持續的傳與保留。

2. 降低員工犯錯機率：知識管理的過程，將組織中過去成功或失敗的案例，進行檢討分析與儲存，經由分享提升員工處理案件工作知識，並可作為未來員工執行類似案件的參考，以降低員工犯錯的機率。

3. 縮短學習曲線：知識管理注重知識的獲取、儲存、分享、移轉與利用，提升員工全面學習的機會，可以降低員工學習的成本；同時，經由知識的累積與成長，可以大幅提升產品創新與管理的能力。

4. 透發經營創新：知識的累積與成長，將可誘發員工或組織的創意與創新的能力，無論應用在組織流程的改善或產品的創新，都有助於績效的提昇。

5. 組織重新定位：知識管理過程中，經由外部環境知識的偵測及內部資料的盤點，可以重新檢測組織策略與知識策略的缺口，瞭解外部環境的機會與威脅，組織內部資源的優勢與劣勢，重新定位組織的角色。

6. 提升員工效率：知識管理最終目的在型塑一個學習型組織，經由社群的活動及知識的分享，讓員工有不斷學習與成長的機會；員工經由標竿學習及經驗的累積，將可大幅提升工作效率。

7. 提升組織競爭力：知識已為組織主要的生產要素，知識是組織創意創新的基礎，而創意創新更是組織競爭力的主要來源。知識管理不僅有助員工個人知識的成長，更有利組織知識的累積，不斷提升組織競爭能力。

14.2 知識型政府的特質與型態

從政府組織結構及變革的趨勢觀之，建構知識型政府是最有可能強化政府體系與制度的運作，調整政府體質，改善施政能力。本節將分別介紹知識型政府的特質與型態。

14.2.1 知識型政府的特質

知識型政府的意涵範疇甚廣，其特質大致可歸納為學習型組織、知識管理及研發創新的三項，分別說明如下：

14.2.1.1 學習型組織

學習型組織（Learning Organization）係指將學習的動機、工具與目的應用在組織活動中，使組織發揮最大的功能。P.M.Senge的第五項修練可說是學習型組織的經典，他提出自我超越、心智模式、共同願景、團隊學習及系統思考等五項修練，彼此連結相扣，尤其以改變心智模式為學習的根本。知識經濟時代的組織必須成為學習型組織，適用於政府部門，與知識管理的推動相輔相成，構成知識型政府重要的一環。

學習型組織是個具有生命的實體，組織成員經由不斷的學習及多元回饋系統，為組織注入活水，培養組織因應變遷的能力，將形成良好的組織氣候及組織文化，帶動組織革新與創新。因此，政府可以透過學習型組織有效的途徑與具體措施，促進成員養成終身學習的習慣，從學習過程中激發員工潛能及自我實現的機會，進而帶動組織的創新與進步。

14.2.1.2 知識管理

知識管理被視為政府在民主治理的組織環境中，擴大知識分享的利器，因應員工經驗斷層的改善方法，以及擴大跟國際社會接觸與互動的絕佳方式。根據經濟合作開發組織（OECD）2002年針對二十個會員國中央機關實施知識管理的調查顯示，知識管理已成為大部分政府機關的重要管理課題，OECD會員國的政府機關已經進行擴展知識的創造與流動。政府組機關與學術機構、非營利組織、民間企業及國際性組織之間的知識交流與互動，呈現大幅度的開放。

推動知識管理可以產生政府部門結構性改變的效益，諸如打破機關本位及政府組織結構層級節制的慣性，建立橫向協同合作的工作團隊，創造公務員之間互相信任、團隊精神的支持性文化。但是，推動知識管理的變革，除了需要創新的工具與技術、正式或非正式的變革策略外，更需要長時間的投資與努力，才能改變公務員慣性的行為，以及重塑知識導向的行政文化。

14.2.1.3 研發創新

研發創新是知識經濟時代獲取競爭優勢的關鍵因素，美國競爭力2001（U. S. competitiveness, 2001）報告中明確指出，資訊科技的大量投資及高度的研發創新能力，是美國居於世界市場優勢的主要原因。Hamel（2000）認為，知識經濟時代將是以創新為主軸的時代，每一組織必須培養承諾（involvement）、智慧

（intelligence）、遠見（insight）與整合（integration）等思維，澈底落實組織研發創新工作。

研發創新的基礎在於知識的累積與成長，政府部門除應重視前瞻的研發創新的整體規劃外，必須配合推動建置知識管理系統，協助組織進行知識的累積、交流與分享，合理運用政府研發創新的資源，才能有效建構成為一個知識型政府。

14.2.2 知識型政府的型態

知識型政府為一知識快速流通的組織，多數政府往往以建構資訊科技系統以為因應。然而，資訊系統中往往僅是資料或資訊的流通，而非組織所需的知識；加上政府官僚式組織之層級節制及法令規章限制下，更阻礙了知識流通與分享的速度。要建構成為一個知識型政府，勢必要在現有的組織結構與制度下，從知識社群的形成、知識平台的建構及政府業務執行模式等方面，作一些適度的調整與修正。

14.2.2.1 知識團隊的形成

正式政府組織結構龐雜、層級節制及高度的本位主義，對政府推行知識管理及團隊合作有不少的阻礙。政府知識團隊的建立，採非正式組織結構，以任務編組方式形成，具有彈性與整合的功能，將可彌補政府官僚組織推行知識管理的困擾。而知識團隊的建立可分為領導者與團隊成員二個部分，說明如下：

1. 知識長：由政府機關指派內部高階人員擔任知識長，負責知識管理的使命、目標、策略的發展，協助知識社群的組成，幫助知識管理相關活動有效的執行。
2. 團隊成員：知識團隊成員通常由四種人員組成：（1）內部資訊部門員工；（2）各部門專業人員；（3）外部學者專家；（4）一般公民與基層業務人員。而知識團隊成員通常必須具備知識管理基本技巧及社群專業知識與興趣。

14.2.2.2 知識平台的建構

知識平台為政府制定未來政策與業務執行的基礎。為使知識平台有效的運作，必須將政府內部的知識完整且有效的儲存於政府知識庫。知識庫可分為二個部分，一為實體的資料庫，儲存檔案資料、個案研究、歷史案例、技術文件或相關研究等外顯知識；另一為虛擬資料庫，儲存員工記憶、經驗、創意等內隱知識，必須透過知識社群或員工的互動，才能將個別或組織內隱知識開發，透過知識平台流通，成為員工、團體或政府組織內化的知識。

知識平台的運作必須透過知識加值及流通，才能創造組織有用的知識。而知識加值必須依靠政府部門定期將歷史檔案、技術文件或相關研究等外顯知識，作有系統的分類、整理、分析與儲存，以形成可應用的知識文件；知識流動除了資訊平台提供的知識文件或議題討論等外，可透過知識社群的建立，促進員工個人經驗、創意等內隱知識的互動與交流，經由知識分享建立員工間交情、信任或共同興趣。

14.2.2.3 政府業務執行模式

知識型政府的關鍵在於提供民眾快速、便利與符合需求的服務。1990年代後資訊與網通科技快速的發展，有利於政府知識團隊的形成與知識平台的建構，政府可透過服務流程改造及單一服務窗口的執行，提供民眾更快速、普及與便利的服務。

1. 服務流程改造：政府服務流程改造即以知識整合的角度，提供民眾一次完整滿意的服務，而非根據政府法定架構提供分段的服務。強調政府執行業務應打破現行的組織功能與疆界，建立跨機關間疆界的整合及資訊交換網路，以民眾需要與合適執行為指導原則。

2. 單一服務窗口：政府服務流程改造結果，將實際影響單一服務窗口的成效。強調政府應由單一機關提供民眾根本整合的服務，政府機關執行業務不應受法定職權的影響，讓知識成為現代政府維持公私平衡關係，並有效施政的關鍵要素。

14.3 知識型政府的發展

知識經濟時代的來臨，由於網路與知識的結合，科技與智慧的創新，對人類政治、經濟、社會、文化及生活習慣等舊有系統帶來重大的衝擊，其變遷的速度愈來愈快、規模愈來愈大。知識型政府在全球正在持續擴張，但尚未建構真正成功定型的發展模式。曾任行政院研考會主任委員及考選部長林嘉誠教授（2006）提出，未來知識型政府數項發展方向，說明如下：

1. 國家基礎建設－從NII到KII

知識型政府的推動，不僅在強化政府部門政策規劃、執行與為民服務能力，提昇行政效率與效能；更要增進政府研發創新能力，增加政府的3P—績效（performance）、專業能力（professionalism）、政策溝通能力（promotion），建構創意與創新的環境，培育知識與創意產業的發展。

是以，國家基礎建設將從奠定政府、產業及社會e化的國家資訊網通基本建設-NII（national information infrastructure），推向K化的知識導向的創新基礎建設-KII（knowledge-based innovation infrastructure）。KII建設的重點包括：建構跨界流通的知識平台、建立國家研發創新體系、推動智慧資本產業、及營造社會資本的公民社會等基礎建設。

2. 政府角色職能－從「知識機器」到「知識機場」

隨著全球化的來臨，不論政府的規模大小，政府的經濟管制角色正在消失。雖然政府仍是知識經濟中的要角，但政府的角色必須蛻變為知識機場的建築師，建構一個吸引全球經濟活動光臨的交易平台，創造吸引國內外人才、智慧、創意的知識機場或知識花園。

3. 政府的任務－從公共管理到價值創造

進入廿一世紀的全球全球經濟時代，知識型政府的主要任務，將從公共管理轉型到知識創新，為社會創造公共價值的最大化－社會的互信、政策的創新、智慧型的服務、知識導向的決策、洞燭先機的策略能力及時間價值的創造等公共價值。

4. 政府人力運用－從人事管理到智力管理

知識經濟為依靠人力資本、智慧資本創造出無形資產的經濟。智慧資本在於人腦力資源的開發與創新，正是知識經濟發展的原動力，網路與人類創意的結合，開啟了價值創造的新模式；員工是組織最珍貴的資產，更是知識的化身。邁向廿一世紀的知識型政府，長期以來的人事管理，將蛻變成人力智慧開發的智力管理，如何把公務員的智力資源轉化為趨使政府變革的力量。

知識型政府必須建立友善知識工作者「5Fs」組織文化－快速（speed）、彈性（flexible）、專注（focused）、友善（friendly）、有趣（fun）的組織文化，讓每位公務員願意分享、學習與成長，成為新世代的人知識工作者，讓他們都能盡情的發揮創意，貢獻知識創造力與生產力。

5. 政府組織運作－從階層組織到知識型組織

廿一世紀的政府組織型態，誠如Peter Drucker所言，仍然是一個組織分層、階段嚴明的組織，但是一個知識社群網絡林立、管理階層角色重整、知識專業人員匯集、

知識與創意跨界自由流通，以知識為核心的組織。知識型政府已打破正式官僚組織知識流通的障礙，在資訊與網通科技運用下，政府組織運作模式將產生重大的變革。

6. 政府知識應用－從知識管理到知識治理

　　知識型政府可以透過知識管理活動、開放性知識交換平台的建立、知識社群的形成、擴大權力的下授、民眾參與公共政策研議、行政程序的公開及作業流程的透明化，以及網際網路建構民眾與政治、社會及行政部門的治理關係，實現知識治理的理念。

14.4 政府推動知識管理經驗

　　廿世紀後期，全球進入知識經濟競爭的時代，我國政府特別提出知識經濟發展方案，民間企業於1990年代開始實施知識管理制度，政府設立的財團法人研究機構及國營事業，也陸續推動知識管理。政府機關則於2000年由當時任行政院研考會主任委員林嘉誠開始推動，成立知識管理推動委員會，由主任委員親自擔任知識長，以研考會成為國家發展的智庫，行政現代化推手，政策創新中心，建構知識型政府為願景；以建立全機關知識分享的組織文化，充分利用科技與業務密切整合，推動知識管理與業務結合，全面進行知識盤點為策略；設立五個知識社群，包括：國家安全社群、公共建設社群、國家財經社群、社會福利社群及教育文化社群。2000年-2002年，五個社群分別設定議題，定期討論，提出成果文件；建立知識管制資訊平台，有系統的分類、整理、分析與儲存知識文件，提供知識文件或議題討論，促進員工個人經驗、創意等內隱知識的互動與交流，並舉辦知識社群競賽，獎勵優秀知識社群及個人。經過二年的實施，研考會員工已熟悉知識管理活動，但卻遇到若干的困擾，例如五個社群中國家安全、國家財經，非研考會員工熟悉業務及領域背景，即使社群努力以赴，仍然成效有限。

　　2002年之後，重新調整知識社群以研討會核心業務為主，區分為政府改造、電子化政府、政府績效評估、區域發展及政府資訊等五個知識社群。同時，擴大員工參與層級，強化知識管理認知教育，增進社群分享文化，建立線上討論機制，辦理社群發表會，以及加強行政支援等措施，促使知識管理活動逐步展現成效。

　　2004年4月，行政院研考會將近四年推動知識管理經驗，經行政院核定頒布「加強行動所屬各機關研發創新實施要點」，要求行政院所屬二級、三級機關均應推動知

識管理。至於地方政府因具自治權，行政院請其自行比照辦理，由研考會主動協助建置知識管理資訊平台。同時，研考會出版行政機關知識管理推動作業手冊，舉辦說明會，訓練各機關人員如何推動知識管理。依據2006年一份有關公部門實施知識管理調查報告，大多數行政機關均已成立知識管理推動委員會，頒布知識管理推動方案，建置知識管理資訊平台。至於設立知識社群，定期實施研討分享知識活動機關，比例偏低。員工對於推動知識管理具有正反意見，支持者認為有助個人知識增進及業務處理；反對者表示，平日工作忙碌無暇參與，知識管理流於形式。

2004年5月，林嘉誠轉任考選部長，承在行政院推動知識管理的經驗，要求考選部立即實施知識管理制度，自己兼任知識長，移植研考會推動模式，指定專人擔任執行秘書，依考選部核心業務成立六個知識社群，包括：國際事務社群、政府改造社群、行銷與顧客服務社群、e化社群、試務改革社群、試題分析建檔社群，由高階主管擔任各社群組長，統籌社群活動。經過四年的推動，考選部員工對知識管理的認知及業務的推展，均有明顯的成效。每年舉辦知識管理成果發表會，都有不少政府機關及民間企業派員觀摩，所累積的知識物件，廣泛應用在考選業務的創新與改進。

根據行政院研考會及考選部推動知識管理經驗，行政機關推動知識管理的成功關鍵因素，可歸納為下列幾點：

1. 明確的願景、目標與策略：知識管理的主要目的，在於配合組織的發展願景與目標，彌補組織知識的缺口。因此，行政機關推動知識管理，應根據組織的發展願景與目標，提出知識管理的次系統願景與目標，並經由組織知識的盤點，提出明確的推動策略，才能使行政機關建立知識管理的共識與方向。

2. 高階主管的參與及支持：行政機關建立知識管理共識，必須依賴首長對知識管理有高度的認識，願意親自帶領及參與，將知識管理當作組織重點業務，給予行政上充分的支持，才能凝聚員工的熱忱。

3. 核心成員的熱誠與投入：除了首長的決心與支持外，行政機關副首長、部門主管等均應積極參與，起帶頭作用；其次，應指派高階文官擔任執行秘書，協助知識管理制度的建立與活動的規劃，並督促社群活動的推動及績效的評估。

4. 資訊科技工具的應用：知識管理推動最大障礙之一，在於員工忙碌無暇參與。資訊平台的建構，可有系統的分類、整理、分析與儲存知識文件，提供知識文件或議題討論，促進員工的互動與交流，解決員工參與知識管理活動時間與空間的問題。

5. 促動組織變革的神經：知識管理必須與行政機關核心業務相結合，相關議題必

須是員工熟悉的領域，才能引起員工參與的興趣；相關活動必須能夠策動業務改善的成果，才能引發員工參與的信心。

6. 形成員工知識分享的文化：知識分享是知識管理的核心，是促進行政機關員工成長的動力。透過知識社群的活動及資訊平台的議題討論，鼓勵員工分享經驗與新知，型塑學習型行政文化。

7. 配合績效衡量與獎勵措施：知識管理推動如果沒有績效衡量，將無法知道推動的成果；如果沒有獎勵措施，將無法激勵員工經驗的分享及社群的成效。因此，績效衡量與獎勵措施不僅能激發員工參與的動機，更能確保實施的成果。

│ **問題討論** │────────────────────────

1. 試述知識管理的涵義與目的？
2. 試說明知識型政府的特質與型態？
3. 試提出知識型政府未來的發展方向？
4. 試說明推動知識管理的成功關鍵因素？

考選部長兼任知識長
親身推動知識管理

口述：林嘉誠 考選部 部長
撰稿：邱郁姿 叡揚資訊 企業電子化產品事業處業務行銷部 產品行銷經理

林嘉誠先生：知識管理重點在高度，需要由高階主管的大力支持，所以決策
和佈建，也上大力堅實執行事務。（攝影／沈春華）

　　2005.7.29 14:07考選部長林嘉誠在知識管理系統正式上線後，親自上傳至
系統寫下一段話給所有同仁，並期盼所有同仁藉由知識管理的分享，讓考選部
內的核心業務知識得以交流，並傳承創新。

　　本部成立知識管理社群一年多來，由無到目前已有初步成果，參與同仁對
知識管理的基本概念、知識社群的運作方式均有了解，相信對個人知識累積，
本部組織知識的儲存，助益匪淺。

　　知識資訊平台的建立，更有利於參與同仁知識的搜尋、交換，期盼各社群
不斷累積知識物件，構造豐富的知識倉儲，俾讓全體同仁能隨時獲取相關知
識，並透過彼此智慧的激盪，創造、傳播更多的知識，直接對同仁的工作，以
及本部業務的推展有所協助。

　　要真正落實知識管理，最重要的是高階主管的大力支持，所以我自己兼任
知識長的工作，由上而下確實執行參與。就像過去在研考會時，就曾經請所有
首長來上課，教他們如何e-Mail，雖然打字打得慢，但一定要自己親自動手做。

　　除了親身參與外，在考選部全體同仁的努力下推動知識管理，並配合分成
「e化組」、「國際事務組」、「政府改造組」、「試題分析建檔組」、「試
務改革組」、「行銷及顧客服務組」等、「推動工作小組」則負責知識社群事
務，知識管理系統上線至今，知識文件上傳數量已經超過2,700筆。

同仁認真參與　讓工作更有創意及效率

　　考選部推動知識管理以來，對部內的同仁而言，最主要的效益就是讓所有
同仁們都開始了解知識管理，並認真參與，而且透過網路可以找到很多工作時
需要的SOP文件，並進行知識分享，讓工作更有創意及效率。

考選部的知識社群是以核心業務做為分組的依據，並規定所有科長以上同仁都要參加，而科長以下同仁則自由參加；因為在政府單位推動知識管理6年以來，可以發現很多單位常因為工作繁忙而無法真正落實，其實最主要原因都是首長理念問題，一般都會認為那是額外的工作，但實際上知識管理是對同仁有幫助的，因為多數人遇到問題都會不好意思問。

就像自己所參與帶領的「e化組」，個人認為線上報名及題庫e化是一定要做的，而網路資訊安全這個部份也拿到BS7799及ISO27001的認證，因為在考選部一切都是目標管理。

例如「e化組」有很多問題需要討論，以往都是利用開會的方式溝通，但自從推動知識管理後，同仁們可以透過網路平台的知識社群彼此交換意見，並將認定有用的知識物件上傳，進而建立知識倉儲，另外也建立有專家黃頁等系統知識技術平台。我自己也會在網路上把出國演講的文章等發表在知識管理平台中，和同仁們分享，所以e化組的文章量產已經很多，最近還正準備集結出書。

當然在推動時，很重要的是要配合激勵措施，例如提供一些禮券的方式，鼓勵同仁寫報告或小組競賽，並有成果發表會。

知識庫文件與知識社群並行　業務經驗傳承、分享再創新

考選部在知識管理推動上，是從知識社群開始推動，這方面是較不容易的。其實許多大企業也是如此，文件知識庫只是一部份。所以考選部當初在推動時，是參考研考會所擬定的知識管理推動辦法，裡面已經很清楚的列出兩階段的推動計劃，考選部同仁就是參考該辦法及計劃，很快就開始進行了。

因為「考選部」是一個執行單位，而且每天都有一定的事情要做，例如考試規則要變、考題要出、出題老師要進闈場、同仁要當闈長　央A每年全國有50萬人次以上的考生，每年有8,000多科的考試科目（例如升等考試就有700多科），幾乎是全世界罕見。而考選部基本任務就是舉辦考試，除考試科目多外，光是命題委員、考場安排等複雜特殊景象，都是全世界少見的。所以也希望藉著知識管理的推動，能夠讓考選部的業務經驗傳承，透過分享再創新。

推動知識管理時，首先要知道考選部的「Supply Chain」與CRM是什麼？包括舉辦考試時，光是考場教室的安排、命題委員、考試監場等，通通都有不同的規則及規定，再加上現在是顧客服務導向，還要有考場服務，否則就可能會引來一些行政訴訟等問題，所以考選部網站除了有「部長信箱」外，還有全球網際網路的「意見交流箱」，提供FAQ查詢，有其他問題時也可以透過這些管道詢問。對考選部內部同仁而言，考試制度則要不斷修正求變，一共有30多種公務人員特考或高普考、103類專技人員考試，都有不同的考試科目、考試規定及考試等級，再加上命題委員相關資格的認定，還有不同科目類別的題庫。可以見得知識管理對考選部的重要性，更是當務之急的任務。

讓考試制度國際交流

所以考選部積極思考自己的核心任務是什麼，並檢討相關的考試制度，進一步和國外相比較，不但是學習別人，同時也要推廣自己，所以成立有「國際事務組」社群，利用國際合作機會也和國外交流，除了APEC及WTO外，很多非邦交的活動都是可以做的，考選部也一定要走入國際，例如參加國際醫師評選及人力資源管理協會等，看看國外如何舉辦考試。另外也可以配合外交部，像APEC也都有類似技師、建築師等專業委員會進行交流，因為建築師、土木技師、結構技師等考試也都是考選部負責舉辦的，這些也都是透過知識管理的任務分組後，再加上同仁的努力及互相交流分享才得到的成果。

另外，考選部知識管理社群中有「試務改革組」，由於考試試務及過程都很繁雜，每年題目不少由題庫篩選而來的，所以也有「試題分析建檔組」，特別由試題研究中心每年統計錄取率與問題間的關係，近幾年的每科平均分數是多少，在台灣這些都是要公開的，測驗題也要公佈答案，同時也要把命題老師都分類好，包括命題的好壞也都有相關記錄。這些也都是希望在知識管理的推動下，能有創新改進的方向。

考試試務複雜　注重考生服務導向

最特別的是，考選部知識管理推動設有「行銷及顧客服務組」，包括場地分配、監場人員資格相關限定、考試試場相關規定等，也都有配合的相關講

習，另外闈場也有SOP。像是以前古代要上京赴考，所以以前只有台北考區，但現在是顧客服務導向，所以大型規模考試在北中南東都有設立考區，和縣市政府合作。

另外，考試時間也都要注意配合考生，像是考取書記官3年後就可以考法官，所以在考試安排上要儘量可以銜接上。因為現在很多考試的應試資格及規則都是開放的，很多人都可以報考，像是中醫師資格檢定考更是沒有學歷限制，所以錄取率很低，而這樣的規定也常招來很多人的抗議。我們要儘量滿足考生需求，解決考生的問題，而這些都是考選部同仁工作上所要面臨的挑戰。

知識型政府才能提高國家競爭力

在政府部門推動知識管理的過程中，雖然已有很多標準模式及規定，但都需要進一步研發創新精神，要有領先的核心能力，尤其是政府部門的所招攬的同仁都是非常優秀的，所以更應該讓同仁潛力發揮。

政府部門組織在推動知識管理時，最好的規模是200-400人左右，因為規模愈大愈不容易成功，而且有了知識平台後，最重要的是需要分組進行。實際上現代政府是所謂的「知識型政府」，是知識密集服務業，從業人員也是知識工作者，知識已取代土地或勞工，成為主要生產因素，複製成本低，附加價值高，如此才能創造差異化，才能有效提高國家競爭力。

因為政府部門的同仁是知識工作者，主要是觀念上要改變，例如之前台北市要求戶政事務所，將服務台從125公分降為75公分，要和民眾平起平坐，但有些事務所就自己另外加了泡茶的動作，雖然政府沒有要求，但一個小小動作反而讓民眾覺得更親切，服務更好，這些都是自我創新的作法，所以政府單位除了效率外還要創新。

面對日益變遷的環境，政府部門一定要引進創新精神，需要跨部門或跨組織的整合，所以唯有真正落實知識管理才能不斷創新求變，提高政府服務效率及核心競爭力。

1. 考選部如何推動知識管理？為什麼能夠順利推動？現在該制度還存在嗎？
2. 現在政府部門有在推動知識管理活動嗎？它真的對政府部門施政有幫助嗎？試舉例說明？

案例2

知識型產業——南僑的實踐

資料來源：南僑集團簡介 http://www.namchow.com.tw/

　　21世紀的開始，全球產業幾乎都進入低迷時期，而台灣更無法倖免於這場經濟革命中，接踵而至的負面消息報導，更動搖了大家的信心。然而面對這樣的波濤驚駭，南僑並無畏於環境的挑戰，雖在不景氣的大環境中，各事業部仍有突出的表現，新計劃專案持續進行，產品推陳出新，滿足消費者不同的需求。

　　泰南僑是我們在海外投資的第一個事業，目前更是我們進軍全球化市場的機制model，在這當中我們取得種種的國際認證，證明我們的產品是具有國際品質水準，業務量的需求日益擴增，大批貨櫃車直接到廠區進貨，這是同仁們與公司共同奮鬥的榮景。天津頂好油脂廠所生產高附加價值的精緻油品，提供客戶顧問式的配套服務，不陷入價格競爭的泥淖中，而客戶的高度肯定及支持，更讓我們倍增信心，今年除增加加工機的設備外，又將有建設新廠的計劃。上海是國際型的都市有著舉足輕重的地位，上海寶萊納餐廳是我們在大陸投資餐飲服務業的根基，無人能仿製的餐廳格局氣氛，日日都能締造良好的佳績。秉著創新優質的服務精神，我們將鄰近寶萊納餐廳，俗稱"畢勛路底的法國洋房"—白宮，納入我們的經營範圍，將完整的花園啤酒城堡展現於上海；並預計在新天地商業區，有寶萊納餐廳的展店計劃。

　　學者專家言：21世紀是知識管理的時代，從50年代以生產技術、成本控制的競爭型態，演變至60年代以品質為主、70年代是全球化的市場、80年代以

創新致勝，進入90年代便是知識管理的時代，以所掌握的工具、通訊優勢搶佔市場灘頭。在這樣的競爭型態的演變中，看到許多屬於我們的機會及發展空間。比如說：進入全球化市場：冷凍麵糰、杜老爺的福爾摩沙冰品系列，已受到國際廠商的青睞，今年更以主動積極的態度，參與各專業食品展的展出，將我們高品質精緻的產品推上世界的舞台；而我們也有創新的產品甚至是創新的產業，如急凍熟麵事業部，以烏龍麵為主體各種新的研發、炒烏龍、烏龍粽，也透過不同的行銷通路，讓消費者真正享受到健康、美味的產品。在國內的產業不管是冷凍麵糰事業部、皇家可口團隊或是急凍熟麵的矩陣組織，大家都是不斷的以創造創新，時時掌握市場的脈動，開發最符合消費者的產品，我們的企業已隨時隨地在做知識的管理。

不要害怕知識時代的來臨，因為你本身就是知識的泉源，你本來就是在創造知識，可以說知識是跟著南僑一起長大，從我們做的第一塊水晶肥皂起，就是在創造知識、在運用知識，如做消費者調查，去尋找我們真正的顧客，去針對不同的需求提出解決的方案；在當時的6家油脂公司中如何脫穎而出，知道自己與別人不一樣的地方，顧客至上的服務精神；發展歐斯麥產品時，別人還以為我們是行銷公司，才能如此成功的打開品牌經營，這一切都是以知識為基礎，以知識的追求為要務，才能有出色的表現；而在海外的擴廠，更是累積許多的專業知識，再深入了解如何在當地經營、文化背景，才能打一場漂亮的仗。

知識管理無所謂的新舊之分，無所謂的傳統產業與新興科技產業之分，就如同看偵探小說電影一樣，會覺得眼前的偵探電影似曾相識，但是人物不一樣、內容情節不一樣、佈景不一樣，應用的科技工具也不一樣，然而最重要的中心思考主軸是一樣的。知識經濟產業的定義：應該是如何運用企業的知識know-how，創造企業的經營利潤，強化企業的競爭力與生命力。這樣的道理是放諸四海皆準，不管何種產業、在任何地區，就如同名人所言：成功的戰術是可以一用再用的。

著名的學者毛平吉博士在某次演講中，曾提到知識管理的六大支柱：知識型組織、知識創新、知識制度、知識分享、知識加值、及知識再創新，更相

當厚愛的以南僑為範例。長期以來我們的組織強調就是Topdown的學習方式，透過學習型組織由上而下鼓動員工好學的精神，因為好學會讓我們去整理分析吸取的資訊，經過一番深思熟慮後，發展出系統性的思考體系，做出正確的判斷與決定，再依著目標前進力行。知識的分享更是同仁們的責任，不管是學習新技能或觀念，透過分享的機制在部門內會議上或是跨部門的專案執行中，都希望能透過知識分享達到知識共享的效益，做到相關資源整合的綜益，達到知識加值而有再創新的知識，擴散發酵作用，使團隊成為更具競爭力的高績效團隊。一直以來我們始終相信學習知識的地方，不唯有在學校課堂上，真正知識加值，達到學習再學習，是要透過工作上的分享、交流、激發才能獲得。近50年南僑歷程所累積的經驗，再有研究型的學術理論支持，印證我們堅持的信念--工作公司才是知識發展應用的起源點。

　　以我們知識型的產業，及知識管理的經營團隊，相信5年內能在中國大陸複製一個南僑。

│ 個案研討 │

1. 陳飛龍說，知識管理無所謂的新舊之分，無所謂的傳統產業與新興科技產業之分，最重要的中心思考主軸是一樣的。他在隱喻什麼？政府部門適合推動知識管理嗎？
2. 南僑公司是如何推動知識管理？南僑公司推動知識管理方式，有那些值得政府部門學習的

參考文獻

中文部分：

中山大學企業管理學系，2009，管理學-整合觀點與創新思維，台北：前程出版。

杜順榮，2007，知識管理方法論，太世科網路行銷公司。

邱吉鶴，2009，施政計畫與預算管理，研考雙月刊，第33卷第2期，頁8-18。

邱吉鶴，2008，行政首長領導策略與組織績效管理，政大公共行政學報，第26期，頁37-69。

邱吉鶴，2009，公共工程執行績效的評估——一種交易失靈模式的應用，政大公共行政學報，第32期，頁1-31。

邱吉鶴，2008，行政領導與績效管理，台北：秀威資訊科技公司。

邱吉鶴、易文生，1998，行政機關資本支出暨固定資產投資計畫執行落後原因之探討，行政院研考會

邱吉鶴、莊麗蘭，2005，施政計畫執行力之探討，研考雙月刊，第29卷第2期，頁50-60。

邱吉鶴、沈群英、李祥銘、陳淑珍，2010，臺北縣政府各一級機關施政計畫績效評估機制之檢討與策略規劃」，台北：台北縣政府。

邱華君，2001，行政倫理,理論與實踐，政策研究學報，No.1, 頁85-106。

林孟彥譯（原著Robbins, S. P. & Coulter, M.），2006，管理學，台北：華泰文化。

林嘉誠，2012，政府改造與考選創新，台北：新銳文創。

林嘉誠，2012，電子化政府典範轉型之省思，政府改造與考選創新第三篇-電子化政府，台北：新銳文創。

林嘉誠，2001，塑造數位行政文化，建立顧客導向型政府，研考雙月刊，第25卷第1期。

林嘉誠，2003，電子化政府的網路服務與文化，國家政策季刊，第2卷第1期。

林嘉誠，2006，知識型政府的意涵與發展，考銓季刊，第48期。

林嘉誠，2007，公部門的知識管理-台灣經驗，警大月刊，第119期。

施能傑，2004，公共服務倫理的理論架構與規範作法，政治科學論叢，第12期，頁103-140。

張國雄，2010，管理學：挑戰與新思維，台北：雙葉書廊。

湯明哲，2011，策略精論-基礎篇，台北：旗標出版公司。

劉宜君等，2010，政策執行力指標之建構，行政院研考會委託研究報告。

鄭啟川、趙滿鈴、洪敏莉，2012，贏在企業專業的起跑點，台北：前程出版。

繆全吉，1989，行政倫理的困境與強化，行政管理論文選集第四集，頁 408-416。

台大全球變遷研究中心：www.gcc.ntu.edu.tw/globalchange

行政院人權保障推動小組：www.humanrights.moj.gov.tw

行政院主計總處全球資訊網：www.dgbas.gov.tw

行政院研考會全球資訊網：www.rdec.gov.tw

法務部全球資訊網：www.moj.gov.tw

英文部分：

Adnum, D., 1993, Establishing the Way Forward for Quality, *Management Accounting*, 71(6): 40.

Archer, S. and Otley, D. T., 1991, Strategy, Structure, Planning and Control Systems and Performance Evaluation-Rumenco Ltd., Management Accounting Research, pp.263-303.

Asch, D., 1992, Strategic Control-a Problem Looking for a Solution, Long Range planning, Vol.25, No.2, pp.105-110.

Ashworth, G., 1999, Delivering Shareholder Value through Integrated Performance Management, Financia Times-Prentice-Hall, London, pp.130.

Atkinson, AA., 1998, Strategic Performance Measurement and Incentive Compensation, European Management Journal, Vol.16, No.5, Oct, pp.552-561.

Atkinson, AA., Waterhouse, J. H. and Wells, R. B., 1997, A Stakenholder Approach to Strategic Performance Measurement, Sloan Management Review, Vol.38, No.3, pp.25-37.

Baker JR. 1993. Tightening the iron cage: concertive control in self-managing teams. *Administrative Science Quarterly* 38: 408-437.

Barney J. 1991. Firm resources and sustained competitive advantage. *Journal of Management* 17(1): 99–120.

Beamish PW. 1993. The characteristics of joint ventures in the People's Republic of China. *Journal of International Marketing* 1(2): 29–48.

Benveniste, G., 1987, *Professionalizing the organization*.San Fransico: Jossey-Bass Scott, W.R.(1987). The Adolescence of Institutional Theory. *Administrative Science Quarterly*,32:493-511.

Blodgett LL. 1991. Partner contributions as predictors of equity share in international joint ventures. *Journal of International Business Studies* 22(1): 63–78.

Brignall, S., 2002, The Unbalanced Scorecard: a Social and Environmental Critique (unpublished working paper), Aston Business School, UK.

Brouthers KD. 2002. Institutional, cultural and transaction cost influences on entry mode choice and performance. *Journal of International Business Studies* 33(2): 203–221.

Brown, M. G., 1996, Keeping Score: Using the Right Metrics to Drive World-class Performance, Quality Resources, New York, NY.

Buelens, M., Kreitner, R. and Kinicki, A., 2002, Organizational Behavior: Instructor's Edition, McGraw Hill, London, pp.635.

Bungay, S. and Goold, M., 1991, Creating a Strategic Control System, Long Range planning, Vol.24, No.3, pp.32-39.

Campbell, D., Datar, S., Kulp, S. and Narayanan, V. G., 2002, Using the Balanced Scorecard As a Control System for Monitoring and Revising Corporate Strategy (unpublished working paper), Harvard University.

Cardinal L. 2001. Technological innovation in the pharmaceutical industry: the use of organizational control in managing research and development. *Organization Science* 12(1): 19–36.

Cardinal L, Sitkin SB, Long CP. 2004. Balancing and rebalancing in the creation and evolution of organizational control. *Organization Science* 15(4): 411–431.

Chen D, Newburry W, Park S. 2009. Improving sustainability: an international evolutionary framework. *Journal of International Management.* Forthcoming.

Choi CB, Beamish PW. 2004. Split management control and international joint venture performance. *Journal of International Business Studies* 35(3): 201–215.

Colling, James C. & Porras, Jerry I., 1994, Building Your Company's Vision. Reprinted by permission of HarperCollins Publishers,Inc

Curtright, J. W., Stolp-Smith, S. C. and Edell, e. s., 2000, Strategic Performance Management: Development of a Performance Measurement System at the Mayo Clinic, Journal of Healthcare management, 45, 1; ABI/INTORM Global.58.

Cyert RM, March JG. 1963. *A Behavioral Theory of the Firm.* Prentice-Hall: Englewood Cliffs, NJ.

Dabhilakar, M. and Bengtsson, L., 2002, The Role of Balanced Scorecard in Manufacturing: a Tool for Strategically Aligned Work on Continuous Improremonts in Production Teams', in Epsteim, M. J. and Manzoni, J. F., Performance Management and Management Control: a Compendium of Research, Elsevier Science Ltd., Oxford, UK, pp.181-208.

Das TK, Teng B. 2000. A resource-based theory of strategic alliances. *Journal of Management* 26(1): 31–61.

Das TK, Teng B. 2001. Trust, control and risk in strategic alliance: an integrated framework. *Organization Studies* 22(2): 251–283.

Delios A, Henisz WJ. 2000. Japanese firms' investment strategies in emerging economies. *Academy of Management Journal* 43(3): 305–323.

Dixit, A. K., 1996, *The making of economic policy: A transaction-cost politics perspective.* Cambridge, MA.: The MIT Press.

Dumond, E. J., 1994, Making Best Use of Performance-Measures and Information, International Journal of Operations & Production Management, Vol.14, No.9, pp.16-31.

Eccles, R. G., 1991, The Performance Measurement Manifesto, Havard Business Review, January-February, 131-137.

Eisenhardt KM. 1985. Control: organizational and economic approaches. *Management Science* 31(2): 134–149.

Eisenhardt KM, Schoonhoven CB. 1996. Resource-based view on strategic alliance formation:

strategic and social effects in entrepreneurial firms. *Organization Science* 7(2): 136–150.

Epstein, D., & S. O'Halloran, 1999, Delegating powers: A transaction cost politics approach to policy making under separate powers. Cambridge University Press.

Euske, K. J., Lebas, M. and McNair, C. J., 1993, Performance Management in an International Setting, Management Accounting Research, Vol.4, No.4, pp.275.

Feurer, R. and Chaharbaghi, K., 1995, Performance Measurement in Strategic Change, Benchmarking for Quality, Management & Technology, Vol.2, No.2, pp64-83.

Fitzgerald, L., Johnston, R., Brignall, T. J., Silvestro, R. & Voss, C., 1991, Performance Measurement in Service Businesses, The Chartered Institute of Management Accountants: London.

Fryxell GE, Dooley RS, Vryza M. 2002. After the ink dries: the interaction of trust and control in US-based international joint ventures. *Journal of Management Studies* 39(6): 865–886.

Garvin, D. A., 1998, The Processes of Organization and Management, Sloon Management Review, Vol.39, No.4, pp.33-50.

Geringer JM, Hebert L. 1989. Control and performance of international joint ventures. *Journal of International Business Studies* 20(2): 235–254.

Ghalayini, A. M. and Noble, J. S., 1996, The Changing Basis of Performance Measurement, International Journal of Operations & Production Management, Vol.16, No.8, pp.63-80.

Ghemawat P. 2001. Distance still matters: the hard reality of global expansion. *Harvard Business Review* 79(8): 137–147.

Grant RM. 1991. The resource-based theory of competitive advantage: implicaitons for strategy formulation. *California Management Review* 33: (Spring):114–135.

Grant RM. 1996. Toward a knowledge-based theory of the firm. *Strategic Management Journal*, Winter Special Issue 17: 109–122.

Green S, Welsh M. 1988. Cybernetics and dependence: reframing the control concept. *Academy of Management Review* 13: 287–301.

Groot T, Merchant KA. 2000. Control of international joint ventures. *Accounting, Organizations and Society* 25(6): 579–607.

Hall R. 1992. The strategic analysis of intangible resources. *Strategic Management Journal* 13(2): 135–144.

Hamel G. 1991. Competition for competence and inter-partner learning within international strategic alliances. *Strategic Management Journal*, Summer Special Issue 12: 83–103.

Hamel. G., 1998, Strategy Innovation and the Quest for Value, Sloan Management Review, Vol.39, No.2, pp.7-14.

Harte, C. 1994. Oenothera: Contributions of a Plant to Biology, Monographs on Theoretical and Applied Genetics, Vol.20, Editedby R. Frankel, M. Grossman, H. F. Linskens, P. Maliga, and R. Riley, Springer Verlag, Berlin, Germany.

Hatry, Harry, 1999, Performance Measurement: Getting Results. Washington, D. C.: Urban Institure.

H. M. Treasury, 2001, Choosing the Right Fabric.

Hult GTM, Ketchen DJ, Slater SF. 2005. Market orientation and performance: an integration of disparate approaches. *Strategic Management Journal* 26(12): 1173–1181.

IdeA (Improvement and Development Agency for local government), 2003, *Glossary of Performance Teams*. London: IdeA.

Institute of Management Accountants and Arthur Andersen LLP, 1998, Tools and Techniques for Implementing Integrated Performance Measurement System, Statement on Management Accounting 4DD, Montvale, NJ.

Ireland RD, Hitt MA. 1999. Achieving and maintaining strategic competitiveness in the 21st century: the role of strategic leadership. *Academy of Management Executive* 13(1): 43–57.

Jackson, P. M., 1995, Editorial: Performance Measurement, Public Money & Management, Vol.15, No.4, p.3.

Jolly DR. 2005. The exogamic nature of Sino-foreign joint ventures. *Asia Pacific Journal of Management* 22: 285–306.

Kamminga PE, Van der Meer-Kooistra J. 2007. Management control patterns in joint venture relationships: a model and an exploratory study. *Accounting, Organizations and Society* 32(1/2): 131–154.

Kanji, G. K. and Sa, P. M., 2002, Kanji's Businesses Scorecard, Total Quality Management, Vol.13, No.1, pp.13-27.

Kaplan, R. S. and Norton, D. P., 1992, The Balanced Scorecard-measures that drive Performance, Harvard Businesses Review, Vol.70, pp.71-9.

Kaplan, R. S. and Norton, D. P., 1996, The Balanced Scorecard-Translating Strategy into Acction, Harvard Businesses School Press, Boston, MA.

Kaplan, R. S. and Norton, D. P., 1996b, Linking the Balanced Scorecard to Strategy (Reprinted From the Balanced Scorecard), California Management Review, Vol.39, No.1, p.53.

Kaplan, R. S. and Cooper, L., 1997, Cost and Effect, Harvard Businesses School Press, Boston, MA.

Kaplan, R. S. and Norton, D. P., 2001, Transforming the Balanced Scorecard From Performance Measurement to Strategy Management: Part II, Accounting Horizons, Vol.15, No.2, pp.147-160.

Kedia BL, Bhagat RS. 1988. Cultural constraints on transfer of technology across nations. *Academy of Management Review* 13(4): 559–571.

Kellinghusen, G. and Wubbenhorst, K., 1990, Strategic Control for Improved Performance, Long Range Planning, Vol.23, No.3, pp.30-40.

Kelly, K., 1999, New Rules for the new Economy: 10 Radical Strategies for a Connected World, Vol.10, Viking/Penguin, New York, NY.

Kirsch LJ., 1996, The management of complex tasks in organizations: controlling the systems development process. *Organization Science* 7(1): 1–21.

Kirsch LJ., 1997, Portfolios of control modes and IS project management. *Information Systems Research* 8(3): 215–239.

Knight, J. A., 1998, Value-Based Management: Developing a Systematic Approach to Creating Shareholder Value, McGraw-Hill, New York, NY, pp.307.

Kopczynski, Mary, and Michael Lombardo, 1999, Comparative Performance Measurement: Insights and Lessons Learned from a Consortium Effort. Public Administration Review 59(2): 124-34.

Kumar S, Seth A., 1998, The design of coordination and control mechanisms for managing joint venture-parent relationships. *Strategic Management Journal* 19(6):579–599.

Lado AA, Wilson MC., 1994, Human resource systems and sustained competitive advantage: a competencybased perspective. *Academy of Management Review* 19(4): 699–727.

Lebas, M. J., 1995, Performance Measurement and Performance Management, International Journal of Production Economics, Vol.41, No.1-3, pp.23-35.

Letza, S., 1996, The Design and Implementation of the Balanced Business Scorecard-an Analysis of Three Companies in Practice, Business Process Management Journal, Vol.2, No.3, pp.54-76.

Long CP, Burton RM, Cardinal LB., 2002, Three controls are better than one: a simulation model of complex control systems. *Computational & Mathematical Organization Theory.* 8: 197–220.

Luo Y., 2001, Determinants of local responsiveness: perspectives from foreign subsidiaries in an emerging market. *Journal of Management* 27(4): 451–477.

Luo Y, Park SH., 2004, Multiparty cooperation and performance in international equity joint ventures. *Journal of International Business Studies* 35(2): 142–160.

Luo Y, Shenkar O, Nyaw M., 2001, A dual parent perspective on control and performance in international joint ventures: lessons from a developing economy. *Journal of International Business Studies* 32(1): 41–55.

Lynch, R. L. and Cross K. F., 1990, Measure Up! Yardstick for Continuous Improvement, Blackwell, Cambridge, MA.

Mahoney JT., 1995, The management of resources and the resource of management. *Journal of Business Research* 33(2): 91–101.

Makhija MV, Ganesh U., 1997, The relationship between control and partner learning in learning-related joint ventures. *Organization Science* 8(5): 508–527.

Marr, B. and Schiuma, G., 2003, Business Performance Measurement-Pass, Present and Future, Management Decision, Vol.41, No.8, pp.680-7.

Martins, R. A. and Salerno, M. S., 1999, Usage of New Performance Measurement Systems: Some Empirical Findings, in Managing Operations Networks, (EurOMA Conference) Venice, Italy,

Martins, R. A., 2002, The Use of Performance Measurement Information As a Driver in Designing a Performance Measurement System, in Performance Measurement and Management: Research and Action Boston, USA, Centre of Businesses Performance, UK.

Martins, R. A., 2000, Use of Performance Measurement Systems: Some Thoughts Towards a Comprehensive Approach,in Performance Measurement-Past, Present and Future Cambridge, Centre for Business Performance, UK,

Martinsons, M., Davison, R. and Tse, D., 1999, The Balanced Scorecard-a Foudation for the Strategic Management of Information Systems, Decision Support Systems, Vol.25, No.1, pp.71-78.

Megginson, L. C., Mosley, D. C. and Pietri, P. H, Jr, 1989, Management: Concepts and Applications,

Harper & Row, New York, NY.

Merchant KA., 1985, *Control in Business Organizations*. Pitman: Marshfield, MA.

Miller D, Shamsie J., 1995, A contingent application of the resource-based view of the firm: the Hollywood film studios from 1936 to 1965. In *Academy of Management Best Paper Proceedings*, Moore DR (ed). Academy of Management: Briarcliff Manor, NY; 57–61.

Miller D, Shamsie J., 1996, The resource-based view of the firm in two environments: the Hollywood film studios from 1936 to 1965. *Academy of Management Journal* 39(3): 519–543.

Mjoen H, Tallman S., 1997, Control and performance in international joint ventures. *Organization Science* 8(3): 257–274.

Morgan G. 1983. More on metaphor: why we cannot control tropes in administrative science. *Administrative Science Quarterly* 28(4): 601–607.

Moe, T. M., 1984, The new economics of organization. *American Journal of Political Science, 28*(4), 739-777.

Neely, A. D., Gregory, M. J. and Platts, K., 1995, Performance Measurement System Design: a Literature Review and Research Agenda, International Journal of Operations & Production Management, Vol.15, No.4, pp.80-116.

Neely, A. D., 1998, Measuring Business Performance: Why, What and How, Economist Books, London.

Neely, A. and Bourne, M., 2000, Why Measurement Initiatives Fail? Measuring Businesses Excellence, Vol.8, No.1, pp.3-5.

Neely, A. (Ed.), 2002, Business Performance Management: Theory and Practice, Cambridge. University Press, Cambridge.

Neely A., Adams C. and Kennerley M, 2002, The Performance Prism: The Scorecard for Measuring and Managing Business Success, Financial Times Prentice Hall.

Noeerklit, H., 2000, The Balance on the Balanced Scorecard-a Critical Analysis of Some of Its Assumptions, Management Accounting Research, Vol.28, No.6, pp.591.

Nunnally, J. C., 1978, Psychometic Theory, New York: McGraw-Hill.

Nunnally JC. 1978. *Psychometric Theory*. McGraw-Hill: New York. Osborn RN, Baughn CC. 1990. Forms of interorganizational governance of multinational alliances. *Academy of Management Journal* 33(3): 503–519.

OECD , 1994, The OECD Jobs Study: Evidence and Explanations. Paris: OECD.

Otley, D. T., 1999, Performance Management: a Framwork for Management Control Systems Research, Management Accounting Research, Vol.10, No.4, Dec, pp.363-382.

Ouchi WG., 1978, The transmission of control through organizational hierarchy. *Academy of Management Journal* 21(2): 173–192.

Ouchi WG., 1979, A conceptual framework for the design of organizational control mechanisms. *Management Science* 25(9): 833–848.

Penrose E., 1959, *The Theory of the Growth of the Firm*. Wiley: New York.

Pierce, M., 2000, "Portrait of the 'Super Principal'", Harvard Education Letter (September/October).

Podasakoff PM, MacKenize SB, Lee J-Y, Podasakoff NP., 2003, Common method

Porter, M. E., 1980, Competitive Strategy, Free Press, New York, NY.

Preble, J. F., 1992, Towards a Comprehensive System of Strategic Control, Journal of Management Studies, Vol.29, No.4, pp.391-409.

Priem RL, Butler JE., 2001, In the resource-based 'view' a useful perspective for strategic management research. *Academy of Management Review* 23(1): 22–40.

Rajan, M. V., 1992, Management Control-Systems and the Implemontation of Strategics, Journal of Accounting Research, Vol.30, No.2, pp.227-248.

Rappaport, A., 1986, Creating Shareholder Value, The Free Press, New York, NY.

Reus TH, Ritchie WJ., 2004, Interpartner, parent, and environmental factors influencing the operation of international joint ventures: 15 years of research. *Management International Review* 44(4): 369–395.

Roberts, J., 1990, Strategic and Accounting in a UK Conglimerate, Accounting, Organisations and Society, pp.107-125.

Rouch, C. H. and Ball, B. C., 1980, Controlling the Implementation of Strategy, Managerail planning, Vol.29, No.4, pp.3-12.

Salancik GR, Pfeffer J., 1978, A social information processing approach to job attitudes and task design. *Administrative Science Quarterly* 23(2): 224–253.

Saltmarshe, D., Ireland, M. and McGregor, J. A., 2003, The Performance Framework: a systems approach to understanding performance management, Public Administration & Development, Vol.23, No.5, pp.445-456.

Schaan J., 1983, Parent control and joint venture success: the case of Mexico. PhD diss., University of Western Ontario, London, Ontario, Canada.

Schneier, C. E., Shaw, D. G. and Beauty, R. W., 1991, Performance-Measurement and Management-a Tool for Strategic Execution, Human Resource Management, Vol.30, No.3, pp.279-301.

Schreyogy, G. and Steinmann, H., 1987, Strategic Control-A New Perspective, Academy of Management Review, Vol.12, No.1, pp.91-103.

Sink, D. S., 1991, The Role of Measurement in Achieving World Class Quality and Productivity Management, Industrial Engineering, Vol.23, No.6, Jun, pp.23-30.

Scott RW., 1992, *Organizations: Rational, Natural, and Open Systems.* Prentice-Hall: Englewood Cliffs, NJ.

Snell S., 1992, Control theory in strategic human resource management: the mediating effect of administrative information. *Academy of Management Journal* 35: 292–327.

Spekl´e RF., 2001, Explaining management control structure variety: a transaction cost economics perspective. *Accounting, Organization and Society* 26(4/5): 419–441.

Sprinkle, G. B., 2003, Perspectives on Experimental Research in Managerial Accounting, Accounting, Organizations and Society 28 (February/April): pp.287-318.

Steensma HK, Lyles MA., 2000, Explaining IJV survival in a transitional economy through social exchange and knowledge-based perspectives. *Strategic Management Journal* 21(8): 831–851.

Sureshchandar, G. S. and Rainer Leisten, 2005, Insight from Research Holistic Scorecard Strategic Performance Measurement and Management in the Software Industry, Measuring Business Excellence, Vol.9, No.2, 12-29.

Thompson, A.A. & Strickland, Jr.A.J., 2011, Crafting and Executing Strategy Text and Readings. Published by McGrawm-Hill, NY.

Turner KL, Makhija MV., 2006, The role of organizational controls in managing knowledge. *Academy of Management Review* 31(1): 197–217.

Vandenbosch, B., 1999, An Empirical Analysis of the Association Between the Use of Excutive Support Systems and Perceived Organizational Competitiveness, Accounting, Organizations and Society, Vol.24, No.1, Tan, pp.77-92.

Verweire, K, and Berghe, L. Van den, 2003, Integrated Performance Management: Adding a New Dimension, Management Decision. Vol.41, No.8, 782-790.

Von Hippel E., 1998, *The Sources of Innovation*. Oxford University Press: New York.

Wang Y, Nicholas S., 2007, The formation and evolution of non-equity strategic alliance in China. *Asia Pacific Journal of Management* 24: 131–150.

Williamson OE., 1997, *The Mechanisms of Governance*. Oxford University Press: New York.

Williamson, O. E., 1991a, Strategizing, economizing, and economic organization. *Strategic Management Journal, 12* (Winter), 75-94.

Yan A, Gray B. 1994. Bargaining power, management control, and performance in United States-Chinese joint ventures: a comparative case study. *Academy of Management Journal* 37(6): 1478–1517.

Yan A, Gray B., 2001, Antecedents and effects of parent control in international joint ventures. *Journal of Management Studies* 38(3): 393–416.

Yan Y, Child J., 2004, Investors' resources and management participation in international joint ventures: a control perspective. *Asia Pacific Journal of Management* 21: 287–304.

Zucker, L.G., 1987, Institute Theories of Organization, *Annual Review of Sociology,* 13: 443-464.

Viewpoint 19　PF0128

政府績效管理工具與技術

作　　者 / 邱吉鶴
責任編輯 / 王奕文
圖文排版 / 張慧雯
封面設計 / 秦禎翊

發 行 人 / 宋政坤
法律顧問 / 毛國樑　律師
出版發行 / 秀威資訊科技股份有限公司
　　　　　114台北市內湖區瑞光路76巷65號1樓
　　　　　電話：+886-2-2796-3638　傳真：+886-2-2796-1377
　　　　　http://www.showwe.com.tw
劃撥帳號 / 19563868　戶名：秀威資訊科技股份有限公司
　　　　　讀者服務信箱：service@showwe.com.tw
展售門市 / 國家書店（松江門市）
　　　　　104台北市中山區松江路209號1樓
　　　　　電話：+886-2-2518-0207　傳真：+886-2-2518-0778
網路訂購 / 秀威網路書店：http://www.bodbooks.com.tw
　　　　　國家網路書店：http://www.govbooks.com.tw

2013年7月BOD一版
定價：400元

國家圖書館出版品預行編目

政府績效管理工具與技術 / 邱吉鶴著. -- 一版. -- 臺北
市：秀威資訊科技, 2013.07
　　面；　公分
ISBN 978-986-326-126-1(平裝)

1. 行政管理　2. 績效管理

572.9　　　　　　　　　　　　　　102010354

讀 者 回 函 卡

感謝您購買本書，為提升服務品質，請填妥以下資料，將讀者回函卡直接寄回或傳真本公司，收到您的寶貴意見後，我們會收藏記錄及檢討，謝謝！

如您需要了解本公司最新出版書目、購書優惠或企劃活動，歡迎您上網查詢或下載相關資料：http:// www.showwe.com.tw

您購買的書名：_____

出生日期：_____ 年 _____ 月 _____ 日

學歷：□高中 (含) 以下　　□大專　　□研究所 (含) 以上

職業：□製造業　□金融業　□資訊業　□軍警　□傳播業　□自由業
　　　□服務業　□公務員　□教職　　□學生　□家管　□其它_____

購書地點：□網路書店　□實體書店　□書展　□郵購　□贈閱　□其他

您從何得知本書的消息？

　　□網路書店　□實體書店　□網路搜尋　□電子報　□書訊　□雜誌
　　□傳播媒體　□親友推薦　□網站推薦　□部落格　□其他_____

您對本書的評價：(請填代號　1.非常滿意　2.滿意　3.尚可　4.再改進)

　　封面設計____　版面編排____　內容____　文／譯筆____　價格____

讀完書後您覺得：

　　□很有收穫　□有收穫　□收穫不多　□沒收穫

對我們的建議：_____

_____

_____

_____

11466
台北市內湖區瑞光路 76 巷 65 號 1 樓

秀威資訊科技股份有限公司　　　收

BOD 數位出版事業部

┈┈┈

（請沿線對折寄回，謝謝！）

姓　　　名：＿＿＿＿＿＿＿＿　年齡：＿＿＿＿　性別：□女　□男

郵遞區號：□□□□□

地　　　址：＿＿＿＿＿＿＿＿＿＿＿＿＿＿＿＿＿＿＿＿＿＿

聯絡電話：(日)＿＿＿＿＿＿＿＿＿＿　(夜)＿＿＿＿＿＿＿＿＿＿

E-mail：＿＿＿＿＿＿＿＿＿＿＿＿＿＿＿＿＿＿＿＿＿